工业和信息化部“十四五”规划教材

现代火控理论

薄煜明　钱龙军　王　军　李银伢　戚国庆
赵高鹏　吴　祥　王超尘　朱建良　吴盘龙　著

科 学 出 版 社
北　京

内 容 简 介

本书介绍了火控系统的定义、功能、分类，以及火控技术的发展和火控理论研究的范畴；着重阐述了目标航迹处理、命中分析、行进间火力控制、平稳动态误差分析、射击效能分析、校射等火控系统论证、分析与设计中必需的，以及具有通用性与指导性的概念、原理与方法，为读者学习或研究火控系统建立必要的理论基础。

本书主要面向自动化类的高年级本科生和导航、制导与控制学科的研究生，特别是从事火控系统研究的研究生，也可以作为从事武器火控系统和武器系统研究的科研工作者的参考书。

图书在版编目(CIP)数据

现代火控理论/薄煜明等著. —北京：科学出版社，2023.11

工业和信息化部"十四五"规划教材

ISBN 978-7-03-076947-3

Ⅰ.①现… Ⅱ.①薄… Ⅲ.①火控系统-教材 Ⅳ.①E92

中国国家版本馆 CIP 数据核字(2023)第 217264 号

责任编辑：裴 育 朱英彪 / 责任校对：任苗苗

责任印制：赵 博 / 封面设计：蓝 正

科学出版社 出版

北京东黄城根北街 16 号

邮政编码：100717

http://www.sciencep.com

北京中石油彩色印刷有限责任公司印刷

科学出版社发行 各地新华书店经销

*

2023 年 11 月第 一 版 开本：720×1000 1/16

2025 年 7 月第三次印刷 印张：21

字数：420 000

定价：150.00 元

（如有印装质量问题，我社负责调换）

前　　言

本书是在 2012 年科学出版社出版、薄煜明等著《现代火控理论与应用基础》的基础上，为适应武器火力控制系统理论的教学和研究需要撰写而成的。

本书主要面向自动化类的高年级本科生和导航、制导与控制学科的研究生，特别是从事火力控制系统研究的硕士和博士研究生，着重阐述了火控系统论证、分析与设计中具有通用性与指导性的概念、原理与方法。通过本书可以学习火控的基本理论、解决问题的方法，了解前沿性的课题，为火控系统研究奠定坚实的理论与应用基础。

本书面向的另一类主要读者是从事武器火控系统研发的科研工作者。

本书作为估计与随机控制理论的一个实用性分支，对从事自动控制方面科研工作的科技人员也有参考价值。

学习本书前，需要学习大学工科的自动控制理论与随机过程及相关的知识。

本书共分七章，全书结构及章节内容安排由薄煜明会同全体作者共同讨论确定。第 1 章为绪论，介绍了火控系统的定义、功能、分类，火控技术的发展，火控理论研究的范畴。该章由薄煜明撰写。第 2 章为目标航迹处理，讨论了目标航迹及其测量装置的建模问题，根据目标机动性能日渐提高、目标测量装置日趋复杂的情况，对工程中常用的几种目标运动模型和测量模型进行了论述和分析；对最小方差估计和卡尔曼滤波的基本概念和原理进行论述，并将标准的卡尔曼滤波推广为航迹噪声与测量噪声具有相关性的一般形式的卡尔曼滤波；针对待估计的目标状态与测量呈非线性关系时的几种非线性估计方法进行论述，并对几种多模型滤波方法进行了讨论。该章由戚国庆撰写。第 3 章为命中分析，从火控需求入手，讨论了弹道方程及其简化、射表及其逼近；在阐述命中方程建立与求解的基础上，重点讨论了命中方程解的存在性、孤立性、连续性、可导性、稳定性、解的分布区域(允许与禁止射击区域)、解的收敛性以及最佳投影轴系等问题。该章由李银伢撰写。第 4 章为行进间火力控制，在探讨行进间火控命中问题特点的基础上，重点讨论了载体姿态测量、载体运动对射击的影响，扰动的解耦与利用载体的运动改善射击效能的问题，并讨论将行进间火控问题转化为停止间火控问题求解的条件，使得前面章节所阐述的火控理论可适用于行进间的火力控制问题，从而带来事半功倍的效果。该章由钱龙军撰写。第 5 章为平稳动态误差分析，根据射击误差的构成与特点，应用误差时空特征对武器系统的射击误差进行分析。该章由王军撰写。第 6 章为射击效能分析，在给出射击误差完备的战技指标集的基础上，推导了连射与逐发瞄准射击体制下毁伤概率的数学表达。该章由吴盘龙、朱建良、王超尘撰写。第 7 章为校射，在分析弹目偏差数学模型的基础上，重点讨论了为提高射击精度而采用的各种闭环校射方法。该章由薄煜明、赵高鹏、吴祥撰写。全书由薄煜明、吴祥统稿。

感谢郭治老师，本书核心内容源自他多年教学科研工作的积累；感谢朱纪洪、单甘霖、胡金春、王艳霞、徐惠钢、王华、臧文利、张贤椿、陶德进、索晓峰、从金亮、王天雄等，他们为本书的顺利出版做了重要贡献。

作　者

2023 年 6 月于南京理工大学

目　　录

第1章 绪　　论

当代的陆基、车载、舰载、机载、星载的硬杀伤武器，如各种火炮(牵引炮、自行炮、坦克炮、舰炮、航炮等)、炸弹、鱼雷、水雷、战术火箭与战术导弹等，其弹头或战斗部(以下统称弹头)都有一个杀伤威力范围，为了充分发挥弹头的毁伤能力，必须及时准确地将弹头发射到敌方目标区域。因此，需要为硬杀伤武器配置一系列装置与设备，构成一个武器系统，协同执行作战任务。一个武器系统通常由三部分组成：火力系统、控制系统与运载系统。一个完备的武器控制系统应包括：火控系统、制导系统、指控系统、导航系统。现代的武器控制系统集控制、计算机、电子、光学、导航、信息与通信等先进技术于一体，它不仅是武器系统不可缺少的一部分，而且是武器系统现代化程度的标志，被誉为武器火力威力的倍增器。

武器研发的重要任务之一就是为硬杀伤武器配备先进的火控系统，因此火控理论的研究是一项重要的基础性工作。本书结合作者的研究工作介绍相关应用技术基础，可为缺乏实际经验的读者降低入门的门槛。

作为本书的绪论，本章先阐述它研究的对象、目的与范畴，即介绍火控系统及其任务、主要功能、分类、发展趋势和火控理论研究的范畴。

1.1 火控系统及其任务

控制武器自动或半自动地实施瞄准与发射的装备总称为武器火力控制系统，简称火控系统。为了完成火控任务，火控系统必须搜索、瞄准并跟踪目标，预测弹头与目标的相遇点，并控制武器对相遇点实施射击。火控系统通常包括：火控计算机、目标搜索与指示装备、目标跟踪与测量装备、气象与弹道条件测量装备、载体运动参数测量装备、定位定向装备、脱靶量测量装备、武器发射控制系统、载体控制系统以及通信系统。

射击诸元是指，能将弹头送达目标区域所对应的武器身管或发射轨的方位角与高低角，对具有时间引信的弹头还有引信分划，对制导武器与水中武器还可能包括飞行距离、转向角、定深和散角。准确、实时地求出射击诸元并将其赋予武器是火控系统最核心的任务之一。

为了提高瞄准、发射的快速性与准确性，增强对恶劣战场环境的适应性，充分发挥武器对目标的毁伤能力，非制导武器应配备火控系统。战术制导武器常配备简易火控系统。简易火控系统为武器提供概略的射击诸元，可明显地改善制导系统的工作条件，减少制导系统的失误率。

将弹头送达目标区域是武器的火控系统与制导系统共同的任务。传统意义上，这两个系统分工的界面在弹头离开身管或发射轨的那一瞬时。火控系统对弹头的控制主要是通过对武器的身管或发射轨的控制来实现的，也就是说，它在于赋予弹头以初速的方向。至于火控系统赋予弹头的飞行时间、飞行距离、转向角、定深和散角等，均是在弹头离开身管或发射轨那一瞬时前的预测值。弹头一旦离开身管或发射轨，火控系统将失去对弹头的控制。因此，火控系统的误差必须严格控制。对制导武器而言，纠正并克服发射时控制误差与预测误差导致的弹头对目标的偏离，是制导系统的任务。

随着技术的发展，介于导弹和无控弹头之间的各种智能弹药大量涌现，成为低成本精确打击的主力军。传统意义上，火控系统与制导系统以离开身管瞬间作为分界点又有了新的问题，火控与制导功能兼备的实时闭环校射火控系统应运而生。实时闭环校射火控系统是将传统火控反馈控制功能一直延伸到弹头的火控系统，兼具传统火控系统及制导控制系统的功能。

在以高技术装备的武器体系相对抗的现代战争中，火控系统是战术 C^3I（指挥、控制、通信与情报）系统的一个重要终端。它搜寻并跟踪指控系统分配给它的目标，依照指控系统的指令及指挥员发射弹头的命令实施射击。

1.2　火控系统功能

为了完成火控系统的任务，火控系统通常包括如图 1.1 所示的功能模块。

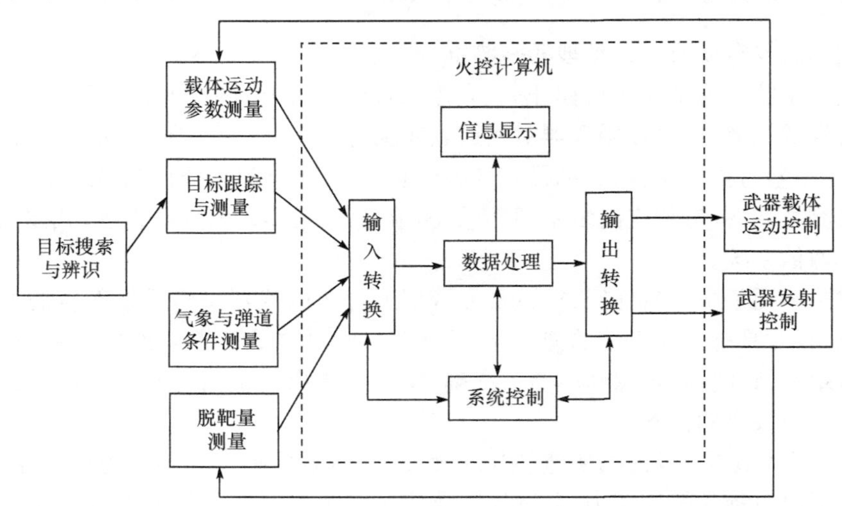

图 1.1　火控系统功能方框图

1. 目标搜索与辨识

火控系统首先根据指控系统关于目标分配的指令或指挥员的命令，在指定的方位或区域内搜索目标，一旦搜索到目标即转入目标辨识，辨明了目标的敌我属性和特性才能进行下一步的工作。

目标搜索与辨识可以由人工或借助观测器材完成，火控系统中常用的观测器材有：雷达、光学仪器、微光夜视仪、红外热像仪、光电跟踪仪、声测机、声呐等。对固定目标还可使用地图，航空、卫星照片等。搜索到目标后，应进一步对目标的类型（车辆、飞机、舰船、导弹、设施、人员等）、型号、数量及敌我属性进行辨识。目标辨识应尽量自动化，在现有条件下，敌我辨识最有效的工具是电子敌我识别器。

2. 目标跟踪与测量

完成目标的搜索和识别后即可对目标进行跟踪与测量。具有较高精度的观测器材都可以用来测量目标位置参数。对于静止的目标，只需测量其位置参数；对于运动的目标，除了要测量其位置参数外，还需测量其运动参数。火控系统中所需的目标运动参数，如速度或加速度，主要靠估值理论，利用目标位置参数的实测值来加以估计，所以必须高精度地跟踪目标，不断地测量目标坐标。

一些特殊的应用场合，火控系统也常利用一些特殊手段来测量运动参数。例如，坦克主动防护系统会采用多普勒效应测量目标相对观测器材的纵向速度，等速圆弧运动假定的火控系统可利用测速陀螺测量目标相对观测器材的角速度等。

3. 气象与弹道条件测量

气温、气压、风速、风向等气象条件参数和弹头初速、药温、弹重等弹道条件参数均会对实际弹道产生影响，必须及时测量，并在求解射击诸元时予以考虑。

弹重偏差标于弹药之上，其余参数通常使用温度计、气压计、风速计、弹头初速测量仪测得。气象雷达与弹头初速测量雷达是目前较为先进的气象与弹道条件测量设备。由于气象条件是对全弹道起作用的，所以要测量不同高度的气象参数。

4. 载体运动参数测量

运载火控与火力系统的车辆、飞机与舰船如果处于运动之中，它们的平移参数（升沉、横移与纵移及其速度）与转动参数（偏航、俯仰、横滚及其角速度）既恶化了观测条件又改变了弹道条件，如不采取隔离与修正举措，势必严重影响射击效果。

利用三轴陀螺系统可以实时地测出偏航、俯仰与横滚三个角速度。在测出上述角速度的同时，令观测轴与武器身管或发射架相对载体做一量值相等、方向相反的运动，则载体的转动即与整个射击过程隔离开来。利用无线电或卫星定位装置、加速度计等可以测知载体的平移量，并在计算射击诸元时考虑其影响。对于振动式的平移，则应采取各种减振举措予以抑制。

为统一指挥分散配置的武器，载体导航系统应不断地向火控系统提供武器位置与基准方位信息，此即武器的定位与定向。

5. 脱靶量测量

由于难以控制的未知与随机因素的广泛存在，出现弹目偏差是难以避免的，这种偏差称为脱靶量。凡是能够观测并估计出脱靶量的观测器材都可用于脱靶量测量。炮兵校射雷达可在其波瓣有效区域内估测出弹头的落点，是一种先进的脱靶量测量工具。相控阵雷达可利用电子扫描实现高速多目标跟踪，可以用于脱靶量测量。摄像设备如能将目标与弹头同摄于一个视场之中，可以采用图像处理技术求取脱靶量。

6. 数据处理

现代火控系统由计算机来完成数据处理工作。这种计算机称为火控计算机，俗称指挥仪。这是火控系统数据处理的核心与中枢，其任务是存储有关目标、脱靶量、气象条件、弹道条件、武器载体的所有数据与信息；估算目标的位置与运动参数；根据弹道方程或存储于火控计算机中的射表求解命中点坐标；计算射击诸元并根据实测的脱靶量修正射击诸元；评估射击效果等。其目的是输出控制指令给武器随动系统，输出操纵指令给自动驾驶仪，并依照显示设备的要求输出数据与信息。

7. 武器发射控制

武器发射控制有两个任务：控制武器到达正确的射击位置；按指挥员命令与指控系统指令规定的方式实施射击。

为了赋予武器射击诸元，通常用电液式或机电式随动系统分别控制武器的方位角与高低角，使之与火控计算机的输出值相一致。如果有设置在弹头上的射击诸元，如引信分划(等价于弹头飞行时间)、飞行距离、转向角、定深与散角等，既可用数字通信方式，在弹头发射前传输给弹内控制舱中的存储器，也可考虑使用随动系统在发射前装定。当武器与其载体完全或部分固连时，如机载火炮、火箭与炸弹，其身管或发射轨完全与飞机固连，此时，火控计算机输出信息应传输给自动驾驶仪，驱动武器的载体向能使弹头命中目标的方向运动。

火控系统只是在求得射击诸元并将其赋予武器后，才给出允许射击的信息，而不形成射击的命令。在火控计算机给出允许射击的信息后，再按指挥员命令与指控系统指令规定的方式实施射击。

8. 信息显示与系统控制

为了充分发挥指挥与操作人员的主观能动性，火控系统中设置有信息显示与系统控制面板。它能直观形象地显示数据处理结果，简捷快速地输入与更新信息，以保证指挥与操作人员可以很方便地干预整个火控系统的控制流程。

9. 信息传输

火控系统各个部分之间以及它同外部的信息传递由有线或无线的、数字或模拟的信息传输与通信设备来完成，它们将火控系统连成一个整体，并成为战术 C^3I 系统的一个有机组成部分。

为了便于火控系统扩充设备、增加功能、升级换代、向下兼容，火控系统必须是一个采用标准接口、规范网络的开放式的系统。作为 C^3I 系统连接起来的整个战场上统一的武器体系的一个终端，火控系统内部通信与外部通信都必须服从整个武器体系所采用的计算机网络所规定的通信协议。

一个实用的火控系统所具有的功能模块的种类与规模是根据其所控制的武器性能与使用环境来设计与装备的。例如，用于停止间射击的武器，其火控系统就无须具有载体运动参数测量的功能；为了减轻重量、降低造价，某些山炮往往不配置武器随动系统，而由炮手按火控计算机给出的射击诸元在火炮上直接装定；由于既能跟踪快速目标又能同时观测高速弹头的设备技术复杂，价格昂贵，过去的高炮系统多不进行脱靶量测量，因而不能自动校射；用于近程反导弹的转管火炮与多联装火炮的火控系统，为了确保弹头的命中率，大多进行脱靶量自动检测，构成自动校射的大闭环火控系统。为了发挥不同观测器材的特点，确保在各种环境中均能获取所需信息，并提高它们在战场上的机动性，经常把多种观测器材组装在同一载体之中，构成相应的侦察车、侦察飞机、空中系留平台等装备。气象观测站(车、船)更集各种气象观测器材于一身，以完成大范围内的气象观测与通报任务。这些载有多种器材的侦察或观测车、船与飞机虽在承担火控系统中的任务，却自成一体独立于火控系统。为充分利用电子数字计算机的功能，可用同一部计算机分时完成火控、指控、制导与导航的任务。上述分析表明，从功能模块上界定火控系统的范围是容易的，但在硬设备上划定火控系统的界限是困难的。至于火控系统的用户，则完全可以根据管理与使用的方便划定火控系统的范畴，并隶属不同的单位，不宜也不可能做出统一的规定。

1.3　火控系统分类

火控系统按其控制的对象分类，有：火炮火控系统、火箭火控系统、导弹火控系统、鱼雷火控系统、水雷火控系统、炸弹火控系统等。就火炮火控系统而言，又可分地炮、高炮、坦克、舰炮、航炮等火控系统。

火控系统按其服役的军种分类，有：地面火控系统、舰船火控系统、航空火控系统、航天火控系统。

火控系统按控制的目标函数分类，有：首发命中体制的火控系统、全射击过程毁伤体制的火控系统。

例如，某型坦克装备了首发命中体制的坦克火控系统，首先该火控系统是坦克火控系统，同时，该火控系统按控制的目标函数分类是首发命中体制的火控系统。

1.4　火控技术发展

对武器射击的控制，由最初使用的准星与表尺，发展到较复杂的射击瞄准具，都是依靠眼睛观测、手动操作的。自动化的火控系统直到第二次世界大战才首先在高炮射击控制中得到应用。当时的高炮火控系统采用了雷达和光学仪器搜索与跟踪目标，机电式模拟计算机进行数据处理，随动系统驱动火炮，并用同步传动装置将上述各个部分连成一个自动化的防空综合体。战后，电子数字计算机逐步取代了机电式模拟计算机，使火控系统的功能大为提高，从仅能控制单个武器或多个相同武器对同一目标用同一诸元射击，发展为可控制不同类型的众多武器有计划地对多个目标用不同诸元射击，如控制高炮与导弹同时对高速的导弹与悬停的武装直升机进行射击。

代表火控系统发展前沿的领域目前有两个：一是集火控、指控、制导、导航为一体的武器综合控制系统，构成一个具有标准接口、规范通信协议的分布式计算机网络是发展武器综合控制系统的前提，而为了实现上述综合控制，一系列网络终端设施、系统软件与应用软件有待向此分布式计算机网络上移植或重新开发；二是实时闭环校射火控系统。随着制导武器、武装直升机、无人机在当代的战场上广泛而大规模地使用，发展反制武器系统已成为一项急迫的任务。由于目标速度快、机动灵活，打击的精确度和时效性要求大幅度提高，需要在发射后继续对飞行中的弹头进行控制，以满足精确打击要求。这又给火控理论、技术、结构与工艺等带来一系列难题，有待解决。

火控系统性能的改进与提高在很大程度上取决于吸收、消化与应用先进的控制、计算机、光电、通信技术；反过来，火控系统的需求也促进了上述诸种相关技术的进步。火控系统作为多种技术产品的综合体，为了利于改型换代、更新部件、扩展功能、向下兼容，必须贯彻标准、执行规范。在火控领域中可望得到广泛应用并能促进火控系统功能得到明显提高的技术有：图像处理技术，它不仅可以提高测量精度，而且可以从中得到有关目标的更多信息；分布式计算机网络与并行数据处理技术，它不仅可以消除单CPU(中央处理器)的瓶颈阻塞现象，提高计算速度，而且能够使信息流程更趋合理；计算机多媒体技术，它可以使人机界面更加友好，为指挥员与操作人员改变火控信息流程提供了方便；定位定向技术，在武器分散配置条件下，欲实现统一集中指挥，为既分散又运动的武器系统实时地指示其位置与基准方向是一项重要任务，卫星定位技术、无线电定位技术、各种陀螺仪在火控系统中均有可能广泛使用；脱靶量测量技术，这是实现闭环校射的技术保证，相控阵雷达、光电图像处理技术均可用于脱靶量测量；热成像技术，这是提高夜间作战能力的重要技术保障；随机穿越特征量控制技术，它为射击门与空域窗的实现提供了基础性的保证；智能控制技术，它可能提高火控系统中的数据处理与状态控制的质量；冗余控制与容错控制技术，它从控制技术的角度出发，为提高系统的可靠性提供了有效的技术途径。

1.5　火控理论研究范畴

控制武器的射击诸元，使其发射或投掷的弹头能进抵预测的命中点的理论称为火控理论。

虽然火控系统是多种高技术及其产品的综合体，但火控理论却不能也不应是控制理论、计算理论、电子理论、光电理论、信息与通信理论的剪辑与堆砌。火控理论与任何其他理论一样，有着它自己所独有的研究命题与范畴，并在这特定的命题与范畴内形成一套已经用于指导火控系统设计与研制的理论体系。上述关于火控理论的定义，不但明确了火控理论的核心命题与主要研究范畴，而且明确了它与邻近学科有关理论的差异。举例说，仅仅控制武器的姿态角使之与火控计算机输出的射击诸元相一致，这是随动系统设计理论所讨论的课题；控制弹头与目标相遇，这是制导理论所研究的领域；给定命中点计算火炮的射击诸元，则属于弹道学所研究的范畴。各种目标坐标、弹道与气象条件测量装置的设计理论均不属于火控理论。就连火控计算机本身也属火控系统的选件，其工作原理同样不属于火控理论。

根据前述的火控理论的定义，火控理论应该包含三方面的内容：目标、弹头与武器载体信息的处理；观测装置、武器与载体的控制策略；火控系统总体优化。

弹头应进抵的那个命中点乃是发射弹头瞬时预测的、在未来瞬时目标与弹头的相遇点。这点既在航迹上又在弹道上。为了获得这个命中点的信息，必须对收集到的有关目标与弹头的信息做相应的处理，以期得到武器射击诸元。在这方面的理论内容有：①目标信息(目标类型、型号、数量、敌我、位置、运动参数)的辨识与提取。当前有两个重要课题：目标图像辨识、跟踪与运动参数的提取；战场目标信息融合，即将多传感器测得并用各种不同形式提供的有关同一个目标的信息归纳在一起，并以此为依据判断目标的性质，决定目标的运动状态。②目标航迹的建模与目标状态的滤波及预测。③弹道方程或射表的处理。即将弹道方程或射表转换成利于求解命中点的形式。④命中方程的建立、分析与求解。⑤武器载体的运动对射击扰动的分析与补偿；利用武器载体的运动改善射击条件。⑥脱靶量建模与估计。⑦射击诸元校正算法。

目标与脱靶量的原始信息来源于观测装置的跟踪与测量，火控计算机作为信息处理的终端，它计算的射击诸元要通过武器随动系统赋予武器本身，它计算出的载体运动指令要传输给载体导航系统。这表明，火控理论作为自动控制理论的一个特定分支，它应包括：①火控系统中的控制系统（目标跟踪控制系统、武器随动系统）的校正与补偿；②武器载体对火控系统的扰动与武器随动系统对目标跟踪控制系统的扰动，以及对扰动的解耦；③基于射击需求的武器载体运动控制策略。

火控系统作为一种实时的、多传感器、多被控量的武器控制系统，还存在着总体优化理论，这包括：①火控系统射击效能指标体系的建立与分析。②射击体制的论证。例如，首发命中条件论证；整个射击过程毁伤条件论证。这方面，当前的一个重要课题是射击门与未来空域窗的分析与论证。③武器校射理论。实时闭环校射是当前一个重要研究课题。④精度分析与匹配。⑤火控系统反应时间分析与设计。⑥火控系统人机界面的分析与设计。除了控制面板之外，当有人参与目标跟踪时，还涉及人的跟踪特性分析与设计问题，具体言之，当用头盔瞄准具时，应研究人眼与脖颈的跟踪特性，而当用操纵杆等录入目标数据时，应研究人手的操纵特性。

现代战争对武器系统性能的要求越来越高，现代科技的发展也使武器系统的性能日益提高。火控系统在开拓与发挥武器系统性能上起着关键的作用，可以断言，火控系统在武器系统中的作用与地位将与日俱增。然而，作为火控系统核心的火控计算机，由于超大规模集成电路的集成度与运算速度的突飞猛进，它本身可能微缩成若干模块而分置于相关系统之中，也就是说，火控计算机作为一个完整的实体当会消亡。

本章小结与学习要求

武器研发的重要任务之一就是为硬杀伤武器配备先进的火控系统，因此，火控理论的研究是一项重要的基础性工作。

通过本章的学习，需要了解火控系统的基本概念、分类与主要组成部分；了解火控系统理论研究的范畴。

习题与思考题

1. 火控系统的基本组成包括哪些？其中火控计算机必须包含哪些模块？

2. 火控系统发展的前沿领域有哪些？各有什么优点？

3. 火控系统的总体优化包括哪几个方面？

参考文献

薄煜明，郭治，钱龙军，等. 2012. 现代火控理论与应用基础. 北京：科学出版社.

郭治. 1996. 现代火控理论. 北京：国防工业出版社.

第 2 章　目标航迹处理

通过目标探测设备可以获得目标运动轨迹上的一系列位置测量点，获取目标航迹就是实现对目标运动状态的估计，而目标的航迹处理即是指利用一个或多个探测设备获取的目标位置量测，实时估计目标的运动状态（如目标的位置、速度、加速度等信息）。

火力控制系统的目标是精确地控制火炮的发射（包括射击方向、弹丸飞行时间等），使得发射出的弹丸能够命中目标。由于弹丸在空中具有一定的飞行时间，要想让弹丸命中空中运动的目标，需要在目标运动方向上提前一定的角度，即射击提前量。而目标在弹丸飞行的这段时间运动到什么位置是一个随机量，因此需要通过积累目标过去一段时间的位置量测，分析目标的运动规律，进而采用一种实时而准确的估计方法求解目标的运动状态，并精确预测目标未来点的位置，从而为准确地控制火炮发射方向和令弹丸命中目标创造条件。

本章首先讨论了目标航迹及其测量装置的建模问题，由于目标机动性能日渐提高，目标测量装置日趋复杂，故对工程中常用的几种目标运动模型和测量模型进行了论述和分析；其次，对最小方差估计和卡尔曼滤波的基本概念和原理进行了论述，并将标准的卡尔曼滤波推广为航迹噪声与测量噪声具有相关性的一般形式的卡尔曼滤波；接着，针对待估计的目标状态与测量呈非线性关系时的几种非线性估计方法进行了论述；然后，对几种多模型滤波方法进行了讨论；最后，对目标航迹处理中常用的性能检测方法进行了概述。

2.1　目 标 跟 踪

火控系统中对目标状态的估计离不开探测设备对目标的跟踪。所谓目标跟踪就是在保证目标尽可能位于探测设备跟踪视野之内的前提下，利用探测设备所采集的目标量测，建立并维持对目标当前运动状态的估计。这里讨论的状态主要是指目标运动参数，如目标当前的位置、速度、加速度等信息。

对于任何一部侦查与探测装置而言，其所提供的信息中既含有目标的信息，还含有众多的干扰噪声，包括目标运动的背景噪声（如大气扰动）、敌方有意设置的干扰噪声以及侦查与探测装置本身的仪器噪声等。这些噪声可能具有正态特性，也可能具有其他随机特性，因此利用对目标的位置量测建立起目标航迹，实现对目标的跟踪，就需要设计一种理想的状态估计模型与方法，滤除测量信息中的众多噪声。

在作战区域内，敌方会部署种类繁多、数量巨大的武器装备（如飞机、导弹、舰船、坦克、火炮、雷达、补给设施等）、作战人员及指挥机关。为了摧毁这些目标，首先应配置一定数量、多样类型、功能齐备的探测装置去搜寻它们，即目标搜索；在搜寻到敌方目标后，需确定敌方目标位置及性质，即目标辨识；目标位置及性质确定后，要进一步估计所有敌方目标中的每一个目标对我方完成战斗任务的威胁程度，即威胁度估计；再根据此威胁程度与我方武器的战术与技术性能，规定我方各个作战单元应对付的敌方目标，即目标分配。目标搜索、目标辨识、威胁度估计以及目标分配一般应是作战指挥系统所应完成的任务，由于作战指挥系统要完成整个作战区域内的目标分配任务，所以它所配置的侦查与探测装置必须覆盖广阔的区域，测量精度较低，因此所分配的目标位置往往是概略的，无法达到精确控制火炮发射的目的。

对于武器火力控制系统，必须保证发射的弹头能够进抵目标区域。我方作战单元在接收到上级分配的目标后，需要利用武器系统本单元的测量装置，在上级下达的目标概略位置近旁做小范围的搜索；在火控系统的测量装置捕捉到目标以后，还必须精确地对目标进行航迹跟踪，不断为火控计算机提供目标的实时运动状态参数，以保障火控计算机解算出敌方目标的提前点位置，并调整武器系统状态以达到预期的作战目的。因此，对于武器系统而言目标航迹跟踪精度将直接影响火控解算精度与弹头命中率。

2.1.1　目标跟踪的基本环节

对运动目标的跟踪一般包括以下几个基本环节。

1. 目标搜索

指挥控制系统下发给武器系统的目标概略方位往往误差较大，武器系统跟踪设备仍需在目标概略位置附近进行搜索，以便尽早发现目标，为精确跟踪装置快速捕获目标提供目标方位引导。常见目标搜索装置有搜索雷达，白光、红外、微光搜索设备以及声测机等。

为使目标精确跟踪装置能够在跟踪视野范围内迅速发现目标，目标搜索装置的搜索误差应当小于跟踪装置的可视范围，否则搜索装置的引导将无意义。对于搜索装置在探测能力的要求上，应能探测得尽可能远，角度范围尽可能大，从而可以在尽可能大的范围内尽快搜索到目标，为缩短系统反应时间创造条件。

2. 目标位置探测

即对目标位置的精确探测，可采用边跟踪、边扫描方式探测目标位置信息。目标的位置探测信息，包括高低角、方位角、距离等。常见的位置探测装置有跟踪雷达、激光测距机以及白光、红外、微光跟踪设备等。

为保证对目标的精确跟踪，跟踪系统必须有极强的方向性，即要求发射波束的疏散角很小，或者接收的视场角很小(几度的视场)，从而可使用高倍率观测设备，使得探测距离尽可能远，分辨率和探测精度尽可能高。

3. 量测转换

对目标的测量要建立坐标系，坐标系的定义有多种形式，如地面坐标系、地心坐标系、载体坐标系、载体运动坐标系。武器系统不同测量设备之间的数据进行通信、融合时，必须实现坐标系的转换与统一，进而为目标状态的估计提供输入信息。

4. 目标动态建模

即对目标运动的数学假定，或者说是假设目标以何种方式飞行，如等速直线飞行、等加速飞行、变加速飞行、俯冲等。目标动态模型的建立往往是根据所跟踪的目标运动特性和实际工程经验预先假定的，因此任何一种假定均存在经验基础和估计风险。

5. 状态估计

即利用一种估计算法获得目标的运动状态。通过状态估计，可以实现对目标未来位置及状态的预测，为火控系统射击诸元的求解提供依据。

6. 状态预测与数据关联

对目标的状态预测就是根据对目标当前的状态估计以及目标动态模型假定，对目标未来时刻的信息(如目标未来点位置)进行估计；数据关联即利用概率统计的方法，判断最新的采样点与所建立的目标航迹的隶属关系，为维持对目标的跟踪提供决策。

由目标跟踪的上述环节可见，武器系统对目标的跟踪是以对目标的航迹数据处理为基础的，只有正确地建立了目标的运动模型、采用正确的目标状态估计算法、正确地预测目标未来点，并正确地判断最新量测与目标航迹间的隶属关系，方能准确、稳定地维持对目标的跟踪。因此，对目标的跟踪也是对目标航迹的跟踪。

2.1.2　常用术语

如图 2.1 所示，假设探测装置(雷达、声呐、各种光学与光电跟踪仪等)所采集的目标位置点为 T，则通过测距装置、测角装置所采集的$(D_T,\beta_T,\varepsilon_T)$分别为对目标斜距离、方位角、高低角的测量值。目标高低角 ε_T 为目标位置矢量$\overrightarrow{OT}$与水平面 $O\text{-}xy$间的夹角，在水平面上方为正，在水平面下方为负；方位角 β_T 为位置矢量$\overrightarrow{OT}$

在水平面投影$\overrightarrow{OT'}$与 x 轴的夹角，逆时针旋转为方位角增大方向。所测量的$(D_T,\beta_T,\varepsilon_T)$为对目标的极坐标测量值，转换为直角坐标测量值记为$(x_T,y_T,h_T)$。且有

$$\begin{cases} x_T = D_T\cos\varepsilon_T\cos\beta_T \\ y_T = D_T\cos\varepsilon_T\sin\beta_T \\ h_T = D_T\sin\varepsilon_T \end{cases} \tag{2-1}$$

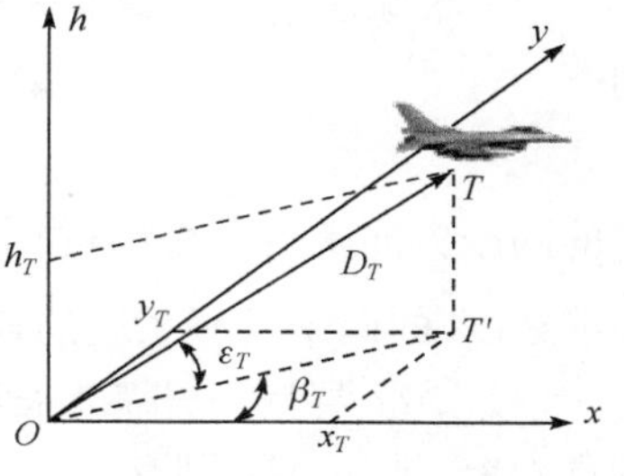

图 2.1　目标三维测量示意图

再如图 2.2 所示，假设图中白色方框区域为探测装置扫描区域，目标现在中心点为 T。为了能够更进一步地阐述有关航迹跟踪的概念，这里界定几个常用术语。

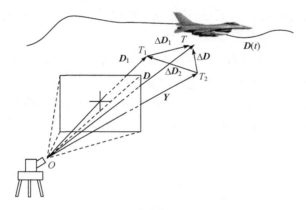

图 2.2　目标跟踪矢量示意图

(1) 瞄准矢量与瞄准线——以测量装置的回转中心 O 为始端，以目标中心 T 为终端的矢量称为瞄准矢量，又称观目矢量，记为 $\boldsymbol{D}=\overrightarrow{OT}$。而与 $\boldsymbol{D}$ 相重合的半直线称为瞄准线。对运动目标而言，矢端曲线 $\boldsymbol{D}(t)$为目标运动轨迹。

(2) 跟踪线与跟踪矢量——以测量装置的回转中心 O 为始端，接收目标信息的最佳方向线称为跟踪线$\overrightarrow{OT_1}$。例如，对光学测量装置而言，它是物镜的中轴线；对激光测距机而言，它是激光光束的中心线；对雷达而言，它是天线的中性线(测量线)。

所谓跟踪目标就是驱动跟踪线$\overrightarrow{OT_1}$随动于瞄准线$\overrightarrow{OT}$。这就是说，瞄准线是跟踪线的理想位置。当两者重合时，其距离测量效果最佳；否则，测距精度会有所下降。在跟踪线方向上，测量装置所收集到的目标距离信息记为$D_1=|OT_1|$，称沿着跟踪线方向上的矢量 $\boldsymbol{D}_1=\overrightarrow{OT_1}$为跟踪矢量。显然，瞄准矢量 $\boldsymbol{D}$ 是跟踪矢量 $\boldsymbol{D}_1$ 的理想矢量。

(3) 跟踪误差——瞄准矢量 $\boldsymbol{D}$ 与跟踪矢量 $\boldsymbol{D}_1$ 之差称为跟踪误差，记为 $\Delta\boldsymbol{D}_1$，则有

$$\Delta\boldsymbol{D}_1=\boldsymbol{D}-\boldsymbol{D}_1 \tag{2-2}$$

它的两个方向上的分量(方位向跟踪误差与高低向跟踪误差)是跟踪线$\overrightarrow{OT_1}$随动于瞄准线$\overrightarrow{OT}$的两个伺服系统的最原始的驱动信号。

(4) 瞄准误差——瞄准矢量 $\boldsymbol{D}$ 与它的实测值 $\boldsymbol{Y}$ 之差为瞄准误差，也称为目标测量误差，记为 $\Delta\boldsymbol{D}$，则有

$$\Delta\boldsymbol{D}=\boldsymbol{D}-\boldsymbol{Y} \tag{2-3}$$

显然，瞄准矢量也是其实测值的理想值。

在火控计算机中，命中点的估计、射击诸元的求解均使用目标位置的实测值，亦即瞄准矢量的实测值 $\boldsymbol{Y}$，故而，直接影响火控解算精度与弹头命中率的误差是瞄准误差 $\Delta\boldsymbol{D}$，而不是跟踪误差 $\Delta\boldsymbol{D}_1$。

由于瞄准线$\overrightarrow{OT}$既通过测量装置又通过不为我操纵的敌方目标，故而不易直接测量。然而，跟踪线$\overrightarrow{OT_1}$却完全固连在测量装置之上，若在其回转轴上设置两个轴角测量装置即可方便地测出其方位角与高低角。设利用轴角编码器测得的方位角为 β_2，高低角为 ε_2，并记获取 β_2 与 ε_2 瞬时目标斜距离为 D_2。记 $\boldsymbol{D}_2$ 为跟踪矢量的实测值，则

$$\boldsymbol{D}_2=\begin{bmatrix} D_2 \\ \beta_2 \\ \varepsilon_2 \end{bmatrix} \tag{2-4}$$

由于传感器在安装中必然存在安装误差，同时读入计算机时也会存在一定的量化误差，因此矢量 $\boldsymbol{D}_2$ 与 $\boldsymbol{D}_1$ 不一定完全一致，记 $\Delta\boldsymbol{D}_2$ 为跟踪矢量的测量误差，即

$$\Delta\boldsymbol{D}_2=\boldsymbol{D}_1-\boldsymbol{D}_2=\begin{bmatrix} D_1-D_2 \\ \beta_1-\beta_2 \\ \varepsilon_1-\varepsilon_2 \end{bmatrix} \tag{2-5}$$

其统计特性表征的是跟踪矢量测量装置的精度。

在实际应用上，经常把跟踪矢量的实测值 $\boldsymbol{D}_2$ 作为瞄准矢量的实测值 $\boldsymbol{Y}$，即令

$$\boldsymbol{Y}=\boldsymbol{D}_2 \tag{2-6}$$

并在火控计算机中直接加以利用。此时，瞄准误差 $\Delta\boldsymbol{D}$ 为

$$\Delta\boldsymbol{D}=\boldsymbol{D}-\boldsymbol{Y}=\boldsymbol{D}-\boldsymbol{D}_1+\boldsymbol{D}_1-\boldsymbol{D}_2=\Delta\boldsymbol{D}_1+\Delta\boldsymbol{D}_2 \tag{2-7}$$

是跟踪误差 $\Delta\boldsymbol{D}_1$ 与跟踪矢量测量误差 $\Delta\boldsymbol{D}_2$ 之和。此时，若误差特性已能满足要求，这的确不失为一种简洁的好办法。倘若不能满足精度要求，则应进一步找出式(2-7)所给出的瞄准误差中能够在跟踪过程中被实时地计算出来的确定性成分(如测量设备的系统偏差)：

$$\boldsymbol{B}=\begin{bmatrix} b_1 \\ b_2 \\ b_3 \end{bmatrix} \tag{2-8}$$

称 $\boldsymbol{B}$ 为校正矢量。令瞄准矢量的实测值 $\boldsymbol{Y}$ 为

$$\boldsymbol{Y}=\boldsymbol{D}_2+\boldsymbol{B} \tag{2-9}$$

此时瞄准误差为

$$\Delta\boldsymbol{D}=\boldsymbol{D}-\boldsymbol{D}_2-\boldsymbol{B}=\Delta\boldsymbol{D}_1+\Delta\boldsymbol{D}_2-\boldsymbol{B} \tag{2-10}$$

由于 $\boldsymbol{B}$ 是误差的已知成分，且已由误差移入实测值之中，因而将明显地提高瞄准矢量的测量精度。至于，$\boldsymbol{B}$ 是否存在？若存在，它具有什么样的物理意义？能否检验与计算？又如何检验与计算？这完全决定于测量装置本身的工作原理与特性，难以统而论之。

跟踪线与瞄准线虽然同具一个始端（测量装置的回转中心），但前者是固连在测量装置的某个部件上，而后者的另一端却在目标中心，因此用两个轴角测量装置可直接测量跟踪线方向，而不能直接测量瞄准线方向。另外，传输给火控计算机用于预测命中点和求解射击诸元的量是瞄准矢量的实测值，即目标位置的实测值，因此直接影响火控精度与弹头命中率的误差是瞄准误差，而非跟踪误差。如前所述，后者是驱动跟踪线随动于瞄准线的控制信号。然而，多数型号的火控系统是将跟踪矢量的实测值作为瞄准矢量的实测值传输给火控计算机的，即认为式(2-6)是可以接受的。基于这种情况，很多文献将瞄准线与跟踪线混为一谈。然而，一旦如式(2-9)所示，用校正后的跟踪矢量实测值作为瞄准矢量的实测值时，跟踪矢量与瞄准矢量这两个概念就必须明确区分。

2.1.3　实例说明

如图 2.3 所示，现以光电跟踪系统为例来说明上述诸种概念与公式。

这里不妨假定摄像光路与激光光路共轴，即摄像机物镜中轴线也是激光光束的中轴线。记目标中心 T 在以摄像机物镜回转中心 O 为原点的地理球坐标系内的坐标是 $(D,\beta,\varepsilon)^{\mathrm{T}}$，显然

$$\boldsymbol{D}=\begin{bmatrix} D \\ \beta \\ \varepsilon \end{bmatrix} \tag{2-11}$$

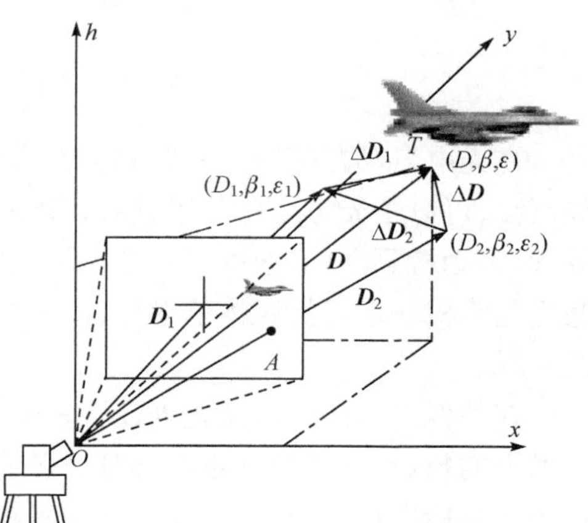

图 2.3　光电跟踪系统坐标系示意图

即为瞄准矢量，即观目矢量。式中，D 为观目距离，β 为方位角，ε 为高低角。记

摄像机物镜中轴线的方位角为 β_1、高低角为 ε_1。当作战指挥系统下发目标方位角与高低角的概略值给武器系统之后，目标搜索装置在目标概略位置近旁的空间范围内寻找目标，在自动搜索模式下可按预先设定的运动方式进行扫描搜索，在搜索到目标并识别确认为敌方目标后，便立即为目标跟踪装置进行导引，其作用是使目标跟踪装置尽快捕获并跟踪指定目标。常见的目标搜索装置包括搜索雷达，以及可见光、红外、微光、全景光电设备等。现代火控系统一般都采用多种搜索手段，以适应复杂的战场环境和提高搜索目标的可靠性。

目标跟踪装置依据目标搜索装置给出的目标导引信息实现目标捕获，进而对目标进行精确跟踪，一旦捕获到目标，就连续不断地跟踪、测定目标坐标(方位角、俯仰角、距离)，实时获取目标现在点位置信息。常见的目标跟踪装置包括跟踪雷达、光电跟踪系统。跟踪雷达的原理详见雷达相关著作；光电跟踪系统具有测角精度高的优点，在火控系统中得到广泛应用。光电跟踪系统的组成一般包括摄像机、图像处理器、伺服系统、激光测距机等，如图 2.4 所示。摄像机可采用可见光、红外、微光等，常采用多观测器的方式，以适应昼夜环境，提高环境适应能力。

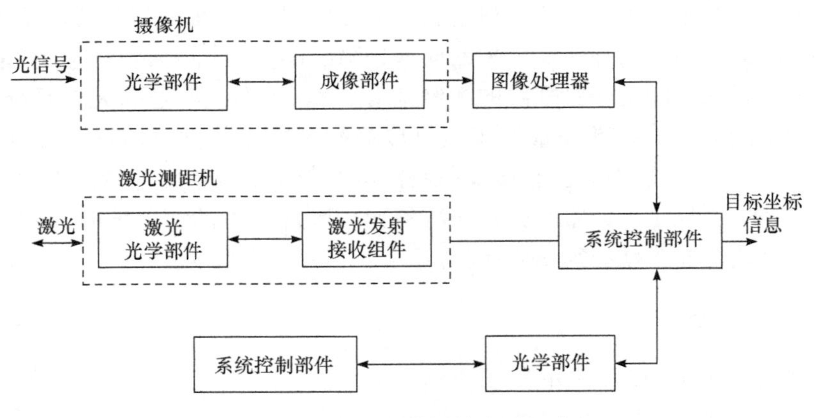

图 2.4　光电跟踪系统主要组成

在光电自动跟踪中，根据目标导引信息调整光轴的指向，目标进入摄像机视场，此后可以令光电跟踪装置进入正常的自动跟踪，采用图像处理算法对图像进行处理，自动检测目标，获取目标在视场中的角偏差信息，即图像偏移校正矢量；采用激光测距机获取目标距离信息；进而不断驱动光轴指向目标，即驱动跟踪线随动于瞄准线。

在图像平面的中心位置处设置一个“十”字线，以此“十”字线中心作为光轴在图像上的投影，图像自动跟踪的任务就在于驱动 β_1 和 ε_1，使上述“十”字线尽可能地压住目标影像的质心。此时，激光测距系统的激光光束能够与目标投影产生重叠，从而能够测得目标的距离值 D_1。显然

$$\boldsymbol{D}_1=\begin{bmatrix}D_1\\ \beta_1\\ \varepsilon_1\end{bmatrix} \tag{2-12}$$

即为跟踪矢量。相应地

$$\Delta\boldsymbol{D}_1=\boldsymbol{D}-\boldsymbol{D}_1=\begin{bmatrix}D-D_1\\ \beta-\beta_1\\ \varepsilon-\varepsilon_1\end{bmatrix} \tag{2-13}$$

为跟踪误差。由于控制 β_1 与 ε_1 分别随动于 β 与 ε 的两个随动系统都不可避免地存在着惯性与阻尼，要求 $\Delta\boldsymbol{D}_1\to 0$ 是不可能的。又设 β_2 与 ε_2 为与方位向和高低向回转轴分别连接的两个轴角编码器的读数，且为已量化后的值，在图 2.3 中即为向量$\overrightarrow{OA}$所指向的角度（注：在实际工程中，$\overrightarrow{OA}$与向量 $\boldsymbol{D}_1$ 不一定会像图 2.2、图 2.3 中所示的误差这么明显，这里仅是为了在图中能够更为清晰地表达误差关系）。记 D_2 为量化 β_1 与 ε_1 瞬时的目标斜距离，由于目标反射激光的瞬时不一定是量化 β_1 与 ε_1 的瞬时，为了得到 D_2，可用若干个瞬时的 D_1 进行插值。显然

$$\boldsymbol{D}_2=\begin{bmatrix}D_2\\ \beta_2\\ \varepsilon_2\end{bmatrix} \tag{2-14}$$

为跟踪矢量的实测值。而

$$\Delta\boldsymbol{D}_2=\boldsymbol{D}_1-\boldsymbol{D}_2=\begin{bmatrix}D_1-D_2\\ \beta_1-\beta_2\\ \varepsilon_1-\varepsilon_2\end{bmatrix} \tag{2-15}$$

为跟踪矢量的测量误差。

如果以跟踪矢量的实测值 $\boldsymbol{D}_2$ 作为瞄准矢量 $\boldsymbol{D}$ 的实测值，直接传输给火控计算机去估计目标状态与计算射击诸元，则瞄准矢量的瞄准误差

$$\Delta\boldsymbol{D}=\boldsymbol{D}-\boldsymbol{D}_2=\boldsymbol{D}-\boldsymbol{D}_1+\boldsymbol{D}_1-\boldsymbol{D}_2=\Delta\boldsymbol{D}_1+\Delta\boldsymbol{D}_2 \tag{2-16}$$

是跟踪误差 $\Delta\boldsymbol{D}_1$ 与跟踪矢量的测量误差 $\Delta\boldsymbol{D}_2$ 之和。

对于具有图像实时处理功能的光电跟踪系统，可通过图像跟踪处理算法实时逐帧获取光电成像平面内目标与“十”字线中心的偏移量，如图 2.5 所示，即计算目标中心在方位向和俯仰向上的图像偏移量。

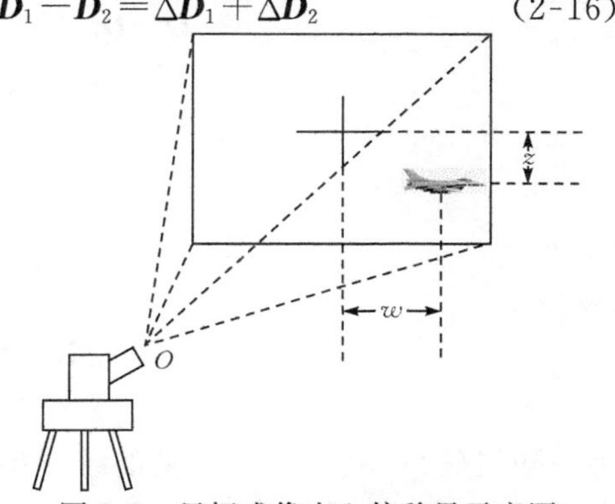

图 2.5　目标成像中心偏移量示意图

常见的图像跟踪算法包括质心跟踪、边缘跟踪、相关跟踪等，已得到广泛使用。

近年来典型图像跟踪算法包括核相关滤波跟踪、基于深度神经网络的跟踪等。不同图像跟踪算法所使用的特征信息、技术手段存在差异，但其共性原理可表述为目标描述和目标定位。目标描述是指选用合适的特征定义要跟踪的目标，建立目标模型，并在跟踪过程中更新目标模型。特征的选取对实现稳定跟踪至关重要，良好的特征应具有可分性强的特点，即与其他目标和背景区分明显，通常使用全局特征(颜色、纹理、形状等)、局部特征(关键点、局部图像块等)、运动特征(光流等)、深度特征等。目标定位是在序列帧图像中通过特征匹配、帧间关联等方式寻找目标的最佳对应，实时获得目标在当前帧图像中的位置。图像跟踪在工程应用中面临的难点为在目标姿态变化、目标被遮挡、光照变化、复杂背景干扰、类目标干扰等情形下实现稳定跟踪。

如果已知光电跟踪系统成像装置的放大倍率 k_0，则可通过下式求解目标图像偏移校正矢量：

$$\boldsymbol{B}=\begin{bmatrix}0\\\Delta\beta'\\\Delta\varepsilon'\end{bmatrix}=\begin{bmatrix}0\\\beta_1'-\beta_1\\\varepsilon_1'-\varepsilon_1\end{bmatrix}=\begin{bmatrix}0\\k_0w\\k_0z\end{bmatrix}\tag{2-17}$$

因此

$$\begin{cases}\beta_1'=\beta_1+k_0w\\\varepsilon_1'=\varepsilon_1+k_0z\end{cases}\tag{2-18}$$

为通过图像处理求解得到的目标现在点角度。在整个图像跟踪过程中，对采集的每帧图像进行实时处理，则矢量 $\boldsymbol{B}$ 可实时求得。如果以跟踪矢量的实测值与图像校正矢量 $\boldsymbol{B}$ 之和作为瞄准矢量实测值，即令

$$\boldsymbol{Y}=\boldsymbol{D}_2+\boldsymbol{B}\tag{2-19}$$

$\boldsymbol{Y}$ 即为对目标当前位置的极坐标测量值，且瞄准误差 $\Delta\boldsymbol{D}$ 有

$$\begin{aligned}\Delta\boldsymbol{D}&=\boldsymbol{D}-\boldsymbol{Y}\\&=\boldsymbol{D}-(\boldsymbol{D}_2+\boldsymbol{B})\\&=\boldsymbol{D}-\boldsymbol{D}_1-\boldsymbol{B}+\boldsymbol{D}_1-\boldsymbol{D}_2\\&=\begin{bmatrix}D-D_1\\\beta-\beta_1'\\\varepsilon-\varepsilon_1'\end{bmatrix}+\Delta\boldsymbol{D}_2=\Delta\boldsymbol{D}_1'+\Delta\boldsymbol{D}_2\end{aligned}\tag{2-20}$$

式中

$$\Delta\boldsymbol{D}_1'=\begin{bmatrix}D-D_1\\\beta-\beta_1'\\\varepsilon-\varepsilon_1'\end{bmatrix}\tag{2-21}$$

为一随机矢量，其第一个元素的统计特性表征的是激光测距精度；而第二与第三个元素分别表示瞄准线由目标真实质心到目标影像质心的方位与高低向的偏差

量,其统计特性表征的是图像处理精度,其误差的最大值是图像灰度阵的列与列、行与行间隔所对应的视场张角的一半,因而也可以认为是光电跟踪系统的图像分辨力。

从此例中还可发现一个重要事实:在具有图像实时处理功能的光电跟踪系统中,当以跟踪线的实测值与图像校正矢量之和作为瞄准线的实测值时,只要目标在图像视场之中,其瞄准误差将如式(2-20)所示,其精度将只与轴角编码器的精度和图像分辨力有关,而与目标在图像上的位置无关。在跟踪过程中,瞄准误差与目标在图像上的位置无关就意味着与跟踪线的两个伺服系统的动态误差无关,因此,采用光电跟踪系统,为跟踪线伺服系统的设计、制造提供了宽松条件。

2.2 航迹模型

对某个运动目标的一个航次而言,其运动轨迹可用该目标的瞄准矢量 $\boldsymbol{D}(t)$, $t\in(-\infty,\infty)$来描述,如图 2.6 所示。

图中,实线表示 $\boldsymbol{D}(t)$,黑点表示其测量值 $\boldsymbol{Y}(t)$。在整个航路中,若在 $t\in[t_0,t_0+T_M]$的区间内目标是被跟踪的,则其测量值$\boldsymbol{Y}(t)$,$t\in[t_0,t_0+T_M]$是已知的。设在 t_0+T_M 瞬时发射弹头,欲毁伤敌方目标,在弹头飞行 t_f 时间以后,应于 $\boldsymbol{D}(t_0+T_M+t_f)$处,弹头与敌方目标相遇。解决这一相遇问题的关键是:以瞄准矢量 $\boldsymbol{D}(t)$在 $t\in[t_0,t_0+T_M]$上的实测值$\boldsymbol{Y}(t)$及其他可能得知的信息(如敌目标的类型、型号、战斗任务等)为依据,外推目标的未来位置,即未来的瞄准矢量 $\boldsymbol{D}(t_0+T_M+t_f)$的估值。在跟踪开始瞬时 t_0 之前,直至发射瞬时 t_0+T_M,应根据验前的知识,或者再加上已经测得的目标信息,给出在$t\in[t_0,t_0+T_M+t_f]$的整个时间区间上航迹的数学模型,这是解决上述外推问题的必要条件。建立航迹数学模型的另一等价提法是给出目标运动假定。

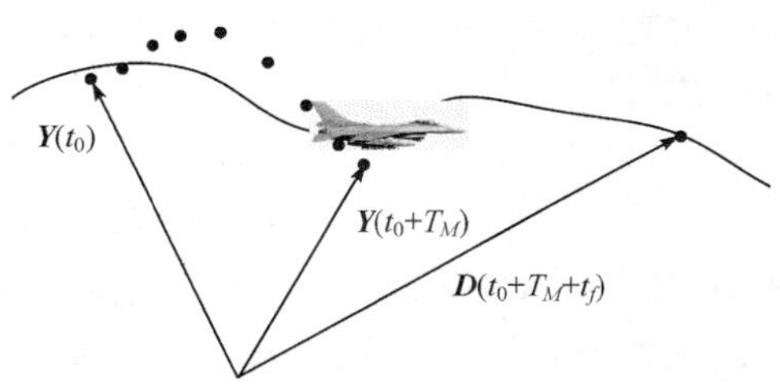

图 2.6　目标运动轨迹与测量点示意图

很显然,对完全由敌方控制与操纵的目标的运动轨迹作出某些验前的假定,这种假定与未来实际航路的符合程度难以保证,不仅误差可能较大,甚至失败的风险也不小。然而,从另一角度来看,敌方目标为了执行既定的任务,其相应的控制或驾驶策略大都期望它的运动轨迹服从某种用确定性函数描述的运动规律。例如,执行巡航任务的飞机、舰船,在某个特定速度下的直线运动将能保证它有最大的巡航距离;对飞机而言,为达到最大巡航距离的目的,其速度和巡航高度都是由其本身特性所规定的;当飞机对某点执行侦察任务时,其最佳的运动状态是绕该点做等高、等速圆弧运动；倘若目标是已进入我雷达波束范围内的反辐射导弹，它一旦测定出波束方向，即以最大加速度，沿着一条直线冲向雷达；行进间的车辆、坦克的运动轨迹则受到地形、地物与战斗队形的制约，而在山区，它们更受到道路的制约。在目标的运动规律中，除因受其执行任务的制约而存在着确定性成分外，还存在着随机成分，即目标的无意机动与有意机动。无意机动是由于目标对环境改变的鲁棒性不强所导致的目标随机运动，如大气波动对空中目标的扰动、浪涌对舰船的扰动、路面不平对车辆的扰动等均属此类，它们大都可以用一个方差不大的平稳随机过程来描述。有意机动是在战斗(格斗)过程中为了击毁对方、保全自己而特意设置与制造的、变化急剧的随机运动，如敌我格斗中的冲击与回转、飞机的反高射机动等均属此类，它往往需要一个方差发散的不平稳随机过程来描述。由于目标本身的过载与机动能力是有限的，当有人驾驶目标时，人所能承受的加速度更是有限的，所以目标的机动，包括有意机动也是受限制的。考虑到上述诸种限制后所建立的航迹数学模型，虽说与实际航迹仍会有一定的偏差，但已可以接受，应认为是有效的。

为能直接应用现代估计与控制理论，现代的航迹模型多由状态方程与输出方程构成，即

$$\begin{cases}\dot{\boldsymbol{X}}(t)=\boldsymbol{F}[\boldsymbol{X}(t),\boldsymbol{U}(t),\boldsymbol{W}(t),t]\\ \boldsymbol{D}(t)=\boldsymbol{H}[\boldsymbol{X}(t),t]\end{cases}\tag{2-22}$$

式中，$\boldsymbol{X}(t)\in\mathbf{R}^n$ 是目标运动状态变量；$\boldsymbol{U}(t)\in\mathbf{R}^l$ 是目标的控制策略；$\boldsymbol{W}(t)\in\mathbf{R}^r$ 是经白化处理后的驱动噪声；$\boldsymbol{D}(t)$是目标运动轨迹，对空中目标，$\boldsymbol{D}(t)\in\mathbf{R}^3$，对水面、地面目标，$\boldsymbol{D}(t)\in\mathbf{R}^2$。

这里必须提醒一点，式(2-22)所给出的航迹状态模型虽说不是唯一的，但必须同时满足下列两个条件，才能认为是状态模型，即：

(1) 无后效性条件：在 $\boldsymbol{X}(t_0)$为一已知矢量的条件下，$\boldsymbol{X}(t)$在 $t>t_0$ 时的值与在 $t<t_0$ 时的所有 $\boldsymbol{U}(t)$、$\boldsymbol{W}(t)$的值无关；

(2) 最小阶条件：不存在小于 n 维的 $\boldsymbol{X}(t)$仍能满足的状态方程。

只要上述两个条件有一个不能满足，就不是状态模型。

由于现代火控计算机均使用数字计算机，为了数字计算的需要，还须做两件事：一是将式(2-22)给出的航迹状态模型离散化为

$$\begin{cases}\boldsymbol{X}(k+1)=\boldsymbol{F}'[\boldsymbol{X}(k),\boldsymbol{U}(k),\boldsymbol{W}(k),k]\\ \boldsymbol{D}(k)=\boldsymbol{H}[\boldsymbol{X}(k),k]\end{cases}\tag{2-23}$$

二是将观目矢量(瞄准矢量)向某一坐标系投影。现假定目标测量装置是静止的，也就是说，瞄准矢量始端 O 是固连在大地上的。当以地理直角坐标系为投影轴系时，有 $\boldsymbol{D}=(x,y,h)^{\mathrm{T}}$；当以地理球坐标系为投影轴系时，有 $\boldsymbol{D}=(D,\beta,\varepsilon)^{\mathrm{T}}$。如果目标测量装置的确是静止的，利用上述投影轴系肯定是没有问题的；如果目标测量装

置是运动的，只要稍加修正与变换，上述投影也是可用的，这将在以后予以论述。

下面逐次阐述一些常用的航迹模型。

2.2.1　多项式模型

多项式模型的通式为

$$\boldsymbol{D}(t)=\bar{\boldsymbol{D}}(t)=\boldsymbol{D}(t_0)+\dot{\boldsymbol{D}}(t_0)(t-t_0)+\frac{1}{2}\ddot{\boldsymbol{D}}(t_0)(t-t_0)^2+\cdots+\frac{1}{n!}\boldsymbol{D}^{(n)}(t_0)(t-t_0)^n \tag{2-24}$$

显然，此时的航迹模型乃是一个 n 阶多项式。它完全由 $t=t_0$ 瞬时的 $\boldsymbol{D}(t)$ 从零阶到 n 阶的 $n+1$ 个导数 $\boldsymbol{D}^{(0)},\boldsymbol{D}^{(1)},\cdots,\boldsymbol{D}^{(n)}$ 所决定。对敌方而言，这 $n+1$ 个导数可能是已知的，对我方而言，它们却是未知的。航迹处理的任务就在于利用 $\boldsymbol{D}(t)$ 的一系列实测值将这些参数估计出来，以为航迹的预测奠定基础。

式(2-24)在地理直角坐标系上的投影为

$$\begin{cases}x(t)=x(t_0)+\dot{x}(t_0)(t-t_0)+\dfrac{1}{2}\ddot{x}(t_0)(t-t_0)^2+\cdots+\dfrac{1}{n!}x^{(n)}(t_0)(t-t_0)^n\\ y(t)=y(t_0)+\dot{y}(t_0)(t-t_0)+\dfrac{1}{2}\ddot{y}(t_0)(t-t_0)^2+\cdots+\dfrac{1}{n!}y^{(n)}(t_0)(t-t_0)^n\\ h(t)=h(t_0)+\dot{h}(t_0)(t-t_0)+\dfrac{1}{2}\ddot{h}(t_0)(t-t_0)^2+\cdots+\dfrac{1}{n!}h^{(n)}(t_0)(t-t_0)^n\end{cases} \tag{2-25}$$

记航迹状态

$$\begin{aligned}\boldsymbol{X}(t)=[&x(t),\dot{x}(t),\ddot{x}(t),\cdots,x^{(n-1)}(t),\\ &y(t),\dot{y}(t),\ddot{y}(t),\cdots,y^{(n-1)}(t),\\ &h(t),\dot{h}(t),\ddot{h}(t),\cdots,h^{(n-1)}(t)]^{\mathrm{T}}\in\mathbf{R}^{3n}\end{aligned} \tag{2-26}$$

再记

$$\boldsymbol{A}'=\begin{bmatrix}0&1&0&\cdots&0&0\\0&0&1&\cdots&0&0\\\vdots&\vdots&\vdots&&\vdots&\vdots\\0&0&0&\cdots&0&1\\0&0&0&\cdots&0&0\end{bmatrix}\in\mathbf{R}^{n\times n} \tag{2-27}$$

与

$$\boldsymbol{A}=\begin{bmatrix}\boldsymbol{A}'&0&0\\0&\boldsymbol{A}'&0\\0&0&\boldsymbol{A}'\end{bmatrix} \tag{2-28}$$

则有航迹的状态模型

$$\begin{cases}\dot{\boldsymbol{X}}(t)=\boldsymbol{A}\boldsymbol{X}(t)\\ \boldsymbol{D}(t)=(x(t),y(t),h(t))^{\mathrm{T}}=\boldsymbol{H}\boldsymbol{X}(t)\end{cases} \tag{2-29}$$

式中，$\boldsymbol{H}\in\mathbf{R}^{3\times 3n}$，其第1行第1列、第2行第$n+1$列、第3行第$2n+1$列上的三个元素为1，其余元素均为零。上述第一式称为航迹的状态方程；而第二式称为航迹的输出方程。

令T为采样时间间隔，第k个采样点处于自然瞬时t，则有航迹的采样值

$$\boldsymbol{D}(k+j)=\boldsymbol{D}[(k+j)T]=\boldsymbol{D}(t+jT) \tag{2-30}$$

与航迹状态的采样值

$$\boldsymbol{X}(k+j)=\boldsymbol{X}[(k+j)T]=\boldsymbol{X}(t+jT) \tag{2-31}$$

记

$$\boldsymbol{\Phi}'=\mathrm{e}^{\boldsymbol{A}'T}=\begin{bmatrix} 1 & T & \frac{1}{2}T^2 & \cdots & \frac{1}{n!}T^n \\ 0 & 1 & T & \cdots & \frac{1}{(n-1)!}T^{n-1} \\ 0 & 0 & 1 & \cdots & \frac{1}{(n-2)!}T^{n-2} \\ \vdots & \vdots & \vdots & & \vdots \\ 0 & 0 & 0 & \cdots & 1 \end{bmatrix}\in\mathbf{R}^{n\times n} \tag{2-32}$$

则有航迹状态转移阵

$$\boldsymbol{\Phi}=\begin{bmatrix} \boldsymbol{\Phi}' & 0 & 0 \\ 0 & \boldsymbol{\Phi}' & 0 \\ 0 & 0 & \boldsymbol{\Phi}' \end{bmatrix} \tag{2-33}$$

与离散的航迹状态模型

$$\begin{cases} \boldsymbol{X}(k+1)=\boldsymbol{\Phi}\boldsymbol{X}(k) \\ \boldsymbol{D}(k)=(x(k),y(k),h(k))^{\mathrm{T}}=\boldsymbol{H}\boldsymbol{X}(k) \end{cases} \tag{2-34}$$

最适用的多项式模型乃是一些低阶模型。例如，$\boldsymbol{\Phi}'\in\mathbf{R}^{1\times 1}$时，为静止模型；$\boldsymbol{\Phi}'\in\mathbf{R}^{2\times 2}$时，为等速模型；$\boldsymbol{\Phi}'\in\mathbf{R}^{3\times 3}$时，为等加速模型。

2.2.2　随机模型

航迹的随机过程模型简称随机模型。此种模型的特征是它含有随机成分。本书讨论的随机成分限定为可白化的随机成分。所谓的可白化随机成分指的是用来描述该成分的随机过程$\{\boldsymbol{\eta}(t);t\in(-\infty,\infty)\}$可由零均值、单位能级的白噪声$\{w(t);t\in(-\infty,\infty)\}$激励一个线性系统而得到。这里讲的线性系统乃是一个虚拟的等价系统，称作成型滤波器。如果以状态方程与输出方程来描述$\boldsymbol{\eta}(t)$的成型滤波器，则有

$$\begin{cases} \dot{\boldsymbol{X}}_\eta(t)=\boldsymbol{A}_\eta(t)\boldsymbol{X}_\eta(t)+\boldsymbol{B}_\eta(t)w(t) \\ \boldsymbol{\eta}(t)=\boldsymbol{H}_\eta(t)\boldsymbol{X}_\eta(t) \end{cases} \tag{2-35}$$

式中，白噪声$\{w(t);t\in(-\infty,\infty)\}$满足的均值与协方差条件是

$$\begin{cases}E[w(t)]=0\\ \mathrm{cov}[w(t),w(t+\tau)]=\delta(\tau)\end{cases}\tag{2-36}$$

式中，$\delta(\tau)$是单位脉冲函数，即

$$\begin{cases}\delta(\tau)=\begin{cases}0, & \tau\neq 0\\ \infty, & \tau=0\end{cases}\\ \int_{-\infty}^{\infty}\delta(\tau)\mathrm{d}\tau=1\end{cases}\tag{2-37}$$

从随机过程理论知，状态$\boldsymbol{X}_\eta(t)$的方差应满足里卡蒂(Riccati)方程：

$$\dot{\boldsymbol{P}}_{X_\eta}(t)=\boldsymbol{A}_\eta(t)\boldsymbol{P}_{X_\eta}(t)+\boldsymbol{P}_{X_\eta}(t)\boldsymbol{A}_\eta^{\mathrm{T}}(t)+\boldsymbol{B}_\eta(t)\boldsymbol{B}_\eta^{\mathrm{T}}(t)\tag{2-38}$$

又，输出$\boldsymbol{\eta}(t)$的方差为

$$\boldsymbol{P}_\eta(t)=\mathrm{var}[\boldsymbol{\eta}(t)]=\boldsymbol{H}_\eta(t)\boldsymbol{P}_{X_\eta}(t)\boldsymbol{H}_\eta^{\mathrm{T}}(t)\tag{2-39}$$

而其协方差为

$$\boldsymbol{R}_\eta(t,s)=\mathrm{cov}[\boldsymbol{\eta}(t),\boldsymbol{\eta}(s)]=\begin{cases}\boldsymbol{H}_\eta(t)\boldsymbol{\Phi}_\eta(t,s)\boldsymbol{P}_{X_\eta}(s)\boldsymbol{H}_\eta^{\mathrm{T}}(s), & t\geqslant s\\ \boldsymbol{H}_\eta(t)\boldsymbol{P}_{X_\eta}(t)\boldsymbol{\Phi}_\eta^{\mathrm{T}}(s,t)\boldsymbol{H}_\eta^{\mathrm{T}}(s), & t<s\end{cases}\tag{2-40}$$

式中，$\boldsymbol{\Phi}_\eta(t,s)$是相应于$\boldsymbol{A}_\eta(t)$的状态转移阵，它满足方程

$$\begin{cases}\dfrac{\mathrm{d}}{\mathrm{d}t}\boldsymbol{\Phi}_\eta(t,s)=\boldsymbol{H}_\eta(t)\boldsymbol{\Phi}_\eta(t,s)\\ \boldsymbol{\Phi}_\eta(t,t)=\boldsymbol{I}\end{cases}\tag{2-41}$$

实用的成型滤波器更进一步假定：$\boldsymbol{A}_\eta,\boldsymbol{B}_\eta,\boldsymbol{H}_\eta$均为常矩阵，且$\boldsymbol{A}_\eta$的特征值全部在左半平面，即成型滤波器是渐近稳定的。在这种假定下，将有

$$\lim_{t\to\infty}\dot{\boldsymbol{P}}_{X_\eta}(t)=0\tag{2-42}$$

此时，式(2-38)蜕化为矩阵代数方程，解之可得

$$\lim_{t\to\infty}\boldsymbol{P}_{X_\eta}(t)=\boldsymbol{P}_{X_\eta}(\infty)=\mathrm{const}\tag{2-43}$$

以此$\boldsymbol{P}_{X_\eta}(\infty)$作为式(2-38)所示的矩阵微分方程的初值，解此方程，显然有

$$\boldsymbol{P}_{X_\eta}(t)=\boldsymbol{P}_{X_\eta}(\infty)=\mathrm{const}\tag{2-44}$$

对线性定常系统而言

$$\boldsymbol{\Phi}_\eta(t,s)=\boldsymbol{\Phi}_\eta(t-s)=\boldsymbol{\Phi}_\eta(\tau)\tag{2-45}$$

故有

$$\boldsymbol{R}_\eta(t,s)=\boldsymbol{R}_\eta(t-s)=\boldsymbol{R}_\eta(\tau)\tag{2-46}$$

式中，$\boldsymbol{R}_\eta(t,s)$为$\boldsymbol{\eta}(t)$在时刻t与s的协方差。上述分析表明，当成型滤波器是渐近稳定的线性定常系统，且以$\boldsymbol{P}_{X_\eta}(0)=\boldsymbol{P}_{X_\eta}(\infty)$为其里卡蒂方程的初值时，该滤波器的输出$\{\boldsymbol{\eta}(t);t\in(-\infty,\infty)\}$将是协方差平稳的随机过程；若再规定式(2-35)所示状态方程的状态均值初值$\bar{\boldsymbol{X}}_\eta(0)=0$，则易于发现$E[\boldsymbol{\eta}(t)]=0$，此时，$\{\boldsymbol{\eta}(t);t\in(-\infty,\infty)\}$将是广义平稳的随机过程。

常用成型滤波器的状态维数很小,如一阶成型滤波器,其方程为

$$\begin{cases}\dot{x}_\eta(t)=-\alpha x_\eta(t)+\sqrt{2\alpha\sigma^2}w(t)\\ \eta(t)=x_\eta(t)\end{cases}\tag{2-47}$$

式中,$\alpha>0$,显然是渐近稳定的。令 $\dot{\boldsymbol{P}}_{X_\eta}(\infty)=0$,可得

$$\boldsymbol{P}_{X_\eta}(\infty)=\sigma^2\tag{2-48}$$

以此为相应的里卡蒂方程初值,有

$$\boldsymbol{P}_{X_\eta}(t)=\boldsymbol{P}_{X_\eta}(\infty)=\sigma^2\tag{2-49}$$

因

$$\Phi(t,s)=\begin{cases}\mathrm{e}^{-\alpha(t-s)}, & t\geqslant s\\ \mathrm{e}^{-\alpha(s-t)}, & t<s\end{cases}\tag{2-50}$$

记 $\tau=t-s$,得

$$\mathrm{cov}[\eta(t),\eta(t-\tau)]=R_\eta(\tau)=\sigma^2\mathrm{e}^{-\alpha|\tau|}\tag{2-51}$$

又,二阶成型滤波器的状态方程表示为

$$\begin{cases}\dot{\boldsymbol{X}}_\eta(t)=\begin{bmatrix}0 & 1\\ -(\alpha^2+\beta^2) & -2\alpha\end{bmatrix}\boldsymbol{X}_\eta(t)+\begin{bmatrix}\sqrt{2\alpha\sigma^2}\\ \sqrt{2\alpha\sigma^2(\alpha^2+\beta^2)}-2\alpha\sqrt{2\alpha\sigma^2}\end{bmatrix}w(t)\\ \eta(t)=(1,0)\boldsymbol{X}_\eta(t)\end{cases}\tag{2-52}$$

式中,$\alpha>0$,令状态方程的特征值为 λ_1、λ_2,则 λ_1、λ_2 应是特征方程

$$\det\begin{bmatrix}\lambda & -1\\ (\alpha^2+\beta^2) & \lambda+2\alpha\end{bmatrix}=0\tag{2-53}$$

之解。其解 $\lambda_1,\lambda_2=-\alpha\pm\mathrm{j}\beta$ 为左半平面上的一对共轭特征值,从而保证了成型滤波器的渐近稳定性。因循与上例相同的办法细心推导,可得上述二阶成型滤波器输出量的协方差为

$$R_\eta(t)=\sigma^2\mathrm{e}^{-\alpha|\tau|}\cos\beta\tau\tag{2-54}$$

不同的成型滤波器有不同的输出协方差,其具体表达式可在很多手册中查到,不再列举。在实际工作中,首先要利用理论分析与测试数据处理技术,将航迹中随机成分 $\boldsymbol{\eta}(t)$的协方差构造出来,再根据协方差的表达式查找其对应的成型滤波器,此项工作称为航迹噪声白化。

随机成分 $\boldsymbol{\eta}(t)$又是如何进入航迹之中,使之具有随机特征的呢?它既可以与航迹中的确定性成分直接相加,又可以作为状态变量或其分量的激励源,使之具有随机性,现分别陈述如下。

1. 协方差平稳随机模型

这是一种航迹 $\boldsymbol{D}(t)$中的确定性成分 $\bar{\boldsymbol{D}}(t)$与随机性成分 $\boldsymbol{\eta}(t)$直接取和的航

迹模型。若 $\bar{\boldsymbol{D}}(t)$ 的状态描述取式(2-29)，$\boldsymbol{\eta}(t)$ 的状态描述取式(2-35)，则此种模型的状态描述是

$$\begin{cases}\dfrac{\mathrm{d}}{\mathrm{d}t}\begin{bmatrix}\boldsymbol{X}(t)\\ \boldsymbol{X}_\eta(t)\end{bmatrix}=\begin{bmatrix}\boldsymbol{A}(t) & 0\\ 0 & \boldsymbol{A}_\eta(t)\end{bmatrix}\begin{bmatrix}\boldsymbol{X}(t)\\ \boldsymbol{X}_\eta(t)\end{bmatrix}+\begin{bmatrix}0\\ \boldsymbol{B}_\eta(t)\end{bmatrix}w(t)\\ \boldsymbol{D}(t)=(\boldsymbol{H}(t),\boldsymbol{H}_\eta(t))\begin{bmatrix}\boldsymbol{X}(t)\\ \boldsymbol{X}_\eta(t)\end{bmatrix}=\bar{\boldsymbol{D}}(t)+\boldsymbol{\eta}(t)\end{cases} \tag{2-55}$$

由于 $\boldsymbol{\eta}(t)$ 与 $\bar{\boldsymbol{D}}(t)$ 无关，故 $\bar{\boldsymbol{D}}(t)$ 依然是确定性的分量。根据协方差与确定性分量无关的性质，可知

$$\operatorname{cov}[\boldsymbol{D}(t),\boldsymbol{D}(s)]=\operatorname{cov}[\boldsymbol{\eta}(t),\boldsymbol{\eta}(s)]=\boldsymbol{R}_\eta(t-s) \tag{2-56}$$

虽然 $\boldsymbol{D}(t)$ 的均值 $\bar{\boldsymbol{D}}(t)$ 不再保持常数，但其协方差却仅与时间差有关，故而是协方差平稳的。当目标的驾驶仪为完成既定任务而操纵目标按某一确定航迹运动时，由于目标的操纵与控制系统对环境改变(气流、浪涌或路面不平等)的抑制能力有限，肯定会存在一个可用平稳随机过程描述的无意机动。本模型恰好是描述这种无意机动的有效工具。

例如，某一目标的平均航路是等速直线，而偏离平均航路的无意机动的协方差由式(2-51)给出。为节省篇幅，这里仅以航迹在 x 轴方向的投影为例，给出其状态描述：

$$\begin{aligned}&\frac{\mathrm{d}}{\mathrm{d}t}\begin{bmatrix}\bar{x}(t)\\ \dot{\bar{x}}(t)\\ x_\eta(t)\end{bmatrix}=\begin{bmatrix}0 & 1 & 0\\ 0 & 0 & 0\\ 0 & 0 & -\alpha\end{bmatrix}\begin{bmatrix}\bar{x}(t)\\ \dot{\bar{x}}(t)\\ x_\eta(t)\end{bmatrix}+\begin{bmatrix}0\\ 0\\ \sqrt{2\alpha\sigma^2}\end{bmatrix}w(t)\\ &x(t)=\bar{x}(t)+x_\eta(t)=(1,0,1)\begin{bmatrix}\bar{x}(t)\\ \dot{\bar{x}}(t)\\ x_\eta(t)\end{bmatrix}\end{aligned} \tag{2-57}$$

可以验证，$x(t)$ 的协方差仍如式(2-51)所示。

记式(2-57)的离散化状态方程为

$$\begin{cases}\begin{bmatrix}\bar{x}(k+1)\\ \dot{\bar{x}}(k+1)\\ x_\eta(k+1)\end{bmatrix}=\boldsymbol{\Phi}(T)\begin{bmatrix}\bar{x}(k)\\ \dot{\bar{x}}(k)\\ x_\eta(k)\end{bmatrix}+\boldsymbol{\Gamma}w(k)\\ x(k)=(1,0,1)\begin{bmatrix}\bar{x}(k)\\ \dot{\bar{x}}(k)\\ x_\eta(k)\end{bmatrix}\end{cases} \tag{2-58}$$

根据连续的状态方程采样为离散状态方程的理论与方法，应有

$$\boldsymbol{\Phi}(T)=\exp\left\{\begin{bmatrix}0 & 1 & 0\\ 0 & 0 & 0\\ 0 & 0 & -\alpha\end{bmatrix}T\right\}=\begin{bmatrix}1 & T & 0\\ 0 & 1 & 0\\ 0 & 0 & \mathrm{e}^{-\alpha T}\end{bmatrix} \tag{2-59}$$

而

$$\boldsymbol{\Gamma}=\int_0^T\boldsymbol{\Phi}(T-\tau)\begin{bmatrix}0\\ 0\\ \sqrt{2\alpha\sigma^2}\end{bmatrix}\mathrm{d}\tau=\begin{bmatrix}0\\ 0\\ \sqrt{\dfrac{2\sigma^2}{\alpha}}(1-\mathrm{e}^{-\alpha T})\end{bmatrix} \tag{2-60}$$

又，式(2-58)中的 $w(k)$ 为单位不相关序列。

2. 随机加速度模型

目标偏离既定的确定性航路而做随机机动时，其原动力肯定是某个随机的广义力(力或力矩)，记为 $\boldsymbol{\eta}(t)$。$\boldsymbol{\eta}(t)$ 在某个坐标轴，如 x 轴上的投影记为 $\eta(t)$，$\eta(t)$ 在克服了与广义速度(速度或角速度)$\dot{x}(t)$ 成正比的阻尼后，将用来产生目标的广义加速度(加速度或角加速度)$\ddot{x}(t)$，用公式来描述，则是

$$m\ddot{x}(t)=\eta(t)-c\dot{x}(t) \tag{2-61}$$

式中，c 为阻尼系数；m 为广义质量(质量或转动惯量)。将其改作矢量微分方程，有

$$\begin{cases}\dfrac{\mathrm{d}}{\mathrm{d}t}\begin{bmatrix}x(t)\\ \dot{x}(t)\end{bmatrix}=\begin{bmatrix}0 & 1\\ 0 & -\dfrac{c}{m}\end{bmatrix}\begin{bmatrix}x(t)\\ \dot{x}(t)\end{bmatrix}+\begin{bmatrix}0\\ \dfrac{1}{m}\end{bmatrix}\eta(t)\\ x(t)=(1,0)\begin{bmatrix}x(t)\\ \dot{x}(t)\end{bmatrix}\end{cases} \tag{2-62}$$

若$\{\eta(t);t\in(-\infty,\infty)\}$是一平稳随机过程，则上述模型称为随机加速度模型，它与协方差平稳的随机模型相比的主要区别在于，$\eta(t)$ 本身不直接输出，它是作为目标加速度 $\ddot{x}(t)$ 的激励源，而使航迹成为随机过程的。

由于式(2-62)给出的方程有零特征值，因而相应的系统不再是渐近稳定的。下面的分析将表明，在此种情况下，航迹的方差将是发散的，而这又特别适合于描述有意机动。下面研究这种模型的几个常用特例。

1) 辛格(Singer)模型

若假定式(2-61)中的阻尼系数为零，则有

$$\ddot{x}(t)=\frac{1}{m}\eta(t) \tag{2-63}$$

若再假定相关噪声 $\eta(t)$ 的协方差由式(2-51)给出，则可将式(2-47)改作

$$\dddot{x}(t)=-\alpha\ddot{x}(t)+\frac{1}{m}\sqrt{2\alpha\sigma^2}\,w(t)=-\alpha\ddot{x}(t)+rw(t) \tag{2-64}$$

式中

$$r=\frac{1}{m}\sqrt{2\alpha\sigma^2} \tag{2-65}$$

在上述两个假定下，式(2-62)所示的 $x(t)$ 与下式所示的 $x(t)$ 将完全相同，即

$$\begin{cases} \dfrac{\mathrm{d}}{\mathrm{d}t}\begin{bmatrix} x(t) \\ \dot{x}(t) \\ \ddot{x}(t) \end{bmatrix} = \begin{bmatrix} 0 & 1 & 0 \\ 0 & 0 & 1 \\ 0 & 0 & -\alpha \end{bmatrix} \begin{bmatrix} x(t) \\ \dot{x}(t) \\ \ddot{x}(t) \end{bmatrix} + \begin{bmatrix} 0 \\ 0 \\ r \end{bmatrix} w(t) \\ x(t)=(1,0,0)\begin{bmatrix} x(t) \\ \dot{x}(t) \\ \ddot{x}(t) \end{bmatrix} \end{cases} \tag{2-66}$$

上式即为描述机动目标航迹的辛格模型。如果是三维空间中的目标，整个航迹状态将有九个分量，x、y、z 三个方向上各有三个分量。

现在分析状态的均值，它应满足方程

$$\frac{\mathrm{d}}{\mathrm{d}t}\begin{bmatrix} \bar{x}(t) \\ \bar{\dot{x}}(t) \\ \bar{\ddot{x}}(t) \end{bmatrix} = \begin{bmatrix} 0 & 1 & 0 \\ 0 & 0 & 1 \\ 0 & 0 & -\alpha \end{bmatrix} \begin{bmatrix} \bar{x}(t) \\ \bar{\dot{x}}(t) \\ \bar{\ddot{x}}(t) \end{bmatrix} \tag{2-67}$$

解之，有

$$\begin{aligned} \begin{bmatrix} \bar{x}(t) \\ \bar{\dot{x}}(t) \\ \bar{\ddot{x}}(t) \end{bmatrix} &= \exp\begin{bmatrix} 0 & t & 0 \\ 0 & 0 & t \\ 0 & 0 & -\alpha t \end{bmatrix} \begin{bmatrix} \bar{x}(0) \\ \bar{\dot{x}}(0) \\ \bar{\ddot{x}}(0) \end{bmatrix} = \begin{bmatrix} 1 & t & \dfrac{1}{\alpha^2}(\mathrm{e}^{-\alpha t}+\alpha t-1) \\ 0 & 1 & -\dfrac{1}{\alpha}(\mathrm{e}^{-\alpha t}-1) \\ 0 & 0 & \mathrm{e}^{-\alpha t} \end{bmatrix} \begin{bmatrix} \bar{x}(0) \\ \bar{\dot{x}}(0) \\ \bar{\ddot{x}}(0) \end{bmatrix} = \boldsymbol{\Phi}(t,\alpha) \begin{bmatrix} \bar{x}(0) \\ \bar{\dot{x}}(0) \\ \bar{\ddot{x}}(0) \end{bmatrix} \\ &= \boldsymbol{\Phi}(t,\alpha)(\bar{x}(0),\bar{\dot{x}}(0),\bar{\ddot{x}}(0))^{\mathrm{T}} \end{aligned} \tag{2-68}$$

现探讨两个极端情况。当 $\alpha\to\infty$ 时，有

$$\lim_{\alpha\to\infty}\boldsymbol{\Phi}(t,\alpha) = \begin{bmatrix} 1 & t & 0 \\ 0 & 1 & 0 \\ 0 & 0 & 0 \end{bmatrix} \tag{2-69}$$

航迹均值为等速直线运动。对等速直线运动而言其状态转移矩阵是二阶方阵，当航迹一旦蜕化为等速直线运动，上式的第三行与第三列就必须删除；否则，因不满足前述的最小阶条件而不能称其为状态方程。而当 $\alpha\to 0$ 时，有

$$\lim_{\alpha\to 0}\boldsymbol{\Phi}(t,\alpha) = \begin{bmatrix} 1 & t & t^2/2 \\ 0 & 1 & t \\ 0 & 0 & 1 \end{bmatrix} \tag{2-70}$$

航迹均值为等加速运动，也就是说，航迹均值是空间的二次曲线。

有了状态转移矩阵 $\boldsymbol{\Phi}$，不难求得离散的辛格模型，即

$$\begin{cases}\begin{bmatrix}x(k+1)\\ \dot{x}(k+1)\\ \ddot{x}(k+1)\end{bmatrix}=\begin{bmatrix}1 & T & \dfrac{1}{\alpha^2}(\mathrm{e}^{-\alpha T}+\alpha T-1)\\ 0 & 1 & -\dfrac{1}{\alpha}(\mathrm{e}^{-\alpha T}-1)\\ 0 & 0 & \mathrm{e}^{-\alpha T}\end{bmatrix}\begin{bmatrix}x(k)\\ \dot{x}(k)\\ \ddot{x}(k)\end{bmatrix}+\begin{bmatrix}\dfrac{r}{\alpha^2}\left[\dfrac{1}{\alpha}(1-\mathrm{e}^{-\alpha T})+\dfrac{1}{2}\alpha T^2-T\right]\\ \dfrac{r}{\alpha}\left[T-\dfrac{1}{\alpha}(1-\mathrm{e}^{-\alpha T})\right]\\ \dfrac{r}{\alpha}(1-\mathrm{e}^{-\alpha T})\end{bmatrix}w(k)\\ x(k)=(1,0,0)\begin{bmatrix}x(k)\\ \dot{x}(k)\\ \ddot{x}(k)\end{bmatrix}\end{cases}$$

(2-71)

记航迹状态的方差为

$$\mathrm{var}\begin{bmatrix}x(t)\\ \dot{x}(t)\\ \ddot{x}(t)\end{bmatrix}=\begin{bmatrix}P_{11}(t) & P_{12}(t) & P_{13}(t)\\ P_{21}(t) & P_{22}(t) & P_{23}(t)\\ P_{31}(t) & P_{32}(t) & P_{33}(t)\end{bmatrix}=\boldsymbol{P}_X(t) \tag{2-72}$$

利用式(2-38)可得

$$\begin{aligned}\dot{\boldsymbol{P}}_X(t)&=\begin{bmatrix}0 & 1 & 0\\ 0 & 0 & 1\\ 0 & 0 & -\alpha\end{bmatrix}\boldsymbol{P}_X(t)+\boldsymbol{P}_X(t)\begin{bmatrix}0 & 0 & 0\\ 1 & 0 & 0\\ 0 & 1 & -\alpha\end{bmatrix}+\begin{bmatrix}0\\ 0\\ r\end{bmatrix}(0,0,r)\\ &=\begin{bmatrix}2P_{12}(t) & P_{13}(t)+P_{22}(t) & -\alpha P_{13}(t)+P_{23}(t)\\ P_{13}(t)+P_{22}(t) & 2P_{23}(t) & -\alpha P_{23}(t)+P_{33}(t)\\ -\alpha P_{13}(t)+P_{23}(t) & -\alpha P_{23}(t)+P_{33}(t) & r^2-2\alpha P_{23}(t)\end{bmatrix}\end{aligned}$$

(2-73)

考虑到式(2-73)左部与右部对应项应该相等,不难依次求得航迹状态方差中每一个分量所应满足的微分方程,剔除所有微分方程解中的暂态分量,即可得到相应的稳态解。具体地讲,$P_{33}(t)$满足微分方程

$$\dot{P}_{33}(t)=-2\alpha P_{33}(t)+r^2 \tag{2-74}$$

是渐近稳定的,不论 $P_{33}(0)$取何值,包括零,$P_{33}(t)$都将趋于其稳态值

$$P_{33}(\infty)=\frac{r^2}{2\alpha} \tag{2-75}$$

又

$$\dot{P}_{23}(t)=-\alpha P_{23}(t)+P_{33}(t)=-\alpha P_{23}(t)+\frac{r^2}{2\alpha} \tag{2-76}$$

也是渐近稳定的,其稳态值

$$P_{23}(t)=\frac{r^2}{2\alpha^2} \tag{2-77}$$

又

$$\dot{P}_{22}(t)=2P_{23}(t)=\frac{r^2}{2\alpha^2} \tag{2-78}$$

是稳定而非渐近稳定的，其稳态值与 $P_{22}(0)$有关，即

$$P_{22}(t)=\frac{r^2}{2\sigma^2}t+P_{22}(0) \tag{2-79}$$

又

$$\dot{P}_{13}(t)=-\alpha P_{13}(t)+P_{23}(t)=-\alpha P_{13}(t)+\frac{r^2}{2\alpha^2} \tag{2-80}$$

也是渐近稳定的，其稳态值

$$P_{13}(t)=\frac{r^2}{2\alpha^3} \tag{2-81}$$

又

$$\dot{P}_{12}(t)=P_{22}(t)+P_{13}(t)=\frac{r^2}{2\alpha^2}t+\frac{r^2}{2\alpha^3}+P_{22}(0) \tag{2-82}$$

是稳定而非渐近稳定的，其稳态值还与初值 $P_{12}(0)$有关，即

$$P_{12}(t)=\frac{r^2}{\alpha^2}t^2+\left[\frac{r^2}{2\alpha^3}+P_{22}(0)\right]t+P_{12}(0) \tag{2-83}$$

又

$$\dot{P}_{11}(t)=2P_{12}(t) \tag{2-84}$$

也是稳定而非渐近稳定的，故有

$$P_{11}(t)=\frac{2r^2}{3\alpha^2}t^3+\left[\frac{r^2}{2\alpha^3}+P_{22}(0)\right]t^2+2P_{12}(0)t+P_{11}(0) \tag{2-85}$$

从上述分析中可以发现，此时目标速度、位置的稳态方差是发散的，为了解其特性，准确掌握 $P_{11}(0)$、$P_{12}(0)$与 $P_{22}(0)$是必要的。

最后，探讨一下辛格模型中两个参数 α 与 r 的实用计算方法。记 $\ddot{x}_{\max}$ 为目标最大机动加速度，假定：$\ddot{x}(t)=\ddot{x}_{\max}$ 与 $\ddot{x}(t)=-\ddot{x}_{\max}$ 的概率均为 $P_{\max}$；$\ddot{x}(t)=0$ 即目标不机动的概率为 P_0；$\ddot{x}(t)\in(-\ddot{x}_{\max},0^-)\cup(0^+,\ddot{x}_{\max})$ 的概率为 $1-2P_{\max}-P_0$，且呈均匀分布，从而可得目标加速度的密度函数

$$f(\ddot{x})=\begin{cases}P_{\max}\delta(\ddot{x}+\ddot{x}_{\max})+P_0\delta(\ddot{x})+P_{\max}\delta(\ddot{x}-\ddot{x}_{\max})+\dfrac{1-2P_{\max}-P_0}{2\ddot{x}_{\max}}, & \ddot{x}\in[-\ddot{x}_{\max},\ddot{x}_{\max}]\\ 0, & \ddot{x}\notin[-\ddot{x}_{\max},\ddot{x}_{\max}]\end{cases} \tag{2-86}$$

如图 2.7 所示。而

$$\mathrm{var}[\ddot{x}(t)]=\int_{-\infty}^{\infty}f(\ddot{x})\ \ddot{x}^2\mathrm{d}\ddot{x}=\frac{\ddot{x}_{\max}}{3}(1+4P_{\max}-P_0)=P_{33}=\frac{r^2}{2\alpha} \tag{2-87}$$

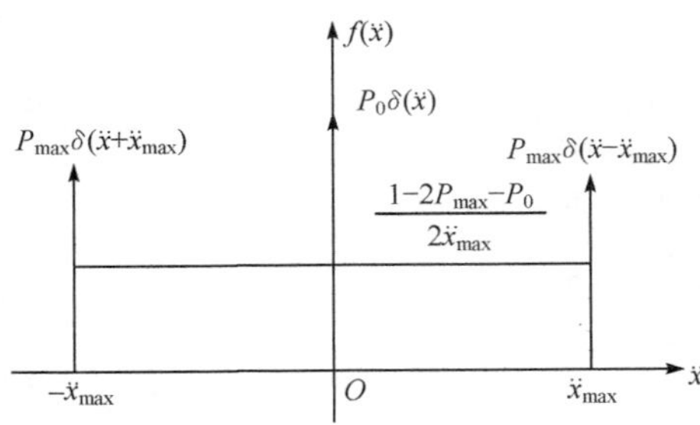

图 2.7 辛格模型随机加速度概率密度函数

一般来讲,若目标类型与型号已被辨识,其当前正在执行的任务也已经被判定,那么它的最大机动加速度 $\ddot{x}_{\max}$,以及 $\ddot{x}(t)$取 $\ddot{x}_{\max}$与零值的概率 $P_{\max}$与 P_0 均可估定。在此基础上,利用式(2-87)就能计算出 $\mathrm{var}[\ddot{x}(t)]=P_{33}$,且有

$$r=\sqrt{2\alpha P_{33}} \tag{2-88}$$

由式(2-69)与式(2-70)分析可知,α 越小,目标的机动也越剧烈。先验地或实时地决定 α 值虽有风险,但必须去做。对现代作战飞机而言,当仅有大气扰动时,$\alpha=1$;当做逃避机动时,$\alpha=\frac{1}{20}$;当做转弯机动时,$\alpha=\frac{1}{60}$。统计出不同类型目标在不同机动状态下的 α 值将是一件有意义的工作。

2) 二阶相关加速度模型

用二阶成型滤波器的输出 $\eta(t)$去激励目标加速度 $\ddot{x}(t)$,即

$$\ddot{x}(t)=\frac{1}{m}\eta(t) \tag{2-89}$$

很显然,其所形成的航迹状态方程应是四维的。不妨取

$$\boldsymbol{X}(t)=\left[x(t),\dot{x}(t),\frac{1}{m}x_{1\eta}(t),\frac{1}{m}x_{2\eta}(t)\right]^{\mathrm{T}} \tag{2-90}$$

为该航迹的状态。其中后两个状态分量

$$\frac{1}{m}\boldsymbol{X}_{\eta}(t)=\frac{1}{m}\begin{bmatrix}x_{1\eta}(t)\\x_{2\eta}(t)\end{bmatrix} \tag{2-91}$$

中的 $\boldsymbol{X}_{\eta}(t)$满足由式(2-52)描述的二阶成型滤波器的状态方程与输出方程,由式(2-52)可知

$$\frac{1}{m}\eta(t)=(1,0)\frac{1}{m}\boldsymbol{X}_{\eta}(t)=\frac{1}{m}x_{1\eta}(t)=\ddot{x}(t) \tag{2-92}$$

很明显,式(2-92)给出了式(2-90)所示状态 $\boldsymbol{X}(t)$的前两个分量与后两个分量间的联系方程。对式(2-90)求导,并将式(2-92)与式(2-52)代入有关各项,得

$$\dot{\boldsymbol{X}}(t)=\begin{bmatrix}\dot{x}(t)\\\ddot{x}(t)\\\frac{1}{m}\dot{x}_{1\eta}(t)\\\frac{1}{m}\dot{x}_{2\eta}(t)\end{bmatrix}=\begin{bmatrix}0&1&0&0\\0&0&1&0\\0&0&0&1\\0&0&-(\alpha^2+\beta^2)&-2\alpha\end{bmatrix}\begin{bmatrix}x(t)\\\dot{x}(t)\\\frac{1}{m}x_{1\eta}(t)\\\frac{1}{m}x_{2\eta}(t)\end{bmatrix}+\begin{bmatrix}0\\0\\\sqrt{2\alpha\sigma^2}\\\sqrt{2\alpha\sigma^2(\alpha^2+\beta^2)}-2\alpha\sqrt{2\alpha\sigma^2}\end{bmatrix}\frac{1}{m}w(t) \tag{2-93}$$

记

$$\begin{cases}\omega=\sqrt{\alpha^2+\beta^2}\\ \rho=\sqrt{2\alpha\sigma^2}\end{cases} \tag{2-94}$$

可得 x 方向上的航迹二阶相关加速度模型

$$\begin{cases}\begin{bmatrix}\dot{x}(t)\\ \ddot{x}(t)\\ \dfrac{1}{m}\dot{x}_{1\eta}(t)\\ \dfrac{1}{m}\dot{x}_{2\eta}(t)\end{bmatrix}=\begin{bmatrix}0&1&0&0\\0&0&1&0\\0&0&0&1\\0&0&-\omega^2&-2\alpha\end{bmatrix}\begin{bmatrix}x(t)\\ \dot{x}(t)\\ \dfrac{1}{m}x_{1\eta}(t)\\ \dfrac{1}{m}x_{2\eta}(t)\end{bmatrix}+\begin{bmatrix}0\\0\\1\\ \omega-2\alpha\end{bmatrix}\dfrac{\rho}{m}w(t)\\ x(t)=(1,0,0,0)\left[x(t),\dot{x}(t),\dfrac{1}{m}x_{1\eta}(t),\dfrac{1}{m}x_{2\eta}(t)\right]^{\mathrm{T}}\end{cases} \tag{2-95}$$

由式(2-63)与式(2-64)可以看出,辛格模型乃是由白噪声作用下的一阶成型滤波器输出量 $\eta(t)$ 直接激励目标加速度 $\ddot{x}(t)$ 而生成的机动目标航迹模型。因而辛格模型又称为一阶相关加速度模型。将直接激励目标加速度 $\ddot{x}(t)$ 的噪声 $\eta(t)$ 改由二阶成型滤波器在白噪声作用下的输出量来承担,则新构造出的航迹模型称为二阶相关加速度模型。

3) 穆斯(Moose)模型

无论是一阶还是二阶相关加速度模型,均假定导致目标机动的广义力 $\eta(t)$ 的均值为零。在某些情况下,这种模型明显地不合理。例如,潜艇作下沉机动时,必然存在一个向下的控制力 $u(t)$,其均值肯定不为零;否则,潜艇就难以下沉到预定深度。在明显地有一个均值不为零的控制力在操纵目标机动时,描述目标广义加速度的式(2-61)应修正为

$$m\ddot{x}(t)=\eta(t)+u-c\dot{x}(t) \tag{2-96}$$

若进一步假定 $u=\text{const}$,$\eta(t)$ 为白噪声作用下的一阶成型滤波器的输出,则式(2-96)给出的航迹模型为穆斯模型的微分形式,下面推导它的状态方程表达式。对上式求导,得

$$m\dddot{x}(t)=\dot{\eta}(t)-c\ddot{x}(t) \tag{2-97}$$

考虑到如式(2-47)所示的一阶成型滤波器,当以 $[x(t),\dot{x}(t),\eta(t)]^{\mathrm{T}}$ 为状态变量时,有

$$\begin{cases}\dfrac{\mathrm{d}}{\mathrm{d}t}\begin{bmatrix}x(t)\\ \dot{x}(t)\\ \eta(t)\end{bmatrix}=\begin{bmatrix}0 & 1 & 0\\ 0 & -\dfrac{c}{m} & \dfrac{1}{m}\\ 0 & 0 & -\alpha\end{bmatrix}\begin{bmatrix}x(t)\\ \dot{x}(t)\\ \eta(t)\end{bmatrix}+\begin{bmatrix}0\\ \dfrac{1}{m}\\ 0\end{bmatrix}u+\begin{bmatrix}0\\ 0\\ \sqrt{2\alpha\sigma^2}\end{bmatrix}w(t)\\ x(t)=(1,0,0)[x(t),\dot{x}(t),\eta(t)]^{\mathrm{T}}\end{cases}\tag{2-98}$$

此即穆斯模型的状态表示。其中的控制量 u 是一个待定常数。根据验前知识与当前的目标运动状态即可确定 u 的一个估计值，这是决定 u 的最简易，但也是风险最大的方法。

考虑到

$$\boldsymbol{\Phi}(t)=\exp\left(\begin{bmatrix}0 & 1 & 0\\ 0 & -\dfrac{c}{m} & \dfrac{1}{m}\\ 0 & 0 & -\alpha\end{bmatrix}t\right)=\begin{bmatrix}1 & \dfrac{c}{m}(1-\mathrm{e}^{-\frac{c}{m}t}) & \dfrac{1}{c\alpha}+\dfrac{m}{c(c-\alpha m)}\mathrm{e}^{-\frac{c}{m}t}+\dfrac{1}{\alpha(\alpha m-c)}\mathrm{e}^{-\alpha t}\\ 0 & \mathrm{e}^{-\frac{c}{m}t} & \dfrac{1}{c-\alpha m}(\mathrm{e}^{-\alpha t}-\mathrm{e}^{-\frac{c}{m}t})\\ 0 & 0 & \mathrm{e}^{-\alpha t}\end{bmatrix}\tag{2-99}$$

与

$$\boldsymbol{G}(t)=\int_0^t\boldsymbol{\Phi}(t-\tau)\begin{bmatrix}0\\ \dfrac{1}{m}\\ 0\end{bmatrix}\mathrm{d}\tau=\begin{bmatrix}\dfrac{1}{c}\left(\dfrac{m}{c}\mathrm{e}^{-\frac{c}{m}t}+t-\dfrac{m}{c}\right)\\ \dfrac{1}{c}(1-\mathrm{e}^{-\frac{c}{m}t})\\ 0\end{bmatrix}\tag{2-100}$$

及

$$\boldsymbol{\Gamma}(t)=\int_0^t\boldsymbol{\Phi}(t-\tau)\begin{bmatrix}0\\ 0\\ \sqrt{2\alpha\sigma^2}\end{bmatrix}\mathrm{d}\tau=\begin{bmatrix}\sqrt{2\alpha\sigma^2}\left[\dfrac{1}{c\alpha}t+\dfrac{m}{c-\alpha m}(\mathrm{e}^{-\alpha t}-\mathrm{e}^{-\frac{c}{m}t})\right]\\ \dfrac{\sqrt{2\alpha\sigma^2}}{c-\alpha m}\left(\dfrac{1}{\alpha}-\dfrac{m}{c}-\dfrac{1}{\alpha}\mathrm{e}^{-\alpha t}+\dfrac{m}{c}\mathrm{e}^{-\frac{c}{m}t}\right)\\ \dfrac{\sqrt{2\alpha\sigma^2}}{\alpha}(1-\mathrm{e}^{-\alpha t})\end{bmatrix}\tag{2-101}$$

可得离散化的穆斯模型

$$\begin{cases}\begin{bmatrix}x(k+1)\\ \dot{x}(k+1)\\ \ddot{x}(k+1)\end{bmatrix}=\boldsymbol{\Phi}(T)\begin{bmatrix}x(k)\\ \dot{x}(k)\\ \ddot{x}(k)\end{bmatrix}+\boldsymbol{G}(T)u(k)+\boldsymbol{\Gamma}(T)w(k)\\ x(k)=(1,0,0)\begin{bmatrix}x(k)\\ \dot{x}(k)\\ \ddot{x}(k)\end{bmatrix}\end{cases}\tag{2-102}$$

给定 $\text{var}[(x(0),\dot{x}(0),\ddot{x}(0))^{\mathrm{T}}]=\boldsymbol{P}_x(0)$，利用式(2-38)，可求得任意瞬时下的航迹状态方差 $\text{var}[\boldsymbol{X}(t)]$与航迹机动方差 $P_{11}=P_x(t)$。其表达式可自行推导，这里从略。在此要强调一下，因为穆斯模型规定 u 必须是常值，所以 u 值不影响状态与输出的方差。如果选定的 u 值与实际不符，将使航迹以确定性误差的形式偏离实际航迹。

2.2.3　多模态航迹模型

此前所讨论的航迹模型均存在一个共同的弱点：对确定性航迹而言，一旦给出了它在 $t=t_0$ 瞬时的状态，它在 $t\geqslant t_0$ 的任何瞬时下的状态与输出均可由航迹模型计算出来；对随机性航迹而言，一旦给出了它在 $t=t_0$ 瞬时的状态均值与状态方差，它在 $t\geqslant t_0$ 的任何瞬时下的状态与输出的均值、方差、协方差均可由航迹模型计算出来。倘若实际的目标不按给它规定的航迹模型运动，轻则出现偏航，重则使已建立的航迹模型失掉应用价值。作为敌方的目标，为了规避火力袭击，它也会力求让对方摸不清、估不准自己的运动规律。为了防止航迹模型失效，可以设置多个航迹模型，同时计算每一个航迹模型所给出的实时航迹位置，再与真实的航迹位置相比，找出一个与真实航迹符合程度最高的航迹模型。既然有多个航迹模型同时工作，就很可能出现这种情况：在某一个时间区段上，某一个与实际航迹符合程度最高的航迹模型被选了出来，而在另一个时间区段上，中选的却是另一个航迹模型。为保证在全航迹上总是使用与实际航迹符合程度最高的那种航迹模型，在线航迹模型应在一个待选航迹模型库中适时地转换着。转换的时间间隔是随机变量。在一个事先设定的航迹模型库中，以与实际航迹符合程度最高为准则，经不断地挑选、适时地转换而构成的在线航迹模型称为多模态航迹模型。当航迹库中仅有一个航迹模型时，构成的仅能是单模态航迹模型。下面介绍几种常用的多模态航迹模型。

1. 自适应穆斯模型

为了阐述得简单明晰，假定目标仅在一个方向上机动，例如，在不平静的海中垂直下潜的潜艇。当用式(2-98)给出的穆斯模型来描述这一垂直下潜的潜艇航迹时，$x(t)$应表示下潜的深度。现在的问题是如何选择式(2-98)中的控制量 u。

设定 N 个控制量 u_i 构成一个集合$\{u_i=\text{const};i=1,2,\cdots,N\}$。同时计算这 N 个 u_i 分别作用于穆斯模型后各自的航迹均值，得到一个由航迹模型生成的航迹均值的集合$\{\bar{x}(t,u_i);t\in[0,\infty),i=1,2,\cdots,N\}$。如果还已知被建模的实际航迹的实测值 $x(t)$，$t\in[0,t_e]$，那么，每个 u_i 所相应的模型航迹均值对实际航迹的偏离量$\{|x(t)-\bar{x}(t,u_i)|,t\in[0,t_e]\}$也就是已知的。倘若在 $t\in[t_{j-1},t_j]$上$|x(t)-\bar{x}(t,u_i)|$的最大值小于其余模型航迹均值的偏离量，即

$$\max_{t\in[t_{j-1},t_j]}|x(t)-\overline{x}(t,u_i)|\leqslant\min_{\substack{t\in[t_{j-1},t_j]\\k\neq i}}|x(t)-\overline{x}(t,u_k)| \tag{2-103}$$

则在 $t\in[t_{j-1},t_j]$上，选定 $u=u_i$ 为控制量，并认为在 $t\in[t_{j-1},t_j]$上 $u=u_i$ 的穆斯模型是最符合实际的航迹模型。依据上述原则，在整个 $t\in[0,t_e]$上，可找到一个使模型航迹偏离实际航迹最小的控制量序列 $u_l(l=1,2,\cdots)$。u_l 在 t_{l-1}瞬时切入控制序列，在 t_l 瞬时离开控制序列。u_l 转换的时间间隔 $\Delta t_l=t_l-t_{l-1}$是一个随机变量。切换次数到了一定值，Δt_l 的均值与方差也就可以统计出来。

上述论证默认了一个准则：模型航迹的均值偏离实际航迹的绝对值越小，模型航迹与实际航迹符合的程度也就越高。

由于在航迹模型中存在噪声 $w(t)$，即或 $u=u_i=\text{const}$ 且不出现切换，模型在 t 瞬时给出的 $x(t,u_i)$也是一个随机变量，其均值为 $\overline{x}(t)$，方差 $P_x=P_{11}$都是可以计算的。如再假定 $w(t)$是高斯白噪声，则 $x(t,u)$就是已知密度函数的高斯过程，记其密度函数为$f_{u_i}(x)$，则有

$$f_{u_i}(x)=\frac{1}{\sqrt{2\pi P_x}}\mathrm{e}^{-\frac{1}{2P_x}[x-\overline{x}(u_i)]^2} \tag{2-104}$$

倘若有 N 个 u_i 就会有 N 个密度函数 $f_{u_i}(x)$，如图 2.8 所示。

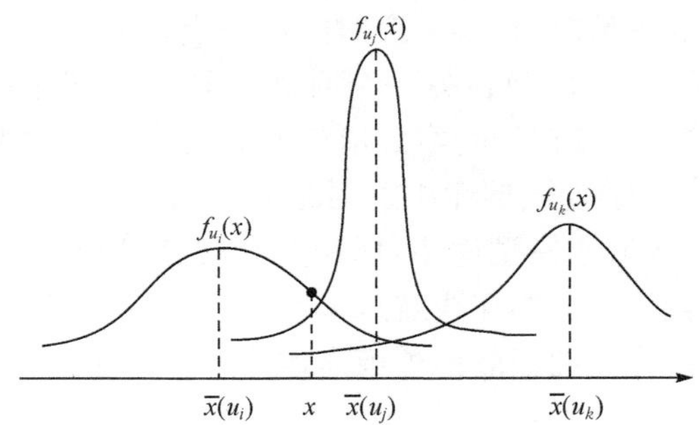

图 2.8　穆斯模型不同输入量 u_i 下的概率密度

确定性的控制量 u_i 均不会影响航迹状态的方差 P_x，如果航迹模型中的诸种模态的初始条件完全一样，且初始瞬时也是同一自然瞬时，那么，航迹的所有 $f_{u_i}(x)$应具有相同的形状，只是随 $\overline{x}(u_i)$不同而左右平移。但为了说明一般情况，图 2.8 中各个 $f_{u_i}(x)$不仅给出了不同的左右平移，而且取了不同的方差。

若实测到一个 x 值，且$|x-\overline{x}(u_j)|$是所有 N 个偏离量绝对值中的最小值，那么，根据最邻近为最优的原则，应该取 $u=u_j$。如果考虑随机因素，由图 2.8 可以看出，不论 u 取何值，它都有机会使 x 出现在实测值的位置上，只不过是出现的概率密度不同而已。

已知 x 的实测值的条件下，即 u 隶属于 u_i 的概率密度为 W_i，则

$$W_i = W\{u = u_i \mid x\} = \frac{f_{u_i}(x)}{\sum_{l=1}^{N} f_{u_l}(x)} \tag{2-105}$$

就图 2.8 所示情况而言，因为

$$f_{u_j}(x) > \max_{l \neq j} f_{u_l}(x)$$

所以

$$W_j > \max_{l \neq j} W_l \tag{2-106}$$

在此情况下，应将最邻近准则改为隶属概率密度最高准则。在此准则下，应有$u=u_j$。

既然 $u=u_l(l=1,2,\cdots,N)$都以一定的概率存在着，只选 u_j 而不计其余就不一定合理，特别是当 W_j 不明显地大于其余各个 W_l 时。此时，一个更好的 u 应是各个 u_l 的加权均值

$$\hat{u} = \sum_{l=1}^{N} u_l W_l \tag{2-107}$$

由于存在测量误差，实际应用自适应穆斯模型时，只根据对 $x(t)$的一次测量结果就决定当时 u 之隶属，会有极大的风险。为减少风险，要实时、多次地对 $x(t)$进行测量，再以此多次测量的结果，计算出 $x(t)$的估计值 $\hat{x}(t,u_i)$及估计误差的方差 $P_{\hat{x}}(t)$，并用它们分别替代 $\bar{x}(t,u_i)$及 $P_x(t)$。自适应穆斯模型在计算估计值 $\hat{x}(t,u_i)$时用的是卡尔曼滤波，为了与此种递推形式融为一体，它还给出了 W_i 的递推表达式。这些工作均属数学处理技巧，与建立多模态航迹模型的概念关系不大，不再推导。

2. 蛇形机动模型

目标的蛇形机动是指，在一个平面内，目标运动的角速度 ω 与转弯半径(曲率半径)r 在整个连续的航路上分段取常数的航迹模型。为了利用原有的符号，不妨假定该平面是一个水平面。在敌我双方近距离的格斗中，尤其是敌我两个集群格斗时，对敌单个目标而言，蛇形机动模型能较好地符合实际航迹。

设在第 i 个航路段上，即 $t\in[t_{i-1},t_i]$时，有

$$\begin{cases} \omega=\omega_i \\ r=r_i=\dfrac{v_i}{\omega_i} \end{cases} \tag{2-108}$$

由于 ω_i 与 r_i 为常数，航速 v_i 也应为常数，目标为等速圆弧运动。记该段圆心 O'的坐标为(x_c,y_c)，由图 2.9 知

$$\begin{cases} x(t)-x_c=r\cos(Q(t)+90°)=r_i\sin Q(t) \\ y(t)-y_c=r\sin(Q(t)+90°)=-r_i\cos Q(t) \end{cases} \tag{2-109}$$

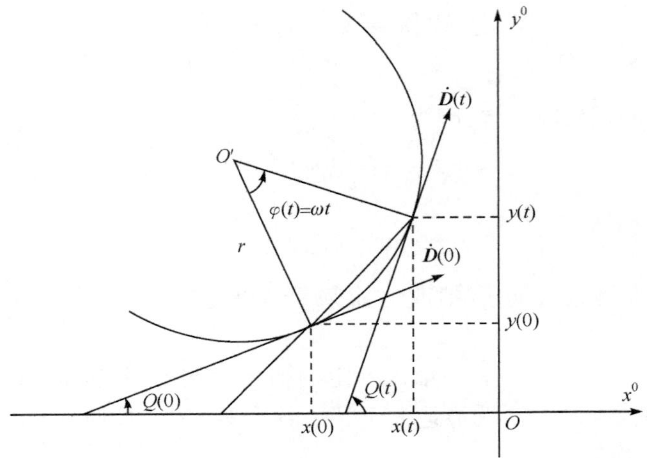

图 2.9　蛇形机动轨迹示意图

式中，$Q(t)$为航向角，即 t 瞬时目标航速矢量同基准方向的夹角。求导

$$\begin{cases}\dot{x}(t)=r_i\omega_i\cos Q(t)\\ \dot{y}(t)=r_i\omega_i\sin Q(t)\end{cases} \tag{2-110}$$

再求导

$$\begin{cases}\ddot{x}(t)=-r_i\omega_i^2\sin Q(t)=-\omega_i^2(x(t)-x_c)\\ \ddot{y}(t)=r_i\omega_i^2\cos Q(t)=-\omega_i^2(y(t)-y_c)\end{cases} \tag{2-111}$$

记

$$\begin{cases}x_b(t)=x(t)-x_c\\ y_b(t)=y(t)-y_c\end{cases} \tag{2-112}$$

则有此段圆弧的状态模型

$$\begin{cases}\dfrac{\mathrm{d}}{\mathrm{d}t}\begin{bmatrix}x_b(t)\\ \dot{x}_b(t)\\ y_b(t)\\ \dot{y}_b(t)\end{bmatrix}=\begin{bmatrix}0 & 1 & 0 & 0\\ -\omega_i^2 & 0 & 0 & 0\\ 0 & 0 & 0 & 1\\ 0 & 0 & -\omega_i^2 & 0\end{bmatrix}\begin{bmatrix}x_b(t)\\ \dot{x}_b(t)\\ y_b(t)\\ \dot{y}_b(t)\end{bmatrix}\\ \begin{bmatrix}x(t)\\ y(t)\end{bmatrix}=\begin{bmatrix}1 & 0 & 0 & 0\\ 0 & 0 & 1 & 0\end{bmatrix}\begin{bmatrix}x_b(t)\\ \dot{x}_b(t)\\ y_b(t)\\ \dot{y}_b(t)\end{bmatrix}+\begin{bmatrix}x_c\\ y_c\end{bmatrix}\end{cases} \tag{2-113}$$

而其离散形式是

$$\begin{cases}\begin{bmatrix}x_b(k+1)\\\dot{x}_b(k+1)\\y_b(k+1)\\\dot{y}_b(k+1)\end{bmatrix}=\begin{bmatrix}\cos\omega_iT & \dfrac{1}{\omega_i}\sin\omega_iT & 0 & 0\\-\omega_i\sin\omega_iT & \cos\omega_iT & 0 & 0\\0 & 0 & \cos\omega_iT & \dfrac{1}{\omega_i}\sin\omega_iT\\0 & 0 & -\omega_i\sin\omega_iT & \cos\omega_iT\end{bmatrix}\begin{bmatrix}x_b(k)\\\dot{x}_b(k)\\y_b(k)\\\dot{y}_b(k)\end{bmatrix}\\\begin{bmatrix}x(k)\\y(k)\end{bmatrix}=\begin{bmatrix}1 & 0 & 0 & 0\\0 & 0 & 1 & 0\end{bmatrix}\begin{bmatrix}x_b(k)\\\dot{x}_b(k)\\y_b(k)\\\dot{y}_b(k)\end{bmatrix}+\begin{bmatrix}x_c\\y_c\end{bmatrix}\end{cases}\tag{2-114}$$

如果已准确地测量出 $x(0)$、$y(0)$、$\dot{x}(0)$、$\dot{y}(0)$，由式(2-108)与式(2-109)立即可计算出

$$\begin{cases}x_c=x(0)-\dfrac{\dot{y}(0)}{\omega_i}\\y_c=y(0)+\dfrac{\dot{x}(0)}{\omega_i}\end{cases}\tag{2-115}$$

而由式(2-112)可得

$$\begin{cases}x_b=x(0)-x_c\\y_b=y(0)-y_c\end{cases}\tag{2-116}$$

有了初始状态 $x_b(0)$、$y_b(0)$、$\dot{x}_b(0)$、$\dot{y}_b(0)$，状态方程就有了唯一解。

同自适应穆斯模型做法相似，实用时，也应根据目标特性设置 N 个 $\omega_i(i=1,2,\cdots,N)$。具有不同 ω_i 的 N 个模型同时外推目标坐标 $x(k+1,\omega_i)$ 与 $y(k+1,\omega_i)$ 并按最邻近准则，即按公式

$$\{[x^*(k+1)-x(k+1,\omega_i)]^2+[y^*(k+1)-y(k+1,\omega_i)]^2\}^{\frac{1}{2}}=\min,\quad i=1,2,\cdots,N\tag{2-117}$$

在 N 个 ω_i 中选取一个最佳的 ω_i。式中，$x^*(k+1)$、$y^*(k+1)$ 是目标坐标的实测值。

在目标做蛇形机动时，以同一个 ω_i 与 r_i 做等速圆弧运动所持续的时间 s_i 应为随机变量 $\{s\}$ 的一个样本，也称一个航迹模态，如图 2.10 所示。

记 k 为在$[0,t]$的时间间隔内航迹模态转换的次数，又假定：在互不相交的时间间隔内，模态转换的次数互相独立，而模态转换的密度（在单位时间内模态转换的次数）λ 处处相等，从概率理论知，k 服从泊松(Poisson)分布，即在$[0,t)$的时间内模态转换 k 次的概率

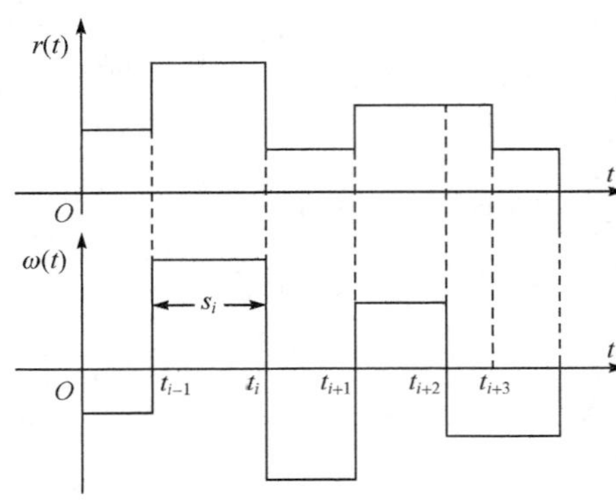

图 2.10　航迹模态持续时间示意图

$$P(k)=\frac{1}{k!}(\lambda t)^t \mathrm{e}^{-\lambda t} \qquad (2\text{-}118)$$

式中，$k=0,1,2,\cdots$。而 s 近似服从皮尔逊(Pearson)Ⅲ型分布，又称 Γ 分布，即在线的模态持续时间 s 的密度函数

$$f(s)=\frac{\beta^\alpha}{\Gamma(\alpha)}s^{\alpha-1}\mathrm{e}^{-\beta s} \qquad (2\text{-}119)$$

式中，α、β、$s>0$；而

$$\Gamma(\alpha)=\int_0^\infty t^{\alpha-1}\mathrm{e}^{-t}\mathrm{d}t \qquad (2\text{-}120)$$

当 α 为正整数时，有 $\Gamma(1)=\Gamma(2)=1$，对其余正整数，则有

$$\Gamma(\alpha)=(\alpha-1)! \qquad (2\text{-}121)$$

又，Γ 分布的均值

$$E(s)=\bar{s}=\int_0^\infty sf(s)\mathrm{d}s=\frac{\alpha}{\beta} \qquad (2\text{-}122)$$

方差

$$\mathrm{var}(s)=\sigma_s^2=\int_0^\infty (s-\bar{s})^2 f(s)\mathrm{d}s=\frac{\alpha}{\beta^2} \qquad (2\text{-}123)$$

上述分析表明，已知持续时间 s 的均值与方差，s 的密度函数就是已知的。然而，要及时地估计出敌方机动目标的这两个值是困难的。倘若进一步假定

$$\bar{s}=\sqrt{3}\sigma_s \qquad (2\text{-}124)$$

由式(2-122)和式(2-123)得 $\alpha=3$，代入式(2-119)得相应的密度函数

$$f(s)=\frac{27}{2}\frac{s^2}{\bar{s}^3}\exp\left(-3\,\frac{s}{\bar{s}}\right) \qquad (2\text{-}125)$$

如图 2.11 所示。令 $s_\mathrm{m}=s$ 时有

$$f(s_\mathrm{m})\geqslant f(s) \qquad (2\text{-}126)$$

即 s_m 为出现概率密度最大的持续时间，由式(2-125)易于求得

$$s_\mathrm{m}=\frac{2}{3}\bar{s} \qquad (2\text{-}127)$$

对一个处于特定战场环境中的具体目标而言，它在做机动转弯时，最常用的 s_m 往往是可以验前估定的。无论是验前估定 s_m 也好，战斗中实时测定 $\bar{s}$ 也好，只要有了 s_m 或 $\bar{s}$，在线模态的持续时间 s 的密度函数就是已知的。至于

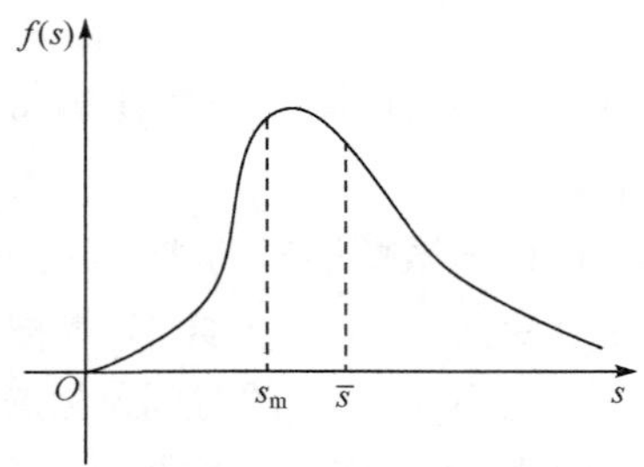

图 2.11　转弯角速率 ω_i 持续时间 s 概率密度

式(2-124)假定的合理性，则只能认为：它既导致了理论公式中的参数易于估定，又与实际情况大体符合。

3. 变阶模型

从最一般的意义上来讲，多模态航迹模型指的是这样一种模型：它提供了一个航迹模型库、一个优选准则及相应的优选程序，该优选程序根据实际目标航迹的测量结果，适时地从航迹模型库中挑选出一个最优模型作为在线模型。当在线模型不再最优时，则要切换另一个最优模型为在线模型。既然要优选，就要比较，航迹模型库中所有模型就都要被启动，因而航迹模型库中的模型数目必须是有限的。然而，由于可以使用组合加权模型，如由隶属概率加权均值决定控制量的自适应穆斯模型，所以可以由有限个模型的航迹模型库中派生出无限个航迹模型来。

按航迹模型库内各个模型间性质的差异，可将航迹模型库分为三类：第一类，库内所有模型的状态矩阵或状态转移矩阵完全相同，仅仅是输入的控制量或模型噪声的统计特征量(如白噪声的能级)不同，如自适应穆斯模型；第二类，库内所有模型的状态矩阵或状态转移矩阵具有完全相同的阶次，但阵内系数不同，如蛇形机动模型；第三类，库内模型的状态矩阵或状态转移矩阵具有不同的阶次，此即为变阶模型。

飞机俯冲攻击最好用变阶模型来表述。一个典型的飞机俯冲攻击航路如图 2.12所示。图中的俯冲攻击航路被分为五个航路段：

ab 段为飞机接近战场段，由于此时飞机远离被攻击目标，一般多做等速水平直线运动，以便快速接近其攻击的目标；bc 段为瞄准段，其任务是完成瞄准、攻击的准备，多为水平等速圆弧运动；cd 段为俯冲进入段，其任务是操纵飞机进入俯冲的预定位置与状态，航迹复杂，应为空间的二次曲线；de 段为俯冲攻击段，飞机以直线等加速运动直接冲向被攻击目标(或某个提前点)；ef 段为俯冲退出段，飞机以空间二次曲线的航迹跃升，并退出战斗。上述的论述已经表明，俯冲攻击的模态是非常复杂的，更何况实际俯冲攻击航路的种类与样式还要多得多。俯冲航迹不仅模态多，而且模态转换的周期也很短，往往还未来得及选择模态，该模态就已失去了最佳性。可以这样讲，直到目前为止，还未能为复杂多变的俯冲攻击航迹建立起准确而实用的模型。

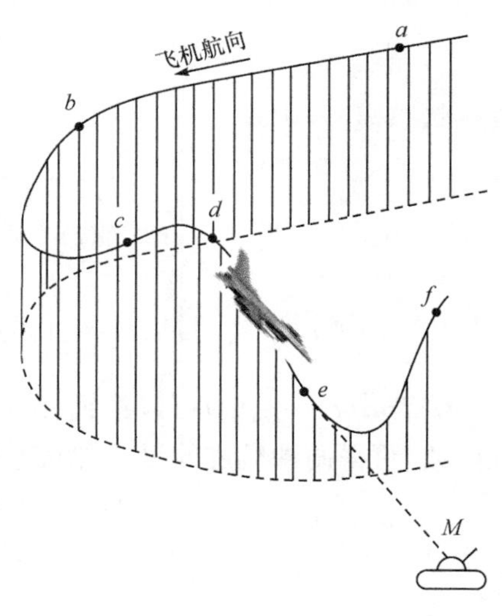

图 2.12　飞机俯冲攻击航路

为了对付俯冲攻击的目标，即使风险很大，也要为它的航迹建立一个简化而可用的模型。现以高度 $h(t)$ 为例来阐述俯冲攻击航路的建模问题。略去变化多端而时间短暂的俯冲进入段（cd 段），再把建模的终止点定为俯冲攻击段的结束点（e 点），则目标在进入俯冲前，即 c 点以前，可用等高模型

$$\begin{cases}\dfrac{\mathrm{d}}{\mathrm{d}t}h(t)=0\\ h(t)=h(0)\end{cases}\tag{2-128}$$

而在进入俯冲后，即 c 点以后，可用等加速模型

$$\frac{\mathrm{d}}{\mathrm{d}t}\begin{bmatrix}h(t)\\ \dot{h}(t)\\ \ddot{h}(t)\end{bmatrix}=\begin{bmatrix}0&1&0\\0&0&1\\0&0&0\end{bmatrix}\begin{bmatrix}h(t)\\ \dot{h}(t)\\ \ddot{h}(t)\end{bmatrix}\tag{2-129}$$

实际上，由于俯冲攻击的时间也很短暂，极难利用上述模型估计出可用的 $\ddot{h}(t)$，故而，上述模型对俯冲攻击段也几乎是无效的。较为有效的做法是对 $\ddot{h}(t)=$ const 的值给出某种近似估计，将式(2-129)降为二阶。

例如，在飞机俯冲攻击段（直线段）内，先验地认定其推力等于阻力，在此条件下，目标的加速度

$$\frac{\mathrm{d}v(t)}{\mathrm{d}t}=g\sin K=g\frac{\dot{h}(t)}{v(t)}=\text{const}\tag{2-130}$$

式中，$v(t)$ 为目标速度；g 为重力加速度；K 为俯冲角（向下为正值）。故而有

$$\begin{aligned}h(t)&=h(0)+\dot{h}(0)t+\frac{1}{2}\left(\frac{\mathrm{d}v}{\mathrm{d}t}\sin K\right)t^2\\&=h(0)+\dot{h}(0)t-\frac{1}{2}\left(\frac{\dot{h}(t)}{v(t)}\right)^2gt^2\end{aligned}\tag{2-131}$$

改成状态模型，则是

$$\begin{cases}\dfrac{\mathrm{d}}{\mathrm{d}t}\begin{bmatrix}h(t)\\ \dot{h}(t)\end{bmatrix}=\begin{bmatrix}0&1\\0&-\dfrac{\dot{h}(t)}{v^2(t)}g\end{bmatrix}\begin{bmatrix}h(t)\\ \dot{h}(t)\end{bmatrix}\\ h(t)=(1,0)\begin{bmatrix}h(t)\\ \dot{h}(t)\end{bmatrix}\end{cases}\tag{2-132}$$

倘若 $\ddot{h}(t)=a_h(t)$ 可以根据目标类型、型号、现时状态而先验地给定一个确定性函数，可得俯冲航迹的另一种状态描述

$$\begin{cases}\dfrac{\mathrm{d}}{\mathrm{d}t}\begin{bmatrix}h(t)\\ \dot{h}(t)\end{bmatrix}=\begin{bmatrix}0&1\\0&0\end{bmatrix}\begin{bmatrix}h(t)\\ \dot{h}(t)\end{bmatrix}+\begin{bmatrix}0\\1\end{bmatrix}a_h(t)\\ h(t)=(1,0)\begin{bmatrix}h(t)\\ \dot{h}(t)\end{bmatrix}\end{cases}\tag{2-133}$$

为了能够在 c 点尽快地将等高模型转换为等加速模型，两种模型必须同时工作，并且仍同以前一样，根据模型输出值与实测值相比较而决定模型的取舍。然而，就俯冲攻击模型而言，由于其中一个待选模型的状态多了一个速度分量，因而就应根据实测值估计这个速度分量，并检验该值不为零的置信度，若确可判为非零，则转换为等加速模型；否则，继续保持等高模型。这里至少有两个不同阶次的模型同时运行，因而属于一种变阶多模态航迹模型。

利用最优准则，根据多个航迹模型给出的结果与实测结果相比较而优选出一个在线航迹模型，必然需要一定时间，因而，多模态模型的模态转换时间将滞后于实际航路的模态转换时间。这是所有多模态航迹模型的共有弱点。

2.3　航迹测量模型

航迹建模的任务是寻求一个能够描述目标运动规律的数学方程。如果采用航迹状态模型，由于状态的非唯一性，在做了某些变换后，它甚至失掉了明显的物理意义，所以，在航迹的状态模型中，除了状态方程外，还有一个表述航迹 $\boldsymbol{D}(t)$ 与其状态 $\boldsymbol{X}(t)$ 关系的输出方程，如式(2-22)和式(2-23)所示。

航迹测量装置建模的任务是寻求测量装置输出量 $\boldsymbol{Y}(t)$ 同航迹状态 $\boldsymbol{X}(t)$ 及测量误差 $\boldsymbol{V}(t)$ 间的关系式，此数学关系式称为航迹的测量模型，也称测量方程，其规范的表达式是

$$\boldsymbol{Y}(t)=\boldsymbol{\Theta}[\boldsymbol{X}(t),\boldsymbol{V}(t),t] \tag{2-134}$$

其离散形式是

$$\boldsymbol{Y}(k)=\boldsymbol{\Theta}[\boldsymbol{X}(k),\boldsymbol{V}(k),k] \tag{2-135}$$

其中，$\boldsymbol{V}(t)$、$\boldsymbol{V}(k)$是测量噪声。如果将航迹的状态方程、输出方程与测量方程均限定为线性的，则其规范形式是

$$\begin{cases}\dot{\boldsymbol{X}}(t)=\boldsymbol{A}(t)\boldsymbol{X}(t)+\boldsymbol{C}(t)\boldsymbol{U}(t)+\boldsymbol{B}(t)\boldsymbol{W}(t)\\ \boldsymbol{D}(t)=\boldsymbol{H}(t)\boldsymbol{X}(t)\\ \boldsymbol{Y}(t)=\boldsymbol{\Theta}(t)\boldsymbol{X}(t)+\boldsymbol{V}(t)\end{cases} \tag{2-136}$$

而其规范的离散形式是

$$\begin{cases}\boldsymbol{X}(k+1)=\boldsymbol{\Phi}(k+1,k)\boldsymbol{X}(k)+\boldsymbol{G}(k)\boldsymbol{U}(k)+\boldsymbol{\Gamma}(k)\boldsymbol{W}(k)\\ \boldsymbol{D}(k)=\boldsymbol{H}(k)\boldsymbol{X}(k)\\ \boldsymbol{Y}(k)=\boldsymbol{\Theta}(k)\boldsymbol{X}(k)+\boldsymbol{V}(k)\end{cases} \tag{2-137}$$

其中，$\boldsymbol{U}(t)$是已知的确定性函数，如目标运动中某些确定的输入项(运动中作用力等)；$\boldsymbol{W}(t)$与 $\boldsymbol{V}(t)$是白噪声，且 $\boldsymbol{V}(t)$也是某种相关测量噪声 $\xi(t)$经白化而得到的，详见后述。

航迹的输出方程与测量方程是两个不同的概念。前者面向目标航迹，它完全

决定于航迹的性质，是检验航迹模型正确性的依据；后者面向测量装置，是测量装置特性的表述，其输出值 $\boldsymbol{Y}(t)$ 是估计目标状态 $\boldsymbol{X}(t)$ 与航迹 $\boldsymbol{D}(t)$ 的依据。

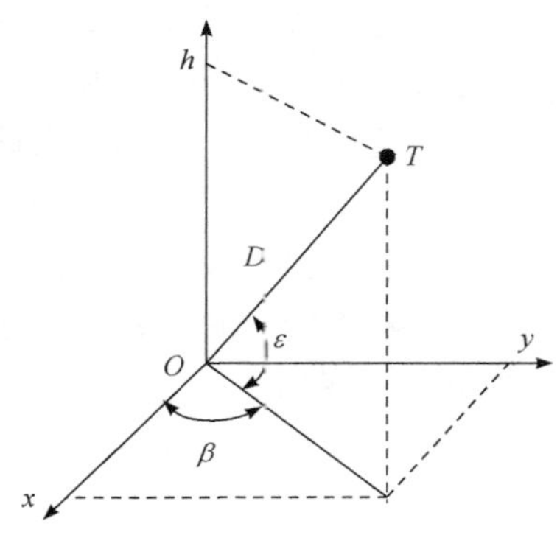

图 2.13　自然传感器坐标系示意图

由于测量装置是由我方配置与操纵的，甚或是自行设计与制造的，因而，测量模型应该是较为准确的，它相对实际测量装置测量特性的偏离通常也是可以控制与校正的。

在很多情况下，测量装置（如雷达）是按照自然传感器坐标系对目标进行测量，而这种坐标系多为二维的极坐标系或三维的球坐标系，直接测量量一般由目标的斜距离 D、方位角 β，以及高低角 ε 组成，如图 2.13 所示。

根据量测与被估状态间的关系，测量模型分为直接测量模型和间接测量模型。

2.3.1　直接测量模型

测量模型的输出与测量装置的输出完全相等的测量模型称为直接测量模型。

例如，当用平面直角坐标录取仪（x-y 录取仪）录取（测量）水面舰船的位置时，如果舰船做等速直线运动，则可将舰船航迹的状态、输出与测量方程写为

$$\begin{cases}\dot{\boldsymbol{X}}(t)=\begin{bmatrix}\dot{x}(t)\\\dot{x}(t)\\\dot{y}(t)\\\dot{y}(t)\end{bmatrix}=\begin{bmatrix}0&1&0&0\\0&0&0&0\\0&0&0&1\\0&0&0&0\end{bmatrix}\begin{bmatrix}x(t)\\\dot{x}(t)\\y(t)\\\dot{y}(t)\end{bmatrix}=\boldsymbol{AX}(t)\\ \boldsymbol{D}(t)=\begin{bmatrix}x(t)\\y(t)\end{bmatrix}=\begin{bmatrix}1&0&0&0\\0&0&1&0\end{bmatrix}\boldsymbol{X}(t)=\boldsymbol{HX}(t)\\ \boldsymbol{Y}(t)=\begin{bmatrix}1&0&0&0\\0&0&1&0\end{bmatrix}\begin{bmatrix}x(t)\\\dot{x}(t)\\y(t)\\\dot{y}(t)\end{bmatrix}+\begin{bmatrix}\tilde{x}(t)\\\tilde{y}(t)\end{bmatrix}=\boldsymbol{\Theta}'\boldsymbol{X}(t)+\boldsymbol{V}'(t)\end{cases} \tag{2-138}$$

式中，$\boldsymbol{V}'(t)=\begin{bmatrix}\tilde{x}(t)\\\tilde{y}(t)\end{bmatrix}$ 为 x-y 录取仪的录取误差。由于这种记录仪在 x 与 y 两个方向上分别由自己的控制系统控制各自的坐标录取，所以两个方向的录取误差 $\tilde{x}(t)$ 与 $\tilde{y}(t)$ 是不相关的，即

$$\operatorname{cov}(\tilde{x}(t),\tilde{y}(t+\tau))=R_{\tilde{x}\tilde{y}}(t,t+\tau)=0 \tag{2-139}$$

对所有 t 与 τ 成立。

测量装置在对目标测量之前，即 $t\leqslant 0$ 时，其测量误差与目标的状态也是毫不相关的，因而假定

$$\mathrm{cov}(\boldsymbol{V}'(t),\boldsymbol{X}(0))=0 \tag{2-140}$$

应是可以接受的。以后除非特别指明，式(2-140)将自然成立。

如果测量误差还是不相关误差，即白噪声，还应有

$$\begin{aligned}&\mathrm{cov}(\boldsymbol{V}'(t),\boldsymbol{V}'(t+\tau))\\&=\begin{bmatrix}\mathrm{cov}(\tilde{x}(t),\tilde{x}(t+\tau)) & \mathrm{cov}(\tilde{x}(t),\tilde{y}(t+\tau))\\ \mathrm{cov}(\tilde{y}(t),\tilde{x}(t+\tau)) & \mathrm{cov}(\tilde{y}(t),\tilde{y}(t+\tau))\end{bmatrix}\\&=\begin{bmatrix}R_1'(t) & 0\\ 0 & R_2'(t)\end{bmatrix}\delta(\tau)=\boldsymbol{R}'(t)\delta(\tau)\end{aligned} \tag{2-141}$$

式中，$\boldsymbol{R}'(t)$为白噪声能级。测量噪声是相关噪声的情形，将在后面阐述。

如果改用多普勒体制雷达来承担上述舰船位置的测量任务，由于这种雷达可同时测量目标距离 $D(t)$、距变率 $\dot{D}(t)$、方位角 $\beta(t)$，当采用直接测量模型时，其测量方程应是

$$\begin{aligned}\boldsymbol{Y}(t)&=\begin{bmatrix}D(t)\\ \dot{D}(t)\\ \beta(t)\end{bmatrix}+\begin{bmatrix}\tilde{D}(t)\\ \tilde{\dot{D}}(t)\\ \tilde{\beta}(t)\end{bmatrix}\\&=\begin{bmatrix}\sqrt{x^2(t)+y^2(t)}\\ \sqrt{\dot{x}^2(t)+\dot{y}^2(t)}\\ \arctan\dfrac{y(t)}{x(t)}\end{bmatrix}+\begin{bmatrix}\tilde{D}(t)\\ \tilde{\dot{D}}(t)\\ \tilde{\beta}(t)\end{bmatrix}\\&=\boldsymbol{\Theta}''[\boldsymbol{X}(t)]+\boldsymbol{V}''(t)\end{aligned} \tag{2-142}$$

此时，测量方程是非线性的，且具有式(2-134)规定的形式。只有通过线性化的近似处理，才可能将其转化为线性的规范形式。这种线性化的处理技术将在后面再述。

由于多普勒体制雷达中的 D、$\dot{D}$ 与 β 三个信道基本上是独立的，因而，相应的测量误差 $\tilde{D}(t)$、$\tilde{\dot{D}}(t)$与 $\tilde{\beta}(t)$也是互不相关的。如果再假定它们在各自的时序上也是不相关的，则其测量误差的协方差

$$\begin{aligned}\mathrm{cov}(\boldsymbol{V}''(t),\boldsymbol{V}''(t+\tau))&=\begin{bmatrix}\boldsymbol{R}_1''(t) & 0 & 0\\ 0 & \boldsymbol{R}_2''(t) & 0\\ 0 & 0 & \boldsymbol{R}_3''(t)\end{bmatrix}\delta(\tau)\\&=\boldsymbol{R}''(t)\delta(\tau)\end{aligned} \tag{2-143}$$

式中，$\boldsymbol{R}_1''(t)$、$\boldsymbol{R}_2''(t)$、$\boldsymbol{R}_3''(t)$分别是 $\tilde{D}(t)$、$\tilde{\dot{D}}(t)$、$\tilde{\beta}(t)$的能级。

申明一点：$\dot{D}(t)$是根据多普勒效应独立测量的，同 $D(t)$的测量互不相关。只有如此才能保证 $\boldsymbol{R}''(t)$的第一行第二列元素为零。倘若 $\dot{D}(t)$是由雷达已测得的

$D(t)$经微分而得，则 $D(t)$与 $\dot{D}(t)$将互为相关，$\boldsymbol{R}''(t)$的第一行第二列元素不再为零。理论上可以证明，在后一种情况下，$\dot{D}(t)$出现在测量方程之中，对航迹状态之估计毫无效益。

倘若用被动式声呐来完成上述舰船位置的测量任务，则直接测量方程得改为

$$
\begin{aligned}
Y(t) &= \beta_c(t) + \tilde{\beta}_c(t) \\
&= \arctan\frac{y(t)}{x(t)} + \tilde{\beta}_c(t) \\
&= \Theta'''[\boldsymbol{X}(t)] + V'''(t)
\end{aligned} \tag{2-144}
$$

至于这种测量装置给出的测量值能否完成航迹状态 $\boldsymbol{X}(t)$或输出 $\boldsymbol{D}(t)$的估计任务，留待以后再分析。

如果用 x-y 录取仪、多普勒雷达、被动式声呐同时测量同一艘舰船，则测量方程为

$$
\begin{aligned}
\boldsymbol{Y}(t) &= [x(t), y(t), D(t), \dot{D}(t), \beta(t), \beta_c(t)]^{\mathrm{T}} \\
&\quad + [\tilde{x}(t), \tilde{y}(t), \tilde{D}(t), \tilde{\dot{D}}(t), \tilde{\beta}(t), \tilde{\beta}_c(t)]^{\mathrm{T}} \\
&= \begin{bmatrix} \Theta'[\boldsymbol{X}(t)] \\ \Theta''[\boldsymbol{X}(t)] \\ \Theta'''[\boldsymbol{X}(t)] \end{bmatrix} + \begin{bmatrix} V'(t) \\ V''(t) \\ V'''(t) \end{bmatrix} \\
&= \boldsymbol{\Theta}[\boldsymbol{X}(t)] + \boldsymbol{V}(t)
\end{aligned} \tag{2-145}
$$

仍被归纳为非线性的规范形式。但此时之 $\boldsymbol{Y}(t) \in \mathbf{R}^6$，已是高维测量量。上述例证表明，在相同的状态方程、输出方程下，目标的测量方程可具有完全不同的形式，测量方程中不仅含有测量误差 $\boldsymbol{V}(t)$，而且其输出 $\boldsymbol{Y}(t)$可以有完全不同于 $\boldsymbol{D}(t)$的维数。

2.3.2 间接测量模型

如果测量模型的输出量是测量装置的输出量的某种无滞后的数学变换，那么，该测量模型就称为间接测量模型。这种数学变换的主要目的是使测量方程中的测量阵 $\boldsymbol{\Theta}$ 线性化或者使 $\boldsymbol{\Theta}$ 阵内有更多的常数元素，以便于使用。

仍以式(2-142)所描述的多普勒体制雷达为例，探讨间接测量模型的建模问题。考虑到极坐标到直角坐标的变换式

$$
\begin{cases} x(t) = D(t)\cos\beta(t) \\ y(t) = D(t)\sin\beta(t) \end{cases} \tag{2-146}
$$

由于存在测量误差，实际得到的目标极坐标值只能是其实测值

$$
\begin{cases} D_y(t) = D(t) + \tilde{D}(t) \\ \beta_y(t) = \beta(t) + \tilde{\beta}(t) \end{cases} \tag{2-147}
$$

将此实测值施以极-直角坐标变换，得 $x(t)$ 与 $y(t)$ 的计算值

$$\begin{cases} x_y(t)=x(t)+\tilde{x}(t)=[D(t)+\tilde{D}(t)]\cos[\beta(t)+\tilde{\beta}(t)] \\ y_y(t)=y(t)+\tilde{y}(t)=[D(t)+\tilde{D}(t)]\sin[\beta(t)+\tilde{\beta}(t)] \end{cases} \tag{2-148}$$

将式(2-148)右部在 $(D(t),\beta(t))$ 处展成泰勒(Taylor)级数，并略去二阶与二阶以上各项，可得

$$\begin{cases} \tilde{x}(t)=\tilde{D}(t)\cos\beta(t)-\tilde{\beta}(t)D(t)\sin\beta(t) \\ \tilde{y}(t)=\tilde{D}(t)\sin\beta(t)+\tilde{\beta}(t)D(t)\cos\beta(t) \end{cases} \tag{2-149}$$

如果以 $x(t)$、$y(t)$ 的计算值 $x_y(t)$、$y_y(t)$ 以及保留的 $\dot{D}$ 的实测值

$$\dot{D}_y(t)=\dot{D}(t)+\tilde{\dot{D}}(t) \tag{2-150}$$

为测量装置的输出量，则得间接测量方程

$$\begin{aligned} \boldsymbol{Y}(t)&=\begin{bmatrix} x_y(t) \\ y_y(t) \\ \dot{D}_y(t) \end{bmatrix}=\begin{bmatrix} x(t) \\ y(t) \\ \dot{D}(t) \end{bmatrix}+\begin{bmatrix} \tilde{x}(t) \\ \tilde{y}(t) \\ \tilde{\dot{D}}(t) \end{bmatrix} \\ &=\begin{bmatrix} 1 & 0 & 0 & 0 \\ 0 & 0 & 1 & 0 \\ 0 & 0 & 0 & \sqrt{1+\left[\dfrac{\dot{x}(t)}{\dot{y}(t)}\right]^2} \end{bmatrix}\begin{bmatrix} x(t) \\ \dot{x}(t) \\ y(t) \\ \dot{y}(t) \end{bmatrix}+\begin{bmatrix} \tilde{x}(t) \\ \tilde{y}(t) \\ \tilde{\dot{D}}(t) \end{bmatrix} \\ &=\boldsymbol{\Theta}\boldsymbol{X}(t)+\boldsymbol{V}(t) \end{aligned} \tag{2-151}$$

依然假定：$\tilde{D}(t)$、$\tilde{\dot{D}}(t)$ 与 $\tilde{\beta}(t)$ 是互不相关的不相关误差。由于式(2-149)的存在，式(2-151)中的 $\tilde{x}(t)$ 与 $\tilde{y}(t)$ 之间却互相关了。易于推证

$$\begin{aligned} \mathrm{cov}(\boldsymbol{V}(t),\boldsymbol{V}(t+\tau))&=\mathrm{cov}\left(\begin{bmatrix} \tilde{x}(t) \\ \tilde{y}(t) \\ \tilde{\dot{D}}(t) \end{bmatrix},\begin{bmatrix} \tilde{x}(t+\tau) \\ \tilde{y}(t+\tau) \\ \tilde{\dot{D}}(t+\tau) \end{bmatrix}\right) \\ &=\begin{bmatrix} \begin{matrix} R_1''(t)\cos^2\beta(t) \\ +R_2''(t)D^2(t)\sin^2\beta(t) \end{matrix} & \begin{matrix} R_1''(t)\cos\beta(t)\sin\beta(t) \\ -R_2''(t)D^2(t)\cos\beta(t)\sin\beta(t) \end{matrix} & 0 \\ \begin{matrix} R_1''(t)\cos\beta(t)\sin\beta(t) \\ -R_2''(t)D^2(t)\cos\beta(t)\sin\beta(t) \end{matrix} & \begin{matrix} R_1''(t)\sin^2\beta(t) \\ +R_2''(t)D^2(t)\cos^2\beta(t) \end{matrix} & 0 \\ 0 & 0 & R_3''(t) \end{bmatrix}\delta(\tau) \end{aligned} \tag{2-152}$$

将式(2-142)同式(2-151)、式(2-143)同式(2-152)相比较，可以发现，$\boldsymbol{Y}(t)$ 中经过极-直角坐标变换的部分，其测量阵中的相应元素变成了最简单的 1，但变换后的误差特性却变得十分复杂，它们之间已由互不相关变为互相关了。

综合上述，可以有如下结论：如果能够在 $\boldsymbol{Y}(t)$ 的某个子集(当然包括它本身)

$\boldsymbol{Y}^*(t)$中找到一个变换 $\mathcal{F}$,在 $\boldsymbol{V}(t)=0$ 时,

$$\boldsymbol{X}_y^*(t)=\mathcal{F}[\boldsymbol{Y}^*(t)]=\boldsymbol{C}\boldsymbol{X}(t) \tag{2-153}$$

成立。式中,$\boldsymbol{C}$ 为适维常数阵。也就是说,令测量误差为零,对 $\boldsymbol{Y}^*(t)$施以无滞后的 $\mathcal{F}$变换后,$\boldsymbol{X}_y^*(t)$等于状态变量的线性组合,那么,当以 $\boldsymbol{X}_y^*(t)$替代 $\boldsymbol{Y}^*(t)$作为测量装置输出时,其测量阵中的相应元素将被简化为常数。如果对整个测量量 $\boldsymbol{Y}(t)$也能够找到一个变换 $\mathcal{F}$使式(2-153)得到满足,那么,整个测量方程将被转换为线性方程。然而,这种变换并不总是存在。例如,对式(2-151)中的 $\dot{D}(t)$就不存在这种变换。

间接测量模型构建技术使非线性测量方程接近或成为线性测量方程,同时也使变换后的测量误差相关性变得复杂起来,利弊兼有。然而,现代估计理论中的线性估计理论已经成熟,估计误差也便于控制,因而现代火控计算机中更多地使用间接测量模型。至于使用间接测量模型所导致的变换计算、误差处理,虽运算复杂,当代电子计算机已完全能胜任。

2.3.3 极坐标量测转换

在对空中运动目标跟踪中,一般采用雷达、光电跟踪系统等设备获取目标极坐标信息,而目标动态模型通常在笛卡儿坐标系中建模,于是对目标的位置量测是关于目标状态的非线性函数。当利用实测值$[D_y(t),\beta_y(t)]$对目标直接采用式(2-148)所示的方法进行量测转换时,将存在转换量测有偏的问题,具体分析如下。

以二维量测为例,设量测误差表示为

$$\begin{cases}\tilde{x}=x_z-x\\ \tilde{y}=y_z-y\end{cases} \tag{2-154}$$

利用式(2-148)减去式(2-146),得到

$$\begin{cases}\tilde{x}=D\cos\beta(\cos\tilde{\beta}-1)-\tilde{D}\sin\beta\sin\tilde{\beta}-D\sin\beta\sin\tilde{\beta}+\tilde{D}\cos\beta\cos\tilde{\beta}\\ \tilde{y}=D\sin\beta(\cos\tilde{\beta}-1)+\tilde{D}\cos\beta\sin\tilde{\beta}+D\cos\beta\sin\tilde{\beta}+\tilde{D}\sin\beta\cos\tilde{\beta}\end{cases} \tag{2-155}$$

可见误差 $\tilde{x}$ 与 $\tilde{y}$ 不仅相互关联,且都依赖于目标真实斜距离、方位角及其量测误差。当 $\tilde{\beta}$ 服从均值为 0、均方差为 σ_β 的正态分布时,有

$$\begin{cases}E(\cos\tilde{\beta})=\mathrm{e}^{-\sigma_\beta^2/2}, & E(\sin\tilde{\beta})=0\\ E(\cos^2\tilde{\beta})=\dfrac{1}{2}(1+\mathrm{e}^{-2\sigma_\beta^2}), & E(\sin^2\tilde{\beta})=\dfrac{1}{2}(1-\mathrm{e}^{-2\sigma_\beta^2})\\ E(\sin\tilde{\beta}\cos\tilde{\beta})=0\end{cases} \tag{2-156}$$

其中 σ_β^2 为方位角量测误差协方差。令 $\boldsymbol{v}^c=[\tilde{x},\tilde{y}]^{\mathrm{T}}$,且

$$\begin{cases} E(\boldsymbol{v}^c \mid D,\beta)=[\bar{\tilde{x}},\bar{\tilde{y}}]^{\mathrm{T}} \\ \operatorname{cov}(\boldsymbol{v}^c \mid D,\beta)=\begin{bmatrix} R_c^{xx} & R_c^{xy} \\ R_c^{yx} & R_c^{yy} \end{bmatrix} \end{cases} \tag{2-157}$$

则由式(2-156)得到

$$\begin{cases} \bar{\tilde{x}}=D\cos\beta(\mathrm{e}^{-\sigma_\beta^2/2}-1) \\ \bar{\tilde{y}}=D\sin\beta(\mathrm{e}^{-\sigma_\beta^2/2}-1) \end{cases} \tag{2-158}$$

$$\begin{aligned} R_c^{xx} =& D^2\mathrm{e}^{-\sigma_\beta^2}[\cos^2\beta(\cosh(\sigma_\beta^2)-1)+\sin^2\beta\sinh(\sigma_\beta^2)] \\ &+\sigma_D^2\mathrm{e}^{-\sigma_\beta^2}[\cos^2\beta\cosh(\sigma_\beta^2)+\sin^2\beta\sinh(\sigma_\beta^2)] \end{aligned} \tag{2-159}$$

$$\begin{aligned} R_c^{yy} =& D^2\mathrm{e}^{-\sigma_\beta^2}[\sin^2\beta(\cosh(\sigma_\beta^2)-1)+\cos^2\beta\sinh(\sigma_\beta^2)] \\ &+\sigma_D^2\mathrm{e}^{-\sigma_\beta^2}[\sin^2\beta\cosh(\sigma_\beta^2)+\cos^2\beta\sinh(\sigma_\beta^2)] \end{aligned} \tag{2-160}$$

$$R_c^{xy}=R_c^{yx}=\sin\beta\cos\beta\mathrm{e}^{-2\sigma_\beta^2}[\sigma_D^2+D^2(1-\mathrm{e}^{\sigma_\beta^2})] \tag{2-161}$$

从式(2-158)可见采用式(2-148)进行量测转换，得到的直角坐标伪量测$[x_z(t),y_z(t)]$对应的量测误差$[\tilde{x},\tilde{y}]$均值不为零。为此应该对这种量测转换进行修正，以保证伪量测误差实现无偏。另外式(2-158)～式(2-161)需要已知目标真实斜距离和方位角，而实际工程中这些信息无法得到。为此，可在目标量测值$[D_z(t),\beta_z(t)]$已知的条件下，求解伪量测$[x_z(t),y_z(t)]$的量测误差，即

$$\begin{cases} E(\boldsymbol{v}^c \mid D_z,\beta_z)=[\bar{\tilde{x}},\bar{\tilde{y}}]^{\mathrm{T}} \\ \operatorname{cov}(\boldsymbol{v}^c \mid D_z,\beta_z)=\begin{bmatrix} R_c^{xx} & R_c^{xy} \\ R_c^{yx} & R_c^{yy} \end{bmatrix} \end{cases} \tag{2-162}$$

利用三角关系式可得

$$\begin{cases} \bar{\tilde{x}}=D_z\cos\beta_z(\mathrm{e}^{-\sigma_\beta^2}-\mathrm{e}^{-\sigma_\beta^2/2}) \\ \bar{\tilde{y}}=D_z\sin\beta_z(\mathrm{e}^{-\sigma_\beta^2}-\mathrm{e}^{-\sigma_\beta^2/2}) \end{cases} \tag{2-163}$$

$$\begin{aligned} R_c^{xx} =& D_z^2\mathrm{e}^{-2\sigma_\beta^2}[\cos^2\beta_z(\cosh(2\sigma_z^2)-\cosh(\sigma_z^2))+\sin^2\beta_z(\sinh(2\sigma_\beta^2)-\sinh(\sigma_\beta^2))] \\ &+\sigma_D^2\mathrm{e}^{-2\sigma_\beta^2}[\cos^2\beta_z(2\cosh(2\sigma_z^2)-\cosh(\sigma_z^2))+\sin^2\beta_z(2\sinh(2\sigma_\beta^2)-\sinh(\sigma_\beta^2))] \end{aligned} \tag{2-164}$$

$$\begin{aligned} R_c^{yy} =& D_z^2\mathrm{e}^{-2\sigma_\beta^2}[\sin^2\beta_z(\cosh(2\sigma_\beta^2)-\cosh(\sigma_\beta^2))+\cos^2\beta_z(\sinh(2\sigma_\beta^2)-\sinh(\sigma_\beta^2))] \\ &+\sigma_D^2\mathrm{e}^{-2\sigma_\beta^2}[\sin^2\beta_z(2\cosh(2\sigma_\beta^2)-\cosh(\sigma_\beta^2))+\cos^2\beta_z(2\sinh(2\sigma_\beta^2)-\sinh(\sigma_\beta^2))] \end{aligned} \tag{2-165}$$

$$R_c^{xy}=R_c^{yx}=\sin\beta_z\cos\beta_z\mathrm{e}^{-4\sigma_\beta^2}[\sigma_D^2+(D_z^2+\sigma_D^2)(1-\mathrm{e}^{\sigma_\beta^2})] \tag{2-166}$$

式(2-148)修正为

$$\begin{cases}x_z(t)=D_z(t)\cos\beta_z(t)-\bar{x}\\ y_z(t)=D_z(t)\sin\beta_z(t)-\bar{y}\end{cases} \tag{2-167}$$

同理当量测中同时含有目标高低角 ε 时,对目标直接量测为

$$\begin{cases}D_z(t)=D(t)+\tilde{D}(t)\\ \beta_z(t)=\beta(t)+\tilde{\beta}(t)\\ \varepsilon_z(t)=\varepsilon(t)+\tilde{\varepsilon}(t)\end{cases} \tag{2-168}$$

其中斜距离量测误差$\tilde{D}(t)$、方位角量测误差$\tilde{\beta}(t)$、高低角量测误差 $\tilde{\varepsilon}(t)$为相互独立、均值为 0 的高斯噪声,标准差分别为 σ_D、σ_β、σ_ε。转换成笛卡儿坐标下的伪量测表示为

$$\begin{cases}x_z=x+\tilde{x}=D_z\cos\varepsilon_z\cos\beta_z\\ y_z=y+\tilde{y}=D_z\cos\varepsilon_z\sin\beta_z\\ h_z=h+\tilde{h}=D_z\sin\varepsilon_z\end{cases} \tag{2-169}$$

此时如果利用与式(2-149)相似的线性近似方法,得到误差传递函数为

$$\begin{cases}\tilde{x}(t)=\tilde{D}(t)\cos\varepsilon(t)\cos\beta(t)-\tilde{\beta}(t)D(t)\cos\varepsilon(t)\sin\beta(t)-\tilde{\varepsilon}(t)D(t)\sin\varepsilon(t)\cos\beta(t)\\ \tilde{y}(t)=\tilde{D}(t)\cos\varepsilon(t)\sin\beta(t)+\tilde{\beta}(t)D(t)\cos\varepsilon(t)\cos\beta(t)-\tilde{\varepsilon}(t)D(t)\sin\varepsilon(t)\sin\beta(t)\\ \tilde{h}(t)=\tilde{D}(t)\sin\varepsilon(t)+\tilde{\varepsilon}D(t)\cos\varepsilon(t)\end{cases} \tag{2-170}$$

相应的伪量测误差 $\boldsymbol{v}(t)=[\tilde{x}(t),\tilde{y}(t),\tilde{h}(t)]^{\mathrm{T}}$ 均值为

$$\begin{cases}E[\tilde{x}(t)]=0\\ E[\tilde{y}(t)]=0\\ E[\tilde{h}(t)]=0\end{cases} \tag{2-171}$$

协方差为

$$\mathrm{var}(\boldsymbol{v}(t))=\begin{bmatrix}R_c^{xx} & R_c^{xy} & R_c^{xh}\\ R_c^{yx} & R_c^{yy} & R_c^{yh}\\ R_c^{hx} & R_c^{hy} & R_c^{hh}\end{bmatrix} \tag{2-172}$$

其中

$$\begin{cases}R_c^{xx}=\sigma_D^2\left[\cos\varepsilon(t)\cos\beta(t)\right]^2+\sigma_\varepsilon^2\left[D(t)\sin\varepsilon(t)\cos\beta(t)\right]^2+\sigma_\beta^2\left[D(t)\cos\varepsilon(t)\sin\beta(t)\right]^2\\ R_c^{yy}=\sigma_D^2\left[\cos\varepsilon(t)\sin\beta(t)\right]^2+\sigma_\varepsilon^2\left[D(t)\sin\varepsilon(t)\sin\beta(t)\right]^2+\sigma_\beta^2\left[D(t)\cos\varepsilon(t)\cos\beta(t)\right]^2\\ R_c^{hh}=\sigma_D^2\left[\sin\varepsilon(t)\right]^2+\sigma_\varepsilon^2\left[D(t)\cos\varepsilon(t)\right]^2\\ R_c^{xy}=R_c^{yx}\\ \quad=\sigma_D^2[\cos\varepsilon(t)]^2\cos\beta(t)\sin\beta(t)+\sigma_\varepsilon^2[D(t)\sin\varepsilon(t)]^2\cos\beta(t)\sin\beta(t)\\ \qquad-\sigma_\beta^2[D(t)\cos\varepsilon(t)]^2\cos\beta(t)\sin\beta(t)\\ R_c^{xh}=R_c^{hx}\\ \quad=\sigma_D^2\sin\varepsilon(t)\cos\varepsilon(t)\cos\beta(t)-\sigma_\varepsilon^2D^2(t)\sin\varepsilon(t)\cos\varepsilon(t)\cos\beta(t)\\ R_c^{yh}=R_c^{hy}\\ \quad=\sigma_D^2\sin\varepsilon(t)\cos\varepsilon(t)\sin\beta(t)-\sigma_\varepsilon^2D^2(t)\sin\varepsilon(t)\cos\varepsilon(t)\sin\beta(t)\end{cases}\tag{2-173}$$

由于式(2-173)中需要用无误差的量测值获得伪量测协方差阵，这在实际工程中无法得到，为此采用直接量测信息替换之，即

$$\operatorname{var}(\boldsymbol{v}(t))\approx\begin{bmatrix}R_c^{xx} & R_c^{xy} & R_c^{xh}\\ R_c^{yx} & R_c^{yy} & R_c^{yh}\\ R_c^{hx} & R_c^{hy} & R_c^{hh}\end{bmatrix}\Bigg|_{[D_z(t),\beta_z(t),\varepsilon_z(t)]}\tag{2-174}$$

然而对于量测转换方程(2-170)，利用三角关系式，可得

$$\begin{cases}\bar{\tilde{x}}=D_z\cos\varepsilon_z\cos\beta_z(\mathrm{e}^{-\sigma_\varepsilon^2}\mathrm{e}^{-\sigma_\beta^2}-\mathrm{e}^{-\sigma_\varepsilon^2/2}\mathrm{e}^{-\sigma_\beta^2/2})\\ \bar{\tilde{y}}=D_z\cos\varepsilon_z\sin\beta_z(\mathrm{e}^{-\sigma_\varepsilon^2}\mathrm{e}^{-\sigma_\beta^2}-\mathrm{e}^{-\sigma_\varepsilon^2/2}\mathrm{e}^{-\sigma_\beta^2/2})\\ \bar{\tilde{h}}_y=D_z\sin\varepsilon_z(\mathrm{e}^{-\sigma_\varepsilon^2}-\mathrm{e}^{-\sigma_\varepsilon^2/2})\end{cases}\tag{2-175}$$

即直接转换量测误差均值不为 0，于是将伪量测修正为

$$\begin{cases}x_z=D_z\cos\varepsilon_z\cos\beta_z-\bar{\tilde{x}}\\ y_z=D_z\cos\varepsilon_z\sin\beta_z-\bar{\tilde{y}}\\ h_z=D_z\sin\varepsilon_z-\bar{\tilde{h}}\end{cases}\tag{2-176}$$

即可实现伪量测的无偏性，且相应的协方差为

$$\begin{cases}R_c^{xx}=[D_z^2(\eta_x\eta_{xy}-\alpha_x\alpha_{xy})+\sigma_D^2(2\eta_x\eta_{xy}-\alpha_x\alpha_{xy})]\mathrm{e}^{-2\sigma_\varepsilon^2}\mathrm{e}^{-2\sigma_\beta^2}\\ R_c^{yy}=[D_z^2(\eta_y\eta_{xy}-\alpha_y\alpha_{xy})+\sigma_D^2(2\eta_y\eta_{xy}-\alpha_y\alpha_{xy})]\mathrm{e}^{-2\sigma_\varepsilon^2}\mathrm{e}^{-2\sigma_\beta^2}\\ R_c^{hh}=[D_z^2(\eta_h-\alpha_h)+\sigma_D^2(2\eta_h-\alpha_h)]\mathrm{e}^{-2\sigma_\varepsilon^2}\end{cases}\tag{2-177}$$

$$\begin{cases}R_c^{xy}=[D_y^2(\eta_{xy}-\alpha_{xy}\mathrm{e}^{-\sigma_\beta^2})+\sigma_D^2(2\eta_{xy}-\alpha_{xy}\mathrm{e}^{-\sigma_\beta^2})]\sin\beta_y\cos\beta_y\mathrm{e}^{-2\sigma_\varepsilon^2}\mathrm{e}^{-4\sigma_\beta^2}\\ R_c^{yz}=[D_y^2(1-\mathrm{e}^{-\sigma_\varepsilon^2})+\sigma_D^2(2-\mathrm{e}^{-\sigma_\varepsilon^2})]\sin\beta_y\sin\varepsilon_y\cos\varepsilon_y\mathrm{e}^{-\sigma_\varepsilon^2}\mathrm{e}^{-4\sigma_\beta^2}\\ R_c^{xz}=[D_y^2(1-\mathrm{e}^{-\sigma_\varepsilon^2})+\sigma_D^2(2-\mathrm{e}^{-\sigma_\varepsilon^2})]\cos\beta_y\sin\varepsilon_y\cos\varepsilon_y\mathrm{e}^{-\sigma_\varepsilon^2}\mathrm{e}^{-4\sigma_\beta^2}\end{cases}\tag{2-178}$$

其中

$$\begin{cases}\alpha_x=\sin^2\beta_z\sinh(\sigma_\beta^2)+\cos^2\beta_{zy}\cosh(\sigma_\beta^2)\\\alpha_y=\sin^2\beta_z\cosh(\sigma_\beta^2)+\cos^2\beta_z\sinh(\sigma_\beta^2)\\\alpha_h=\sin^2\varepsilon_z\cosh(\sigma_\varepsilon^2)+\cos^2\varepsilon_z\sinh(\sigma_\varepsilon^2)\\\alpha_{xy}=\sin^2\varepsilon_z\sinh(\sigma_\varepsilon^2)+\cos^2\varepsilon_z\cosh(\sigma_\varepsilon^2)\end{cases}\tag{2-179}$$

$$\begin{cases}\eta_x=\sin^2\beta_z\sinh(2\sigma_\beta^2)+\cos^2\beta_z\cosh(2\sigma_\beta^2)\\\eta_y=\sin^2\beta_z\cosh(2\sigma_\beta^2)+\cos^2\beta_z\sinh(2\sigma_\beta^2)\\\eta_h=\sin^2\varepsilon_z\cosh(2\sigma_\varepsilon^2)+\cos^2\varepsilon_z\sinh(2\sigma_\varepsilon^2)\\\eta_{xy}=\sin^2\varepsilon_z\sinh(2\sigma_\varepsilon^2)+\cos^2\varepsilon_z\cosh(2\sigma_\varepsilon^2)\end{cases}\tag{2-180}$$

2.4 航迹滤波与预测

准确地预测目标的未来位置是弹头命中目标的关键技术之一。由于航迹状态的无后效性，即已知航迹状态的现时值，其未来值就与历史值无关，故而，又将目标未来坐标的预测转化为航迹现时状态的滤波。预测与滤波均是一种估计。

2.4.1 估计概论

设 $\boldsymbol{X}(k)$是未知的待估量，$\mathcal{Y}_j=(\boldsymbol{Y}^{\mathrm{T}}(i),\boldsymbol{Y}^{\mathrm{T}}(i+1),\cdots,\boldsymbol{Y}^{\mathrm{T}}(j))^{\mathrm{T}}$ 是对 $\boldsymbol{X}(k)$的实测值，即由 $j-i+1$ 次测量值组成的已知矢量，若能根据 $\mathcal{Y}_j$ 决定一个 $\boldsymbol{X}(k)$的近似值

$$\begin{aligned}\hat{\boldsymbol{X}}(k|j)&=f(\mathcal{Y}_j)\\&=f[\boldsymbol{Y}(i),\boldsymbol{Y}(i+1),\cdots,\boldsymbol{Y}(j)]\end{aligned}\tag{2-181}$$

则称 $\hat{\boldsymbol{X}}(k|j)$为按式(2-181)决定的、$\boldsymbol{X}(k)$的一个估计，而

$$\widetilde{\boldsymbol{X}}(k|j)=\boldsymbol{X}(k)-\hat{\boldsymbol{X}}(k|j)\tag{2-182}$$

定义为估计误差。若

$$\hat{\boldsymbol{X}}(k|j)=\boldsymbol{K}(j)\mathcal{Y}_j+\boldsymbol{b}(j)\tag{2-183}$$

式中，$\boldsymbol{K}(j)$与 $\boldsymbol{b}(j)$分别为适维矩阵与矢量，则称 $\hat{\boldsymbol{X}}(k|j)$是 $\boldsymbol{X}(k)$的线性估计。若

$$E(\widetilde{\boldsymbol{X}}(k|j))=0\tag{2-184}$$

即估计误差的均值为零，则称相应的估计是无偏的；否则，是有偏的。

式(2-181)中，若参与估计的实测值取且仅取离 j 瞬时最近的 s 个值，即

$$j-i=s=\text{const}\tag{2-185}$$

则称估计是有限记忆的，或有限观察时间的，而 j 瞬时与 i 瞬时之差称为记忆时间，又称观察时间。若采样间隔(周期)为 T，则记忆(观察)时间

$$T_{\mathrm{M}}=(j-i)T\tag{2-186}$$

若从某一个确定的瞬时 i 开始，即

$$i = \text{const} \tag{2-187}$$

以后（包括 i 瞬时）所有测量值全部参与估计，则称估计为增长记忆的，或增长观察时间的，其记忆或观察时间随自然时间增长。

若测量值必须从无限久远的过去就开始记录，即

$$i = -\infty \tag{2-188}$$

则称估计是无限记忆的，或无限观察时间的。由于测量必须有个开始时间，因而，无限记忆的估计在实际上只能是一种估计的极限情况。如果仅取 $i=j$ 一个瞬时的测量值，则称估计是无记忆的。

对于式(2-181)给出的估计 $\hat{\boldsymbol{X}}(k|j)$，当 $k>j$ 时，称为外推或预测；$k=j$ 时，称为滤波；$k<j$时，称为内插或平滑。

2.4.2　最小方差估计

设待估量 $\boldsymbol{X}$ 是一个 n 维矢量，即 $\boldsymbol{X}=(x_1, x_2, \cdots, x_n)^{\mathrm{T}}$，最小方差估计是指，寻求一个估计 $\hat{\boldsymbol{X}}_{\mathrm{MV}}(\mathcal{Y})=(\hat{x}_1(\mathcal{Y}), \hat{x}_2(\mathcal{Y}), \cdots, \hat{x}_n(\mathcal{Y}))^{\mathrm{T}}$，使

$$\begin{aligned}
&\sum_{i=1}^{n} E[x_i - \hat{x}_i(\mathcal{Y})]^2 \\
&= E[\boldsymbol{X} - \hat{\boldsymbol{X}}_{\mathrm{MV}}(\mathcal{Y})]^{\mathrm{T}}[\boldsymbol{X} - \hat{\boldsymbol{X}}_{\mathrm{MV}}(\mathcal{Y})] \\
&= \int_{-\infty}^{\infty}\int_{-\infty}^{\infty} [\boldsymbol{X} - \hat{\boldsymbol{X}}_{\mathrm{MV}}(\mathcal{Y})]^{\mathrm{T}}[\boldsymbol{X} - \hat{\boldsymbol{X}}_{\mathrm{MV}}(\mathcal{Y})] f(\boldsymbol{X}, \mathcal{Y}) \mathrm{d}\boldsymbol{X} \mathrm{d}\mathcal{Y} \\
&= \int_{-\infty}^{\infty} \left\{\int_{-\infty}^{\infty} [\boldsymbol{X} - \hat{\boldsymbol{X}}_{\mathrm{MV}}(\mathcal{Y})]^{\mathrm{T}}[\boldsymbol{X} - \hat{\boldsymbol{X}}_{\mathrm{MV}}(\mathcal{Y})] f(\boldsymbol{X} \mid \mathcal{Y}) \mathrm{d}\boldsymbol{X}\right\} f(\mathcal{Y}) \mathrm{d}\mathcal{Y} \\
&= \min
\end{aligned} \tag{2-189}$$

上式等价于

$$\boldsymbol{B}(\hat{\boldsymbol{X}}_{\mathrm{MV}} \mid \mathcal{Y}) = \int_{-\infty}^{\infty} [\boldsymbol{X} - \hat{\boldsymbol{X}}_{\mathrm{MV}}(\mathcal{Y})]^{\mathrm{T}}[\boldsymbol{X} - \hat{\boldsymbol{X}}_{\mathrm{MV}}(\mathcal{Y})] f(\boldsymbol{X} \mid \mathcal{Y}) \mathrm{d}\boldsymbol{X} = \min \tag{2-190}$$

令 $\boldsymbol{B}(\hat{\boldsymbol{X}}|\mathcal{Y})$对 $\hat{\boldsymbol{X}}$ 的一阶导数为零，得

$$\frac{\mathrm{d}}{\mathrm{d}\boldsymbol{X}} \boldsymbol{B}(\hat{\boldsymbol{X}} \mid \mathcal{Y}) = \int_{-\infty}^{\infty} 2(\boldsymbol{X} - \hat{\boldsymbol{X}}_{\mathrm{MV}}) f(\boldsymbol{X} \mid \mathcal{Y}) \mathrm{d}\boldsymbol{X} = 0 \tag{2-191}$$

考虑到

$$\int_{-\infty}^{\infty} f(\boldsymbol{X} \mid \mathcal{Y}) \mathrm{d}\boldsymbol{X} = 1 \tag{2-192}$$

有

$$\hat{\boldsymbol{X}}_{\mathrm{MV}} = \int_{-\infty}^{\infty} \boldsymbol{X} f(\boldsymbol{X} \mid \mathcal{Y}) \mathrm{d}\boldsymbol{X} = E(\boldsymbol{X} \mid \mathcal{Y}) \tag{2-193}$$

又，$\dfrac{\mathrm{d}}{\mathrm{d}\boldsymbol{X}}\boldsymbol{B}(\boldsymbol{X}|\mathcal{Y})$对 $\hat{\boldsymbol{X}}_{\mathrm{MV}}$再求导，有

$$\frac{\mathrm{d}^2}{\mathrm{d}\boldsymbol{X}^2}\boldsymbol{B}(\boldsymbol{X}|\mathcal{Y})=2>0 \tag{2-194}$$

综合式(2-191)、式(2-192)，可知，式(2-193)给出的 $\hat{\boldsymbol{X}}_{\mathrm{MV}}$确使式(2-189)成立。

最后，再考察一下最小方差估计的误差均值

$$\begin{aligned}E(\widetilde{\boldsymbol{X}}_{\mathrm{MV}}) &= E[\boldsymbol{X}-\hat{\boldsymbol{X}}_{\mathrm{MV}}(\mathcal{Y})]\\ &=\int_{-\infty}^{\infty}[\boldsymbol{X}-\hat{\boldsymbol{X}}_{\mathrm{MV}}(\mathcal{Y})]f(\boldsymbol{X}\mid\mathcal{Y})\mathrm{d}\boldsymbol{X}\\ &=\int_{-\infty}^{\infty}\boldsymbol{X}f(\boldsymbol{X}\mid\mathcal{Y})\mathrm{d}\boldsymbol{X}-\hat{\boldsymbol{X}}_{\mathrm{MV}}(\mathcal{Y})\int_{-\infty}^{\infty}f(\boldsymbol{X}\mid\mathcal{Y})\mathrm{d}\boldsymbol{X}\\ &=0\end{aligned} \tag{2-195}$$

此式表明，最小方差估计还是一种无偏估计。因为它是无偏估计，所以，式(2-189)给出的表达式应是待估量 $\boldsymbol{X}$ 的所有分量方差之和，即待估量 $\boldsymbol{X}$ 的方差迹。

2.4.3 线性最小方差估计

现在讨论待估量 $\boldsymbol{X}$ 与实测值 $\mathcal{Y}$ 的联合分布为正态分布条件下的 $\boldsymbol{X}$ 的最小方差估计，即在正态条件下，推导条件均值 $E(\boldsymbol{X}|\mathcal{Y})$的显式表达式，记

$$E\begin{bmatrix}\boldsymbol{X}\\ \mathcal{Y}\end{bmatrix}=\begin{bmatrix}\overline{\boldsymbol{X}}\\ \overline{\mathcal{Y}}\end{bmatrix} \tag{2-196}$$

$$\mathrm{cov}(\boldsymbol{X},\mathcal{Y})=\begin{bmatrix}\mathrm{var}(\boldsymbol{X}) & \mathrm{cov}(\boldsymbol{X},\mathcal{Y})\\ \mathrm{cov}(\mathcal{Y},\boldsymbol{X}) & \mathrm{var}(\mathcal{Y})\end{bmatrix}=\begin{bmatrix}\boldsymbol{P}_X & \boldsymbol{R}_{X\mathcal{Y}}\\ \boldsymbol{R}_{\mathcal{Y}X} & \boldsymbol{P}_{\mathcal{Y}}\end{bmatrix} \tag{2-197}$$

作矢量 $\boldsymbol{V}$

$$\boldsymbol{V}=\boldsymbol{X}-\overline{\boldsymbol{X}}-\boldsymbol{R}_{X\mathcal{Y}}\boldsymbol{P}_{\mathcal{Y}}^{-1}(\mathcal{Y}-\overline{\mathcal{Y}}) \tag{2-198}$$

由于 $\boldsymbol{V}$ 是 $\boldsymbol{X}$ 与 $\mathcal{Y}$ 的线性函数，既然 $\boldsymbol{X}$ 与 $\mathcal{Y}$ 是正态变量，$\boldsymbol{V}$ 也应是正态变量，且有

$$\overline{\boldsymbol{V}}=0 \tag{2-199}$$

$$\begin{aligned}\mathrm{var}(\boldsymbol{V})&=\boldsymbol{P}_V\\ &=\boldsymbol{P}_X+\boldsymbol{R}_{X\mathcal{Y}}\boldsymbol{P}_{\mathcal{Y}}^{-1}\boldsymbol{P}_{\mathcal{Y}}\boldsymbol{P}_{\mathcal{Y}}^{-1}\boldsymbol{R}_{\mathcal{Y}X}-2\boldsymbol{R}_{X\mathcal{Y}}\boldsymbol{P}_{\mathcal{Y}}^{-1}\boldsymbol{R}_{X\mathcal{Y}}^{\mathrm{T}}\\ &=\boldsymbol{P}_X-\boldsymbol{R}_{X\mathcal{Y}}\boldsymbol{P}_{\mathcal{Y}}^{-1}\boldsymbol{R}_{\mathcal{Y}X}\end{aligned} \tag{2-200}$$

$$\mathrm{cov}(\boldsymbol{V},\mathcal{Y})=\boldsymbol{R}_{X\mathcal{Y}}-\boldsymbol{R}_{X\mathcal{Y}}\boldsymbol{P}_{\mathcal{Y}}^{-1}\boldsymbol{P}_{\mathcal{Y}}=0 \tag{2-201}$$

式(2-201)还表明 $\boldsymbol{V}$ 与 $\mathcal{Y}$ 是相互独立的。

将式(2-198)改作

$$\begin{bmatrix}\boldsymbol{X}-\overline{\boldsymbol{X}}\\ \mathcal{Y}-\overline{\mathcal{Y}}\end{bmatrix}=\begin{bmatrix}\boldsymbol{I} & \boldsymbol{R}_{X\mathcal{Y}}\boldsymbol{P}_{\mathcal{Y}}^{-1}\\ 0 & \boldsymbol{I}\end{bmatrix}\begin{bmatrix}\boldsymbol{V}\\ \mathcal{Y}-\overline{\mathcal{Y}}\end{bmatrix} \tag{2-202}$$

显然，$\boldsymbol{X}$、$\mathcal{Y}$ 的联合密度函数

$$
\begin{aligned}
f(\boldsymbol{X},\mathcal{Y}) &= \det\begin{bmatrix} \boldsymbol{I} & \boldsymbol{R}_{X\mathcal{Y}}\boldsymbol{P}_{\mathcal{Y}}^{-1} \\ 0 & \boldsymbol{I} \end{bmatrix} f(\boldsymbol{V},\mathcal{Y}) \\
&= f(\boldsymbol{V},\mathcal{Y}) = f(\boldsymbol{V})f(\mathcal{Y})
\end{aligned} \tag{2-203}
$$

式中，最后一个等号是根据式(2-201)所示性质得到的。若假定 $\boldsymbol{X},\boldsymbol{V}\in\mathbf{R}^n$，则有

$$
\begin{aligned}
f(\boldsymbol{X}|\mathcal{Y}) &= \frac{f(\boldsymbol{X},\mathcal{Y})}{f(\mathcal{Y})} = f(\boldsymbol{V}) \\
&= \frac{1}{(2\pi)^{\frac{n}{2}}(\det\boldsymbol{P}_V)^{\frac{1}{2}}}\exp\left(-\frac{1}{2}\boldsymbol{V}^{\mathrm{T}}\boldsymbol{P}_V^{-1}\boldsymbol{V}\right) \\
&= \frac{1}{(2\pi)^{\frac{n}{2}}(\det\boldsymbol{P}_V)^{\frac{1}{2}}} \\
&\quad \cdot \exp\left\{-\frac{1}{2}[\boldsymbol{X}-\bar{\boldsymbol{X}}-\boldsymbol{R}_{X\mathcal{Y}}\boldsymbol{P}_{\mathcal{Y}}^{-1}(\mathcal{Y}-\bar{\mathcal{Y}})]^{\mathrm{T}}\boldsymbol{P}_V^{-1}[\boldsymbol{X}-\bar{\boldsymbol{X}}-\boldsymbol{R}_{X\mathcal{Y}}\boldsymbol{P}_{\mathcal{Y}}^{-1}(\mathcal{Y}-\bar{\mathcal{Y}})]\right\}
\end{aligned} \tag{2-204}
$$

从上式易于发现，此时 $\boldsymbol{X}$ 的最小方差估计为

$$
\hat{\boldsymbol{X}}_L = E(\boldsymbol{X}|\mathcal{Y}) = \bar{\boldsymbol{X}} + \boldsymbol{R}_{X\mathcal{Y}}\boldsymbol{P}_{\mathcal{Y}}^{-1}(\mathcal{Y}-\bar{\mathcal{Y}}) \tag{2-205}
$$

由于上式中的 $\hat{\boldsymbol{X}}_L$ 与 $\mathcal{Y}$ 呈线性关系，故又称上式给出的 $\boldsymbol{X}$ 的估计为线性最小方差估计，并记为 $\boldsymbol{X}_L$。因为它是一种特定条件下的最小方差估计，它估计的无偏性也就毋庸置疑了，又线性最小方差估计误差

$$
\widetilde{\boldsymbol{X}}_L = \boldsymbol{X} - \hat{\boldsymbol{X}}_L = \boldsymbol{V} \tag{2-206}
$$

恰好为式(2-198)给出的 $\boldsymbol{V}$，这样就再次证明了其估计的无偏性，并给出了估计误差的均值

$$
E(\widetilde{\boldsymbol{X}}_L) = 0 \tag{2-207}
$$

与方差

$$
\mathrm{var}(\widetilde{\boldsymbol{X}}_L) = \boldsymbol{P}_{\widetilde{X}_L} = \boldsymbol{P}_V = \boldsymbol{P}_X - \boldsymbol{R}_{X\mathcal{Y}}\boldsymbol{P}_{\mathcal{Y}}^{-1}\boldsymbol{R}_{\mathcal{Y}X} \tag{2-208}
$$

对任何一种二阶矩变量，即存在均值与协方差的随机变量，都可以利用式(2-205)得到其无偏的线性最小方差估计，并用式(2-208)计算估计误差的方差。然而，除非待估量与测量值$(\boldsymbol{X},\mathcal{Y})$的联合分布是正态分布，否则，就有可能存在一个比线性最小方差估计误差方差更小的、无偏的非线性最小方差估计。由于上述非线性估计公式更难找，即使找到，也不一定便于计算，故实际上，大多使用线性最小方差估计。这里提醒一下，使用线性最小方差估计时不能缺少待估量 $\boldsymbol{X}$ 的验前信息 $\bar{\boldsymbol{X}}$ 与 $\boldsymbol{P}_X$。

2.4.4　递推滤波与预测

一种估计准则的实现必须有相应估计算法的支持。用同一个准则解决同一个

估计问题可能有多种不同的估计算法。计算工具对估计算法起着决定性作用。就目标航迹的滤波与预测而言，在线性最小方差准则下，如果使用模拟计算机，应该采用维纳(Wiener)滤波与预测算法；如果使用数字计算机，则应采用相应的离散算法，特别是以卡尔曼(Kalman)命名的递推算法。在此，将着重探讨递推的航迹状态滤波与预测算法。

设航迹离散的状态方程、输出方程与测量方程为

$$\begin{cases}\boldsymbol{X}(k+1)=\boldsymbol{\Phi}(k+1,k)\boldsymbol{X}(k)+\boldsymbol{G}(k)\boldsymbol{U}(k)+\boldsymbol{\Gamma}(k)\boldsymbol{W}(k)\\ \boldsymbol{D}(k)=\boldsymbol{H}(k)\boldsymbol{X}(k)\\ \boldsymbol{Y}(k)=\boldsymbol{\Theta}(k)\boldsymbol{X}(k)+\boldsymbol{V}(k)\end{cases}\tag{2-209}$$

式中，航迹噪声$\{\boldsymbol{W}(k);k=0,1,2,\cdots\}$与测量噪声$\{\boldsymbol{V}(k);k=0,1,2,\cdots\}$均为正态序列；状态初值$\{\boldsymbol{X}(0)\}$为正态变量，且满足下列约束方程：

$$\begin{cases}\overline{\boldsymbol{W}}(k)=0\\ \overline{\boldsymbol{V}}(k)=0\\ \overline{\boldsymbol{X}}(0)=\boldsymbol{M}\\ \operatorname{cov}\left(\begin{bmatrix}\boldsymbol{W}(k)\\ \boldsymbol{V}(k)\\ \boldsymbol{X}(0)\end{bmatrix},\begin{bmatrix}\boldsymbol{W}(k+i)\\ \boldsymbol{V}(k+i)\\ \boldsymbol{X}(0)\end{bmatrix}\right)=\begin{bmatrix}\boldsymbol{R}_1(k) & \boldsymbol{R}_{12}(k) & 0\\ \boldsymbol{R}_{12}^{\mathrm{T}}(k) & \boldsymbol{R}_2(k) & 0\\ 0 & 0 & \boldsymbol{P}_0\end{bmatrix}\delta_{k,k+i}\\ \boldsymbol{R}_1(k)\geqslant 0\\ \boldsymbol{R}_2(k)>0\\ \boldsymbol{P}_0\geqslant 0\end{cases}\tag{2-210}$$

又，$\boldsymbol{U}(k)$是确定性的控制量。现在的问题是，在已测量到

$$\mathcal{Y}_k=(\boldsymbol{Y}^{\mathrm{T}}(1),\boldsymbol{Y}^{\mathrm{T}}(2),\cdots,\boldsymbol{Y}^{\mathrm{T}}(k))^{\mathrm{T}}\tag{2-211}$$

的条件下，如何以最优的递推算法，估计出目标现时的位置$\boldsymbol{D}(k)$、现时的状态$\boldsymbol{X}(k)$以及目标未来的位置$\boldsymbol{D}(k+j)$、未来的状态$\boldsymbol{X}(k+j)$，这里$j>1$。它们分别相应于估计中的滤波与预测。

由于正态变量的线性组合依然是正态变量，所以，在式(2-210)约束下的、由式(2-209)描述的$(\boldsymbol{X},\boldsymbol{D},\mathcal{Y}_k)$的联合密度函数仍应是正态的。这就是说，在线性最小方差准则下，用$\mathcal{Y}_k$估计出的$\boldsymbol{X}$与$\boldsymbol{D}$，不论是滤波还是预测，均具有最小方差。

1. 预测

首先来解决航迹状态预测问题。本节仅考虑式(2-210)中的$\boldsymbol{R}_{12}(k)=0$的情形，此时航迹噪声与测量噪声不相关。当它们相关时，容后讨论。考虑到

$$\begin{aligned}\boldsymbol{X}(k+j)=&\ \boldsymbol{\Phi}(k+j,k)\boldsymbol{X}(k)\\ &+\sum_{i=1}^{j}\boldsymbol{\Phi}(k+j,k+i)\boldsymbol{G}(k+i-1)\boldsymbol{U}(k+i-1)\\ &+\sum_{i=1}^{j}\boldsymbol{\Phi}(k+j,k+i)\boldsymbol{\Gamma}(k+i-1)\boldsymbol{W}(k+i-1)\end{aligned}\tag{2-212}$$

利用最小方差估计公式(2-193)，有

$$\begin{aligned}E[\boldsymbol{X}(k+j)\mid\mathcal{Y}_k]=&\boldsymbol{\Phi}(k+j,k)E[\boldsymbol{X}(k)\mid\mathcal{Y}_k]\\&+\sum_{i=1}^{j}\boldsymbol{\Phi}(k+j,k+i)\boldsymbol{G}(k+i-1)E[\boldsymbol{U}(k+i-1)\mid\mathcal{Y}_k]\\&+\sum_{i=1}^{j}\boldsymbol{\Phi}(k+j,k+i)\boldsymbol{\Gamma}(k+i-1)E[\boldsymbol{W}(k+i-1)\mid\mathcal{Y}_k]\end{aligned}\tag{2-213}$$

考虑到式(2-210)给出的各种随机变量间的约束关系，易于发现

$$\operatorname{cov}(\boldsymbol{W}(k+i-1),\mathcal{Y}_k)=\operatorname{cov}\left(\boldsymbol{W}(k+i-1),\begin{bmatrix}\boldsymbol{\Theta}(1)\boldsymbol{X}(1)+\boldsymbol{V}(1)\\\boldsymbol{\Theta}(2)\boldsymbol{X}(2)+\boldsymbol{V}(2)\\\cdots\\\boldsymbol{\Theta}(k)\boldsymbol{X}(k)+\boldsymbol{V}(k)\end{bmatrix}\right)=0\tag{2-214}$$

在 $i\geqslant 1$ 时成立，所以，使用线性最小方差估计公式(2-205)，利用 $\mathcal{Y}_k$ 估计 $\boldsymbol{W}(k+i-1)$ 且$i\geqslant 1$时，有

$$E[\boldsymbol{W}(k+i-1)\mid\mathcal{Y}_k]=0\tag{2-215}$$

又，已知数的均值为其本身，即

$$E[\boldsymbol{U}(k+i-1)\mid\mathcal{Y}_k]=\boldsymbol{U}(k+i-1)\tag{2-216}$$

故有状态变量的预测值

$$\begin{aligned}\hat{\boldsymbol{X}}(k+j\mid k)=&E[\boldsymbol{X}(k+j)\mid\mathcal{Y}_k]\\=&E[\boldsymbol{X}(k)\mid\mathcal{Y}_k]+\sum_{i=1}^{j}\boldsymbol{\Phi}(k+j,k+i)\boldsymbol{G}(k+i-1)\boldsymbol{U}(k+i-1)\\=&\boldsymbol{\Phi}(k+j,k)\hat{\boldsymbol{X}}(k\mid k)+\sum_{i=1}^{j}\boldsymbol{\Phi}(k+j,k+i)\boldsymbol{G}(k+i-1)\boldsymbol{U}(k+i-1)\end{aligned}\tag{2-217}$$

而当 $\boldsymbol{U}(k)=0$ 时，有

$$\hat{\boldsymbol{X}}(k+j\mid k)=\boldsymbol{\Phi}(k+j,k)\hat{\boldsymbol{X}}(k\mid k)\tag{2-218}$$

再考虑到

$$\begin{aligned}E[\boldsymbol{X}(k+j)]=&\bar{\boldsymbol{X}}(k+j)\\=&\boldsymbol{\Phi}(k+j,k)\bar{\boldsymbol{X}}(k)+\sum_{i=1}^{j}\boldsymbol{\Phi}(k+j,k+i)\boldsymbol{G}(k+i-1)\boldsymbol{U}(k+i-1)\end{aligned}\tag{2-219}$$

可得式(2-217)与式(2-218)给出的预测误差方差

$$\begin{aligned}\boldsymbol{P}(k+j\mid k)=&\operatorname{var}[\boldsymbol{X}(k+j)-\hat{\boldsymbol{X}}(k+j\mid k)]\\=&\boldsymbol{\Phi}(k+j,k)\boldsymbol{P}(k\mid k)\boldsymbol{\Phi}^{\mathrm{T}}(k+j,k)\end{aligned}$$

$$+\sum_{i=1}^{j}[\boldsymbol{\Phi}(k+j,k+i)\boldsymbol{\Gamma}(k+i-1)\boldsymbol{R}_1(k+i-1)\times\boldsymbol{\Gamma}^{\mathrm{T}}(k+i-1)\boldsymbol{\Phi}^{\mathrm{T}}(k+j,k+i)] \tag{2-220}$$

式中

$$\boldsymbol{P}(k|k)=\mathrm{var}[\boldsymbol{X}(k)-\hat{\boldsymbol{X}}(k|k)] \tag{2-221}$$

为滤波误差方差。考虑到

$$\boldsymbol{D}(k+j)=\boldsymbol{H}(k+j)\boldsymbol{X}(k+j) \tag{2-222}$$

将式(2-212)代入式(2-222)，重复上述推导过程，可得目标未来位置的预测值

$$\hat{\boldsymbol{D}}(k+j\mid k)=\boldsymbol{H}(k+j)[\boldsymbol{\Phi}(k+j,k)\hat{\boldsymbol{X}}(k\mid k)+\sum_{i=1}^{j}\boldsymbol{\Phi}(k+j,k+i)\boldsymbol{G}(k+i-1)\boldsymbol{U}(k+i-1)] \tag{2-223}$$

而当$\boldsymbol{U}(k)=0$时，有

$$\hat{\boldsymbol{D}}(k+j|k)=\boldsymbol{H}(k+j)\boldsymbol{\Phi}(k+j,k)\hat{\boldsymbol{X}}(k|k) \tag{2-224}$$

又，上两式的预测误差方差

$$\boldsymbol{P}_{\tilde{D}}(k+j\mid k)=\boldsymbol{H}(k+j)\boldsymbol{\Phi}(k+j,k)\boldsymbol{P}(k\mid k)\boldsymbol{\Phi}^{\mathrm{T}}(k+j,k)\boldsymbol{H}^{\mathrm{T}}(k+j)+\sum_{i=1}^{j}[\boldsymbol{H}(k+i)\boldsymbol{\Phi}(k+j,k)\boldsymbol{\Gamma}(k+i-1)\boldsymbol{R}_1(k+i-1)\times\boldsymbol{\Gamma}^{\mathrm{T}}(k+i-1)\boldsymbol{\Phi}^{\mathrm{T}}(k+i,k)\boldsymbol{H}^{\mathrm{T}}(k+i)] \tag{2-225}$$

上述分析表明，只要求得航迹状态现在瞬时的滤波值$\hat{\boldsymbol{X}}(k|k)$，就可由式(2-217)外推出目标状态的未来值$\hat{\boldsymbol{X}}(k+j|k)$；只要求得航迹状态现在瞬时的滤波误差方差$\boldsymbol{P}(k|k)$，就可由式(2-220)求得相应的航迹状态外推值的误差方差，由式(2-225)求得相应的目标未来位置的误差方差。这就是说，航迹状态滤波值$\hat{\boldsymbol{X}}(k|k)$与其滤波误差方差$\boldsymbol{P}(k|k)$是航迹外推的基础。有了它们，航迹外推问题也就迎刃而解了。

这里再申明两点：后续有关估计的准则，请读者自行判断，不再标注。例如，式(2-217)、式(2-218)、式(2-223)与式(2-224)在满足式(2-209)与式(2-210)条件下，是最小方差估计。对一般的二阶矩过程(初始状态、过程噪声、量测噪声为非高斯分布情形)，它仅能是线性最小方差估计。又，后续但凡对航迹状态$\boldsymbol{X}$的滤波与外推，其滤波与外推的误差方差均简约地记作$\boldsymbol{P}(k|k)$与$\boldsymbol{P}(k+j|k)$，而略去$\boldsymbol{P}$之下标$\tilde{\boldsymbol{X}}$。

下面逐次探讨常用的航迹状态递推滤波算法。

2. 常用卡尔曼滤波

首先阐述一个预备知识。

设$\mathcal{Y}$、$\mathcal{Z}$是待估量$\boldsymbol{X}$的两次相关测量，且$(\boldsymbol{X},\mathcal{Y},\mathcal{Z})$服从正态分布，则有$\boldsymbol{X}$的最

小方差估计

$$\hat{\boldsymbol{X}}=E(\boldsymbol{X}|\mathcal{Y},\mathcal{Z})=E(\boldsymbol{X}|\mathcal{Y},\tilde{\mathcal{Z}}) \tag{2-226}$$

式中

$$\begin{aligned}\tilde{\mathcal{Z}}&=\mathcal{Z}-E(\mathcal{Z}|\mathcal{Y})\\&=\mathcal{Z}-\bar{\mathcal{Z}}-\boldsymbol{R}_{\mathcal{Z}\mathcal{Y}}\boldsymbol{P}_{\mathcal{Y}}^{-1}(\mathcal{Y}-\bar{\mathcal{Y}})\end{aligned} \tag{2-227}$$

即 $\tilde{\mathcal{Z}}$ 是以最小方差为准则、用 $\mathcal{Y}$ 估计 $\mathcal{Z}$ 的误差，由式(2-199)与式(2-201)可知

$$\begin{cases}E(\tilde{\mathcal{Z}})=0\\\operatorname{cov}(\tilde{\mathcal{Z}},\mathcal{Y})=\boldsymbol{R}_{\tilde{\mathcal{Z}}\mathcal{Y}}=0\end{cases} \tag{2-228}$$

现在证明式(2-226)，做中间变量

$$\mathbf{V}=\boldsymbol{X}-\bar{\boldsymbol{X}}-\boldsymbol{R}_{X\mathcal{Y}}\boldsymbol{P}_{\mathcal{Y}}^{-1}(\mathcal{Y}-\bar{\mathcal{Y}})-\boldsymbol{R}_{X\tilde{\mathcal{Z}}}\boldsymbol{P}_{\tilde{\mathcal{Z}}}^{-1},\quad \tilde{\mathcal{Z}}\in\mathbf{R}^{n} \tag{2-229}$$

显然有

$$\begin{bmatrix}\boldsymbol{X}-\bar{\boldsymbol{X}}\\\mathcal{Z}-\bar{\mathcal{Z}}\\\mathcal{Y}-\bar{\mathcal{Y}}\end{bmatrix}=\begin{bmatrix}\boldsymbol{I}&\boldsymbol{R}_{X\tilde{\mathcal{Z}}}\boldsymbol{P}_{\tilde{\mathcal{Z}}}^{-1}&\boldsymbol{R}_{X\mathcal{Y}}\boldsymbol{P}_{\mathcal{Y}}^{-1}\\0&\boldsymbol{I}&\boldsymbol{R}_{\mathcal{Z}\mathcal{Y}}\boldsymbol{P}_{\mathcal{Y}}^{-1}\\0&0&\boldsymbol{I}\end{bmatrix}=\begin{bmatrix}\mathbf{V}\\\tilde{\mathcal{Z}}\\\mathcal{Y}-\bar{\mathcal{Y}}\end{bmatrix} \tag{2-230}$$

考虑到

$$\begin{cases}E(\bar{\mathbf{V}})=0\\\operatorname{cov}(\mathbf{V},\mathcal{Y})=\boldsymbol{R}_{X\mathcal{Y}}-\boldsymbol{R}_{X\mathcal{Y}}\boldsymbol{P}_{\mathcal{Y}}^{-1}\boldsymbol{P}_{\mathcal{Y}}=0\\\operatorname{cov}(\mathbf{V},\tilde{\mathcal{Z}})=\boldsymbol{R}_{X\tilde{\mathcal{Z}}}-\boldsymbol{R}_{X\mathcal{Y}}\boldsymbol{P}_{\mathcal{Y}}^{-1}\boldsymbol{R}_{\tilde{\mathcal{Z}}\mathcal{Y}}^{\mathrm{T}}-\boldsymbol{R}_{X\tilde{\mathcal{Z}}}=0\end{cases} \tag{2-231}$$

由式(2-228)与式(2-231)可知，$\mathbf{V}$、$\tilde{\mathcal{Z}}$、$\mathcal{Y}$ 是互相独立的。由式(2-230)可知

$$\begin{aligned}f(\boldsymbol{X},\mathcal{Z},\mathcal{Y})&=\det\begin{bmatrix}\boldsymbol{I}&\boldsymbol{R}_{X\tilde{\mathcal{Z}}}\boldsymbol{P}_{\tilde{\mathcal{Z}}}^{-1}&\boldsymbol{P}_{X\mathcal{Y}}\boldsymbol{P}_{\mathcal{Y}}^{-1}\\0&\boldsymbol{I}&\boldsymbol{R}_{\mathcal{Z}\mathcal{Y}}\boldsymbol{P}_{\mathcal{Y}}^{-1}\\0&0&\boldsymbol{I}\end{bmatrix}f(\mathbf{V},\tilde{\mathcal{Z}},\mathcal{Y})\\&=f(\mathbf{V})f(\tilde{\mathcal{Z}})f(\mathcal{Y})\end{aligned} \tag{2-232}$$

又，由式(2-203)可知

$$f(\mathcal{Y},\mathcal{Z})=f(\mathcal{Y},\tilde{\mathcal{Z}})=f(\mathcal{Y})f(\tilde{\mathcal{Z}}) \tag{2-233}$$

故有

$$\begin{aligned}f(\boldsymbol{X}|\mathcal{Y},\mathcal{Z})&=\frac{f(\boldsymbol{X},\mathcal{Y},\mathcal{Z})}{f(\mathcal{Y},\mathcal{Z})}=\frac{f(\boldsymbol{X},\mathcal{Y},\tilde{\mathcal{Z}})}{f(\mathcal{Y},\tilde{\mathcal{Z}})}\\&=\frac{f(\mathbf{V})f(\mathcal{Y})f(\tilde{\mathcal{Z}})}{f(\mathcal{Y})f(\tilde{\mathcal{Z}})}=f(\mathbf{V})\end{aligned}$$

$$=\frac{1}{(2\pi)^{\frac{n}{2}}(\det \boldsymbol{P}_V)^{\frac{1}{2}}}\exp\left\{-\frac{1}{2}\boldsymbol{V}^{\mathrm{T}}\boldsymbol{P}_V^{-1}\boldsymbol{V}\right\}$$

$$=\frac{1}{(2\pi)^{\frac{n}{2}}(\det \boldsymbol{P}_V)^{\frac{1}{2}}}\exp\left\{\frac{1}{2}[\boldsymbol{X}-\overline{\boldsymbol{X}}-\boldsymbol{R}_{X\mathcal{Y}}\boldsymbol{P}_{\mathcal{Y}}^{-1}(\mathcal{Y}-\overline{\mathcal{Y}})-\boldsymbol{R}_{X\widetilde{\mathcal{Z}}}\boldsymbol{P}_{\widetilde{\mathcal{Z}}}^{-1}\widetilde{\mathcal{Z}}]^{\mathrm{T}}\right.$$
$$\left.\times\boldsymbol{P}_V^{-1}[\boldsymbol{X}-\overline{\boldsymbol{X}}-\boldsymbol{R}_{X\mathcal{Y}}\boldsymbol{P}_{\mathcal{Y}}^{-1}(\mathcal{Y}-\overline{\mathcal{Y}})-\boldsymbol{R}_{X\widetilde{\mathcal{Z}}}\boldsymbol{P}_{\widetilde{\mathcal{Z}}}^{-1}\widetilde{\mathcal{Z}}]\right\} \tag{2-234}$$

从式(2-234)可以发现

$$\begin{aligned}\hat{\boldsymbol{X}}&=E(\boldsymbol{X}|\mathcal{Y},\mathcal{Z})=E(\boldsymbol{X}|\mathcal{Y},\widetilde{\mathcal{Z}})\\&=\overline{\boldsymbol{X}}+\boldsymbol{R}_{X\mathcal{Y}}\boldsymbol{P}_{\mathcal{Y}}^{-1}(\mathcal{Y}-\overline{\mathcal{Y}})+\boldsymbol{R}_{X\mathcal{Z}}\boldsymbol{P}_{\mathcal{Z}}^{-1}\widetilde{\mathcal{Z}}\\&=E(\boldsymbol{X}|\mathcal{Y})+E(\boldsymbol{X}|\widetilde{\mathcal{Z}})-\overline{\boldsymbol{X}}\end{aligned} \tag{2-235}$$

式(2-226)得证。

下面推导通常条件下的卡尔曼滤波公式。所谓通常条件是指，式(2-210)中的 $\boldsymbol{R}_{12}(k)=0$，即航迹噪声与测量噪声不相关；$\boldsymbol{U}(k)=0$，即不存在控制量。

(1) 一步预测——由式(2-218)与式(2-220)可知，状态的一步预测

$$\hat{\boldsymbol{X}}(k|k-1)=\boldsymbol{\Phi}(k,k-1)\hat{\boldsymbol{X}}(k-1|k-1) \tag{2-236}$$

而一步预测误差方差

$$\boldsymbol{P}(k|k-1)=\boldsymbol{\Phi}(k,k-1)\boldsymbol{P}(k-1|k-1)\boldsymbol{\Phi}^{\mathrm{T}}(k,k-1)+\boldsymbol{\Gamma}(k-1)\boldsymbol{R}_1(k-1)\boldsymbol{\Gamma}^{\mathrm{T}}(k-1) \tag{2-237}$$

(2) 新息——根据 $\mathcal{Y}_{k-1}=(\boldsymbol{Y}^{\mathrm{T}}(1),\boldsymbol{Y}^{\mathrm{T}}(2),\cdots,\boldsymbol{Y}^{\mathrm{T}}(k-1))^{\mathrm{T}}$ 对 $\boldsymbol{Y}(k)$ 所做的最小方差估计的误差称为新息，记为 $\widetilde{\boldsymbol{Y}}(k|k-1)=\widetilde{\boldsymbol{Y}}(k)$，其值

$$\begin{aligned}\widetilde{\boldsymbol{Y}}(k|k-1)&=\boldsymbol{Y}(k)-E[\boldsymbol{Y}(k)|\mathcal{Y}_{k-1}]\\&=\boldsymbol{Y}(k)-E[\boldsymbol{\Theta}(k)\boldsymbol{X}(k)|\mathcal{Y}_{k-1}]-E[\boldsymbol{V}(k)|\boldsymbol{Y}(1),\boldsymbol{Y}(2),\cdots,\boldsymbol{Y}(k-1)]\\&=\boldsymbol{Y}(k)-\boldsymbol{\Theta}(k)\hat{\boldsymbol{X}}(k|k-1)\end{aligned} \tag{2-238}$$

(3) 滤波——引用式(2-235)，可得

$$\begin{aligned}\hat{\boldsymbol{X}}(k|k)&=E[\boldsymbol{X}(k)|\mathcal{Y}_{k-1},\boldsymbol{Y}(k)]\\&=E[\boldsymbol{X}(k)|\mathcal{Y}_{k-1},\widetilde{\boldsymbol{Y}}(k)]\\&=E[\boldsymbol{X}(k)|\mathcal{Y}_{k-1}]+E[\boldsymbol{X}(k)|\widetilde{\boldsymbol{Y}}(k)]-\overline{\boldsymbol{X}}(k)\\&=\hat{\boldsymbol{X}}(k|k-1)+\boldsymbol{R}_{X\widetilde{Y}}(k)\boldsymbol{P}_{\widetilde{Y}}^{-1}(k)\widetilde{\boldsymbol{Y}}(k)\\&=\hat{\boldsymbol{X}}(k|k-1)+\boldsymbol{K}(k)[\boldsymbol{Y}(K)-\boldsymbol{\Theta}(k)\hat{\boldsymbol{X}}(k|k-1)]\end{aligned} \tag{2-239}$$

(4) 增益——上式中的 $\boldsymbol{K}(k)$ 称为滤波增益，其值

$$\boldsymbol{K}(k)=\boldsymbol{R}_{X\widetilde{Y}}(k)\boldsymbol{P}_{\widetilde{Y}}^{-1}(k) \tag{2-240}$$

比较式(2-239)与式(2-226)易知，式(2-239)中的 $\hat{\boldsymbol{X}}(k|k)$、$\boldsymbol{X}(k)$、$\mathcal{Y}_{k-1}$、$\boldsymbol{Y}(k)$、

$\widetilde{\boldsymbol{Y}}(k)$分别相当于式(2-226)中的$\hat{\boldsymbol{X}}$、$\boldsymbol{X}$、$\mathcal{Y}$、$\mathcal{Z}$、$\widetilde{\mathcal{Z}}$,而滤波误差$\widetilde{\boldsymbol{X}}(k|k)=\boldsymbol{X}(k)-\hat{\boldsymbol{X}}(k|k)$将相当于式(2-229)中的$\boldsymbol{V}$,依据式(2-228)与式(2-231),可知$\widetilde{\boldsymbol{X}}(k|k)$、$\widetilde{\boldsymbol{Y}}(k)$、$\mathcal{Y}_{k-1}$是相互独立的,因而有

$$\begin{cases}E[\widetilde{\boldsymbol{X}}(k|k)]=0\\E[\widetilde{\boldsymbol{Y}}(k)]=0\end{cases}\tag{2-241}$$

与

$$\begin{cases}\operatorname{cov}(\widetilde{\boldsymbol{X}}(k|k),\widetilde{\boldsymbol{Y}}(k))=0\\\operatorname{cov}(\widetilde{\boldsymbol{X}}(k|k),\mathcal{Y}_{k-1})=0\\\operatorname{cov}(\widetilde{\boldsymbol{Y}}(k),\mathcal{Y}_{k-1})=0\end{cases}\tag{2-242}$$

又,从式(2-242)可以看出,$\widetilde{\boldsymbol{Y}}(k)$独立于$\mathcal{Y}_{k-1}=(\boldsymbol{Y}^{\mathrm{T}}(1),\boldsymbol{Y}^{\mathrm{T}}(2),\cdots,\boldsymbol{Y}^{\mathrm{T}}(k-1))^{\mathrm{T}}$,故而$\widetilde{\boldsymbol{Y}}(k)$独立于$\mathcal{Y}_{k-1}$内所有元素的线性组合。而$\widetilde{\boldsymbol{Y}}(j)$,当$j<k$时,又恰是$\mathcal{Y}_{k-1}$内元素的线性组合,故有

$$\operatorname{cov}(\widetilde{\boldsymbol{Y}}(k),\widetilde{\boldsymbol{Y}}(j))=0\tag{2-243}$$

在$k\neq j$时成立(考虑到协方差的性质,在$k<j$时,上式成立也是显然的)。而$\widetilde{\boldsymbol{Y}}(k)$又是正态变量,故知,新息序列$\{\widetilde{\boldsymbol{Y}}(k);k=1,2,\cdots\}$是零均值、独立、正态序列。这是新息的一个非常重要的性质。

考虑到预测误差

$$\widetilde{\boldsymbol{X}}(k|k-1)=\boldsymbol{X}(k)-E[\boldsymbol{X}(k)|\mathcal{Y}_{k-1}]\tag{2-244}$$

它应是$\boldsymbol{X}(0)$,$\boldsymbol{W}(0)$,$\boldsymbol{W}(1)$,$\cdots$,$\boldsymbol{W}(k-1)$,$\boldsymbol{V}(1)$,$\boldsymbol{V}(2)$,$\cdots$,$\boldsymbol{V}(k-1)$的线性组合,根据式(2-210),有

$$\begin{cases}\operatorname{cov}(\widetilde{\boldsymbol{X}}(k|k-1),\boldsymbol{V}(k))=0\\\operatorname{cov}(\hat{\boldsymbol{X}}(k|k-1),\boldsymbol{V}(k))=0\end{cases}\tag{2-245}$$

因而

$$\begin{aligned}\operatorname{var}[\widetilde{\boldsymbol{Y}}(k)]&=E\{[\boldsymbol{\Theta}(k)\widetilde{\boldsymbol{X}}(k|k-1)+\boldsymbol{V}(k)][\boldsymbol{\Theta}(k)\widetilde{\boldsymbol{X}}(k|k-1)+\boldsymbol{V}(k)]^{\mathrm{T}}\}\\&=\boldsymbol{\Theta}(k)\boldsymbol{P}(k|k-1)\boldsymbol{\Theta}^{\mathrm{T}}(k)+\boldsymbol{R}_2(k)\end{aligned}\tag{2-246}$$

比较式(2-244)与式(2-198)易知,式(2-244)中的$\widetilde{\boldsymbol{X}}(k|k-1)$、$\boldsymbol{X}(k)$、$\mathcal{Y}_{k-1}$分别对应于式(2-198)中的$\boldsymbol{V}$、$\boldsymbol{X}$、$\mathcal{Y}$,由式(2-201)知

$$\operatorname{cov}(\widetilde{\boldsymbol{X}}(k|k-1),\mathcal{Y}_{k-1})=0\tag{2-247}$$

此式表明,$\widetilde{\boldsymbol{X}}(k|k-1)$独立于$\mathcal{Y}_{k-1}$内所有元素的线性组合,而$\hat{\boldsymbol{X}}(k|k-1)$又恰是$\mathcal{Y}_{k-1}$内元素的一个线性组合,故有

$$\mathrm{cov}(\hat{\boldsymbol{X}}(k|k-1),\widetilde{\boldsymbol{X}}(k|k-1))=0 \tag{2-248}$$

从而有

$$\begin{aligned}\mathrm{cov}(\boldsymbol{X}(k),\widetilde{\boldsymbol{Y}}(k))&=\mathrm{cov}(\hat{\boldsymbol{X}}(k|k-1)+\widetilde{\boldsymbol{X}}(k|k-1),\boldsymbol{\Theta}(k)\widetilde{\boldsymbol{X}}(k|k-1)+\boldsymbol{V}(k))\\&=\boldsymbol{P}(k|k-1)\boldsymbol{\Theta}^{\mathrm{T}}(k)\end{aligned} \tag{2-249}$$

将式(2-246)与式(2-249)代入式(2-240),得滤波增益阵

$$\boldsymbol{K}(k)=\boldsymbol{P}(k|k-1)\boldsymbol{\Theta}^{\mathrm{T}}(k)[\boldsymbol{\Theta}(k)\boldsymbol{P}(k|k-1)\boldsymbol{\Theta}^{\mathrm{T}}(k)+\boldsymbol{R}_2(k)]^{-1} \tag{2-250}$$

(5) 滤波方差——因为

$$\begin{aligned}\widetilde{\boldsymbol{X}}(k|k)&=\boldsymbol{X}(k)-\hat{\boldsymbol{X}}(k|k)\\&=\boldsymbol{X}(k)-\hat{\boldsymbol{X}}(k|k-1)-\boldsymbol{K}(k)[\boldsymbol{Y}(k)-\boldsymbol{\Theta}(k)\hat{\boldsymbol{X}}(k|k-1)]\\&=[\boldsymbol{I}-\boldsymbol{K}(k)\boldsymbol{\Theta}(k)]\widetilde{\boldsymbol{X}}(k|k-1)-\boldsymbol{K}(k)\boldsymbol{V}(k)\end{aligned} \tag{2-251}$$

故有滤波误差方差

$$\begin{aligned}&\boldsymbol{P}(k|k)\\&=[\boldsymbol{I}-\boldsymbol{K}(k)\boldsymbol{\Theta}(k)]\boldsymbol{P}(k|k-1)[\boldsymbol{I}-\boldsymbol{K}(k)\boldsymbol{\Theta}(k)]^{\mathrm{T}}+\boldsymbol{K}(k)\boldsymbol{R}_2(k)\boldsymbol{K}^{\mathrm{T}}(k)\\&=[\boldsymbol{I}-\boldsymbol{K}(k)\boldsymbol{\Theta}(k)]\boldsymbol{P}(k|k-1)-\boldsymbol{P}(k|k-1)\boldsymbol{\Theta}^{\mathrm{T}}(k)\boldsymbol{K}^{\mathrm{T}}(k)\\&\quad+\boldsymbol{K}(k)\boldsymbol{\Theta}(k)\boldsymbol{P}(k|k-1)\boldsymbol{\Theta}^{\mathrm{T}}(k)\boldsymbol{K}^{\mathrm{T}}(k)+\boldsymbol{K}(k)\boldsymbol{R}_2(k)\boldsymbol{K}^{\mathrm{T}}(k)\\&=[\boldsymbol{I}-\boldsymbol{K}(k)\boldsymbol{\Theta}(k)]\boldsymbol{P}(k|k-1)-\boldsymbol{P}(k|k-1)\boldsymbol{\Theta}^{\mathrm{T}}(k)\boldsymbol{K}^{\mathrm{T}}(k)\\&\quad+\boldsymbol{K}(k)[\boldsymbol{\Theta}(k)\boldsymbol{P}(k|k-1)\boldsymbol{\Theta}^{\mathrm{T}}(k)+\boldsymbol{R}_2(k)]\boldsymbol{K}^{\mathrm{T}}(k)\end{aligned} \tag{2-252}$$

又,由式(2-250)可得

$$\boldsymbol{K}(k)[\boldsymbol{\Theta}(k)\boldsymbol{P}(k|k-1)\boldsymbol{\Theta}^{\mathrm{T}}(k)+\boldsymbol{R}_2(k)]=\boldsymbol{P}(k|k-1)\boldsymbol{\Theta}^{\mathrm{T}}(k) \tag{2-253}$$

代入式(2-252),有

$$\boldsymbol{P}(k|k)=[\boldsymbol{I}-\boldsymbol{K}(k)\boldsymbol{\Theta}(k)]\boldsymbol{P}(k|k-1) \tag{2-254}$$

注意,$\boldsymbol{K}(k)$的选择很重要。如果使用的$\boldsymbol{K}(k)$不满足式(2-250),式(2-252)最后一式中的后两项综合在一起将不会为零,滤波将偏离最优。

(6) 滤波初值——将

$$\begin{aligned}\widetilde{\boldsymbol{X}}(k|k-1)&=\boldsymbol{X}(k)-\hat{\boldsymbol{X}}(k|k-1)\\&=\boldsymbol{\Phi}(k,k-1)\widetilde{\boldsymbol{X}}(k-1|k-1)+\boldsymbol{\Gamma}(k-1)\boldsymbol{W}(k-1)\end{aligned} \tag{2-255}$$

代入式(2-251),并取均值,得

$$E[\widetilde{\boldsymbol{X}}(k|k)]=[\boldsymbol{I}-\boldsymbol{K}(k)\boldsymbol{\Theta}(k)]\boldsymbol{\Phi}(k,k-1)E[\widetilde{\boldsymbol{X}}(k-1|k-1)] \tag{2-256}$$

显然,为保证在任意瞬时下均为无偏滤波,滤波初值必须无偏,即

$$E[\boldsymbol{X}(0)-\boldsymbol{X}(0|0)]=0 \tag{2-257}$$

故应取

$$\hat{\boldsymbol{X}}(0|0)=\overline{\boldsymbol{X}}(0)=\boldsymbol{M} \tag{2-258}$$

而相应的滤波方差初值

$$\boldsymbol{P}(0|0)=E[\boldsymbol{X}(0)-\boldsymbol{M}][\boldsymbol{X}(0)-\boldsymbol{M}]^{\mathrm{T}}=\boldsymbol{P}_0 \tag{2-259}$$

这里的 $\boldsymbol{M}$ 与 $\boldsymbol{P}_0$ 是航迹状态方程的已知初始条件。

(7) 程序框图——整理上述公式，可得卡尔曼滤波程序框图，如图 2.14 所示。

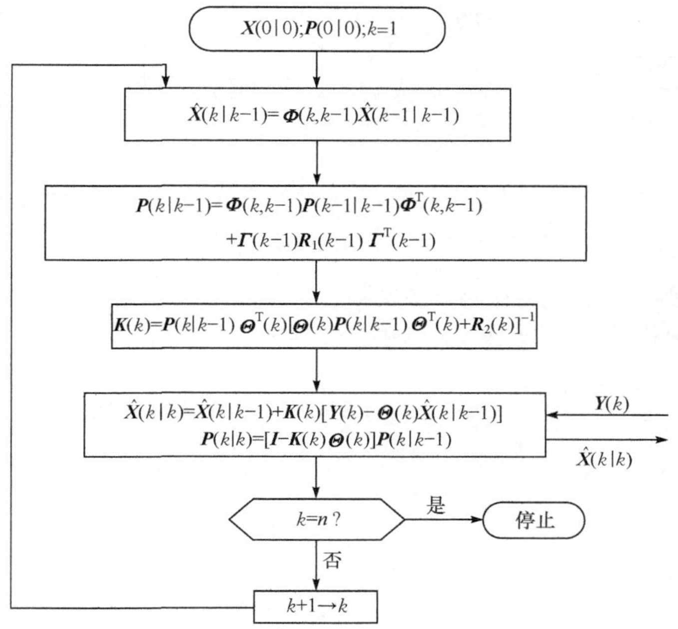

图 2.14　卡尔曼滤波程序框图

按图 2.14 框图编好计算程序后，只要一个循环的机器计算时间小于航迹的采样周期，整个滤波程序即可在线地、实时地计算下去，并不断地向外界输出航迹状态的最小方差估值及估值误差方差。易于发现，$\boldsymbol{P}(k|k-1)$、$\boldsymbol{K}(k)$、$\boldsymbol{P}(k|k)$并不依赖于实测值$\boldsymbol{Y}(k)$的出现，只要 $\boldsymbol{P}(0|0)$一定，它们就可以由计算机事先计算并输出，称为离线计算。它明显的优点是：可以减少实时滤波时的计算单元与计算时间；为事先评估滤波精度提供了条件。

(8) 结构框图——利用控制理论中的结构图概念，也可以给出卡尔曼滤波的结构框图，如图 2.15 所示，它形象地表示了航迹、测量、滤波与预测间的运动联系。图中的 z^{-1}是移位算子。

现给出一个卡尔曼滤波与预测的计算实例。

例 2.1　设目标以等速直线运动方式直接冲向测距装置，测距装置在 $t_0=10\mathrm{s}$、$t_1=12\mathrm{s}$、$t_2=14\mathrm{s}$、$t_3=15\mathrm{s}$、$t_4=16\mathrm{s}$ 诸瞬时测得目标到测距装置的距离分别为 $y(0)=10800\mathrm{m}$、$y(1)=10000\mathrm{m}$、$y(2)=9200\mathrm{m}$、$y(3)=8809\mathrm{m}$、$y(4)=8396\mathrm{m}$。又，每次测量均独立进行，测距误差是均值为零、方差为 $16\mathrm{m}^2$ 的正态误差，试决定目标在 t_1、t_2、t_3、t_4 诸瞬时的距离与速度的最小方差估计，并在 t_4 瞬时给出目标在

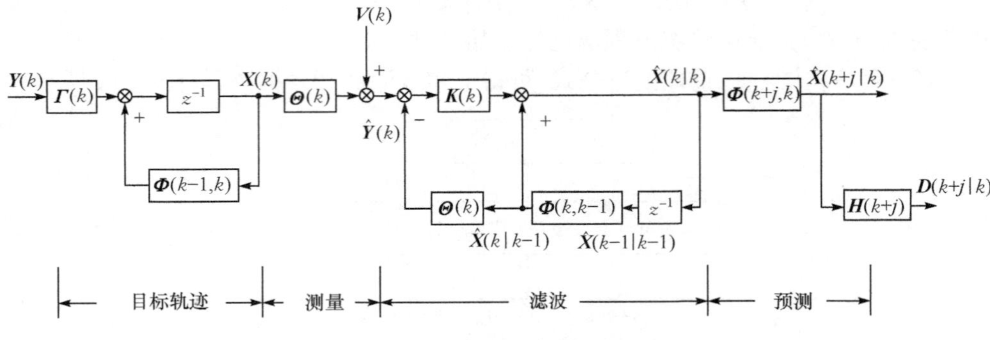

图 2.15　卡尔曼滤波方框图

$t_5=26\mathrm{s}$ 时的距离与速度的最小方差预测。

解　依题意，目标的状态方程与测量方程是

$$\begin{cases}\boldsymbol{X}(k+1)=\begin{bmatrix}x(k+1)\\ \dot{x}(k+1)\end{bmatrix}=\begin{bmatrix}1 & t_{k+1}-t_k\\ 0 & 1\end{bmatrix}\begin{bmatrix}x(k)\\ \dot{x}(k)\end{bmatrix}\\ y(k)=[1,0]\begin{bmatrix}x(k)\\ \dot{x}(k)\end{bmatrix}+v(k)=x(k)+v(k)\end{cases}\tag{2-260}$$

而约束方程

$$\begin{cases}\boldsymbol{R}_1(k)=0\\ \boldsymbol{R}_2(k)=R_2=16\mathrm{m}^2\end{cases}\tag{2-261}$$

首先确定初值。为保持无偏，取

$$\hat{\boldsymbol{X}}(1|1)=\begin{bmatrix}y(1)\\ \dfrac{1}{t_1-t_0}(y(1)-y(0))\end{bmatrix}=\begin{bmatrix}10000\mathrm{m}\\ -400\mathrm{m/s}\end{bmatrix}$$

此时

$$\begin{aligned}\widetilde{\boldsymbol{X}}(1|1)&=\boldsymbol{X}(1)-\hat{\boldsymbol{X}}(1|1)\\ &=\begin{bmatrix}-v(1)\\ \dfrac{1}{t_1-t_0}(v(1)-v(0))\end{bmatrix}\end{aligned}$$

因为 $E[\widetilde{\boldsymbol{X}}(1|1)]=0$，确实为无偏初值。而相应的误差初值方差为

$$\begin{aligned}\boldsymbol{P}(1|1)&=E[\widetilde{\boldsymbol{X}}(1|1)\widetilde{\boldsymbol{X}}^{\mathrm{T}}(1|1)]\\ &=\begin{bmatrix}1 & \dfrac{1}{t_1-t_0}\\ \dfrac{1}{t_1-t_0} & \dfrac{2}{(t_1-t_0)^2}\end{bmatrix}R_2=\begin{bmatrix}16\mathrm{m}^2 & 8\mathrm{m}^2/\mathrm{s}\\ 8\mathrm{m}^2/\mathrm{s} & 8\mathrm{m}^2/\mathrm{s}^2\end{bmatrix}\end{aligned}$$

进而可离线计算各时刻的 $\boldsymbol{P}(k|k-1)$、$\boldsymbol{K}(k)$、$\boldsymbol{P}(k|k)$，即

$$\boldsymbol{P}(2|1)=\begin{bmatrix}1 & t_2-t_1\\0 & 1\end{bmatrix}\boldsymbol{P}(1|1)\begin{bmatrix}1 & 0\\t_2-t_1 & 1\end{bmatrix}$$

$$=\begin{bmatrix}80\text{m}^2 & 24\text{m}^2/\text{s}\\24\text{m}^2/\text{s} & 8\text{m}^2/\text{s}^2\end{bmatrix}$$

$$\boldsymbol{K}(2)=\boldsymbol{P}(2|1)\boldsymbol{\Theta}^{\text{T}}[\boldsymbol{\Theta P}(2|1)\boldsymbol{\Theta}^{\text{T}}+R_2]^{-1}=\begin{bmatrix}\dfrac{5}{6}\\0.25/\text{s}\end{bmatrix}$$

$$\boldsymbol{P}(2|2)=[\boldsymbol{I}-\boldsymbol{K}(2)\boldsymbol{\Theta}]\boldsymbol{P}(2|1)=\begin{bmatrix}\dfrac{40}{3}\text{m}^2 & 4\text{m}^2/\text{s}\\4\text{m}^2/\text{s} & 2\text{m}^2/\text{s}^2\end{bmatrix}$$

$$\boldsymbol{P}(3|2)=\begin{bmatrix}1 & t_3-t_2\\0 & 1\end{bmatrix}\boldsymbol{P}(2|2)\begin{bmatrix}1 & 0\\t_3-t_2 & 1\end{bmatrix}$$

$$=\begin{bmatrix}\dfrac{70}{3}\text{m}^2 & 6\text{m}^2/\text{s}\\6\text{m}^2/\text{s} & 2\text{m}^2/\text{s}^2\end{bmatrix}$$

$$\boldsymbol{K}(3)=\boldsymbol{P}(3|2)\boldsymbol{\Theta}^{\text{T}}[\boldsymbol{\Theta P}(3|2)\boldsymbol{\Theta}^{\text{T}}+R_2]^{-1}=\begin{bmatrix}0.595\\0.153/\text{s}\end{bmatrix}$$

$$\boldsymbol{P}(3|3)=[\boldsymbol{I}-\boldsymbol{K}(3)\boldsymbol{\Theta}]\boldsymbol{P}(3|2)=\begin{bmatrix}9.492\text{m}^2 & 2.441\text{m}^2/\text{s}\\2.441\text{m}^2/\text{s} & 1.085\text{m}^2/\text{s}^2\end{bmatrix}$$

$$\boldsymbol{P}(4|3)=\begin{bmatrix}1 & t_4-t_3\\0 & 1\end{bmatrix}\boldsymbol{P}(3|3)\begin{bmatrix}1 & 0\\t_4-t_3 & 1\end{bmatrix}$$

$$=\begin{bmatrix}15.458\text{m}^2 & 3.525\text{m}^2/\text{s}\\3.525\text{m}^2/\text{s} & 1.085\text{m}^2/\text{s}^2\end{bmatrix}$$

$$\boldsymbol{K}(4)=\boldsymbol{P}(4|3)\boldsymbol{\Theta}^{\text{T}}[\boldsymbol{\Theta P}(4|3)\boldsymbol{\Theta}^{\text{T}}+R_2]^{-1}=\begin{bmatrix}0.491\\0.112/\text{s}\end{bmatrix}$$

$$\boldsymbol{P}(4|4)=[\boldsymbol{I}-\boldsymbol{K}(4)\boldsymbol{\Theta}]\boldsymbol{P}(4|3)=\begin{bmatrix}7.868\text{m}^2 & 1.794\text{m}^2/\text{s}\\1.794\text{m}^2/\text{s} & 0.690\text{m}^2/\text{s}^2\end{bmatrix}$$

当有距离 $y(k)$ 输入时，即可在线求得

$$\hat{\boldsymbol{X}}(2|1)=\begin{bmatrix}1 & t_2-t_1\\0 & 1\end{bmatrix}\hat{\boldsymbol{X}}(1|1)=\begin{bmatrix}9200\text{m}\\-400\text{m/s}\end{bmatrix}$$

$$\hat{\boldsymbol{X}}(2|2)=\hat{\boldsymbol{X}}(2|1)+\boldsymbol{K}(2)[y(2)-\boldsymbol{\Theta}\hat{\boldsymbol{X}}(2|1)]=\begin{bmatrix}9200\text{m}\\-400\text{m/s}\end{bmatrix}$$

$$\hat{\boldsymbol{X}}(3|2)=\begin{bmatrix}1 & t_3-t_2\\0 & 1\end{bmatrix}\hat{\boldsymbol{X}}(2|2)=\begin{bmatrix}8800\text{m}\\-400\text{m/s}\end{bmatrix}$$

$$\hat{\boldsymbol{X}}(3|3)=\hat{\boldsymbol{X}}(3|2)+\boldsymbol{K}(3)[y(3)-\boldsymbol{\Theta}\hat{\boldsymbol{X}}(3|2)]=\begin{bmatrix}8805.3\text{m}\\-398.6\text{m/s}\end{bmatrix}$$

$$\hat{\boldsymbol{X}}(4|3)=\begin{bmatrix}1 & t_4-t_3\\0 & 1\end{bmatrix}\hat{\boldsymbol{X}}(3|3)=\begin{bmatrix}8406.7\text{m}\\-398.6\text{m/s}\end{bmatrix}$$

$$\hat{\boldsymbol{X}}(4|4)=\hat{\boldsymbol{X}}(4|3)+\boldsymbol{K}(4)[y(4)-\boldsymbol{\Theta}\hat{\boldsymbol{X}}(4|3)]=\begin{bmatrix}8401.4\text{m}\\-399.8\text{m/s}\end{bmatrix}$$

而在 $t_4=16\text{s}$ 时，对 $t_5=26\text{s}$ 时的目标状态的预测为

$$\hat{\boldsymbol{X}}(5|4)=\begin{bmatrix}1 & t_5-t_4\\0 & 1\end{bmatrix}\hat{\boldsymbol{X}}(4|4)=\begin{bmatrix}4403.4\text{m}\\-399.8\text{m/s}\end{bmatrix}$$

相应的预测误差方差为

$$\boldsymbol{P}(5|4)=\begin{bmatrix}1 & t_5-t_4\\0 & 1\end{bmatrix}\boldsymbol{P}(4|4)\begin{bmatrix}1 & 0\\t_5-t_4 & 1\end{bmatrix}$$

$$=\begin{bmatrix}112.7\text{m}^2 & 70.8\text{m}^2/\text{s}\\70.8\text{m}^2/\text{s} & 0.690\text{m}^2/\text{s}^2\end{bmatrix}$$

3. 航迹噪声与测量噪声相关时的卡尔曼滤波

本节讨论由式(2-209)描述的航迹状态模型与测量模型在式(2-210)约束下的卡尔曼滤波。这里讲的噪声相关指的是航迹噪声 $\boldsymbol{W}(k)$ 与测量噪声 $\boldsymbol{V}(k)$ 相关，即 $\boldsymbol{R}_{12}(k)\neq 0$，至于 $\boldsymbol{W}(k)$ 与 $\boldsymbol{V}(k)$ 本身是相关噪声的情况，利用噪声白化理论，在航迹及其测量装置建模的章节中已经解决。

为了使卡尔曼滤波理论更一般化，进一步假定在航迹模型中存在着确定性的控制量 $\boldsymbol{U}(k)$，即 $\boldsymbol{U}(k)\neq 0$，且为非随机量。

现在再追述一个问题。在讨论自适应穆斯模型时曾讲过，为了选择最合适的控制量 $\boldsymbol{U}_i$，要不断测量航迹状态的一个分量 x，并计算其方差 P_x。为了抑制测量时出现的误差，实用的自适应穆斯模型中的 x、P_x 均由 x 的最小方差估值 $\hat{x}$ 及其估计误差方差 $P_{\tilde{x}}$ 来替代。在火控系统中，无论使用何种航迹模型，对航迹的滤波与预测是不可缺少的，所以上述替代并没有增加计算机的开销。

下面依照前节的次序推导一般条件下的卡尔曼滤公式。为了能够利用通常条件下的卡尔曼滤波的成果，先要将式(2-209)给出的状态模型加以变换，使变换后的航迹噪声与测量噪声不再相关。具体言之，就是在状态方程的右部加一个等于零的项，即

$$\begin{aligned}\boldsymbol{X}(k)=&\boldsymbol{\Phi}(k,k-1)\boldsymbol{X}(k-1)+\boldsymbol{G}(k-1)\boldsymbol{U}(k-1)+\boldsymbol{\Gamma}(k-1)\boldsymbol{W}(k-1)\\&+\boldsymbol{K}_c(k-1)[\boldsymbol{Y}(k-1)-\boldsymbol{\Theta}(k-1)\boldsymbol{X}(k-1)-\boldsymbol{V}(k-1)]\end{aligned}\qquad(2\text{-}262)$$

这里的 $\boldsymbol{K}_c(k-1)$ 是一个待定矩阵。记

$$\begin{cases}\boldsymbol{\Phi}_c(k,k-1)=\boldsymbol{\Phi}(k,k-1)-\boldsymbol{K}_c(k-1)\boldsymbol{\Theta}(k-1)\\\boldsymbol{W}_c(k-1)=\boldsymbol{\Gamma}(k-1)\boldsymbol{W}(k-1)-\boldsymbol{K}_c(k-1)\boldsymbol{V}(k-1)\end{cases}\qquad(2\text{-}263)$$

则有

$$\boldsymbol{X}(k)=\boldsymbol{\Phi}_c(k,k-1)\boldsymbol{X}(k-1)+\boldsymbol{G}(k-1)\boldsymbol{U}(k-1)+\boldsymbol{K}_c(k-1)\boldsymbol{Y}(k-1)+\boldsymbol{W}_c(k-1) \tag{2-264}$$

由于$\boldsymbol{Y}(k-1)$与$\boldsymbol{U}(k-1)$均是已知的，所以上式可以认作是与原状态方程等价的、以$\boldsymbol{G}(k-1)\boldsymbol{U}(k-1)+\boldsymbol{K}_c(k-1)\boldsymbol{Y}(k-1)$为控制项、以$\boldsymbol{W}_c(k-1)$为航迹噪声的航迹状态方程。在保持原测量方程不变的条件下，为使

$$\begin{aligned}&\mathrm{cov}(\boldsymbol{W}_c(k-1),\boldsymbol{V}(j-1))\\=&\mathrm{cov}(\boldsymbol{\Gamma}(k-1)\boldsymbol{W}(k-1)-\boldsymbol{K}_c(k-1)\boldsymbol{V}(k-1),\boldsymbol{V}(j-1))\\=&[\boldsymbol{\Gamma}(k-1)\boldsymbol{R}_{12}(k-1)-\boldsymbol{K}_c(k-1)\boldsymbol{R}_2(k-1)]\delta_{k,j}=0\end{aligned} \tag{2-265}$$

应有

$$\boldsymbol{K}_c(k-1)=\boldsymbol{\Gamma}(k-1)\boldsymbol{R}_{12}(k-1)\boldsymbol{R}_2^{-1}(k-1) \tag{2-266}$$

也就是说，只有此条件成立，变换后的状态方程内的等效航迹噪声才与测量噪声不相关。按式(2-266)求得$\boldsymbol{K}_c(k-1)$后，滤波按下述步骤进行。

(1) 一步预测：

$$\begin{aligned}\hat{\boldsymbol{X}}(k|k-1)&=E[\boldsymbol{X}(k)|\mathcal{Y}_{k-1}]\\&=E[\boldsymbol{\Phi}_c(k,k-1)\boldsymbol{X}(k-1)+\boldsymbol{G}(k-1)\boldsymbol{U}(k-1)\\&\quad+\boldsymbol{K}_c(k-1)\boldsymbol{Y}(k-1)+\boldsymbol{W}_c(k-1)|\mathcal{Y}_{k-1}]\\&=\boldsymbol{\Phi}_c(k,k-1)\hat{\boldsymbol{X}}(k-1|k-1)+\boldsymbol{G}(k-1)\boldsymbol{U}(k-1)\\&\quad+\boldsymbol{K}_c(k-1)\boldsymbol{Y}(k-1)\\&=\boldsymbol{\Phi}(k,k-1)\hat{\boldsymbol{X}}(k-1|k-1)+\boldsymbol{G}(k-1)\boldsymbol{U}(k-1)\\&\quad+\boldsymbol{K}_c(k-1)[\boldsymbol{Y}(k-1)-\boldsymbol{\Theta}(k-1)\hat{\boldsymbol{X}}(k-1|k-1)]\end{aligned} \tag{2-267}$$

而一步预测误差方差

$$\begin{aligned}\boldsymbol{P}(k|k-1)=&\boldsymbol{\Phi}_c(k,k-1)\boldsymbol{P}(k-1|k-1)\boldsymbol{\Phi}_c^{\mathrm{T}}(k,k-1)\\&+\boldsymbol{\Gamma}(k-1)\boldsymbol{R}_1(k-1)\boldsymbol{\Gamma}^{\mathrm{T}}(k-1)\\&+\boldsymbol{K}_c(k-1)\boldsymbol{R}_2(k-1)\boldsymbol{K}_c^{\mathrm{T}}(k-1)\\&-\boldsymbol{\Gamma}(k-1)\boldsymbol{R}_{12}(k-1)\boldsymbol{K}_c^{\mathrm{T}}(k-1)\\&-\boldsymbol{K}_c(k-1)\boldsymbol{R}_{12}^{\mathrm{T}}(k-1)\boldsymbol{\Gamma}^{\mathrm{T}}(k-1)\end{aligned} \tag{2-268}$$

考虑到

$$\boldsymbol{K}_c(k-1)\boldsymbol{R}_2(k-1)=\boldsymbol{\Gamma}(k-1)\boldsymbol{R}_{12}(k-1) \tag{2-269}$$

有

$$\begin{aligned}\boldsymbol{P}(k|k-1)=&[\boldsymbol{\Phi}(k,k-1)-\boldsymbol{K}_c(k-1)\boldsymbol{\Theta}(k-1)]\boldsymbol{P}(k-1|k-1)[\boldsymbol{\Phi}(k,k-1)-\boldsymbol{K}_c(k-1)\boldsymbol{\Theta}(k-1)]^{\mathrm{T}}\\&+\boldsymbol{\Gamma}(k-1)\boldsymbol{R}_1(k-1)\boldsymbol{\Gamma}^{\mathrm{T}}(k-1)-\boldsymbol{K}_c(k-1)\boldsymbol{R}_2(k-1)\boldsymbol{K}_c^{\mathrm{T}}(k-1)\end{aligned} \tag{2-270}$$

(2) 求解新息：

$$\begin{aligned}\widetilde{\boldsymbol{Y}}(k)&=\widetilde{\boldsymbol{Y}}(k|k-1)\\&=\boldsymbol{Y}(k)-\boldsymbol{\Theta}(k)\hat{\boldsymbol{X}}(k|k-1)\end{aligned} \tag{2-271}$$

(3) 状态滤波：

$$\hat{\boldsymbol{X}}(k|k)=\hat{\boldsymbol{X}}(k|k-1)+\boldsymbol{K}(k)[\boldsymbol{Y}(k)-\boldsymbol{\Theta}(k)\hat{\boldsymbol{X}}(k|k-1)] \tag{2-272}$$

(4) 求解滤波增益：

$$\boldsymbol{K}(k)=\boldsymbol{P}(k|k-1)\boldsymbol{\Theta}^{\mathrm{T}}(k)[\boldsymbol{\Theta}(k)\boldsymbol{P}(k|k-1)\boldsymbol{\Theta}^{\mathrm{T}}(k)+\boldsymbol{R}_2(k)]^{-1} \tag{2-273}$$

(5) 求解滤波方差：

$$\boldsymbol{P}(k|k)=[\boldsymbol{I}-\boldsymbol{K}(k)\boldsymbol{\Theta}(k)]\boldsymbol{P}(k|k-1) \tag{2-274}$$

与前文讨论的卡尔曼滤波相比，仅仅是一步预测及预测误差方差的计算公式有区别。

现在讨论航迹噪声 $\boldsymbol{W}(k)$ 与测量噪声 $\boldsymbol{V}(k)$ 相关时，即式(2-210)中 $\boldsymbol{R}_{12}(k)\neq 0$ 时的多步预测问题。此时，式(2-214)在且仅在 $i=1$ 时不为零，而这将导致式(2-213)中的最后一个连加项在且仅在 $i=1$ 时不为零。重新考查式(2-213)，易于发现，该式中仅有最后一个连加项同 $\boldsymbol{R}_{12}(k)$ 有关，且 $\boldsymbol{R}_{12}(k)=0$ 时，其值为零。这就是说，这最后一个连加项给出的是由于 $\boldsymbol{R}_{12}(k)\neq 0$ 而导致的航迹状态预测值的附加量，记为 $\hat{\boldsymbol{X}}_{\boldsymbol{R}_{12}}(k+j|k)$，则有

$$\begin{aligned}\hat{\boldsymbol{X}}_{\boldsymbol{R}_{12}}(k+j\mid k) &= \sum_{i=1}^{j}\boldsymbol{\Phi}(k+j,k+i)E[\boldsymbol{\Gamma}(k+i-1)\boldsymbol{W}(k+i-1)\mid\mathcal{Y}_k] \\ &= \boldsymbol{\Phi}(k+j,k+1)E[\boldsymbol{\Gamma}(k)\boldsymbol{W}(k)\mid\mathcal{Y}_k]\end{aligned} \tag{2-275}$$

依照构造式(2-262)的方式，在 $\boldsymbol{\Gamma}(k)\boldsymbol{W}(k)$ 之后再加一个等于零的项，即

$$\begin{aligned}\boldsymbol{\Gamma}(k)\boldsymbol{W}(k) &= \boldsymbol{\Gamma}(k)\boldsymbol{W}(k)+\boldsymbol{K}_c(k)[\boldsymbol{Y}(k)-\boldsymbol{\Theta}(k)\boldsymbol{X}(k)-\boldsymbol{V}(k)] \\ &= -\boldsymbol{K}_c(k)\boldsymbol{\Theta}(k)\boldsymbol{X}(k)+\boldsymbol{K}_c(k)\boldsymbol{Y}(k)+\boldsymbol{W}_c(k)\end{aligned} \tag{2-276}$$

式中，$\boldsymbol{W}_c(k)$ 与 $\boldsymbol{K}_c(k)$ 分别如式(2-263)与式(2-266)所示。显然，此时的 $\boldsymbol{W}_c(k)$ 将与 $\boldsymbol{V}(k)$ 无关。将式(2-276)代入式(2-275)，则有

$$\begin{aligned}\hat{\boldsymbol{X}}_{\boldsymbol{R}_{12}}(k+j|k) &= \boldsymbol{\Phi}(k+j,k+1)E[-\boldsymbol{K}_c(k)\boldsymbol{\Theta}(k)\boldsymbol{X}(k)+\boldsymbol{K}_c(k)\boldsymbol{Y}(k)\mid\mathcal{Y}_k] \\ &= -\boldsymbol{\Phi}(k+j,k+1)\boldsymbol{K}_c(k)\boldsymbol{\Theta}(k)\hat{\boldsymbol{X}}(k|k) \\ &\quad +\boldsymbol{\Phi}(k+j,k+1)\boldsymbol{K}_c(k)\boldsymbol{Y}(k)\end{aligned} \tag{2-277}$$

将此式附加在式(2-217)上，即得 $\boldsymbol{R}_{12}(k)\neq 0$ 时航迹状态的最小方差预测值

$$\begin{aligned}\hat{\boldsymbol{X}}(k+j|k) &= [\boldsymbol{\Phi}(k+j,k)-\boldsymbol{\Phi}(k+j,k+1)\boldsymbol{K}_c(k)\boldsymbol{\Theta}(k)]\hat{\boldsymbol{X}}(k|k) \\ &\quad +\boldsymbol{\Phi}(k+j,k+1)\boldsymbol{K}_c(k)\boldsymbol{Y}(k)\end{aligned} \tag{2-278}$$

它相应的预测误差方差请自行推导。

当测量噪声为相关噪声时，在利用广义差分法将测量方程规范化后，相应的等效测量噪声 $\boldsymbol{V}^*(k)$ 就不再与航迹噪声 $\boldsymbol{W}(k)$ 不相关，详见式(2-216)与式(2-217)。此时，即可利用现在介绍的方法进行滤波与预测。

例 2.2　状态方程与测量方程为

$$\begin{cases} x(k+1)=x(k)+bv(k) \\ y(k)=x(k)+v(k) \end{cases} \tag{2-279}$$

式中，$\{v(k);k=1,2,\cdots\}$是均值为零、方差为 1 的独立正态序列；$\{x(0)\}$是均值为零、方差为 σ^2 的，与$\{v(k);k=1,2,\cdots\}$互相独立的正态变量。现在讨论 $x(k)$的递推最小方差滤波。

解　依题意有，$\Phi(k,k-1)=1$，$\Gamma(k)=b$，$\Theta(k)=1$，$R_1(k)=R_2(k)=R_{12}(k)=1$，$\tilde{x}(0)=0$，$\mathrm{var}[x(0)]=\sigma^2$。将它们分别代入式(2-266)～式(2-270)及式(2-278)，得

$$\begin{cases} K_c(k)=b \\ P(k|k-1)=(1-b)^2P(k-1|k-1) \\ K(k)=P(k|k-1)[P(k|k-1)+1]^{-1} \\ P(k|k)=[1-K(k)]P(k|k-1) \\ \qquad\quad =P(k|k-1)[P(k|k-1)+1]^{-1} \\ \qquad\quad =K(k) \end{cases} \tag{2-280}$$

从而有 $P(k|k)$的递推公式

$$P(k|k)=\frac{(1-b)^2P(k-1|k-1)}{(1-b)^2P(k-1|k-1)+1} \tag{2-281}$$

取

$$P(0|0)=\sigma^2 \tag{2-282}$$

则有

$$\begin{cases} P(1|1)=\dfrac{(1-b)^2\sigma^2}{(1-b)^2\sigma^2+1} \\ P(2|2)=\dfrac{(1-b)^4\sigma^2}{(1-b)^4\sigma^2+(1-b)^2\sigma^2+1} \\ \qquad\vdots \\ P(k|k)=K(k) \\ \qquad =\dfrac{(1-b)^{2k}\sigma^2}{(1-b)^{2k}\sigma^2+\cdots+(1-b)^2\sigma^2+1} \\ \qquad =\begin{cases} \dfrac{1}{k\sigma^2+1}, & b=2,0 \\ \dfrac{(1-b)^{2k}\sigma^2[1-(1-b)^2]}{(1-b)^2\sigma^2-(1-b)^{2k+2}\sigma^2-(1-b)^2+1}, & b\neq 2,0 \end{cases} \end{cases} \tag{2-283}$$

相应的一步预测、滤波及多步预测值是

$$\begin{cases}\hat{x}(k|k-1)=\hat{x}(k-1|k-1)+b[y(k-1)-\hat{x}(k-1|k-1)]\\ \hat{x}(k|k)=\hat{x}(k|k-1)+K(k)[y(k)-\hat{x}(k|k-1)]\\ \hat{x}(k+j|k)=(1-b)\hat{x}(k|k)+by(k)\end{cases}\tag{2-284}$$

现在讨论可能出现的情况：

(1) 当 $b=1$ 时，无论 $k\geqslant 1$ 取何值，恒有

$$K(k)=P(k|k)=0\tag{2-285}$$

此时

$$\hat{x}(k|k)=\hat{x}(k|k-1)=y(k-1)\tag{2-286}$$

(2) 当 $0\leqslant b\leqslant 2$ 时，有

$$\lim_{k\to\infty}K(k)=\lim_{k\to\infty}P(k|k)=0\tag{2-287}$$

此时，稳态滤波方程为

$$\hat{x}(k|k)=(1-b)\hat{x}(k-1|k-1)+by(k-1)\tag{2-288}$$

当 $b>2$ 或 $b<0$ 时，有

$$\lim_{k\to\infty}K(k)=\lim_{k\to\infty}P(k|k)=\frac{b^2-2b}{(1-b)^2}\tag{2-289}$$

此时，稳态滤波方程为

$$\hat{x}(k|k)=\frac{1}{(1-b)}\hat{x}(k-1|k-1)+\frac{b}{(1-b)^2}y(k-1)+\frac{b^2-2b}{(1-b)^2}y(k)\tag{2-290}$$

4. 卡尔曼滤波的发散与抑制方法

对于卡尔曼滤波算法，有时滤波误差的均值会趋向于无穷大，而方差则很小；或方差也趋于无穷大，此时称滤波已经发散。导致滤波发散的原因主要分为以下三种情况：

1) 滤波模型不正确导致的滤波发散

如当滤波模型具有不可观性时，待估计的某个或某几个状态无法由量测序列线性表示，则不可观测的状态由于没有信息对之进行更新，必然会导致滤波的发散。

2) 计算机运算过程中的数值发散

数值发散是在计算机浮点运算中由于字长有限，在数值舍入过程中导致的舍入误差与待估计的信息在量值上相当，即很容易造成运算错误而使滤波发散；另外舍入误差也会导致滤波误差方差简化公式(2-274)得到的方差阵不对称，也会造成滤波发散。

3) 滤波模型假定错误导致的滤波发散

与模型不正确导致的滤波发散不同，此时滤波模型可保证状态的完全可观性，但在进行模型假定时，模型的阶次相比目标的实际运动模态较低，或对模型噪声的假定不够准确，这些都会导致滤波发散。

对上述的情况 1 和 2 可分别通过修正滤波模型以及提高计算机字长的方法加

以解决，而情况 3，由于目标运动模态（特别是非合作目标）是随机的，状态扰动也难以获得验前统计特性，因此，此种情形导致的滤波发散相对较难处理，在后文的论述中，将主要针对情况 3 导致的滤波发散，并给出相应的抑制方法。下面首先看一个例子：

设某一非合作目标最初阶段沿 x 轴等速水平飞行，经过一段时间后，沿 y 方向先做加速运动，再做减速运动，航路水平投影如图 2.16 所示。

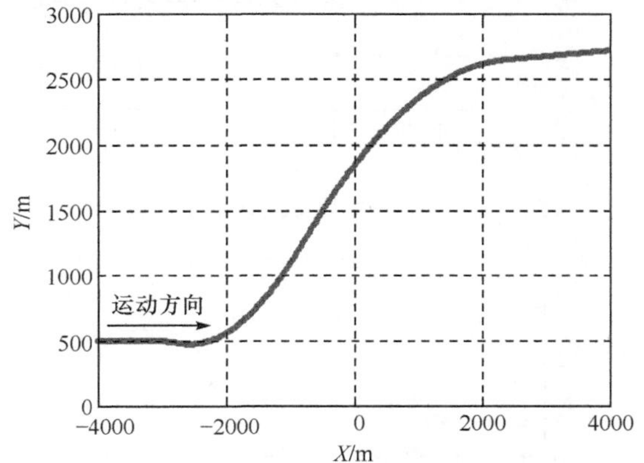

图 2.16　机动航路水平投影

由于对非合作目标，事先无法得知目标的机动信息，因此先假定采用如下等速模型对目标状态进行估计：

$$\begin{cases}\boldsymbol{X}(k+1)=\boldsymbol{\Phi}(k+1,k)\boldsymbol{X}(k)+\boldsymbol{\Gamma}(k)\boldsymbol{W}(k)\\ \boldsymbol{Y}(k)=\boldsymbol{\Theta}(k)\boldsymbol{X}(k)+\boldsymbol{V}(k)\end{cases}$$

式中

$$\boldsymbol{X}=[x\quad \dot{x}\quad y\quad \dot{y}\quad h\quad \dot{h}]^{\mathrm{T}}$$

$$\boldsymbol{\Phi}(k+1|k)=\begin{bmatrix}\boldsymbol{\Phi}' & 0 & 0\\ 0 & \boldsymbol{\Phi}' & 0\\ 0 & 0 & \boldsymbol{\Phi}'\end{bmatrix}$$

$$\boldsymbol{\Phi}'=\begin{bmatrix}1 & T\\ 0 & 1\end{bmatrix}$$

$$\boldsymbol{\Theta}(k)=\begin{bmatrix}\boldsymbol{\Theta}' & 0 & 0\\ 0 & \boldsymbol{\Theta}' & 0\\ 0 & 0 & \boldsymbol{\Theta}'\end{bmatrix}$$

$$\boldsymbol{\Theta}'=[1\quad 0]$$

其中，T 为采样周期，对目标位置估计的水平投影如图 2.17 所示。

滤波误差曲线如图 2.18 所示。而 x 方向与 y 方向滤波误差方差阵 $\boldsymbol{P}_x(k|k)$、$\boldsymbol{P}_y(k|k)$ 的位置分量如图 2.19 所示。

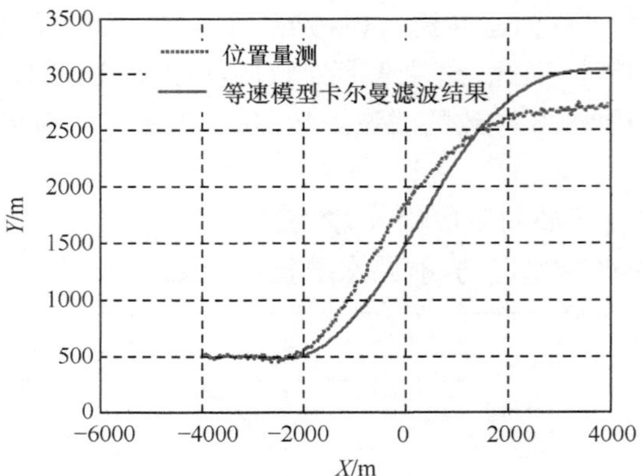

图 2.17　等速模型滤波结果水平投影

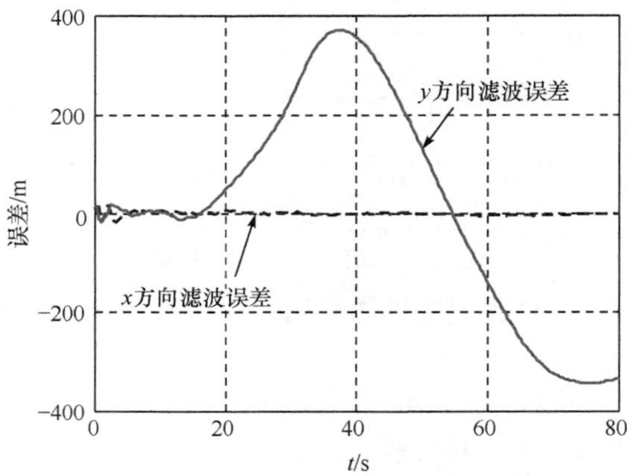

图 2.18　等速模型滤波误差曲线

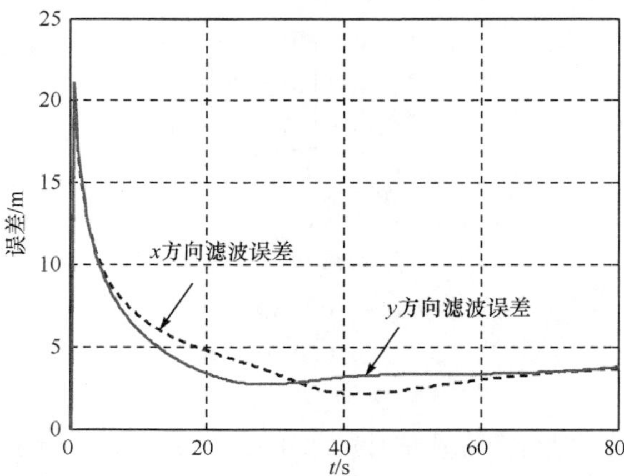

图 2.19　滤波误差方差阵位置分量曲线

从图 2.17 和图 2.18 可见，y 方向的滤波值已经严重偏离目标轨迹，但由图 2.19可见经过卡尔曼滤波计算得到的 y 方向估计误差却很小，说明滤波已经发散。造成这种现象的原因为，所跟踪的目标是一个机动目标，但却采用了等速模型进行跟踪和状态估计，从而导致了滤波发散。

抑制滤波发散的方法有很多种，主要包括限定滤波增益法、增大预测误差方差法、增大模型噪声强度法以及提高状态模型阶次（或采用机动状态模型）法等。下面利用增大模型噪声强度法和提高状态模型阶次法进行测试。首先将状态模型噪声的强度放大 3 倍，滤波曲线水平投影如图 2.20 所示。

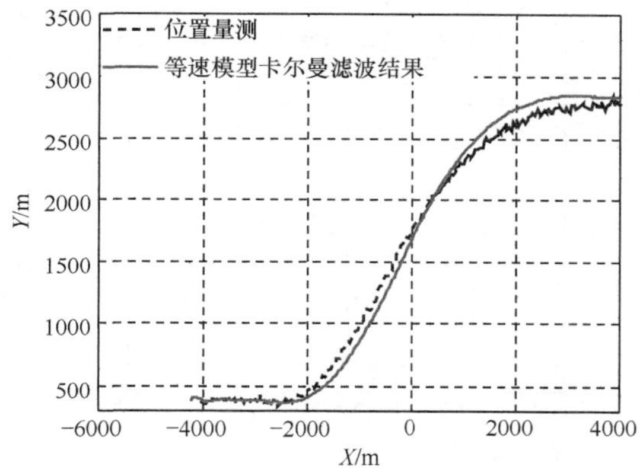

图 2.20　等速模型放大模型噪声强度后滤波结果水平投影

对比图 2.17、图 2.18 与图 2.20、图 2.21 可见，通过放大模型噪声强度，滤波结果明显更接近目标航迹，滤波误差得到了改善。

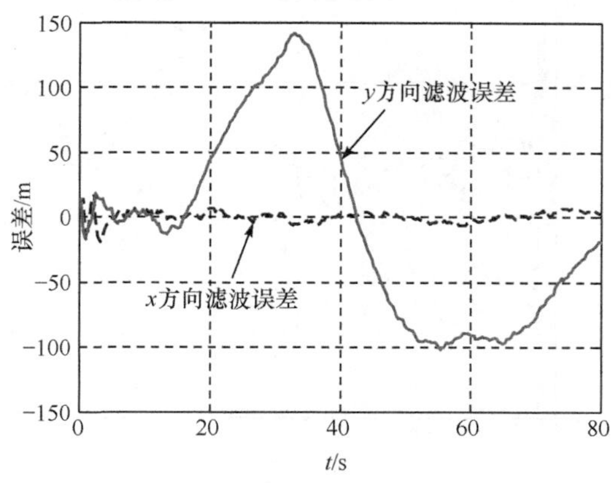

图 2.21　等速模型放大模型噪声强度后滤波误差曲线

下面不改变模型噪声强度，而采用等加速模型，即

$$\boldsymbol{X}=[x \quad \dot{x} \quad \ddot{x} \quad y \quad \dot{y} \quad \ddot{y} \quad h \quad \dot{h} \quad \ddot{h}]^{\mathrm{T}}$$

$$\boldsymbol{\Phi}'=\begin{bmatrix}1 & T & T^2/2\\0 & 1 & T\\0 & 0 & 1\end{bmatrix}$$

$$\boldsymbol{\Theta}'=[1 \quad 0 \quad 0]$$

滤波曲线水平投影如图 2.22 所示。

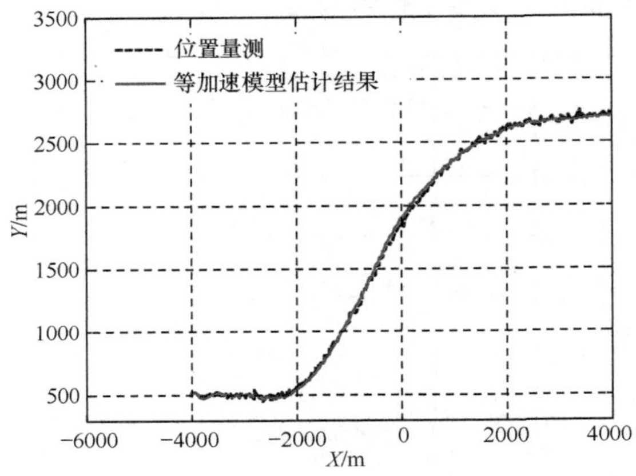

图 2.22　等加速模型滤波结果水平投影

对比图 2.20～图 2.23 可见，采用等加速模型，滤波航路更加贴近目标运动轨迹，进一步减小了估计结果的系统误差。

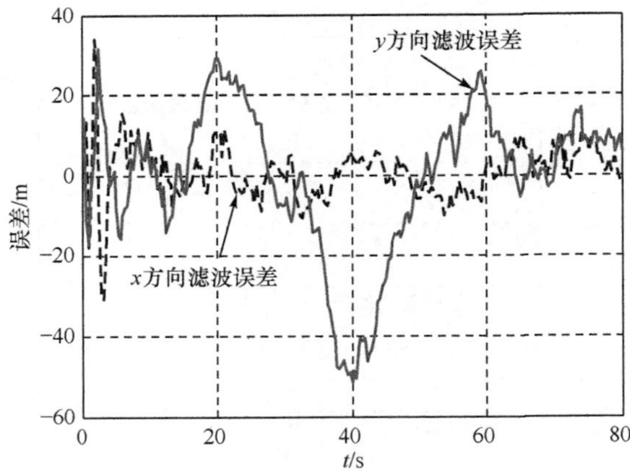

图 2.23　等加速模型滤波误差曲线

通过式(2-237)可见，增大模型噪声强度 $\boldsymbol{R}_1$，即增大了预测方差 $\boldsymbol{P}(k|k-1)$，再由式(2-250)可见，增大预测误差方差，即增大了滤波增益 $\boldsymbol{K}(k)$，而再由式(2-239)可见，增大了滤波增益相当于增大了对当前量测 $\boldsymbol{Y}(k)$的权重，因此即可使得滤波结果更加接近目标运动轨迹。

对于其他抑制滤波发散的方法这里不再赘述，在实际火控系统的目标跟踪中，采用哪种滤波发散抑制方法，应当视具体情况而定。但一味地注重滤波结果与目标航迹的贴近程度(即降低系统误差)将有可能增大滤波结果的随机波动性(即随机误差)，从而使得滤波结果平滑性降低，预测误差增大，进而难以精确求解武器射击诸元，对准确地控制武器系统带来不利影响。因此，对状态估计模型、模型参数及滤波增益参数的设计与选取，应当权衡估计结果的系统误差和随机误差，既要保证系统误差满足火控系统跟踪准确性的要求，又要保证估计结果的随机误差小于一定的上界，从而保证求解武器射击诸元的精确性。

2.4.5　最小二乘估计算法

前文已经说明卡尔曼递推滤波在模型噪声和量测噪声均具有正态分布特性时，是一种最小方差意义下的最优递推滤波，但卡尔曼滤波在实际的应用中所面临的难题是如何明确模型噪声和量测噪声的统计特性。相比之下，量测噪声的统计特性可在实验室条件下，对传感器的量测实验值进行统计，而模型噪声可能是外界扰动引起的，也可能是目标自身的有意机动或无意机动造成的，其强度和分布特性难以掌握，因此卡尔曼滤波所需的最优滤波的前提条件是十分苛刻的。下面就介绍一种可放松对模型噪声和量测噪声先验信息的估计方法，即最小二乘方法。

1. 线性加权最小二乘估计算法

同样假设量测序列为 $\mathcal{Y}=(\boldsymbol{Y}^{\mathrm{T}}(1),\boldsymbol{Y}^{\mathrm{T}}(2),\cdots,\boldsymbol{Y}^{\mathrm{T}}(k))^{\mathrm{T}}$，是对待估计状态 $\boldsymbol{X}$ 的实测值。首先假定待估计量 $\boldsymbol{X}$ 与实测值 $\mathcal{Y}$ 的联合分布 $f(\boldsymbol{X},\mathcal{Y})$是正态的，测量方程是线性的，即有如下等式：

$$\mathcal{Y}=\boldsymbol{F}\boldsymbol{X}+\mathcal{V} \tag{2-291}$$

式中，$\boldsymbol{F}$ 为系数矩阵；$\mathcal{V}$ 为独立于 $\boldsymbol{X}$ 的零均值正态变量，方差为 $\boldsymbol{P}_{\mathcal{V}}$，显然有

$$\begin{cases}\bar{\mathcal{Y}}=\boldsymbol{F}\bar{\boldsymbol{X}}\\ \operatorname{cov}(\boldsymbol{X},\mathcal{Y})\\ \operatorname{var}(\mathcal{Y})=\boldsymbol{F}\boldsymbol{P}_{\boldsymbol{X}}\boldsymbol{F}^{\mathrm{T}}+\boldsymbol{P}_{\mathcal{V}}\\ \operatorname{cov}(\mathcal{Y},\boldsymbol{X})=\boldsymbol{F}\boldsymbol{P}_{\boldsymbol{X}}\end{cases} \tag{2-292}$$

需要说明的是，这里对 $\boldsymbol{X}$、$\mathcal{V}$ 的正态分布假定是可以弱化的，这将在后面的问题中予以解释。由最小方差估计理论的分析式(2-205)及式(2-208)可得 $\boldsymbol{X}$ 的最优估

计为

$$\begin{cases}\hat{\boldsymbol{X}}_L=\bar{\boldsymbol{X}}+\boldsymbol{P_X F}^{\mathrm{T}}(\boldsymbol{FP_XF}^{\mathrm{T}}+\boldsymbol{P}_{\mathcal{V}})^{-1}(\mathcal{Y}-\boldsymbol{F}\bar{\boldsymbol{X}})\\ \boldsymbol{P}_{\tilde{\boldsymbol{X}}_L}=\boldsymbol{P_X}-\boldsymbol{P_XF}^{\mathrm{T}}(\boldsymbol{FP_XF}^{\mathrm{T}}+\boldsymbol{P}_{\mathcal{V}})^{-1}\boldsymbol{FP_X}\end{cases} \tag{2-293}$$

式中，$\tilde{\boldsymbol{X}}_L=\hat{\boldsymbol{X}}-\hat{\boldsymbol{X}}_L$。下面引入如下矩阵恒等式(证明略)：

$$\boldsymbol{A}_1\boldsymbol{A}_2(\boldsymbol{A}_3\boldsymbol{A}_1\boldsymbol{A}_2+\boldsymbol{A}_4)^{-1}=(\boldsymbol{A}_1^{-1}+\boldsymbol{A}_2\boldsymbol{A}_4^{-1}\boldsymbol{A}_3)^{-1}\boldsymbol{A}_2\boldsymbol{A}_4^{-1} \tag{2-294}$$

因此式(2-293)可化为

$$\begin{cases}\hat{\boldsymbol{X}}_L=(\boldsymbol{P}_{\boldsymbol{X}}^{-1}+\boldsymbol{F}^{\mathrm{T}}\boldsymbol{P}_{\mathcal{V}}^{-1}\boldsymbol{F})^{-1}(\boldsymbol{P}_{\boldsymbol{X}}^{-1}\bar{\boldsymbol{X}}+\boldsymbol{F}^{\mathrm{T}}\boldsymbol{P}_{\mathcal{V}}^{-1}\mathcal{Y})\\ \boldsymbol{P}_{\tilde{\boldsymbol{X}}_L}=(\boldsymbol{P}_{\boldsymbol{X}}^{-1}+\boldsymbol{F}^{\mathrm{T}}\boldsymbol{P}_{\mathcal{V}}^{-1}\boldsymbol{F})^{-1}\end{cases} \tag{2-295}$$

若仅知道状态 $\boldsymbol{X}$ 具有正态特性，但对状态 $\boldsymbol{X}$ 的先验统计参数一无所知，此时显然有 $\boldsymbol{P}_{\boldsymbol{X}}\rightarrow\infty$。于是，式(2-295)则化为

$$\begin{cases}\hat{\boldsymbol{X}}_{\mathrm{LS}}=\lim\limits_{\boldsymbol{P}_{\boldsymbol{X}}\rightarrow\infty}\hat{\boldsymbol{X}}_L=(\boldsymbol{F}^{\mathrm{T}}\boldsymbol{P}_{\mathcal{V}}^{-1}\boldsymbol{F})^{-1}\boldsymbol{F}^{\mathrm{T}}\boldsymbol{P}_{\mathcal{V}}^{-1}\mathcal{Y}\\ \boldsymbol{P}_{\tilde{\boldsymbol{X}}_{\mathrm{LS}}}=\mathrm{var}(\tilde{\boldsymbol{X}}_{\mathrm{LS}})=\lim\limits_{\boldsymbol{P}_{\boldsymbol{X}}\rightarrow\infty}\boldsymbol{P}_{\tilde{\boldsymbol{X}}_L}=(\boldsymbol{F}^{\mathrm{T}}\boldsymbol{P}_{\mathcal{V}}^{-1}\boldsymbol{F})^{-1}\end{cases} \tag{2-296}$$

且显然有 $\boldsymbol{P}_{\tilde{\boldsymbol{X}}_{\mathrm{LS}}}\geqslant\boldsymbol{P}_{\tilde{\boldsymbol{X}}_L}$(注：这里的不等式表明($\boldsymbol{P}_{\tilde{\boldsymbol{X}}_{\mathrm{LS}}}-\boldsymbol{P}_{\tilde{\boldsymbol{X}}_L}$)为一非负定矩阵)。此 $\hat{\boldsymbol{X}}_{\mathrm{LS}}$定义为状态 $\boldsymbol{X}$ 的线性加权最小二乘估计，简称加权最小二乘估计。又

$$\begin{aligned}E(\hat{\boldsymbol{X}}_{\mathrm{LS}})&=(\boldsymbol{P}_{\boldsymbol{X}}^{-1}+\boldsymbol{F}^{\mathrm{T}}\boldsymbol{P}_{\mathcal{V}}^{-1}\boldsymbol{F})^{-1}\boldsymbol{F}^{\mathrm{T}}\boldsymbol{P}_{\mathcal{V}}^{-1}E(\mathcal{Y})\\ &=(\boldsymbol{P}_{\boldsymbol{X}}^{-1}+\boldsymbol{F}^{\mathrm{T}}\boldsymbol{P}_{\mathcal{V}}^{-1}\boldsymbol{F})^{-1}\boldsymbol{F}^{\mathrm{T}}\boldsymbol{P}_{\mathcal{V}}^{-1}\boldsymbol{F}\bar{\boldsymbol{X}}\\ &=\bar{\boldsymbol{X}}\end{aligned} \tag{2-297}$$

所以最小二乘佸计也是无偏估计，且最小二乘估计 $\hat{\boldsymbol{X}}_{\mathrm{LS}}$也是在线性测量下，缺少验前信息时的最小方差估计。

2. 等权最小二乘估计算法

若令 $\boldsymbol{P}_{\mathcal{V}}$ 为同一常数构成的对角阵，即

$$\boldsymbol{P}_{\mathcal{V}}=\alpha\boldsymbol{I} \tag{2-298}$$

式中，α 为常数，则相应的加权最小二乘估计 $\hat{\boldsymbol{X}}_{\mathrm{LS}}$称为等权最小二乘估计，记为 $\hat{\boldsymbol{X}}_{\mathrm{LSQ}}$，且

$$\begin{cases}\hat{\boldsymbol{X}}_{\mathrm{LSQ}}=(\boldsymbol{F}^{\mathrm{T}}\boldsymbol{F})^{-1}\boldsymbol{F}^{\mathrm{T}}\mathcal{Y}=\alpha^{-1}\boldsymbol{P}_{\tilde{\boldsymbol{X}}_{\mathrm{LSQ}}}\boldsymbol{F}^{\mathrm{T}}\mathcal{Y}\\ \boldsymbol{P}_{\tilde{\boldsymbol{X}}_{\mathrm{LSQ}}}=\alpha(\boldsymbol{F}^{\mathrm{T}}\boldsymbol{F})^{-1}\end{cases} \tag{2-299}$$

由最小二乘估计的定义可见，只要$(\boldsymbol{F}^{\mathrm{T}}\boldsymbol{P}_{\mathcal{V}}^{-1}\boldsymbol{F})^{-1}$存在，相应的 $\hat{\boldsymbol{X}}_{\mathrm{LS}}$均是无偏估计，若取 $\boldsymbol{P}_{\mathcal{V}}=\alpha\boldsymbol{I}$，这相当于独立等精度测量，估计蜕变为等权最小二乘估计。

可见对于等权最小二乘 $\hat{\boldsymbol{X}}_{\mathrm{LSQ}}$，既不需要航迹模型的验前统计参量，也不需要测量仪表的误差的统计参量，只要获得 $\boldsymbol{F}$ 即可。

由于最小二乘估计可以在不了解模型噪声和量测噪声统计参数的情况下使用，所以，它是一种简易而粗糙的估计。即便如此，它仍为无法掌握统计信息的工程人员提供了易行的估计方法，在工程中的应用是很广泛的。另外还要说明的是，

最小二乘算法可以弱化对 $\boldsymbol{X}$ 和 $\mathcal{V}$ 的正态分布假定的要求，只需要 $\mathcal{V}$ 具有零均值特性，且 $\boldsymbol{X}$ 与 $\mathcal{V}$ 的分布关于均值对称即可。此时仍采用式(2-296)进行状态估计，所得的估计结果称为线性最小方差估计。

下面给出一个例子对最小二乘估计算法进行说明：

例 2.3　假设某物体做匀速直线运动。现每隔 Δt 时间对该物体的位移进行一次测量，测得位移量为 $y(1),y(2),\cdots,y(k)$。若测量误差 $\{v(i);i=1,2,\cdots\}$ 是方差为 $r_2=\text{const}$ 的正交序列，试给出 k 瞬时目标位移 $x_1(k)$ 与速度 $x_2(k)$ 的加权最小二乘估计。

解　由题意，已知测量与状态的关系为

$$y(i)=x_1(k)-(k-i)\Delta t x_2(k)+v(i)$$

因此

$$\begin{aligned}y&=\begin{bmatrix}y(1)\\y(2)\\\vdots\\y(k)\end{bmatrix}=\begin{bmatrix}1&-(k-1)\Delta t\\1&-(k-2)\Delta t\\\vdots&\vdots\\1&-(k-k)\Delta t\end{bmatrix}\begin{bmatrix}x_1(k)\\x_2(k)\end{bmatrix}+\begin{bmatrix}v(1)\\v(2)\\\vdots\\v(k)\end{bmatrix}\\&=\boldsymbol{F}\boldsymbol{X}+\mathcal{V}\end{aligned}$$

而测量误差方差阵为

$$\boldsymbol{P}_{\mathcal{V}}=\begin{bmatrix}r_2&&&\\&r_2&&\\&&\ddots&\\&&&r_2\end{bmatrix}=r_2\boldsymbol{I}$$

于是有

$$\begin{aligned}\hat{\boldsymbol{X}}_{\text{LS}}(k)&=\begin{bmatrix}\hat{x}_{1\text{LS}}(k)\\\hat{x}_{2\text{LS}}(k)\end{bmatrix}=(\boldsymbol{F}^{\text{T}}\boldsymbol{P}_{\mathcal{V}}^{-1}\boldsymbol{F})^{-1}\boldsymbol{F}^{\text{T}}\boldsymbol{P}_{\mathcal{V}}^{-1}\mathcal{Y}\\&=\begin{bmatrix}k&-\Delta t\sum_{i=0}^{k-1}i\\-\Delta t\sum_{i=0}^{k-1}i&(\Delta t)^2\sum_{i=0}^{k-1}i^2\end{bmatrix}^{-1}\begin{bmatrix}\sum_{i=1}^{k}y(i)\\\sum_{i=1}^{k}(k-i)y(i)\end{bmatrix}\end{aligned}$$

整理，得

$$\hat{\boldsymbol{X}}_{\text{LS}}(k)=\begin{bmatrix}\dfrac{2(2k-1)}{k(k+1)}&\dfrac{6}{k(k+1)\Delta t}\\\dfrac{6}{k(k+1)\Delta t}&\dfrac{12}{k(k-1)(k+1)(\Delta t)^2}\end{bmatrix}\begin{bmatrix}\sum_{i=1}^{k}y(i)\\\sum_{i=1}^{k}(k-i)y(i)\end{bmatrix}$$

滤波误差方差为

$$\boldsymbol{P}_{\tilde{\boldsymbol{X}}_{\mathrm{LS}}}(k)=(\boldsymbol{F}^{\mathrm{T}}\boldsymbol{P}_{\mathcal{V}}^{-1}\boldsymbol{F})^{-1}=(\boldsymbol{F}^{\mathrm{T}}\boldsymbol{F})^{-1}r_2$$
$$=\begin{bmatrix} \dfrac{2(2k-1)}{k(k+1)} & \dfrac{6}{k(k+1)\Delta t} \\ \dfrac{6}{k(k+1)\Delta t} & \dfrac{12}{k(k-1)(k+1)(\Delta t)^2} \end{bmatrix} r_2$$

3. 递推最小二乘估计算法

通过上面分析，要获得状态 $\boldsymbol{X}$ 的最小二乘估计 $\hat{\boldsymbol{X}}_{\mathrm{LS}}$，需要获得一组测量序列。且由例 2.3 发现，测量越多，滤波误差方差 $\boldsymbol{P}_{\tilde{\boldsymbol{X}}_{\mathrm{LS}}}$ 越小。但存储过多的量测信息，必然增加系统的存储负担，如果能像卡尔曼滤波一样，实现算法递推，则更适于工程应用。下面仍使用例 2.3，推导递推最小二乘公式系。

假设 t_{k+1} 时刻又有一测量 $y(k+1)$ 到来，下面的任务是利用已经获得的估计结果 $\hat{\boldsymbol{X}}_{\mathrm{LS}}(k)$ 和 $\boldsymbol{P}_{\tilde{\boldsymbol{X}}_{\mathrm{LS}}}(k)$，推出 $\hat{\boldsymbol{X}}_{\mathrm{LS}}(k+1)$ 和 $\boldsymbol{P}_{\tilde{\boldsymbol{X}}_{\mathrm{LS}}}(k+1)$ 的表达式。此时测量方程为

$$\begin{bmatrix} y(1) \\ y(2) \\ \vdots \\ y(k) \\ y(k+1) \end{bmatrix}=\begin{bmatrix} (k) \\ y(k+1) \end{bmatrix}=\begin{bmatrix} 1 & -k\Delta t \\ 1 & -(k-1)\Delta t \\ \vdots & \vdots \\ 1 & -\Delta t \\ 1 & 0 \end{bmatrix}\begin{bmatrix} x_1(k+1) \\ x_2(k+1) \end{bmatrix}+\begin{bmatrix} v(1) \\ v(2) \\ \vdots \\ v(k) \\ v(k+1) \end{bmatrix}$$
$$=\boldsymbol{F}(k+1)\boldsymbol{X}(k+1)+\mathcal{V}(k+1)$$
$$=\begin{bmatrix} \bar{\boldsymbol{F}} \\ \boldsymbol{f}(k+1) \end{bmatrix}\boldsymbol{X}(k+1)+\begin{bmatrix} \mathcal{V}(k) \\ v(k+1) \end{bmatrix} \tag{2-300}$$

其中

$$\bar{\boldsymbol{F}}=\begin{bmatrix} 1 & -k\Delta t \\ 1 & -(k-1)\Delta t \\ \vdots & \vdots \\ 1 & -\Delta t \end{bmatrix}=\begin{bmatrix} 1 & -(k-1)\Delta t \\ 1 & -(k-2)\Delta t \\ \vdots & \vdots \\ 1 & 0 \end{bmatrix}\begin{bmatrix} 1 & -\Delta t \\ 0 & 1 \end{bmatrix}=\boldsymbol{F}(k)\boldsymbol{\Phi}^{-1}$$
$$\boldsymbol{f}(k+1)=[1\quad 0],\quad \boldsymbol{\Phi}=\begin{bmatrix} 1 & \Delta t \\ 0 & 1 \end{bmatrix}$$

滤波误差方差为

$$\boldsymbol{P}_{\tilde{\boldsymbol{X}}_{\mathrm{LS}}}(k+1)=[\boldsymbol{F}^{\mathrm{T}}(k+1)\boldsymbol{P}_{\mathcal{V}}^{-1}(k+1)\boldsymbol{F}(k+1)]^{-1}$$
$$=\left[\begin{bmatrix} \bar{\boldsymbol{F}} \\ \boldsymbol{f}(k+1) \end{bmatrix}^{\mathrm{T}}\begin{bmatrix} \bar{\boldsymbol{F}} \\ \boldsymbol{f}(k+1) \end{bmatrix}\right]^{-1} r_2$$
$$=[\bar{\boldsymbol{F}}^{\mathrm{T}}\bar{\boldsymbol{F}}+\boldsymbol{f}^{\mathrm{T}}(k+1)\boldsymbol{f}(k+1)]^{-1}r_2$$
$$=[\bar{\boldsymbol{P}}^{-1}+\boldsymbol{f}^{\mathrm{T}}(k+1)r_2^{-1}\boldsymbol{f}(k+1)]^{-1}$$
$$=\bar{\boldsymbol{P}}-\bar{\boldsymbol{P}}\boldsymbol{f}^{\mathrm{T}}(k+1)[\boldsymbol{f}(k+1)\bar{\boldsymbol{P}}\boldsymbol{f}^{\mathrm{T}}(k+1)+r_2\boldsymbol{I}]^{-1}\boldsymbol{f}(k+1)\bar{\boldsymbol{P}} \tag{2-301}$$

式中

$$\bar{\boldsymbol{P}}=[\bar{\boldsymbol{F}}^{\mathrm{T}}\bar{\boldsymbol{F}}]^{-1}r_2=[\boldsymbol{\Phi}^{-\mathrm{T}}\boldsymbol{F}^{\mathrm{T}}\boldsymbol{F}\boldsymbol{\Phi}^{-1}]^{-1}r_2=\boldsymbol{\Phi}[\boldsymbol{F}^{\mathrm{T}}\boldsymbol{F}]^{-1}\boldsymbol{\Phi}^{\mathrm{T}}r_2=\boldsymbol{\Phi}\boldsymbol{P}_{\tilde{\boldsymbol{X}}_{\mathrm{LS}}}(k)\boldsymbol{\Phi}^{\mathrm{T}}$$

因此

$$\boldsymbol{P}_{\tilde{\boldsymbol{X}}_{\mathrm{LS}}}(k+1)=\boldsymbol{\Phi}\boldsymbol{P}_{\tilde{\boldsymbol{X}}_{\mathrm{LS}}}(k)\boldsymbol{\Phi}^{\mathrm{T}} -\boldsymbol{\Phi}\boldsymbol{P}_{\tilde{\boldsymbol{X}}_{\mathrm{LS}}}(k)\boldsymbol{\Phi}^{\mathrm{T}}\boldsymbol{f}^{\mathrm{T}}(k+1)[\boldsymbol{f}(k+1)\boldsymbol{\Phi}\boldsymbol{P}_{\tilde{\boldsymbol{X}}_{\mathrm{LS}}}(k)\boldsymbol{\Phi}^{\mathrm{T}}\boldsymbol{f}^{\mathrm{T}}(k+1) +r_2\boldsymbol{I}]^{-1}\boldsymbol{f}(k+1)\boldsymbol{\Phi}\boldsymbol{P}_{\tilde{\boldsymbol{X}}_{\mathrm{LS}}}(k)\boldsymbol{\Phi}^{\mathrm{T}} \tag{2-302}$$

当仅有 $\mathcal{Y}(k)=(y(1),y(2),\cdots,y(k))^{\mathrm{T}}$ 时，有如下方程：

$$\mathcal{Y}(k)=\begin{bmatrix}y(1)\\y(2)\\\vdots\\y(k)\end{bmatrix}=\begin{bmatrix}1 & -k\Delta t\\1 & -(k-1)\Delta t\\\vdots & \vdots\\1 & -\Delta t\end{bmatrix}\begin{bmatrix}x_1(k+1)\\x_2(k+1)\end{bmatrix}+\begin{bmatrix}v(1)\\v(2)\\\vdots\\v(k)\end{bmatrix}=\bar{\boldsymbol{F}}\boldsymbol{X}(k+1)+\mathcal{V}(k)$$

利用最小二乘公式可得

$$\begin{aligned}\hat{\boldsymbol{X}}_{\mathrm{LS}}(k+1|k)&=\hat{\boldsymbol{X}}[k+1|\mathcal{Y}(k)]\\&=(\bar{\boldsymbol{F}}^{\mathrm{T}}\bar{\boldsymbol{F}})^{-1}\bar{\boldsymbol{F}}^{\mathrm{T}}\mathcal{Y}\\&=r_2^{-1}\bar{\boldsymbol{P}}\bar{\boldsymbol{F}}^{\mathrm{T}}\mathcal{Y}\\&=\boldsymbol{\Phi}\boldsymbol{P}_{\tilde{\boldsymbol{X}}_{\mathrm{LS}}}(k)\boldsymbol{\Phi}^{\mathrm{T}}(\boldsymbol{\Phi}^{-1})^{\mathrm{T}}\boldsymbol{F}^{\mathrm{T}}\mathcal{Y}\\&=\boldsymbol{\Phi}[r_2^{-1}\boldsymbol{P}_{\tilde{\boldsymbol{X}}_{\mathrm{LS}}}(k)\boldsymbol{F}^{\mathrm{T}}\mathcal{Y}]=\boldsymbol{\Phi}\hat{\boldsymbol{X}}_{\mathrm{LS}}(k|k)\end{aligned} \tag{2-303}$$

这正是状态的一步预测公式。而对于式(2-300)再次利用最小二乘公式可得

$$\begin{aligned}\hat{\boldsymbol{X}}_{\mathrm{LS}}(k+1|k+1)&=\hat{\boldsymbol{X}}_{\mathrm{LS}}[k+1|\mathcal{Y}(k+1)]\\&=\left[\begin{bmatrix}\bar{\boldsymbol{F}}\\\boldsymbol{f}(k+1)\end{bmatrix}^{\mathrm{T}}\begin{bmatrix}\bar{\boldsymbol{F}}\\\boldsymbol{f}(k+1)\end{bmatrix}\right]^{-1}\begin{bmatrix}\bar{\boldsymbol{F}}\\\boldsymbol{f}(k+1)\end{bmatrix}^{\mathrm{T}}\begin{bmatrix}\mathcal{Y}\\y(k+1)\end{bmatrix}\\&=r_2^{-1}\boldsymbol{P}_{\tilde{\boldsymbol{X}}_{\mathrm{LS}}}(k+1)[\bar{\boldsymbol{F}}^{\mathrm{T}}\mathcal{Y}+\boldsymbol{f}^{\mathrm{T}}(k+1)y(k+1)]\end{aligned} \tag{2-304}$$

而由式(2-301)及式(2-303)有

$$\begin{aligned}\bar{\boldsymbol{F}}^{\mathrm{T}}\mathcal{Y}&=r_2\bar{\boldsymbol{P}}^{-1}\hat{\boldsymbol{X}}_{\mathrm{LS}}(k+1|k)\\&=r_2[\boldsymbol{P}_{\tilde{\boldsymbol{X}}_{\mathrm{LS}}}^{-1}(k+1)-r_2^{-1}\boldsymbol{f}^{\mathrm{T}}(k+1)\boldsymbol{f}(k+1)]\hat{\boldsymbol{X}}_{\mathrm{LS}}(k+1|k)\end{aligned} \tag{2-305}$$

代入式(2-304)得

$$\hat{\boldsymbol{X}}_{\mathrm{LS}}(k+1|k+1)=\hat{\boldsymbol{X}}_{\mathrm{LS}}(k+1|k) +r_2^{-1}\boldsymbol{P}_{\tilde{\boldsymbol{X}}_{\mathrm{LS}}}(k+1)\boldsymbol{f}^{\mathrm{T}}(k+1)[y(k+1)-\boldsymbol{f}(k+1)\hat{\boldsymbol{X}}_{\mathrm{LS}}(k+1|k)] \tag{2-306}$$

因此对本例而言，相应的递推最小二乘公式为

$$\begin{cases}\hat{\boldsymbol{X}}_{\mathrm{LS}}(k+1|k+1)=\hat{\boldsymbol{X}}_{\mathrm{LS}}(k+1|k)\\\qquad +r_2^{-1}\boldsymbol{P}_{\tilde{\boldsymbol{X}}_{\mathrm{LS}}}(k+1)\boldsymbol{f}^{\mathrm{T}}(k+1)[y(k+1)-\boldsymbol{f}(k+1)\hat{\boldsymbol{X}}_{\mathrm{LS}}(k+1|k)]\\\boldsymbol{P}_{\tilde{\boldsymbol{X}}_{\mathrm{LS}}}(k+1)=\boldsymbol{\Phi}\boldsymbol{P}_{\tilde{\boldsymbol{X}}_{\mathrm{LS}}}(k)\boldsymbol{\Phi}^{\mathrm{T}}\\\qquad -\boldsymbol{\Phi}\boldsymbol{P}_{\tilde{\boldsymbol{X}}_{\mathrm{LS}}}(k)\boldsymbol{\Phi}^{\mathrm{T}}\boldsymbol{f}^{\mathrm{T}}(k+1)[\boldsymbol{f}(k+1)\boldsymbol{\Phi}\boldsymbol{P}_{\tilde{\boldsymbol{X}}_{\mathrm{LS}}}(k)\boldsymbol{\Phi}^{\mathrm{T}}\boldsymbol{f}^{\mathrm{T}}(k+1)\\\qquad +r_2\boldsymbol{I}]^{-1}\boldsymbol{f}(k+1)\boldsymbol{\Phi}\boldsymbol{P}_{\tilde{\boldsymbol{X}}_{\mathrm{LS}}}(k)\boldsymbol{\Phi}^{\mathrm{T}}\end{cases} \tag{2-307}$$

解之得

$$
\begin{cases}
\hat{\boldsymbol{X}}_{\mathrm{LS}}(k+1|k+1)=\dfrac{1}{(k+1)(k+2)}\left[\begin{bmatrix}k(k-1) & k(k-1)\Delta t\\ -\dfrac{6}{\Delta t} & (k-1)(k+4)\end{bmatrix}\hat{\boldsymbol{X}}_{\mathrm{LS}}(k|k)\right.\\
\qquad\left.+\begin{bmatrix}2(2k+1)\\ \dfrac{6}{\Delta t}\end{bmatrix}y(k+1)\right]\\
\boldsymbol{P}_{\tilde{\boldsymbol{X}}_{\mathrm{LS}}}(k+1)=\begin{bmatrix}\dfrac{2(2k+1)}{(k+1)(k+2)} & \dfrac{6}{(k+1)(k+2)\Delta t}\\ \dfrac{6}{(k+1)(k+2)\Delta t} & \dfrac{12}{k(k+1)(k+2)(\Delta t)^2}\end{bmatrix}r_2
\end{cases}
\tag{2-308}
$$

对于本例而言，是以等速运动作为目标运动假定，若以等加速作为目标运动假定，即还要求解目标运动加速度，记为 x_3，则系统量测方程为

$$
\begin{bmatrix}y(1)\\ y(2)\\ \vdots\\ y(k)\\ y(k+1)\end{bmatrix}=\begin{bmatrix}\mathcal{Y}(k)\\ y(k+1)\end{bmatrix}
$$

$$
=\begin{bmatrix}1 & -k\Delta t & k^2\Delta t^2\\ 1 & -(k-1)\Delta t & (k-1)^2\Delta t^2\\ \vdots & \vdots & \vdots\\ 1 & -\Delta t & \Delta t^2/2\\ 1 & 0 & 0\end{bmatrix}\begin{bmatrix}x_1(k+1)\\ x_2(k+1)\\ x_3(k+1)\end{bmatrix}+\begin{bmatrix}v(1)\\ v(2)\\ \vdots\\ v(k)\\ v(k+1)\end{bmatrix}
$$

$$
=\boldsymbol{F}(k+1)\boldsymbol{X}(k+1)+\mathcal{V}(k+1)
$$

$$
=\begin{bmatrix}\bar{\boldsymbol{F}}\\ \boldsymbol{f}(k+1)\end{bmatrix}\boldsymbol{X}(k+1)+\begin{bmatrix}\mathcal{V}(k)\\ v(k+1)\end{bmatrix}
$$

此时 $\boldsymbol{f}(k+1)=(1,0,0)$。而

$$
\bar{\boldsymbol{F}}=\begin{bmatrix}1 & -k\Delta t & k^2\Delta t^2/2\\ 1 & -(k-1)\Delta t & (k-1)^2\Delta t^2/2\\ \vdots & \vdots & \vdots\\ 1 & -\Delta t & \Delta t^2/2\end{bmatrix}
$$

$$
=\begin{bmatrix}1 & -(k-1)\Delta t & (k-1)^2\Delta t^2/2\\ 1 & -(k-2)\Delta t & (k-2)^2\Delta t^2/2\\ \vdots & \vdots & \vdots\\ 1 & 0 & 0\end{bmatrix}\begin{bmatrix}1 & -\Delta t & \Delta t^2/2\\ 0 & 1 & -\Delta t\\ 0 & 0 & 1\end{bmatrix}=\boldsymbol{F}(k)\boldsymbol{\Phi}^{-1}
$$

$$\boldsymbol{\Phi}=\begin{bmatrix}1 & \Delta t & \Delta t^2/2\\ 0 & 1 & \Delta t\\ 0 & 0 & 1\end{bmatrix}$$

其余的推导步骤与等速情形完全相似，不再赘述。解之得

$$\begin{cases}\hat{\boldsymbol{X}}_{\mathrm{LS}}(k+1|k+1)=\begin{bmatrix}\dfrac{91k^4-152k^3-13k^2+98k-24}{91k^4-89k^3-94k^2+86k} & \Delta t\dfrac{91k^4-152k^3-13k^2+98k-24}{91k^4-89k^3-94k^2+86k} & \dfrac{\Delta t^2}{2}\dfrac{91k^4-152k^3-13k^2+98k-24}{91k^4-89k^3-94k^2+86k}\\ \dfrac{-126k^2+180k-36}{(91k^4-89k^3-94k^2+86k)\Delta t} & \dfrac{91k^4-89k^3+266k^2-220k-36}{91k^4-89k^3-94k^2+86k} & \Delta t\dfrac{91k^4-89k^3-157k^2+176k-18}{91k^4-89k^3-94k^2+86k}\\ \dfrac{420k-480}{(91k^4-89k^3-94k^2+86k)\Delta t^2} & \dfrac{420k-480}{(91k^4-89k^3-94k^2+86k)\Delta t} & \dfrac{91k^4-89k^3-94k^2+296k-240}{91k^4-89k^3-94k^2+86k}\end{bmatrix}\hat{\boldsymbol{X}}_{\mathrm{LS}}(k|k)\\ \qquad+\begin{bmatrix}\dfrac{63k^3-81k^2-12k+24}{91k^4-89k^3-94k^2+86k}\\ \dfrac{126k^2-180k+36}{(91k^4-89k^3-94k^2+86k)\Delta t}\\ \dfrac{-420k+480}{(91k^4-89k^3-94k^2+86k)\Delta t^2}\end{bmatrix}y(k+1)\\ \boldsymbol{P}_{\widetilde{\boldsymbol{X}}_{\mathrm{LS}}}(k+1)=\begin{bmatrix}\dfrac{63k^3-81k^2-12k+24}{91k^4-89k^3-94k^2+86k} & \dfrac{126k^2-180k+36}{(91k^4-89k^3-94k^2+86k)\Delta t} & \dfrac{-420k+480}{(91k^4-89k^3-94k^2+86k)\Delta t^2}\\ \dfrac{126k^2-180k+36}{(91k^4-89k^3-94k^2+86k)\Delta t} & \dfrac{-372k^2-720k-312}{(91k^5-180k^4-5k^3+180k^2-86k)\Delta t^2} & \dfrac{720}{(91k^4-89k^3-94k^2+86k)\Delta t^3}\\ \dfrac{-420k+480}{(91k^4-89k^3-94k^2+86k)\Delta t^2} & \dfrac{720}{(91k^4-89k^3-94k^2+86k)\Delta t^3} & \dfrac{720}{(91k^5-180k^4-5k^3+180k^2-86k)\Delta t^4}\end{bmatrix}r_2\end{cases} \tag{2-309}$$

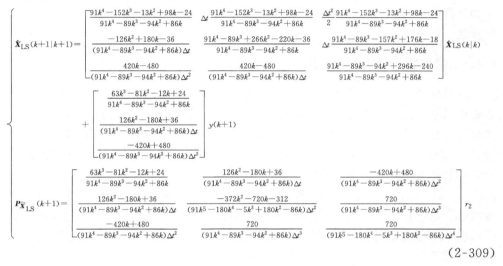

4. 递推最小二乘滤波与卡尔曼滤波间的关系

通过比较式(2-239)与式(2-307)可以发现，最小二乘状态估计递推公式(2-239)与模型(2-209)在 $U(k)=0$、$w(k)=0$、$R_2(k)=r_2$ 时的卡尔曼滤波递推公式(2-307)是完全一样的。因此，当目标跟踪系统对状态的随机扰动不明确时，可采用最小二乘估计，由于同为高斯条件下的最小方差估计方法，其估计结果必然与 $w(k)=0$ 时卡尔曼滤波结果相同；但如果对模型噪声有一定的先验信息，即 $w(k)\neq 0$，则采用最小二乘估计方法在估计结果的随机误差上会小于模型(2-209)下的卡尔曼滤波结果，而估计结果的系统误差可能会大于卡尔曼滤波结果。更进一步讲，如果对模型噪声的先验信息不准确，则采用卡尔曼滤波也不一定能保证估计结果的系统误差优于最小二乘滤波，原因在于实际的状态扰动难以获得，因此模型噪声的建模正确与否决定了卡尔曼滤波估计结果的精度，而对于最小二乘滤波，由于无须考虑对模型噪声的建模，只需确定目标是按等速模型构建还是等加速模型(或更高阶模型)构建，因此在工程应用上更为简便。

另外从量测模型上来讲，递推最小二乘公式(2-239)是在量测噪声方差 $R_2(k)$ 为恒值(即量测噪声为广义平稳过程)时推得的，而这也是卡尔曼滤波的一种特殊情况。这种情况可引申为当对探测装置的性能不明确时，可粗糙地假定探测装置本身量测误差具有平稳性，从而降低了对系统模型的假定难度，便于工程应用。

综上，对比递推最小二乘和卡尔曼滤波在模型噪声和量测噪声上的不同建模方式，不难看出，相比卡尔曼滤波，递推最小二乘是一种简易而粗糙的状态递推估计方法，在工程应用中，当对模型噪声和量测噪声的先验信息不充分时，采用递推最小二乘估计有可能会获得比卡尔曼滤波更好的状态估计精度，除非是对模型噪声和量测噪声较为准确的建模，卡尔曼滤波算法方能必然地优于递推最小二乘滤波算法。

2.4.6 常用的非线性滤波算法

在跟踪系统中常常存在非线性因素，如式(2-114)描述的弧段运动状态，对于非合作目标，其转弯速率为一个未知参量，如果将转弯速率也作为一个被估状态，则状态方程将成为非线性方程形式；再如式(2-148)和式(2-151)所描述的间接测量方程，量测与状态之间也呈非线性关系。此时无法采用前述的滤波方法得到正确的估计结果，目前最常用的非线性滤波算法包括扩展卡尔曼滤波(extended Kalman filter, EKF)、无迹卡尔曼滤波(unscented Kalman filter, UKF)以及粒子滤波(particle filter, PF)，其中扩展卡尔曼滤波和无迹卡尔曼滤波是通过对系统状态后验分布做高斯近似，进而得到系统状态估计；粒子滤波则是一种基于随机采样的统计滤波方法。下面对三种滤波算法的基本概念加以描述。

1. 扩展卡尔曼滤波算法

考虑如下非线性航迹模型和航迹测量模型：

$$\begin{aligned} \boldsymbol{X}(k+1) &= \boldsymbol{f}_k(\boldsymbol{X}(k)) + \boldsymbol{\Gamma W}(k) \\ \boldsymbol{Y}(k) &= \boldsymbol{h}_k(\boldsymbol{X}(k)) + \boldsymbol{V}(k) \end{aligned} \tag{2-310}$$

式中，$\boldsymbol{X}(k)$为系统状态；$\boldsymbol{Y}(k)$为测量；噪声$\boldsymbol{W}(k)$和$\boldsymbol{V}(k)$为零均值、方差分别为$\boldsymbol{Q}(k)$和$\boldsymbol{R}(k)$的高斯白噪声；$\boldsymbol{f}_k(\cdot)$和$\boldsymbol{h}_k(\cdot)$均为二阶连续可微的向量函数。扩展卡尔曼滤波算法是采用分别对航迹模型和航迹测量模型进行一阶泰勒展开的方法，将原非线性环节线性化，从而得到近似的线性系统，进而采用卡尔曼滤波方法对目标状态进行估计。式(2-310)的一阶泰勒近似展开为

$$\begin{aligned} \boldsymbol{X}(k) &\approx \boldsymbol{f}_{k-1}(\hat{\boldsymbol{X}}(k-1|k-1)) + \boldsymbol{f}'_{k-1}(\hat{\boldsymbol{X}}(k-1|k-1))(\boldsymbol{X}(k-1) - \hat{\boldsymbol{X}}(k-1|k-1)) + \boldsymbol{\Gamma W}(k-1) \\ \boldsymbol{Y}(k) &\approx \boldsymbol{h}_k(\hat{\boldsymbol{X}}(k|k-1)) + \boldsymbol{h}'_k(\hat{\boldsymbol{X}}(k|k-1))(\boldsymbol{X}(k) - \hat{\boldsymbol{X}}(k|k-1)) + \boldsymbol{V}(k) \end{aligned} \tag{2-311}$$

式中

$$\boldsymbol{f}'_{k-1}(\hat{\boldsymbol{X}}(k-1|k-1)) = \left.\frac{\mathrm{d}\boldsymbol{f}_{k-1}(\boldsymbol{X})}{\mathrm{d}\boldsymbol{X}}\right|_{\boldsymbol{X}=\hat{\boldsymbol{X}}(k-1|k-1)}$$

$$\boldsymbol{h}'_k(\hat{\boldsymbol{X}}(k|k-1)) = \left.\frac{\mathrm{d}\boldsymbol{h}_k(\boldsymbol{X})}{\mathrm{d}\boldsymbol{X}}\right|_{\boldsymbol{X}=\hat{\boldsymbol{X}}(k|k-1)}$$

称为雅可比矩阵。综合式(2-236)～式(2-254)及式(2-311)可得扩展卡尔曼滤波的计算步骤如下。

(1) 一步预测：

$$\hat{\boldsymbol{X}}(k|k-1)=\boldsymbol{f}_{k-1}(\hat{\boldsymbol{X}}(k-1|k-1)) \tag{2-312}$$

而一步预测误差方差：

$$\begin{aligned}\boldsymbol{P}(k|k-1)=&\boldsymbol{f}'_{k-1}(\hat{\boldsymbol{X}}(k-1|k-1))\boldsymbol{P}(k-1|k-1)(\boldsymbol{f}'_{k-1}(\hat{\boldsymbol{X}}(k-1|k-1)))^{\mathrm{T}}\\&+\boldsymbol{\Gamma}(k-1)\boldsymbol{Q}(k-1)\boldsymbol{\Gamma}^{\mathrm{T}}(k-1)\end{aligned} \tag{2-313}$$

(2) 滤波：

$$\hat{\boldsymbol{X}}(k|k)=\hat{\boldsymbol{X}}(k|k-1)+\boldsymbol{K}(k)[\boldsymbol{Y}(k)-\boldsymbol{h}_k(\hat{\boldsymbol{X}}(k|k-1))] \tag{2-314}$$

(3) 求解上式中的滤波增益 $\boldsymbol{K}(k)$ 值：

$$\begin{aligned}\boldsymbol{K}(k)=&\boldsymbol{P}(k|k-1)(\boldsymbol{h}'_k(\hat{\boldsymbol{X}}(k|k-1)))^{\mathrm{T}}\\&\times[\boldsymbol{h}'_k(\hat{\boldsymbol{X}}(k|k-1))\boldsymbol{P}(k|k-1)(\boldsymbol{h}'_k(\hat{\boldsymbol{X}}(k|k-1)))^{\mathrm{T}}+\boldsymbol{R}(k)]^{-1}\end{aligned} \tag{2-315}$$

(4) 滤波方差：

$$\begin{aligned}\boldsymbol{P}(k|k)=&\boldsymbol{P}(k|k-1)-\boldsymbol{P}(k|k-1)(\boldsymbol{h}'_k(\hat{\boldsymbol{X}}(k|k-1)))^{\mathrm{T}}\\&\times[\boldsymbol{h}'_k(\hat{\boldsymbol{X}}(k|k-1))\boldsymbol{P}(k|k-1)(\boldsymbol{h}'_k(\hat{\boldsymbol{X}}(k|k-1)))^{\mathrm{T}}+\boldsymbol{R}(k)]^{-1}\\&\times\boldsymbol{h}'_k(\hat{\boldsymbol{X}}(k|k-1))\boldsymbol{P}(k|k-1)\end{aligned} \tag{2-316}$$

扩展卡尔曼滤波形式简单，便于应用。但由于在线性化过程中，舍弃了泰勒展开式二阶及二阶以上的非线性项，当估计误差 $\widetilde{\boldsymbol{X}}(k-1)=\boldsymbol{X}(k-1)-\hat{\boldsymbol{X}}(k-1|k-1)$、$\widetilde{\boldsymbol{X}}(k)=\boldsymbol{X}(k)-\hat{\boldsymbol{X}}(k|k-1)$ 较大时，所忽略的非线性项可能造成较大的误差，从而使得滤波在这种情况下极易发散。

2. 无迹卡尔曼滤波算法

扩展卡尔曼滤波需要对系统非线性方程进行泰勒线性展开，获得线性化的近似方程，因此线性化后的方程只能得到一阶近似，当系统中的状态噪声与量测噪声较大时，近似误差进一步恶化。无迹卡尔曼滤波器的出现，在一定程度上克服了扩展卡尔曼滤波的上述弱点。UKF 在状态估计递推结构上，与卡尔曼滤波器相同，不同于之处是以无迹变换(unscented transformation，UT)取代了局部线性化，使用无迹变换后的状态变量进行滤波处理。UKF 不需要求导计算雅可比导数矩阵，甚至可以应用于不连续系统，并且其理论估计精度优于扩展卡尔曼滤波，而计算量与扩展卡尔曼滤波相当。下面首先给出无迹变换的概念。

给定 n 维随机变量 $\boldsymbol{x}$ 服从均值为 $\bar{\boldsymbol{x}}$、方差为 $\boldsymbol{P}$ 的正态分布，m 维随机变量 $\boldsymbol{z}$ 是 $\boldsymbol{x}$ 的非线性函数

$$\boldsymbol{z}=f(\boldsymbol{x}) \tag{2-317}$$

所谓无迹变换是指，根据 $\boldsymbol{x}$ 的统计特性，取若干点 $\boldsymbol{\xi}^{(i)}(i=0,1,2,\cdots,L)$，称为 σ 点；再计算所取 σ 点经非线性函数传播得到的结果，记为 $\boldsymbol{\varepsilon}^{i}(i=1,2,\cdots,L)$；最后以所得的 $\boldsymbol{\varepsilon}^{i}(i=1,2,\cdots,L)$ 计算出 $\boldsymbol{x}$ 的统计特性经非线性函数传播得到的 z 的统计特性 $(\bar{z},\boldsymbol{P}_z)$。通常情况下取 $L=2n$。

UT 变换与线性化方法比较如图 2.24 所示。从图中可见，由于 UKF 算法能以二阶特性近似原非线性方程，因此估计性能要优于扩展卡尔曼滤波算法。

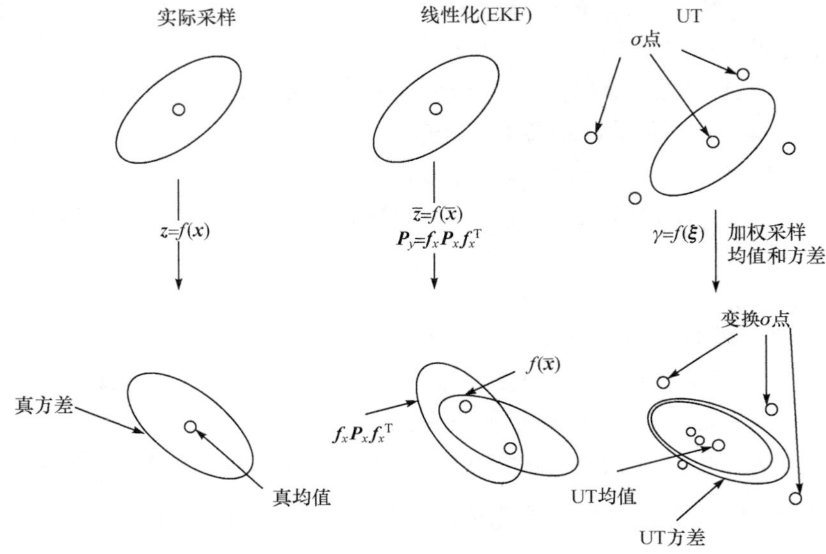

图 2.24　EKF 与 UKF 滤波区别

针对式(2-310)所示的非线性系统，给出 UKF 计算步骤如下：

(1) 设已知 $k-1$ 时刻状态估计及估计误差方差阵为 $\hat{\boldsymbol{X}}(k-1|k-1)$、$\boldsymbol{P}(k-1|k-1)$。计算如下 σ 点 $\boldsymbol{\xi}^{(i)}(k-1|k-1)(i=0,1,2,\cdots,2n)$：

$$\begin{cases}\boldsymbol{\xi}^{(0)}(k-1|k-1)=\hat{\boldsymbol{X}}(k-1|k-1)\\ \boldsymbol{\xi}^{(i)}(k-1|k-1)=\hat{\boldsymbol{X}}(k-1|k-1)+\left(\sqrt{(n+\lambda)\boldsymbol{P}(k-1|k-1)}\right)_i, \quad i=1,2,\cdots,n\\ \boldsymbol{\xi}^{(i)}(k-1|k-1)=\hat{\boldsymbol{X}}(k-1|k-1)-\left(\sqrt{(n+\lambda)\boldsymbol{P}(k-1|k-1)}\right)_i, \quad i=n+1,n+2,\cdots,2n\end{cases} \tag{2-318}$$

式中，$\lambda=\alpha^2(n+\kappa)-n$，其中 α 决定 σ 点的散布，通常取一个小正数(如 0.01)，κ 通常取 0；$\left(\sqrt{(n+\lambda)\boldsymbol{P}(k-1|k-1)}\right)_i$ 表示矩阵平方根第 i 列。

(2) 计算如下 σ 点 $\boldsymbol{\xi}^{(i)}(k-1|k-1)(i=0,1,2,\cdots,2n)$ 通过状态演化方程的传播(如果状态方程为线性方程，(1)、(2)步从略)：

$$\begin{cases}\boldsymbol{\xi}^{(i)}(k)=f_k(\boldsymbol{\xi}^{(i)}(k-1\mid k-1)), \quad i=0,1,2,\cdots,2n\\ \hat{\boldsymbol{X}}(k\mid k-1)=\sum_{i=0}^{2n}w_i^m\boldsymbol{\xi}^{(i)}(k)\\ \boldsymbol{P}(k\mid k-1)=\sum_{i=0}^{2n}w_i^c(\boldsymbol{\xi}^{(i)}(k)-\hat{\boldsymbol{X}}(k\mid k-1))(\boldsymbol{\xi}^{(i)}(k)-\hat{\boldsymbol{X}}(k\mid k-1))^{\mathrm{T}}+\boldsymbol{\Gamma}\boldsymbol{Q}_{k-1}\boldsymbol{\Gamma}^{\mathrm{T}}\end{cases} \tag{2-319}$$

式中，w_i^m 为求一阶统计特性时的权系数；w_i^c 为求二阶统计特性时的权系数。计算方法如下：

$$\begin{cases}w_0^m=\lambda/(n+\lambda)\\ w_0^c=\lambda/(n+\lambda)+(1-\alpha^2+\beta)\\ w_i^m=w_i^c=0.5/(n+\lambda), \quad i=1,2,\cdots,2n\end{cases} \tag{2-320}$$

式中，β 用来描述 $\boldsymbol{x}$ 的分布信息，高斯情况下常取值为 2。

(3) 计算 $\hat{\boldsymbol{X}}(k|k-1)$、$\boldsymbol{P}(k|k-1)$ 通过测量方程传播的 σ 点：

$$\begin{cases}\boldsymbol{\xi}^{(0)}(k)=\hat{\boldsymbol{X}}(k|k-1)\\ \boldsymbol{\xi}^{(i)}(k)=\hat{\boldsymbol{X}}(k|k-1)+(\sqrt{(n+\lambda)\boldsymbol{P}(k|k-1)})_i, \quad i=1,2,\cdots,n\\ \boldsymbol{\xi}^{(i)}(k)=\hat{\boldsymbol{X}}(k|k-1)-(\sqrt{(n+\lambda)\boldsymbol{P}(k|k-1)})_i, \quad i=n+1,n+2,\cdots,2n\end{cases} \tag{2-321}$$

(4) 计算输出的预测量：

$$\begin{cases}\boldsymbol{\varepsilon}^{(i)}(k)=\boldsymbol{h}_k(\boldsymbol{\xi}^{(i)}(k)), \quad i=1,2,\cdots,n\\ \hat{\boldsymbol{Y}}(k\mid k-1)=\sum_{i=0}^{2n}w_i^m\boldsymbol{\varepsilon}^{(i)}(k)\\ \boldsymbol{P}_{\tilde{\boldsymbol{Y}}(k|k-1)}=\sum_{i=0}^{2n}w_i^c(\boldsymbol{\varepsilon}^{(i)}(k)-\hat{\boldsymbol{Y}}(k\mid k-1))(\boldsymbol{\varepsilon}^{(i)}(k)-\hat{\boldsymbol{Y}}(k\mid k-1))^{\mathrm{T}}+\boldsymbol{R}_k\\ \boldsymbol{P}_{\tilde{\boldsymbol{X}}(k|k-1)\tilde{\boldsymbol{Y}}(k|k-1)}=\sum_{i=0}^{2n}w_i^c(\boldsymbol{\xi}^{(i)}(k)-\hat{\boldsymbol{X}}(k\mid k-1))(\boldsymbol{\varepsilon}^{(i)}(k)-\hat{\boldsymbol{Y}}(k\mid k-1))^{\mathrm{T}}\end{cases} \tag{2-322}$$

(5) 滤波更新：

$$\begin{cases}\boldsymbol{K}(k)=\boldsymbol{P}_{\tilde{\boldsymbol{X}}(k|k-1)\tilde{\boldsymbol{Y}}(k|k-1)}\boldsymbol{P}_{\tilde{\boldsymbol{Y}}(k|k-1)}^{-1}\\ \hat{\boldsymbol{X}}(k|k)=\hat{\boldsymbol{X}}(k|k-1)+\boldsymbol{K}(k)(\boldsymbol{Y}(k)-\hat{\boldsymbol{Y}}(k|k-1))\\ \boldsymbol{P}(k|k)=\boldsymbol{P}(k|k-1)-\boldsymbol{K}(k)\boldsymbol{P}_{\tilde{\boldsymbol{Y}}(k|k-1)}^{-1}\boldsymbol{K}^{\mathrm{T}}(k)\end{cases} \tag{2-323}$$

3. 粒子滤波算法

粒子滤波也称序列蒙特卡罗(sequential Monte Carlo，SMC)方法，是利用有限个加权的离散状态 $\hat{\boldsymbol{X}}^{(i)}$(或称粒子)统计特性近似表达系统状态的后验概率分布函数。根据大数定律：当粒子的个数趋于无穷时，近似误差将趋于零。另外粒子滤波算法不受限于线性模型和随机噪声高斯性的假设，理论上来讲，它适用于任意非线性、非高斯系统的滤波问题，是一种非常灵活的非线性估计方法。

考虑如下非线性状态方程：

$$\begin{aligned} \boldsymbol{X}_{k+1} &= \boldsymbol{f}_k(\boldsymbol{X}_k) + \boldsymbol{\Gamma W}_k \\ \boldsymbol{Y}_k &= \boldsymbol{h}_k(\boldsymbol{X}_k) + \boldsymbol{V}_k \end{aligned} \tag{2-324}$$

噪声 $\boldsymbol{W}_k$ 和 $\boldsymbol{V}_k$ 的统计特性可以未知，也可以已知，但可能不服从高斯分布，当 $\boldsymbol{W}_k$ 和 $\boldsymbol{V}_k$ 不服从正态分布时，显然不适于采用 EKF 或 UKF。下面的问题是根据序列 $\mathcal{Y}_k = (\boldsymbol{Y}^{\mathrm{T}}(0), \boldsymbol{Y}^{\mathrm{T}}(1), \cdots, \boldsymbol{Y}^{\mathrm{T}}(k))^{\mathrm{T}}$，获得状态估计 $\hat{\boldsymbol{X}}_k$，或能够估计出状态的概率密度函数 $P(\boldsymbol{X}_k)$，显然 $P(\boldsymbol{X}_k)$ 难于采样，但可以设法对其进行计算。假设 $\boldsymbol{X}_k^{(i)} \sim q(\boldsymbol{X}_k)(i=1,2,\cdots,N)$ 是由一个建议的容易采样的概率密度函数 $q(\cdot)$ 进行采样而产生的样本，称之为采样粒子，N 表示粒子的总个数，则状态的概率密度函数 $P(\boldsymbol{X})$ 可近似为

$$P(\boldsymbol{X}) \approx \sum_{i=1}^{N} \lambda^{(i)} \delta(\boldsymbol{X} - \hat{\boldsymbol{X}}^{(i)}) \tag{2-325}$$

式中

$$\lambda^{(i)} \propto \frac{\pi(\hat{\boldsymbol{X}}^{(i)})}{q(\hat{\boldsymbol{X}}^{(i)})}, \quad i=1,2,\cdots,N \tag{2-326}$$

其中，$\pi(\hat{\boldsymbol{X}}^{(i)})$ 为对第 i 个粒子的后验概率密度函数计算值；“$\propto$”为正比符号；$\lambda^{(i)}$ 是第 i 个粒子的正则权值，满足

$$\sum_{i=1}^{N} \lambda^{(i)} = 1 \tag{2-327}$$

在对重要性概率密度函数 q 进行选择时，要求其支集包含概率密度函数 p 的支集，即只要 $p(x)>0$，就能有 $q(x)>0$ 成立。一种简便易行且使用较为广泛的重要性概率密度选择方法就是选择具有先验性质的系统状态转移概率密度，如正态分布、均匀分布等。

现在考虑式(2-324)所描述非线性动态系统的滤波问题。设

$$\mathcal{X}_k = \{\boldsymbol{X}_1, \boldsymbol{X}_2, \cdots, \boldsymbol{X}_k\}, \quad \mathcal{Y}_k = (\boldsymbol{Y}^{\mathrm{T}}(0), \boldsymbol{Y}^{\mathrm{T}}(1), \cdots, \boldsymbol{Y}^{\mathrm{T}}(k))^{\mathrm{T}}, \quad k \in \mathbf{N} \tag{2-328}$$

分别表示直到 k 时刻的所有状态组成的向量集合和所有量测组成的向量集合；而

$$\begin{cases} \{\boldsymbol{X}_{0:k}^{(i)}\}_{i=1}^{N} = \{\boldsymbol{X}_0^{(i)}, \boldsymbol{X}_1^{(i)}, \cdots, \boldsymbol{X}_k^{(i)}\}, \quad i=1,2,\cdots,N \\ \{\lambda_k^{(i)}\}_{i=1}^{N} = \{\lambda_k^{(1)}, \lambda_k^{(2)}, \cdots, \lambda_k^{(N)}\}^{\mathrm{T}} \end{cases} \quad k \in \mathbf{N} \tag{2-329}$$

则分别表示 k 时刻对所有状态采样而容量为 N 的样本 $\boldsymbol{X}_{0:k}^{(i)}$，以及相应的权值 $\lambda_k^{(i)}$，于是

$$\{\boldsymbol{X}_{0:k}^{(i)}, \lambda_k^{(i)}\}_{i=1}^{N}, \quad k \in \mathbf{N} \tag{2-330}$$

就是随机量，用以表示后验概率密度函数 $P(\mathcal{X}_k \mid \mathcal{Y}_k)$，此处权值满足正则条件

(2-327)。那么,k 时刻的后验概率密度函数可近似为

$$P(\mathcal{X}_k \mid \mathcal{Y}_k) \approx \sum_{i=1}^{N} \lambda_k^{(i)} \delta(\mathcal{X}_k - \mathcal{X}_k^{(i)}) \tag{2-331}$$

式中,$\mathcal{X}_k^{(i)} = \{\boldsymbol{X}_0^{(i)}, \boldsymbol{X}_1^{(i)}, \cdots, \boldsymbol{X}_k^{(i)}\}$,这样,我们就有了对真实后验概率密度函数 $P(\mathcal{X}_k|\mathcal{Y}_k)$ 的一个离散加权近似。

如果样本 $\{\hat{\boldsymbol{X}}_{0:k}^{(i)}\}_{i=1}^{N}$ 是由重要性概率密度函数 $q(\mathcal{X}_k|\mathcal{Y}_k)$ 的抽取而得到,按式(2-326)定义权值的方法,得

$$\lambda_k^{(i)} \propto \frac{P(\hat{\boldsymbol{X}}_{0:k}^{(i)}|\mathcal{Y}_k)}{q(\hat{\boldsymbol{X}}_{0:k}^{(i)}|\mathcal{Y}_k)}, \quad k \in \mathbf{N}, i=1,2,\cdots,N \tag{2-332}$$

现在返回到状态估计问题。在每个时刻 k,假定已经有了用样本对 $P(\mathcal{X}_{k-1}|\mathcal{Y}_{k-1})$ 的近似重构,而获取新的量测 $\boldsymbol{Y}(k)$ 之后,进而需要用新的一组样本对 $P(\mathcal{X}_k|\mathcal{Y}_k)$ 进行近似重构。如果这个重要性函数能够进行分解,使得

$$q(\mathcal{X}_k|\mathcal{Y}_k) = q(\boldsymbol{X}_k|\mathcal{X}_{k-1}, \mathcal{Y}_k) q(\mathcal{X}_{k-1}|\mathcal{Y}_{k-1}) \tag{2-333}$$

那么,就可以利用已有的样本 $\hat{\boldsymbol{X}}_{0:k-1}^{(i)} \sim q(\mathcal{X}_{k-1}|\mathcal{Y}_{k-1})$,以及新的状态采样 $\hat{\boldsymbol{X}}_k^{(i)} \sim q(\boldsymbol{X}_k|\mathcal{X}_{k-1}, \mathcal{Y}_k)$ 而得到样本 $\hat{\boldsymbol{X}}_{0:k}^{(i)} \sim q(\mathcal{X}_k|\mathcal{Y}_k)$。

同时,通常情况下 $q(\boldsymbol{X}_k|\mathcal{X}_{k-1}, \mathcal{Y}_k) = q(\boldsymbol{X}_k|\boldsymbol{X}_{k-1}, \boldsymbol{Y}_k)$,由此重要性概率密度函数仅依赖于 $\boldsymbol{X}_{k-1}$ 和 $\boldsymbol{Y}_k$。进而利用贝叶斯公式得

$$\begin{aligned}
P(\mathcal{X}_k|\mathcal{Y}_k) &= \frac{P(\boldsymbol{Y}_k|\mathcal{X}_k, \mathcal{Y}_{k-1}) P(\mathcal{X}_k|\mathcal{Y}_{k-1})}{P(\boldsymbol{Y}_k|\mathcal{Y}_{k-1})} \\
&= \frac{P(\boldsymbol{Y}_k|\mathcal{X}_k, \mathcal{Y}_{k-1}) P(\boldsymbol{X}_k|\mathcal{X}_{k-1}, \mathcal{Y}_{k-1}) P(\mathcal{X}_{k-1}|\mathcal{Y}_{k-1})}{P(\boldsymbol{Y}_k|\mathcal{Y}_{k-1})} \\
&\propto P(\boldsymbol{Y}_k|\boldsymbol{X}_k) P(\boldsymbol{X}_k|\boldsymbol{X}_{k-1}) P(\mathcal{X}_{k-1}|\mathcal{Y}_{k-1})
\end{aligned} \tag{2-334}$$

将式(2-333)和式(2-334)代入式(2-332),有

$$\lambda_k^{(i)} \propto \frac{P(\hat{\boldsymbol{X}}_{0:k}^{(i)}|\mathcal{Y}_k)}{q(\hat{\boldsymbol{X}}_{0:k}^{(i)}|\mathcal{Y}_k)} = \frac{P(\boldsymbol{Y}_k|\hat{\boldsymbol{X}}_k^{(i)}) P(\hat{\boldsymbol{X}}_k^{(i)}|\hat{\boldsymbol{X}}_{k-1}^{(i)}) P(\hat{\boldsymbol{X}}_{k-1}^{(i)}|\mathcal{Y}_{k-1})}{q(\hat{\boldsymbol{X}}_k^{(i)}|\hat{\boldsymbol{X}}_{k-1}^{(i)}, \boldsymbol{Y}_k) q(\hat{\boldsymbol{X}}_{0:k-1}^{(i)}|\mathcal{Y}_{k-1})} \tag{2-335}$$

进而有

$$\lambda_k^{(i)} \propto \lambda_{k-1}^{(i)} \frac{P(\boldsymbol{Y}_k|\hat{\boldsymbol{X}}_k^{(i)}) P(\hat{\boldsymbol{X}}_k^{(i)}|\hat{\boldsymbol{X}}_{k-1}^{(i)})}{q(\hat{\boldsymbol{X}}_k^{(i)}|\hat{\boldsymbol{X}}_{k-1}^{(i)}, \boldsymbol{Y}_k)} \tag{2-336}$$

而后验滤波密度函数可以近似为

$$p(\boldsymbol{X}_k \mid \mathcal{Y}_k) \approx \sum_{i=1}^{N} \lambda_k^{(i)} \delta(\boldsymbol{X}_k - \hat{\boldsymbol{X}}_k^{(i)}) \tag{2-337}$$

其中权值由式(2-336)定义。可以证明,当 $N \to \infty$ 时,式(2-337)就逼近真的后验概率密度 $p(\boldsymbol{X}_k|\mathcal{Y}^k)$。粒子滤波算法随着量测序列的逐步前进,由采样粒子和权值的递推传播组成。

下面,给出一种粒子滤波递推算法的步骤:

(1) 设$\{\boldsymbol{Y}(0),\boldsymbol{Y}(1),\cdots,\boldsymbol{Y}(k)\}$为量测序列，因此可通过测量方程给出初始状态的一种估计$\hat{\boldsymbol{X}}_0$。

(2) 根据状态方程$\boldsymbol{X}_{k+1}=f_k(\boldsymbol{X}_k)+\boldsymbol{\Gamma W}_k$，模仿状态运动，为此，需要人为给出一种参考的随机变量分布：$q(\boldsymbol{W}_k)$，并重复地产生随机噪声$\boldsymbol{W}_{k-1}^i$。从而得到：

$$\hat{\boldsymbol{X}}_k^i=f_{k-1}(\hat{\boldsymbol{X}}_{k-1}^i)+\boldsymbol{\Gamma W}_{k-1}^i,\quad i=1,2,\cdots,N$$

式中，N为粒子的个数。

(3) 由$\hat{\boldsymbol{X}}_k^i$计算每个粒子权重λ_k^i：

$$\bar{\lambda}_k^i=\exp[-\boldsymbol{\eta}^i\cdot(\boldsymbol{\eta}^i)^{\mathrm{T}}/2]$$

$$\boldsymbol{\eta}^i=\boldsymbol{Y}_k-\boldsymbol{h}_k(\hat{\boldsymbol{X}}_k^i)$$

$$\lambda_k^i=\frac{\bar{\lambda}_k^i}{\bar{\lambda}_k^1+\bar{\lambda}_k^2+\cdots+\bar{\lambda}_k^N}$$

因而得到最终状态估计结果

$$\hat{\boldsymbol{X}}_k=\lambda_k^1\cdot\hat{\boldsymbol{X}}_k^1+\lambda_k^2\cdot\hat{\boldsymbol{X}}_k^2+\cdots+\lambda_k^N\cdot\hat{\boldsymbol{X}}_k^N$$

即是各个粒子的加权和。

由上述步骤可见粒子滤波简单方便，适合于各种非线性环境。但粒子滤波在不断递推过程中，部分粒子的权重会越来越小，逐渐失去了对状态估计的更新作用，这种现象称为粒子的退化，如图 2.25 所示。图中圆圈的大小代表了各粒子的权重，当某些粒子的权重相对较高，而某些粒子的权重微乎其微时，这些权重极其微小的粒子即出现了退化现象。

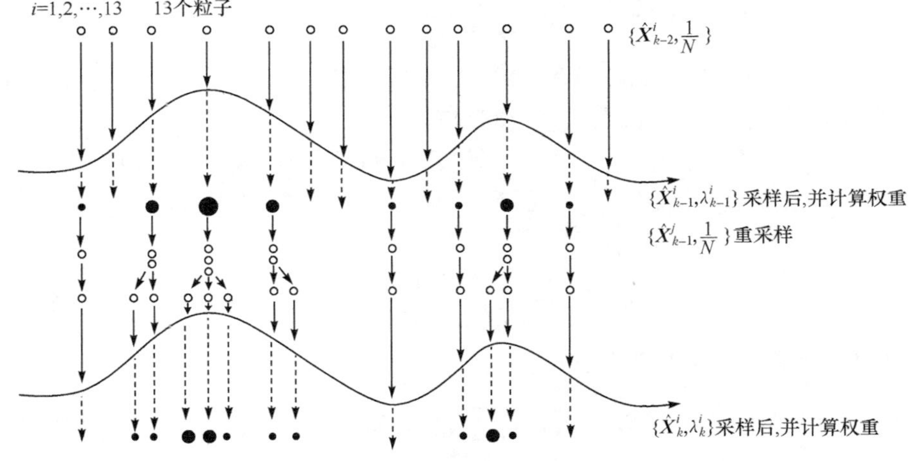

图 2.25 粒子重采样方法示意图

为防止退化粒子造成的计算损耗，需要重新对粒子进行整合，调整粒子结构，抛弃退化的粒子，平均分配权重较强的粒子，这个过程叫做对粒子的重采样。

如图 2.25 所示，重采样后总粒子个数保持不变，每个粒子的权重完全相等。经过重采样的粒子，权重平均下来，从而能使算法更有效率地趋近真实的目标状态概率分布。根据上述结论，在前面给出的粒子滤波计算步骤的例子中，在第(3)步，需进行粒子权重检测，分析是否需要进行重采样，以保证每个粒子的有效性。

目前火控系统中主要处理的是目标的运动状态信息，而状态模型大多采用线性表达形式，系统的非线性特性主要表现在量测与待估状态间的非线性关系，因此采用 EKF 或 UKF 基本可以克服这种非线性因素给线性的最小方差估计算法带来的困难，而较少直接采用粒子滤波算法应用于火控系统。

2.5　目标状态的多模型估计方法概述

在目标航迹跟踪中，由于敌方目标运动往往是根据敌方作战目的而进行的，是不受我方目标跟踪系统控制的，特别是当敌方目标发现其被我方跟踪后，会做出众多机动动作以摆脱我方跟踪。在目标航迹跟踪中，上述动作可以以目标运动模态的不确定性来描述。所谓目标运动模态不确定性是指，一个目标在未知的时段里进行了未知的机动，即目标运动模型发生了改变。而多模型方法则是应对存在运动模态不确定性的一个常规方法。多模型方法的基本思想是，假设一个真实模态的可能的待选模型集，运行一组独立的滤波器，每个滤波器基于待选模型集中的一个模型，然后根据这些滤波器的估计结果合成一个综合的估计。

2.5.1　多模型方法简述

多模型方法是基于以下的马尔可夫跳变线性系统：

$$\begin{aligned}&\boldsymbol{X}_{k+1}=\boldsymbol{F}_k(s_k)\boldsymbol{X}_k+\boldsymbol{\Gamma}_k(s_k)\boldsymbol{w}_k(s_k)\\&\boldsymbol{Z}_k=\boldsymbol{H}_k(s_k)\boldsymbol{X}_k+\boldsymbol{v}_k(s_k)\\&P(s_{k+1}=s^{(j)}\mid s^{(i)})=\pi_{ij},\quad\forall s^{(i)},s^{(j)}\in S\end{aligned}\tag{2-338}$$

式中，$k\in\mathbf{N}$ 是离散时间变量；$\boldsymbol{X}_k\in\mathbf{R}^n$ 为基础状态空间 $\mathbf{R}^n$ 上的状态变量；$s_k\in S$ 是系统模式空间 S 上的模式状态变量；$\boldsymbol{Z}_k\in\mathbf{R}^m$ 是测量值；$\boldsymbol{w}_k\in\mathbf{R}^n$ 和 $\boldsymbol{v}_k\in\mathbf{R}^m$ 分别表示系统过程噪声和测量噪声；π_{ij} 为从模式状态 $s^{(i)}$ 到模式状态 $s^{(j)}$ 的转移概率。多模型方法的实质就是根据带有噪声的测量序列来估计基础模态和模式状态，多模型方法的引用由如下几个部分组成。

1. 模型设计

设计一个由有限个模型构成的模型集，设模型集为

$$M=\{m^{(j)}\},\quad j=1,2,\cdots,r\tag{2-339}$$

其中，每个模型 $m^{(j)}$ 是对模式空间中相应模式 $s^{(i)}$ 的一种描述。

2. 滤波器选择

这是第二个重要环节，即选择一些递推滤波器，如卡尔曼滤波、最小二乘滤波、EKF、UKF 等，来完成混合估计。

3. 估计融合

为产生总体估计，估计融合有三种方法：

(1) 软决策或无决策——总体估计的获得是根据所有滤波器获得的估计 $\hat{\boldsymbol{X}}_{k|k}^{(i)}$，而不硬性规定利用哪些滤波器的估计值。这是多模型估计融合的主流方法。如果把基础状态的条件均值作为估计，则在最小均方意义下，总体估计就是所有滤波器估计值的概率加权和：

$$\hat{\boldsymbol{X}}_{k|k} = E(\boldsymbol{X}_k \mid \boldsymbol{Z}^k) = \sum_i \hat{\boldsymbol{X}}_{k|k}^{(i)} P(m_k^{(i)} \mid \boldsymbol{Z}^k) \tag{2-340}$$

(2) 硬决策——总体估计的近似获得是根据某些滤波器的估计值得到的，而这些滤波器的选择原则是最大可能与当前模式匹配的模型，最终的状态估计是硬性规定的。例如，在所有的模型中按最大概率只选择一个模型，把其估计值作为总体估计值。这种融合方法就退化为传统的“决策后估计”法。

(3) 随机决策——总体估计是基于某些随机选择的模型序列的估计来近似决定的。

4. 滤波器的重初始化

该步骤决定怎样重初始化每个滤波器。第 i 个模型应服从离散时间方程

$$\boldsymbol{X}_{k+1} = \boldsymbol{F}_k^{(i)} \boldsymbol{X}_k + \boldsymbol{\Gamma}_k^{(i)} \boldsymbol{w}_k^{(i)}, \quad k \in \mathbf{N}, i = 1, 2, \cdots, r \tag{2-341}$$

$$\boldsymbol{Z}_k = \boldsymbol{H}_k^{(i)} \boldsymbol{X}_k + \boldsymbol{v}_k^{(i)}, \quad k \in \mathbf{N}, i = 1, 2, \cdots, r \tag{2-342}$$

$$\pi_{ij} = P(m_k = m^{(j)} \mid m_{k-1} = m^{(i)}), \quad k \in \mathbf{N}, i, j = 1, 2, \cdots, r \tag{2-343}$$

而 $\boldsymbol{w}_k^{(i)} \sim N(\bar{\boldsymbol{w}}_k, \boldsymbol{Q}_k^{(i)})$ 和 $\boldsymbol{v}_k^{(i)} \sim N(\bar{\boldsymbol{v}}_k, \boldsymbol{R}_k^{(i)})$ 分别为时间上独立的过程噪声和量测噪声，且 $\boldsymbol{w}_k^{(i)}$ 与 $\boldsymbol{v}_k^{(i)}$ 互不相关。

假定模型 $m^{(j)}$ 在初始时刻正确（系统处于模式 $s^{(j)}$ 下）的先验概率为

$$P(m^{(j)} \mid \boldsymbol{Z}^0) = \mu_0^{(j)} \tag{2-344}$$

式中，$\boldsymbol{Z}^0$ 为初始时刻系统的先验量测信息，则有

$$\sum_{j=1}^{r} \mu_0^{(j)} = 1 \tag{2-345}$$

由于任何时刻混合系统的当前模型服从于 r 个可能的模型之一，则到时刻 k 为止，该混合系统所可能具有的模式历史序列就可能有 r^k 个。根据贝叶斯全概率理论，对该混合系统的最优状态滤波器的计算量随着时间的延长而呈指数增长，因

而基于此种技术导出的最优滤波器的计算量所需要的计算资源将十分庞大，这在现实中是不可能实现的。为了避免出现这种情况，下列几种比较典型的次优多模型滤波器被设计出来。

2.5.2　定结构多模型估计

固定模型集的最优估计是全假设树(full-hypothesis-tree)估计，即考虑每一时刻系统的所有可能模式。其模型集是预先确定的，而不管模型本身是不是时变的。但是，由于其计算量和内存随着时间的推移呈指数增长，要达到最优是不可能的。例如，有 r 个可能的模型，系统从 0 时刻运行到 k 时刻，就有 r^{k-1} 个可能的模型跳变序列，于是对于系统状态的估计是 $\hat{\boldsymbol{X}}_{k-1|k-1}=E(\boldsymbol{X}_k\,|\,\boldsymbol{Z}^k, m_{1:k-1}^{(i)})$，其中 m 就是 r^{k-1} 个可能的序列之一。所以，有必要利用某些假设管理技术来建立更有效的非全假设树算法，以保证剩余的假设的数量在一定的范围内，如：

(1) 删除“不太可能”的模型序列，这将导致估计融合的硬决策方法。

(2) 合并“相似”的模型序列，这可通过重新初始化使得具有“相同”的估计值和协方差的滤波器进行合并。

(3) 将弱耦合模型序列解耦为串。

(4) 其他的假设管理技术。

经验表明，一般情况下基于合并相似模型序列的非全假设估计器要优于基于删除不可能模型序列的估计器。

下面讨论几种固定记忆的多模型估计器。

定义 2.1　广义伪贝叶斯方法(GPB)，就是在时刻 k，进行系统状态估计时仅考虑系统过去有限个采样时间间隔内的目标模型历史。

一阶的 GPB 算法(GPB1)　采用最简单的重初始化方法，仅把上次总体状态估计 $\hat{\boldsymbol{X}}_{k-1|k-1}$ 以及估计误差的协方差阵 $\boldsymbol{P}_{k-1|k-1}$ 作为公共的初始条件；然后各个模型按基本卡尔曼算法进行各自的状态估计，同时计算各个模型的概率；最后利用加权和求得本次的总体状态估计 $\hat{\boldsymbol{X}}_{k|k}$ 以及估计误差的协方差阵 $\boldsymbol{P}_{k|k}$。

对于 $i=1,2,\cdots,r$，每个循环如下：

(1) 重初始化：

$$\hat{\hat{\boldsymbol{X}}}_{k-1|k-1}^{(i)}=\hat{\boldsymbol{X}}_{k-1|k-1}, \quad \hat{\boldsymbol{P}}_{k-1|k-1}^{(i)}=\boldsymbol{P}_{k-1|k-1}, \quad i=1,2,\cdots,r \tag{2-346}$$

(2) 条件滤波：即以 $\hat{\hat{\boldsymbol{X}}}_{k-1|k-1}^{(i)}$ 和相应的误差协方差阵 $\hat{\boldsymbol{P}}_{k-1|k-1}^{(i)}$ 为初值，利用与 $m^{(i)}$ 匹配的模型，按一般卡尔曼滤波方程，分别计算得到状态估计 $\hat{\boldsymbol{X}}_{k|k}^{(i)}$ 和估计误差的协方差阵 $\boldsymbol{P}_{k|k}^{(i)}$，而且计算得到似然函数

$$\boldsymbol{\Lambda}_k^{(i)}=P(\boldsymbol{Z}_k\,|\,m_k^{(i)},\boldsymbol{Z}^{k-1})\approx P(\boldsymbol{Z}_k\,|\,m_k^{(i)},\hat{\hat{\boldsymbol{X}}}_{k-1|k-1}^{(i)},\hat{\boldsymbol{P}}_{k-1|k-1}^{(i)}), \quad i=1,2,\cdots,r \tag{2-347}$$

(3) 模型概率更新:即计算

$$\mu_k^{(i)}=P(m_k^{(i)}\mid \boldsymbol{Z}^k)=\frac{1}{c}\boldsymbol{\Lambda}_k^{(i)}\sum_{j=1}^{r}\pi_{ij}\mu_{k-1}^{(j)},\quad i=1,2,\cdots,r \tag{2-348}$$

式中,π_{ij} 是式(2-343)给出的转移概率;而 c 是正则化常数,即

$$c=\sum_{i=1}^{r}\boldsymbol{\Lambda}_k^{(i)}\sum_{j=1}^{r}\pi_{ij}\mu_{k-1}^{(j)} \tag{2-349}$$

(4) 估计合成:即得到 k 时刻的估计及其误差的协方差阵分别是

$$\hat{\boldsymbol{X}}_{k|k}=\sum_{i=1}^{r}\mu_k^{(i)}\hat{\boldsymbol{X}}_{k|k}^{(i)} \tag{2-350}$$

$$\boldsymbol{P}_{k|k}=\sum_{i=1}^{r}[\boldsymbol{P}_{k|k}^{(i)}+(\hat{\boldsymbol{X}}_{k|k}-\hat{\boldsymbol{X}}_{k|k}^{(i)})(\hat{\boldsymbol{X}}_{k|k}-\hat{\boldsymbol{X}}_{k|k}^{(i)})^{\mathrm{T}}]\mu_k^{(i)} \tag{2-351}$$

二阶的 GPB 算法(GPB2) 只需要考虑过去两个采样时间间隔内的历史,滤波器初值要在此假设下重新计算,这种算法需要有 r^2 个滤波器并行处理。假定在 $k-1$ 时刻已经获得估计

$$\hat{\boldsymbol{X}}_{k-1|k-1}^{(i)}=E(\boldsymbol{X}_{k-1}\,|\,m_{k-1}^{(i)},\boldsymbol{Z}^{k-1}),\quad i=1,2,\cdots,r \tag{2-352}$$

以及相应的协方差阵

$$\boldsymbol{P}_{k-1|k-1}^{(i)}=\mathrm{cov}(\boldsymbol{X}_{k-1}-\hat{\boldsymbol{X}}_{k-1|k-1}^{(i)}\,|\,m_{k-1}^{(i)}),\quad i=1,2,\cdots,r \tag{2-353}$$

GPB2 在一个采样周期的计算循环如下:

(1) 重初始化:

$$\hat{\hat{\boldsymbol{X}}}_{k-1|k-1}^{(i)}=\hat{\boldsymbol{X}}_{k-1|k-1}^{(i)},\quad \hat{\boldsymbol{P}}_{k-1|k-1}^{(i)}=\boldsymbol{P}_{k-1|k-1}^{(i)},\quad i=1,2,\cdots,r \tag{2-354}$$

(2) 条件滤波:按 $k-1$ 时刻采用模型 $m_{k-1}^{(i)}$ 和 k 时刻采用模型 $m_k^{(j)}$,利用一般卡尔曼滤波方法计算状态估计 $\hat{\boldsymbol{X}}_{k|k}^{(i,j)}$ 和估计误差的协方差阵 $\boldsymbol{P}_{k|k}^{(i,j)}$,如:

$$\begin{aligned}\hat{\boldsymbol{X}}_{k|k}^{(i,j)}&=E(\boldsymbol{X}_k\,|\,\boldsymbol{Z}^k,m_k^{(j)},m_{k-1}^{(i)})\\&=\boldsymbol{F}_{k-1}^{(j)}\hat{\boldsymbol{X}}_{k-1|k-1}^{(i)}+\boldsymbol{\Gamma}_{k-1}^{(j)}\bar{\boldsymbol{w}}_{k-1}^{(i)}+\boldsymbol{K}_k^{(j)}[\boldsymbol{Z}_k-\boldsymbol{H}_k^{(j)}\boldsymbol{F}_{k-1}^{(j)}\hat{\hat{\boldsymbol{X}}}_{k-1|k-1}^{(i)}-\bar{\boldsymbol{v}}_k^{(i)}],\quad i,j=1,2,\cdots,r\end{aligned} \tag{2-355}$$

式中,$\boldsymbol{K}_k^{(j)}$ 是增益阵;而 $\hat{\hat{\boldsymbol{X}}}_{k-1|k-1}^{(i)}$ 是第 i 个滤波器的合成初值。同时计算似然函数

$$\boldsymbol{\Lambda}_k^{(i,j)}=P(\boldsymbol{Z}_k\,|\,m_k^{(j)},m_{k-1}^{(i)},\boldsymbol{Z}^{k-1})\approx P(\boldsymbol{Z}_k\,|\,m_k^{(j)},\hat{\hat{\boldsymbol{X}}}_{k-1|k-1}^{(i)}-\bar{\boldsymbol{v}}_k^{(i)}),\quad i,j=1,2,\cdots,r \tag{2-356}$$

(3) 估计合成:首先计算 k 时刻采用模型 $m_k^{(j)}$ 而 $k-1$ 时刻采用模型 $m_{k-1}^{(i)}$ 的概率:

$$\mu_{k-1|k}^{(i,j)}=P(m_{k-1}^{(i)}\,|\,m_k^{(j)},\boldsymbol{Z}^k)=\frac{1}{c_j}\boldsymbol{\Lambda}_k^{(i,j)}\pi_{ij}\mu_{k-1}^{(i)},\quad i,j=1,2,\cdots,r \tag{2-357}$$

式中

$$c_j = \sum_{i=1}^{r} \boldsymbol{\Lambda}_k^{(i,j)} \pi_{ij} \mu_{k-1}^{(i)}, \quad j = 1,2,\cdots,r \tag{2-358}$$

然后计算状态估计的合成以及相应的协方差阵

$$\hat{\boldsymbol{X}}_{k|k}^{(i)} = E(\boldsymbol{X}_k \mid m_k^{(i)}, \boldsymbol{Z}^k) = \sum_{j=1}^{r} \hat{\boldsymbol{X}}_{k|k}^{(j,i)} \mu_{k-1|k}^{(j,i)}, \quad i = 1,2,\cdots,r \tag{2-359}$$

$$\boldsymbol{P}_{k|k}^{(i)} = \sum_{j=1}^{r} [\boldsymbol{P}_{k|k}^{(j,i)} + (\hat{\boldsymbol{X}}_{k|k}^{(j,i)} - \hat{\boldsymbol{X}}_{k|k}^{(j)})(\hat{\boldsymbol{X}}_{k|k}^{(j,i)} - \hat{\boldsymbol{X}}_{k|k}^{(j)})^{\mathrm{T}}] \mu_{k-1|k}^{(j,i)}, \quad i = 1,2,\cdots,r \tag{2-360}$$

(4) 模型概率更新：

$$\mu_k^{(i)} = P(m_k^{(i)} \mid \boldsymbol{Z}^k) = \frac{c_i}{c}, \quad i=1,2,\cdots,r \tag{2-361}$$

式中，$c = \sum_{i=1}^{r} c_i$ 。

(5) 状态估计与协方差阵的融合输出

$$\hat{\boldsymbol{X}}_{k|k} = \sum_{i=1}^{r} \hat{\boldsymbol{X}}_{k|k}^{(i)} \mu_k^{(i)} \tag{2-362}$$

$$\boldsymbol{P}_{k|k} = \sum_{i=1}^{r} [\boldsymbol{P}_{k|k}^{(i)} + (\hat{\boldsymbol{X}}_{k|k}^{(i)} - \hat{\boldsymbol{X}}_{k|k})(\hat{\boldsymbol{X}}_{k|k}^{(i)} - \hat{\boldsymbol{X}}_{k|k})^{\mathrm{T}}] \mu_k^{(i)} \tag{2-363}$$

2.5.3　交互式多模型

交互式多模型(IMM)不仅是一种目标运动模型形式，而且是一种机动目标状态估计算法。IMM 综合多个单模型等组成一个模型的集合，成为模型集，利用

(1) 估计状态输入交互；

(2) 各模型平行滤波；

(3) 模型概率的更新；

(4) 状态加权综合。

四个步骤迭代运算，获得目标的状态估计。可见 IMM 中实际嵌入了滤波算法，因此 IMM 是一种利用多模型平行工作的估计算法。

IMM 算法是目前机动目标跟踪算法研究的主流，已被证明是目前最有效的跟踪算法之一。IMM 算法是由 Bar-Shalom 等(1989)在广义伪贝叶斯算法的基础上提出的，与其他滤波算法的主要区别是它的多个模型并行工作，通过马尔可夫链和新息实现模型概率更新，实行模型间的软切换，具有递归性、可调制性和固定的计算负荷三个优点，各模型估计的加权和为该算法最好的估计结果。该算法不需要机动检测，达到了全面自适应的能力。

交互式多模型方法在每次迭代初始时，将前一时刻各模型滤波器的输出进行混合，相比无交互输入的多模型方法，则具有更强的自适应修正模型概率的能力。

IMM 算法步骤如下：

（1）输入交互：

$$\hat{\boldsymbol{X}}^0_{k-1|k-1} = \sum_{j=1}^{r} \mu_{j|i}(k-1)\hat{\boldsymbol{X}}^j_{k-1|k-1} \tag{2-364}$$

$$\hat{\boldsymbol{P}}^0_{k-1|k-1} = \sum_{j=1}^{r} \mu_{j|i}(k-1)[\boldsymbol{P}^j_{k-1|k-1} + (\hat{\boldsymbol{X}}^j_{k-1|k-1} - \hat{\boldsymbol{X}}^{i0}_{k-1|k-1})(\hat{\boldsymbol{X}}^j_{k-1|k-1} - \hat{\boldsymbol{X}}^{i0}_{k-1|k-1})^{\mathrm{T}}] \tag{2-365}$$

式中，$\mu_{j|i} = \dfrac{1}{\overline{C}_j}\pi_{ij}\mu^i_{k-1}$，$\overline{C}_j = \sum\limits_{i=1}^{r}\pi_{ij}\mu^i_{k-1}$ 。通过给定权值 $\mu_{j|i}$，对各模型的状态与新输入值进行综合。

（2）条件滤波：即以 $\hat{\boldsymbol{X}}^0_{k-1|k-1}$、$\boldsymbol{P}^0_{k-1|k-1}$ 作为当前滤波迭代步骤的先验信息进行状态估计，分别得到最新的滤波值 $\hat{\boldsymbol{X}}^i_{k|k}$、$\boldsymbol{P}^i_{k|k}$，以及似然函数

$$\boldsymbol{\Lambda}^i_k = P\{\boldsymbol{Z}_k \mid m^i, \hat{\boldsymbol{X}}^i_{k-1|k-1}, \boldsymbol{P}^i_{k-1|k-1}\} \tag{2-366}$$

用以描述各模型滤波结果在数值计算上的统计特性。

（3）模型概率更新：

$$\mu^i_k = P\{m^i_k \mid \boldsymbol{Z}_k\} = \frac{1}{c}\boldsymbol{\Lambda}^i_k \sum_{j=1}^{r}\pi_{ji}\mu^j_{k-1} \tag{2-367}$$

式中，$c = \sum\limits_{j=1}^{r}\boldsymbol{\Lambda}^j_k\overline{C}_j$。根据当前测量，以及各模型滤波结果的统计信息，分析各模型滤波结果与测量的接近程度，以此为依据，调整各模型的权值。

（4）估计合成：

$$\hat{\boldsymbol{X}}_{k|k} = \sum_{i=1}^{r}\mu^i_k\hat{\boldsymbol{X}}^i_{k|k} \tag{2-368}$$

$$\boldsymbol{P}_{k|k} = \sum_{i=1}^{r}\mu^i_k[\boldsymbol{P}^i_{k|k} + (\hat{\boldsymbol{X}}_{k|k} - \hat{\boldsymbol{X}}^i_{k|k})(\hat{\boldsymbol{X}}_{k|k} - \hat{\boldsymbol{X}}^i_{k|k})^{\mathrm{T}}] \tag{2-369}$$

根据获得的新权值，对各模型滤波结果 $\hat{\boldsymbol{X}}^i_{k|k}$ 加权，得到最终滤波结果 $\hat{\boldsymbol{X}}_{k|k}$。

本章小结与学习要求

目标航迹处理是火力控制系统实现精确打击的重要环节，武器系统必须获取运动目标的状态，包括位置、速度、加速度等，方可开始武器射击诸元的解算。目标运动的不确定性和量测装置存在的量测误差的不确定性，都给目标航迹处理带来了巨大困难。

本章从运动目标跟踪的基本概念、目标的航迹模型及量测模型构建、目标状态滤波与预测方法、机动目标状态估计方法，以及目标状态估计方法的性能分析等六个方面，详细讲解了火力控制系统中，目标航迹数据处理过程的一般性方法。

通过本章的学习，需要掌握运动目标状态模型构建方法、量测模型构建方法，

能够熟练地生成目标航迹跟踪工程测试的测试数据。熟练掌握最小方差估计和卡尔曼滤波的基本原理、非线性估计算法的基本原理、交互式多模型估计方法的基本原理，能够针对实际运动目标跟踪问题，设计满足工程实用的目标状态估计算法。掌握目标状态估计算法的性能检测方法，能够客观地评价所设计的估计算法的工程实用性。

习题与思考题

1. 根据 2.2.2 节的随机动态模型，以及 2.3.1 节的直接量测模型和 2.3.2 节的间接量测模型，分别生成等速直线运动、变速运动、等速圆周运动航路的无量测误差的航迹数据以及含有量测误差的航迹数据，相关航路参数及模型噪声参数如表 2.1～表 2.4 所示。

表 2.1　初始状态参数

初始状态		目标初始位置/m			目标初始速度/(m/s)			数据采样间隔/s	航路持续时间/s
		$x(0)$	$y(0)$	$z(0)$	$V_x(0)$	$V_y(0)$	$V_z(0)$		
1	等速直线航迹	−4000	1000	1000	200	0	0	0.5	50
2	变速航迹	−4000	1000	1000	200	0	0	0.5	50
3	等速圆周航迹	−4000	1000	1000	200	0	0	0.5	50

表 2.2　模型噪声参数

噪声特性	过程噪声(加速度扰动) $w(t)$均方差/(m/s^2)	量测噪声 $v(t)$均方差		数据采样间隔/s
	q	距离通道/m	方位角、高低角通道/mil①	
	0.5	5	5	0.5

①3000mil=180°。

表 2.3　变速航路加速度参数

变速航迹加速度参数	加速度 1/(m/s^2)			加速度 1 起始节拍	加速度 1 持续节拍	加速度 2/(m/s^2)			加速度 2 起始节拍	加速度 2 持续节拍
	a_x	a_y	a_z			a_x	a_y	a_z		
	0	10	0	30	10	0	−10	0	40	10

表 2.4　等速圆周运动

等速圆周航迹参数	转弯角速率/(rad/s)	转弯起始节拍	转弯运动持续节拍
	4.39	30	41

要求生成的航迹数据格式如下：

列1	列2	列3	列4	列5	列6	列7	列8	列9	列10	列11	列12	列13	列14	列15	列16	列17	列18	列19
无误差 x	无误差 y	无误差 z	无误差 V_x	无误差 V_y	无误差 V_z	无误差距离 D	无误差方位角 B	无误差高低角 E	有误差 x	有误差 y	有误差 z	有误差 V_x	有误差 V_y	有误差 V_z	有误差距离 D	有误差方位角 B	有误差高低角 E	采样时间
m	m	m	m/s	m/s	m/s	m	mil	mil	m	m	m	m/s	m/s	m/s	m	mil	mil	s

2. 针对习题 1 生成的三条航路，以线性量测模型利用标准卡尔曼滤波设计滤波程序，获得对应目标的滤波数据，并统计位置通道、速度通道以及距离、角度通道的滤波误差。

3. 针对习题 1 生成的三条航路，以非线性量测模型利用扩展卡尔曼滤波设计滤波程序，获得对应目标的滤波数据，并统计位置通道、速度通道以及距离、角度通道的滤波误差。

4. 针对问题 1 生成的第 2 条航路，以 CV 模型和 CA 模型作为模型集，采用交互式多模型方法对航路数据进行滤波，并统计位置通道、速度通道以及距离、角度通道的滤波误差。

5. 针对问题 1 生成的第 3 条航路，以 CV 模型和 CT 模型(假设转弯角速率已知)作为模型集，采用交互式多模型方法对航路数据进行滤波，并统计位置通道、速度通道以及距离、角度通道的滤波误差。

6. 针对习题 1 生成的三条航路，对习题 2 中所设计的滤波程序，采用 2.6 节的 Monte Carlo 仿真方法以及 CRLB 方法，检验滤波程序的性能。

参考文献

薄煜明，郭治，钱龙军，等. 2012. 现代火控理论与应用基础. 北京：科学出版社.

郭治. 1996. 现代火控理论. 北京：国防工业出版社.

韩崇昭，朱洪艳，段战胜. 2022. 多源信息融合. 3 版. 北京：清华大学出版社.

Bar-Shalom Y, Chang K C, Blom H A P. 1989. Tracking a maneuvering target using input estimation versus the inter acting multiple model algorithm. IEEE Transactions on Aerospace and Electronic Systems, 25: 296-300.

Li X R, Jilkov V P. 2005. Survey of maneuvering target tracking. Part V: Multiple-model methods. IEEE Transactions on Aerospace and Electronic Systems, 41(4): 1255-1321.

第 3 章　命中分析

火控计算机中运作的程序主要完成三方面的任务：处理目标与弹头信息；计算命中公式系；形成控制指令。命中公式系的核心是命中方程。

本章从建立命中方程的需求出发，讨论弹道方程及其简化、射表函数及其逼近问题，进而讨论命中方程的建立与求解问题；为优化命中方程的需要，讨论命中方程解的存在性、孤立性、连续性、可导性、稳定性、解的分布区域（允许与禁止射击区域）、解的收敛性以及最佳投影轴系等问题。

为叙述方便，首先界定有关命中的常用术语。

3.1　命中概论

保证弹头（战斗部）与目标相遇，也就是说，保证弹头命中目标，这是武器火控系统与武器制导系统共同的、根本的任务。火控系统与制导系统的分工：前者的任务是，在弹头发射瞬间，赋予弹头一个确定的初速方向，对有时间引信的弹头，再同时赋予一个确定的弹头飞行时间，弹头将在该初速方向作用下，在被赋予的弹头飞行时间上，以尽可能小的脱靶量进抵目标；后者的任务是，在弹头发射后，不断地修正弹迹，以尽可能高的概率使弹头命中目标。实际上，火控系统是用控制炮管或发射架的姿态角来控制弹头初速方向、用控制引信装定设备在发射瞬间装定引信分划来控制弹头飞行时间的。一旦弹头被发射出去，火控系统将不再起作用，因此，对无控（非制导）弹头而言，火控系统是提高弹头对目标命中率的关键，这就是说，火控系统本身的软件与硬件都必须是很精密的。对同时装备着火控系统与制导系统的有控（制导）弹头而言，由于仅靠其火控系统也能保证弹头进抵目标，因而将明显地改善制导系统的工作条件，又由于有控弹头主要是依靠其制导系统来实现命中的，因而它的火控系统相对来说可以粗糙些，也就是说，其各个组成部分的误差可以大一些。为了进一步探讨火力控制领域里有关命中的概念，这里再界定几个名词术语。

1. 命中点与命中矢量

弹头与目标相遇点 T_g 称为命中点。显然，命中点既在弹道上，又在目标航迹上。以武器发射管或发射架回转中心 O' 为始端、以命中点 T_g 为终端的矢量称为命中矢量，记为 $\boldsymbol{D}_q=\overrightarrow{O'T_g}$，显然，$\boldsymbol{D}_q(t)$ 也是目标航迹。

相应于火炮的命中矢量又称炮目矢量。

2. 武器线

以武器发射管或发射架回转中心 O' 为始端，沿着武器身管中或滑轨上的弹头中轴线的射线称为武器线。由于发射过程中的强烈冲击与振荡，在弹头脱离身管或滑轨前后的一个极为短暂的时间间隔内，武器线会有一个微小的跳动，弹头离管或离轨前后两个瞬时的武器线方向通常不会相等。记弹头离管或离轨瞬时前武器线的方位角为 β_g、高低角为 φ_g，弹头离管或离轨瞬时后武器线的方位角为 β_φ、高低角为 φ，并分别称为武器方位角 β_g、武器高低角 φ_g、射向 β_φ、射角 φ，则有

$$\Delta\varphi_g=\varphi-\varphi_g \tag{3-1}$$

$\Delta\varphi_g$ 称为定起角，又称跳角。其值决定于武器及弹药类型，可在相应的射表中查到。此外还有

$$\Delta\beta_g=\beta_\varphi-\beta_g\approx 0 \tag{3-2}$$

其值很小，通常可以忽略。

射向与射角决定了弹头的初速方向。

3. 虚拟射点与射击矢量

如果在武器方位角与高低角处于 β_g 与 φ_g 时发射弹头，在经历了飞行时间 t_f 后，弹头又恰好命中目标，则此时的武器线称射击线，而相应的 (β_g,φ_g,t_f) 称为武器的射击诸元。如果弹头上没有设置时间引信，则射击诸元专指两元数 (β_g,φ_g)。很明显，射击诸元指的是发射前能使弹头命中目标的武器线姿态角，如果有时间引信，还应添加弹头飞行时间，或与其等价的引信装定分划，而不是表述弹头初速方向的射向与射角。

当武器线处于可使弹头命中目标的位置 (β_g,φ_g) 时，在武器线上肯定存在一点 A，通过该点到地平面的铅垂线距命中点 T_g 的距离最短，该点称为虚拟射点。以武器回转中心 O' 为始端，以虚拟射点 A 为终端的矢量称为射击矢量，记为 $\boldsymbol{L}=\overrightarrow{O'A}$，如图 3.1 所示。

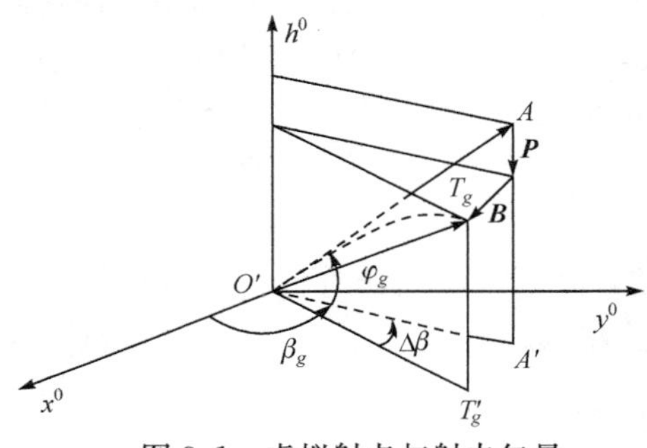

图 3.1　虚拟射点与射击矢量

将以虚拟射点 A 为始端、以命中点 T_g 为终端的矢量 $\overrightarrow{AT_g}$ 分解为一个铅垂矢量 $\boldsymbol{P}$ 与一个水平矢量 $\boldsymbol{B}$，即使

$$\overrightarrow{AT_g}=\boldsymbol{P}+\boldsymbol{B} \tag{3-3}$$

其中，铅垂矢量 $\boldsymbol{P}$ 称为弹道下降量，其始端为虚拟射点 A，长度等于 A 到地平面的距离与 T_g 到地平面的距离之差，重力是造成弹道下降的主要因素；而水平矢量 $\boldsymbol{B}$ 称为弹道横偏量，其始端为弹道下降量的

终端，而其终端为命中点 T_g，被忽略的横风与旋转弹的陀螺效应（偏流）是造成弹道横偏的主要因素。弹道学的理论揭示，在弹道与气象条件完全已知的条件下，$\boldsymbol{L}$、$\boldsymbol{P}$ 与 $\boldsymbol{B}$ 可由$(\beta_g, \varphi_g, t_f)$完全决定，也可由炮目矢量 $\boldsymbol{D}_q$ 完全决定。也就是说，如果给定了目标坐标 $\boldsymbol{D}_q$，即可根据弹道学理论决定射击矢量 $\boldsymbol{L}$，从而得到射击诸元。很显然，射击矢量 $\boldsymbol{L}$ 的方向应是武器线的理想方向。

4. 命中三角形与提前三角形

假定瞄准装置回转中心 O 与武器回转中心 O' 同处于一点，当目标处于运动状态时，瞄准矢量的终端 T、命中矢量的终端 T_g 与它们的始端 O' 将构成一个三角形，这个三角形称为命中三角形，如图 3.2 所示。

以瞄准矢端 T 为始端，以命中矢端 T_g 为终端的矢量称为提前矢量，记为 $\boldsymbol{S}_q(t)=\overrightarrow{TT_g}$，显然

$$\boldsymbol{S}_q(t)=\boldsymbol{D}_q(t)-\boldsymbol{D}(t)=\boldsymbol{D}(t+t_f)-\boldsymbol{D}(t) \tag{3-4}$$

在武器、目标航迹、气象条件完全确定的条件下，$\boldsymbol{D}_q$ 与 $\boldsymbol{D}$ 两者，只要知其一，就可知其二，所以，命中三角形乃是一个约束条件，它对瞄准矢量与命中矢量间的相对位置给出了一个定量的约束。

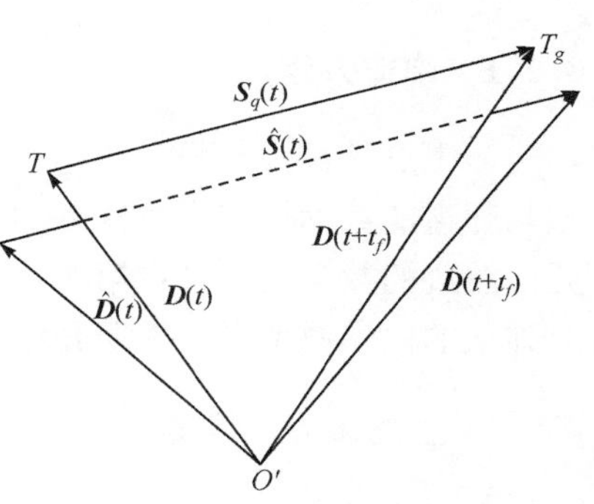

图 3.2 命中三角形与提前三角形

已知 $\boldsymbol{D}_q$ 求 $\boldsymbol{D}$ 称为命中三角形的逆解法，这是一种验后解法。其方法较为简单，即在武器有效射程之内的航迹上指定一点 $\boldsymbol{D}_q(t)=\boldsymbol{D}(t+t_f)$，再根据弹道学公式，计算出弹头飞抵 $\boldsymbol{D}_q$ 所需的飞行时间 t_f，以该指定点为起点，逆航路上行 t_f 时间后，就可找到射击瞬时 t 目标在航迹上的位置 $\boldsymbol{D}(t)$，此即为所求。一个命中三角形被完全确定。对一条具体的航迹而言，存在着一个时变的命中三角形序列。

已知 $\boldsymbol{D}$ 求 $\boldsymbol{D}_q$ 称为命中三角形的顺解法，这是一种验前解法。具体言之，先根据 $\boldsymbol{D}(t)$ 在$[t-T_{\mathrm{M}}, t]$区间上的实测值 $\boldsymbol{Y}(t)$ 估计出 $\boldsymbol{D}(t)$ 的滤波值 $\hat{\boldsymbol{D}}(t)$ 与预测值 $\hat{\boldsymbol{D}}(t+t_f)$，将 $\hat{\boldsymbol{D}}(t)$ 看做实际航路的估计值，以逆解法为工具，用试探法终归可以在估计的航路上找到 $\hat{\boldsymbol{D}}(t)$ 所相应的命中点 $\hat{\boldsymbol{D}}(t+t_f)$，记

$$\hat{\boldsymbol{S}}_q(t)=\hat{\boldsymbol{D}}(t+t_f)-\hat{\boldsymbol{D}}(t) \tag{3-5}$$

称为提前矢量 $\boldsymbol{S}_q(t)$ 的估计值，而

$$\hat{\boldsymbol{D}}(t+t_f)=\hat{\boldsymbol{D}}_q(t) \tag{3-6}$$

称为命中点的估计值。

以 $\hat{\boldsymbol{D}}(t)$、$\hat{\boldsymbol{S}}_q(t)$、$\hat{\boldsymbol{D}}(t+t_f)$ 为边构成的三角形称为提前三角形。显然，命中三角形是提前三角形的理想三角形。

很明显，逆解法只能用于战后对武器系统精度的评估，而不能用于对武器的实时控制。火控计算机要想完成射击诸元的计算，从而实现对武器的实时控制，只能用顺解法计算命中点的估计值，也就是说，在火力控制公式系中解算的是提前三角形，而不是命中三角形。逆解法与顺解法将在后续章节详细介绍。

火控系统的解算精度在满足技术指标的条件下，命中三角形与提前三角形间的差异是可以忽略的，也就是说，式(3-4)与式(3-5)可以合二为一。然而，在探讨火控系统精度及同精度有关的命中率与毁伤率时，两种三角形的概念必须明确分开，因为两者的差异恰好体现了火控系统误差的主要部分。

3.2 弹道方程与射表

3.2.1 弹道方程

命中点是目标与弹头的相遇点，它既在航迹上又在弹道上。将航迹的数学模型与弹道的数学模型联立求解，应能求得命中点坐标，进而换算出武器的射击诸元。航迹的数学模型已在第 2 章详细阐述，这里，将仅以理解火控公式系为目的，对弹道的数学模型做一扼要介绍。

1. 空气阻力加速度

根据弹道理论分析与实验验证，空气阻力(矢量)可表示为

$$\boldsymbol{R}=-\frac{\rho v_r^2}{2}c_x(Ma)\cdot S\cdot\frac{\boldsymbol{V}_r}{v_r} \tag{3-7}$$

式中，ρ 为大气密度；S 为弹头横截面积；$\boldsymbol{V}_r$ 为弹头相对大气的相对速度，其量值为 v_r，即

$$\|\boldsymbol{V}_r\|=v_r \tag{3-8}$$

显然，大气对弹头的阻力 $\boldsymbol{R}$ 与弹头相对于大气的速度 $\boldsymbol{V}_r$ 反向。又

$$c_x(Ma)=c_x\left(\frac{v_r}{v_c}\right) \tag{3-9}$$

称为阻力系数，其中 v_c 为弹头所在位置近旁的声速，又称当地声速，Ma 称为马赫(Mach)数，即弹头速度与当地声速之比。

以 τ 表示弹头所在位置近旁的绝对气温，τ_0 为海拔高为零处的绝对气温，从声学理论知，由于大气为一弹性体，气温越高，声速传播越快，且有

$$\frac{v_c}{v_{c0}}=\sqrt{\frac{\tau}{\tau_0}} \tag{3-10}$$

式中，v_{c0} 为气温等于 τ_0 时，声音在大气中的传播速度。考虑到

$$Ma=\frac{v_r}{v_c}=\frac{v_r}{v_{c0}}\cdot\frac{v_{c0}}{v_c}=\frac{v_r}{v_{c0}}\sqrt{\frac{\tau_0}{\tau}} \tag{3-11}$$

定义

$$v_{r\tau}=v_r\sqrt{\frac{\tau_0}{\tau}} \tag{3-12}$$

为弹头的虚拟速度，则有

$$c_x(Ma)=c_x\left(\frac{v_{r\tau}}{v_{c0}}\right) \tag{3-13}$$

当将风洞内的温度调整到 τ_0，并计算出相应的速度 v_{c0} 后，即可进行吹风试验，从而求得被测弹头的阻力系数曲线 $c_x(Ma)$。对现代武器的弹头而言，其形状大都很相似。从这些相似的弹头中选择一个标准弹形，记其阻力系数为

$$c_{\bar{x}}(Ma)=c_{\bar{x}}\left(\frac{v_{r\tau}}{v_{c0}}\right) \tag{3-14}$$

又称为空气阻力定律，各种实用的空气阻力定律均可在有关弹道手册上查到。而对非标准弹形，只需测量少数几个马赫数下的阻力系数，再用最小二乘法，即可很快地求得其阻力系数

$$c_x(Ma)=ic_{\bar{x}}(Ma)=ic_{\bar{x}}\left(\frac{v_{r\tau}}{v_{c0}}\right) \tag{3-15}$$

式中，i 称为弹形系数，除非外形奇特的弹头，用弹形系数与标准空气阻力定律相乘求其阻力系数是完全可以接受的。

记弹径（直径）为 d，则

$$S=\frac{\pi}{4}d^2 \tag{3-16}$$

将式(3-15)、式(3-16)代入式(3-7)，并记弹重为 G_b，则有空气阻力加速度为

$$\boldsymbol{J}=-\frac{g\boldsymbol{R}}{G_b}=-\left(\frac{id^2}{G_b}\times10^3\right)\left(\frac{\rho}{\rho_0}\sqrt{\frac{\tau}{\tau_0}}\right)\left[\frac{\pi}{8}g\rho_0v_{r\tau}c_{\bar{x}}\left(\frac{v_{r\tau}}{v_{c0}}\right)\times10^{-3}\right]\boldsymbol{V}_r \tag{3-17}$$

式中，$g=9.8\text{m/s}^2$ 为重力加速度。而定义

$$C=\frac{id^2}{G_b}\times10^3 \tag{3-18}$$

为弹道系数，是一个仅与弹头本身特性有关的量，其中 d 以毫米为单位，G 以千克重为单位。又定义

$$H_\tau(h_q)=\frac{\rho}{\rho_0}\sqrt{\frac{\tau}{\tau_0}}=\frac{P\tau_0}{P_0\tau}\sqrt{\frac{\tau}{\tau_0}}=\frac{P}{P_0}\sqrt{\frac{\tau_0}{\tau}}=\frac{P}{P_{0N}}\sqrt{\frac{\tau_0}{\tau}}\frac{P_{0N}}{P_0}$$

$$=(1-2.1905\times10^{-5}h_q)^{5.4}\sqrt{\frac{\tau_0}{\tau}}\frac{P_{0N}}{P_0} \tag{3-19}$$

为虚拟气压函数，其中 P 是海拔高度为 h_q 处的气压，$P_{0N}=1000\text{hPa}$ 是海拔为零处的标准气压。它最后一个等号右部前面的系数为经验公式，当 h_q 以米为单位，且 $h_q\leqslant 9300\text{m}$ 时成立。此外，绝对气温 τ 随高度 h_q 的变化有经验公式：

$$\tau=\begin{cases}\tau_0-6.328\times10^{-3}h_q, & h_q\leqslant 9300\text{m}\\ 236-6.328\times10^{-3}(h_q-9300) & \\ \quad+1.172\times10^{-6}(h_q-9300)^2, & 9300\text{m}<h_q\leqslant 12000\text{m}\\ 221.5, & h_q>12000\text{m}\end{cases}\tag{3-20}$$

这里的 h_q 依然以米为单位。最后，定义

$$G(v_{r\tau})=\frac{\pi}{8}g\rho_0 v_{r\tau}c_{\bar{x}}\left(\frac{v_{r\tau}}{v_{c0}}\right)\times10^{-3}=4.737\times10^{-4}v_{r\tau}c_{\bar{x}}\left(\frac{v_{r\tau}}{v_{c0}}\right)\tag{3-21}$$

为虚拟阻力函数，则有空气阻力加速度为

$$\boldsymbol{J}=-CH_{\tau}(h_q)G(v_{r\tau})\boldsymbol{V}_r\tag{3-22}$$

当 v_{c0} 取地面标准声速时，式(3-21)有经验公式：

$$G(v_{r\tau})=\begin{cases}7.45\times10^{-5}v_{r\tau}, & 0<v_{r\tau}<250\text{m/s}\\ 6.2961\times10^{2}v_{r\tau}^{-1}-6.0255+1.8765\times10^{-2}v_{r\tau} & \\ \quad-1.8613\times10^{-5}v_{r\tau}^2, & 250\text{m/s}\leqslant v_{r\tau}<400\text{m/s}\\ -26.63v_{r\tau}^{-1}+0.1548-6.325\times10^{-5}v_{r\tau} & \\ \quad+6.394\times10^{-3}v_{r\tau}^2, & 400\text{m/s}\leqslant v_{r\tau}<1400\text{m/s}\\ 1.2315\times10^{-4}v_{r\tau}, & v_{r\tau}\geqslant 1400\text{m/s}\end{cases}\tag{3-23}$$

令弹头在地理坐标系内的绝对速度为 $\boldsymbol{V}$，风速为 $\boldsymbol{W}$，显然有

$$\boldsymbol{V}_r=\boldsymbol{V}-\boldsymbol{W}\tag{3-24}$$

将上式代入式(3-22)，得

$$\boldsymbol{J}=-CH_{\tau}(h_q)G(v_{r\tau})(\boldsymbol{V}-\boldsymbol{W})\tag{3-25}$$

此为空气阻力加速度的最后表达式。

2. 弹道方程

在大地上设置固定的坐标系 $O'\text{-}d_q^0z_q^0h_q^0$：它的坐标原点 O' 位于弹头离开身管或发射架瞬时弹头的质心；通过弹头初速 $\boldsymbol{V}(t_0)$ 且与大地垂直的平面称为射面，射面与过 O' 点的地平面的交线构成了它的第一个坐标轴 d_q^0，与 $\boldsymbol{V}(t_0)$ 夹角小于 90°所对应的 d_q^0 的方向为 d_q^0 的正方向；过 O' 点垂直于地平面、方向向上的射线构成了它的第三个坐标轴 h_q^0；根据右手法则，按 $d_q^0\times z_q^0=h_q^0$ 的关系，规定第二个坐标轴 z_q^0，如图 3.3 所示。

记 t 瞬时弹头在 $O'\text{-}d_q^0z_q^0h_q^0$ 坐标系中的位置 $\boldsymbol{D}_b(t)$ 与速度 $\boldsymbol{V}(t)$ 分别为

$$\begin{cases}\boldsymbol{D}_b(t)=(d_q(t),z_q(t),h_q(t))^{\mathrm{T}}\\ \boldsymbol{V}(t)=(\dot{d}_q(t),\dot{z}_q(t),\dot{h}_q(t))^{\mathrm{T}}=(v_d(t),v_z(t),v_h(t))^{\mathrm{T}}\end{cases}\tag{3-26}$$

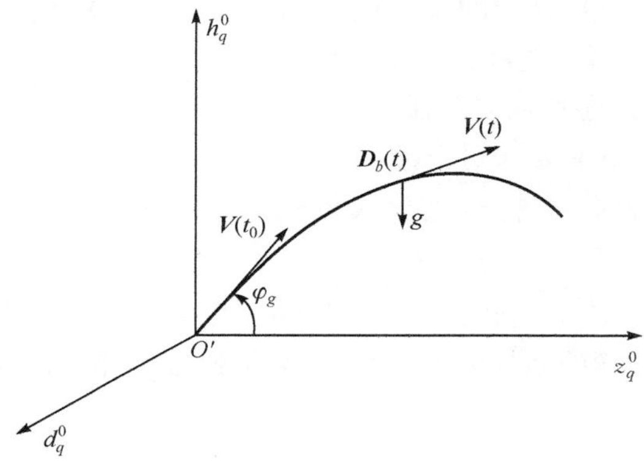

图 3.3 坐标系 $O'\text{-}d_q^0z_q^0h_q^0$

又设风速 $\boldsymbol{W}$ 在上述坐标系中的表示为

$$\boldsymbol{W}(t)=(w_d,w_z,w_h)^{\mathrm{T}} \tag{3-27}$$

式中，w_d 称为纵风，是风速沿着 d_q^0 方向的分量；w_z 称为横风，是风速沿着 z_q^0 方向的分量；w_h 称为垂直风，是风速沿着 h_q^0 方向的分量。

将弹头的全部质量集中于其质心，将它当做一个质点来研究时，其状态 $\boldsymbol{X}_b(t)$ 应是六维的，即

$$\boldsymbol{X}_b(t)=(d_q(t),z_q(t),h_q(t),v_d(t),v_z(t),v_h(t))^{\mathrm{T}}=(\boldsymbol{D}_b^{\mathrm{T}}(t),\boldsymbol{V}^{\mathrm{T}}(t))^{\mathrm{T}} \tag{3-28}$$

考虑到，在整个弹道上，作用在弹头上的力仅有空气阻力 $\boldsymbol{R}$ 与重力 $\boldsymbol{G}$，因而弹头上也仅存在着两个加速度，即空气阻力加速度 $\boldsymbol{J}$ 与重力加速度 g。将上述两个加速度分别向坐标系 $O'\text{-}d_q^0z_q^0h_q^0$ 的三个轴上投影，可得弹头的状态方程，亦即弹道方程

$$\begin{cases}\dot{d}_q(t)=v_d(t)\\ \dot{z}_q(t)=v_z(t)\\ \dot{h}_q(t)=v_h(t)\\ \dot{v}_d(t)=-CH_\tau(h_q)G(v_{r\tau})[v_d(t)-w_d]\\ \dot{v}_z(t)=-CH_\tau(h_q)G(v_{r\tau})[v_z(t)-w_z]-a_z(t)\\ \dot{v}_h(t)=-CH_\tau(h_q)G(v_{r\tau})[v_h(t)-w_h]\end{cases} \tag{3-29}$$

式中

$$a_z(t)=k_zbv_d(t)v^{-2}(t) \tag{3-30}$$

称为偏流加速度，表示了旋转弹的陀螺效应，仅在高速旋转弹头的弹头方程中才存在这一项，其中 k_z 称偏流修正系数，由武器及其弹头的种类决定，为一常数，而

$$b=\frac{2\pi I_xh_xgv_0^2}{d^2lG_b\eta} \tag{3-31}$$

式中，I_x 为弹头相对于其纵轴的转动惯量；h_x 为弹头长度；v_0 为弹头初速；l 为身管膛线导程；η 为身管膛线缠度。$k_z b$ 合称偏流系数。

对式(3-29)而言，还存在着关联方程

$$\begin{cases} v^2 = v_d^2 + v_z^2 + v_h^2 \\ v_r^2 = (v_d - w_d)^2 + (v_z - w_z)^2 + (v_h - w_h)^2 \\ v_{r\tau} = v_r \sqrt{\dfrac{\tau_0}{\tau}} \end{cases} \tag{3-32}$$

求解弹道方程需要已知的条件分为两类，一类是弹道条件，另一类是气象条件。

弹道条件包括：

(1) 弹道初始条件：

$$\begin{cases} d_q(t_0) = 0 \\ z_q(t_0) = 0 \\ h_q(t_0) = 0 \\ v_d(t_0) = v_0 \cos\varphi(t_0) \\ v_z(t_0) = 0 \\ v_h(t_0) = v_0 \sin\varphi(t_0) \end{cases} \tag{3-33}$$

式中，v_0 为弹丸初速；φ 为射角；t_0 为弹头离膛或离轨瞬时。

(2) 弹道系数 C。

(3) 偏流系数 $k_z b$。

气象条件包括：海拔零处的绝对气温 τ_0、气压 P_0；纵风 $w_d(h_q)$、横风 $w_z(h_q)$、垂直风 $w_h(h_q)$。在已知气象条件后，任意弹道高 h_q 下的 τ 由式(3-20)给出，$H_\tau(h_q)$ 由式(3-19)给出，v、v_r、$v_{r\tau}$ 则由式(3-32)计算。再将给定的 C、$k_z b$ 及由式(3-23)给出的 $G(v_{r\tau})$ 代入式(3-29)，利用式(3-33)给定的初始条件，就可由任何一种微分方程的数值解法，得到任意 $t > t_0$ 瞬时弹头的状态 $\boldsymbol{X}_b(t) = (\boldsymbol{D}_b(t), \boldsymbol{V}^{\mathrm{T}}(t))^{\mathrm{T}}$。

由式(3-18)知，弹道系数 C 是一个仅与弹头外形、重量有关的常数。实际上，它还同弹速和弹轴间夹角(攻角)有关，而攻角的平均值又主要取决于射角，所以，为了能够计算出更为符合实际的弹道，还必须根据不同的射角对弹道系数加以修正。也就是说，弹道系数 C 还应是射角 φ 的函数，其具体的函数关系则是在国家级试验场中用射击试验决定的。其具体做法是：将武器置于某一特定射角 φ 之下，用指定的弹药进行 m 次独立发射(射击)，以高精度的测试系统在常用弹道段上录取 n 个弹道点 $\boldsymbol{D}_i^*(t_j)$ $(i=1,2,\cdots,m; j=1,2,\cdots,n)$，同时，用 $\boldsymbol{D}_b(C,\varphi,t_j)$ 表示由式(3-29)给出的计算弹道，若 C 使

$$\sum_{i=1}^{m} \sum_{j=1}^{n} \| \boldsymbol{D}_i^*(t_j) - \boldsymbol{D}_b(C,\varphi,t_j) \| = \min \tag{3-34}$$

则此 C 即为该种武器与弹药在射角 φ 下的弹道系数，在不同射角下，重复上述射

击试验，即可求得实用的弹道系数 $C(\varphi)$。

若将弹头看做是具有一定外形的刚体，而不是一个质点，相应的状态方程中还应引入更多的状态分量：对火箭弹，在弹道方程中还应加入推力项；对有翼弹，还得考虑升力；种种复杂条件下的弹道方程均可在有关弹道学的专著中找到。由于微分方程的初值问题已经得到了圆满的解决，所以在已知弹头初速 v_0、射向 β_φ、射角 φ 的条件下，全弹道上的任何状态均可由递推法求解完成。然而，火控中的弹道方程求解问题不属初值问题，而是两点边值问题，即已知弹头初速 v_0、命中点 T_g 的坐标 D_q 的条件下，如何求得其余状态，特别是射向 β_φ 与射角 φ 的问题。由于微分方程的两点边值问题直到今天也没有找到一个可以一次成功的解法，包括递推法，所以只有使用试探法，又称试射法，即经多次试探，找出一个非常靠近命中点的弹道所相应的射角 φ 与射向 β_φ。

就停止间对静止目标射击的武器而言，由于其实时性要求不高，火控计算机在求解弹道方程的两点边值问题时，完全可以使用试探法。当实时性要求很高时，如对空中快速目标射击时，若试探法的时间开销太大，就只剩两条技术路线可供选择：或者简化弹道方程，得到两点边值问题的近似显式解；或者事先离线求得弹道方程初值问题解，列成射表，以查表法求得两点边值问题的解。

3. 弹道方程简化

只有简化弹道方程，才有可能从中找到其解析解。对弹道方程约束得越多，找到解析解的可能性也就越大。现以具有极高初速且弹道直伸的平射火炮的弹道方程为例，来说明简化的方法。发射高速穿甲弹的反坦克炮、坦克炮以及航炮的弹道都属于此种类型。

设火炮与目标处于同一高度上，略去横风、垂直风与偏流，则弹道将在射面上，如图 3.4 所示。

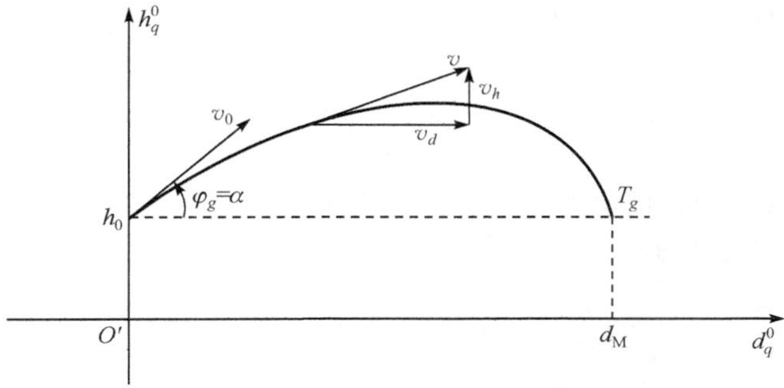

图 3.4 目标与炮位等高时射面上的弹道

考虑到弹道平伸，弹头高速（$v \geqslant 1400\text{m/s}$），则有下述近似表达式：

$$\begin{cases} v_d \approx v \\ v_h \approx v\sin\varphi_g \approx v\varphi_g \\ v_d^2 + v_h^2 \approx v_d^2 \\ H_\tau(h_q) \approx \text{const} \\ G(v_{r\tau}) \approx K'(v - w_d) \approx K'(v_d - w_d) \end{cases} \tag{3-35}$$

代入式(3-29)，则有简化的弹道方程

$$\begin{cases} \dot{v}_d(t) = -K[v_d(t) - w_d]^2 \\ \dot{v}_h(t) = -K[v_d(t) - w_d]v_h(t) - g \end{cases} \tag{3-36}$$

而相应的初始条件

$$\begin{cases} d_q(0) = 0 \\ h_q(0) = h_0 \\ v_d(0) = v_0 + v_G \\ v_h(0) = v_0\varphi_g \end{cases} \tag{3-37}$$

式中，v_G 为武器载体（坦克、飞机等）沿 d_q^0 轴的速度。解式(3-36)所示的简化弹道方程，得

$$\begin{cases} d_q(t) = K^{-1}\ln(Kv_c t + 1) w_d t \\ h_q(t) = -\dfrac{1}{4}gt(t + 2K^{-1}v_c^{-1} + \varphi_g v_0)\ln(Kv_c t + 1) + h_0 \end{cases} \tag{3-38}$$

式中

$$v_c = v_0 + v_G - w_d \tag{3-39}$$

若目标与火炮同海拔高，当 $t = t_f$ 时，弹头应命中目标，此时，应有

$$h_q(t_f) = h_0 \tag{3-40}$$

而相应的炮目距离，就本例而言，也是射程 d_{M}，应有

$$d_{\text{M}} = d_q(t_f) = K^{-1}(\ln Kv_c t_f + 1) + w_d t_f \approx K^{-1}(\ln Kv_c t_f + 1) \tag{3-41}$$

从而得弹头飞行时间

$$t_f = \frac{1}{Kv_c}(\mathrm{e}^{Kd_{\text{M}}} - 1) = \frac{1}{K(v_0 + v_d - w_d)}(\mathrm{e}^{Kd_{\text{M}}} - 1) \tag{3-42}$$

将式(3-40)及式(3-41)给出的近似表达式代入式(3-38)，再用式(3-42)消去其中的 t_f，则可得到武器的射角，本例又恰好是高角

$$\begin{aligned} \varphi_g = \alpha &= \frac{g}{4d_{\text{M}}K^2 v_c v_0}(\mathrm{e}^{2Kd_{\text{M}}} - 1) - \frac{g}{2Kv_c v_0} \\ &= \frac{g}{2K(v_0 + v_G - w_d)v_0}\left[\frac{1}{2Kd_{\text{M}}}(\mathrm{e}^{2Kd_{\text{M}}} - 1) - 1\right] \end{aligned} \tag{3-43}$$

上两式给出的弹头飞行时间 t_f 与高角 α 即为平伸弹道、高速弹头的弹道方程的

一种近似解析解。就本例而言,如果目标与炮位间存在一个高度差 Δh_0,如图 3.5 所示,图中的 d_0 为目标与炮位间的水平距离,则令

$$d_{\mathrm{M}}=\sqrt{d_0^2+(\Delta h_0)^2} \tag{3-44}$$

可得在此条件下的武器线高低角

$$\varphi_g=\alpha+\arctan\frac{\Delta h_0}{d_0}=\alpha+\varepsilon_q \tag{3-45}$$

式中,α 由式(3-43)计算,而该式内的 d_{M} 由式(3-44)给出。

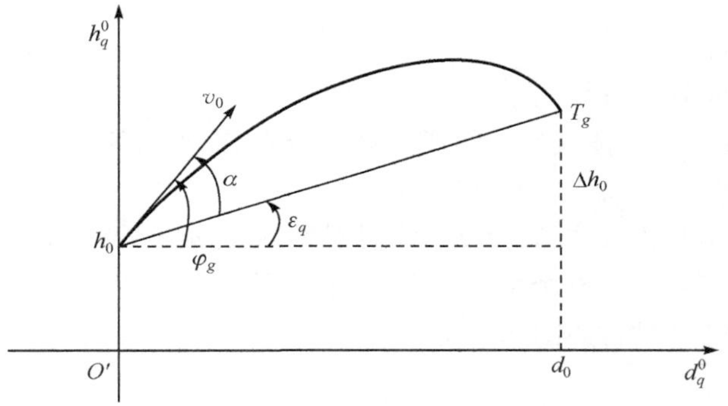

图 3.5　目标与炮位间存在高度差 Δh_0 时对应射面上的弹道

上式成立的依据是弹道刚化原理。该原理是说,当武器姿态角变化很小时,弹道可以近似成一个刚体,在旋转变换下不改变形状。此原理使弹道的修正变得很方便。就上例而言,就是利用这个原理将弹道落点抬高了 Δh_0,只要 Δh_0 不大,刚化误差即可忽略。

3.2.2　射表

将弹道方程的数字解按便于查找射击诸元的格式排列成的数表称为射表。每一种武器及其配属的每一种弹药均有其各自专用的射表。由于武器性能与使用方法不同,查找射击诸元的传统习惯也各异,因而,射表的格式也不存在统一的规范。但是,为了射表的简洁、便查,通常都把射表分成两部分:基本射表与修正量射表。

基本射表给出了在标准条件下,命中点与基本诸元的关系,是射表的基本部分。基本诸元是在标准条件下计算得到的射击诸元,包括抬高角、偏流角、飞行时间、弹头存速、弹头存角等。修正量射表中的修正诸元包括弹丸质量偏差、初速偏差、气温偏差、气压偏差、风速等规定偏差量对射击诸元的修正量。

1. 基本射表

在标准弹道与气象条件下的射表称为基本射表,标准弹道与气象条件,根据我

国的国家标准,它们是:

1）弹道条件

(1) 武器方位回转轴垂直大地,高低回转轴平行大地;

(2) 弹头初速为射表规定值;

(3) 装药温度 15℃;

(4) 弹重为射表规定值;

(5) 武器、弹药业经检验,符合图纸要求;

(6) 偏流为零。

2）气象条件

(1) 无风,即 $\boldsymbol{W}=0$;

(2) 气温在高度上按式(3-20)所示规律分布,而海拔零处的气温 $\tau_{0N}=288\text{K}$,即摄氏温度 15℃;

(3) 气压在高度上按式(3-19)所示规律分布,而海拔零处的气压 $P_{0N}=1000\text{hPa}$。

在上述标准条件下,整个弹道将全部处于射面之中,所谓射面即过弹头初速矢量 $\boldsymbol{V}(t_0)=\boldsymbol{V}_0$ 的铅垂面,如图 3.6 所示。

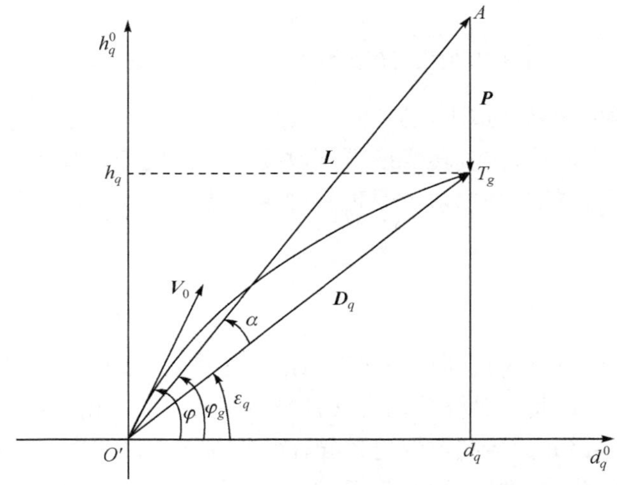

图 3.6　标准条件下的射面与弹道

根据需要,基本射表可以表示为

$$\begin{cases}\varphi_g=\varphi_g(d_q,h_q)\\ t_f=t_f(d_q,h_q)\end{cases}\tag{3-46}$$

或

$$\begin{cases}\alpha=\alpha(d_q,h_q)\\ t_f=t_f(d_q,h_q)\end{cases}\tag{3-47}$$

式中

$$\alpha=\varphi_g-\varepsilon_q \tag{3-48}$$

称为高角，乃是武器线高低角 φ_g 与命中线（炮目线）高低角 ε_q 之差。

根据需要，基本射表还可以表示为

$$\begin{cases}L=L(\varphi_g,t_f)\\P=P(\varphi_g,t_f)\end{cases} \tag{3-49}$$

式中

$$\begin{cases}L=\|\boldsymbol{L}\|\\P=\|\boldsymbol{P}\|\end{cases} \tag{3-50}$$

分别是射击矢量 $\boldsymbol{L}$ 与弹道下降矢量 $\boldsymbol{P}$ 的长度。当然，还可表示为其他形式，这完全视需要而定。任给一系列

$$\begin{cases}\varphi_g(i)=\varphi(i)-\Delta\varphi_g\\t_f(j)>t_0\end{cases} \tag{3-51}$$

其中，$\Delta\varphi_g$ 为式(3-1)定义的定起角，为已知量。当武器恰好停于海拔零位置，且弹道与气象条件又均为标准条件时，用任何一种微分方程初值问题解法，如四阶龙格-库塔(Runge-Kutta)法，将会很方便地求得

$$\begin{cases}d_q=d_q(\varphi_g(i),t_f(j))\\h_q=h_q(\varphi_g(i),t_f(j))\end{cases} \tag{3-52}$$

及

$$\alpha=\varphi_g(i)-\arctan\frac{h_q}{d_q} \tag{3-53}$$

与

$$\begin{cases}L=d_q\operatorname{arccos}\varphi_g(i)=L(\varphi_g,t_f)\\P=L\sin\varphi_g(i)-h_q=P(\varphi_g,t_f)\end{cases} \tag{3-54}$$

显然，式(3-52)所示函数的反函数即式(3-46)要求的基本射表，而式(3-54)即式(3-49)规定的基本射表。当然，作为正式射表，其自变量还必须用二元插值法予以归整。按武器位于海拔零位置上制定的基本射表只能适用于近海平原与海面舰船上的武器。对于高原与高空中的射击与投掷武器，则应制定不同海拔下的射表，每一种射表仅能在一个确定的海拔区间内使用。

2. 修正量射表

当弹道与气象条件偏离标准值时，也就是说

$$\begin{cases}\Delta v_0 = v_0^* - v_0 \\ \Delta\tau = \tau_0 - \tau_{0N} \\ \Delta P = P_0 - P_{0N} \\ \Delta G_b = G_b^* - G_b \\ w_d = w_d(h_q) \\ w_z = w_z(h_q) \\ w_h = w_h(h_q) \\ a_z = k_z b v_d v^{-2}\end{cases} \tag{3-55}$$

不全为零时，必须用修正量射表对用基本射表求得的射击诸元进行修正。上式中：v_0^*、G_b^* 为弹头真实初速与弹重；τ_0、P_0 为海拔零处实际气温与气压；$\boldsymbol{W}(h)=(w_d(h_q), w_z(h_q), w_h(h_q))^{\mathrm{T}}$ 为沿高度分布的风速；a_z 为由式(3-30)给出的偏流加速度。利用式(3-29)给出的弹道方程，比照基本射表的制定方法，可以很方便地求得非标准弹道和气象条件下的武器线高低角 φ_g^*、弹头飞行时间 t_f^*、高角 α^*、武器线方位角 β_g^* 对标准弹道和气象条件下方位角 β_g 的偏离量 $\Delta\beta$，即

$$\begin{cases}\varphi_g^* = \varphi_g^*(d_g, h_q, \Delta v_0, \Delta\tau, \Delta P, \Delta G, w_d, w_h) \\ t_f^* = t_f^*(d_g, h_q, \Delta v_0, \Delta\tau, \Delta P, \Delta G, w_d, w_h) \\ \alpha^* = \alpha^*(d_g, h_q, \Delta v_0, \Delta\tau, \Delta P, \Delta G, w_d, w_h) \\ \Delta\beta = \beta_g^* - \beta_g = \Delta\beta(d_g, h_q, w_z, a_z)\end{cases} \tag{3-56}$$

式中的 $\Delta\beta$ 与 z_q(弹头对射面的偏离量)间的关系见图 3.7，该图是弹道在水平面上的投影。

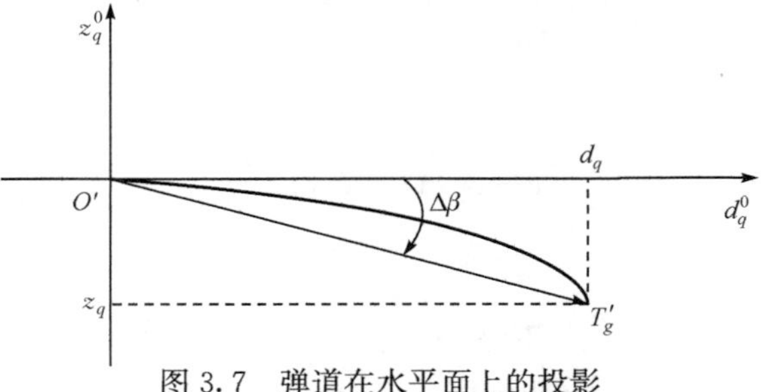

图 3.7 弹道在水平面上的投影

又

$$\begin{cases}\Delta\varphi_g = \varphi_g^* - \varphi_g \approx \dfrac{\partial\varphi_g}{\partial(\Delta v_0)}\Delta v_0 + \dfrac{\partial\varphi_g}{\partial(\Delta\tau)}\Delta\tau + \dfrac{\partial\varphi_g}{\partial(\Delta P)}\Delta P + \dfrac{\partial\varphi_g}{\partial(\Delta G_b)}\Delta G_b + \dfrac{\partial\varphi_g}{\partial w_d}w_d + \dfrac{\partial\varphi_g}{\partial w_h}w_h \\ \Delta t_f = t_f^* - t_f \approx \dfrac{\partial t_f}{\partial(\Delta v_0)}\Delta v_0 + \dfrac{\partial t_f}{\partial(\Delta\tau)}\Delta\tau + \dfrac{\partial t_f}{\partial(\Delta P)}\Delta P + \dfrac{\partial t_f}{\partial(\Delta G_b)}\Delta G_b + \dfrac{\partial t_f}{\partial w_d}w_d + \dfrac{\partial t_f}{\partial w_h}w_h \\ \Delta\alpha = \alpha^* - \alpha \approx \dfrac{\partial\alpha}{\partial(\Delta v_0)}\Delta v_0 + \dfrac{\partial\alpha}{\partial(\Delta\tau)}\Delta\tau + \dfrac{\partial\alpha}{\partial(\Delta P)}\Delta P + \dfrac{\partial\alpha}{\partial(\Delta G_b)}\Delta G_b + \dfrac{\partial\alpha}{\partial w_d}w_d + \dfrac{\partial\alpha}{\partial w_h}w_h \\ \Delta\beta = \beta_g^* - \beta_g = \arctan\dfrac{z_q}{d_q} \approx \Delta\beta_z(d_q, h_q) + \beta_{w_z}(d_q, h_q)w_z\end{cases} \tag{3-57}$$

式中，$\Delta\beta_z(d_g,h_q)$称为偏流，是仅有偏流加速度 $a_z\neq 0$，而其余弹道与气象条件均为标准值时，由弹道方程求得的命中点对射面的横偏量，且以方位角偏差形式给出；$\beta_{w_z}(d_q,h_q)$是横风为单位值，且其余弹道与气象条件均为标准值时，由弹道方程求得的命中点对射面的横偏量，同样，也用方位角偏差形式给出；其他系数，如

$$\frac{\partial\varphi_g(d_q,h_q)}{\partial(\Delta v_0)}\approx\frac{\varphi_g^*(d_q,h_q,\Delta v_0)-\varphi_g(d_q,h_q)}{\Delta v_0} \tag{3-58}$$

乃是仅弹头初速有单位偏差，而其余弹道与气象条件均为标准时，该初速偏差造成的武器线高低角的增量。每一个系数的物理概念都非常清楚，不再重复。

基本射表与修正量射表应该配套，所谓的配套是指，它们都是针对某一特定武器与弹药而制定的；它们对武器所处海拔区间的要求是一致的；它们的自变量应是相同的。例如，对式(3-46)给出的基本射表，其相应的 14 个修正量射表应是矩阵

$$\frac{\partial(\varphi_g,t_f,\beta_g)^{\mathrm{T}}}{\partial(\Delta v_0,\Delta\tau,\Delta P,\Delta G_b,w_d,w_h,w_z)}$$

$$=\begin{bmatrix}\dfrac{\partial\varphi_g}{\partial(\Delta v_0)} & \dfrac{\partial\varphi_g}{\partial(\Delta\tau)} & \dfrac{\partial\varphi_g}{\partial(\Delta P)} & \dfrac{\partial\varphi_g}{\partial(G_b)} & \dfrac{\partial\varphi_g}{\partial(w_d)} & \dfrac{\partial\varphi_g}{\partial(w_h)} & 0\\ \dfrac{\partial t_f}{\partial(\Delta v_0)} & \dfrac{\partial t_f}{\partial(\Delta\tau)} & \dfrac{\partial t_f}{\partial(\Delta P)} & \dfrac{\partial t_f}{\partial(G_b)} & \dfrac{\partial t_f}{\partial(w_d)} & \dfrac{\partial t_f}{\partial(w_h)} & 0\\ 0 & 0 & 0 & 0 & 0 & 0 & \dfrac{\partial\beta_g}{\partial(w_z)}\end{bmatrix} \tag{3-59}$$

中的 13 个非零的表格元素及偏流 $\Delta\beta_z(d_q,h_q)$。

风速矢量 $\boldsymbol{W}$、武器所在位置的气温 τ_0 与气压 P_0 由气象台站或自备气象测试仪表提供；弹重偏差 ΔG_b 则标志在弹药上；初速偏差 Δv_0 最好由弹头初速测试雷达给出，如果没有配置初速测试雷达或其他自动测试初速的设备，则可按下式计算：

$$\Delta v_0=k\Delta T_c-f(N) \tag{3-60}$$

式中，ΔT_c 为药温偏差量；N 为已发射的弹头总数，$f(N)$表征了武器老化的程度。对身管炮而言，Δv_0 还可以由药室增长量来估定。总之，式(3-60)是一个经验公式，具体形式随武器不同而不同。

3.2.3 射表逼近与延拓

方便、准确地求解射击诸元是高炮火控软件的关键问题之一。在火控系统中，联立航迹方程与弹道方程求解，即可得到命中点。在实际求解命中点时，通常并不直接求解弹道方程，而是由射表查出弹道数据，再通过各种插值方法求得有关数

据。在插值函数阶次一定时，插值点越密，精度越高，同时对计算机存储量要求越大，而相应的解算速度越低。射表多项式逼近的优点是可以离线进行，减少实时软件的时间开销；另一个重要的优点是可以对射表进行虚拟延伸，得到射程之外的“虚拟弹道”，从而可提前进行虚拟闭环校射，延长校射的时间，减小弹目偏差，更加准确地把握战机。

射击诸元误差是多方面因素共同引起的。对机动规律未知的敌方目标，影响射击诸元误差的因素中起决定作用的是目标匀速直线运动假定的误差和操炮误差。操炮误差可以通过炮手的训练降低至可以接受的水平，而运动假定的误差仅仅与当前航迹有关。故只能利用当前航迹数据进行预估并对目标以后各点的射击诸元进行在线修正，来实时减小射击诸元的误差。在不考虑弹道与气象条件修正量误差所导致的脱靶量的前提下，可采用虚拟闭环校射理论在线计算出目标运动假定误差并加以校正。因为第一个真实的脱靶量最早只能出现在目标进入火炮有效射击区域(通常可以认为就是射表的适用范围)的瞬时，传统的大闭环校射的最早开始时间只能是这一瞬时。而利用虚拟闭环校射理论，如果将弹道做适当的和合理的延拓，或称射表的“虚拟延伸”，从而可以在更早的时刻、更远的距离上发射数学仿真弹。只要虚拟延伸的范围合适，就能保证目标在进入火炮有效射击区域的瞬时校射就已结束，这对争取有效射击时间极其有利。

本节详细介绍射表处理中的射表逼近方法与射表解析延拓方法。射表逼近是指对射表范围内的数据进行综合处理，得到指定形式并且满足精度等要求的解析函数。射表解析延拓是指在满足延拓准则下，对射表范围外逼近函数的解析延拓，以保证最早的命中点(提前矢量的矢端)能处在射表的边界上，并为火炮提供一种足够光滑的引导策略。

1. 射表逼近

为了避免在火控计算机中大量存储射表数据，可以用某些特定的函数去逼近射表函数。由于射表函数多为二元表格函数，因而如下式所示的二元有理分式函数常被用来做逼近函数：

$$\hat{f}(d,h)=\frac{\sum_{k=0}^{p}\sum_{l=0}^{q}\alpha_{k,l}d^{k+b_1}h^{l+b_2}}{1+\sum_{k=0}^{r}\sum_{l=0}^{s}\beta_{k,l}d^{k+b_3}h^{l+b_4}} \tag{3-61}$$

例如，取 $q=b_1=b_2=r=s=b_3=b_4=0$，则有

$$\hat{f}(d,h)=\frac{1}{1+\beta_{00}}(\alpha_{00}+\alpha_{10}d+\alpha_{20}d^2+\cdots+\alpha_{p0}d^p) \tag{3-62}$$

为一元多项式。若取 $p=3,q=b_1=1,b_2=r=s=b_3=b_4=0$，则有

$$\hat{f}(d,h)=\frac{1}{1+\beta_{00}}(\alpha_{00}d+\alpha_{10}d^2+\alpha_{20}d^3+\alpha_{30}d^4+\alpha_{01}dh+\alpha_{11}d^2h+\alpha_{21}d^3h+\alpha_{31}d^4h) \tag{3-63}$$

为二元多项式。

若取 $p=q=1,b_1=b_2=0,r=s=1,b_3=1,b_4=0$，则有

$$\hat{f}(d,h)=\frac{\alpha_{00}+\alpha_{10}d+\alpha_{01}h+\alpha_{11}dh}{1+\beta_{00}d+\beta_{10}d^2+\beta_{01}dh+\beta_{11}d^2h} \tag{3-64}$$

为二元有理分式。

显然，式(3-61)中共有$(p+1)(q+1)+(r+1)(s+1)$个待定系数 $\alpha_{k,l}$ 与 $\beta_{k,l}$。设射表函数 $f(d_i,h_j)(i=1,2,\cdots,n;j=1,2,\cdots,m)$是已知的表格函数，所谓的射表函数逼近，就是在选定 $\hat{f}(d,h)$的条件下，决定所有待定系数 $\alpha_{k,l}$ 与 $\beta_{k,l}$，使

$$Q(\alpha_{k,l},\beta_{k,l})=\sum_{i=1}^{n}\sum_{j=1}^{m}[f(d_i,h_j)-\hat{f}(d_i,h_j)]^2=\min \tag{3-65}$$

为最小二乘逼近，或者使

$$Q^*(\alpha_{k,l},\beta_{k,l})=\max_{\substack{i=1,\cdots,n\\ j=1,\cdots,m}}|f(d_i,h_j)-\hat{f}(d_i,h_j)|=\min \tag{3-66}$$

为误差一致逼近。

如何寻求一个好的收敛算法，能够无误地将所有待定系数全部计算出来，这是计算方法已经解决了的问题。很显然，误差一致逼近最容易控制精度。实际工作中，最困难的任务是决定逼近函数的形式，决定射表逼近函数形式的原则是：

(1) 射表函数逼近误差必须满足精度要求；

(2) 对同一种武器而言，其所有基本射表与修正量射表的逼近函数应尽可能有相同的外部形式，也就是说，所有不同射表函数的逼近函数具有相同的阶次，仅仅是系数 $\alpha_{k,l}$ 与 $\beta_{k,l}$不同而已；

(3) 逼近函数尽可能简单。

武器种类繁多，射表形式也各异，它的逼近函数不一定非二元有理分式不可，只要能满足上述三条要求，且有一个解析表达式就行。由于射表有常用区域与非常用区域，在使用式(3-65)与式(3-66)为逼近准则时，还可以根据其使用频度，在项 $f(d_i,h_j)$前加入一个加权系数。下面给出一个射表逼近的实际例子。

按某型号高炮射表采用函数逼近法拟合出弹丸飞行时间的射表函数，采用的函数是 $N(N=4,5,6,7$ 或 $8)$阶二元多项式函数：

$$\hat{t}_f(d,h)=\sum_{k=0}^{N}\sum_{l=0}^{N-k}\alpha_{k,l}\left(\frac{h-h_0}{h_0}\right)^k\left(\frac{d-d_0}{d_0}\right)^l \tag{3-67}$$

式中，N 为拟合阶数；$\alpha_{k,l}$为拟合系数；d 为弹丸水平距离；h 为其高度；(d_0,h_0)为拟合中心，取为 $d_0=0.5d_{\max},h_0=0.5h_{\max}$，$(d_{\max},h_{\max})$为射表自变量 d 和 h 的最大值，如此选择的目的是使边缘上的拟合值误差不会太大。选择采用递推最小二乘

算法来求取拟合系数，从而确定出射表函数的拟合函数。

原方程变为

$$\hat{t}_f(d,h)=\boldsymbol{X}^{\mathrm{T}}\hat{\boldsymbol{\theta}} \tag{3-68}$$

则算法为

$$\begin{cases}\boldsymbol{P}(N+1)=\dfrac{1}{\lambda}[\boldsymbol{P}(N)-\boldsymbol{K}(N+1)\boldsymbol{X}^{\mathrm{T}}(N+1)\boldsymbol{P}(N)]\\ \boldsymbol{K}(N+1)=\dfrac{\boldsymbol{P}(N)\boldsymbol{X}(N+1)}{\lambda+\boldsymbol{X}^{\mathrm{T}}(N+1)\boldsymbol{P}(N)\boldsymbol{X}(N+1)}\\ \hat{\boldsymbol{\theta}}(N+1)=\hat{\boldsymbol{\theta}}(N)+\boldsymbol{K}(N+1)[y(N+1)-\boldsymbol{X}^{\mathrm{T}}(N+1)\hat{\boldsymbol{\theta}}(N)]\end{cases} \tag{3-69}$$

式中，λ 为遗忘因子，可取(0,1]区间内任一常数，这里由于射表中所有数据都认为是等权的，取 $\lambda=1$；$\boldsymbol{X}(N+1)$为第 $N+1$ 次输入值；$\hat{\boldsymbol{\theta}}(N+1)$为第 $N+1$ 次参数估计值；$\boldsymbol{K}(N+1)$为时变的权重系数；初值选取 $\hat{\boldsymbol{\theta}}(0)=0$，$\boldsymbol{P}(0)=a^2\boldsymbol{I}$，$a^2$ 取机器最大数，$\boldsymbol{I}$ 为单位阵。

由表 3.1 和表 3.2 可以看出：随着拟合阶数的增加拟合精度不断提高，但待拟合系数的个数也在增加，从而拟合出的射表函数也变得更加复杂，这就增加了求解命中方程的难度和运算量。因此在一定的精度指标下要尽可能地选择低阶拟合函数。

表 3.1　不同拟合阶数下拟合 t_f 误差　　（单位：s）

误差 / 阶数 N	平均误差	标准差	最大误差
4	0.00007	0.00945	0.04188
5	－0.00014	0.00444	0.01991
6	－0.00018	0.00272	0.01170
7	－0.00007	0.00173	0.00903
8	－0.00011	0.00112	0.00501

表 3.2　不同拟合阶数 N 下待拟合系数 $\boldsymbol{\alpha}_{k,l}$ 的个数

阶数 N	4	5	6	7
$\alpha_{k,l}$个数	15	21	28	36

在完成某型高炮武器系统研制试验的过程中，作者发现只用简单的 N 阶二元多项式拟合存在一定的缺点，即无法同时满足精度指标要求和拟合阶数控制要求。但只要改成采用分段的 N 阶二元多项式拟合则既可提高拟合精度又不会增加求解命中方程的难度和运算量。表 3.3 给出了某修正量射表采用上述两种拟合方法拟合后的误差对比情况。显然，在通常以拟合最大误差作为精度指标考察对象的

情况下，采用分段的 N 阶二元多项式拟合的优点更明显。

表 3.3　不同拟合函数拟合误差比较

拟合函数	阶数 N	空气密度修正目标高度射表拟合误差(单位:mil)		
		平均误差	标准差	最大误差
单函数	4	0.0070	0.0741	−7.3198
	8	−0.0006	0.1761	−3.3659
分段函数	4	−0.0013	0.6127	2.2724
	6	−0.0063	0.3820	1.2106

2. 射表解析延拓

当且仅当运动目标处于射表自变量区域内，才有可能求解提前量。倘若在目标进入射界时才求解提前量，则未来点将沿航路深入到火炮射界之内。如何保证最早的命中点(提前矢量的矢端)能处在射表的边界上，并能为火炮提供一种足够光滑的引导策略，是一项具有重要应用价值的研究。文献中虽论及射表的多项式逼近方法及其存在有限的自然延拓范围，但并未分析，也未解决射表逼近函数适用范围有限给火控系统性能带来的不利影响。本节为火炮射表的逼近函数构造了一个解析延拓函数，较好地解决了上述问题。

1) 射表自然延拓及其问题

当火炮对活动目标实施射击时，目标测量装置应不断地测量目标当前点的坐标 $\boldsymbol{D}(t)$，估计其速度 $\dot{\boldsymbol{D}}(t)$、加速度 $\ddot{\boldsymbol{D}}(t)$，并依据运动假定如等加速假定，求解非线性的命中方程：

$$\begin{aligned}\boldsymbol{D}_q(t)&=\boldsymbol{D}(t)+\dot{\boldsymbol{D}}(t)[t_f(\boldsymbol{D}_q)+\Delta t_f(\boldsymbol{D}_q)]+0.5\ddot{\boldsymbol{D}}(t)[t_f(\boldsymbol{D}_q)+\Delta t_f(\boldsymbol{D}_q)]\\&=\boldsymbol{D}(t)+\boldsymbol{S}(t)\end{aligned}\tag{3-70}$$

式中，$\boldsymbol{D}_q(t)$是目标未来点即命中点；$t_f(\boldsymbol{D}_q)$是弹头飞行时间；$\Delta t_f(\boldsymbol{D}_q)$是弹道与气象条件偏差修正量。而

$$\boldsymbol{S}(t)=\dot{\boldsymbol{D}}(t)[t_f(\boldsymbol{D}_q)+\Delta t_f(\boldsymbol{D}_q)]+0.5\ddot{\boldsymbol{D}}(t)[t_f(\boldsymbol{D}_q)+\Delta t_f(\boldsymbol{D}_q)]\tag{3-71}$$

为提前量。现代火控系统在求解上述命中方程时，对其中 $t_f(\boldsymbol{D}_q)$与 $\Delta t_f(\boldsymbol{D}_q)$的求取有三种方式：求解弹道方程、查阅射表、利用射表逼近函数。第一种方法是后两种方法的标准值；对弹道方程无解之点，在相应的射表及其逼近函数中也是不存在的。

记 Ω_m 为弹头可达的区域，如图 3.8 实线所包围的区域——它完全取决于火炮与弹药的特性。图中，O 为炮位点；h_q 与 v_q 分别为目标未来点的矢量 $\boldsymbol{D}_q$ 在水平与垂直方向上的投影；$\boldsymbol{L}(t)$为目标航迹；t_m 为目标进入 Ω_m 之瞬时。对高炮而言，Ω_m 更多被规定为有效射程的边界。

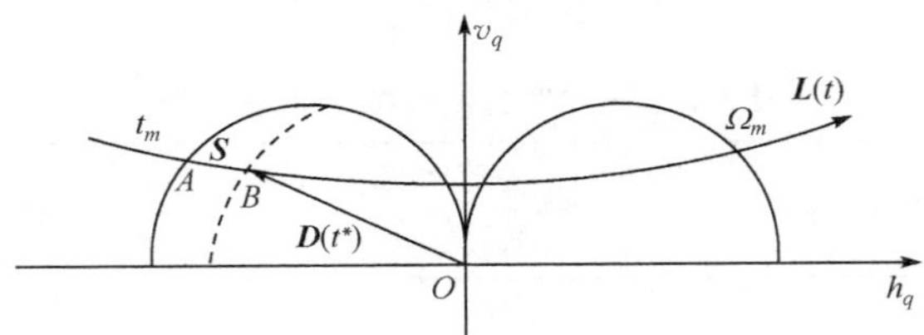

图 3.8　弹道曲线

设 t_i 是目标坐标、速度、加速度被估计出来的瞬时。由于仅有 $\boldsymbol{D}(t_i)\in\Omega_m$ 时，才有可能以

$$\boldsymbol{D}_q^{(0)}(t_i)=\boldsymbol{D}(t_i) \tag{3-72}$$

作为 $\boldsymbol{D}_q(t_i)$的初始近似值，以迭代的方法求解命中点，得到 t_f 与 Δt_f 的一次迭代值 $t_f^{(1)}(\boldsymbol{D}_q^{(0)})$与 $\Delta t_f^{(1)}(\boldsymbol{D}_q^{(0)})$，再利用式(3-70)，求得 $\boldsymbol{D}_q(t_i)$的一次迭代值 $\boldsymbol{D}_q^{(1)}(t_i)$。继续迭代，若记 Δ 为迭代允许误差，当

$$\left|t_f^{(n+1)}(\boldsymbol{D}_q^{(n)})-t_f^{(n)}(\boldsymbol{D}_q^{(n-1)})\right|\leqslant\Delta \tag{3-73}$$

时，取

$$\begin{cases}t_f(\boldsymbol{D}_q)=t_f^{(n+1)}(\boldsymbol{D}_q^{(n)})\\ \Delta t_f(\boldsymbol{D}_q)=\Delta t_f^{(n+1)}(\boldsymbol{D}_q^{(n)})\end{cases} \tag{3-74}$$

最终求得第一个命中点坐标

$$\boldsymbol{D}_q(t_i)=\boldsymbol{D}(t_i)+\boldsymbol{S}(t_i) \tag{3-75}$$

由于当 $\boldsymbol{D}(t_i)\notin\Omega_m$ 时，无法求得迭代初值，因而，利用上述迭代法，第一个命中点坐标最早仅能是

$$\boldsymbol{D}_q(t_m)=\boldsymbol{D}(t_m+t_f(\boldsymbol{D}_q)+\Delta t_f(\boldsymbol{D}_q))=\boldsymbol{D}(t_m)+\boldsymbol{S}(t_m) \tag{3-76}$$

式中，t_m 是目标穿越弹头可达区域Ω_m 的瞬时，显然，当目标做临近飞行时，从弹头可达区域边界开始，沿着航路向前，存在一个宽度等于提前量 $\boldsymbol{S}$ 的命中方程无解区域，其内沿如图 3.8 中的虚线所示。由式(3-71)可知，越是快速目标，$\boldsymbol{S}$ 宽度越大；若考虑调炮到位所需的时间，则此区域还要大。上述命中方程无解区域的出现，限制了火力作用距离，减少了火炮可射击时间，降低了先敌毁伤的能力。消除这种命中方程无解区域，保证第一个命中点能够出现在弹头可达区域的边界上，这是本节所要研讨的问题。

在采用射表逼近函数求解命中方程时，过去大都采用自然延拓的方法，依逼近函数将弹头可达区域延伸到整个空间，只要有了目标位置、速度与加速度，即可用迭代法求解出相应的 t_f 与 Δt_f。此时，只要在 $t=t_m-t_f$ 瞬时实施射击，就会保证在 $\boldsymbol{D}_q(t_m)$点，弹头与目标相遇，从而最大限度地发挥火炮的作用距离。而在此之前，虽然也计算出了 $\boldsymbol{D}_q(t)$，由于 $\boldsymbol{D}_q(t)\notin\Omega_m$，实际上并不实施射击。

上述自然延拓的主要问题是：函数的延伸部分可能上升太快并可能起伏，其所相应的命中点情况难明，可能不稳定，即或稳定也不一定便于平稳引导火炮。故必须构造更合理的延拓方法。

2）射表逼近函数的解析延拓

本节以射表中弹丸飞行时间为例，详细介绍射表逼近函数解析延拓中的函数形式及其特性、解析延拓准则。文中所述射表逼近函数的延拓法也同样适用于具有水平距离、高度为自变量的射表，以及各种修正量射表。倘若直接用弹道方程或者射表来求解运动目标的未来点，仍可借鉴本节所提供的技术，在最大射程上求得第一个未来点，并为火炮提供二阶光滑的导引策略。

（1）解析延拓后的弹头飞行时间函数。为保证火控系统求解的未来点的位置和速度连续、光滑，加速度连续，应使解析延拓后的弹头飞行时间对时间至少存在二阶连续导数，以射表中弹丸飞行时间为例，解析延拓后的 $t_f^*(t)$ 曲线必须二次光滑。经延拓后的弹头飞行时间函数表示为

$$t_f^*[D_q(t),\varepsilon_q(t)]=\begin{cases}t_f[D_q(t),\varepsilon_q(t)], & D_q\leqslant D_a\\ t_f[D_q^*(t),\varepsilon_q(t)], & D_q>D_a \text{ 且} \dfrac{\mathrm{d}t_f}{\mathrm{d}t}<0\end{cases} \tag{3-77}$$

式中，$D_q(t)$为目标未来点斜距离；$\varepsilon_q(t)$为目标未来点高低角；D_a 为高炮有效射程；$t_f[D_q(t),\varepsilon_q(t)]$为射表范围内的逼近函数；$t_f[D_q^*(t),\varepsilon_q(t)]$为射表范围外逼近函数的解析延拓（当目标未来点在有效射程外，并做临近飞行时，才实施此解析延拓）；$D_q^*(t)$的表达式为

$$D_q^*(t)=D_a+D_d+[D_a-D_d-D_q(t)]\exp\left(\frac{2[D_a-D_q(t)]}{D_d}\right) \tag{3-78}$$

式(3-78)所对应的 $D_q^*(t)$曲线图如图 3.9 所示。

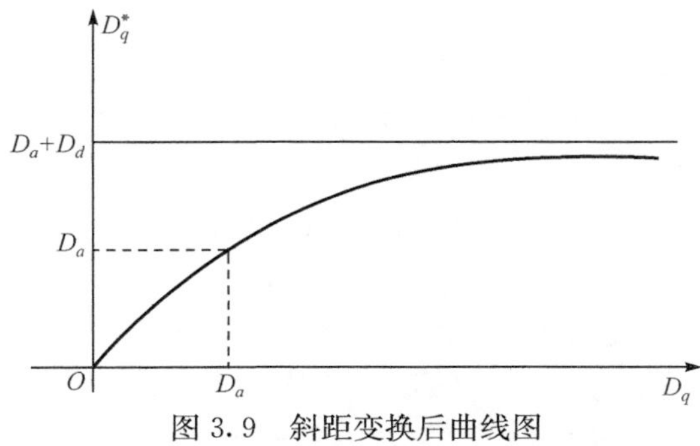

图 3.9 斜距变换后曲线图

（2）解析延拓的准则。解析延拓准则是：经解析延拓后的弹头飞行时间对时间存在二阶连续导数，即弹头飞行时间曲线 $t_f(t)$二次光滑。

倘若目标按等加速飞行，则有

$$\boldsymbol{D}_q(t)=\boldsymbol{D}(t)+\dot{\boldsymbol{D}}(t)t_f+0.5\ddot{\boldsymbol{D}}(t)t_f^2 \tag{3-79}$$

$$\dot{\boldsymbol{D}}_q(t)=\dot{\boldsymbol{D}}(t)\left[1+\frac{\mathrm{d}t_f}{\mathrm{d}t}\right]+\ddot{\boldsymbol{D}}(t)\left[1+\frac{\mathrm{d}t_f}{\mathrm{d}t}\right]t_f \tag{3-80}$$

$$\ddot{\boldsymbol{D}}_q(t)=\dot{\boldsymbol{D}}(t)\frac{\mathrm{d}^2t_f}{\mathrm{d}t^2}+\ddot{\boldsymbol{D}}(t)\left[1+2\frac{\mathrm{d}t_f}{\mathrm{d}t}+\left(\frac{\mathrm{d}t_f}{\mathrm{d}t}\right)^2+t_f\frac{\mathrm{d}^2t_f}{\mathrm{d}t^2}\right] \tag{3-81}$$

式(3-79)～式(3-81)表明：只要解析延拓准则得以实现，即可保证火控系统求解的未来点的位置和速度连续、光滑，加速度连续。这将避免火炮在跟踪过程产生新的暂态过程，从而提高火炮跟踪的平稳性。

(3) 解析延拓函数分析。飞行时间函数 $t_f(D_q^*,\varepsilon_q)$ 延拓区间的一、二阶表达式为

$$\frac{\mathrm{d}t_f}{\mathrm{d}t}=\frac{\partial t_f}{\partial D_q^*}\frac{\mathrm{d}D_q^*}{\mathrm{d}t}+\frac{\partial t_f}{\partial\varepsilon_q}\frac{\mathrm{d}\varepsilon_q}{\mathrm{d}t} \tag{3-82}$$

$$\frac{\mathrm{d}^2t_f}{\mathrm{d}t^2}=\frac{\partial^2t_f}{\partial D_q^{*2}}\left(\frac{\mathrm{d}D_q^*}{\mathrm{d}t}\right)^2+\frac{\partial^2t_f}{\partial\varepsilon_q^2}\left(\frac{\mathrm{d}\varepsilon_q}{\mathrm{d}t}\right)^2+\frac{\partial t_f}{\partial D_q^*}\frac{\mathrm{d}^2D_q^*}{\mathrm{d}t^2}+\frac{\partial t_f}{\partial\varepsilon_q}\frac{\mathrm{d}^2\varepsilon_q}{\mathrm{d}t^2}+2\frac{\partial^2t_f}{\partial D_q^*\partial\varepsilon_q}\frac{\mathrm{d}\varepsilon_q}{\mathrm{d}t}\frac{\mathrm{d}D_q^*}{\mathrm{d}t} \tag{3-83}$$

将式(3-82)、式(3-83)的 D_q^* 置换成 D_q，即得逼近函数在 $D_q\leqslant D_a$ 的一、二阶导数表达式。当 $D_q>D_a$ 时，D_q^* 的一、二阶导数分别是

$$\frac{\mathrm{d}D_q^*}{\mathrm{d}t}=\exp\left\{\frac{2}{D_d}(D_a-D_q)\right\}\left[1-\frac{2}{D_d}(D_a-D_q)\right]\frac{\mathrm{d}D_q}{\mathrm{d}t} \tag{3-84}$$

$$\begin{aligned}\frac{\mathrm{d}^2D_q^*}{\mathrm{d}t^2}=&\exp\left\{\frac{2}{D_d}(D_a-D_q)\right\}\frac{4}{D_d^2}(D_a-D_q)\left(\frac{\mathrm{d}D_q}{\mathrm{d}t}\right)^2\\&+\exp\left\{\frac{2}{D_d}(D_a-D_q)\right\}\left[1-\frac{2}{D_d}(D_a-D_q)\right]\frac{\mathrm{d}^2D_q}{\mathrm{d}t^2}\end{aligned} \tag{3-85}$$

当 $D_q=D_a$，即 $t=t_m$ 时，有

$$\begin{cases}D_q^*(t_m)=D_q(t_m)\\ \dfrac{\mathrm{d}D_q^*(t_m)}{\mathrm{d}t}=\dfrac{\mathrm{d}D_q(t_m)}{\mathrm{d}t}\\ \dfrac{\mathrm{d}^2D_q^*(t_m)}{\mathrm{d}t^2}=\dfrac{\mathrm{d}^2D_q(t_m)}{\mathrm{d}t^2}\end{cases} \tag{3-86}$$

式(3-86)表明，未来点 D_q 在 $t=t_m$ 瞬时，即延拓前后不仅连续，而且二次可导，而当 $D_m-D_q=D_d/2$ 时，$\mathrm{d}D_q^*/\mathrm{d}t$ 与 $\mathrm{d}^2D_q^*/\mathrm{d}t^2$ 均将出现最大值。

当用式(3-78)、式(3-84)、式(3-85)去置换式(3-82)和式(3-83)中的对应项时，即得 $t_f(t)$ 逼近函数解析延拓部分的一、二阶导数。

易于发现：只要能保证 $t_f(D_q^*,\varepsilon_q)$ 在 $D_q^*\leqslant D_a+D_d$ 的区域内，对 D_q^* 与 ε_q 均有二次连续的导数与偏导数，则由式(3-70)给出的包括解析延拓后的整个弹头飞行时间函数将具有连续的二阶导数，满足解析延拓准则。

实际应用中，都是根据精度要求，以某种具有二阶以上连续导数的函数，如无限次可导的二元多项式，在有效射程内，即 $D_q \leqslant D_a$ 时，由某种最优逼近而得到。当利用式(3-78)做解析延拓时，由于不需保证精度，仅要求在 $D_q^* \in [D_a, D_a + D_d)$ 区间内，$t_f(D_q^*, \varepsilon_q)$ 二次连续可导，在 $t_f[D_q^*(t_m), \varepsilon_q(t_m)]$ 点上，与原有逼近函数 $t_f[D_q(t_m), \varepsilon_q(t_m)]$ 的零阶、一阶、二阶导数相等即可。这就表明在延拓时，有相当大的自由度。实用上，最简便的方法是：先对在有效射程内逼近的弹道函数自然延拓，然后给定一个 D_d，再利用式(3-77)、式(3-80)、式(3-82)～式(3-85)，在典型航路上校核解析延拓部分相应的未来点的速度与加速度，如果火炮随动系统的功率足以实现相应的速度与加速度，一种既能引导火炮随动系统全程实现平稳跟踪，又能在有效射程点上保证求解到准确射击诸元的射表逼近函数的解析延拓即成为现实。倘若火炮随动系统的功率不足以提供相应的速度与加速度，既可重新给定 D_d，也可在 $D_q^* \in [D_a, D_a + D_d)$ 的区间上适度修正 $t_f(D_q^*, \varepsilon_q)$，对于后者限制仅有两个：$D_q^* \in [D_a, D_a + D_d)$ 在解析延拓起始点 $D_q^* = D_a$ 的位置及一、二阶导数不变；在全局上保持其二阶连续可导。对修正量函数 $\Delta t_f(D_q, \varepsilon_q)$ 同样可按上述方法处理。

将式(3-77)中的参数按上述方法选定后，替代式(3-76)中的 t_f、Δt_f，即可得到全航路上的未来点 $D_q(t)$ 表达式。$D_q(t)$ 在球坐标系内的高低角与方位角分量即是具有二阶光滑的火炮导引策略。

(4) 射表逼近函数解析延拓应用实例分析。以某型高炮为例，采取式(3-77)和式(3-79)对射表中弹头飞行时间逼近函数进行解析延拓。对一条飞行时速250m/s、航高1000m、航路捷径500m的典型航路，分别在射表逼近函数不延拓、自然延拓和解析延拓三种情况下解算的弹头飞行时间 t_f 曲线，如图3.10所示，图中横坐标为自然时间，纵坐标为弹头飞行时间，$t=0$ 时为目标飞抵航路捷径的瞬时，$t_{f,\max}$ 为解析延拓函数的上限。其中曲线 bcd 为逼近函数不延拓的情况；曲线 $abcde$ 为自然延拓后的情况；而曲线 $abcd$ 则为解析延拓后的情况。

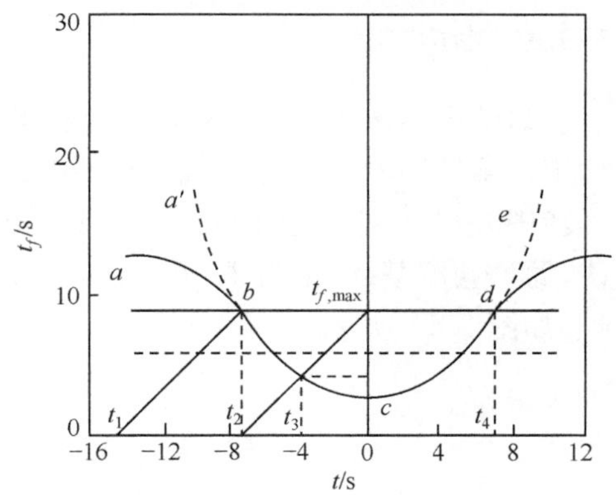

图3.10　不同延拓方法比较

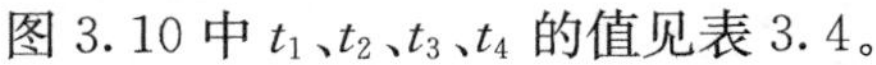
图3.10中 t_1、t_2、t_3、t_4 的值见表3.4。

表3.4　弹头飞行时间表　(单位：s)

符号	t_1	t_2	t_3	t_4
数值	−14.874	−7.437	−3.907	7.437

如仅使用原射表而不进行延拓，则系统只能在 $t=t_2$ 瞬时解算未来点，并实施首次射击，而在 $t=t_3$ 瞬时弹头才能飞抵目标；而一经延拓，若在瞬时 t_1 射击，在瞬时 t_2 即可命中目标。显然，$v(t_3-t_2)=882.5\text{m}$ 的这段有效射击距离被浪费。若使用自然延拓的逼近函数，其延拓部分上升段太陡，t_f 的导数绝对值过大，增加了调炮的速度与加速度。而使用解析延拓的逼近函数，上述两种情况的缺陷均能克服。

3.3　命中方程与命中方程的求解

火控系统控制武器在停止间射击固定目标时，火控计算机的主要任务是：利用求解弹道方程或查询射表的方法，找到对已知目标坐标点的射击诸元。解决这一任务的技术已在前文详细论述。火控系统控制武器在停止间射击运动目标时，火控计算机的主要任务：先是利用预测技术与弹道理论求出命中点坐标，再计算对该命中点的射击诸元。以后的分析将表明，上述两个任务也可以一步完成。至于行进间射击中的火控问题，则留待第 4 章解决。

实时地、高精度地求解出命中点坐标或射击诸元，这是本节讨论的理论与方法所追求的目标。本节先探讨命中方程建立与求解的方法，再深入研究命中解的竞争与射击时机问题，最后详细介绍顺解与逆解方法。

3.3.1　命中方程

命中三角形实质上就是命中方程的几何表述形式。为了方便求解，首先应把命中三角形用命中多边形做等价替换。考虑到观测器材的回转中心 O 与武器的回转中心 O' 不可能置于同一点，以 O' 为始端、O 为终端的矢量称为观测-武器基线，简称观测基线，记为 $\boldsymbol{J}=\overrightarrow{O'O}$。若 $\boldsymbol{J}\neq 0$，则图 3.2 中的 $\boldsymbol{D}(t)$ 应该用 $\boldsymbol{D}(t)+\boldsymbol{J}$ 替换，如图 3.11 所示。

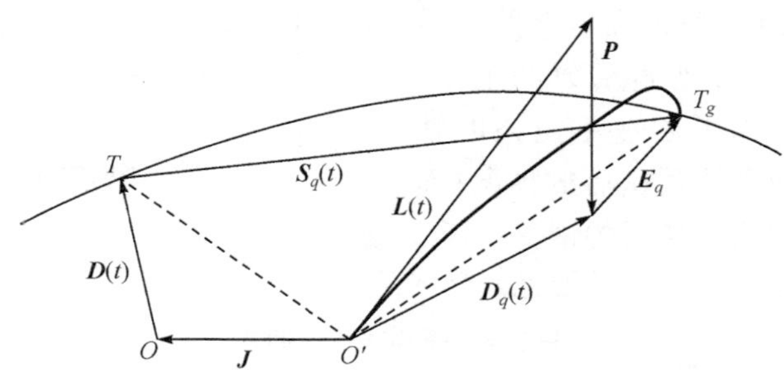

图 3.11　命中三角形与命中多边形

图 3.11 中 $\boldsymbol{D}(t)$ 为观测器材在 O 点时的瞄准矢量，而 $\boldsymbol{D}(t)+\boldsymbol{J}$ 相当于将观测器材由 O 点移到 O' 后，对同一个目标所形成的新的瞄准矢量。

又，记 $\boldsymbol{D}_q(t)=\boldsymbol{D}(t+t_f)$ 为标准弹道和气象条件下的命中矢量，$\boldsymbol{E}_q$ 为实际弹道和气象条件下的弹道偏差量，即实际弹道和气象条件下的命中矢量与标准弹道和气象条件下的命中矢量之差，显然，图 3.2 中的 $\boldsymbol{D}(t+t_f)=\boldsymbol{D}_q(t)$ 应以 $\boldsymbol{D}(t+t_f)+\boldsymbol{E}_q=\boldsymbol{D}_q(t)+\boldsymbol{E}_q$ 代之。在上述替换下，图 3.11 中由 $\boldsymbol{D}(t)$、$\boldsymbol{S}_q(t)$、$\boldsymbol{D}(t+t_f)=\boldsymbol{D}_q(t)$ 构成的命中三角形将转化为完全等价的，由 $\boldsymbol{J}$、$\boldsymbol{D}(t)$、$\boldsymbol{S}_q(t)$、$\boldsymbol{E}_q$、$\boldsymbol{D}_q(t)=\boldsymbol{D}(t+t_f)$ 构成的命中多边形，见图 3.11。而与命中三角形相应的式(3-4)也应改作与命中多边形相应的公式

$$\boldsymbol{D}_q(t)-\boldsymbol{D}(t)-\boldsymbol{S}_q(t)-\boldsymbol{J}+\boldsymbol{E}_q=0 \tag{3-87}$$

由于上式中的 $\boldsymbol{D}_q(t)$ 已被认定为标准弹道和气象条件下的命中矢量，此时，式(3-3)中的弹道横偏量 $\boldsymbol{B}$ 则应归入弹道偏差量 $\boldsymbol{E}_q$，所以应有

$$\boldsymbol{D}_q(t)=\boldsymbol{L}(t)+\boldsymbol{P} \tag{3-88}$$

式中，$\boldsymbol{L}(t)$ 为射击矢量；$\boldsymbol{P}$ 为弹道下降量。将上式的 $\boldsymbol{D}_q$ 代入式(3-87)，得由 $\boldsymbol{J}$、$\boldsymbol{D}(t)$、$\boldsymbol{S}_q(t)$、$\boldsymbol{E}_q$、$\boldsymbol{L}(t)$、$\boldsymbol{P}$ 构成的另一等价的命中多边形及相应的公式

$$\boldsymbol{L}(t)-\boldsymbol{D}(t)-\boldsymbol{S}_q(t)-\boldsymbol{J}+\boldsymbol{P}+\boldsymbol{E}_q=0 \tag{3-89}$$

式(3-87)与式(3-89)是两种等价的由矢量形式给出的命中方程。由于现代火控计算机一律使用数字形式计算，而不使用矢量形式计算，所以，还必须将上述方程，即命中三角形或多边形向某些坐标轴上投影，将其转换为标量方程组，再由数字计算机求解这个方程组，获得命中点坐标或射击诸元。被用于投影的坐标轴在火控理论中又称为投影轴。

1. 投影轴与投影轴系

从理论上讲，任何矢量都可用做投影轴或用做派生投影轴的基础矢量，然而，只有可测量或可计算的矢量才可选来做这种矢量。设矢量 $\boldsymbol{D}$ 是被选来做派生投影轴的基础矢量，在火控理论中，可按不同的规则派生出两类投影轴，这就是线投影轴与角投影轴。

1）线投影轴

与选定矢量 $\boldsymbol{D}$ 重合且取向相同的有向直线被定义为线投影轴 $\boldsymbol{D}^0$。如果 $\boldsymbol{D}$ 的范数 $\|\boldsymbol{D}\|$ 有专用名称，则 $\boldsymbol{D}^0$ 也用该专用名称命名。

例如，若 $\boldsymbol{D}$ 是瞄准矢量，则 $\boldsymbol{D}^0$ 称目标现在斜距离投影轴；若 $\boldsymbol{D}_q$ 是命中矢量，则 $\boldsymbol{D}_q^0$ 称命中点斜距离投影轴；若 $\boldsymbol{L}$ 是射击矢量，则 $\boldsymbol{L}^0$ 称虚拟射击点斜距离投影轴；若 $\boldsymbol{d}$ 是瞄准矢量在水平面上的投影，则 $\boldsymbol{d}^0$ 称目标现在点水平距离投影轴；若 $\boldsymbol{d}_q$ 是命中矢量在水平面上的投影，则 $\boldsymbol{d}_q^0$ 称命中点水平距离投影轴。

很显然，与地球固连在一起，指向东方的水平轴 x^0、指向北方的水平轴 y^0、指

向上方的垂直轴 h^0，都是线投影轴。

2）角投影轴

与指定矢量 $\boldsymbol{D}$ 共面且垂直于 $\boldsymbol{D}$ 的所有矢量都可用做投影轴。显然，这种矢量有无穷多个。为了在这无穷多的矢量中给某个特殊的矢量定位，还得构造一个与 $\boldsymbol{D}$ 共面，且与 $\boldsymbol{D}$ 张角为 ε 的基准矢量 $\boldsymbol{d}$，显然，在与所在平面上有且仅有一条直线与 $\boldsymbol{D}$ 垂直，如图 3.12 所示。

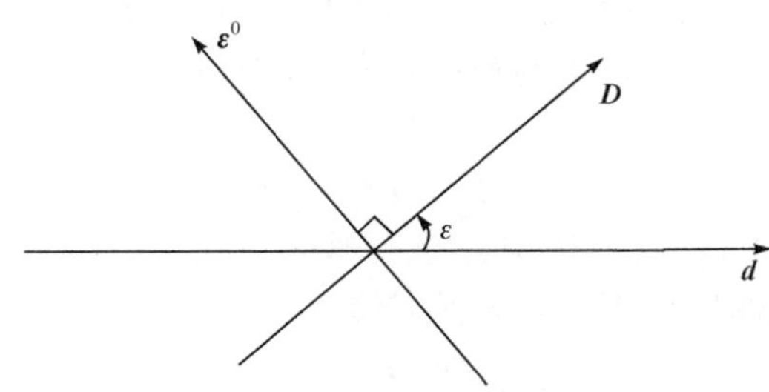

图 3.12　角投影轴 $\boldsymbol{\varepsilon}^0$

又，在 $\boldsymbol{D}$ 与 $\boldsymbol{d}$ 所在平面上，既可顺时针也可逆时针，将基准矢量 $\boldsymbol{d}$ 旋转到矢量 $\boldsymbol{D}$ 的方位上。为了定向的需要，还应根据使用方便或习惯，将上述两个旋转方向中的一个指定为正方向。如果规定：与 $\boldsymbol{D}$、$\boldsymbol{d}$ 共面且垂直于 $\boldsymbol{D}$ 的直线的方向就是在 $\boldsymbol{D}$ 与 $\boldsymbol{d}$ 共有的平面内依 ε 的正方向旋转 90°后的方向，则定义该垂直于 $\boldsymbol{D}$ 的有向直线为角投影轴 $\boldsymbol{\varepsilon}^0$，其中 ε 为矢量 $\boldsymbol{D}$ 对基准矢量 $\boldsymbol{d}$ 的张角。如果 ε 有专用名称，则 $\boldsymbol{\varepsilon}^0$ 也用该专用名称命名。

若 $\boldsymbol{D}$ 是瞄准矢量，$\boldsymbol{d}$ 是在 $\boldsymbol{D}$ 水平面上的投影，$\boldsymbol{D}$ 对 $\boldsymbol{d}$ 的张角为 ε，且 $\boldsymbol{D}$ 矢端向上抬离水平的旋转方向为正，则目标现在高低角投影轴 $\boldsymbol{\varepsilon}^0$ 如图 3.12 所示；设 $\boldsymbol{L}$ 是射击矢量，由于 $\boldsymbol{L}$ 对其在水平面上的投影的张角为武器高低角 φ_g，所以武器高低角投影轴 $\boldsymbol{\varphi}_g^0$ 应位于过 $\boldsymbol{L}$ 的铅垂直平面内，且与 $\boldsymbol{L}$ 垂直，至于 $\boldsymbol{\varphi}_g^0$ 的方向则是 $\boldsymbol{L}$ 在过 $\boldsymbol{L}$ 的铅垂面上依正向旋转 90°后所取的方向。

在水平面内指定 x^0 为基准方向，由于目标现在方位角 β、命中点方位角 β_q、武器方位角 β_g 分别是瞄准矢量 $\boldsymbol{D}$、命中矢量 $\boldsymbol{D}_q$、射击矢量 $\boldsymbol{L}$ 在水平面上的投影对 x^0 的张角，均为水平面上矢量角，所以，目标现在方位角投影轴 $\boldsymbol{\beta}^0$、命中点方位角投影轴 $\boldsymbol{\beta}_q^0$、武器方位角投影轴 $\boldsymbol{\beta}_g^0$ 均在水平面内，且分别超前 $\boldsymbol{D}$、$\boldsymbol{D}_q$、$\boldsymbol{L}$ 在水平面上的投影 90°。$\boldsymbol{\beta}^0$ 与 $\boldsymbol{\beta}_q^0$ 如图 3.13 所示。

如果指定目标航速矢量

$$\boldsymbol{V}(t)=\frac{\mathrm{d}}{\mathrm{d}t}\boldsymbol{D}(t) \tag{3-90}$$

为基础矢量，则可以由它派生出：与 $\boldsymbol{V}$ 同向的航速投影轴 $\boldsymbol{V}^0$；在过 $\boldsymbol{V}$ 的铅垂面上、

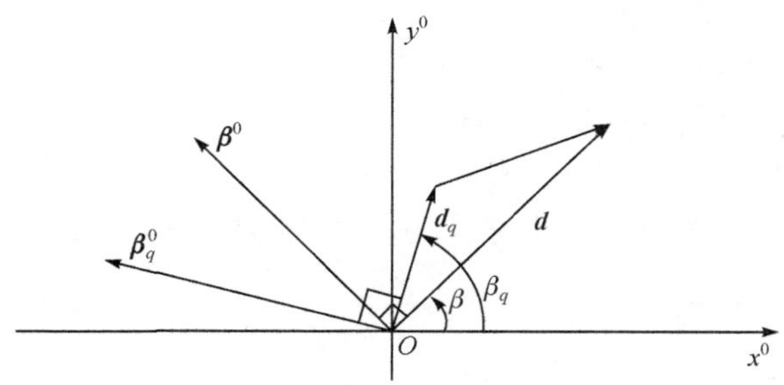

图 3.13　角投影轴 $\boldsymbol{\beta}^0$ 与 $\boldsymbol{\beta}_q^0$

垂直于 $\boldsymbol{V}$ 的俯冲角投影轴 $\boldsymbol{K}^0$；在水平面内、垂直于 $\boldsymbol{V}$ 在水平面内投影的航路角投影轴 $\boldsymbol{Q}^0$。图 3.14(b)给出了过 $\boldsymbol{V}$ 的铅垂面上的投影轴 $\boldsymbol{V}^0$ 与 $\boldsymbol{K}^0$，而图 3.14(a)则给出了水平面上的投影轴 $\boldsymbol{Q}^0$。

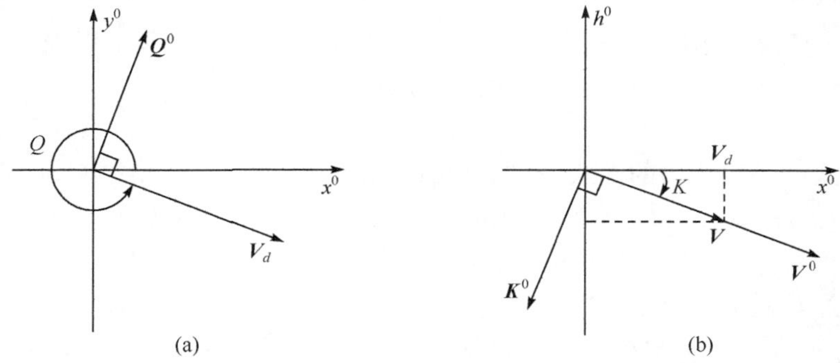

图 3.14　角投影轴 $\boldsymbol{Q}^0$、$\boldsymbol{V}^0$ 与 $\boldsymbol{K}^0$

由于习惯上，高低角 ε、ε_q、φ_g 上翘为正，而俯冲角 K 下俯为正，所以，相应的投影轴 $\boldsymbol{\varepsilon}^0$、$\boldsymbol{\varepsilon}_q^0$、$\boldsymbol{\varphi}_g^0$ 与投影轴 $\boldsymbol{K}^0$ 的正向是相反的。

对于三维空间的命中三角形或多边形的投影，应该构造具有三个投影轴的投影轴系，而对于三维空间的命中三角形或多边形，相应的投影轴应减缩为两个。

从理论上讲，任何三个共点而不共面的投影轴都可以构成一个可用的投影轴系，然而，为了使投影程序简单明了，火控技术中更多地采用正交投影轴系，即两两互相垂直的投影轴组成的投影轴系。常用的投影轴系有：

(1) 地理直角坐标投影轴系(x^0, y^0, h^0)；

(2) 现在点球形投影轴系($D^0, \beta^0, \varepsilon^0$)；

(3) 现在点柱形投影轴系(h^0, d^0, β^0)；

(4) 现在点锥形投影轴系($h^0, \beta^0, \varepsilon^0$)；

(5) 命中点球形投影轴系($D_q^0, \beta_q^0, \varepsilon_q^0$)；

(6) 命中点柱形投影轴系(h_q^0, d_q^0, β_q^0);

(7) 命中点锥形投影轴系($h_q^0, \beta_q^0, \varepsilon_q^0$);

(8) 弹道坐标投影轴系($L^0, \beta_g^0, \varphi_g^0$);

(9) 内坐标投影轴系(V^0, K^0, Q^0)。

当然,常用投影轴系绝不止上述这些,到底哪种最好,将在后续章节介绍。

2. 命中方程组的建立

将命中多边形,或者说,式(3-87)或式(3-89)向某个指定的投影轴系投影即得命中方程组。这已不存在任何技术难点,而只需提醒一点:基本射表与修正量射表的自变量应与命中方程组的待求量相一致。

如果计划先利用式(3-87)的投影方程解出命中点 $\boldsymbol{D}_q=(x_q, y_q, h_q)$ 的三个地理直角坐标,再求取射击诸元(β_g, φ_g, t_f),应先计算好以(x_q, y_q, h_q)为自变量的基本射表与修正量射表。由于这些射表不存在方位上的方向性,其自变量可减缩为 $d_q=\sqrt{x_q^2+y_q^2}$ 及 h_q 两个。按式(3-47)的形式事先离线计算好基本射表

$$\begin{cases}\alpha=\alpha(d_q, h_q)\\ t_f=t_f(d_q, h_q)\end{cases} \tag{3-91}$$

再按式(3-57)给出的形式,事先离线计算出

$$\begin{cases}\Delta t_f(d_q,h_q)=f_{\Delta v_0}(d_q,h_q)\Delta v_0+f_{\Delta\tau}(d_q,h_q)\Delta\tau+f_{\Delta p}(d_q,h_q)\Delta p\\ \qquad\qquad +f_{\Delta G_b}(d_q,h_q)\Delta G_b+f_{w_d}(d_q,h_q)w_d+f_{w_h}(d_q,h_q)w_h\\ \Delta\alpha(d_q,h_q)=f'_{\Delta v_0}(d_q,h_q)\Delta v_0+f'_{\Delta\tau}(d_q,h_q)\Delta\tau+f'_{\Delta p}(d_q,h_q)\Delta p\\ \qquad\qquad +f'_{\Delta G_b}(d_q,h_q)\Delta G_b+f'_{w_d}(d_q,h_q)w_d+f'_{w_h}(d_q,h_q)w_h\\ \Delta\beta(d_q,h_q)=\Delta\beta_z(d_q,h_q)+\beta_{w_z}(d_q,h_q)w_z\end{cases} \tag{3-92}$$

中的 14 个以(d_q, h_q)为自变量的修正量射表,即可开始建立命中方程组。

将式(3-87)逐项向地理直角坐标系投影,为了简化投影表达式,不妨假定目标做等速直线运动,并暂令 $\Delta\beta(d_q, h_q)=0$,此时有

$$\begin{cases}x_q-x-v_x[t_f(d_q,h_q)-\Delta t_f(d_q,h_q)]-J_x=0\\ y_q-y-v_y[t_f(d_q,h_q)-\Delta t_f(d_q,h_q)]-J_y=0\\ h_q-h-v_h[t_f(d_q,h_q)-\Delta t_f(d_q,h_q)]-J_h=0\end{cases} \tag{3-93}$$

式中

$$\boldsymbol{D}=(x, y, h)^{\mathrm{T}} \tag{3-94}$$

为目标现在点坐标,而

$$\boldsymbol{V}=(v_x, v_y, v_h)^{\mathrm{T}} \tag{3-95}$$

为目标现在点速度,又

$$\boldsymbol{J}=(J_x, J_y, J_h)^{\mathrm{T}} \tag{3-96}$$

为观测基线在地理直角坐标系上的投影,此外

$$d_q^2 = x_q^2 + y_q^2 \tag{3-97}$$

应是式(3-93)的联系方程。式(3-93)即为求解命中点坐标

$$\boldsymbol{D}_q = (x_q, y_q, h_q)^{\mathrm{T}} \tag{3-98}$$

的命中方程组。如果此方程组有解,且求得了这组解,则射击诸元可由下式计算:

$$\begin{cases} \varphi_g = \arctan \dfrac{h_q}{\sqrt{x_q^2 + y_q^2}} + \alpha(d_q, h_q) + \Delta\alpha(d_q, h_q) \\ \beta_g = \arctan \dfrac{y_q}{x_q} + \Delta\beta_z(d_q, h_q) + \beta_{w_z}(d_q, h_q) \\ t_f = t_f(d_q, h_q) \end{cases} \tag{3-99}$$

在推导式(3-93)时忽略的 $\Delta\beta(d_q, h_q)$在上式中得到了补偿。

如果计划利用式(3-89)的投影直接计算射击诸元$(\varphi_g, \beta_g, t_f)$,则应先将射表的自变量改作$(\varphi_g, t_f)$。这里去掉 β_g 也是因为这些射表对 β_g 具有不变性。不妨将基本射表改作式(3-49)给出的形式:

$$\begin{cases} L = L(\varphi_g, t_f) \\ P = P(\varphi_g, t_f) \end{cases} \tag{3-100}$$

再将修正量射表按下述形式改作:

$$\begin{cases} \Delta d_q(\varphi_g, t_f) = g_{\Delta v_0}(\varphi_g, t_f)\Delta v_0 + g_{\Delta\tau}(\varphi_g, t_f)\Delta\tau + g_{\Delta p}(\varphi_g, t_f)\Delta p \\ \qquad + g_{\Delta G_b}(\varphi_g, t_f)\Delta G_b + g_{w_d}(\varphi_g, t_f)w_d + g_{w_h}(\varphi_g, t_f)w_h \\ \Delta h_q(\varphi_g, t_f) = g'_{\Delta v_0}(\varphi_g, t_f)\Delta v_0 + g'_{\Delta\tau}(\varphi_g, t_f)\Delta\tau + g'_{\Delta p}(\varphi_g, t_f)\Delta p \\ \qquad + g'_{\Delta G_b}(\varphi_g, t_f)\Delta G_b + g'_{w_d}(\varphi_g, t_f)w_d + g'_{w_h}(\varphi_g, t_f)w_h \\ z_q(\varphi_g, t_f) = z_{\beta_z}(\varphi_g, t_f) + z_{w_z}(\varphi_g, t_f)w_z \end{cases} \tag{3-101}$$

式中,z_q 是由式(3-29)计算出的、以线量形式给出的弹道横偏量,它等于纯由偏流造成的横偏量 z_{β_z} 与纯由横风造成的横偏量之和。

仍假定目标做等速直线运动,将式(3-89)向弹道坐标投影轴系投影,可得另一种形式的命中方程组

$$\begin{cases} L(\varphi_g, t_f) - [d_q + \Delta d_q(\varphi_g, t_f) + J_d]\cos\varphi_g - [h_q + \Delta d_q(\varphi_g, t_f) + J_h]\sin\varphi_g \\ \qquad - P(\varphi_g, t_f)\sin\varphi_g = 0 \\ -[d_q + \Delta d_q(\varphi_g, t_f) + J_d]\sin\varphi_g + [h_q + \Delta d_q(\varphi_g, t_f) + J_h]\cos\varphi_g \\ \qquad + P(\varphi_g, t_f)\cos\varphi_g = 0 \\ (x_q + J_x)\sin\beta_g - (y_q + J_y)\cos\beta_g - z_q(\varphi_g, t_f) = 0 \end{cases} \tag{3-102}$$

式中

$$\begin{cases} x_q = x + v_x t_f \\ y_q = y + v_y t_f \\ h_q = h + v_h t_f \end{cases} \tag{3-103}$$

及

$$d_q=\sqrt{x_q^2+y_q^2} \tag{3-104}$$

与

$$J_d=\sqrt{J_x^2+J_y^2} \tag{3-105}$$

为联系方程。式(3-102)共有三个方程,且恰好有三个未知数,即三个射击诸元 φ_g、β_g、t_f。很显然,改换投影轴系、射表表达形式或中间变量,还可以得到其他形式的命中方程组,这里不再赘述。

3.3.2 命中方程的求解

记

$$\boldsymbol{X}_q=(x_{q1},x_{q2},x_{q3})^{\mathrm{T}} \tag{3-106}$$

为命中方程的待求量,它或者是命中点坐标,或者是射击诸元,又记

$$\boldsymbol{U}=(u_1,u_2,\cdots,u_s)^{\mathrm{T}} \tag{3-107}$$

为命中方程中的已知量,它包括:目标的现在位置、速度、加速度、弹道与气象条件偏差量、观测基线等,则命中方程可概括为

$$F_i(x_{q1},x_{q2},x_{q3},u_1,u_2,\cdots,u_s)=F_i(\boldsymbol{X}_q,\boldsymbol{U})=0 \tag{3-108}$$

式中,$i=1,2,3$。再记

$$\boldsymbol{F}=(F_1,F_2,F_3)^{\mathrm{T}} \tag{3-109}$$

则命中方程更可进一步概括为

$$\boldsymbol{F}(\boldsymbol{X}_q,\boldsymbol{U})=0 \tag{3-110}$$

所谓的求解命中方程,就是将上述的隐函数改作显函数

$$\boldsymbol{X}_q=\boldsymbol{Q}(\boldsymbol{U}) \tag{3-111}$$

使

$$\boldsymbol{F}[\boldsymbol{Q}(\boldsymbol{U}),\boldsymbol{U}]=0 \tag{3-112}$$

当不考查 $\boldsymbol{U}$ 的作用时,式(3-110)中的 $\boldsymbol{U}$ 也可隐去,而将命中方程缩写成

$$\boldsymbol{F}(\boldsymbol{X}_q)=0 \tag{3-113}$$

求解此类非线性方程的方法很多,大致可分为两类,即线性化法与搜索法。只有那些在求解精度与速度上均能满足要求的算法才有可能被采用于火控计算机之中。

1. 线性化法

设 $\boldsymbol{X}_q$ 的第 k 次近似值为 $\boldsymbol{X}_q^{(k)}$,相应的误差

$$\Delta\boldsymbol{X}_q^{(k)}=\boldsymbol{X}_q-\boldsymbol{X}_q^{(k)} \tag{3-114}$$

将上式代入式(3-113),再将 $\boldsymbol{F}(\boldsymbol{X}_q)$在 $\boldsymbol{X}_q^{(k)}$ 处展成泰勒级数,并只保留常数项与一阶项,则得式(3-113)的线性化方程

$$\boldsymbol{F}(\boldsymbol{X}_q)=\boldsymbol{F}(\boldsymbol{X}_q^{(k)}+\Delta\boldsymbol{X}_q^{(k)})=\boldsymbol{F}(\boldsymbol{X}_q^{(k)})+\frac{\partial\boldsymbol{F}(\boldsymbol{X}_q^{(k)})}{\partial(\boldsymbol{X}_q^{(k)})^{\mathrm{T}}}\Delta\boldsymbol{X}_q^{(k)}=0 \tag{3-115}$$

记

$$\boldsymbol{A}^{(k)}=\frac{\partial\boldsymbol{F}(\boldsymbol{X}_q^{(k)})}{\partial(\boldsymbol{X}_q^{(k)})^{\mathrm{T}}}=\begin{bmatrix}\dfrac{\partial F_1(\boldsymbol{X}_q^{(k)})}{\partial x_{q1}} & \dfrac{\partial F_1(\boldsymbol{X}_q^{(k)})}{\partial x_{q2}} & \dfrac{\partial F_1(\boldsymbol{X}_q^{(k)})}{\partial x_{q3}}\\ \dfrac{\partial F_2(\boldsymbol{X}_q^{(k)})}{\partial x_{q1}} & \dfrac{\partial F_2(\boldsymbol{X}_q^{(k)})}{\partial x_{q2}} & \dfrac{\partial F_2(\boldsymbol{X}_q^{(k)})}{\partial x_{q3}}\\ \dfrac{\partial F_3(\boldsymbol{X}_q^{(k)})}{\partial x_{q1}} & \dfrac{\partial F_3(\boldsymbol{X}_q^{(k)})}{\partial x_{q2}} & \dfrac{\partial F_3(\boldsymbol{X}_q^{(k)})}{\partial x_{q3}}\end{bmatrix}=\begin{bmatrix}a_{11}^{(k)} & a_{12}^{(k)} & a_{13}^{(k)}\\ a_{21}^{(k)} & a_{22}^{(k)} & a_{23}^{(k)}\\ a_{31}^{(k)} & a_{32}^{(k)} & a_{33}^{(k)}\end{bmatrix} \tag{3-116}$$

则有

$$\begin{cases}\boldsymbol{A}^{(k)}\Delta\boldsymbol{X}_q^{(k)}=-\boldsymbol{F}(\boldsymbol{X}_q^{(k)})\\ \boldsymbol{X}_q=\boldsymbol{X}_q^{(k)}+\Delta\boldsymbol{X}_q^{(k)}\end{cases} \tag{3-117}$$

为 $\boldsymbol{X}_q^{(k)}$ 与 $\Delta\boldsymbol{X}_q^{(k)}$ 应满足的方程。如果能从此方程中求解出 $\boldsymbol{X}_q^{(k)}$ 与 $\Delta\boldsymbol{X}_q^{(k)}$，则准确解 $\boldsymbol{X}_q$ 也就求到了，然而，这是很难直接做到的。如果有

$$a_{ii}^{(k)}\neq 0 \tag{3-118}$$

对 $i=1,2,3$ 均成立，再做矩阵

$$\boldsymbol{B}^{(k)}=\begin{bmatrix}a_{11}^{(k)} & 0 & 0\\ 0 & a_{22}^{(k)} & 0\\ 0 & 0 & a_{33}^{(k)}\end{bmatrix}^{-1} \tag{3-119}$$

与矩阵

$$\boldsymbol{C}^{(k)}=-\boldsymbol{B}^{(k)}\boldsymbol{F}(\boldsymbol{X}_q^{(k)})=\begin{bmatrix}-\dfrac{F_1(\boldsymbol{X}_q^{(k)})}{a_{11}^{(k)}}\\ -\dfrac{F_2(\boldsymbol{X}_q^{(k)})}{a_{22}^{(k)}}\\ -\dfrac{F_3(\boldsymbol{X}_q^{(k)})}{a_{33}^{(k)}}\end{bmatrix} \tag{3-120}$$

及矩阵

$$\boldsymbol{G}^{(k)}=\boldsymbol{I}-\boldsymbol{B}^{(k)}\boldsymbol{A}^{(k)}=\begin{bmatrix}0 & -\dfrac{a_{12}^{(k)}}{a_{11}^{(k)}} & -\dfrac{a_{13}^{(k)}}{a_{11}^{(k)}}\\ -\dfrac{a_{21}^{(k)}}{a_{22}^{(k)}} & 0 & -\dfrac{a_{23}^{(k)}}{a_{22}^{(k)}}\\ -\dfrac{a_{31}^{(k)}}{a_{33}^{(k)}} & -\dfrac{a_{32}^{(k)}}{a_{33}^{(k)}} & 0\end{bmatrix} \tag{3-121}$$

将式(3-120)和式(3-121)代入式(3-117)，得

$$\begin{cases}\Delta\boldsymbol{X}_q^{(k)}=\boldsymbol{G}^{(k)}\Delta\boldsymbol{X}_q^{(k)}+\boldsymbol{C}^{(k)}\\ \boldsymbol{X}_q=\boldsymbol{X}_q^{(k)}+\Delta\boldsymbol{X}_q^{(k)}\end{cases}\tag{3-122}$$

任给一个 $\boldsymbol{X}_q^{(k)}$，可按式(3-120)与式(3-121)计算出 $\boldsymbol{G}^{(k)}$ 与 $\boldsymbol{C}^{(k)}$。再任给一个 $\Delta\boldsymbol{X}_q^{(0)}$，由于等式条件已被破坏，此时，式(3-122)第一式中的等号将不再成立，而应将它改为迭代式，即

$$\Delta\boldsymbol{X}_q^{(i+1)}=\boldsymbol{G}^{(k)}\Delta\boldsymbol{X}_q^{(i)}+\boldsymbol{C}^{(k)}\tag{3-123}$$

依次置 i 由 0 到 $k-1$，用上述迭代式迭代 k 次，即可得 $\Delta\boldsymbol{X}_q^{(k)}$。如果式(3-113)是线性方程，则不存在任何线性化带来的误差，将已得到的 $\Delta\boldsymbol{X}_q^{(k)}$ 代入式(3-122)的第二式，即得准确解 $\boldsymbol{X}_q$。由于命中方程是非线性的，由式(3-122)的第二式得到的 $\boldsymbol{X}_q$ 仅能作为一个更好的近似解，继续参与迭代，即

$$\boldsymbol{X}_q^{(k+1)}=\boldsymbol{X}_q^{(k)}+\Delta\boldsymbol{X}_q^{(k)}\tag{3-124}$$

直到

$$\|\boldsymbol{X}_q^{(k+1)}-\boldsymbol{X}_q^{(k)}\|\leqslant\varepsilon\tag{3-125}$$

迭代结束，并以最后的 $\boldsymbol{X}_q^{k+1}$ 为式(3-113)之解。图 3.15 是相应的计算程序框图。

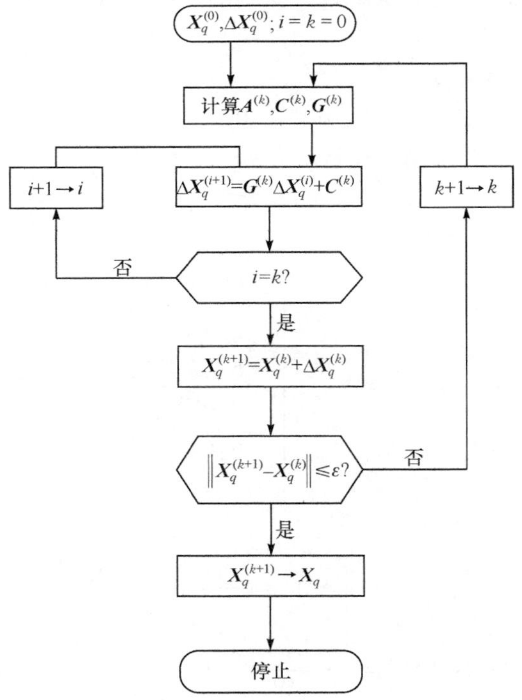

图 3.15　线性化法求解命中方程组程序框图

很明显，计算程序中有两个循环：计算 $\Delta\boldsymbol{X}_q^{(i)}$ 的内循环，其中 $\boldsymbol{X}_q^{(k)}$ 是由初值

$\Delta \boldsymbol{X}_q^{(0)}$ 经 k 次迭代完成的，故 $\Delta \boldsymbol{X}_q^{(i)}$ 被计算了 $1+2+\cdots+k=k(k+1)/2$ 次；计算 $\boldsymbol{X}_q^{(k)}$ 的外循环，它的循环次数 k 决定于控制参数 ε，见式(3-125)。

2. 搜索法

定义

$$\varphi(\boldsymbol{X}_q)=\sum_{i=1}^{3}F_i^2(\boldsymbol{X}_q) \tag{3-126}$$

为目标函数，其中 $F_i(\boldsymbol{X}_q)$ 为式(3-108)所示命中方程。

任给一个 $\boldsymbol{X}_q^{(k)}$，若

$$\varphi(\boldsymbol{X}_q^{(k)})=0 \tag{3-127}$$

则 $\boldsymbol{X}_q^{(k)}$ 必为命中方程之解；反之，若 $\varphi(\boldsymbol{X}_q^{(k)})>0$，则 $\boldsymbol{X}_q^{(k)}$ 必然不是命中方程之解。如何才能把这个使目标函数 $\varphi(\boldsymbol{X}_q^{(k)})$ 为零的 $\boldsymbol{X}_q$ 搜寻出来呢？一个最笨拙的办法是全面搜索法：在 $\boldsymbol{X}_q$ 可能出现的区间内，以 $\boldsymbol{X}_q$ 允许误差为步长，逐一地计算目标函数，找出使目标函数为最小值的 $\boldsymbol{X}_q$。如果对目标函数的性质一无所知，那么似乎也不存在比全面搜索法更好的优化搜索法了。然而，对于命中方程的目标函数而言，在包含命中方程解的邻域内它通常都可以用凹函数来表示，而凹函数定义请查阅有关数学文献。这里可将命中方程的目标函数形象地比喻为一个逐渐下跌的山谷，而目标函数 $\varphi(\boldsymbol{X}_q^{(k)})$ 则表示了谷坡距谷底的相对标高(等高线)。求解命中方程等价于搜索谷底，如果已经搜索到了 $\boldsymbol{X}_q^{(k)}$，而目标函数还不为零，则应继续搜索 $\boldsymbol{X}_q^{(k)}$。记

$$\boldsymbol{X}_q^{(k+1)}-\boldsymbol{X}_q^{(k)}=\alpha^{(k)}\boldsymbol{S}^{(k)} \tag{3-128}$$

式中，$\alpha^{(k)}$ 为正数；$\boldsymbol{S}^{(k)}$ 为矢量。显然，$\boldsymbol{S}_q^{(k)}$ 表征了在 $\boldsymbol{X}_q^{(k)}$ 处继续搜索的方向，而 $\alpha^{(k)}$ 则表征了在 $\boldsymbol{S}^{(k)}$ 方向上继续搜索的步长。当 $\boldsymbol{S}^{(k)}$ 一定时，$\alpha^{(k)}$ 的选择应能保证，对所有 $\alpha>0$ 恒有

$$\varphi(\boldsymbol{X}_q^{(k+1)})=\varphi(\boldsymbol{X}_q^{(k)}+\alpha^{(k)}\boldsymbol{S}^{(k)})=\min_{\alpha}\varphi(\boldsymbol{X}_q^{(k)}+\alpha\boldsymbol{S}^{(k)}) \tag{3-129}$$

也就是说，$\boldsymbol{X}_q^{(k+1)}$ 是在 $\boldsymbol{S}^{(k)}$ 方向上标高最近的一点。当 $\boldsymbol{S}^{(k)}$ 给定后，求 $\alpha^{(k)}$ 仅仅是一维搜索问题，较容易解决。因而，用搜索法求解命中方程组的关键就变成了如何决定搜索方向。

设 $\boldsymbol{X}_q^{(k)}$ 是第 k 步搜索的结果，而下一步搜索的目标当然应是谷底 $\boldsymbol{X}_q$。将目标函数 $\varphi(\boldsymbol{X}_q)$ 在 $\boldsymbol{X}_q^{(k)}$ 处展成泰勒级数，略去三阶与三阶以上各项，得

$$\begin{aligned}\varphi(\boldsymbol{X}_q)&=\varphi(\boldsymbol{X}_q^{(k)}+\Delta\boldsymbol{X}_q^{(k)})\\&=\varphi(\boldsymbol{X}_q^{(k)})+[\nabla\varphi(\boldsymbol{X}_q^{(k)})]^{\mathrm{T}}(\boldsymbol{X}_q-\boldsymbol{X}_q^{(k)})+\frac{1}{2}(\boldsymbol{X}_q-\boldsymbol{X}_q^{(k)})^{\mathrm{T}}\boldsymbol{H}(\boldsymbol{X}_q^{(k)})(\boldsymbol{X}_q-\boldsymbol{X}_q^{(k)})\end{aligned} \tag{3-130}$$

式中

$$\nabla\varphi(\boldsymbol{X}_q^{(k)})=\left(\frac{\partial\varphi(\boldsymbol{X}_q)}{\partial x_{q1}},\frac{\partial\varphi(\boldsymbol{X}_q)}{\partial x_{q2}},\frac{\partial\varphi(\boldsymbol{X}_q)}{\partial x_{q3}}\right)^{\mathrm{T}} \tag{3-131}$$

为目标函数的梯度，而

$$\boldsymbol{H}(\boldsymbol{X}_q)=\begin{bmatrix}\dfrac{\partial^2\varphi(\boldsymbol{X}_q)}{\partial x_{q1}^2} & \dfrac{\partial^2\varphi(\boldsymbol{X}_q)}{\partial x_{q1}\partial x_{q2}} & \dfrac{\partial^2\varphi(\boldsymbol{X}_q)}{\partial x_{q1}\partial x_{q3}}\\ \dfrac{\partial^2\varphi(\boldsymbol{X}_q)}{\partial x_{q2}\partial x_{q1}} & \dfrac{\partial^2\varphi(\boldsymbol{X}_q)}{\partial x_{q2}^2} & \dfrac{\partial^2\varphi(\boldsymbol{X}_q)}{\partial x_{q2}\partial x_{q3}}\\ \dfrac{\partial^2\varphi(\boldsymbol{X}_q)}{\partial x_{q3}\partial x_{q1}} & \dfrac{\partial^2\varphi(\boldsymbol{X}_q)}{\partial x_{q3}\partial x_{q2}} & \dfrac{\partial^2\varphi(\boldsymbol{X}_q)}{\partial x_{q3}^2}\end{bmatrix} \tag{3-132}$$

称为目标函数的黑塞(Hessian)阵，乃是一个对称方阵。

目标函数不但有极小值点，而且还假定它存在着二阶偏导数。从数学理论知，此时的 $\varphi(t)$ 在极小值点上的梯度应为零，且黑塞阵应正定，即

$$\nabla\varphi(\boldsymbol{X}_q)=\nabla\varphi(\boldsymbol{X}_q^{(k)})+\boldsymbol{H}(\boldsymbol{X}_q^{(k)})(\boldsymbol{X}_q-\boldsymbol{X}_q^{(k)})=0 \tag{3-133}$$

且

$$\boldsymbol{H}(\boldsymbol{X}_q^{(k)})>0 \tag{3-134}$$

由此式知，$\boldsymbol{H}(\boldsymbol{X}_q^{(k)})$ 可逆，由式(3-133)知

$$\boldsymbol{X}_q=\boldsymbol{X}_q^{(k)}-\boldsymbol{H}^{-1}(\boldsymbol{X}_q^{(k)})\nabla\varphi(\boldsymbol{X}_q^{(k)}) \tag{3-135}$$

如果目标函数的确是一个二次函数，即它的三阶及三阶以上导数均为零，那么，用此式就可一步得到命中方程的解。由于在推导式(3-129)时，略去了三阶及三阶以上的导数项，因而还不能用式(3-135)一步求得 $\boldsymbol{X}_q$，而必须把它改作迭代式，即

$$\boldsymbol{X}_q^{(k+1)}=\boldsymbol{X}_q^{(k)}-\boldsymbol{H}^{-1}(\boldsymbol{X}_q^{(k)})\nabla\varphi(\boldsymbol{X}_q^{(k)}) \tag{3-136}$$

只有当

$$\|\boldsymbol{X}_q^{(k+1)}-\boldsymbol{X}_q^{(k)}\|\leqslant\varepsilon \tag{3-137}$$

时，才令迭代终止，求出命中方程之解。

式(3-136)称为牛顿(Newton)法。由于它考虑了目标函数的泰勒展开式二次项，因而要比线性化法优胜一筹。其计算框图如图 3.16 所示。

对比式(3-136)与式(3-130)，可以发现，对牛顿法而言，有

$$\begin{cases}\boldsymbol{S}^{(k)}=-\boldsymbol{H}^{-1}(\boldsymbol{X}_q^{(k)})\nabla\varphi(\boldsymbol{X}_q^{(k)})\\ \alpha^{(k)}=1\end{cases} \tag{3-138}$$

式中，$\boldsymbol{S}^{(k)}$ 称为牛顿方向。牛顿法有两个缺点：在牛顿方向上，步长不能调整，而它给出的步长又不一定是最优的；存在着以二阶导数为元素的矩阵求逆运算，这是很不方便的。

为了克服牛顿法的上述两个缺点，一是在 $\boldsymbol{S}^{(k)}$ 之前加上搜索步长因子 $\alpha^{(k)}$，二是寻求一个尺度阵 $\boldsymbol{Q}$ 的迭代公式

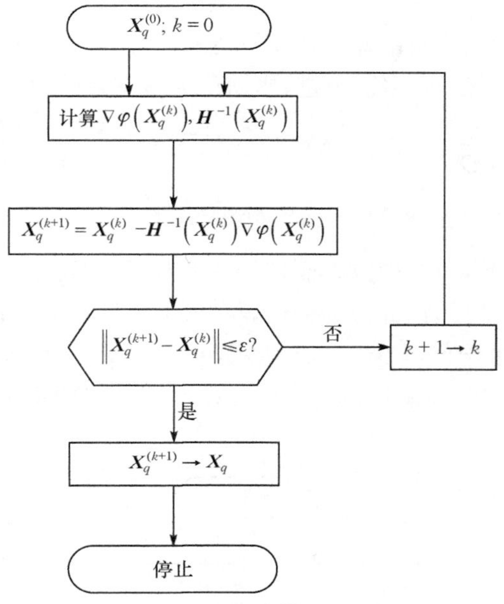

图 3.16 牛顿法求解命中方程组程序框图

$$\begin{cases}\boldsymbol{Q}^{(k+1)}=\boldsymbol{Q}^{(k)}+\boldsymbol{E}^{(k)}\\\boldsymbol{Q}^{(0)}=\boldsymbol{I}\end{cases}\tag{3-139}$$

并设法保证此迭代公式在迭代若干步之后，有

$$\boldsymbol{Q}^{(k)}=\boldsymbol{H}^{-1}(\boldsymbol{X}_q^k)\tag{3-140}$$

而且 $\boldsymbol{E}^{(k)}$ 不含二次求导与矩阵求逆运算。如果做到了以上两点，式(3-136)就应修改为

$$\boldsymbol{X}_q^{(k+1)}=\boldsymbol{X}_q^{(k)}-\alpha^{(k)}\boldsymbol{Q}^{(k)}\nabla\varphi(\boldsymbol{X}_q^{(k)})\tag{3-141}$$

于是，算法将变得极为简单。为了使上述设想成为现实，一是寻求式(3-139)中的 $\boldsymbol{E}^{(k)}$ 的表达式，二是安排式(3-139)的迭代途径。

如果式(3-133)中的 $\boldsymbol{X}_q$ 不确指最小值点，则可将该式改为

$$\nabla\varphi(\boldsymbol{X}_q^{(k+1)})=\nabla\varphi(\boldsymbol{X}_q^{(k)})+\boldsymbol{H}(\boldsymbol{X}^{(k)})(\boldsymbol{X}_q^{(k+1)}-\boldsymbol{X}_q^{(k)})\tag{3-142}$$

记

$$\boldsymbol{G}=\nabla\varphi(\boldsymbol{X}_q)\tag{3-143}$$

则有

$$\begin{aligned}\Delta\boldsymbol{G}^{(k)}&=\boldsymbol{G}^{(k+1)}-\boldsymbol{G}^{(k)}\\&=\nabla\varphi(\boldsymbol{X}_q^{(k+1)})-\nabla\varphi(\boldsymbol{X}_q^{(k)})\\&=\boldsymbol{H}(\boldsymbol{X}^{(k)})\Delta\boldsymbol{X}_q^{(k)}\end{aligned}\tag{3-144}$$

故有

$$\Delta \boldsymbol{X}_q^{(k)} = \boldsymbol{H}^{-1}(\boldsymbol{X}^{(k)})\Delta \boldsymbol{G}^{(k)} = \boldsymbol{Q}^{(k)}\Delta \boldsymbol{G}^{(k)} \tag{3-145}$$

此式表明，$\boldsymbol{E}^{(k)}$ 作为 $\boldsymbol{Q}^{(k)}$ 的修正阵应是 $\boldsymbol{Q}^{(k)}$、$\Delta \boldsymbol{X}_q^{(k)}$ 与 $\Delta \boldsymbol{G}^{(k)}$ 的函数。

具体的函数关系曾经过多次改进，当前认为最有效的形式是

$$\boldsymbol{E}^{(k)} = \frac{1}{(\Delta \boldsymbol{X}_q^{(k)})^{\mathrm{T}}\Delta \boldsymbol{G}^{(k)}}\left[\Delta \boldsymbol{X}_q^{(k)}(\Delta \boldsymbol{X}_q^{(k)})^{\mathrm{T}} + \frac{\Delta \boldsymbol{X}_q^{(k)}(\Delta \boldsymbol{X}_q^{(k)})^{\mathrm{T}}(\Delta \boldsymbol{G}^{(k)})^{\mathrm{T}}\boldsymbol{Q}^{(k)}\Delta \boldsymbol{G}^{(k)}}{(\Delta \boldsymbol{X}_q^{(k)})^{\mathrm{T}}\Delta \boldsymbol{G}^{(k)}} - \boldsymbol{Q}^{(k)}\Delta \boldsymbol{G}^{(k)}(\Delta \boldsymbol{X}_q^{(k)})^{\mathrm{T}} - \Delta \boldsymbol{X}_q^{(k)}(\Delta \boldsymbol{G}^{(k)})^{\mathrm{T}}\boldsymbol{Q}^{(k)}\right] \tag{3-146}$$

设 n 为 $\boldsymbol{X}_q$ 的维数，对命中方程而言，$n=3$，如果利用式(3-139)迭代 $n=3$ 次，将会得到一个 $\boldsymbol{X}_q^{(n)} = \boldsymbol{X}_q^{(3)}$，以此值为初值，再利用式(3-139)迭代 $n=3$，又会得到一个新的 $\boldsymbol{X}_q^{(n)} = \boldsymbol{X}_q^{(3)}$，再迭代，如图 3.17 所示，直到 $\| \boldsymbol{X}_q^{(k+1)} - \boldsymbol{X}_q^{(k)} \| \leqslant \varepsilon$，迭代终止。理论与实践均已证明，这最后的 $\Delta \boldsymbol{X}_q^{(k)}$、$\Delta \boldsymbol{G}^{(k)}$、$\boldsymbol{E}^{(k)}$ 的确能够保证式(3-139)与式(3-145)成立。

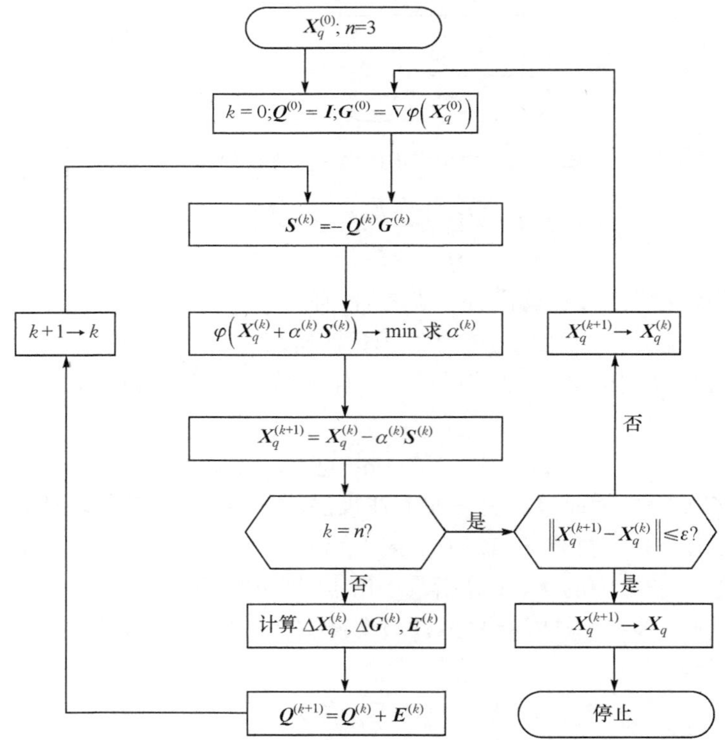

图 3.17　BFGS 变尺度法求解命中方程组程序框图

这种改进的牛顿法称 BFGS 变尺度法，是由 Broyden、Fletcher、Goldfarb 和 Shanno 提出的，在当前被认为是一种收敛快、精度高的优质搜索法。

3.3.3 命中解的竞争与射击时机分析

在求解命中方程的过程中，对匀速直线运动目标，高炮武器系统会出现两个命中解竞争同一射击瞬时的情形；对防空导弹而言，甚至会出现三个命中解竞争同一射击瞬时的情形；对弹炮结合武器系统，以及做更复杂运动的机动目标，会出现多个命中解竞争同一射击瞬时的情形，该问题称为命中解的竞争问题。当武器系统出现命中解的竞争时，只能取此舍彼，根据具体战术使用原则，设计合理高效的射击时机分配模式，对命中解的竞争问题实施有效控制，否则，一旦错过了某一发射时机将失去与之对应的一或多个命中时机。

1. 命中解的竞争问题

对任一复杂的机动航路而言，都可以将其分割为若干个首尾相衔的、相对火力点仅由临近到远离的过程构成的简单航路。记简单航路 S 上的 P 点距火力点 O 最近，目标 T 过 P 点的自然时 $t=0$，如图 3.18 所示，显然，$t<0$ 为临近，$t>0$ 为远离。

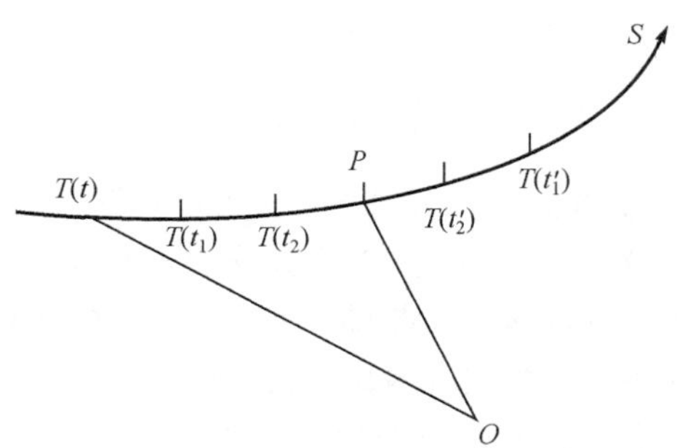

图 3.18 简单航路示意图

设从 O 点发射的弹头在经过了弹头飞行时间 t_f 后，于自然时 t 命中位于航路 S 上的目标 T。显然，$t-t_f$ 应是弹头发射的瞬时。用同一种弹头对同一航路上同一目标射击，将存在唯一一条弹头飞行时间 t_f 相对自然时 t 的曲线 $t_f(t)$，简称弹头飞行时间曲线，如图 3.19 所示。

记目标航速为 $V_T(t)$、弹速为 $V_b(\mathrm{t})$、航路与弹道在点 T 的夹角为 $\theta(t)$，弹头由点 O 飞抵点 T 的平均弹速为 $\bar{V}_b(t)$，则有

$$t_f(t)=\frac{\|OT\|}{\bar{V}_b(t)} \tag{3-147}$$

对于匀速直线运动目标，还有

$$\frac{\mathrm{d}}{\mathrm{d}t}t_f(t)=\frac{V_T(t)}{\bar{V}_b(t)}\cos\theta(t) \tag{3-148}$$

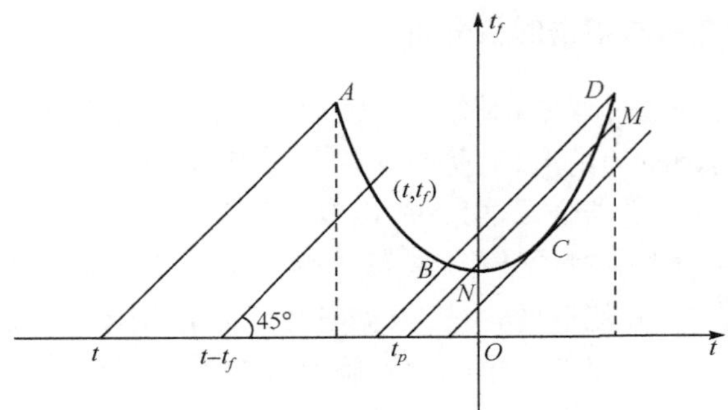

图 3.19　弹头飞行时间曲线

对简单航路的弹头飞行时间曲线 $t_f(t)$有如下性质：

(1) 曲线 $t_f(t)$在 $t=0$ 瞬时(目标距火力点最近处)有唯一极小值。

(2) 命中瞬时(t,t_f)与其相应的射击瞬时$(t-t_f,0)$两点间的连线是倾斜角为45°的直线。

(3) 对一确定的点 T,曲线 $t_f(t)$的陡度$|\mathrm{d}t_f/\mathrm{d}t|$随目标航速 V_T 的提高而增大。当 V_T 超过一定值时,由式(3-148)知,在 V_b、θ 不变时,将会有

$$\frac{\mathrm{d}}{\mathrm{d}t}t_f(t)\geqslant 1 \tag{3-149}$$

之情况出现,如图 3.19 中的弧段$\overset{\frown}{CD}$。此时,过$\overset{\frown}{CD}$上任一点 M 的倾斜角为 45°的直线,都会在$\overset{\frown}{BC}$上有一交点 N 存在。若该直线交横轴于 t_p,显然,该两命中点 M 与 N 都要求在 $t=t_p$ 瞬时实施射击,此即所谓的命中解的竞争。由于不可能用同一弹头对两点同时实施射击,故在求解命中方程时,必须将其中的一点设计为稳定点,另一点设计为不稳定点。倘若将舍远求近作为射击准则,则相应于$\overset{\frown}{CD}$上的点应设计为不稳定点,此时,它虽然还处于有效的射程之内,但由于相应的射击时机已被占用,故已不能再对之实施射击,这就是说,此时目标已处于不可射击区域。

易于发现,在简单航路下,对一直减速的高炮弹头最多只有两个命中点参与竞争;而对一直加速的导弹,将会发现最多也只有三个命中点参与竞争。因而,对于复杂的机动航路,在同一射击瞬时可能出现更多个命中点参与竞争。由于必须根据相应的射击准则选定其中的一点为稳定点,故以简单航路为分析对象并未失去其一般性。

2. 射击时机分析

将高炮与防空导弹同置于点 O,记 t_f 与 t_f^* 分别为高炮弹头与防空导弹弹头从点O 飞抵目标 T 的时间,假设目标按简单航路飞行,其航速 V_T 高到足有一段路使式(3-149)得到满足。由于高炮弹头初速均在(3～5)Ma,且在有效射程内,其速

度衰减不过30%，而防空导弹弹头初速为零，平均弹速多在(2～3)Ma，因而，下述有关弹头飞行时间曲线的论述是显而易见的：

(1) 在航路S上，将会存在两点$T(t_1)$与$T(t_1')$，当高炮与防空导弹的弹头从点O飞抵$T(t_1)$或$T(t_1')$时，具有相同的平均速度。由式(3-147)易知：在$t=t_1$与$t=t_1'$瞬时，$t_f(t)$与$t_f^*(t)$相交；在$t_1<t<t_1'$时段中$t_f(t)<t_f^*(t)$，在其余时段中$t_f(t)>t_f^*(t)$。

(2) 在航路S的$t\in(t_1,t_1')$时段内，将会存在两点$T(t_2)$与$T(t_2')$，当$t_2<t<t_2'$时，有

$$\bar{V}_b(t)>\bar{V}_b^*(t) \tag{3-150}$$

即在$t\in(t_2',t_2)$时，火炮弹头速度高于防空导弹弹头速度。倘若目标航速V_T、航路与弹道夹角θ独立于$\bar{V}_b(t)$与$\bar{V}_b^*(t)$，由式(3-148)知，在$t_2<t<t_2'$时段上，有

$$\frac{\mathrm{d}t_f(t)}{\mathrm{d}t}<\frac{\mathrm{d}t_f^*(t)}{\mathrm{d}t} \tag{3-151}$$

即高炮与防空导弹的弹头飞行时间曲线相比较，后者陡于前者。由于还假定式(3-149)成立，故倾斜度为45°且与$t_f(t)$相切的直线应在与$t_f^*(t)$相切的直线的右边。

依据上述分析，可分别得到$t_f(t)$与$t_f^*(t)$曲线如图3.20所示。

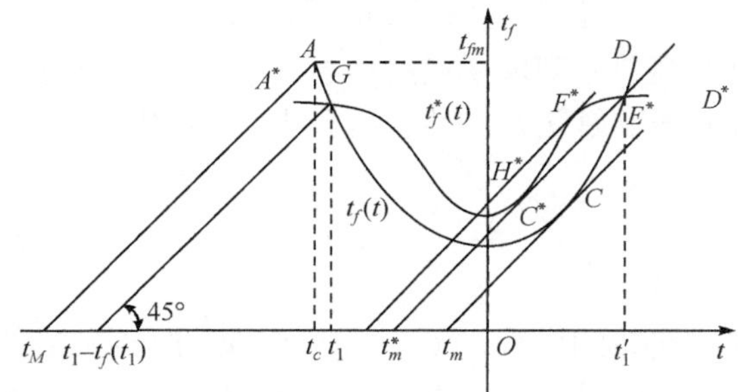

图3.20　高炮与防空导弹的弹头飞行时间曲线

记$A=T(t_c)$位于高炮的最大有效射程上，高炮弹头飞抵点A的时间为t_{fm}，则用高炮对点A射击的时机为$t=t_c-t_{fm}=t_M$，$G=T(t_1)$为高炮弹头与防空导弹弹头可同时飞抵临近航路上的点，则对点G的射击时机为

$$t=t_1-t_f(t_1)=t_1-t_f^*(t_1) \tag{3-152}$$

C、C^*为倾斜度为45°且分别与$t_f(t)$、$t_f^*(t)$相切的直线的切点，t_m、t_m^*为对点C、C^*分别用高炮与防空导弹的射击时机；E^*为过C^*与$t_f^*(t)$相切的倾斜度为45°的直线与$t_f^*(t)$的交点。倘若依据舍远求近的射击规则，按本节前文所述命中解的竞争规则，对高炮而言，仅弧段$\widehat{AC}$为可射击段；对防空导弹而言，则弧段$\widehat{A^*C^*}$与

$\widehat{E^*D^*}$均为可射击段。

由上述分析，当高速目标由临近而远离时不难得出如下重要结论：

(1) $t<t_M$ 时，对高炮不存在射击时机，即远中程、高中空的领域不是高炮的作战空域。

(2) $t_M<t<t_m^*$ 时，高炮与防空导弹均存在射击时机。如果还要求在指定瞬时 t 命中目标，则当 $t_M<t<t_1-t_f(t_1)$时，高炮射击时机早于防空导弹的射击时机，而当 $t_1-t_f(t_1)<t<t_m^*$ 时，防空导弹的射击时机要早于高炮的射击时机。在后一种情况下，如果出现应急情况，射击准备完成的时间介于两个射击瞬时之间，则只有使用高炮实施对空射击，这是高炮不可废弃的理由之一。

(3) $t_m^*<t<t_m$ 时，高炮对近程目标有射击时机，且可延迟到 t_m，而防空导弹对近程目标的射击时机在 t_m^* 时已经结束，在此时段内，仅可对处于远程弧段$\widehat{E^*D^*}$上的目标实施射击，并可一直延续到其相应的最大射程上。

3.3.4　命中问题的顺解法与逆解法

已知目标现在点的运动状态，求解命中预测未来点的射击诸元问题，称为顺解命中问题，相应的诸元求解方法称为顺解法。已知目标全航路的信息，以航路中的某一点作为命中点求解命中该点的射击诸元问题，称为逆解命中问题，相应的诸元求解方法称为逆解法。顺解法与逆解法的不同点为：逆解法必须已知全航路的信息，而顺解法仅需已知当前时刻现在点的信息；逆解法是一种验后解法，无法对火控系统进行实时控制，而顺解法是一种验前算法，可应用于实时火控系统中。

1. 顺解法

1) 顺解法原理

设 t 时刻目标位于航路上的 A 点，欲使火炮在 t 时刻发射的弹丸于航路上的 A_y 点与目标相遇，那么目标从 A 点飞抵 A_y 点所需的时间 t_y，恰好等于炮弹从炮口飞抵 A_y 点所需的时间 τ_y，如图 3.21 所示。由于目标航迹以离散点形式给出，且相邻两点时间间隔都是 Δ_t，故可以从 A 点起沿目标飞行方向在航路上寻找满足 $t_y=\tau_y$ 的 A_y 点，若恰有某一已知点 A_m 使得 $t_y=\tau_y$，则 A_m 点就是 A 点的未来点 A_y；若没有这样的已知点 A_m，则可以找到相邻的两个已知点 A_m 和 A_{m+1}，使 A 点的未来点 A_y 介于这两个已知点之间，再用数学方法在航路上精确确定未来点 A_y 的位置。由于该方法是沿目标飞行方向向前寻找未来点，故此得名顺解法。

2) 顺解法求解未来点射击诸元

假定已求得每个现在点 A_i 的弹道坐标(D_i，β_i，ε_i)和弹丸飞行时间 τ_i。如果现在点 A_i 有未来点 A_{yi}，则沿目标飞行方向在航路上一定能找到这样两个相邻的已知点 A_{i+m}和 A_{i+m+1}，使得

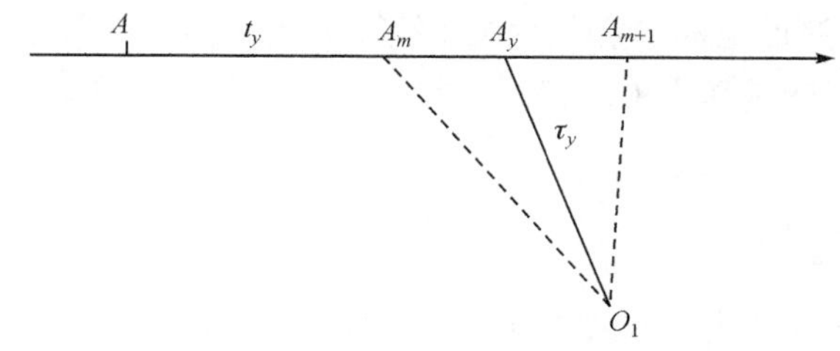

图 3.21 顺解法原理

$$\begin{cases} m\Delta_t < \tau_{i+m} \\ (m+1)\Delta_t \geqslant \tau_{i+m+1} \end{cases} \tag{3-153}$$

式中，$m\Delta_t$ 和$(m+1)\Delta_t$ 分别为目标从 A_i 点飞抵 A_{i+m} 和 A_{i+m+1} 点所需时间；τ_{i+m} 和 τ_{i+m+1} 分别为 A_{i+m} 和 A_{i+m+1} 点的弹丸飞行时间。我们的目的是要在 A_{i+m} 和 A_{i+m+1} 点之间的航路上找到这样的一点 A_{yi}，使目标从 A_i 点飞抵 A_{yi} 点所需的时间 t_{yi}，按给定的精度要求等于 A_{yi} 点的弹丸飞行时间 τ_{yi}。为此，取精度指标 ε 秒，并把 A_{i+m+1} 点作为 A_{yi} 点的零级近似，记作 $A_{yi}^{(0)}$，相应地，$t_{yi}^{(0)}=(m+1)\Delta_t$，$\tau_{yi}^{(0)}=\tau_{i+m+1}$，然后判别不等式

$$\left|\tau_{yi}^{(k)}-t_{yi}^{(k)}\right| \leqslant \varepsilon \tag{3-154}$$

当 $k=0$ 时是否成立。如果不等式成立，$A_{yi}^{(0)}=A_{i+m+1}$ 就是满足要求的未来点；如果不等式不成立，则用下式确定目标从 A_i 点飞抵一级近似未来点 $A_{yi}^{(1)}$ 所需时间 $t_{yi}^{(1)}$：

$$t_{yi}^{(k)}=t_{yi}^{(k-1)}+\frac{\Delta_t}{2^k}\operatorname{sgn}\left(\tau_{yi}^{(k-1)}-t_{yi}^{(k-1)}\right) \tag{3-155}$$

其中

$$\operatorname{sgn}\left(\tau_{yi}^{(k-1)}-t_{yi}^{(k-1)}\right)=\begin{cases} 1, & \tau_{yi}^{(k-1)}>t_{yi}^{(k-1)} \\ 0, & \tau_{yi}^{(k-1)}=t_{yi}^{(k-1)} \\ -1, & \tau_{yi}^{(k-1)}<t_{yi}^{(k-1)} \end{cases} \tag{3-156}$$

可用拉格朗日三点内插公式求出 $A_{yi}^{(1)}$ 点的直角坐标$(x_{yi}^{(1)},y_{yi}^{(1)},h_{yi}^{(1)})$。进行插值计算时，三个节点可选为$((m-1)\Delta_t,A_{i+m-1})$、$(m\Delta_t,A_{i+m})$和$((m+1)\Delta_t,A_{i+m+1})$，此时显然有$(m-1)\Delta_t<t_{yi}^{(k)}<(m+1)\Delta_t$，然后将 $A_{yi}^{(1)}$ 点的直角坐标$(x_{yi}^{(1)},y_{yi}^{(1)},h_{yi}^{(1)})$变换为球坐标$(D_{yi}^{(1)},\beta_{yi}^{(1)},\varepsilon_{yi}^{(1)})$。现在，定义

$$d_{yi}^{(1)}=\sqrt{\left[x_{yi}^{(1)}\right]^2+\left[y_{yi}^{(1)}\right]^2} \tag{3-157}$$

根据$(h_{yi}^{(1)},d_{yi}^{(1)})$查射表求出 $A_{yi}^{(1)}$ 点的弹丸飞行时间 $\tau_{yi}^{(1)}$，然后判别不等式(3-154)在 $k=1$时是否成立，如果成立，$A_{yi}^{(1)}$ 点就是 A_i 点的满足精度要求的未来点；如果不成立，再用式(3-155)求取 $t_{yi}^{(2)}$，并重复上述过程。如此反复，总可以得到满足式(3-154)的 k 级近似未来点 $A_{yi}^{(k)}$，我们就把 $A_{yi}^{(k)}$ 点当做 A_i 点的满足精度要求的未来点 A_{yi}。

最后，根据的弹道坐标，查射表得到高角 α_i、偏流 Z_i 和弹丸飞行时间 τ_{yi} 等参数，最后求得 A_i 点的未来点射击诸元：射角 φ_i 和未来方位角 β_{yi}。

2. 逆解法

1）逆解法原理

假定标准设备给出的目标坐标真值已转换为球坐标形式(D,β,ε)，每个分量均是时间 t 的函数。现以方位角 β 为例，它和时间 t 的关系如图 3.22 所示。

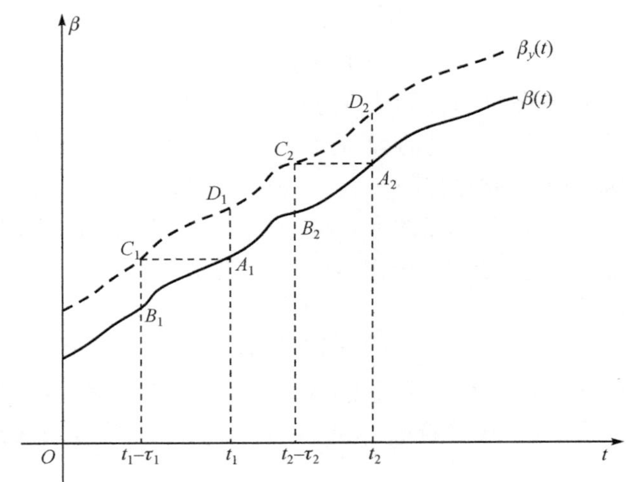

图 3.22 逆解法原理

对于每个时刻 t，因为 D、β、ε 均已知，可由射表查出相应的弹丸飞行时间 τ。设在航路上对应某时刻 t_1 的 A_1 点，目标方位角为 β_1，欲使弹丸在 A_1 点与目标相遇，就必须在 $t_1-\tau_1$ 时刻在火炮上装定方位角 β_1 对 A_1 点进行射击。假定在 $t_1-\tau_1$ 时刻目标在 B_1 点，经过 τ_1 时间后目标从 B_1 点运动到 A_1 点，恰好与弹丸相遇。所以，t_1 时刻的方位角 β_1，就是 $t_1-\tau_1$ 时刻的未来方位角。换言之，$t_1-\tau_1$ 时刻目标方位角是 B_1 点的纵坐标值，其未来方位角就是 C_1 点的纵坐标值，而 C_1 点是 A_1 点沿时间轴 t 向左平移 τ_1 间隔得到的。

同样，在航路上对应另一个时刻 t_2 的 A_2 点，其方位角是 β_2，弹丸飞行时间是 τ_2，那么 β_2 就是 $t_2-\tau_2$ 时刻的未来方位角。即 $t_2-\tau_2$ 时刻目标方位角是 B_2 点的纵坐标值，其未来方位角就是 C_2 点的纵坐标值，而 C_2 点是 A_2 点沿时间轴 t 向左平移 τ_2 间隔得到的。

显然，对于曲线 $\beta(t)$ 上的每个点，均可以这样沿时间轴 t 向左平移对应该点的弹丸飞行时间 τ，而得到一条未来方位角与时间关系的曲线 $\beta_y(t)$。在曲线 $\beta_y(t)$ 上，我们就容易求出各个时刻的未来方位角。这正是命中问题的内容。例如，为了

求出 t_1 时刻的未来方位角，只需将此点的纵坐标延长到与曲线 $\beta_y(t)$ 相交，设交点为 D_1，则 D_1 点的纵坐标值就是 t_1 时刻的未来方位角。同样，D_2 点的纵坐标值就是 t_2 时刻的未来方位角。

从上述叙述可见，逆解法的基本思想就是：把每个时刻的目标坐标，既看做现在坐标，又看做对应弹丸飞行时间以前时刻的未来坐标。所以假如我们已经求出了每个 t_i 时刻对目标现在坐标的射击诸元，那也意味着已经求出了对应弹丸飞行时间 τ_i 以前的 $t_i-\tau_i$ 时刻对目标未来坐标的射击诸元，而每个 t_i 时刻对目标未来坐标的射击诸元，用插值法即可求出。

2）逆解法求解未来点射击诸元

根据上述逆解法原理，我们可以求出每个 t_i 时刻对目标现在点的射击诸元：射角 φ_{ai}、未来方位角 β_{zi} 和弹丸飞行时间 τ_i，即我们也求出了每个 $T_i=t_i-\tau_i$ 时刻对目标的未来点射击诸元，而每个 t_i 时刻的未来点射击诸元，用插值法即可求出。

具体求法是先列出表 3.5。

表 3.5　逆解法插值数据表

t_i	τ_i	$T_i=t_i-\tau_i$	φ_{ai}	β_{zi}
t_1	τ_1	T_1	φ_{a1}	β_{z1}
t_2	τ_2	T_2	φ_{a2}	β_{z2}
⋮	⋮	⋮	⋮	⋮
t_n	τ_n	T_n	φ_{an}	β_{zn}

然后判别 $t_i(i=1,2,\cdots,n)$ 以其大小在数列中位于何处，当其位置确定后，从表中取出有关数据，用拉格朗日四点内插公式，可计算出 t_i 时刻射角 φ_i、未来方位角 β_{yi} 和弹丸飞行时间 τ_{yi}。

3. 两种解的特点

由上述分析可知，顺解法解出的武器射击诸元只是逆解法获得的射击诸元的一个估计值，因此顺解命中点实际上是理想命中点的估计值。只有在目标按照运动假定飞行，且测量和滤波估值准确的情况下，两者才相等。但由于逆解法是一种验后解法，故它只能用于战后对武器系统精度的评估以及虚拟闭环的修正算法中，而不能用于对武器系统的实时控制。火控系统要想完成实时的射击诸元解算，从而实现对武器的实时控制来完成作战任务，只能用顺解法求解命中点。

4. 算例

下面给出一个例子。其中，表 3.6 为标准设备实时录取的目标航路原始数据，表 3.7 为高炮实时顺解出的射击诸元参数。为了评估表 3.7 顺解诸元的精度，需要采用逆解法求解表 3.6 标准设备实时录取的目标航路原始数据，逆解后其结果如表 3.8 所示。在实际操作时，标准设备录取的数据时间与高炮上报的顺解诸元时间不可能相同，故需将逆解后的射击诸元参数通过插值方法对齐到高炮上报的射击诸元时刻上，见表 3.9。表 3.10 为射击诸元误差。

表 3.6　标准设备录取的目标航路原始数据

序号	标志	斜距/m	方位/mil	高低/mil	时:分:秒:10ms
1	Y	7026	1569	136	10:3:39:9279
2	Y	6962	1569	138	10:3:40:2511
3	Y	6899	1570	139	10:3:40:5744
4	Y	6836	1571	140	10:3:40:8986
5	Y	6773	1571	142	10:3:41:2218
6	Y	6710	1572	143	10:3:41:5451
7	Y	6647	1573	144	10:3:41:8693
8	Y	6584	1573	146	10:3:42:1926
9	Y	6521	1574	147	10:3:42:5158
10	Y	6458	1575	148	10:3:42:8400

表 3.7　顺解出的射击诸元

序号	方位诸元/mil	高低诸元/mil	时:分:秒:10ms
1	1567	349	10:3:41:2402
2	1605	306	10:3:41:4824
3	1607	305	10:3:41:7968
4	1608	306	10:3:42:1201
5	1609	305	10:3:42:4170
6	1609	306	10:3:42:7343
7	1610	306	10:3:43:0527
8	1611	306	10:3:43:3525
9	1612	306	10:3:43:6718
10	1614	307	10:3:43:9912

表 3.8　逆解出的标准射击诸元

序号	斜距/m	方位/mil	高低/mil	高角/mil	飞行时间/s	时:分:秒:10ms
1	7026.0	1569.0	384.4	248.4	22.6416	10:3:17:2863
2	6962.0	1569.0	381.4	243.4	22.3393	10:3:17:9118

续表

序号	斜距/m	方位/mil	高低/mil	高角/mil	飞行时间/s	时:分:秒:10ms
3	6899.0	1570.0	377.4	238.4	22.0393	10:3:18:5351
4	6836.0	1571.0	373.6	233.6	21.7389	10:3:19:1597
5	6773.0	1571.0	370.7	228.7	21.4407	10:3:19:7811
6	6710.0	1572.0	366.9	223.9	21.1401	10:3:20:4050
7	6647.0	1573.0	363.2	219.2	20.8396	10:3:21:297
8	6584.0	1573.0	360.5	214.5	20.5412	10:3:21:6514
9	6521.0	1574.0	356.9	209.9	20.2409	10:3:22:2749
10	6458.0	1575.0	353.4	205.4	19.9408	10:3:22:8992

表 3.9　时标对齐后的标准射击诸元

序号	斜距/m	方位/mil	高低/mil	时:分:秒:10ms
1	4558.52	1607.7	304.57	10:3:41:2402
2	4532.49	1608.5	304.65	10:3:41:4824
3	4498.61	1609.3	304.76	10:3:41:7967
4	4463.66	1609.9	304.87	10:3:42:1201
5	4431.56	1610.7	305.05	10:3:42:4170
6	4397.26	1611.9	305.27	10:3:42:7343
7	4362.62	1613	305.93	10:3:43:0527
8	4329.99	1614	306.61	10:3:43:3525
9	4295.08	1614.6	306.83	10:3:43:6718
10	4260.08	1615.3	307.07	10:3:43:9911

表 3.10　射击诸元误差表

序号	方位实测/mil	高低实测/mil	方位标准/mil	高低标准/mil	方位误差/mil	高低误差/mil
1	1567	349	1607.7	304.57	−40.7	44.43
2	1605	306	1608.5	304.65	−3.5	1.35
3	1607	305	1609.3	304.76	−2.3	0.24
4	1608	306	1609.9	304.87	−1.9	1.13
5	1609	305	1610.7	305.05	−1.7	−0.05
6	1609	306	1611.9	305.27	−2.9	0.73
7	1610	306	1613	305.93	−3	0.07
8	1611	306	1614	306.61	−3	−0.61
9	1612	306	1614.6	306.83	−2.6	−0.83
10	1614	307	1615.3	307.07	−1.3	−0.07

3.4 命中方程分析

此前已经建立了求解命中点坐标或射击诸元的命中方程组，并探讨了它的求解算法。然而，要想正确、充分地发挥这些算法的效能，还必须进一步了解命中方程组及其解的性质。首先探讨解的性质。

3.4.1 命中方程解的存在性、唯一性和光滑性

记式(3-110)中的 $\boldsymbol{U}$ 为

$$\boldsymbol{U}=(\boldsymbol{U}_1^{\mathrm{T}},\boldsymbol{U}_2^{\mathrm{T}})^{\mathrm{T}} \tag{3-158}$$

式中，$\boldsymbol{U}_1$ 为目标运动状态(位置、速度、加速度等)，根据第 2 章已阐述过的航迹建模理论，只要测知 $\boldsymbol{U}_1$ 在 t_0 瞬时的值 $\boldsymbol{U}_{10}$，即可预测出 $t>t_0$ 的任一瞬时下目标位置 $\boldsymbol{D}_q(t)$；$\boldsymbol{U}_2$ 为弹道与气象条件，如果 $\boldsymbol{U}_2$ 在 t_0 瞬时的值 $\boldsymbol{U}_{20}$ 也已知，根据前文所探讨过的弹道学理论，既可以计算出弹头所能到达的全部区域 Ω_g(如武器最大射击区域)，也可以计算出满足某些弹道约束条件的弹头所能到达的区域 Ω_g(如武器有效射击区域)。对高炮而言，其有效射击区域是弹头存速不低于某个定值的弹道升弧段所构成的区域；而对地炮而言，其有效射击区域是射程不大于某个定值的弹道降弧段所构成的区域。由于作战中使用的是有效射击区域，因而本书不再使用武器最大射击区域。

如果上述的 $\boldsymbol{U}_{10}$ 决定的未来航迹 $\boldsymbol{D}_q(t)$ 与 $\boldsymbol{U}_{20}$ 所决定的 Ω_g，在 t^* 瞬时有

$$\boldsymbol{D}_q(t^*)\in\Omega_g \tag{3-159}$$

利用前述的求解命中三角形的逆解法，肯定能求解出命中 $\boldsymbol{D}_q(t^*)$ 的射击诸元 (β_g,φ_g,t_f)。如果能够充分早地完成 $\boldsymbol{U}_{10}$ 与 $\boldsymbol{U}_{20}$ 的测量与估计，即在 $[t_0,t^*-t_f]$ 这段时间间隔中，不但能完成式(3-159)所要求的计算与判断，而且能将武器线的姿态角预置于 (β_g,φ_g) 的方向上，直待 $t=t^*-t_f$ 瞬时实施射击，很显然，在 $t=t^*$ 瞬时，弹头肯定同目标相遇。上述的射击方式可以说是守株待兔，虽很笨拙，却道出了一个真理：只要航路预测准确，射击准备时间充裕，对进入武器有效射击区域内的目标，肯定存在着相应的射击诸元，使其成为命中点，相应的命中方程组也就有解。将上述论述用数学语言来表达，就是，任给定一个

$$\boldsymbol{U}_0=(\boldsymbol{U}_{10}^{\mathrm{T}},\boldsymbol{U}_{20}^{\mathrm{T}})^{\mathrm{T}} \tag{3-160}$$

只要由 $\boldsymbol{U}_0$ 决定的 $\boldsymbol{D}_q(t)$ 与 Ω_g 在 t^* 瞬时满足式(3-159)，则肯定存在命中点坐标或射击诸元

$$\boldsymbol{X}_{q0}=\boldsymbol{Q}(\boldsymbol{U}_0) \tag{3-161}$$

满足命中方程，即由式(3-110)给出的非线性矢量方程有解，也就是说，有

$$\boldsymbol{F}[\boldsymbol{Q}(\boldsymbol{U}_0),\boldsymbol{U}_0]=0 \tag{3-162}$$

因而,式(3-159)就被称为命中方程有解条件。此条件表明,任何进入武器有效射击区域内的目标,均有射击诸元与之对应,使之成为命中点。

在命中方程存在解的条件下,式(3-161)给出了该解(命中点坐标或射击诸元)的显式表达式。解存在条件固然重要,但从分析的角度看,解的孤立性、连续性、可导性、光滑性尤为重要,因为这是对命中点与射击诸元进行进一步分析的基础,也是能用火控计算机对命中方程求解的依据。

下面给出命中方程存在孤立且有连续导数解的条件。

设命中方程,即式(3-110):

(1) 在$(\boldsymbol{X}_{q0},\boldsymbol{U}_0)$及其邻域$R$内,$\boldsymbol{F}(\boldsymbol{X}_q,\boldsymbol{U})$有定义;

(2) $\boldsymbol{F}(\boldsymbol{X}_q,\boldsymbol{U})$及$\boldsymbol{F}(\boldsymbol{X}_q,\boldsymbol{U})$对$\boldsymbol{X}_q$和$\boldsymbol{U}$的偏导数在$R$内连续;

(3) 雅可比行列式

$$\boldsymbol{J}(\boldsymbol{F};\boldsymbol{X}_q)=\det\frac{\partial \boldsymbol{F}(\boldsymbol{X}_q,\boldsymbol{U}_0)}{\partial \boldsymbol{X}_q^{\mathrm{T}}}=\det\begin{bmatrix}\dfrac{\partial F_1(\boldsymbol{X}_q,\boldsymbol{U}_0)}{\partial x_{q1}} & \dfrac{\partial F_1(\boldsymbol{X}_q,\boldsymbol{U}_0)}{\partial x_{q2}} & \dfrac{\partial F_1(\boldsymbol{X}_q,\boldsymbol{U}_0)}{\partial x_{q3}}\\ \dfrac{\partial F_2(\boldsymbol{X}_q,\boldsymbol{U}_0)}{\partial x_{q1}} & \dfrac{\partial F_2(\boldsymbol{X}_q,\boldsymbol{U}_0)}{\partial x_{q2}} & \dfrac{\partial F_2(\boldsymbol{X}_q,\boldsymbol{U}_0)}{\partial x_{q3}}\\ \dfrac{\partial F_3(\boldsymbol{X}_q,\boldsymbol{U}_0)}{\partial x_{q1}} & \dfrac{\partial F_3(\boldsymbol{X}_q,\boldsymbol{U}_0)}{\partial x_{q2}} & \dfrac{\partial F_3(\boldsymbol{X}_q,\boldsymbol{U}_0)}{\partial x_{q3}}\end{bmatrix} \tag{3-163}$$

在$\boldsymbol{X}_{q0}$处不等于零。即

$$\boldsymbol{J}(\boldsymbol{F};\boldsymbol{X}_{q0})\neq 0 \tag{3-164}$$

则在$(\boldsymbol{X}_{q0},\boldsymbol{U}_0)$的另一邻域$R'$内,必存在唯一的函数

$$\boldsymbol{X}_q=\boldsymbol{Q}(\boldsymbol{U}) \tag{3-165}$$

使得

(1) $\boldsymbol{F}[\boldsymbol{Q}(\boldsymbol{U}),\boldsymbol{U}]=0$;

(2) $\boldsymbol{X}_{q0}=\boldsymbol{Q}(\boldsymbol{U}_0)$;

(3) $\boldsymbol{X}_q=\boldsymbol{Q}(\boldsymbol{U})$连续;

(4) $\dfrac{\mathrm{d}}{\mathrm{d}\boldsymbol{U}^{\mathrm{T}}}\boldsymbol{X}_q=\dfrac{\mathrm{d}}{\mathrm{d}\boldsymbol{U}^{\mathrm{T}}}\boldsymbol{Q}(\boldsymbol{U})$连续。

对于上述的在邻域R'内存在唯一且有连续导数解条件的证明,可在数学分析专著中找到,这里仅结合命中方程对其条件与结论作如下解释性说明:

(1) 在有效射击区域Ω_g之内,$\boldsymbol{X}_q$、$\boldsymbol{U}$不仅有定义,而且有$\boldsymbol{F}(\boldsymbol{X}_{q0},\boldsymbol{U}_0)=0$,详见式(3-162),所以该式在条件之(1)、(3)是毋庸置疑的。

(2) 如果命中三角形或多边形的各个边对其各自的变量都是连续、可导的,再考虑到投影运算不改变函数的连续性与可导性,可以想到,在此种情况下,上述的

存在条件(2)是成立的。由于命中三角形或多边形的各个边不是目标运动状态函数就是弹道与气象条件函数,如果只选取连续、可导的函数构造航迹的数学模型与射表逼近函数或弹道方程的近似解,那么,命中三角形或多边形的边的连续与可导问题也就解决了,存在条件(3)所要求的雅可比行列式之值也就可以计算了。

(3) 当上述的唯一且有连续导数解存在条件得到满足时,如果 $\boldsymbol{X}_q$ 是相应于 $\boldsymbol{U}$ 的解,即使另有 $\boldsymbol{X}_q^*$ 满足

$$\begin{cases}\boldsymbol{X}_q^* \neq \boldsymbol{X}_q \\ \| \boldsymbol{X}_q^* - \boldsymbol{X}_q \| < \delta\end{cases} \tag{3-166}$$

此时不论 δ 如何接近于零,$\boldsymbol{X}_q^*$ 也不是命中方程之解。这是因为在 $\boldsymbol{X}_q$ 的邻域 R' 内不可能有第二个解。倘若将 $\boldsymbol{X}_q$ 的考查范围扩展到武器的整个有效射击区域 Ω_g,命中方程可能有多解,但不论解有多少,根据解在其邻域内是唯一的结论,所有的解必然都是孤立的。如果这种孤立的解点有多个,那么,到底有多少个?它们各自有何特点?这是上述有孤立解存在的一般条件所不能解决的。如果考查的是特定的火控中的命中方程,由于信息的增多,这些问题却是可以解决的。例如,地炮对一个固定点射击,只要该点在有效射程之内,就会有两个且仅有两个射击诸元与之对应,其中一个射角小于 45°、一个射角大于 45°;如果是只利用升弧段射击的高炮,对于一个在有效射击区域内的未来点,则有且只有一个射击诸元与之对应。

(4) 当孤立且有连续导数解存在条件得到满足时,有

$$\frac{\mathrm{d}\boldsymbol{X}_q}{\mathrm{d}\boldsymbol{U}^{\mathrm{T}}} = -\left[\frac{\partial F(\boldsymbol{X}_q,\boldsymbol{U})}{\partial \boldsymbol{X}_q^{\mathrm{T}}}\right]^{-1} \frac{\partial \boldsymbol{F}}{\partial \boldsymbol{U}^{\mathrm{T}}} \tag{3-167}$$

考虑到雅可比行列式 $\boldsymbol{J}(\boldsymbol{F};\boldsymbol{X}_q)>0$,上式的逆肯定存在。如果 $\boldsymbol{U}$ 还是对时间 t 有连续导数的函数,则有进一步的结果

$$\frac{\mathrm{d}\boldsymbol{X}_q}{\mathrm{d}t} = -\left[\frac{\partial \boldsymbol{F}(\boldsymbol{X}_q,\boldsymbol{U})}{\partial \boldsymbol{X}_q^{\mathrm{T}}}\right]^{-1} \frac{\partial \boldsymbol{F}}{\partial \boldsymbol{U}^{\mathrm{T}}} \frac{\mathrm{d}\boldsymbol{U}}{\mathrm{d}t} \tag{3-168}$$

且为时间的连续函数。

(5) 如果航迹模型采用的是多模态模型,特别是变阶多模态模型时,在模态的转换瞬间,目标状态的计算值将会产生较大的突变;在火控系统跟踪目标并求解射击诸元的整个过程中,如果更换航迹测量装置,由于测量误差的存在,也会使目标坐标测量值在更换测量装置时产生较大的突变;在火控计算机计算射击诸元的过程中,突然加入某个量值较大的偏差修正量也会形成命中方程参数的突变。

上述的所有突然变化都会在突变发生的瞬间导致 $\boldsymbol{F}(\boldsymbol{X}_q,\boldsymbol{U})$ 的对 $\boldsymbol{X}_q$ 偏导数连续性的破坏,这种破坏将直接破坏孤立且有光滑命中方程解存在的条件。命中方程解的光滑性可以理解为:对于连续形式的命中方程组的解,其 $m(m\geqslant 2)$ 阶导数存在;对于离散形式的命中方程的解,其 $m+1(m\geqslant 2)$ 次差分等于零。在这些突变函数出现时,如果有求导运算,还将有相应的脉冲函数出现,它们都将导致新的、强

烈的暂态过程。对以稳态过程为正常工作过程的火控系统而言，这是不允许的。命中方程解的光滑性的作用在于，可以保证武器平台跟踪系统跟踪过程的平稳性，避免产生过渡过程。在实际操作中，为了保证命中方程解的光滑性，一方面在选取射表逼近函数和延拓函数时，需保证 $m(m\geqslant 2)$ 阶导数存在；另一方面，在实时求解命中方程时，可采取检测手段，实时判断命中方程解的 $m+1(m\geqslant 2)$ 次差分是否等于零，若否，可采取剔点措施，或在可能出现突变的地方引入一个柔性环节，以实现突变前后光滑的柔性连接。一种最简易的柔性连接是：当柔性环节输入的增量(或速度)超过既定值时，将输入的增量(或速度)分为若干小段，且每一段均不超过允许值，柔性环节再依时间次序把这些分为小段的分量逐次累加地输出。

这里讨论了两个概念：命中方程有解条件；命中方程有孤立且有连续导数解条件。后者虽很严谨，但条件并不苛刻，包括雅可比行列式不为零都是容易满足的，这一点稍后即阐述。因而，本书后续均假定命中方程有孤立且有连续导数解，包括该解对时间的导数也存在。

3.4.2　命中方程解的收敛性分析

1. 解命中问题的数学描述

当不考虑命中方程中的已知量 U 时，解命中问题的原始方程为

$$\boldsymbol{F}(\boldsymbol{X}_q)=\begin{bmatrix}F_1(x_{q1},x_{q2},x_{q3})\\F_2(x_{q1},x_{q2},x_{q3})\\F_3(x_{q1},x_{q2},x_{q3})\end{bmatrix}=0 \tag{3-169}$$

式中，$\boldsymbol{X}_q=[x_{q1},x_{q2},x_{q3}]^{\mathrm{T}}$。

$\boldsymbol{F}(\boldsymbol{X}_q)$为一函数矢量，它的每个元函数均为非线性函数。设已知方程(3-169)解的一组估计值：x_{q1}、x_{q2}、x_{q3}，采用牛顿迭代法，首先将方程 $\boldsymbol{F}(\boldsymbol{X}_q)=0$ 在 $\boldsymbol{X}_q^{(0)}=[x_{q10},x_{q20},x_{q30}]^{\mathrm{T}}$ 处展开成线性方程，其矩阵向量表达式为

$$\boldsymbol{A}^{(0)}\Delta\boldsymbol{X}_q^{(0)}=\boldsymbol{B}^{(0)} \tag{3-170}$$

式中

$$\Delta\boldsymbol{X}_q^{(0)}=\boldsymbol{X}_q-\boldsymbol{X}_q^{(0)}=\begin{bmatrix}x_{q1}\\x_{q2}\\x_{q3}\end{bmatrix}-\begin{bmatrix}x_{q10}\\x_{q20}\\x_{q30}\end{bmatrix}$$

$$\boldsymbol{A}^{(0)}=\begin{bmatrix}\left(\dfrac{\partial F_1}{\partial x_{q1}}\right)_0 & \left(\dfrac{\partial F_1}{\partial x_{q2}}\right)_0 & \left(\dfrac{\partial F_1}{\partial x_{q3}}\right)_0\\ \left(\dfrac{\partial F_2}{\partial x_{q1}}\right)_0 & \left(\dfrac{\partial F_2}{\partial x_{q2}}\right)_0 & \left(\dfrac{\partial F_2}{\partial x_{q3}}\right)_0\\ \left(\dfrac{\partial F_3}{\partial x_{q1}}\right)_0 & \left(\dfrac{\partial F_3}{\partial x_{q2}}\right)_0 & \left(\dfrac{\partial F_3}{\partial x_{q3}}\right)_0\end{bmatrix},\quad \boldsymbol{B}^{(0)}=\begin{bmatrix}-(F_1)_0\\-(F_2)_0\\-(F_3)_0\end{bmatrix}$$

上式中的上标表示迭代序号，如果式(3-170)的解存在，可求出 $\Delta\boldsymbol{X}_q^{(0)}$，即可得方程(3-169)的新的近似解 $\boldsymbol{X}_q^{(1)}$，即

$$\boldsymbol{X}_q^{(1)}=\boldsymbol{X}_q^{(0)}+\Delta\boldsymbol{X}_q^{(0)} \tag{3-171}$$

再以 $\boldsymbol{X}_q^{(1)}$ 为基点重新对方程(3-151)线性化，并重复上述步骤，形成一迭代过程。此迭代过程可描述如下：

$$\begin{cases}\boldsymbol{X}_q^{(0)}, & \text{在解的邻域选择近似解的初值}\\ \boldsymbol{A}^{(g)}\Delta\boldsymbol{X}_q^{(g)}=\boldsymbol{B}^{(g)}, & g=0,1,2,\cdots\\ \boldsymbol{X}_q^{(g+1)}=\boldsymbol{X}_q^{(g)}+\Delta\boldsymbol{X}_q^{(g)}, & g=0,1,2,\cdots\end{cases} \tag{3-172}$$

对应的内部迭代过程为

$$\begin{cases}\boldsymbol{X}_q^{(0)}, & \text{任取初始值}\\ \Delta\boldsymbol{X}_q^{(k+1)}=\boldsymbol{G}\Delta\boldsymbol{X}_q^{(k)}+\boldsymbol{C}\end{cases} \tag{3-173}$$

过程(3-172)和(3-173)即为求解非线性方程组(3-169)的全部迭代过程，显然这是一个二重迭代过程，其中式(3-172)为外迭代过程，式(3-173)为内迭代过程。按式(3-172)所进行的迭代过程，如存在某个正整数 N，当 $g\geqslant N$，对于矢量的任一种范数 $\|\Delta\boldsymbol{X}_q^{(g)}\|$ 及根据精度要求给出的某一个正小数 ξ_1，若存在关系

$$\|\Delta\boldsymbol{X}_q^{(g)}\|\leqslant\xi_1$$

则认为迭代过程结束，所得方程 $\boldsymbol{F}(\boldsymbol{X}_q)=0$ 的近似解为

$$\boldsymbol{X}_q^{(N+1)}=\boldsymbol{X}_q^{(N)}+\Delta\boldsymbol{X}_q^{(N)}$$

对迭代过程(3-172)中的线性方程

$$\boldsymbol{A}\Delta\boldsymbol{X}_q=\boldsymbol{B}$$

亦用迭代法对之求解，其过程描述如式(3-173)所示。同样，按式(3-173)所进行的迭代过程，当 $k\geqslant M$(M 为某一正整数)时，对于矢量的任一种范数及某一个根据精度要求给出的正小数 ξ_2，若存在关系

$$\|\Delta\boldsymbol{X}_q^{(k+1)}-\Delta\boldsymbol{X}_q^{(k)}\|\leqslant\xi_2 \tag{3-174}$$

则认为迭代过程结束，$\Delta\boldsymbol{X}_q^{(M+1)}$ 即为线性方程组的解。

2. 命中方程解的收敛性

解命中问题数字系统稳定的首要条件是非线性方程组 $\boldsymbol{F}(\boldsymbol{X}_q)=0$ 有确定解。根据线性代数的理论，由上述的迭代过程(3-172)可以看出，只要在迭代过程中，系数矩阵 $\boldsymbol{A}^{(g)}$ ($g=0,1,2,\cdots$)始终是非奇异的，方程组 $\boldsymbol{F}(\boldsymbol{X}_q)=0$ 就一定有确定解。因此，为了使系统趋于稳定，它的数学提法是：

对于由方程组 $\boldsymbol{F}(\boldsymbol{X}_q)=0$ 所表达的解命中问题数字系统，为了使其稳定，必须满足的条件是，在 $\boldsymbol{F}(\boldsymbol{X}_q)=0$ 的准确解 $\boldsymbol{X}_q^*$ 的邻域 R_0 内，矩阵

$$\left.\frac{\mathrm{d}\boldsymbol{F}(\boldsymbol{X}_q)}{\mathrm{d}\boldsymbol{X}_q^{\mathrm{T}}}\right|_{R_0}=\begin{bmatrix}\dfrac{\partial F_1}{\partial x_{q1}} & \dfrac{\partial F_1}{\partial x_{q2}} & \dfrac{\partial F_1}{\partial x_{q3}}\\ \dfrac{\partial F_2}{\partial x_{q1}} & \dfrac{\partial F_2}{\partial x_{q2}} & \dfrac{\partial F_2}{\partial x_{q3}}\\ \dfrac{\partial F_3}{\partial x_{q1}} & \dfrac{\partial F_3}{\partial x_{q2}} & \dfrac{\partial F_3}{\partial x_{q3}}\end{bmatrix}$$

存在且为非奇异，即行列式

$$\left|\frac{\mathrm{d}\boldsymbol{F}(\boldsymbol{X}_q)}{\mathrm{d}\boldsymbol{X}_q^{\mathrm{T}}}\right|_{R_0}\neq 0 \tag{3-175}$$

条件(3-175)称为解命中问题数字系统的第一稳定条件，它是保证系统稳定的首要条件。至于系统是否一定稳定，还有赖于所采用的计算方法是否能在允许误差的范围内将这个解的近似值求出来，这就是内迭代过程(3-173)收敛的条件问题，我们将其称为第二稳定条件。

如果对于任取的初矢量 $\Delta\boldsymbol{X}_q^{(0)}$，由迭代过程(3-173)所产生的矢量序列$\{\Delta\boldsymbol{X}_q^{(k)};k=0,1,2,\cdots\}$都有相同的极限，且其极限就是方程组

$$\boldsymbol{A}\Delta\boldsymbol{X}_q=\boldsymbol{B}$$

的唯一解 $\Delta\boldsymbol{X}_q^*$，就称迭代过程(3-173)是收敛的。为了分析这个收敛条件，引入下列误差矢量：

$$\boldsymbol{E}^{(k)}=\Delta\boldsymbol{X}_q^{(k)}-\Delta\boldsymbol{X}_q^* \tag{3-176}$$

因为 $\Delta\boldsymbol{X}_q^*$ 是线性方程组的准确解，所以有

$$\Delta\boldsymbol{X}_q^*=\boldsymbol{G}\Delta\boldsymbol{X}_q+\boldsymbol{C} \tag{3-177}$$

将上式与过程(3-173)的第二式相比较，即得

$$\boldsymbol{E}^{(k+1)}=\boldsymbol{G}\boldsymbol{E}^{(k)} \tag{3-178}$$

也就是说，每迭代一次，准确解与近似解之间的误差矢量就被左乘以迭代矩阵 $\boldsymbol{G}$，这自然会有

$$\boldsymbol{E}^{(k)}=\boldsymbol{G}\boldsymbol{E}^{(k-1)}=\boldsymbol{G}^2\boldsymbol{E}^{(k-2)}=\cdots=\boldsymbol{G}^k\boldsymbol{E}^{(0)} \tag{3-179}$$

为了保证迭代过程的收敛性，对于任意的初始误差矢量 $\boldsymbol{E}^{(0)}$，均应有

$$\lim_{k\to\infty}\boldsymbol{E}^{(k)}=\lim_{k\to\infty}\boldsymbol{G}^k\boldsymbol{E}^{(0)}=0 \tag{3-180}$$

由于 $\boldsymbol{E}^{(0)}$ 是任意的，因此迭代过程(3-161)的收敛条件与条件

$$\lim_{k\to\infty}\boldsymbol{G}^k=0 \tag{3-181}$$

是等价的。

为了继续讨论的需要，必须引入矩阵谱半径的概念，所谓矩阵 $\boldsymbol{G}$ 的谱半径 $S(\boldsymbol{G})$，是指 $\boldsymbol{G}$ 的特征值绝对值的最大值，即

$$S(\boldsymbol{G})=\max_{i=1,2,3}|\lambda_i| \tag{3-182}$$

此处，λ_i 为矩阵 $\boldsymbol{G}$ 的特征值。

根据矩阵序列收敛的理论，为了使矩阵序列$\{\boldsymbol{G}^k;k=0,1,2,\cdots\}$收敛于 0，即条件(3-169)得到满足的充要条件是迭代矩阵 $\boldsymbol{G}$ 的谱半径小于 1。

现按必要性和充分性对这一结论加以证明。

假定 λ 是 $\boldsymbol{G}$ 的按模最大特征值，其相应的特征矢量为 $\boldsymbol{Y}$，因此有

$$\lambda\boldsymbol{Y}=\boldsymbol{G}\boldsymbol{Y} \tag{3-183}$$

对两端取范数，由范数的基本性质得

$$|\lambda|\ \|\boldsymbol{Y}\|\leqslant\|\boldsymbol{G}\|\ \|\boldsymbol{Y}\| \tag{3-184}$$

或者

$$S(\boldsymbol{G})=|\lambda|\leqslant\|\boldsymbol{G}\| \tag{3-185}$$

即矩阵 $\boldsymbol{G}$ 的谱半径应不超过任何一种范数。

若已有 $\boldsymbol{G}^k\to0(k\to\infty)$，但 $S(\boldsymbol{G})\geqslant1$，则可以推知，对于所有$[S(\boldsymbol{G})]^k\geqslant1$，于是我们便有

$$\|\boldsymbol{G}^k\|\geqslant[S(\boldsymbol{G})]^k\geqslant1,\quad\forall k \tag{3-186}$$

显然，这与 $\boldsymbol{G}^k\to0$ 是矛盾的，所以，若 $\boldsymbol{G}^k\to0$，就应有 $S(\boldsymbol{G})\leqslant1$。必要性即得证明。

为了证明充分性，假定方阵 $\boldsymbol{G}$ 有三个不等的特征根 λ_1、λ_2、λ_3，这样一定有一个由特征矢量组成的非奇异变换矩阵 $\boldsymbol{P}$ 存在，使得

$$\boldsymbol{P}^{-1}\boldsymbol{G}\boldsymbol{P}=\boldsymbol{U}=\mathrm{diag}(\lambda_1,\lambda_2,\lambda_3)=\begin{bmatrix}\lambda_1&0&0\\0&\lambda_2&0\\0&0&\lambda_3\end{bmatrix} \tag{3-187}$$

从上式可以推知

$$\boldsymbol{G}^k=\boldsymbol{P}\boldsymbol{U}^k\boldsymbol{P}^{-1}=\boldsymbol{P}\begin{bmatrix}\lambda_1^k&0&0\\0&\lambda_2^k&0\\0&0&\lambda_3^k\end{bmatrix}\boldsymbol{P}^{-1} \tag{3-188}$$

如果 $S(\boldsymbol{G})<1$，则 λ_1、λ_2、λ_3 的模都小于 1，显然有

$$\lim_{k\to\infty}\boldsymbol{U}^k=0 \tag{3-189}$$

因此

$$\lim_{k\to\infty}\boldsymbol{G}^k=\boldsymbol{P}\lim_{k\to\infty}\boldsymbol{U}^k\boldsymbol{P}^{-1}=0 \tag{3-190}$$

于是充分性也得到证明。

由以上结论可得出解命中问题数字系统的第二稳定条件为：由迭代过程(3-155)所表示的解命中问题稳定的条件是，迭代矩阵 $\boldsymbol{G}$ 的谱半径小于 1，即

$$S(\boldsymbol{G})<1 \tag{3-191}$$

显然，只有条件(3-175)和(3-191)同时得到满足，才能完全保证整个数字系统的动态过程趋于稳定。因此，式(3-175)与式(3-191)共同称为选用牛顿迭代法的数

字解命中问题系统的收敛条件。

3. 命中方程解的收敛性控制

$\boldsymbol{F}(\boldsymbol{X}_q,\boldsymbol{U}_0)$对 $\boldsymbol{X}_q$ 的偏导数

$$\frac{\partial}{\partial \boldsymbol{X}_q^{\mathrm{T}}}\boldsymbol{F}(\boldsymbol{X}_q,\boldsymbol{U}_0) \tag{3-192}$$

称为 $\boldsymbol{F}(\boldsymbol{X}_q,\boldsymbol{U}_0)$的雅可比阵,该阵所对应的行列式

$$\det\left[\frac{\partial}{\partial \boldsymbol{X}_q^{\mathrm{T}}}\boldsymbol{F}(\boldsymbol{X}_q,\boldsymbol{U}_0)\right]=\boldsymbol{J}(\boldsymbol{F};\boldsymbol{X}_q) \tag{3-193}$$

称为 $\boldsymbol{F}(\boldsymbol{X}_q,\boldsymbol{U}_0)$的雅可比行列式。为了用线性化法求解命中方程,必须先计算式(3-116)中的阵 $\boldsymbol{A}^{(k)}$,而它恰恰是 $\boldsymbol{F}(\boldsymbol{X}_q,\boldsymbol{U}_0)$的雅可比阵;为了用搜索法求解命中方程,必须先计算目标函数的梯度$\nabla\varphi(\boldsymbol{X}_q)$,将式(3-116)代入式(3-121),有

$$\varphi(\boldsymbol{X}_q)=2\begin{bmatrix}\dfrac{\partial F_1(\boldsymbol{X}_q)}{\partial x_{q1}} & \dfrac{\partial F_2(\boldsymbol{X}_q)}{\partial x_{q1}} & \dfrac{\partial F_3(\boldsymbol{X}_q)}{\partial x_{q1}}\\ \dfrac{\partial F_1(\boldsymbol{X}_q)}{\partial x_{q2}} & \dfrac{\partial F_2(\boldsymbol{X}_q)}{\partial x_{q2}} & \dfrac{\partial F_3(\boldsymbol{X}_q)}{\partial x_{q2}}\\ \dfrac{\partial F_1(\boldsymbol{X}_q)}{\partial x_{q3}} & \dfrac{\partial F_2(\boldsymbol{X}_q)}{\partial x_{q3}} & \dfrac{\partial F_3(\boldsymbol{X}_q)}{\partial x_{q3}}\end{bmatrix}\begin{bmatrix}F_1(\boldsymbol{X}_q)\\ F_2(\boldsymbol{X}_q)\\ F_3(\boldsymbol{X}_q)\end{bmatrix}=2\left[\frac{\partial}{\partial \boldsymbol{X}_q^{\mathrm{T}}}\boldsymbol{F}(\boldsymbol{X}_q)\right]^{\mathrm{T}}\boldsymbol{F}(\boldsymbol{X}_q) \tag{3-194}$$

为了计算$\nabla\varphi(\boldsymbol{X}_q)$,也必须计算 $\boldsymbol{F}(\boldsymbol{X}_q,\boldsymbol{U}_0)$的雅可比阵。

通过上述分析可知,很多地方都要求计算雅可比阵。首先。雅可比阵必须满秩,也就是说,只有雅可比行列式不为零,才能保证命中方程存在孤立解点。如果孤立解点是唯一的,那就应该寻求一种收敛算法,该算法要保证不论初值如何选取,迭代的终值应收敛于该命中方程之解。如果同时存在两个孤立解点,不论初值如何选取,所拟定的算法要保证迭代的终值收敛于指定的解点之上。

首先讨论命中方程仅有唯一孤立解点的情况。如果采用线性化法求解命中方程,只要雅可比阵满秩,总会通过行交换的办法,使式(3-116)中的对角元素都不为零,即使式(3-118)成立,因而式(3-121)给出的 $\boldsymbol{G}^{(k)}$ 阵就总是可计算的。

今选 $\boldsymbol{X}_q^{(0)}=\boldsymbol{X}_q^*$,$\Delta\boldsymbol{X}_q^{(0)}=\Delta\boldsymbol{X}_q^*$ 为线性化法解命中方程的初值,倘若 $\boldsymbol{X}_q^*$ 选得与 $\Delta\boldsymbol{X}_q^*$ 恰到好处,使

$$\boldsymbol{X}_q=\boldsymbol{X}_q^*+\Delta\boldsymbol{X}_q^* \tag{3-195}$$

正好是命中方程之解,将 $\Delta\boldsymbol{X}_q^*$ 代入式(3-122)之上式,应有

$$\Delta\boldsymbol{X}_q^*=\boldsymbol{G}^{(k)}\Delta\boldsymbol{X}_q^*+\boldsymbol{C}^{(k)} \tag{3-196}$$

然而,理想的 $\Delta\boldsymbol{X}_q^*$ 是不可能在迭代之始就被选到的。作为任选的初值 $\Delta\boldsymbol{X}_q^{(0)}$,经过式(3-123)第 k 次迭代后,只能得到

$$\Delta \boldsymbol{X}_q^{(k+1)} = \boldsymbol{G}^{(k)} \Delta \boldsymbol{X}_q^{(k)} + \boldsymbol{C}^{(k)} \tag{3-197}$$

将上两式相减，得

$$\Delta \boldsymbol{X}_q^{(k+1)} - \Delta \boldsymbol{X}_q^{*} = \boldsymbol{G}^{(k)} \boldsymbol{G}^{(k-1)} \cdots \boldsymbol{G}^{(0)} (\Delta \boldsymbol{X}_q^{(0)} - \Delta \boldsymbol{X}_q^{*}) = \left[\prod_{j=k}^{0} \boldsymbol{G}^{(j)} \right] (\Delta \boldsymbol{X}_q^{(0)} - \Delta \boldsymbol{X}_q^{*}) \tag{3-198}$$

很显然，只要有

$$\lim_{k \to \infty} \prod_{j=0}^{k} \boldsymbol{G}^{(j)} = 0 \tag{3-199}$$

无论如何选择 $\boldsymbol{X}_q^{(0)}$，$\Delta \boldsymbol{X}_q^{(k)}$ 的迭代终值总是 $\Delta \boldsymbol{X}_q^{*}$；相应地，$\boldsymbol{X}_q^{(k)}$ 的迭代终值总是 $\boldsymbol{X}_q^{*}$，两个迭代终值相加，即得命中方程之准确解 $\boldsymbol{X}_q$。

式(3-199)成立，则称图 3.15 给出的线性化迭代算法收敛，而 $\boldsymbol{X}_q = \boldsymbol{X}_q^{*} + \Delta \boldsymbol{X}_q^{*}$ 称为稳定的收敛点。

设 $\boldsymbol{G}^{(j)}$ 的三个特征值为 $\lambda_1^{(j)}$、$\lambda_2^{(j)}$、$\lambda_3^{(j)}$，现假定它们互不相等，则必存在非奇阵 $\boldsymbol{P}_j$，使

$$\boldsymbol{P}_j^{-1} \boldsymbol{G}^{(j)} \boldsymbol{P}_j = \begin{bmatrix} \lambda_1^{(j)} & 0 & 0 \\ 0 & \lambda_2^{(j)} & 0 \\ 0 & 0 & \lambda_3^{(j)} \end{bmatrix} \tag{3-200}$$

故有

$$\prod_{j=0}^{k} (\boldsymbol{P}_j^{-1} \boldsymbol{G}^{(j)} \boldsymbol{P}_j) = \begin{bmatrix} \prod_{j=0}^{k} \lambda_1^{(j)} & 0 & 0 \\ 0 & \prod_{j=0}^{k} \lambda_2^{(j)} & 0 \\ 0 & 0 & \prod_{j=0}^{k} \lambda_3^{(j)} \end{bmatrix} \tag{3-201}$$

如果参与迭代的所有 $\boldsymbol{G}^{(j)}$ 的特征值 $\lambda_i^{(j)}$ 均有

$$|\lambda_i^{(j)}| < 1 \tag{3-202}$$

式中，$i=1,2,3$；$j=0,1,2,\cdots$，则必然有

$$\lim_{k \to \infty} \prod_{j=0}^{k} \| \boldsymbol{P}_j^{-1} \boldsymbol{G}^{(j)} \boldsymbol{P}_j \| = \lim_{k \to \infty} \| \prod_{j=0}^{k} \boldsymbol{G}^{(j)} \| = 0 \tag{3-203}$$

而此式与式(3-199)等价，倘若 $\lambda_1^{(j)}$、$\lambda_2^{(j)}$、$\lambda_3^{(j)}$ 中有重根，依然可以仿照类似的方法得到相同的结论。

上述分析表明，若命中方程解及其近旁(参与迭代的近旁)的 $\boldsymbol{G}^{(j)}$ 的全部特征值均在单位圆内，则图 3.15 给出的线性化算法一定收敛，且收敛点是原未经线性化的命中方程之解。考虑到命中方程各项不但连续而且有连续导数，因而 $\boldsymbol{G}^{(j)}$ 的

特征值也不会有突变，有鉴于此，通常在命中公式拟制好后，马上就计算典型航路上各点的 $\boldsymbol{G}$ 及其特征值，以判明用线性化法求解命中方程的有效性。在容许射击区域内，只有各种典型航路上每个点的 $\boldsymbol{G}$ 阵特征值均在单位圆内，使用线性化法求解命中方程才是有效的。

如果改用搜索法，如用 BFGS 变尺度法求解仅有唯一的一个孤立解点的命中方程，情况又会如何呢？由于它比线性化法多考虑了泰勒展开式的非线性二次项，因而它比线性化法收敛的条件更宽松，收敛的速度也更快。进一步地分析表明，如果用线性化法判定命中方程有稳定的收敛解点，那么，改用非线性的搜索法当会取得更好的结果。因而，实际上更多地使用搜索法。

现在讨论命中方程具有两个孤立解点的情况，如图 3.23 所示。

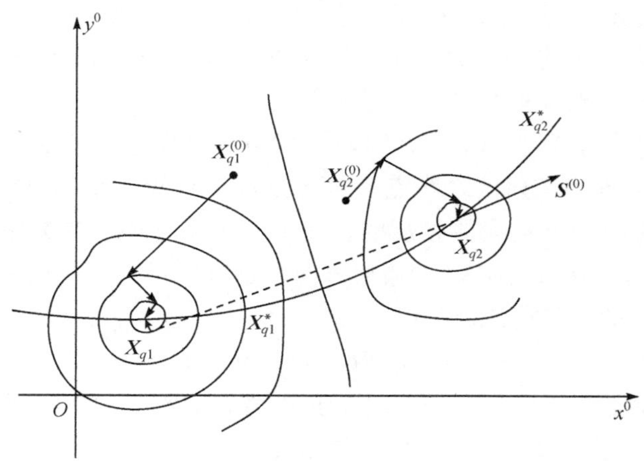

图 3.23　命中方程存在两个孤立解点时的收敛性控制

为了作图方便，这里考虑的是一条平面航路 $\boldsymbol{D}_q(t)$，并假定它是一条由临近转远离的航路，根据前面的分析，相应的命中方程可同时出现两个孤立解点，一个肯定处于航后，记为 $\boldsymbol{X}_{q2}$；另一个不论处于航前还是航后，它都比 $\boldsymbol{X}_{q2}$ 更靠近武器，记为 $\boldsymbol{X}_{q1}$。由于同时出现了两个命中点竞争同一个开火(射击)瞬时，根据弃远就近的射击原则，火控计算机只准输出 $\boldsymbol{X}_{q1}$，而不准输出 $\boldsymbol{X}_{q2}$。为了达到此目的，必须把 $\boldsymbol{X}_{q1}$ 设计为稳定的收敛解点，而把 $\boldsymbol{X}_{q2}$ 设计为不稳定的发散解点，如果做到了这一点，火控计算机只输出 $\boldsymbol{X}_{q1}$ 而不输出 $\boldsymbol{X}_{q2}$ 的任务就完全自动地完成了。现在就来解决这一问题。

当使用 BFGS 变尺度法解命中方程时，可以令

$$\varphi(\boldsymbol{X}_q)=C=\text{const} \tag{3-204}$$

做出一条等目标函数曲线，取不同的 C，可以做出等目标函数曲线族，这很类似于地图上的等高线，而 $C=0$ 之处应为解点。在考虑仅有两个孤立解点的情况时，

图 3.23所示的等高线分别围绕 $\boldsymbol{X}_{q1}$ 与 $\boldsymbol{X}_{q2}$ 形成两个谷底标高均为零的山谷。求取命中点的第一步是给定迭代初值 $\boldsymbol{X}_q^{(0)}$，如果给定的 $\boldsymbol{X}_q^{(0)}=\boldsymbol{X}_{q1}^{(0)}$ 恰在以 $\boldsymbol{X}_{q1}$ 为谷底的山谷内，如图 3.23 所示，经过多次迭代，最后可求得一个 $\boldsymbol{X}_{q1}$；如果给定的 $\boldsymbol{X}_q^{(0)}=\boldsymbol{X}_{q2}^{(0)}$，恰在以 $\boldsymbol{X}_{q2}$ 为谷底的山谷内，经过多次迭代，最后得到的将是 $\boldsymbol{X}_{q2}$。事实上，由于 $\boldsymbol{X}_q^{(0)}$ 的任意性，经过多次迭代后，最后得到的将是非彼即此却尚未分辨彼此的 $\boldsymbol{X}_q$。如果命中方程的雅可比阵非奇异，且目标运动参数、弹道与气象条件均为对时间的可导函数，则可以引用式(3-168)计算出 $\boldsymbol{X}_q$ 对 t 的导数，不失一般性，不妨将 $\boldsymbol{X}_q$ 看做以射击诸元(β_g,φ_g,t_f)表示的命中点，既然 $\boldsymbol{X}_q$ 对 t 的导数已有了计算式，作为 $\boldsymbol{X}_q$ 一个分量的弹头飞行时间 t_f 对 t 导数也就可以计算出来。显然，如果 $\mathrm{d}t_f/\mathrm{d}t\leqslant 1$，则所求 $\boldsymbol{X}_q$ 为允许射击的命中 $\boldsymbol{X}_{q1}$；如果 $\mathrm{d}t_f/\mathrm{d}t>1$，则所求 $\boldsymbol{X}_q$ 为属于航后禁射区的解点 $\boldsymbol{X}_{q2}$。利用式(3-170)，如果判断出 $\boldsymbol{X}_q=\boldsymbol{X}_{q1}$，应将此 $\boldsymbol{X}_{q1}$ 作为命中方程的允许解，及时输出给有关单元；如果判断出 $\boldsymbol{X}_q=\boldsymbol{X}_{q2}$，由于它不是允许解，计算还不能中止，而应改向航前方向区寻求 $\boldsymbol{X}_{q1}$。

设 $\boldsymbol{X}_{q1}^*$ 与 $\boldsymbol{X}_{q2}^*$ 分别为下一个采样瞬时命中方程的两个孤立解点，且 $\|\boldsymbol{X}_{q2}^*\|>\|\boldsymbol{X}_{q1}^*\|$，即 $\boldsymbol{X}_{q2}^*$ 为航后禁射区之解点。对于接近于直线运动的目标，从 $\boldsymbol{X}_{q2}$ 到 $\boldsymbol{X}_{q1}$ 与从 $\boldsymbol{X}_{q2}$ 到 $\boldsymbol{X}_{q2}^*$ 在方向上是大体相反的。在下一个采样周期未来临之前，$\boldsymbol{X}_{q2}^*$ 是不可能准确求得的，但从 $\boldsymbol{X}_{q2}$ 到 $\boldsymbol{X}_{q2}^*$ 的概略方向却是可以得到的。如图 3.23 所示，如果以 $\boldsymbol{X}_{q2}$ 作为 $\boldsymbol{X}_{q2}^*$ 的迭代初值，则有

$$\boldsymbol{S}^{(0)}=-\boldsymbol{Q}^{(0)}\boldsymbol{G}^{(0)}=-\nabla\varphi(\boldsymbol{X}_{q2})\tag{3-205}$$

为从 $\boldsymbol{X}_{q2}$ 到 $\boldsymbol{X}_{q2}^*$ 的概略方向，很显然，决定此概略方向不需要下一采样周期的任何信息，完全可以在下一采样瞬间到来之前完成。

相对 $\boldsymbol{X}_{q2}$ 而言，由于 $\boldsymbol{X}_{q1}$ 是在航前方向的另一谷底上，所以改在 $\boldsymbol{S}^{(0)}$ 的反方向上用一位搜索法去搜索谷脊，即寻求一个 $\beta_1\geqslant 0$，使

$$\varphi[\boldsymbol{X}_2+\beta_1\,\nabla\varphi(\boldsymbol{X}_{q2})]=\max_{\beta}\{\varphi[\boldsymbol{X}_{q2}+\beta\,\nabla\varphi(\boldsymbol{X}_{q2})]\}\tag{3-206}$$

再由此谷脊沿 $\boldsymbol{S}^{(0)}$ 的反方向继续向前搜索，直达另一山谷在 $-\boldsymbol{S}^{(0)}$ 方向上的最低处，亦即寻求一个 $\beta_2\geqslant 0$，使

$$\varphi[\boldsymbol{X}_{q2}+(\beta_1+\beta_2)\nabla\varphi(\boldsymbol{X}_{q2})]=\min_{\beta}\{\varphi[\boldsymbol{X}_{q2}+(\beta_1+\beta)\nabla\varphi(\boldsymbol{X}_{q2})]\}\tag{3-207}$$

而以初值

$$\boldsymbol{X}_q^{(0)}=\boldsymbol{X}_{q2}+(\beta_1+\beta_2)\nabla\varphi(\boldsymbol{X}_{q2})\tag{3-208}$$

重新启用 BFGS 变尺度搜索公式。由于此时 $\boldsymbol{X}_q^{(0)}$ 已在以 $\boldsymbol{X}_{q1}$ 为谷底的山谷中，其多次迭代的结果将是命中方程的允许解 $\boldsymbol{X}_{q1}$。很明显，由式(3-205)给出的方向并不要求精确。因为最后还得用 t_f 对 t 的导数是否小于 1 进行校验，如果校验的结果表明，收敛点还是 $\boldsymbol{X}_{q2}$，那还得将 $\boldsymbol{S}^{(0)}$ 再旋转个角度，重行搜索 $\boldsymbol{X}_q^{(0)}$，直到满足要求为止。

请读者仔细斟酌，上述的关于控制解点是收敛还是发散的方法，对牛顿法同样有效。然而，对线性化法，情况将有所不同。首先应保证式(3-202)成立，使命中方程有收敛的解点。再用式(3-149)判断该解点是否属于航后禁射区，若不属于，则为允许解；若属于，则应校正式(3-202)所示 $\boldsymbol{G}^{(i)}$ 的参数，使所有 $\boldsymbol{G}^{(i)}$ 在单位圆外均有特征值，变该点为不稳定的发散解点，以保证最后的解稳定在允许射击区域之内。

综上所述，可以发现，计算弹头飞行时间 t_f 对时间 t 的导数是一项很重要的工作。此值可以用式(3-168)直接进行实时计算。倘若嫌该式内的求逆计算不便，则可以在有了两个或多个射击诸元以后，即多个瞬时下 t_f 的计算值以后，用数字微分法计算。由于每一个命中点都相应有了一个 $\mathrm{d}t_f/\mathrm{d}t$ 与一个 $\|\boldsymbol{D}_q(t)\|$，又有了控制命中点收敛还是发散的办法，就是有多个命中点竞争同一个发射时间，也可以根据实际的需求，设计出一种算法，使只有指定的那个命中点自动地被计算出来，而不一定非坚持就近弃远的射击原则。例如，某种配有热敏感的未制导防空导弹，它只能尾追攻击，其火控系统的任务是控制其发射装置以尾追的方式将导弹发射到目标的尾区。这种导弹的攻击方式虽说不可取，但火控系统遇到了这种情况时，从图 3.19 可以看出，凡是 $\mathrm{d}t_f/\mathrm{d}t\leqslant 0$ 所相应的命中点都应被设计成不稳定的发散点，显然这问题现在已经解决了。

4. 命中方程解的收敛速度

数字系统动态时间应由过程(3-172)及(3-173)总的迭代时间而定。其中过程(3-172)比较简单，每次迭代只是确定 $\boldsymbol{A}^{(g)}$ 与 $\boldsymbol{B}^{(g)}$ 的数值而已。关键在于确定迭代次数 g。这里根据牛顿迭代法的收敛理论，给出以下结论。

当第一稳定条件(3-175)成立，若有某个整数 a，有 $\|(\boldsymbol{A}^{(0)})^{-1}\boldsymbol{F}(\boldsymbol{X}_q^{(0)})\|\leqslant a$，设 $\boldsymbol{X}_q^*$ 为方程 $\boldsymbol{F}(\boldsymbol{X}_q)=0$ 的准确解，则对一切 $g\geqslant 0$，有

$$\|\boldsymbol{X}_q^{(g+1)}-\boldsymbol{X}_q^*\|\leqslant a\frac{\theta^{2g+1}}{1-\theta^{2g+2}} \tag{3-209}$$

式中，θ 为某个常数，且有 $0<\theta<1$。

如果根据精度要求，给出一个正的小数 ξ_3，要求

$$\|\boldsymbol{X}_q^{(g+1)}-\boldsymbol{X}_q^*\|\leqslant \xi_3 \tag{3-210}$$

就可以得到如下的不等式：

$$a\frac{\theta^{2g+1}}{1-\theta^{2g+2}}\leqslant \xi_3 \tag{3-211}$$

对上式两边取对数，注意到 θ、ξ 都是小于 1 的正数，经整理，可得

$$g\geqslant\frac{-[\lg\xi_3-\lg a+\lg(1-\theta^{2g+2})]}{-\lg\theta^2}-\frac{1}{2} \tag{3-212}$$

这既是为了满足条件(3-210)，也是为了满足过程(3-172)的迭代次数 g 的关系不等式，它虽是一个隐函数，但可用迭代法进行数值求解。

以下对迭代过程(3-173)的动态时间进行分析。方程组 $\boldsymbol{A}\Delta\boldsymbol{X}_q=\boldsymbol{B}$ 的近似解 $\Delta\boldsymbol{X}_q^{(k)}$ 与准确解 $\boldsymbol{X}_q^*$ 之间的误差矢量 $\boldsymbol{E}^{(k)}$ 是按式(3-179)变化的，对此式两端取范数，得

$$\|\boldsymbol{E}^{(k)}\|\leqslant\|\boldsymbol{G}^k\|\ \|\boldsymbol{E}^{(0)}\| \tag{3-213}$$

如果系统稳定，则条件(3-181)成立，于是我们总可以找到一个充分大的 k，使得范数 $\|\boldsymbol{G}^k\|$ 任意的小。如果要求 $\|\boldsymbol{E}^{(k)}\|$ 减小为 $\|\boldsymbol{E}^{(0)}\|$ 的 b 倍($b\ll 1$)，即要求

$$\|\boldsymbol{E}^{(k)}\|\leqslant b\|\boldsymbol{E}^{(0)}\| \tag{3-214}$$

为此仅需要

$$\|\boldsymbol{G}^k\|\leqslant b \quad 或 \quad (\|\boldsymbol{G}^k\|^{\frac{1}{k}})^k\leqslant b \tag{3-215}$$

对上式两边取对数，就可得到决定动态时间长短的迭代次数 k 应满足的不等式

$$k\geqslant\frac{-k\lg b}{-\lg\|\boldsymbol{G}^k\|} \tag{3-216}$$

由范数性质，有 $\|\boldsymbol{G}^k\|\leqslant\|\boldsymbol{G}\|^k$，已知 $b<1$，如果有条件

$$\|\boldsymbol{G}\|\leqslant 1 \tag{3-217}$$

则有 $-\lg\|\boldsymbol{G}^k\|\geqslant-\lg\|\boldsymbol{G}\|^k$，对式(3-216)可进一步推导如下：

$$k\geqslant\frac{-k\lg b}{-\lg\|\boldsymbol{G}^k\|}\geqslant\frac{-k\lg b}{-\lg\|\boldsymbol{G}\|^k} \tag{3-218}$$

最后可得

$$k\geqslant\frac{-\lg b}{-\lg\|\boldsymbol{G}\|} \tag{3-219}$$

这样，当每一次迭代所用时间为已知时，由式(3-212)和式(3-219)又可以计算出迭代次数，则解命中问题数字系统的动态时间 t 就可直接计算出来

$$t=\sum_{i=0}^{g}\left(t_i+\sum_{j=0}^{k_i}t_{ij}\right) \tag{3-220}$$

式中，t_i 为第 i 次外迭代所用时间；t_{ij} 为第 i 次外迭代时，第 j 次内迭代所用时间，对于具体的问题来说，它们都是已知量；k_i 则为第 i 次外迭代时，内迭代的次数。

解命中问题数字系统动态过程结束的标志是关系式

$$\|\Delta\boldsymbol{X}_q^{(g)}\|=\|\boldsymbol{X}_q^{(g+1)}-\boldsymbol{X}_q^{(g)}\|\leqslant\xi_1 \tag{3-221}$$

成立，其中 ξ_1 是为了对稳态误差进行控制而人为给定的常数。同样根据牛顿迭代法的收敛原理，在迭代过程中存在以下关系：

$$\|\boldsymbol{X}_q^{(g+1)}-\boldsymbol{X}_q^*\|\leqslant a\,\frac{\theta^{2g+1}}{1-\theta^{2g+2}} \tag{3-222}$$

与关系式

$$\| \boldsymbol{X}_q^{(g+1)} - \boldsymbol{X}_q^{(g)} \| \leqslant a\theta^{2g-1} \tag{3-223}$$

等效。

当迭代过程按式(3-210)结束时，即有 $a\theta^{2g-1}=\xi_1$，因此，式(3-222)可改写成

$$\| \boldsymbol{X}_q^{(g+1)} - \boldsymbol{X}_q^{*} \| \leqslant \frac{a\xi_1\theta^g}{a-\xi_2\theta^g} \tag{3-224}$$

这就是以误差矢量范数的形式给出的稳态误差的估算形式。当 ξ_1 充分小时，这一稳态误差的近似值为 $\xi_1\theta^g$。

和模拟式的解命中问题不同，这时的稳态误差是可以很容易由参数 ξ_1 进行控制的，而且在不考虑计算机舍入误差时，可使其达到任意小的程度。但是从式(3-210)、式(3-212)可以看出，稳态误差 ξ_2 的任意减小，会带来迭代次数 g 的增加。也就是说，要用延长动态过程的代价来换取系统精度的提高。

5．最佳投影轴系

在研究最佳投影轴系之始，必须为投影轴系的最佳性建立一个评判的标准。不同的评判标准可能导致不同的最佳投影轴系。对于要完成实时控制任务的火控系统而言，当使用迭代法求解命中方程时，在达到既定的解算精度的条件下，使迭代次数最少的投影轴系应定义为最佳投影轴系。

设命中方程解 $\boldsymbol{X}_q$ 的第 k 次迭代后的近似值 $\boldsymbol{X}_q^{(k)}$，相应的误差为 $\Delta\boldsymbol{X}_q^{(k)}$，将命中方程在 $\boldsymbol{X}_q^{(k)}$ 处展成泰勒级数，并只保留常数项与一阶项，由式(3-115)和式(3-116)可知

$$\begin{aligned}
\boldsymbol{F}(\boldsymbol{X}_q^{(k)}) &= -\frac{\partial \boldsymbol{F}(\boldsymbol{X}_q^{(k)})}{\partial (\boldsymbol{X}_q^{(k)})^{\mathrm{T}}}\Delta\boldsymbol{X}_q^{(k)} \\
&= \begin{bmatrix}
-\dfrac{\partial F_1(\boldsymbol{X}_q^{(k)})}{\partial x_{q1}^{(k)}} & -\dfrac{\partial F_1(\boldsymbol{X}_q^{(k)})}{\partial x_{q2}^{(k)}} & -\dfrac{\partial F_1(\boldsymbol{X}_q^{(k)})}{\partial x_{q3}^{(k)}} \\
-\dfrac{\partial F_2(\boldsymbol{X}_q^{(k)})}{\partial x_{q1}^{(k)}} & -\dfrac{\partial F_2(\boldsymbol{X}_q^{(k)})}{\partial x_{q2}^{(k)}} & -\dfrac{\partial F_2(\boldsymbol{X}_q^{(k)})}{\partial x_{q3}^{(k)}} \\
-\dfrac{\partial F_3(\boldsymbol{X}_q^{(k)})}{\partial x_{q1}^{(k)}} & -\dfrac{\partial F_3(\boldsymbol{X}_q^{(k)})}{\partial x_{q2}^{(k)}} & -\dfrac{\partial F_3(\boldsymbol{X}_q^{(k)})}{\partial x_{q3}^{(k)}}
\end{bmatrix}
\begin{bmatrix} \Delta x_{q1}^{(k)} \\ \Delta x_{q2}^{(k)} \\ \Delta x_{q3}^{(k)} \end{bmatrix} \\
&= \left\| -\frac{\partial \boldsymbol{F}(\boldsymbol{X}_q^{(k)})}{\partial x_{q1}^{(k)}} \right\|_2 \Delta x_{q1}^{(k)}\boldsymbol{e}_1 + \left\| -\frac{\partial \boldsymbol{F}(\boldsymbol{X}_q^{(k)})}{\partial x_{q2}^{(k)}} \right\|_2 \Delta x_{q2}^{(k)}\boldsymbol{e}_2 + \left\| -\frac{\partial \boldsymbol{F}(\boldsymbol{X}_q^{(k)})}{\partial x_{q3}^{(k)}} \right\|_2 \Delta x_{q3}^{(k)}\boldsymbol{e}_3
\end{aligned} \tag{3-225}$$

式中

$$
\boldsymbol{e}_i=\frac{1}{\left\|\dfrac{\partial \boldsymbol{F}(\boldsymbol{X}_q^{(k)})}{\partial x_{qi}^{(k)}}\right\|_2}\begin{bmatrix}-\dfrac{\partial F_1(\boldsymbol{X}_q^{(k)})}{\partial x_{qi}^{(k)}}\\ -\dfrac{\partial F_2(\boldsymbol{X}_q^{(k)})}{\partial x_{qi}^{(k)}}\\ -\dfrac{\partial F_3(\boldsymbol{X}_q^{(k)})}{\partial x_{qi}^{(k)}}\end{bmatrix} \tag{3-226}
$$

其中，$i=1,2,3$，而式中的范数指的是欧几里得(Euclid)范数。在 $\boldsymbol{F}(\boldsymbol{X}_q^{(k)})$ 的雅可比阵满秩的条件下，$\boldsymbol{e}_1$、$\boldsymbol{e}_2$、$\boldsymbol{e}_3$ 是三个不共面的单位矢量，它们构成了一个仿射投影轴系，称为斜投影轴系，如图 3.24 所示。

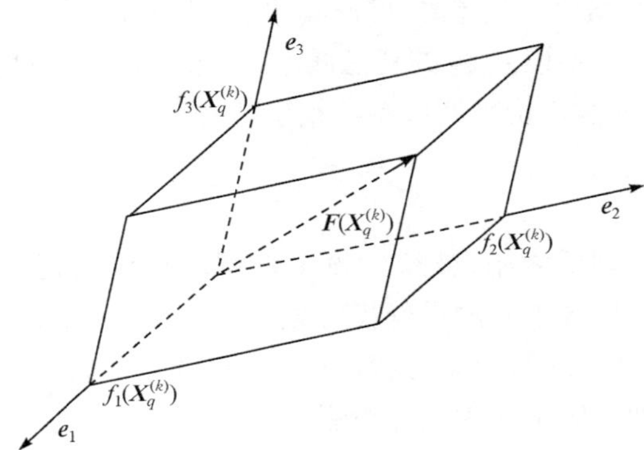

图 3.24 仿射投影轴系

对任一矢量，如 $\boldsymbol{F}(\boldsymbol{X}_q^{(k)})$，过其矢端做三个平面，分别平行于三个仿射平面，即 $\boldsymbol{e}_1$ 与 $\boldsymbol{e}_2$、$\boldsymbol{e}_2$ 与 $\boldsymbol{e}_3$、$\boldsymbol{e}_3$ 与 $\boldsymbol{e}_1$ 所在平面，该三个平面分别交轴 $\boldsymbol{e}_1$、$\boldsymbol{e}_2$、$\boldsymbol{e}_3$ 于 $f_1(\boldsymbol{X}_q^{(k)})$、$f_2(\boldsymbol{X}_q^{(k)})$、$f_3(\boldsymbol{X}_q^{(k)})$，很显然，根据矢量相加的平行四边形法则，有

$$
\boldsymbol{F}(\boldsymbol{X}_q^{(k)})=f_1(\boldsymbol{X}_q^{(k)})\boldsymbol{e}_1+f_2(\boldsymbol{X}_q^{(k)})\boldsymbol{e}_2+f_3(\boldsymbol{X}_q^{(k)})\boldsymbol{e}_3 \tag{3-227}
$$

这种将任一矢量按平行四边形法则分解到所有仿射投影轴上的操作称为仿射投影。显然，正交投影轴系与正交投影是仿射投影轴系与仿射投影的特例。

上式的物理意义特别明显：当迭代中间出现误差

$$
\Delta\boldsymbol{X}_q^{(k)}=(\Delta x_{q1}^{(k)},\Delta x_{q2}^{(k)},\Delta x_{q3}^{(k)})^{\mathrm{T}} \tag{3-228}
$$

时，$\boldsymbol{F}(\boldsymbol{X}_q^{(k)})$ 将不再为零，相应的命中三角形或多边形在命中点处将出现裂口，很显然，这个裂口值就是 $\boldsymbol{F}(\boldsymbol{X}_q^{(k)})$，它直接描述了由 $\Delta\boldsymbol{X}_q^{(k)}$ 引起的弹目偏差(脱靶量)。此弹目偏差 $\boldsymbol{F}(\boldsymbol{X}_q^{(k)})$ 已被分解为三部分，每个 $\Delta x_{qi}^{(k)}$ 对应一部分，由且仅由 $\Delta x_{qi}^{(k)}$ 造成的 $\boldsymbol{F}(\boldsymbol{X}_q^{(k)})$ 的分量，在量值上是

$$
f_i(\boldsymbol{X}_q^{(k)})=\left\|\frac{\partial \boldsymbol{F}(\boldsymbol{X}_q^{(k)})}{\partial x_{qi}^{(k)}}\right\|_2\Delta x_{qi}^{(k)} \tag{3-229}
$$

而方向是 $\boldsymbol{e}_i$。将式(3-225)与式(3-227)相对照，马上可得上式。又，既然 $f_i(\Delta\boldsymbol{X}_q^{(k)})$ 仅与 $\Delta x_{qi}^{(k)}$ 有关，故有

$$\frac{\partial f_i(\boldsymbol{X}_q^{(k)})}{\partial x_{qj}^{(k)}}=0 \tag{3-230}$$

在 $i\neq j$ 时成立。式(3-226)给出的三个仿射投影轴所组成的仿射投影轴系在仿射投影的意义下，是求解命中方程 $\boldsymbol{F}(\boldsymbol{X}_q)=0$ 的最佳投影轴系。

现在对上述的投影轴系的最佳性做如下的解释。如果使用线性化法求解命中方程，在利用最佳投影轴系时，会有何效果呢？将式(3-225)与式(3-227)连在一起，并改写成

$$\begin{aligned}\boldsymbol{F}(\boldsymbol{X}_q^{(k)})&=(\boldsymbol{e}_1,\boldsymbol{e}_2,\boldsymbol{e}_3)\begin{bmatrix}f_1(\boldsymbol{X}_q^{(k)})\\ f_2(\boldsymbol{X}_q^{(k)})\\ f_3(\boldsymbol{X}_q^{(k)})\end{bmatrix}\\ &=(\boldsymbol{e}_1,\boldsymbol{e}_2,\boldsymbol{e}_3)\begin{bmatrix}\left\|\dfrac{\partial\boldsymbol{F}(\boldsymbol{X}_q^{(k)})}{\partial x_{q1}^{(k)}}\right\|_2 & 0 & 0\\ 0 & \left\|\dfrac{\partial\boldsymbol{F}(\boldsymbol{X}_q^{(k)})}{\partial x_{q2}^{(k)}}\right\|_2 & 0\\ 0 & 0 & \left\|\dfrac{\partial\boldsymbol{F}(\boldsymbol{X}_q^{(k)})}{\partial x_{q3}^{(k)}}\right\|_2\end{bmatrix}\begin{bmatrix}\Delta x_{q1}^{(k)}\\ \Delta x_{q2}^{(k)}\\ \Delta x_{q3}^{(k)}\end{bmatrix}\end{aligned} \tag{3-231}$$

由于$(\boldsymbol{e}_1,\boldsymbol{e}_2,\boldsymbol{e}_3)$满秩有逆，故有仿射投影坐标值的计算公式

$$\begin{bmatrix}f_1(\boldsymbol{X}_q^{(k)})\\ f_2(\boldsymbol{X}_q^{(k)})\\ f_3(\boldsymbol{X}_q^{(k)})\end{bmatrix}=\begin{bmatrix}\left\|\dfrac{\partial\boldsymbol{F}(\boldsymbol{X}_q^{(k)})}{\partial x_{q1}^{(k)}}\right\|_2 & 0 & 0\\ 0 & \left\|\dfrac{\partial\boldsymbol{F}(\boldsymbol{X}_q^{(k)})}{\partial x_{q2}^{(k)}}\right\|_2 & 0\\ 0 & 0 & \left\|\dfrac{\partial\boldsymbol{F}(\boldsymbol{X}_q^{(k)})}{\partial x_{q3}^{(k)}}\right\|_2\end{bmatrix}\begin{bmatrix}\Delta x_{q1}^{(k)}\\ \Delta x_{q2}^{(k)}\\ \Delta x_{q3}^{(k)}\end{bmatrix} \tag{3-232}$$

为了能运作此式，先要计算 $\boldsymbol{F}(\boldsymbol{X}_q^{(k)})$ 的雅可比阵的各项系数，利用这些系数，计算出上式左部方阵中的三个对角元素，即可计算式(3-232)右部的三个量，也就是仿射投影值。

比较式(3-232)与式(3-116)，可以发现，经仿射投影处置后，雅可比阵 $\boldsymbol{A}^{(k)}$ 变成了对角阵，而式(3-121)所相应的 $\boldsymbol{G}^{(k)}$ 阵则变成了零阵。这就是说，$\boldsymbol{G}^{(k)}$ 阵具有三个零特征根，递推算法肯定稳定，图 3.15 框图内的内循环次数，不再需要 k 次，而是一次到位。又，第 k 次外循环的迭代误差

$$\Delta x_{qi}^{(k)}=\frac{f_i(\boldsymbol{X}_q^{(k)})}{\left\|\dfrac{\partial \boldsymbol{F}(\boldsymbol{X}_q^{(k)})}{\partial x_{qi}^{(k)}}\right\|_2} \tag{3-233}$$

保证了式(3-226)给出的仿射投影轴系在仿射投影意义下的最佳性。

如果使用搜索法，情形又如何呢？在取得了 $\boldsymbol{F}(\boldsymbol{X}_q^{(k)})$ 的仿射投影，即式(3-227)后，将其代入式(3-230)，相应的目标函数梯度

$$\begin{aligned}\nabla\varphi(\boldsymbol{X}_q^{(k)})&=2\begin{bmatrix}\left\|\dfrac{\partial \boldsymbol{F}(\boldsymbol{X}_q^{(k)})}{\partial x_{q1}^{(k)}}\right\|_2\boldsymbol{e}_1^{\mathrm{T}}\\ \left\|\dfrac{\partial \boldsymbol{F}(\boldsymbol{X}_q^{(k)})}{\partial x_{q2}^{(k)}}\right\|_2\boldsymbol{e}_2^{\mathrm{T}}\\ \left\|\dfrac{\partial \boldsymbol{F}(\boldsymbol{X}_q^{(k)})}{\partial x_{q3}^{(k)}}\right\|_2\boldsymbol{e}_3^{\mathrm{T}}\end{bmatrix}(\boldsymbol{e}_1,\boldsymbol{e}_2,\boldsymbol{e}_3)\begin{bmatrix}f_1(\boldsymbol{X}_q^{(k)})\\ f_2(\boldsymbol{X}_q^{(k)})\\ f_3(\boldsymbol{X}_q^{(k)})\end{bmatrix}\\ &=2\begin{bmatrix}\left\|\dfrac{\partial \boldsymbol{F}(\boldsymbol{X}_q^{(k)})}{\partial x_{q1}^{(k)}}\right\|_2 & 0 & 0\\ 0 & \left\|\dfrac{\partial \boldsymbol{F}(\boldsymbol{X}_q^{(k)})}{\partial x_{q2}^{(k)}}\right\|_2 & 0\\ 0 & 0 & \left\|\dfrac{\partial \boldsymbol{F}(\boldsymbol{X}_q^{(k)})}{\partial x_{q3}^{(k)}}\right\|_2\end{bmatrix}\begin{bmatrix}\boldsymbol{e}_1^{\mathrm{T}}\boldsymbol{e}_1 & \boldsymbol{e}_1^{\mathrm{T}}\boldsymbol{e}_2 & \boldsymbol{e}_1^{\mathrm{T}}\boldsymbol{e}_3\\ \boldsymbol{e}_2^{\mathrm{T}}\boldsymbol{e}_1 & \boldsymbol{e}_2^{\mathrm{T}}\boldsymbol{e}_2 & \boldsymbol{e}_2^{\mathrm{T}}\boldsymbol{e}_3\\ \boldsymbol{e}_3^{\mathrm{T}}\boldsymbol{e}_1 & \boldsymbol{e}_3^{\mathrm{T}}\boldsymbol{e}_2 & \boldsymbol{e}_3^{\mathrm{T}}\boldsymbol{e}_3\end{bmatrix}\begin{bmatrix}f_1(\boldsymbol{X}_q^{(k)})\\ f_2(\boldsymbol{X}_q^{(k)})\\ f_3(\boldsymbol{X}_q^{(k)})\end{bmatrix}\end{aligned} \tag{3-234}$$

对于火控问题，三个仿射投影轴还是接近正交的，故有下述关系近似成立：

$$\boldsymbol{e}_i^{\mathrm{T}}\boldsymbol{e}_j=\begin{cases}1, & i=j\\ 0, & i\neq j\end{cases} \tag{3-235}$$

再考虑到式(3-231)、式(3-131)及式(3-132)，搜索法目标函数的黑塞阵为

$$\begin{aligned}\boldsymbol{H}(\boldsymbol{X}_q^{(k)})&=\frac{\partial}{\partial(\boldsymbol{X}_q^{(k)})^{\mathrm{T}}}[\nabla\varphi(\boldsymbol{X}_q^{(k)})]\\ &\approx 2\begin{bmatrix}\left\|\dfrac{\partial \boldsymbol{F}(\boldsymbol{X}_q^{(k)})}{\partial x_{q1}^{(k)}}\right\|_2 & 0 & 0\\ 0 & \left\|\dfrac{\partial \boldsymbol{F}(\boldsymbol{X}_q^{(k)})}{\partial x_{q2}^{(k)}}\right\|_2 & 0\\ 0 & 0 & \left\|\dfrac{\partial \boldsymbol{F}(\boldsymbol{X}_q^{(k)})}{\partial x_{q3}^{(k)}}\right\|_2\end{bmatrix}\begin{bmatrix}\dfrac{\partial f_1(\boldsymbol{X}_q^{(k)})}{\partial x_{q1}^{(k)}} & 0 & 0\\ 0 & \dfrac{\partial f_2(\boldsymbol{X}_q^{(k)})}{\partial x_{q2}^{(k)}} & 0\\ 0 & 0 & \dfrac{\partial f_3(\boldsymbol{X}_q^{(k)})}{\partial x_{q3}^{(k)}}\end{bmatrix}\end{aligned} \tag{3-236}$$

式中近似号的出现是因为还假定了近似号右边的矩阵接近常数阵。将式(3-234)、式(3-236)代入式(3-136)，再考虑加入一维搜索因子 $\alpha^{(k)}$，则有

$$\boldsymbol{X}_q^{(k+1)}=\boldsymbol{X}_q^{(k)}-\alpha^{(k)}\begin{bmatrix}\left(\dfrac{\partial f_1(\boldsymbol{X}_q^{(k)})}{\partial x_{q1}^{(k)}}\right)^{-1}f_1(\boldsymbol{X}_q^{(k)})\\\left(\dfrac{\partial f_2(\boldsymbol{X}_q^{(k)})}{\partial x_{q2}^{(k)}}\right)^{-1}f_2(\boldsymbol{X}_q^{(k)})\\\left(\dfrac{\partial f_3(\boldsymbol{X}_q^{(k)})}{\partial x_{q3}^{(k)}}\right)^{-1}f_3(\boldsymbol{X}_q^{(k)})\end{bmatrix}=\boldsymbol{X}_q^{(k)}-\alpha^{(k)}\boldsymbol{S}^{(k)} \tag{3-237}$$

考查图 3.17 中的搜索方向 $\boldsymbol{S}^{(k)}$ 的计算方法，是靠一个内循环若干次迭代后求得的。而上式可一举求得 $\boldsymbol{S}^{(k)}$，若改用此式，可取消图 3.17 中求取 $\boldsymbol{S}^{(k)}=-\boldsymbol{Q}^{(k)}\boldsymbol{G}^{(k)}$ 的内循环。再次表明了仿射投影的优越性。上面共用了两个近似式，由于是用来计算搜索方向，近似误差大一些是完全可以接受的。其实，BFGS 变尺度法在决定 $\boldsymbol{Q}^{(k)}$ 时，也是引入了近似关系的。

这里，以追求迭代次数最少而设计的仿射投影轴系与仿射投影方法，成功地删除了不同迭代程序中的内循环程序，这不仅极大地减少了迭代次数，而且使迭代的稳定性提高。这是因为，迭代的收敛与否，内循环程序更具有决定作用。但是，另一方面，这种最优投影轴系也有致命的弱点，使它难于实用。它的弱点是：①各投影轴通常不正交；②投影轴系是时变的，对离散情况，则变成步进的；③它是一个纯数学上的抽象投影轴系，也就是说，这些投影轴的方向与基准方向是靠数学公式联系在一起的，是难于直接测量的。仿射投影比正交投影麻烦得多，工程界对这种方法本来就接触不多，再加上步进与抽象，就更少使用，然而，最佳投影轴系作为一个实用投影轴系的逼近目标，在选用迭代次数上是次佳的，但对实用投影轴系起着重要的指导作用。

一个实用的、性能较好的投影轴系应该满足三个条件：①投影轴系是正交的；②投影轴是物理轴，或者说是可直接测量的轴，如武器线的弹道坐标投影轴系；③满足上述两个条件的投影轴系中最接近最佳仿射投影轴系的那个投影轴系。

设目标做等速直线运动，当前位置为 $\boldsymbol{D}$，速度为 $\boldsymbol{V}$，在做第 k 次迭代后，应有

$$\boldsymbol{F}(\boldsymbol{D}_q^{(k)})=\boldsymbol{D}_q^{(k)}-\boldsymbol{D}-\boldsymbol{V}t_f(\boldsymbol{D}_q^{(k)}) \tag{3-238}$$

这里仅仅是为了书写简洁而略去了修正量，实际上，加入修正量也只是使公式繁杂了些。如果决定用上述命中方程求解地理直角坐标下的命中点坐标 $\boldsymbol{D}_q=(x_q,y_q,h_q)^{\mathrm{T}}$，为了查表方便，可将射表函数改作

$$\begin{cases}t_f=t_f(d_q,h_q)\\d_q=\sqrt{x_q^2+y_q^2}\end{cases} \tag{3-239}$$

由于最佳投影轴系的唯一性，不论将式(3-238)向哪个投影轴系投影，只要这三个投影轴不共面，相应的雅可比阵就满秩，利用式(3-226)就肯定可以找到相应的最佳投影轴系，然后就可以在此近旁寻求靠近的、物理的、正交的、实用性的投影

轴系了。

当出现且仅出现迭代偏差 $\Delta x_q^{(k)}$ 时，在下一次迭代到来之前，由 $\Delta x_q^{(k)}$ 造成的脱靶量，一部分是它本身，另一部分是 $\Delta x_q^{(k)}$ 引起的弹头飞行时间偏差 Δt_f，它使脱靶量又多加了一个 $\Delta t_f \boldsymbol{V}$。这两个量合成的矢量方向就应该是一个最佳投影轴。在该方向上，通过命中方程的下一次迭代，使 $\Delta x_q^{(k+1)}$ 更接近于零，从而得到一个更准确的 x_q，也就是说，这个最佳投影轴应是求解 x_q 的最佳投影轴。对 Δy_q 与 Δh_q 做同样的分析，可以得到另外两个求解 y_q 与 h_q 的最佳投影轴。

如果目标速度 $\boldsymbol{V}=0$，则由 $\Delta x_q^{(k)}$、$\Delta y_q^{(k)}$ 与 $\Delta h_q^{(k)}$ 引起的脱靶量(弹目偏差)也正好为同一个值，此时，$\Delta x_q^{(k)}$、$\Delta y_q^{(k)}$、$\Delta h_q^{(k)}$ 的方向乃大地坐标系的方向，也就是说，大地坐标系是最佳投影轴系。当目标速度 $\boldsymbol{V}\neq 0$ 时，对上述问题而言，大地坐标系是一个次佳的、实用的投影轴系。将式(3-238)所示命中方程向大地坐标系投影，有

$$\begin{cases} f_1(\boldsymbol{D}_q^{(k)})=x_q^{(k)}-x-v_x t_f(d_q^{(k)},h_q^{(k)}) \\ f_2(\boldsymbol{D}_q^{(k)})=y_q^{(k)}-y-v_y t_f(d_q^{(k)},h_q^{(k)}) \\ f_3(\boldsymbol{D}_q^{(k)})=h_q^{(k)}-h-v_h t_f(d_q^{(k)},h_q^{(k)}) \end{cases} \tag{3-240}$$

利用式(3-225)计算 $\boldsymbol{F}(\boldsymbol{D}_q^{(k)})$，有

$$\boldsymbol{F}(\boldsymbol{D}_q^{(k)})=\begin{bmatrix} -1+v_x\dfrac{\partial t_f}{\partial d_q^{(k)}}\sec\beta_q^{(k)} & v_x\dfrac{\partial t_f}{\partial d_q^{(k)}}\csc\beta_q^{(k)} & v_x\dfrac{\partial t_f}{\partial h_q^{(k)}} \\ v_y\dfrac{\partial t_f}{\partial d_q^{(k)}}\sec\beta_q^{(k)} & -1+v_y\dfrac{\partial t_f}{\partial d_q^{(k)}}\csc\beta_q^{(k)} & v_y\dfrac{\partial t_f}{\partial h_q^{(k)}} \\ v_h\dfrac{\partial t_f}{\partial d_q^{(k)}}\sec\beta_q^{(k)} & v_h\dfrac{\partial t_f}{\partial d_q^{(k)}}\csc\beta_q^{(k)} & -1+v_h\dfrac{\partial t_f}{\partial h_q^{(k)}} \end{bmatrix}\begin{bmatrix}\Delta x_q \\ \Delta y_q \\ \Delta h_q\end{bmatrix} \tag{3-241}$$

式中

$$\beta_q=\arctan\frac{x_q}{d_q} \tag{3-242}$$

为命中点的方位角。由 $\boldsymbol{F}(\boldsymbol{D}_q^{(k)})$ 的三个列所构成的三个投影轴确定一个仿射的(斜的)抽象的投影轴系，再将 $\boldsymbol{F}(\boldsymbol{D}_q^{(k)})$ 依式(3-229)向此投影轴系做仿射投影，且每计算一次重新仿射投影一次，迭代次数虽少了，这些仿射投影操作却可能需要更多的计算开销。孰是孰非，还得仔细斟酌。倘若使用大地直角坐标系为投影轴，又可能出现什么情形呢？用式(3-116)～式(3-121)所用符号改写式(3-241)，有

$$\begin{aligned} \boldsymbol{F}(\boldsymbol{X}_q^{(k)}) &= -\frac{\partial \boldsymbol{F}(\boldsymbol{X}_q^{(k)})}{\partial (\boldsymbol{X}_q^{(k)})^{\mathrm{T}}}\Delta(\boldsymbol{X}_q^{(k)}) = -\boldsymbol{A}^{(k)}\Delta(\boldsymbol{X}_q^{(k)}) \\ &= \begin{bmatrix} -a_{11}^{(k)} & -a_{12}^{(k)} & -a_{13}^{(k)} \\ -a_{21}^{(k)} & -a_{22}^{(k)} & -a_{23}^{(k)} \\ -a_{31}^{(k)} & -a_{32}^{(k)} & -a_{33}^{(k)} \end{bmatrix}\begin{bmatrix}\Delta x_{q1}^{(k)} \\ \Delta x_{q2}^{(k)} \\ \Delta x_{q3}^{(k)}\end{bmatrix} = \begin{bmatrix} a_{11}^{k} & 0 & 0 \\ 0 & a_{22}^{k} & 0 \\ 0 & 0 & a_{33}^{k} \end{bmatrix}(\boldsymbol{I}+\boldsymbol{G}^{(k)})\Delta \boldsymbol{X}_q^{(k)} \end{aligned}$$

$$=\begin{bmatrix}\left\|\dfrac{\partial \boldsymbol{F}(\boldsymbol{X}_q^{(k)})}{\partial x_{q1}^{(k)}}\right\|_2 & 0 & 0\\ 0 & \left\|\dfrac{\partial \boldsymbol{F}(\boldsymbol{X}_q^{(k)})}{\partial x_{q2}^{(k)}}\right\|_2 & 0\\ 0 & 0 & \left\|\dfrac{\partial \boldsymbol{F}(\boldsymbol{X}_q^{(k)})}{\partial x_{q3}^{(k)}}\right\|_2\end{bmatrix}[\boldsymbol{e}_1,\boldsymbol{e}_2,\boldsymbol{e}_3]\Delta\boldsymbol{X}_q^{(k)} \tag{3-243}$$

从上式可以看出，正交投影轴系$(1,0,0)^{\mathrm{T}}$、$(0,1,0)^{\mathrm{T}}$与$(0,0,1)^{\mathrm{T}}$同仿射投影轴系$\boldsymbol{e}_1$、$\boldsymbol{e}_2$、$\boldsymbol{e}_3$的差异就在矩阵$\boldsymbol{G}^{(k)}$。在正交投影系下$\boldsymbol{G}^{(k)}$是一个非零阵。$\boldsymbol{G}^{(k)}$的所有特征值中距圆心距离最大的那个特征值到圆心的距离称为$\boldsymbol{G}^{(k)}$的谱半径，记为$S(\boldsymbol{G}^{(k)})$。由于迭代过程中，所有的$\boldsymbol{G}^{(k)}$都接近于命中点(命中方程解点)处的$\boldsymbol{G}$，所以，所选用的正交投影轴系所决定的迭代阵$\boldsymbol{G}$在所有有效航路点上的谱半径不仅要小于1，而且越小就越接近于最佳投影轴系。当$S(\boldsymbol{G}^{(k)})=0$时，所选用的投影轴系就是最佳投影轴系。很显然，式(3-226)给出的仿射投影轴系的谱半径为零。同样明显，$\boldsymbol{F}(\boldsymbol{X})$的雅可比阵$\boldsymbol{A}$的对角元素$a_{ii}$的绝对值越大，而非对角元素$a_{ij}(i\neq j)$的绝对值越小，那么，$\boldsymbol{G}$阵的谱半径也就会越小。有鉴于此，工程上可用谱半径$S(\boldsymbol{G})$作为投影轴系优劣的标志。对同一个矢量方程而言，若只准使用正交投影轴系，那么，谱半径最小的那个正交投影轴系是最佳的投影轴系。

在结束最佳投影轴系讨论之前，再归纳几个问题：$\boldsymbol{F}(\boldsymbol{X}_q^{(k)})$的雅可比阵$\boldsymbol{A}^{(k)}$是分析命中方程性质的主要工具，只要所选定的投影轴系的三个投影轴不共面，它的满秩性就是可保证的，这是因为三维矢量在三维空间上的投影不会丢失任何信息。在实际求解命中方程时，中间迭代值与矩阵，如$\boldsymbol{X}_q^{(k)}$、$\boldsymbol{A}^{(k)}$、$\boldsymbol{G}^{(k)}$等，用的均是当时值，在未迭代完毕前，它们都在命中点的近旁，考虑到它们的连续性，在分析它们有关性质时，都可移动到命中点上考虑，从而使问题大为简化。例如，如果式(3-201)中的所有$\boldsymbol{G}^{(j)}=\boldsymbol{G}$，那么，式(3-202)将由充分条件变成充要条件；另外，也请读者回顾一下前述的有关投影轴的命名规则，其实，那是一种有意的安排，将轴定义为x_q^0，就表明，当x_q在迭代过程中出现误差$\Delta x_q^{(k)}$时，由$\Delta x_q^{(k)}$产生的脱靶量在x_q^0方向较大，因而可以作为求解x_q时的一个次佳投影轴。对于非线性命中方程而言，不要一味追求最佳投影轴系，因为它几乎总是仿射的、步进的、抽象的投影轴系，可能给计算引入更多的麻烦。

在整个"命中方程"这一节中，只讨论了由命中三角形或多边形投影、求解所带来的一系列实际与理论课题。在火控计算机中实际求解的却是由提前三角形或多边形投影所形成的命中公式系。将目标运动参数，如位置x、速度v等，由理论值改为估值，书写上改为$\hat{x}$、$\hat{v}$，上述一切分析与结论将完全一样，仅仅是为了少写些估值符号，才将讨论问题的出发点由式(3-5)表述的提前三角形改为由式(3-4)表述的命中三角形。使用时，再在相应部位加上估值符号，一切就都改了过来。

求解命中方程是实现火力实时控制中极重要的一环。为了实时控制的需要，求解命中方程时，任何迭代的次数都有一个上限的限制，也就是说，相应的计算程序中如果有循环语句，该循环语句的循环次数必须事先给定，而不允许用某种误差小于允许值来结束循环。然而，能保证在指定迭代次数下迭代误差小于允许值的算法，至少在求解命中方程的领域中尚未成为现实。在实际工程中，只要达到最大允许迭代次数，不论迭代误差大小，一律终止迭代。为了有效地防止在大迭代误差下迭代被强行终止的情况出现，只有两个办法：选用收敛更快的算法；迭代初值要尽可能接近命中方程之解。

6. 算例

现以某型高炮为例，计算目标做匀速直线等高飞行所对应的弹头飞行时间曲线，展示命中解的竞争问题及其解决方法。设目标的起始位置为$(x_0, y_0, h_0)=(-3000, 3000, 1000)$m，速度矢量为$(v_x, v_y, v_h)=(150, 150, 0)$m/s。目标飞行航迹在水平面的投影如图 3.25 所示，弹头飞行时间曲线如图 3.26 所示。

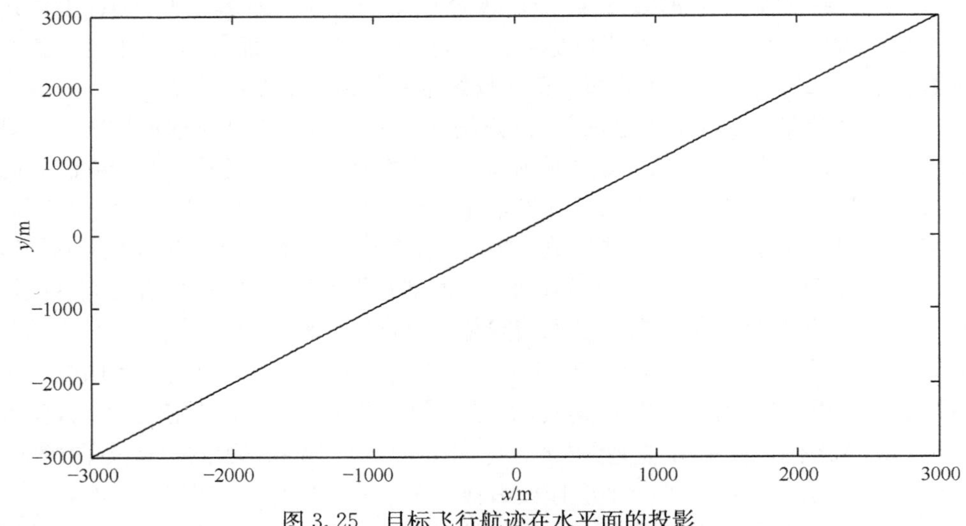

图 3.25　目标飞行航迹在水平面的投影

图 3.26 中，A 点 $t_f=6.1$s、B 点 $t_f=2.9$s、C 点 $t_f=4.3$s、D 点 $t_f=6.1$s，$t_a=-24.8$s，$t_b=2.8$s，$t_c=3.2$s。图中之弧段$\overset{\frown}{CD}$上任一点的倾斜角为 45°的直线，都会在$\overset{\frown}{BC}$上有一交点存在。若该直线交横轴于 t_p，显然，该两命中点都要求在 $t=t_p$ 瞬时实施射击，此即所谓的命中解的竞争。由于不可能用同一弹头对两点同时实施射击，故在求解命中方程时，必须将其中的一点设计为稳定点，另一点设计为不稳定点。倘若将舍远求近作为射击准则，则相应于$\overset{\frown}{CD}$上的点应设计为不稳定点，此时，它虽然

还处于有效的射程之内，但由于相应的射击时机已被占用，故已不能再对之实施射击，这就是说，此时目标已处于不可射击区域。

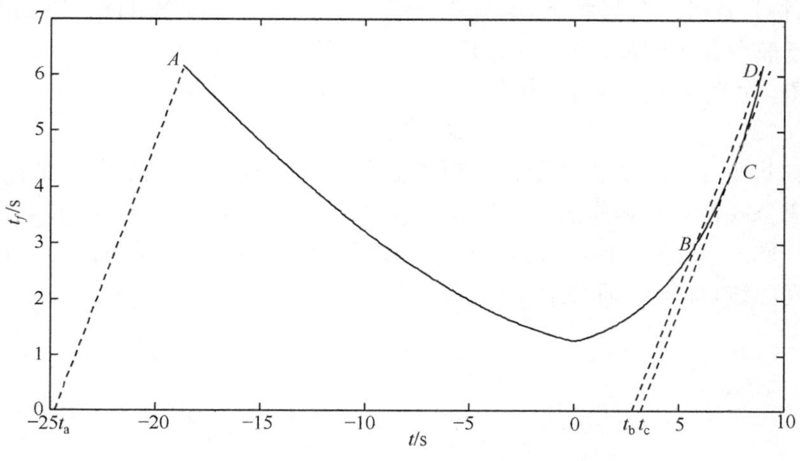

图 3.26 弹头飞行时间曲线

3.5 允许与禁止射击区域

3.5.1 允许射击条件与允许射击区域

1. 允许射击条件

对运动目标，特别是高速目标，即使进入了武器有效射击区域，却有可能出现来不及射击或不允许射击的情形。现分析如下，考察一条先是由远及近、后又由近及远的简单航路，如图 3.27 所示。

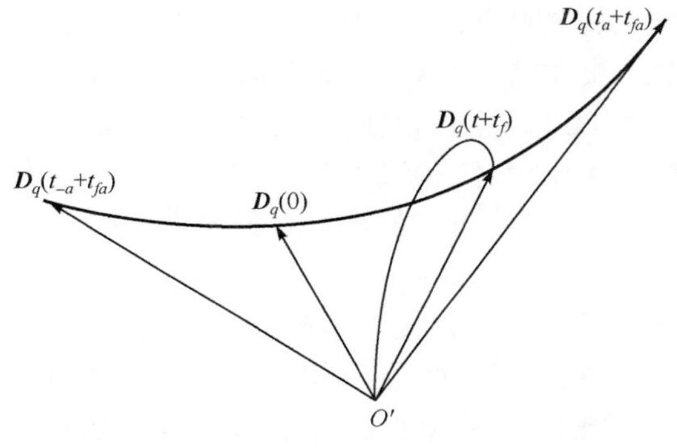

图 3.27 简单航路示意图

在航路上肯定有一点距武器回转中心 O' 最近，记命中点过该点的自然时为 $t=0$ 的瞬时，显然，该点应记为 $\boldsymbol{D}_q(0)$，即在 $t=0$ 瞬时的命中点位置矢量。又，当 $t\leqslant 0$ 时，称目标处于临界状态，也称处于航前；而当 $t>0$ 时，称目标处于远离状态，也称处于航后。很明显，弹头飞抵 $\boldsymbol{D}_q(0)$ 所需飞行时间 t_f 最短。

记 $\boldsymbol{D}_a$ 为武器火力的有效作用距离，显然，对于所有满足

$$\| \boldsymbol{D}_q(t) \| \leqslant D_a \tag{3-244}$$

的 $\boldsymbol{D}_q(t)$，即处于武器火力有效作用距离范围之内的所有航路点，都可依据 3.4 节所述弹道公式计算出相应的射击诸元，包括弹头飞行时间 t_f。这就是说，在火力有效射击区域内，任给一个 $\boldsymbol{D}_q(t)$，就可得到该瞬时 t 下的一个 t_f 与之对应，作弹头飞行时间曲线，即 $t_f(t)$ 曲线，如图 3.28 所示。

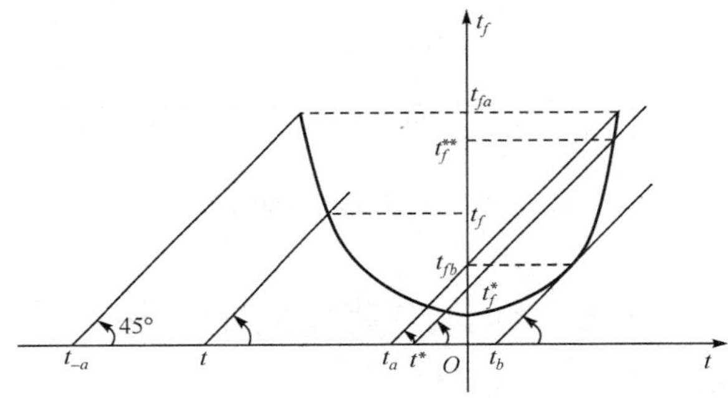

图 3.28 弹头飞行时间曲线

图中，t_{fa} 为弹头飞抵火力有效作用距离处所需飞行时间。倘若图 3.27 所示航路为水平直线等速航路，图 3.28 所示曲线 $t_f(t)$ 应为对称于纵轴的单极小值曲线；否则，将失去对称性。

过曲线 $t_f(t)$ 左半平面上的 t_{fa} 点，做斜率为 1 的直线，交横轴于 t_{-a} 点；过曲线 $t_f(t)$ 右半平面上的 t_{fa} 点，做斜率为 1 的直线，交横轴于 t_a 点；再做斜率为 1 且与曲线以 $t_f(t)$ 相切的直线，交横轴于 t_b 点，而切点记为 t_{fb}，均如图 3.28 所示。

在横轴上任取一点 $t\in[t_{-a},t_a)$，过此点做斜率为 1 的直线，交曲线 $t_f(t)$ 于 t_f，显然，如果在 t 瞬时对 $t+t_f$ 瞬时位于 $\boldsymbol{D}(t+t_f)$ 的目标实施射击，则肯定会在 $t+t_f$ 瞬时，目标与弹头相遇。这就是说，在此时间区段内，存在一个且仅存在一个命中点。

在横轴上取一点 $t^*\in[t_a,t_b)$，过此点作斜率为 1 的直线，该直线与曲线 $t_f(t)$ 将有两个交点 t_f^* 与 t_f^{**} 。这就是说。两个不同的命中点虽各具相异的射击诸元，却在竞争同一射击瞬间，就此则必须舍彼。由于 $t_f^{**}>t_f^*$，故有 $\|\boldsymbol{D}(t^*+t_f^{**})\|>\|\boldsymbol{D}(t^*+t_f^*)\|$ 。作战中舍近而就远，不仅射击误差大，而且为武器的战术使用原则所不容，所以，在此时间区段内，虽有两个命中点，却仅有近处的 $\boldsymbol{D}(t^*-t_f^*)$ 是有

效的。为了保证求取的命中点是$\boldsymbol{D}(t^*+t_f^*)$而不是$\boldsymbol{D}(t^*+t_f^{**})$，在设计算法时，就要保证$\boldsymbol{D}(t^*+t_f^*)$是稳定的收敛点，而$\boldsymbol{D}(t^*+t_f^{**})$是不稳定的发散点，从而排除$\boldsymbol{D}(t^*+t_f^{**})$作为命中点的可能性。

在横轴上取一点$t\in[t_b,\infty)$，过此点作斜率为1的直线，此直线将不会与曲线$t_f(t)$有交点，即不再存在命中点。

综合上述，可得允许射击的条件

$$\begin{cases} \|\boldsymbol{D}_q(t)\|\leqslant D_a \\ \dfrac{\mathrm{d}}{\mathrm{d}t}t_f(t)\leqslant 1 \end{cases} \tag{3-245}$$

式中，t_f是弹头飞行时间；D_a是武器火力的有效作用距离。当式(3-168)成立的条件得到满足时，其导数不仅存在而且连续。在解算命中方程的过程中，如果上式的条件被破坏，应停止解算射击诸元。

式(3-245)给出的条件是依据前述的一种特殊航路得到的；这种航路在$t\leqslant 0$时，$\|\boldsymbol{D}_q(t)\|$是递减函数，而在$t>0$时，$\|\boldsymbol{D}_q(t)\|$是递增函数，很显然，在任一瞬时下，该航路的命中点最多为两个。倘若航路很复杂，如某目标先由临近到远离，又返航，变远离为临近，最后又远离，此时，存在的命中点可能多达四个。在这种情况下，如果把返航后的航路作为一个新航路来处置，而且每返航一次就新辟一个航路，那么，前述的有关一个航路在同一瞬时最多只有两个命中点的约定并未失去其一般性。

2. 允许射击区域

允许射击条件，即式(3-245)是一个重要公式，对它再作若干应用性的解释：

(1) 若存在$t_f\in(t_{fb},t_{fa})$，使

$$\begin{cases} \|\boldsymbol{D}_q(t)\|\leqslant D_a \\ \dfrac{\mathrm{d}}{\mathrm{d}t}t_f(t)>1 \end{cases} \tag{3-246}$$

成立，则$\boldsymbol{D}_q(t)\in(\boldsymbol{D}_q(t_b+t_{fb}),\boldsymbol{D}_q(t_a+t_{fa}))$是一段弹头可达，却由于同另一较近的命中点竞争同一个射击瞬时而不得不放弃射击的一段航路。由于这种航段都出现在远离的航路上，所以，上式一旦成立，在对航后的目标射击时，或者说，尾追射击时，将出现一个航后射击禁区。它的出现，使航后的允许射击区域小于其有效射击区域。

(2) 弹头发射(射击)瞬时t必须属于可射击区间，即

$$t\in[t_{-a},t_b] \tag{3-247}$$

因为只有在此时间区段上发射弹头，才有命中点。上式中，t_{-a}称为射击开始时限，t_b称为射击终止时限。

如果 $t_b>0$，则射击过程可以一直持续到航后。对高炮而言，传统的射击教范曾规定：仅射击临近而不射击远离目标，若如此，且也有 $t_b>0$，则式(3-246)对有效射击距离的影响就不复存在了。

倘若 $t_b<0$，如图 3.29 中的 t_b，射击在航前就得终止，如果自然时 $t>t_b$，此时目标虽然正在临近飞行，而且威胁度很大，却因不存在命中点而不能射击，也就是说，在航前出现了不可射击区。仍以图 3.29 中的曲线Ⅰ为例，它不仅 $t_b<0$，而且 $t_b<t_{-a}+t_{fa}$，这就意味着不可射击区包含了有效射击区域。为了能在有效射击区域内使弹头命中目标，弹头的发射必须在目标进入有效射击区域之前进行。如果这种发射失败，或者说目标突袭成功，它进入了有效射击区域，由于它同时也是不可射击区，此时再发射弹头已无任何意义。

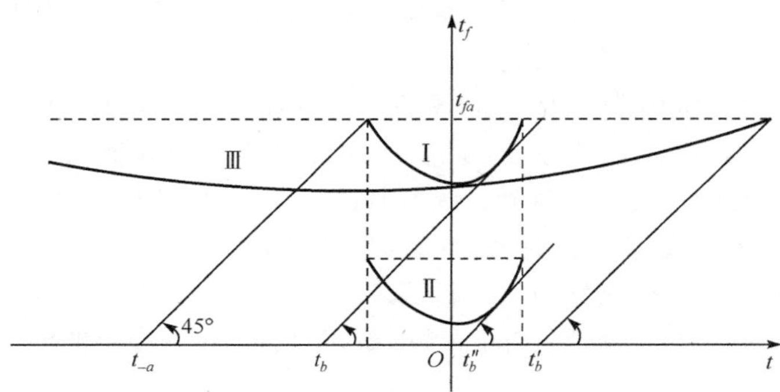

图 3.29 射击开始时限与射击终止时限

目标不论是进入由式(3-246)造成的射击禁区，还是进入由 $t_b<0$ 造成的不可射击区，从不能再射击的意义上来讲，两种区域是一致的，然而，它们产生的机理却是决然不同的：前者出现在航后，由于在同一瞬时出现了两个命中点，根据打近舍远的射击原则，不得不放弃较远的命中点，正是这些被放弃的可射击点构成了射击禁区；后者出现在航前，是失掉了射击机会的航前区。实际上，只要目标突防成功，穿过可射击区间，不论目标处于航前或航后，均不能再对之实施射击。位于航前航路上的目标是对我威胁最大的目标，如果此处又出现了不可射击区，对武器而言，就只能挨打，而不能还击，武器也就变成废料。射击与投掷武器与其对付的目标在毁伤与反毁伤的斗争中，在双方武器技术性能的对抗中，如果上述的武器不可射击区远远地超过了武器的有效射击区域，那么，该种武器该当淘汰。

(3) 对沿着同一航路运动的目标而言，若仅仅是目标航速增加 n 倍，那么，弹头飞行时间曲线 $t_f(t)$ 将在横向上缩小为原来的 $\frac{1}{n}$；反之，若仅仅是目标航速减小为原来的 $\frac{1}{n}$，那么，$t_f(t)$ 将在横向上放大 n 倍。

图 3.29 中的弹头飞行时间曲线Ⅰ与Ⅲ的不同，仅仅是它们相应的目标航速不同，曲线Ⅲ所相应的目标航速慢于曲线Ⅰ所相应的目标航速。当航速慢到一定程度时，斜率为 1 的直线将不再同曲线 $t_f(t)$ 有切点，曲线Ⅲ表明了这一点。此时，武器有效射击区域内的所有点都是可射击的点，不会再有航后的射击禁区与航前的不可射击区，对悬停的武装直升机的射击应属此类情况。

对沿着同一航路的同一运动目标而言，若仅仅是弹头飞行时间减小为原来的$\frac{1}{n}$，则弹头飞行时间曲线 $t_f(t)$ 在纵向上也应缩小为原来的$\frac{1}{n}$；反之，将增大 n 倍。图 3.29 中的曲线Ⅱ就是在曲线Ⅰ的基础上，仅仅增大弹速而形成的。弹速越高，弹头飞抵目标的时间也越短。从图 3.29 还可发现，相应的射击终止时限也就越向后移（由 t_b 移到 t_b''），而它一旦移到了右半轴，航前的不可射击区将不复存在。

导弹在现代战场上已成为主要的进攻性武器，如果它一旦突破了对方远、中程防御体系，而进入距其攻击目标不及 3000m 到 2000m 的弹道末端，其速度当会数倍于声速。为对付低、中空飞机而装备的各种高射武器（高炮/防空导弹），在面对上述近程高速导弹时，它相应的弹头飞行时间曲线 $t_f(t)$ 在横向上将收缩得很窄，特别是以火箭方式发射的防空导弹，由于它过低的初速，相应的航前不可射击区将急剧扩大，甚至远远超过其有效射击区域，从而失去其近程反导的能力。在导弹航速与航路均已确定的条件下，要想缩小或消除对来袭导弹的航前不可射击区，只有提高弹头的速度，以缩短弹头飞行时间。发展配备有次口径脱壳穿甲弹的、高初速的小口径高炮和炮射防空导弹，乃是对近程高速导弹防御的有效措施。

(4) 如果目标攻击位于武器近旁并受其保卫的设施，对被保卫的设施而言，目标正处于航前的进攻状态，而对武器而言，目标可能已进入航后。为了能对付这种目标，武器的可射击区间的终止时限 t_b 应延迟到航后。

由于武器总体结构与制造装配上的需求，它的高低角多有一个上限的限制，武器的实际高低角不得超越此限。对高射武器而言，其值多在 80°～87°。由于这个限制的存在，在武器的上方又出现了一个漏斗状的射击禁区，此禁区称为天顶射击禁区。为了保证武器对运动目标的射击可以从航前延续到航后，包括对付越过天顶的目标，缩小甚或取消天顶射击禁区是非常有必要的，而实现这一要求的技术已日趋完善。

对已知航路上的目标进行跟踪与射击时，跟踪线与武器线的姿态角、速度角、角加速度的表示与计算，是一个早已解决的问题，本书不再讨论。对此问题的分析与计算表明，在近程，特别是在天顶及其近旁跟踪与射击时，跟踪线与武器线的角速度与角加速度不是变化急剧就是取极值，为设计、制造跟踪线与武器线的随动系统造成了一系列技术困难。在满足近程反导任务所要求的高精度、高灵敏度、快速反应能力等方面，轻便、快捷、高初速与高射速的多管小高炮系统应更具优越性。

允许射击区域是指，去掉航后射击禁区的有效射击区域；对于突袭成功，闯过射击终止时限的目标，它还应去掉航前不可射击区。

3.5.2　禁止射击区域

任何高射武器系统都只能对一定空域的目标实施有效射击，也就是说，其射击能力是受到限制的。有效射击区域是武器系统的综合性能指标之一，是系统战术、技术性能的集中表现。武器系统发射时机的确定与有效射击区域密切相关，只有已知精确的可射击区域，才能判断火控系统解算出的射击诸元是否合理，从而控制武器的发射。另外，对于作战指挥员来说，只有深入了解武器系统的有效射击区域，才能灵活地确定发射时机，才能正确地确定部队的战斗部署，灵活地运用火力，充分发挥武器系统的战术、技术性能。

与有效射击区域相对应的是禁止射击区域，确定了武器系统的禁止射击区域，有效射击区域也随之确定。因此，武器系统的有效射击区域或禁止射击区域是武器系发射(火力)控制与作战指挥控制所要考虑的重要因素，对二者的详细划分是充分发挥武器系统效能、正确确定射击时机的基础。根据禁止射击产生的原因，对禁止射击区进行科学的分类，从而根据每一类禁射区产生的原因及特点，寻求相应的改善措施及禁射技术，是一项有意义的任务。

1. 禁止射击区及其分类

有效射击区的大小是影响高炮充分发挥火力的重要因素之一，为获得尽可能大的有效射击区域，必须对禁止射击区进行精确标定。一方面，巡航导弹和武装直升机等低空、超低空精确打击武器在现代战争中大量使用，给地面防空作战带来了一些新的问题：目标航路被地物反复遮挡，形成多夹缝断续跟踪和多夹缝分段点射；作战背景复杂，射弹容易误伤地面人员；弹道低伸，弹丸落地爆炸，在人口稠密地区选择阵地和落弹区将变得十分困难，要求高炮能对此类目标进行精确打击。另一方面，我国地形复杂、城市建筑林立，在低空、近程条件下，出现射击死界的概率很大，这也对高炮武器系统的禁射问题提出了更高的要求。

为更精确地标定高炮的禁止射击区，本节根据其产生原因：武器本身性能、安全原因和射击学制约，对高炮的禁止射击区进行了分类，讨论了有关禁射区的禁入技术和禁射技术，对可以改善的禁止射击区提出了相关的技术措施。

高炮的禁止射击区是指，高炮系统在射击时，由于其自身性能、安全原因和射击学原理，而产生的禁止射击的空间区域。根据禁止射击的原因，高炮的禁止射击区主要分为以下几类。

1）死区

因弹头不能到达或无毁伤能力，而不被使用的区域。分为以下三种情况：

(1) 无效射击区域。由于高炮的射击范围是有限的，存在一个有效射击距离，对于超出有效射击范围的区域，弹头无法到达或无毁伤能力，不能对目标造成有效毁伤。

(2) 天顶死区。由于武器总体结构与制造装配上的需求，它的高低角多有一个上限的限制，武器的实际高低角不得超越此限。对高炮武器系统，其值多在 80°～87°。由于这个限制的存在，在高炮的上方产生一个漏斗状的射击禁区，称为天顶死区，如图 3.30 所示。

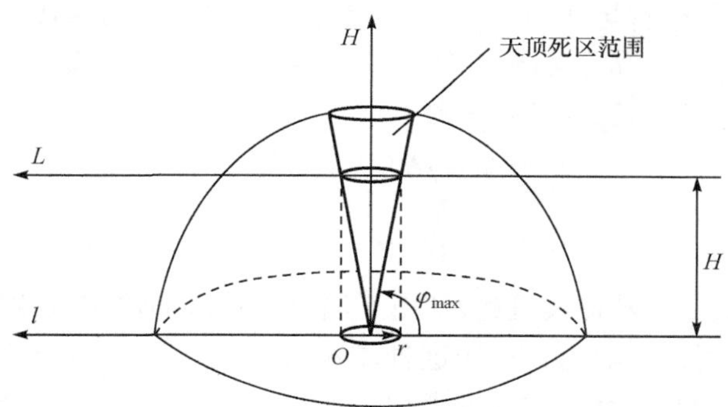

图 3.30　天顶死区

设高炮的最大射角为 φ_{max}，L 为过天顶的水平直线航路，H 为航路高度，l 为 L 在炮口水平面上的投影，则该航路对应的死界半径为

$$r = H\cot\varphi_{max} \tag{3-248}$$

为保证武器系统对运动目标的射击可从航前延续到航后，包括对付越过天顶的目标，缩小甚至消除天顶死区是非常有必要的，而实现这一要求的技术已日趋完善。

(3) 低射界死区。与天顶死区相对应，由于武器高低角下限的限制而产生的不能射击的区域称为低射界死区。

2）安全区

由安全原因而设置的不准射击的区域。主要分为以下几种情况：

(1) 禁瞄区禁止高炮身管指向的区域。它为特别重要的设施所专设。

(2) 禁射区为了保护重点设施而设定的禁止射击区域。在禁射区中，武器可以瞄准，但不允许发射，即所谓的“跟踪哑射”。我机(包括友机、客机)临空区即属此类，是一定时间、一定范围内的动态禁止射击区域。

(3) 禁落区用自炸引信的弹药对低空或超低空目标射击时，可能出现自炸时间大于落地时间，对己方人员或设施造成误毁伤。为避免此类情况而设定的禁止落弹区域称为禁落区。

3）无诸元区

对运动目标射击时，在有效射程之内，由于射击学原理制约而导致的无诸元区。分为航后和航前两种情况：

(1) 航后无射击诸元区。由射击诸元竞争产生的不可射击区域。如果目标运动模型给出的预测航迹仅是一个由临近到远离的过程，则该航迹称为简单航迹。例如，等速、等加速直线运动的航迹。简单航迹的重要特征：航迹上任一点相对其观测点而言的距离矢量与其距离一一对应，且该距离有唯一最小值。又，在此最小距离前，目标属于临近飞行；在此之后，为远离飞行。对任一复杂的机动航路，都可以将其分割为若干个首尾相衔的、相对火力点仅由临近到远离的过程构成的简单航路。参照如图 3.19 所示的弹头飞行时间曲线，其中$\overset{\frown}{CD}$弧段对应的命中矢量$\boldsymbol{D}_q(t)$与弹头飞行时间$t_f(t)$满足下式：

$$\begin{cases}\|\boldsymbol{D}_q(t)\|\leqslant D_a\\ \dfrac{\mathrm{d}}{\mathrm{d}t}t_f(t)>1\end{cases}\tag{3-249}$$

则对应$\overset{\frown}{CD}$弧段的是一段弹头可达，却由于同另一较近的命中点竞争同一个射击瞬时而不得不放弃射击的航路。由于这种航段都出现在远离的航路上，所以上式一旦成立，在对航后的目标射击时，或者说，尾追射击时，将出现一个航后射击禁区。它的出现，使航后的允许射击区域小于其有效射击区域。

(2) 航前无射击诸元区。由于射表只在高炮的有效射程内有值，在求解命中方程时，目标必须进入有效射击区域时才能开始以迭代法求取射击诸元。记目标速度为$\boldsymbol{V}$，有效射击区域边界点为$\boldsymbol{D}(t_0)$，首次迭代得到的射击诸元所对应的弹头飞行时间为T_{f0}，则第一个命中点应为

$$\boldsymbol{D}_{q0}=\boldsymbol{D}(t_0+T_{f0})=\boldsymbol{D}(t_0)+\boldsymbol{V}T_{f0}\tag{3-250}$$

可见，当目标临近飞行时，自有效射击区域边界开始，在航路方向上存在一个宽度为$S=\boldsymbol{V}T_{f0}$的无射击诸元区，如图 3.31 所示。其中，O为炮位点，h_q为航路高度，d_q为目标至炮位点的水平距离。

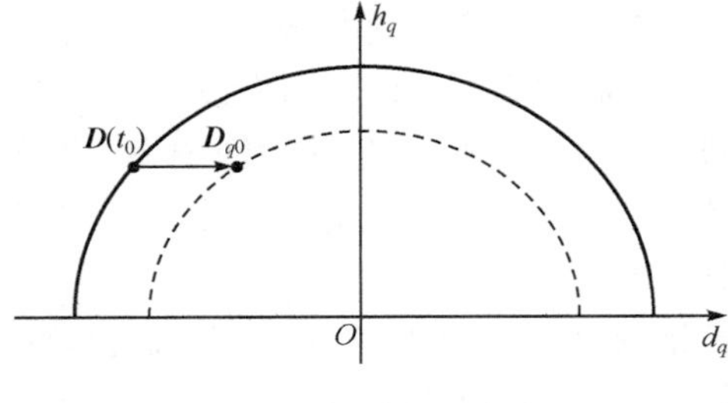

图 3.31　航前无射击诸元区

2. 有关禁射区的几项技术

1）禁入技术

对禁止高炮身管进入的区域，如天顶死区、低射界死区和禁瞄区，有两种方式可使高炮完成禁入动作：

(1) 硬限止器。当高炮身管高低角进入禁入区边界时，由机械或机电装置

限制高炮身管进入。将火炮转动极限限制和射界限制分开，对射界限制，采用禁射不禁瞄的思想，当进入禁射区时，禁射系统产生禁射信号，切断火炮电发射装置的电源，使火炮完成禁射动作，离开禁射范围时自动恢复射击。

(2) 软限止程序。为保证随动系统不因到达禁入区撞击硬限止器，且能平稳地绕过禁入区域继续跟踪而采取的软件技术。

软限止程序的任务是：使火炮伺服系统以最大制动加速度，在最短的制动距离上停止于禁入区的边界。由火炮伺服系统的最大制动加速度 β_m，实际跟踪角速度 ω_0，计算出减速区域

$$S_t=\frac{\omega_0^2}{2\beta_m} \tag{3-251}$$

当火炮的姿态角解算值进入制动区 S_t 时即开始制动过程。

对天顶死区的软制动原理如图 3.32 所示，其为球坐标下的俯视图，圆心为炮位点，最内部的圆为天顶死区的投影，虚曲线为目标的实际航迹，实曲线为炮管对目标的跟踪轨线。

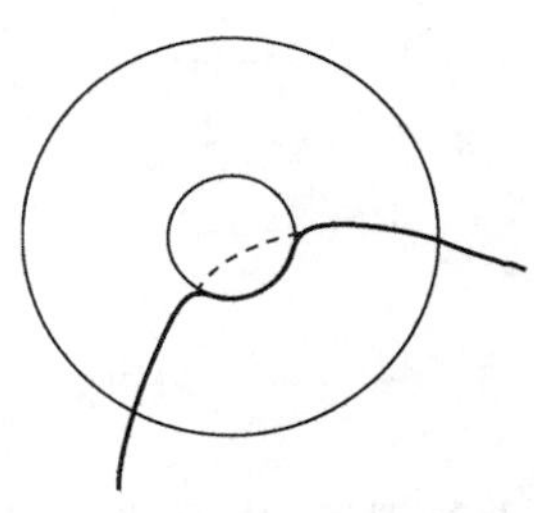

图 3.32　软制动原理图

2) 禁射技术

不同类型的禁止射击区实现方法也不同，死区由高炮武器系统本身决定，可事先一次装定；无诸元区是由射击学原理产生的，取决于不同射击模式下的命中方程求解；而安全区受高炮阵地环境的影响，当高炮进入阵地后由相应的软件技术实现。

(1) 二维禁射技术。目前，高炮禁射区的范围一般由方位角和高低角确定，采用二维平面区域设计，将该二维平面区域称为二维禁射区。高炮进入阵地后，由数字化瞄准具扫描地形轮廓线，或由火控计算机存储的战区数字地图得到禁射区的方位角和高低角范围。实际作战时，禁射系统实时地将炮管的方位角和高低角数据与禁射区的方位角和高低角相比较，当炮管的方位和高低角数据组合进入禁射区时，禁射系统产生禁射信号，使高炮完成禁射动作；当炮管离开禁射区时，自动恢复射击。

(2) 三维禁射技术。在对低空、超低空目标射击时，若弹丸落地时间小于自炸时间，而落弹区恰好为禁落区，则禁止射击。针对此种情况，首次提出了三维禁射的概念，即纵深地域的禁射。三维禁射技术与可编程时间引信相结合，在确保我方阵地和被保护物安全的前提下，由计算机按照事先详细设定的三维禁射区，实现低空、超低空射击过程中多夹缝断续跟踪和多夹缝分段点射，使未来防空高炮提倡的地物匹配射击成为可能。

另外，为保证武器正常使用期间不会对安全区内的己方目标造成误毁伤，对安全区来说，应在实际测量的基础上考虑射弹散布范围，再加上足够的安全系数。安

全区设计可采用各种安全间隙角分析法确定安全系数。

3）克服航前无诸元区的技术

有以下两种方法可克服航前无诸元区：

(1) 拦阻射击。拦阻射击的基本思想是：始终只以航路上满足一定条件的点作为命中点解算射击诸元，并使高炮身管一直指向该射击诸元，当到达开火时机时即实施射击，以下以距离作为拦阻射击条件说明拦阻射击模式的基本原理。

首先设定一个拦阻距离 D_f，以高炮身管回转轴口为球心 O，拦阻距离 D_f 为半径做一拦阻半球面，航路交该球面于 T_1 和 T_2 两点，如图 3.33 所示。

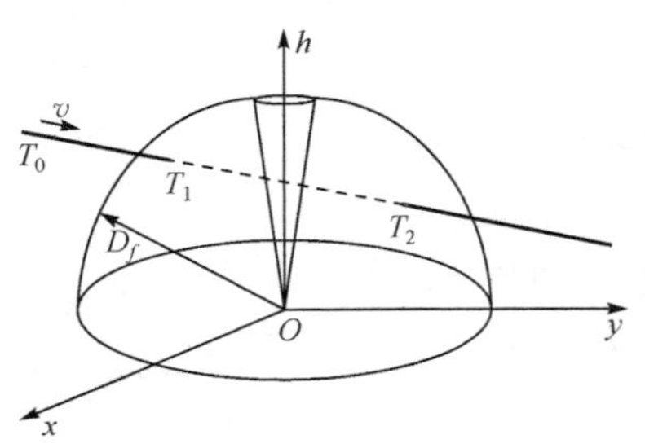

图 3.33　拦阻射击示意图

若火控计算机在 k 时刻获得 T_0 点的位置和速度估计值，可求出拦阻点的坐标 T_1 和 T_2，将该两点作为静止的命中点，根据射表拟合函数可计算出命中点为拦阻点时所对应的射击诸元 $(t_{f1},\beta_1,\varepsilon_1)$ 和 $(t_{f2},\beta_2,\varepsilon_2)$。

将拦阻点作为静止点，不需要用迭代法求解射击诸元，只要拦阻点在射表范围之内，即可通过射表拟合函数得到拦阻点的射击诸元，因此拦阻射击模式可使高炮的有效射击范围延伸至最大射程处，从而减小、甚至消除航前无诸元区。

另外，随着飞机、直升机和巡航导弹低空、超低空突防能力的增强，高炮对空作战的瞄准速度越来越快，射击时间也越来越短，从而导致随动系统的功率一再加大。片面增大随动功率，将导致火炮变得十分笨重，丧失应有的机动性，贻误重要的战机，同时还导致装备订购和使用成本的急剧上升，限制其应有的普及率，增加维修保障的负担。而拦阻射击可解决在跟踪模式下对快速目标射击时射击诸元变化太快、操炮误差较大、操炮手无法操炮迅速跟踪的问题。

但拦阻射击也有不足之处，因炮管静止指向拦阻点，当对下一个命中点射击时，高炮伺服系统突然启动，进入跟踪模式，需要较大的启动加速度，不利于平稳跟踪。

(2) 射表之解析延拓。针对火控系统因射表范围有限而导致的航前无射击诸元，且原有逼近函数在射程外的自然延拓部分上升过快或起伏不可预知的问题，应将射表逼近函数在射程外合理地解析延拓，确保在平稳引导高炮的前提下，使第一个命中点能够出现在高炮最大有效射击区域的边界上。

本章小结与学习要求

计算命中公式系是火控系统中火控计算机要完成的主要任务之一。命中公式系的核心则是命中方程。命中方程是由弹道方程、目标运动方程和载体运动方程等组成的。对命中方程的构建、分析和求解，是深入理解火控系统射击诸元求解的必然过程。

通过本章的学习，需要了解弹道方程及其简化，掌握典型射表逼近方法；能够构建命中方程，理解命中方程解的分布区域（允许与禁止射击区域）和解的存在性，掌握命中方程求解的顺解法和逆解法。

习题与思考题

1. 何为射击线？何为武器线？射击线与武器线的区别与联系是什么？

2. 标准弹道和气象条件是什么？在求解射击诸元时，对于非标准弹道和气象条件，如何修正射击诸元？

3. 命中矢量方程如何变换为标量方程组？

4. 顺解法和逆解法是如何实现的？各自适用的范围和条件是什么？

5. 设目标以匀速直线运动方式飞行，在 k 时刻得到相对于武器水平地理坐标系下的目标现在点为 $(x,y,h)^{\mathrm{T}}=(500\mathrm{m},1000\mathrm{m},1000\mathrm{m})^{\mathrm{T}}$，速度为 $(V_x,V_y,V_h)^{\mathrm{T}}=(0,200\mathrm{m/s},0)^{\mathrm{T}}$，同时可求得 k 时刻对应命中点的弹头飞行时间 $t_f=1.8612\mathrm{s}$。试根据以下基本射表的部分数据（见表 3.11 和表 3.12，h：高度，d：水平距离），求解在标准弹道和气象条件下，对应命中点的射击诸元（方位角和高低角）。

表 3.11 部分射表高角参数 （单位：mil）

h \ d	700m	800m	900m	1000m
800m	6.4	7.4	8.3	9.4
1000m	6.7	7.7	8.7	9.7
1200m	7.0	8.0	9.0	10.1

表 3.12 部分射表偏流参数 （单位：mil）

h \ d	700m	800m	900m	1000m
800m	0.3	0.3	0.3	0.3
1000m	0.3	0.3	0.4	0.4
1200m	0.4	0.4	0.4	0.4

参考文献

包国忱,柴义隆. 1997. 电子装备试验数据处理. 北京:国防科工委司令部.

薄煜明,郭治,杜国平,等. 2002. 高炮与防空导弹在近程防空反导中的互补性. 兵工学报,23(2):164-166.

薄煜明,郭治,钱龙军,等. 2012. 现代火控理论与应用基础. 北京:科学出版社.

车建国,胡鹏. 2004. 防空武器图谱式禁射方法研究. 战术导弹控制技术,(3):134-135.

迟刚,王树宗. 2004. 便携式防空导弹反巡航导弹作战效能分析. 火力与指挥控制,29(1):39-40,44.

郭治. 1996. 现代火控理论. 北京:国防工业出版社.

盛安冬,王华,刘健,等. 2001. 射表参数估计及其虚拟延伸. 火炮发射与控制学报,(2):11-13,50.

田棣华,肖元星,王向威,等. 1990. 高射武器系统效能分析. 北京:国防工业出版社.

王华. 2003. 虚拟闭环校射. 南京:南京理工大学硕士学位论文.

王艳霞,郭治,张贤椿,等. 2009. 高炮的禁止射击区域. 火力指挥与控制,34(5):28-30.

许全均. 1993. 武器禁射区设计的新技术. 舰载武器,2:10-15.

杨少宇,秦峰. 2003. 防空高炮现状与发展趋势分析. 四川兵工学报,24(6):3-6.

张贤椿,郭治. 2008. 火炮射表逼近函数的解析延拓. 兵工学报,29(5):629-632.

赵国豪. 1991. 高炮全方位禁射器的研制与探讨. 兵工学报武器分册,(1):62-67.

周启煌. 1991. 数字式坦克火控系统基本原理. 北京:国防工业出版社.

第 4 章　行进间火力控制

在行进间实施射击与投掷将给武器的火力控制带来一系列新问题，而解决这些问题的核心是修正由于载体姿态与质心运动而造成的脱靶量。为了抑制与消除这种偏差，不仅需要测量与处理武器的运动参数，而且对武器系统本身的结构与控制方式也提出了一系列新要求。此外，利用武器可以行进的特点，将武器机动到最有利的射击位置，以最有利的载体姿态实施射击，即将火力控制与武器导航综合在一起，构成一个行进与火力综合控制系统，统一实施战场格斗中的导航与火控的最优决策，也是行进间火力控制应探讨的课题。

为了深入地探讨行进间火控理论，本章首先解决武器运动的定量描述问题；然后介绍行进间火控系统的技术环境，再以此为基础，展开相关问题的讨论；最后讨论将行进间火控问题转化为停止间火控问题求解的条件，使得前面章节所阐述的火控理论可适用于行进间的火力控制问题，从而带来事半功倍的效果。

4.1　载体运动分析

武器载体(车辆、舰船与飞机)的行进运动一般是由平移与转动两部分合成的。为了定量地描述这两种运动，首先应建立运动的基准：地理(大地)坐标系 $O\text{-}xyh$ 与载体坐标系 $O_J\text{-}x_Jy_Jh_J$。当武器平移运动的范围不大时，可以假设所在位置的当地水平面平行于同一个平面。

地理坐标系 $O\text{-}xyh$ 是固连在地球表面上某一点的直角坐标系，它的三个轴向在不同场合有不同的规定。例如，我国地炮射击规则认定：轴 Oy 平行于水平面并指向地理北极；轴 Ox 平行于水平面并垂直于轴 Oy 且指向东方；轴 Oh 指向上方与轴 Ox、Oy 垂直并满足右手定则。

载体坐标系 $O_J\text{-}x_Jy_Jh_J$ 是固连在载体上的直角坐标系。O_J 一般取为所装载武器的回转中心或其他适合做测量基点的点。载体既然装载武器，其上必然存在一个装载平面，如舰船的装载甲板、坦克的炮塔底座平面等。轴 O_Jx_J 平行于装载平面且指向载体正前方；轴 O_Jy_J 平行于装载平面并垂直于轴 O_Jx_J 且指向载体左侧；轴 O_Jh_J 与轴 O_Jx_J、O_Jy_J 垂直，指向载体上方，从而构成一个右手直角坐标系。

当地坐标系 $O_J\text{-}x_0y_0h_0$ 是由地理坐标系 $O\text{-}xyh$ 将原点 O 平移至 O_J 点处所构成。

调整载体姿态角，使载体坐标轴 O_Jh_J 与地理坐标轴 Oh 同向，称为载体调平；

使载体坐标轴 O_Jx_J 在水平面上的投影与地理坐标轴 Ox 同向，称为对正（基准）。取地理坐标系原点 O 与载体坐标系原点 O_J 相重合，再将载体调平、对正，则地理坐标系与载体坐标系完全重合。

4.1.1 载体转动

假设载体的转动是载体坐标系从与当地坐标系 $O_J\text{-}x_0y_0h_0$ 重合的位置开始的。在转动过程中载体坐标系与当地坐标系的相对关系可以用三个欧拉角 λ_J、α_J、γ_J 来表示。载体偏航角 λ_J 为轴 O_Jx_J 在平面 $O_J\text{-}x_0y_0$ 的投影与轴 O_Jx_0 的夹角，该投影位于轴 O_Jx_0 左侧时 λ_J 为正；载体俯仰角 α_J 为轴 O_Jx_J 与平面 $O_J\text{-}x_0y_0$ 的夹角，轴 O_Jx_J 的正向位于平面 $O_J\text{-}x_0y_0$ 下方时 α_J 为正；载体横滚角 γ_J 为轴 O_Jh_J 与平面 $O_J\text{-}x_Jh_0$ 的夹角，载体向右倾斜时 γ_J 为正。

根据载体坐标系相对于当地坐标系的三个欧拉角，载体坐标系在当地坐标系中的相对位置可由载体坐标系与当地坐标系重合的位置开始，根据右手定则依次旋转轴 O_Jh_J、O_Jy_J、O_Jx_J 来确定，转动的角度分别为 λ_J、α_J、γ_J。

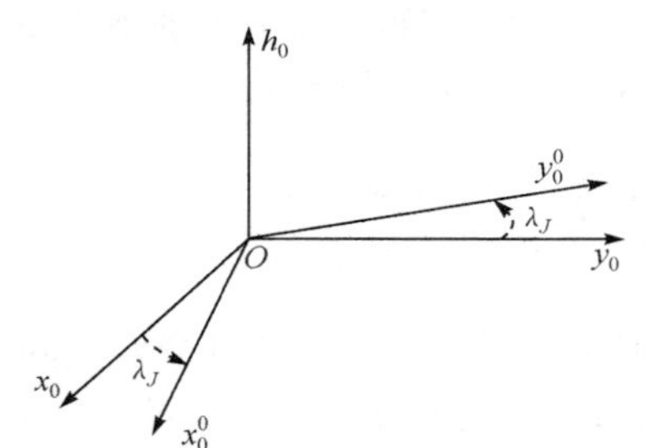

图 4.1 载体偏航运动示意图

设 $\boldsymbol{X}=(x,y,h)^{\mathrm{T}}$ 是当地坐标系 $O_J\text{-}x_0y_0h_0$ 中的某一矢量。载体坐标系与当地坐标系重合时开始，将轴 O_Jh_0 转动 λ_J 角得到载体坐标系 $O_J\text{-}x_0^0y_0^0h_0$，如图 4.1 所示。$\boldsymbol{X}$ 在载体坐标系 $O_J\text{-}x_0^0y_0^0h_0$ 中的表示为

$$\boldsymbol{X}_\lambda=\boldsymbol{B}_\lambda(\lambda_J)\boldsymbol{X} \tag{4-1}$$

式中

$$\boldsymbol{B}_\lambda(\lambda_J)=\begin{bmatrix}\cos\lambda_J & \sin\lambda_J & 0\\ -\sin\lambda_J & \cos\lambda_J & 0\\ 0 & 0 & 1\end{bmatrix} \tag{4-2}$$

称为当地坐标系到载体坐标系的偏航变换阵。

将坐标系 $O_J\text{-}x_0^0y_0^0h_0$ 的轴 $O_Jy_0^0$ 转动 α_J 角得到载体坐标系 $O_J\text{-}x_Jy_0^0h_1^0$，如图 4.2所示。$\boldsymbol{X}_\lambda$ 在载体坐标系 $O_J\text{-}x_Jy_0^0h_1^0$ 中的表示为

$$\boldsymbol{X}_\alpha=\boldsymbol{B}_\alpha(\alpha_J)\boldsymbol{X}_\lambda \tag{4-3}$$

式中

$$\boldsymbol{B}_\alpha(\alpha_J)=\begin{bmatrix}\cos\alpha_J & 0 & -\sin\alpha_J\\ 0 & 1 & 0\\ \sin\alpha_J & 0 & \cos\alpha_J\end{bmatrix} \tag{4-4}$$

称为当地坐标系到载体坐标系的俯仰变换阵。

最后将坐标系 $O_J\text{-}x_Jy_0^0h_1^0$ 的轴 O_Jx_J 转动 γ_J 角得到最终的载体坐标系 $O_J\text{-}x_Jy_Jh_J$，如图 4.3 所示。$\boldsymbol{X}_\alpha$ 在载体坐标系 $O_J\text{-}x_Jy_Jh_J$ 中的表示为

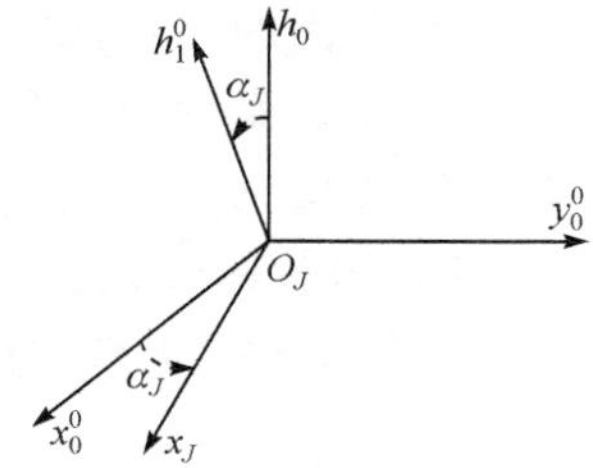

图 4.2　载体俯仰运动示意图

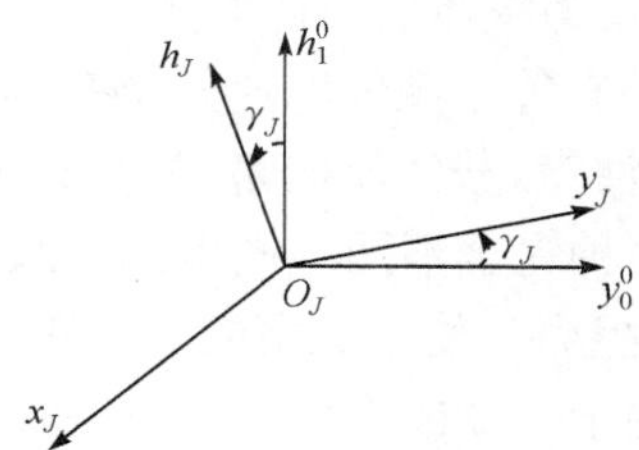

图 4.3　载体横滚运动示意图

$$\boldsymbol{X}_\gamma=\boldsymbol{B}_\gamma(\gamma_J)\boldsymbol{X}_\alpha \tag{4-5}$$

式中

$$\boldsymbol{B}_\gamma(\gamma_J)=\begin{bmatrix}1 & 0 & 0\\ 0 & \cos\gamma_J & \sin\gamma_J\\ 0 & -\sin\gamma_J & \cos\gamma_J\end{bmatrix} \tag{4-6}$$

称为当地坐标系到载体坐标系的横滚变换阵。

所以综上所述，矢量 $\boldsymbol{X}=(x,y,h)^{\mathrm{T}}$ 在三个欧拉角为 λ_J、α_J、γ_J 的载体坐标系中的表达式为

$$\boldsymbol{X}_J=\boldsymbol{B}_\gamma(\gamma_J)\boldsymbol{B}_\alpha(\alpha_J)\boldsymbol{B}_\lambda(\lambda_J)\boldsymbol{X} \tag{4-7}$$

易见

$$\boldsymbol{X}=\boldsymbol{B}_\lambda(-\lambda_J)\boldsymbol{B}_\alpha(-\alpha_J)\boldsymbol{B}_\gamma(-\gamma_J)\boldsymbol{X}_J \tag{4-8}$$

定义 $\boldsymbol{\Psi}_J=(\lambda_J,\alpha_J,\gamma_J)^{\mathrm{T}}$ 为武器载体的姿态角。当它们发生变化，即

$$\frac{\mathrm{d}}{\mathrm{d}t}\begin{bmatrix}\lambda_J(t)\\ \alpha_J(t)\\ \gamma_J(t)\end{bmatrix}=\frac{\mathrm{d}}{\mathrm{d}t}\boldsymbol{\Psi}_J(t)\neq 0 \tag{4-9}$$

时，称武器载体处于转动之中。

4.1.2　载体平移

以地理坐标系的原点 O 为始端、载体坐标系的原点 O_J 为终端的矢量，称为武器载体的平移矢量，记为 $\boldsymbol{D}_C=\overrightarrow{OO_J}$。如果 $\boldsymbol{D}_C$ 发生了变化，即

$$\frac{\mathrm{d}\boldsymbol{D}_C(t)}{\mathrm{d}t}=\boldsymbol{U}_C(t)\neq 0 \tag{4-10}$$

时，称武器载体处于平移之中。无论武器载体处于平移还是处于转动之中，都称之为处于运动之中。上式中，$\boldsymbol{U}_C(t)$ 为载体航速矢量，它在地理坐标系上的投影 (U_{cx},U_{cy},U_{ch}) 可表示为

$$\boldsymbol{U}_C=\begin{bmatrix}U_{cx}\\ U_{cy}\\ U_{ch}\end{bmatrix}=\|\boldsymbol{U}_C\|\begin{bmatrix}\cos K_c\cos Q_c\\ \cos K_c\sin Q_c\\ \sin K_c\end{bmatrix} \tag{4-11}$$

式中，K_c 为载体航路俯仰角，它等于载体航速矢量 $\boldsymbol{U}_C$ 与水平面的夹角；Q_c 为载体航向角，它等于载体航速矢量 $\boldsymbol{U}_C$ 在水平面上的投影与地理坐标系轴 Ox 的夹角。

请注意，载体航向角 Q_c 与载体偏航角 λ_J，载体航路俯仰角 K_c 与载体俯仰角 α_J，是两种完全不同的概念，前者表示载体速度方向，后者表示载体姿态。然而，出于减小阻力与便于观察的双重考虑，控制载体运动的驾驶策略往往使 Q_c 与 λ_J、K_c 与 α_J 趋于一致或大体上趋于一致。

4.2　载体运动参数测量

凡是能够影响脱靶量的武器载体运动参数均属测量的范畴。只有掌握这些运动参数，理清这些参数与脱靶量间的关系，才有可能定量计算出这些运动参数对脱靶量的影响，研制出合格的火控系统。对于一个具体的武器系统而言，必须测试哪些运动参数，还与它具体的任务有关，难以一言以蔽之，但总可归为两类：转动参数测量与平移参数测量。测量载体运动参数的装置有很多，如惯性导航系统、卫星导航系统、组合导航系统，也可以根据地物、天体进行标定。

惯性导航系统（INS，简称惯导）既可以测量载体的转动参数也可以测量其平移参数。该系统是既不依赖于外部信息、也不向外部辐射能量的自主式导航系统。其工作环境不仅包括空中、地面，还可以在水下。惯导的基本工作原理是以牛顿定律为基础的，能够提供载体的位置、速度、姿态和角速度信息。惯性导航部件是惯导的核心，由陀螺、加速度计、导航平台和计算机组成。

传统意义上的陀螺具有定轴性和进动性，根据这两个特性陀螺既可以稳定导航平台也可以测量载体的姿态角或角速度。早期的陀螺有单自由度旋转质量陀螺、液浮陀螺、气体轴承浮子陀螺，其后发展了静电陀螺和挠性陀螺。当前，根据光学特性制成的激光陀螺、光纤陀螺已得到广泛应用。

加速度计也称作比力传感器，其输出一般是加速度，积分加速度计的输出则为速度。一般把加速度计分为三类：振动加速度计、力平衡加速度计和积分加速度计。

惯导按照惯性导航部件在载体上的安装方式，可分为平台式惯导和捷联式惯导。

在平台式惯导中，存在一个真实的物理稳定平台，平台上安装了三个单自由度陀螺，其旋转轴分别平行于地理坐标系的三个坐标轴。三个加速度计也置于平台之上，其敏感轴也分别平行于地理坐标系的三个坐标轴。载体运动时，由于陀螺的定轴稳定作用，该平台隔离了载体角运动的影响，所以相对地理坐标系而言仅存在载体的平移运动，加速度计便可以输出载体在地理坐标系三个轴向上的加速度或速度，再对其积分便可得到载体的位置信息。载体一旦转动，平台各环架角度传感器便可输出载体的偏航、俯仰和横滚参数。这类惯导的稳定平台框架能够隔离载体的角振动，仪表工作条件较好。平台能直接建立导航坐标系，计算量小，容易补偿和修正仪表的输出，但结构复杂，尺寸大。

捷联式惯导与平台式惯导的主要区别在于，捷联式惯导没有实体的稳定平台。惯性器件直接固连于载体上，载体在导航坐标系中的运动参数由计算机根据惯性器件测得的参数计算得到，因而被称为“数学平台”。所以其结构简单、体积小、故障率低、维护方便，但陀螺仪和加速度计直接固连于载体上，工作条件不佳，会降低测量精度。这种系统由于需要建立平台的数学模型，所以存在模型的简化、量化、舍入和截断等造成的计算误差，而且其加速度计输出的是载体坐标系的加速度分量，需要经计算机转换成导航坐标系的加速度分量，计算量较大。

惯性导航系统有如下优点：由于它既不依赖于任何外部信息，也不向外部辐射能量，故隐蔽性好且不易受外界电磁干扰的影响；能提供位置、速度、姿态及角速度数据；数据更新率高、短期精度和稳定性好。其缺点是：由于导航信息经过积分而产生，定位误差随工作的时间增加而增加，长期精度差，需要定时校准；每次使用之前需要较长的初始对准时间；不能给出时间信息；具有机械结构的惯性器件使用寿命短。

卫星导航系统是以人造卫星作为导航台的星基无线电导航系统，能为全球陆、海、空、天的各类载体，全天候、连续提供高精度的三维位置、速度和精密的时间信息。目前，世界上建成和在建的卫星定位系统有美国的 GPS、俄罗斯的 GLONASS、中国的北斗卫星导航系统，以及欧洲航天局的 Galileo。

在众多卫星导航系统中技术最成熟的是 GPS(global positioning system，全球定位系统)。GPS 是 20 世纪 70 年代由美国陆海空三军联合研制的新一代空间卫星导航定位系统。经过 20 余年的研究实验，耗资 300 亿美元，到 1994 年 3 月，全球覆盖率高达 98%的 24 颗 GPS 卫星星座已布设完成。

GPS 由空间部分、地面监控部分和用户接收机三大部分组成。

GPS 基本空间部分最初由 24 颗卫星组成，分布于 6 个等间隔的轨道上，可以保证用户在任何时刻、任何位置上都能够同时观测到至少 4 颗卫星。卫星的主要功能为：接收和储存地面监控站发来的导航信息，接收并执行监控站的控制指令；进行必要的数据处理工作；通过星载高精度原子钟提供精密的时间标准；向用户发送导航及定位信息；在地面监控站的指令下调整姿态和启用备用卫星。

地面监控部分包括五个监控站、一个上行注入站和一个主控站。监控站的主要任务是接收卫星观测数据，并将这些数据传送到主控站；主控站收集各监控站的数据，经过修正后将必要的信息转化为导航电文由上行注入站注入 GPS 导航卫星。

GPS 接收机可以从 GPS 卫星发送的导航报文中得到卫星的位置坐标和报文

发出的时间，利用报文接收和发送的钟差可以计算出接收机到卫星的距离。因此，同一GPS接收机若有三个独立的观测量便能够计算出用户所在位置的三维坐标，即接收机应位于以三颗卫星为球心、相应距离为半径的三个球面的交点上。但是卫星时钟与用户接收机时钟难以保持严格同步，存在一个钟差，所以可以作为一个未知参数，与接收机坐标一并求解，这样便有四个未知数，因此至少需要四个距离方程来求解。这就是GPS星座设计要保证用户在任何时刻、任何位置上都能够同时观测到至少四颗卫星的原因。

北斗卫星导航系统是我国自主研发的卫星导航系统。在2020年已建成中国自己的由24颗中圆地球轨道卫星、3颗地球静止轨道卫星和3颗倾斜地球同步轨道卫星共30颗卫星组成的北斗三号全球卫星导航系统。除了具有GPS的导航定位功能外，北斗卫星导航系统的用户终端还具有双向报文通信功能，一次可以传送120个汉字的短报文信息。据此在作战中，不但可以实时上报载体的坐标，还可以收发指令，协调各作战单位对目标的联合打击。尤其适用于沙漠、山区等通信信号条件较差的地区。

卫星导航系统在军事作战中可为机械化部队的快速准确推进、隐蔽行动、回避雷区提供精确实时的导航定位信息；可为火炮提供快速、可靠的定位定向信息，极大地提高火炮射击的精度。但是其接收机抗干扰性较差，易受接收"窗口"和地形地物的遮蔽影响；数据刷新率低，在需要连续获得载体位置、速度、姿态信息时效果不佳。

针对卫星导航系统和惯性导航系统的特点，一种行之有效的方法是把二者进行组合，并利用信息融合技术对数据进行处理，以得到准确度更高、刷新率更大、稳定性更强的载体运动参数，这便是卫星/惯导组合导航系统。对于惯导系统来说，利用卫星导航系统的位置、速度信息校正惯导系统的积累误差，标定惯性器件，可以在卫星导航系统的辅助下，实现动基座上的对准和再对准，缩短对准时间；对于卫星导航系统来说，利用惯导系统的信号作为辅助信息可以改善卫星接收机在敌方强干扰信号环境中的抗干扰能力，当卫星信号短暂中断时，惯导系统仍能继续工作，提供高精度的导航信息。因此，卫星/惯导组合导航系统，与惯导和卫星定位系统单独使用相比，具有精度高、可靠性好、成本低、适应性强、快速反应性能好等优点，是目前导航系统的主要发展方向。

组合滤波器是组合导航系统的核心，其作用为：对卫星接收机和惯导采集的信息通过滤波算法进行融合计算，从而得到更为准确的载体参数信息。组合导航系统的滤波结构经过了集中式结构、分布式结构和联合式结构三个阶段。主要的信息融合和滤波方法有递推最小二乘法、卡尔曼滤波、贝叶斯估计、D-S证据推理、模糊推理和神经网络计算技术等。其中卡尔曼滤波算法是最为常用和成熟的滤波算法，它作为一种现代最优估计方法，采用了状态空间和递推计算形式，可对一般线性系统进行线性最小方差估计,并且具有数据存储量小,易于计算机实现等优点,在组合导航领域获得了广泛的应用。

近年来,卫星/惯导组合导航系统已经广泛应用于巡航导弹、卫星制导炸弹(炮弹)这一类低成本简易制导弹药,但尚未有大规模应用于陆军兵器,如坦克、自行火炮与自行高炮行进间火力控制的报道。究其原因在于常规弹丸在发射以后,不再受火控系统的控制,其命中精度主要由射击瞬时火控系统解算、装定的射击诸元的精度及火炮随动系统的控制精度所决定,而现有的导航系统在技术水平和成本的制约下,尚无法提供健全的火控级精度的载体平移和转动测量信息。目前多是测量若干关键信息,如用陀螺仪测量火炮耳轴的倾角,在现有条件的基础上,尽量提高武器行进间射击的命中率。

但是随着卫星/惯导组合导航系统技术水平的进步,其必然成为提高载体运动参数实时测量精度,进而提高行进间武器射击命中率的有效技术途径。

4.3 共轴与解耦

众所周知,行进间射击武器的载体,如飞机、坦克、车辆、舰船等武器及其火控系统的装载空间非常狭窄,因而系统结构必须非常紧凑,如要求诸多光学测量装置所使用的可见光、远红外光、激光等共光路,还要求跟踪线与武器线共轴,而后者的实施又给火控技术带来新问题。

4.3.1 跟踪线与武器线共轴

提前三角形作为一个约束条件约束了跟踪线(观测装置的观测方向)与武器线(弹头的发射与投掷方向),前者通过观测系统的随动系统随动于瞄准线,而后者通过武器随动系统随动于射击线。如果武器载体的装载平面较为宽敞,则可以设置两个在机械结构上完全独立的转台,一个放置观测装置,一个放置武器。此时,跟踪线紧跟瞄准线,而武器线则紧跟由火控计算机计算出来的射击线,跟踪线与武器线的随动系统各司其职,互不干扰。此种将观测装置与武器的转台分别设置的方案称为跟踪线与武器线独立配置方案,也称为不共轴方案。这种方案的控制系统任务简单,便于实现,却要求有较大的配置空间。

如果将观测装置转台置放于武器转台之上,由于跟踪线与武器线发生了机械耦合,而在运动上出现了牵连,图 4.4 用示意的方式展示了跟踪线与武器线在此种情况下牵连与约束的情形。

此时,武器线方位角的任何运动都将作为一种牵连运动叠加在跟踪线的方位角之上。而这种叠加对稳定的跟踪是十分不利的。具体言之,当跟踪线平稳而准确地跟踪瞄准线的时间超过目标运动状态滤波的观察时间以后,射击线的方位角

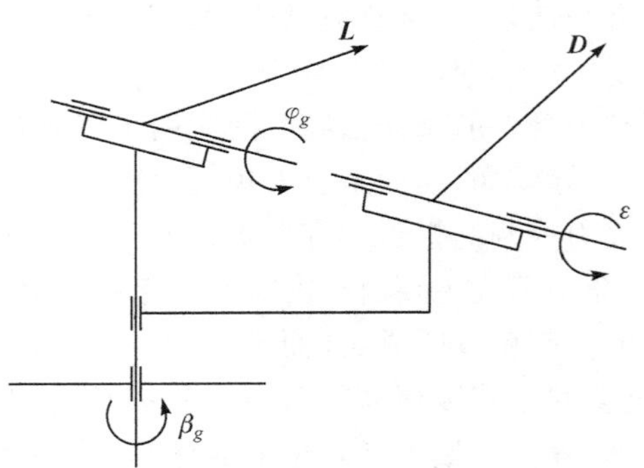

图 4.4　武器线与跟踪线共方位轴示意图

就会被计算出来，如果实际的武器线方位角与被计算出来的射击线方位角不一致，就驱动武器线方位角趋向射击线方位角，而为了防止武器线在做这种运动时导致跟踪线偏离目标，还必须驱动跟踪线的方位角做一个大小相等、方向相反的运动。如果武器线方位角对跟踪线方位角的牵连运动，消除得不及时或有误差，就会严重地破坏跟踪线平稳而准确地跟踪。

从图 4.4 还可以看出，武器线高低角 φ_g 与跟踪线高低角 ε 在机械结构上仍是独立的，相互之间不存在牵连运动。将观测装置方位角转台置于武器线方位角转台之上，仅在方位角上造成牵连运动的配置方案称为武器线与跟踪线共方位轴配置方案。这种方案结构较紧凑，但要求系统消除武器线方位角的牵连运动对跟踪线方位角的扰动。

武器发射管(架)的尾部都设有一个与武器线垂直的耳轴，耳轴置于耳轴转动支架上，并可在支架上做垂直于武器方位角转轴的转动，从而实现了武器在高低方向的运动，如图 4.5 所示，图中武器线高低角 φ_g 的转轴即为耳轴。如果将整个观测装置(包括它的方位转轴与高低转轴)均置于武器耳轴之上，则组成了武器线与跟踪线共两轴(高低轴与方位轴)的配置方案。在这种配置方案下，武器线姿态角(β_g，φ_g)的任何转动都将给跟踪线姿态角(β，ε)带来牵连运动而扰动跟踪线。在武器线向射击线趋近的过程中，设法排除上述牵连运动对跟踪线的扰动，这是实现共两轴方案的关键技术。跟踪线与武器线共两轴方案的优点很多：结构特别紧凑；中间连接环节少，反应快捷，操纵灵活；观测装置居耳轴上方，有利于观测，尤其对消除武器对观测范围的遮挡区域有

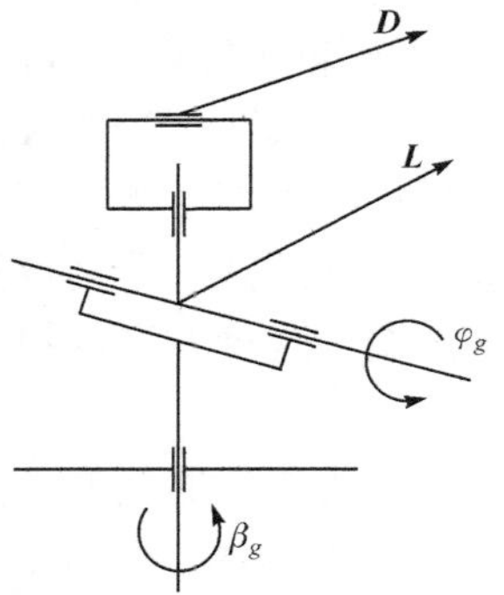

图 4.5　武器线与跟踪线共两轴示意图

利,这是仅共方位轴的配置方案难以解决的问题。对于要求大视野、快速反应的近程反导小高炮系统而言,共两轴的配置方案尤具优越性。

对机载武器而言,特别是航炮,它是固连在飞机上的。此时,武器与载体共偏航、同俯仰。在这种情况下,对于置于载体上的一切观测装置来说,它们与武器姿态角是本质上的共两轴方案。

共轴配置有一个共同而直接的后果,这就是,武器线的牵连运动扰动了跟踪,使跟踪变得不平稳,甚至成为不可能。消除这一后果的技术是解耦。

4.3.2 解耦

在解耦技术未应用于火控系统之前,普遍使用的是扰动式跟踪:先将跟踪线与武器线同时瞄准目标,得出射击线姿态角;驱动武器线趋近射击线;当辨识出跟踪线被武器线牵连而偏离目标后,再驱动跟踪线重新瞄准目标;重新瞄准后,又会得出新的射击线姿态角;再驱动武器线趋向新的射击线;辨识出跟踪线再次被武器线牵连而偏离目标的值后,继续调整跟踪线;直到此偏离值小于允许值,跟踪任务即完成。

为了便于实现扰动式跟踪,对上述方法的一个改进是,先由火控计算机计算出射击线与瞄准线姿态角之差

$$\begin{cases}\Delta\beta_g=\beta_g-\beta\\ \Delta\varphi_g=\varphi_g-\varepsilon\end{cases}\tag{4-12}$$

式中,$\Delta\beta_g$ 称为武器方位角提前量;$\Delta\varphi_g$ 称为武器高低角提前量。既然跟踪线已被驮载于武器之上,在扰动跟踪开始时使武器线的姿态角在现在值$(\beta_g,\varphi_g)^{\mathrm{T}}$ 的基础上转动$(\Delta\beta_g,\Delta\varphi_g)^{\mathrm{T}}$,在武器线趋近于射击线的同时,令跟踪线滞后武器线$(\Delta\beta_g,\Delta\varphi_g)^{\mathrm{T}}$。

干扰式跟踪很难平稳,更难快速。用于停止或暂停间对静止或慢速目标射击,尚或可能,而在行进间对快速目标射击,则必须采用解耦技术。

解耦的目的是使武器线的运动对跟踪线不产生任何影响,虽然跟踪线是被驮载于武器之上的。所以解耦的关键是在产生牵连跟踪线运动的载体上设置稳定平台。共一轴时,稳定平台设置在武器转盘上;共两轴时,稳定平台设置在武器耳轴上。

如果设置的是一个物理稳定平台,且该稳定平台的动量大到足以支持整个测量装置而仍不失其定向性,此时,处于稳定平台之上的瞄准测量装置既不会随武器线,也不会随武器载体的转动而转动,可以同固定在大地上的瞄准测量装置一样发挥其量测性能。此时,对于跟踪线的一切牵连运动均被隔离开来。

如果设置的物理稳定平台只能提供武器线在地理坐标系内姿态角(β_g,φ_g)的信息,则应充分利用跟踪线随动系统来解决对跟踪线牵连的隔离问题。现以方位角为例来说明。图 4.6 为跟踪线方位角随动系统传递函数框图。

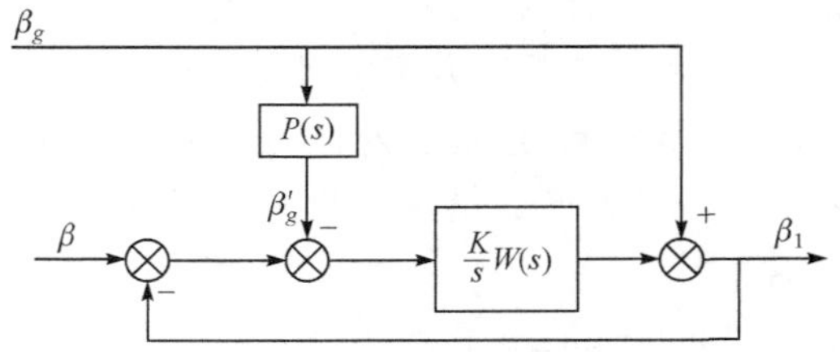

图 4.6　跟踪线方位角随动系统传递函数框图

图中,$\beta-\beta_1$ 为方位角瞄准误差,是由测量装置检测出来的;β_1 是受武器方位角 β_g 牵连的跟踪线方位角,为了表示这种牵连,在系统的输出端设一个综合环节,通过这个综合环节,β_g 牵连 β 一起进退;$P(s)$为物理稳定平台的方位测角环节,瞄准误差与 β_g 的测量值 β'_g 之差作为驱动信号,被送入跟踪线方位角随动系统的执行机构 $\frac{K}{s}W(s)$,形成一个闭合的控制系统。对于恰当的开环增益 K,经过一定的时间后有

$$\beta_1 \to \beta \tag{4-13}$$

此时,跟踪线方位角仅决定于瞄准线方位角,而与武器方位角 β_g 无任何关系,隔离 β_g 的任务得以实现。

如果设置的是一个测角速度的数学平台,虽然这种平台仅能提供方位角速度 $\dot{\beta}_g$ 信息,也同样能利用跟踪线的随动系统隔离对跟踪线的牵连。仍用上例来阐述这个问题。这里将稳定平台的测角环节改成了稳定平台测角速度环节 $D(s)$,如图 4.7所示。

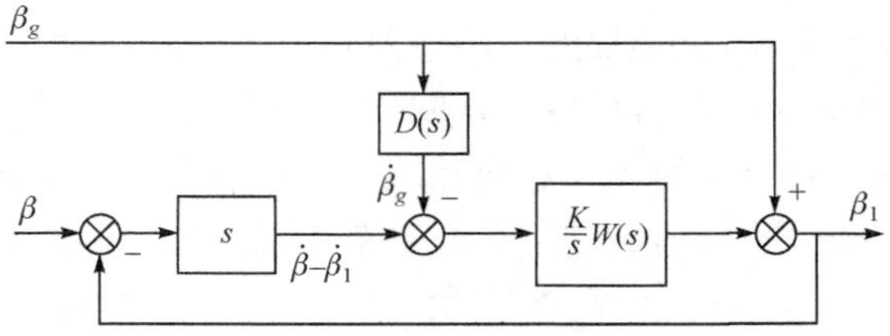

图 4.7　跟踪线方位角速度随动系统传递函数框图

此图与图 4.6 不同之处仅在于:这里将瞄准误差 $\beta-\beta_1$ 经微分环节 s 微分后,同 $\dot{\beta}_g$ 的测量值相减后,才作为驱动信号送入其后的执行机构 $\frac{K}{s}W(s)$。显然对于适当的放大系数 K 仍有式(4-13)成立。

从上述分析可以发现,解耦的思想很简单:要么建立一个可以载重的物理的稳定平台;要么利用原有的跟踪线随动系统,令它按稳定平台所测出的牵连运动量的反方向做一等值运动。而这牵连运动量既可以是角度也可以是角速度。解耦思想好理解，解耦的实施却不容易。其关键是稳定平台技术，特别是稳定平台的核心部件——陀螺仪的性能尤为重要。

解耦后的跟踪线称为独立跟踪线。对共轴的火控系统，除非是简易型的，其跟踪线必须是独立的。

4.3.3　驱动方式

跟踪线的姿态角(β_1,ε_1)需要两个随动系统分别控制，武器线的姿态角(β_g,φ_g)需要另两个随动系统分别控制。而直到目前为止，测量装置所形成的驱动信号却只有瞄准误差($\Delta\beta_1$,$\Delta\varepsilon_1$)，如何利用瞄准误差去完成既要驱动跟踪线又要驱动武器线的任务呢？

1. 驱动跟踪线的工作方式

用瞄准误差去驱动跟踪线的两个随动系统($T(s)$)，完成自动跟踪任务；再将自动跟踪后测得的一系列目标参数传输给火控计算机(FC)，火控计算机求解命中方程，得出射击线的姿态角($\hat{\beta}_g$,$\hat{\varphi}_g$)；以此值与武器线姿态角的实际值相比较，得出驱动武器线的驱动信号，再由武器随动系统($W(s)$)驱动武器线趋近射击线，从而完成射击的准备工作，达到随时可以射击的状态，如图 4.8 所示。

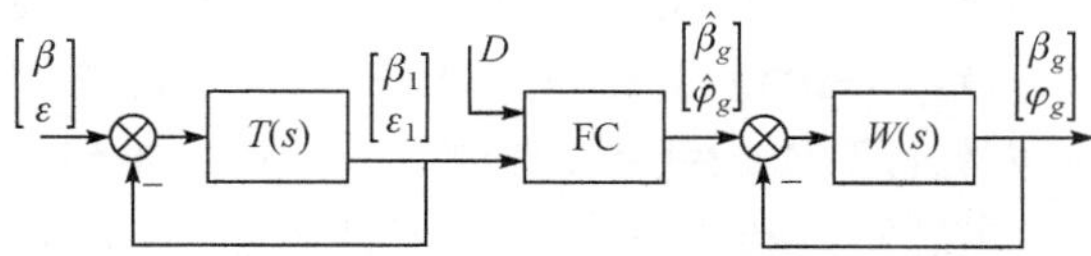

图 4.8　驱动跟踪线的工作方式示意图

2. 驱动武器线的工作方式

这种工作方式与上一种工作方式有明显差异，见图 4.9。它用瞄准误差去驱动武器线的两个随动系统($W(s)$)；然后将武器线的姿态角、目标距离值传输给火控计算机，由火控计算机求解命中方程，得出瞄准线姿态角的计算值($\hat{\beta}$,ε)；以此值与跟踪线姿态角实际值相比较，得出驱动跟踪线的驱动信号，再由跟踪线的

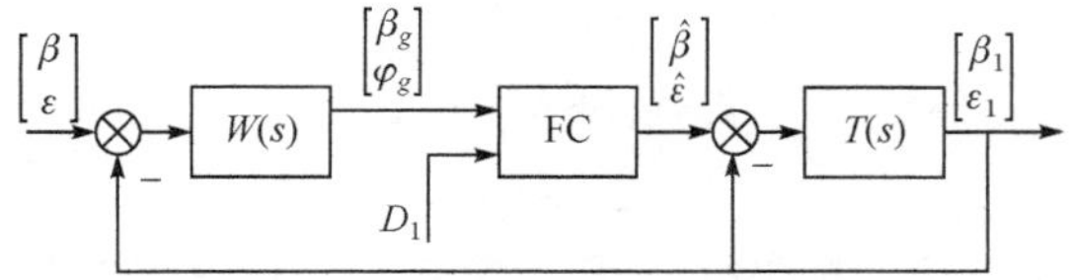

图 4.9　驱动武器线的工作方式示意图

随动系统($T(s)$)驱动跟踪线趋近瞄准线。如此,也可同样完成射击准备工作。

从上述分析可以看出,瞄准误差既可用于驱动跟踪线又可用于驱动武器线;如果误差信号用于驱动武器线与跟踪线中的某一对姿态角,则另一对驱动信号就必须由火控计算机计算出来,而计算的依据就是命中方程(提前三角形)。命中方程乃是武器线与跟踪线的约束方程,已知这一边,就可求解那一边。总之,两种驱动方式都可完成既定任务:在瞄准误差的驱动下,跟踪线与武器线同时得到控制。

对于共轴的武器系统而言,不论何种解耦都不可能完全消除牵连运动对跟踪线的扰动。在有扰动的情况下,首先应该将驮载着测量装置的、大惯量的武器稳定下来。从这个意义讲,驱动武器线的工作方式较为有利。驱动跟踪线的工作方式则保证了信息的单向传递,$T(s)$、FC、$W(s)$三部分串行相接,系统性能指标容易分配,系统也便于调试。倘若各子系统间协调有力、得当,各子系统性能的一致性、设计的规范性、器件的标准化程度都能得到较好的保证,由于驱动武器线的工作方式中多了一个大闭环控制,所以有可能得到更好的控制质量,但在武器跟踪控制过程中也要求解射击诸元。

4.4 载体转动的隔离

武器载体可以靠它自己的稳定平台测出它自身相对于地理坐标系的姿态角 $\boldsymbol{\Psi}_J(t)=(\lambda_J(t),\alpha_J(t),\gamma_J(t))^{\mathrm{T}}$,而 $\boldsymbol{\Psi}_J(t)$ 在载体行进过程中往往是随时间变化的。在摇晃的载体上工作的武器、观测器材、人员要想以接近静止的工作特性发挥其功能,必须充分地利用稳定平台所测得的转动状态参数,对转动导致的偏差进行补偿。为了集中精力阐述这一问题,暂且假定载体不存在平移运动。

由于射击或投掷是一个瞬态事件,仅仅是弹头离轨(离管)瞬间的载体姿态角才影响射击诸元,而同其他瞬时的载体姿态无关,所以,只需确定在射击或投掷那一瞬间射击线在载体坐标系内的位置,有了这一位置,即可驱动武器线趋近这一位置,一旦两者之间的误差小于允许值,即可射击或投掷。

当射击诸元在载体的当地坐标系内求取后,就确定了射击矢量在大地坐标系内的方位角 β_g 和高低角 φ_g,其方向矢量为

$$\boldsymbol{L}=\begin{bmatrix}\cos\varphi_g\cos\beta_g\\ \cos\varphi_g\sin\beta_g\\ \sin\varphi_g\end{bmatrix} \tag{4-14}$$

当载体出现偏航角 λ_J、俯仰角 α_J 和横滚角 γ_J 后,射击矢量在载体坐标系内的方向矢量 $\boldsymbol{L}_J$ 为

$$\boldsymbol{L}_J=\boldsymbol{B}_\gamma(\gamma_J)\boldsymbol{B}_\alpha(\alpha_J)\boldsymbol{B}_\lambda(\lambda_J)\boldsymbol{L} \tag{4-15}$$

设 $\boldsymbol{L}_J$ 在载体坐标系内的姿态角为$(\beta_{gJ},\varphi_{gJ})$，则 $\boldsymbol{L}_J$ 可表示为

$$\boldsymbol{L}_J=\begin{bmatrix}\cos\varphi_{gJ}\cos\beta_{gJ}\\ \cos\varphi_{gJ}\sin\beta_{gJ}\\ \sin\varphi_{gJ}\end{bmatrix} \tag{4-16}$$

利用式(4-14)和式(4-15)经计算可得

$$\begin{bmatrix}\cos\varphi_{gJ}\cos\beta_{gJ}\\ \cos\varphi_{gJ}\sin\beta_{gJ}\\ \sin\varphi_{gJ}\end{bmatrix}=\begin{bmatrix}C_x\\ C_y\\ C_h\end{bmatrix} \tag{4-17}$$

其中

$$\begin{cases}C_x=\cos\alpha_J\cos(\beta_g-\lambda_J)\cos\varphi_g-\sin\alpha_J\sin\varphi_g\\ C_y=\cos\alpha_J\sin\gamma_J\sin\varphi_g+[\cos\gamma_J\sin(\beta_g-\lambda_J)+\sin\alpha_J\sin\gamma_J\cos(\beta_g-\lambda_J)]\cos\varphi_g\\ C_h=\cos\alpha_J\cos\gamma_J\sin\varphi_g-[\sin\gamma_J\sin(\beta_g-\lambda_J)+\sin\alpha_J\cos\gamma_J\cos(\beta_g-\lambda_J)]\cos\varphi_g\end{cases} \tag{4-18}$$

由式(4-17)和式(4-18)解得射击矢量在载体坐标系内的高低角为

$$\varphi_{gJ}=\arcsin(C_h)\in\left(-\frac{\pi}{2},\frac{\pi}{2}\right) \tag{4-19}$$

方位角为

$$\beta_{gJ}=2\arctan\left(\frac{C_y}{\cos\varphi_{gJ}+C_x}\right)\in(-\pi,\pi) \tag{4-20}$$

反之利用类似的方法，也可以给出载体坐标系中测得的炮目矢量在大地坐标系中的姿态角公式，以求解射击矢量。

如果载体装载的武器系统不要求协同作战，目标的信息由载体自身的观测设备获得，为了独立作战方便，可以以某瞬时载体坐标系的轴 Ox_J 方向为准，建立大地坐标系，这相当于把标准的地理坐标系按某个偏航角旋转了一个角度，如此获得的坐标系称为载体自定的地理坐标系，从而避免了配备找北稳定平台的要求。具体来说就是在一段时间内，载体的偏航角 λ_J 可以以自身的测量为准，不需要在地理坐标系中进行标定，相应的矢量在自定的地理坐标系和载体坐标系间的转换与 4.1.1 节叙述的方法完全一样。

在载体不断地摇晃过程中，载体内的稳定平台不断地向火控计算机提供载体姿态角，火控计算机根据它收集到的信息也不断地解算武器在地理坐标系中的射击线姿态角，然后利用式(4-19)与式(4-20)计算出射击线在载体坐标系中的姿态角 φ_{gJ} 与 β_{gJ}，位于载体上的武器随动系统就会不断地控制武器线跟踪其射击线，从而完成射击准备。很显然，武器线不随载体的姿态角发生变化，即武器随动系统利用载体的稳定平台提供的信息也将武器本身造就成一个稳定

平台。

如果弹头飞行时间 t_f 或引信分划也作为一项射击诸元，它们对载体的转动是不变量。

对于在转动载体上的观测装置，为了能够保持平稳跟踪，也必须利用稳定平台技术将载体对观测装置的牵连运动隔离开来。而此种隔离的理论与方法全同于隔离武器线对跟踪线的牵连运动。

在武器线与跟踪线共两轴的情形下，如果跟踪线解耦是充分的，通过对武器线的稳定，对跟踪线的任何牵连运动，不论来自武器还是载体，都会被隔离，无需再做处理。

在武器线与跟踪线共一轴的情形下，不共轴的姿态角，如跟踪线的高低角，虽不会为武器线牵连，却仍然会被载体运动所牵连。为了隔离掉这种牵连运动，对不共轴的姿态角要应用解耦技术，使跟踪线对载体姿态角的转动也独立。

在武器线与跟踪线不共轴的情形下，观测装置是安装在载体上的，利用在载体上设置的稳定平台，依照前述的共两轴的情形，可以很好地将载体对跟踪线的牵连隔离开来。航炮是固连在飞机上的，飞机上的观测装置就可以依共两轴的情形处理。

武器线与跟踪线同载体一样，除存在方位角、高低角运动以外，还可能存在着自转角(横滚)运动。而且此自转角也会为载体的横滚所牵连。由于武器线的自转多不影响弹道，跟踪线的自转多不影响测量，故未予论述。其实，在某些特定的技术环境中，它们的影响还是不可忽略的。例如，有翼弹的弹道就与发射架的横滚有关；再如图像跟踪装置，如果摄像光管出现横滚，景物就会在视场中旋转，这不仅不利于人的观察，更给图像处理技术引来更多的辨识运算。对一个稳像式光电火控系统而言，只将载体与武器对跟踪线姿态角的牵连运动隔离开来的火控系统乃是两轴稳像式火控系统。将导致跟踪线横滚(自转)的牵连运动也隔离开来，才是真正的稳像式火控系统，即三轴稳像式火控系统。稳定横滚从原理上讲，同稳定偏航与俯仰没有本质区别。

下面具体说明目标图像跟踪装置在保持方位与高低方向运动稳定的同时，保持目标图像倾斜稳定的方法。

对于目标图像跟踪装置，假设存在光电坐标系，其回转中心与载体坐标系的原点 O_J 重合，记为 O_J-$x_My_Mh_M$。它由载体坐标系 O_J-$x_Jy_Jh_J$ 通过方位和高低依次旋转 β_M、ε_M 而得到；相应的欧拉角 β_M、ε_M 就是目标图像跟踪装置的光轴，即光电坐标系 O_J-$x_My_Mh_M$ 的 O_Jx_M 轴相对载体坐标系 O_J-$x_Jy_Jh_J$ 的方位角和高低角。另外要指出的是，光电坐标系 O_J-$x_My_Mh_M$ 的另外两个坐标轴 O_Jy_M 与 O_Jh_M 分别平行于目标图像跟踪装置显示屏幕的横框与竖框。目标图像跟踪装置的显示屏幕如

图 4.10 所示，其中有一个搜索窗口，用于处理目标图像信息。

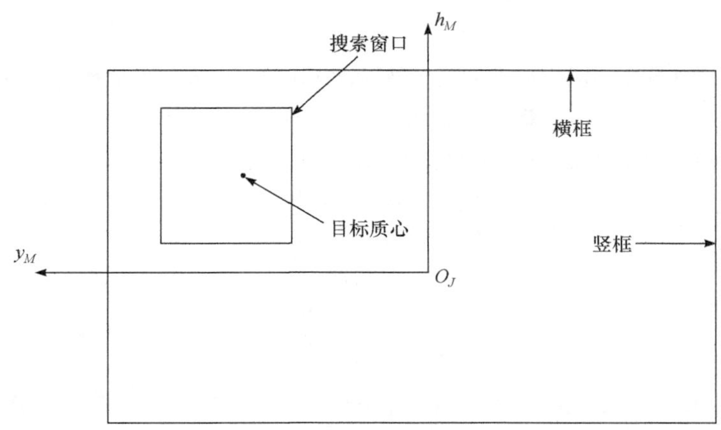

图 4.10　光电坐标系与目标图像跟踪装置的显示屏幕

目标图像跟踪装置在跟踪目标时，为了保证光轴能够始终压住目标中心或消除由载体姿态运动所导致的光轴与目标中心的偏差，光电坐标系相对载体坐标系在方位与高低方向必须进行相应的旋转运动。此时光电坐标系 O_J-$x_My_Mh_M$ 的 O_Jy_M 轴相对当地坐标系 O_J-$x_0y_0h_0$ 的水平面 O_J-x_0y_0 就可能发生了倾斜，也就是光电坐标系 O_J-$x_My_Mh_M$ 相对当地坐标系出现了横滚角 γ，此时坐在载体中的观察者所看见的显示屏幕中目标图像的背景就是倾斜的，不符合观察的习惯。因此不仅有必要对目标图像跟踪装置的光轴的方位角和高低角进行稳定，而且有必要同时对光轴的横滚角进行倾斜稳定，即始终保持光电坐标系 O_J-$x_My_Mh_M$ 的 O_Jy_M 轴平行于当地坐标系的水平面。要做到这一点，首先需要计算出相应的横滚角 γ 的值。

例 4.1　假定跟踪静止目标，测量光轴压住了目标。开始时载体坐标系相对当地坐标系的欧拉角分别为 α_{J0}、β_{J0}、γ_{J0}，在载体坐标系中观瞄系统测得的目标方位角和高低角分别为 β_{M0}、ε_{M0}，试求如下问题：

(1) 如果载体坐标系相对当地坐标系的欧拉角分别变化为 α_{J1}、β_{J1}、γ_{J1}，此时目标在载体坐标系中的方位角 β_{M1} 与高低角 ε_{M1} 分别为多少？

(2) 此时为保持观瞄系统的光电目标图像倾斜稳定，光电坐标系相对载体坐标系横滚多大的 γ 角？

解　(注意坐标系旋转的俯仰角与向量的高低角定义的区别)

(1) 先求得静止目标在当地坐标系中的方向矢量的坐标，然后通过坐标变换矩阵求得其在新的载体坐标系下的坐标，再求其相应的方位角与高低角。

由于静止目标的方向矢量在原载体坐标系下的坐标可以表示为

$$\boldsymbol{L}_{M0}=\begin{bmatrix}\cos\varepsilon_{M0}\cos\beta_{M0}\\\cos\varepsilon_{M0}\sin\beta_{M0}\\\sin\varepsilon_{M0}\end{bmatrix}\tag{4-21}$$

所以根据4.1.1节，利用欧拉角确定的转换矩阵，可得其在当地坐标系下的坐标为

$$\boldsymbol{L}_0=\boldsymbol{B}_\lambda(-\lambda_{J0})\boldsymbol{B}_\alpha(-\alpha_{J0})\boldsymbol{B}_\gamma(-\gamma_{J0})\boldsymbol{L}_{M0}\tag{4-22}$$

进一步可以求得其在新的载体坐标系下的坐标为

$$\boldsymbol{L}_{M1}=\boldsymbol{B}_\lambda(\lambda_{J1})\boldsymbol{B}_\alpha(\alpha_{J1})\boldsymbol{B}_\gamma(\gamma_{J1})\boldsymbol{L}_0\tag{4-23}$$

令

$$\boldsymbol{L}_{M1}=\begin{bmatrix}C_1\\C_2\\C_3\end{bmatrix}\tag{4-24}$$

然后利用式(4-20)，得到此时目标在载体坐标系内的方位角与高低角分别为

$$\begin{cases}\beta_{M1}=2\arctan\dfrac{C_2}{\cos\varepsilon_{M1}+C_1}\in(-\pi,\pi)\\\varepsilon_{M1}=\arcsin C_3\in\left(-\dfrac{\pi}{2},\dfrac{\pi}{2}\right)\end{cases}\tag{4-25}$$

(2) 先求取光电坐标系的光轴 O_Jx_M 压住目标时 O_Jy_M 轴在 O_J-y_Mh_M 平面内与当地坐标系水平面的夹角 γ，然后将光电坐标系的 O_Jx_M 轴相应载体坐标系滚动相反的角度值就可保证光电目标图像倾斜稳定。

可见 O_Jy_M 轴的方向矢量在载体坐标系中的坐标为

$$\boldsymbol{L}_{yM}=\begin{bmatrix}-\sin\beta_{M1}\\\cos\beta_{M1}\\0\end{bmatrix}\tag{4-26}$$

所以其在当地坐标系中坐标为

$$\boldsymbol{L}_y=\boldsymbol{B}_\lambda(-\lambda_{J1})\boldsymbol{B}_\alpha(-\alpha_{J1})\boldsymbol{B}_\gamma(-\gamma_{J1})\boldsymbol{L}_{yM}\tag{4-27}$$

同理 O_Jx_M 轴的方向矢量在当地坐标系中坐标为

$$\boldsymbol{L}_x=\boldsymbol{B}_\lambda(-\lambda_{J1})\boldsymbol{B}_\alpha(-\alpha_{J1})\boldsymbol{B}_\gamma(-\gamma_{J1})\boldsymbol{L}_{xM}\tag{4-28}$$

其中

$$\boldsymbol{L}_{xM}=\begin{bmatrix}\cos\varepsilon_{M1}\cos\beta_{M1}\\\cos\varepsilon_{M1}\sin\beta_{M1}\\\sin\varepsilon_{M1}\end{bmatrix}\tag{4-29}$$

光电坐标系在当地坐标系的偏航角 λ 与俯仰角 α，满足

$$\begin{bmatrix}\cos\alpha\cos\lambda\\\cos\alpha\sin\lambda\\-\sin\alpha\end{bmatrix}=\boldsymbol{L}_x\tag{4-30}$$

令

$$\boldsymbol{L}_x=\begin{bmatrix}C'_x\\C'_y\\C'_h\end{bmatrix} \tag{4-31}$$

然后利用式(4-20),求得光电坐标系(光轴)在当地坐标系下的俯仰角与偏航角为

$$\begin{cases}\alpha=-\arcsin C'_h\in\left(-\dfrac{\pi}{2},\dfrac{\pi}{2}\right)\\ \lambda=2\arctan\dfrac{C'_y}{\cos\alpha+C'_x}\in(-\pi,\pi)\end{cases} \tag{4-32}$$

由于 O_Jy_M 轴的方向矢量在光电坐标系和当地坐标系中的坐标满足

$$\begin{bmatrix}0\\1\\0\end{bmatrix}=\boldsymbol{B}_\gamma(\gamma)\boldsymbol{B}_\alpha(\alpha)\boldsymbol{B}_\lambda(\lambda)\boldsymbol{L}_y \tag{4-33}$$

所以,对上式等号左右两端分别左乘 $\boldsymbol{B}_\gamma(-\gamma)$,并令

$$\boldsymbol{B}_\alpha(\alpha)\boldsymbol{B}_\lambda(\lambda)\boldsymbol{L}_y=\begin{bmatrix}C''_x\\C''_y\\C''_h\end{bmatrix} \tag{4-34}$$

则有

$$\begin{bmatrix}0\\\cos\gamma\\\sin\gamma\end{bmatrix}=\begin{bmatrix}C''_x\\C''_y\\C''_h\end{bmatrix} \tag{4-35}$$

从而求得

$$\gamma=\arcsin C''_h\in\left(-\frac{\pi}{2},\frac{\pi}{2}\right) \tag{4-36}$$

若取载体坐标系的三个欧拉角分别为 $\lambda_{J1}=0°$、$\alpha_{J1}=10°$、$\gamma_{J1}=0°$;目标在载体坐标系的方位角和高低角分别为 $\beta_{J1}=20°$、$\varepsilon_{J1}=15°$,则利用上述公式可求得 $\gamma\approx 3.42°$。可见目标图像跟踪装置出现了横滚倾斜,只需令其光轴 O_Jx_M 旋转 $-3.42°$ 即可消除这种影响。

4.5　载体平移的利用

火控系统对目标的测量是一个时间过程,为了完成目标状态滤波,这个过程必须长于滤波的观察时间。将滤波开始瞬时记为 t_0,将 t_0 瞬时测量装置的回转中心 O_J 所在位置定为地理坐标系的原点 O。对某一目标,设它在地理坐标系中的目标矢量为 $\boldsymbol{D}(t)$,在地理坐标系中的瞄准矢量为 $\boldsymbol{D}_J(t)$,在地理坐标系中的载体矢量为

$\boldsymbol{D}_c(t)$，显然有

$$\boldsymbol{D}(t)=\boldsymbol{D}_J(t)+\boldsymbol{D}_c(t) \tag{4-37}$$

所以载体的平移矢量 $\boldsymbol{D}_c(t)$会使瞄准矢量发生变化。

4.5.1 平移对测量方程的影响

从式(4-37)可知，$\boldsymbol{D}(t)$的实测值可通过在载体上分别测量 $\boldsymbol{D}_J(t)$与 $\boldsymbol{D}_c(t)$，再相加而获得。此时，测量方程应是

$$\boldsymbol{Y}(t)=\boldsymbol{D}_J(t)+\boldsymbol{D}_c(t)+\Delta\boldsymbol{D}_J(t)+\Delta\boldsymbol{D}_c(t) \tag{4-38}$$

式中，$\Delta\boldsymbol{D}_J(t)$、$\Delta\boldsymbol{D}_c(t)$分别表示对 $\boldsymbol{D}_J(t)$、$\boldsymbol{D}_c(t)$的测量误差。例如，对水平面上做等速直线运动的目标，其状态方程与测量方程可写成

$$\begin{cases}\boldsymbol{X}(k+1)=\begin{bmatrix}x(k+1)\\ \dot{x}(k+1)\\ y(k+1)\\ \dot{y}(k+1)\end{bmatrix}\\ \quad=\begin{bmatrix}1&T&0&0\\0&1&0&0\\0&0&1&T\\0&0&0&1\end{bmatrix}\begin{bmatrix}x(k)\\ \dot{x}(k)\\ y(k)\\ \dot{y}(k)\end{bmatrix}+\begin{bmatrix}0&0\\1&0\\0&0\\0&1\end{bmatrix}\begin{bmatrix}w_1(k)\\ w_2(k)\end{bmatrix}\\ \boldsymbol{Y}(k)=\begin{bmatrix}D_J(k)\cos\beta_J(k)+x_c(k)\\ D_J(k)\sin\beta_J(k)+y_c(k)\end{bmatrix}+\boldsymbol{V}(k)\\ \quad=\begin{bmatrix}1&0&0&0\\0&0&1&0\end{bmatrix}\boldsymbol{X}(k)+\begin{bmatrix}\Delta x_J(k)+\Delta x_c(k)\\ \Delta y_J(k)+\Delta y_c(k)\end{bmatrix}\end{cases} \tag{4-39}$$

式中，(D_J,β_J)是目标在载体坐标系上的极坐标表示；$(w_1(k),w_2(k))^{\mathrm{T}}$ 是状态噪声。若载体在地理坐标系内的坐标$(x_c(k),y_c(k))^{\mathrm{T}}$ 要求由航速 $U_c(t)$与航路航向角 $Q_c(t)$的测量值求取，则有

$$\begin{bmatrix}x_c(t)\\ y_c(t)\end{bmatrix}=\begin{bmatrix}\int_0^{kT}U_c(t)\cos Q_c(t)\,\mathrm{d}t\\ \int_0^{kT}U_c(t)\sin Q_c(t)\,\mathrm{d}t\end{bmatrix} \tag{4-40}$$

若载体也做等速直线运动，则有

$$\begin{bmatrix}x_c(k)\\ y_c(k)\end{bmatrix}=\begin{bmatrix}kTU_c\cos Q_c\\ kTU_c\sin Q_c\end{bmatrix} \tag{4-41}$$

若再假定对 D_J、β_J、U_c、Q_c 的测量误差是不相关的平稳随机序列，且其误差方差分别为 $\sigma_{D_J}^2$、$\sigma_{\beta_J}^2$、$\sigma_{U_c}^2$、$\sigma_{Q_c}^2$，根据式(4-39)，式(4-41)中的测量误差协方差为

$$\mathrm{cov}\left\{\begin{bmatrix}\Delta x_J(k)+\Delta x_c(k)\\ \Delta y_J(k)+\Delta y_c(k)\end{bmatrix},\begin{bmatrix}\Delta x_J(j)+\Delta x_c(j)\\ \Delta y_J(j)+\Delta y_c(j)\end{bmatrix}\right\}=\begin{bmatrix}\sigma_1^2 & \sigma_{12}\\ \sigma_{12} & \sigma_2^2\end{bmatrix}\delta_{k,j} \tag{4-42}$$

式中

$$\begin{cases}\sigma_1^2=\sigma_{D_J}^2\cos^2\beta_J+\sigma_{\beta_J}^2 D_J^2\sin^2\beta_J\\ \qquad +(kT\sigma_{U_c})^2\cos^2 Q_c+(kTU_c\sigma_{Q_c})^2\sin^2 Q_c\\ \sigma_2^2=\sigma_{D_J}^2\sin^2\beta_J+\sigma_{\beta_J}^2 D_J^2\cos^2\beta_J\\ \qquad +(kT\sigma_{U_c})^2\sin^2 Q_c+(kTU_c\sigma_{Q_c})^2\cos^2 Q_c\\ \sigma_{12}=\dfrac{1}{2}(\sigma_{D_J}^2-D_J^2\sigma_{\beta_J}^2)\sin 2\beta\\ \qquad +\dfrac{1}{2}(kT)^2(\sigma_{U_c}^2-U_c^2\sigma_{Q_c}^2)\sin 2Q_c\end{cases} \tag{4-43}$$

显然，当载体出现平移时，为了能够用滤波的方法估计出目标在地理坐标系内的状态，只需多做两件事：①将在载体上测得的瞄准矢量 $\boldsymbol{D}_J(t)$ 的实测值与载体平移矢量 $\boldsymbol{D}_c(t)$ 的实测值求和，并以此和作为测量方程的输出；②计算 $\boldsymbol{D}_J(t)$ 与 $\boldsymbol{D}_c(t)$ 的测量误差之和的协方差，以此协方差作为滤波时总的测量误差协方差。此后，就可以选用一种滤波方法来求取目标状态在地理坐标系内的估计值。

从式(4-43)可以看出，测量 U_c 与 Q_c 的误差所造成的测量误差方差以 $(kT)^2$ 的速率增长。为了避免误差积累过大，一方面要对 U_c 与 Q_c 的测量精度提出严格要求，另一方面要限制测量时间。

用式(4-39)表述的目标状态实测值 $\boldsymbol{Y}(0),\boldsymbol{Y}(1),\cdots,\boldsymbol{Y}(k)$ 估计出的目标位置的滤波值 $\hat{\boldsymbol{D}}(k|k)$ 与外推值 $\hat{\boldsymbol{D}}(k+j|k)$ 均是相对于地理坐标系的原点 O 而得到的。如在 k 瞬时实施射击，$\boldsymbol{D}_c(k)=\overrightarrow{OO_J}$，应作为观测基准线在命中方程中予以修正。

4.5.2　行进与火力综合控制

利用载体可以运动的特点，将载体运动到对射击最有利的地域、以最有利的运动方式实施射击，将可以更好地发挥武器系统的效能。这是一个非常有意义的工作。

假定目标在地理坐标系内做匀速直线运动。由于载体的运动，在载体上观测到的目标视在运动，即在载体坐标系内目标的运动，一般来讲，不会保持匀速直线运动。对式(4-37)求二次导数，由于 $\ddot{\boldsymbol{D}}(t)=0$，故有

$$\ddot{\boldsymbol{D}}_J(t)=-\ddot{\boldsymbol{D}}_c(t)=-\dot{\boldsymbol{U}}_c(t) \tag{4-44}$$

将 $-\dot{\boldsymbol{U}}_c(t)$ 看做控制量，并在载体上直接对 $\boldsymbol{D}_J(t)$ 进行测量，很显然，在载体坐标系内，目标航迹的状态方程与测量方程可以写成

$$\left\{\begin{aligned}&\frac{\mathrm{d}}{\mathrm{d}t}\begin{bmatrix}x_J(t)\\ \dot{x}_J(t)\\ y_J(t)\\ \dot{y}_J(t)\end{bmatrix}=\begin{bmatrix}0&1&0&0\\0&0&0&0\\0&0&0&1\\0&0&0&0\end{bmatrix}\begin{bmatrix}x_J(t)\\ \dot{x}_J(t)\\ y_J(t)\\ \dot{y}_J(t)\end{bmatrix}\\&\qquad+\begin{bmatrix}0&0\\-1&0\\0&0\\0&-1\end{bmatrix}\begin{bmatrix}\dot{U}_{cx}(t)\\ \dot{U}_{cy}(t)\end{bmatrix}+\boldsymbol{B}(t)\boldsymbol{W}(t)\\&\boldsymbol{Y}_J(t)=\begin{bmatrix}1&0&0&0\\0&0&1&0\end{bmatrix}\begin{bmatrix}x_J(t)\\ \dot{x}_J(t)\\ y_J(t)\\ \dot{y}_J(t)\end{bmatrix}+\begin{bmatrix}\Delta x_J(t)\\ \Delta y_J(t)\end{bmatrix}\end{aligned}\right. \tag{4-45}$$

式(4-39)与上式的区别是明显的:前者是在地理坐标系内建立目标航迹的状态方程的,载体的运动作为被测量的量出现在测量方程之中;而后者是在载体坐标系内建立目标航迹的状态方程的,载体的运动作为控制量出现在状态方程之中。

如果载体按式(4-40)给出的模型运动时,则式(4-45)中的 $\dot{\boldsymbol{U}}_c(t)$ 满足

$$\dot{\boldsymbol{U}}_c(t)=\begin{bmatrix}\dot{U}_{cx}(t)\\ \dot{U}_{cy}(t)\end{bmatrix}=\begin{bmatrix}\dfrac{\mathrm{d}}{\mathrm{d}t}[U_c(t)\cos Q_c(t)]\\ \dfrac{\mathrm{d}}{\mathrm{d}t}[U_c(t)\sin Q_c(t)]\end{bmatrix} \tag{4-46}$$

若载体也做等速直线运动,即其运动规律由式(4-41)表示时,有

$$\dot{\boldsymbol{U}}_c(t)=[\dot{U}_{cx}(t),\dot{U}_{cy}(t)]^{\mathrm{T}}=0 \tag{4-47}$$

此时,目标在载体坐标系内也做等速直线运动。

式(4-45)的离散形式是

$$\left\{\begin{aligned}&\boldsymbol{X}_J(k+1)=\begin{bmatrix}x_J(k+1)\\ \dot{x}_J(k+1)\\ y_J(k+1)\\ \dot{y}_J(k+1)\end{bmatrix}=\begin{bmatrix}1&T&0&0\\0&1&0&0\\0&0&1&T\\0&0&0&1\end{bmatrix}\begin{bmatrix}x_J(k)\\ \dot{x}_J(k)\\ y_J(k)\\ \dot{y}_J(k)\end{bmatrix}\\&\qquad+\begin{bmatrix}0&0\\-1&0\\0&0\\0&-1\end{bmatrix}\begin{bmatrix}U_c(k)\cos Q_c(k)\\ U_c(k)\sin Q_c(k)\end{bmatrix}+\boldsymbol{\Gamma}(k)\boldsymbol{W}(k)\\&\boldsymbol{Y}_J(k)=\begin{bmatrix}1&0&0&0\\0&0&1&0\end{bmatrix}\begin{bmatrix}x_J(k)\\ \dot{x}_J(k)\\ y_J(k)\\ \dot{y}_J(k)\end{bmatrix}+\begin{bmatrix}\Delta x_J(k)\\ \Delta y_J(k)\end{bmatrix}\end{aligned}\right. \tag{4-48}$$

如果载体上的观测装置在 $t=0$ 瞬时发现目标 $\boldsymbol{D}_J(0)$，为了能在有利的位置上对该目标实施有效的射击，应该通过控制载体航速 $U_c(k)$ 与航向角 $Q_c(k)$ 的办法，操纵载体进抵到对射击最为有利的状态。这种对射击最为有利的状态通常有两种：一种是通过 N 个采样周期的调整，使载体在 $t=NT$ 之后，能够以全同于目标的航速、航向在目标之后跟进，此后，在载体坐标系内观察到的目标状态 $\boldsymbol{X}_J(k)$ 应是一个位于载体正前方的不动点，即

$$\begin{aligned}\boldsymbol{X}_J(k)=\boldsymbol{X}_J^*(k)&=(x_J^*(k),\dot{x}_J^*(k),y_J^*(k),\dot{y}_J^*(k))^{\mathrm{T}}\\&=(x_J^*(N),0,0,0)^{\mathrm{T}}\end{aligned} \tag{4-49}$$

在 $k\geqslant N$ 时成立，如图 4.11 所示。

若能如此，则行进间对活动目标的射击问题就转化为停止间对静止目标的射击问题。倘若载体速度较慢，不可能以全同于目标的航速实施跟进，则可以考虑另一种办法，即通过 N 个采样周期的调整，使载体进抵到目标的前方或侧方，并在 $t=NT$ 以后，保持目标在载体坐标系内按既定的直线航路做等速运动，而该直线为

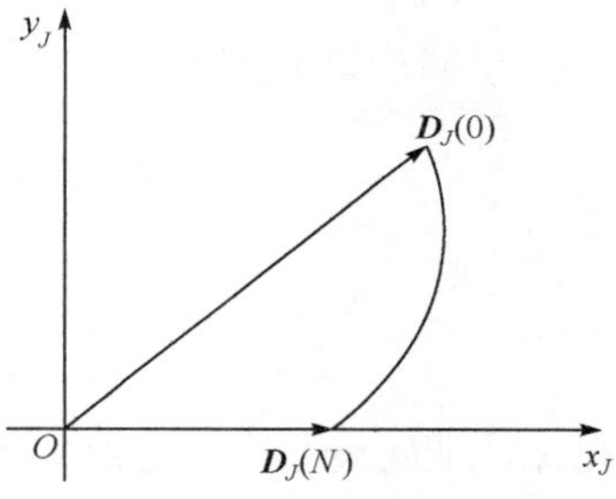

图 4.11　操纵载体于目标正后方保持相对静止

$$\begin{aligned}\boldsymbol{X}_J(k)=\boldsymbol{X}_J^*(k)&=(x_J^*(k),\dot{x}_J^*(k),y_J^*(k),\dot{y}_J^*(k))^{\mathrm{T}}\\&=(x_J^*(N)-(N-k)T\dot{x}_J^*(N),\dot{x}_J^*(N),\\&\quad\ y_J^*(N)-(N-k)T\dot{y}_J^*(N),\dot{y}_J^*(N))^{\mathrm{T}}\end{aligned} \tag{4-50}$$

在 $k\geqslant N$ 时成立。

如果做到了这一点，从 $t=NT$ 开始，即可在载体坐标系内按等速直线航迹模型求解命中方程。此情形下，目标航迹如图 4.12 所示。

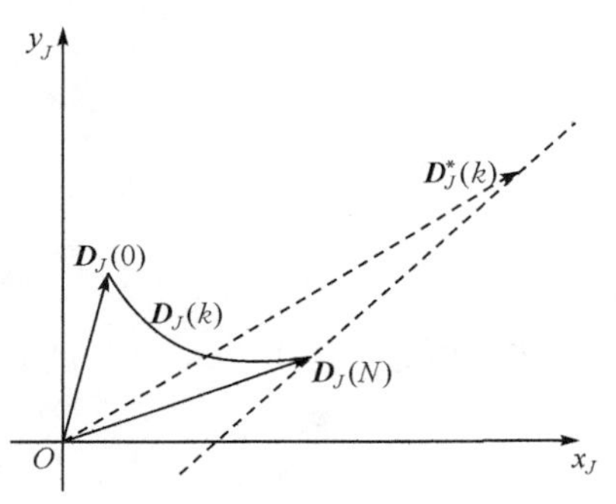

图 4.12　操纵载体使目标相对载体做匀速直线运动

图中的 $\boldsymbol{D}_J(k)=(x_J(k),y_J(k))^{\mathrm{T}}$ 为目标在载体坐标系中的实际航迹，$\boldsymbol{D}_J^*(k)$ 为按式(4-50)规划的等速直线航迹，如果对载体的控制能够达到要求，则在 $k\geqslant N$ 之后，就会有 $\boldsymbol{D}_J(k)=\boldsymbol{D}_J^*(k)$。

设 $\boldsymbol{X}_J^*(k)$ 是为保证射击处于有利态势而事先设计的，在载体坐标内目标航迹状态的规划值按下式生成：

$$\boldsymbol{X}_J^*(k+1)=\boldsymbol{\Phi}(k+1,k)\boldsymbol{X}_J^*(k) \tag{4-51}$$

式中，$\boldsymbol{\Phi}(k+1,k)$ 为载体坐标系内目标航迹状态 $\boldsymbol{X}_J(k)$ 的状态转移矩阵。取 $\boldsymbol{\Phi}(k+1,k)$ 为式(4-48)中的状态转移矩阵，当规定 $\boldsymbol{X}_J^*(0)=$

$(x(N),0,0,0)^{\mathrm{T}}$ 时，$\boldsymbol{X}_J^*(k)$如式(4-49)所示；当规定 $\boldsymbol{X}_J^*(0)=(x_J^*(N)-NT\dot{x}_J^*(N),\dot{x}_J^*(N),y_J^*(N)-NT\dot{y}_J^*(N),\dot{y}_J^*(N))^{\mathrm{T}}$ 时，$\boldsymbol{X}_J^*(k)$如式(4-50)所示。若记

$$\widetilde{\boldsymbol{X}}_J^*(k)=\boldsymbol{X}_J^*(k)-\boldsymbol{X}_J(k) \tag{4-52}$$

则可得 $\widetilde{\boldsymbol{X}}_J^*$ 的状态方程与测量方程

$$\begin{cases}\widetilde{\boldsymbol{X}}_J^*(k+1)=\boldsymbol{\Phi}(k+1,k)\widetilde{\boldsymbol{X}}_J^*(k)+\boldsymbol{G}(k)\boldsymbol{U}_c(k)+\boldsymbol{\Gamma}(k)\boldsymbol{W}(k)\\ \boldsymbol{Y}_J^*(k)=\boldsymbol{\Theta}(k)\boldsymbol{X}_J^*(k)-\boldsymbol{Y}_J(k)=\boldsymbol{\Theta}(k)\widetilde{\boldsymbol{X}}_J^*(k)+\boldsymbol{V}(k)\end{cases} \tag{4-53}$$

式中，$\boldsymbol{Y}_J(k)$是在载体坐标系中对目标状态的实测值，而 $\boldsymbol{\Theta}(k)\boldsymbol{X}_J^*(k)$又可事先计算，故上式中的$\boldsymbol{Y}_J^*(k)$是已知的。因而，上式中的状态 $\widetilde{\boldsymbol{X}}_J^*(k)$是可以滤波的，记它的滤波值为 $\widetilde{\boldsymbol{X}}_J^*(k|k)$，则上述载体运动的控制问题就是设计式(4-48)，即式(4-53)中的控制量

$$\begin{aligned}\boldsymbol{U}_c(k)&=\begin{bmatrix}U_{cx}(k)\\U_{cy}(k)\end{bmatrix}=\begin{bmatrix}U_c(k)\cos Q_c(k)\\U_c(k)\sin Q_c(k)\end{bmatrix}\\&=\boldsymbol{L}[\widetilde{\boldsymbol{X}}_J^*(k|k)]\\&=\boldsymbol{L}[\boldsymbol{X}_J^*(k)-\hat{\boldsymbol{X}}_J(k|k)]\end{aligned} \tag{4-54}$$

在保证 $\|\boldsymbol{U}_c(k)|\leqslant U_m<\infty$条件下，使

$$\boldsymbol{E}[\widetilde{\boldsymbol{X}}_J^*(N|N)]^{\mathrm{T}}[\widetilde{\boldsymbol{X}}_J^*(N|N)]=\min \tag{4-55}$$

在随机控制理论中，求解式(4-54)的问题已被概括为 LQG(线性二次型高斯)问题并得到了圆满的解决。所谓 LQG 问题即高斯噪声作用下的线性系统在二次型指标意义上的最优控制问题，其主要结论如下：对于由式(4-53)给出的状态方程与测量方程而言，若其中的$\{\boldsymbol{W}(k);k=0,1,\cdots\}$、$\{\boldsymbol{V}(k);k=0,1,\cdots\}$为高斯序列，$\{\boldsymbol{X}_J(0)\}$为高斯变量，且有

$$\begin{cases}\overline{\boldsymbol{W}}=0\\ \overline{\boldsymbol{V}}(k)=0\\ \overline{\boldsymbol{X}}_J(0)=\boldsymbol{M}_J\end{cases} \tag{4-56}$$

与

$$\operatorname{cov}\left(\begin{bmatrix}\boldsymbol{W}(k)\\\boldsymbol{V}(k)\\\boldsymbol{X}_J(0)\end{bmatrix},\begin{bmatrix}\boldsymbol{W}(j)\\\boldsymbol{V}(j)\\\boldsymbol{X}_J(0)\end{bmatrix}\right)=\begin{bmatrix}\boldsymbol{R}_1(k)\delta_{kj}&0&0\\0&\boldsymbol{R}_2(k)\delta_{kj}&0\\0&0&\boldsymbol{P}_0\end{bmatrix} \tag{4-57}$$

则存在最优解，其形式为

$$\begin{aligned}\boldsymbol{U}_c(k)&=\boldsymbol{L}(k)\widetilde{\boldsymbol{X}}_J^*(k|k)\\&=\boldsymbol{L}(k)[\boldsymbol{X}_J^*(k)-\hat{\boldsymbol{X}}_J(k|k)]\end{aligned} \tag{4-58}$$

使

$$
\begin{aligned}
J_N &= E\sum_{k=1}^{N}\{[\widetilde{\boldsymbol{X}}_J^*(k \mid k)]^{\mathrm{T}}\boldsymbol{Q}_1(k)\widetilde{\boldsymbol{X}}_J^*(k \mid k) \\
&\quad + \boldsymbol{U}_c^{\mathrm{T}}(k-1)\boldsymbol{Q}_2(k-1)\boldsymbol{U}_c(k-1)\} \\
&= \min
\end{aligned} \tag{4-59}
$$

式中，$\boldsymbol{Q}_1(k)>0$，$\boldsymbol{Q}_2(k)\geqslant 0$。如令上式中的 $\boldsymbol{Q}_1(k)=\boldsymbol{I}$，$\boldsymbol{Q}_2(k)=0$，即得式(4-55)所示的结果。由于 $\boldsymbol{Q}_2(k)=0$，对 $\boldsymbol{U}_c(k)$ 无任何约束，求得的 $\|\boldsymbol{U}_c(k)\|$ 有可能趋于无穷大。为避免这种不可实现的情形出现，在实用中必须取 $\boldsymbol{Q}_2(k)>0$。

在最优控制解的形式给定之后，下面的任务就是求解其中的 $\boldsymbol{L}(k)$ 和 $\hat{\boldsymbol{X}}_J(k|k)$。而其中 $\hat{\boldsymbol{X}}_J(k|k)$ 是在载体坐标系内对目标状态的卡尔曼滤波，故有

$$
\begin{cases}
\hat{\boldsymbol{X}}_J(k|k) = \boldsymbol{\Phi}(k,k-1)\hat{\boldsymbol{X}}_J(k-1|k-1) \\
\qquad + \boldsymbol{G}(k-1)\boldsymbol{U}_c(k-1) + \boldsymbol{K}(k)[\boldsymbol{Y}_J(k) \\
\qquad - \boldsymbol{\Theta}(k)\boldsymbol{\Phi}(k,k-1)\boldsymbol{X}_J(k-1|k-1) \\
\qquad - \boldsymbol{\Theta}(k)\boldsymbol{G}(k-1)\boldsymbol{U}_c(k-1)] \\
\hat{\boldsymbol{X}}_J(0|0) = \boldsymbol{M}_J
\end{cases} \tag{4-60}
$$

式(4-52)、式(4-58)与式(4-60)给出的各个运动量间的传递框图如图 4.13 所示。

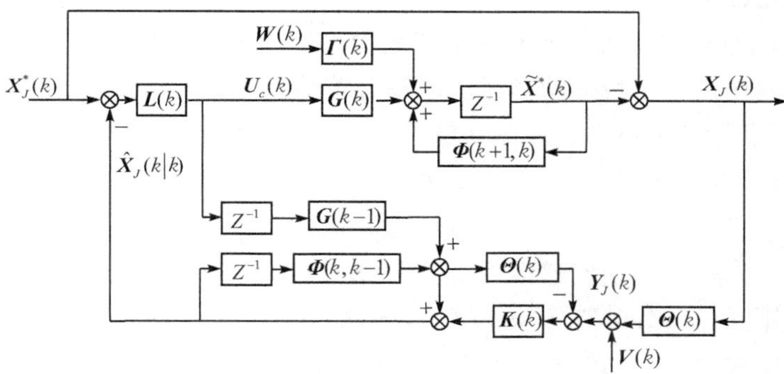

图 4.13　运动量间的传递框图

图右上方给出的是航迹的状态表示，下方给出的是卡尔曼滤波表示，相应的参数设计原理请参看本书第 2 章有关内容。具体言之，滤波增益为

$$
\boldsymbol{K}(k) = \boldsymbol{P}(k|k-1)\boldsymbol{\Theta}^{\mathrm{T}}(k)[\boldsymbol{\Theta}(k)\boldsymbol{P}(k|k-1)\boldsymbol{\Theta}^{\mathrm{T}}(k) + \boldsymbol{R}_2(k)]^{-1} \tag{4-61}
$$

一步预测误差方差为

$$
\begin{aligned}
\boldsymbol{P}(k|k-1) &= \boldsymbol{\Phi}(k,k-1)\boldsymbol{P}(k-1|k-1)\boldsymbol{\Phi}^{\mathrm{T}}(k,k-1) \\
&\quad + \boldsymbol{\Gamma}(k-1)\boldsymbol{R}_1(k)\boldsymbol{\Gamma}^{\mathrm{T}}(k-1)
\end{aligned} \tag{4-62}
$$

滤波误差方差为

$$
\begin{cases}
\boldsymbol{P}(k|k) = [\boldsymbol{I} - \boldsymbol{K}(k)\boldsymbol{\Theta}(k)]\boldsymbol{P}(k|k-1) \\
\boldsymbol{P}(0|0) = \boldsymbol{P}_0
\end{cases} \tag{4-63}
$$

而该图的左上方则给出了控制环节 $\boldsymbol{L}(k)$ 输入、输出的来路与去向。至于式(4-58)

中的 $\boldsymbol{L}(k)$，这里将直接引用 LQG 问题的结论，即

$$\boldsymbol{L}(k)=[\boldsymbol{G}^{\mathrm{T}}(k)\boldsymbol{S}(k+1)\boldsymbol{G}(k)+\boldsymbol{Q}_2(k)]^{-1}\boldsymbol{G}^{\mathrm{T}}(k)\boldsymbol{S}(k+1)\boldsymbol{\Phi}(k+1,k) \tag{4-64}$$

其中，$\boldsymbol{S}(k)$ 用下式逆向递推求得：

$$\begin{cases}\boldsymbol{S}(k)=\boldsymbol{\Phi}(k+1,k)\boldsymbol{S}(k+1)\{\boldsymbol{\Phi}(k+1,k)\\ \qquad -\boldsymbol{G}(k)[\boldsymbol{G}^{\mathrm{T}}(k)\boldsymbol{S}(k+1)\boldsymbol{G}(k)+\boldsymbol{Q}_2(k)]^{-1}\\ \qquad \times\boldsymbol{G}^{\mathrm{T}}(k)\boldsymbol{S}(k+1)\boldsymbol{\Phi}(k+1,k)\}+\boldsymbol{Q}_1(k)\\ \boldsymbol{S}(N)=\boldsymbol{Q}_1(N)\end{cases} \tag{4-65}$$

又，对式(4-59)所要求的最小值，有

$$\min J_N=\boldsymbol{M}_J^{\mathrm{T}}\boldsymbol{Z}\boldsymbol{M}_J+\mathrm{tr}(\boldsymbol{P}_0\boldsymbol{Z})+\alpha(0) \tag{4-66}$$

式中

$$\boldsymbol{Z}=\boldsymbol{\Phi}^{\mathrm{T}}(1,0)\boldsymbol{S}(1)[\boldsymbol{\Phi}(1,0)-\boldsymbol{G}(0)\boldsymbol{L}(0)] \tag{4-67}$$

而 $\alpha(0)$ 由下式逆向递推求得：

$$\begin{cases}\alpha(k)=\alpha(k+1)+\mathrm{tr}[\boldsymbol{P}(k|k)\boldsymbol{\Phi}^{\mathrm{T}}(k+1,k)\boldsymbol{S}(k+1)\boldsymbol{G}(k)\boldsymbol{L}(k)\\ \qquad +\boldsymbol{R}_1(k)\boldsymbol{\Gamma}^{\mathrm{T}}(k)\boldsymbol{S}(k+1)\boldsymbol{\Gamma}(k)]\\ \alpha(N)=0\end{cases} \tag{4-68}$$

整个控制过程的实现需要有一个离线预先计算过程，即

(1) 预先论证一个目标状态滤波误差方差的上界 $\boldsymbol{P}_M$；

(2) 利用式(4-63)、式(4-62)与式(4-61)计算 $\boldsymbol{K}(1),\boldsymbol{K}(2),\cdots,\boldsymbol{K}(N)$ 与 $\boldsymbol{P}(1|1),\boldsymbol{P}(2|2),\cdots,\boldsymbol{P}(N|N)$，直到存在某个 N，当 $k\geqslant N$ 时，有

$$\boldsymbol{P}(k|k)\leqslant\boldsymbol{P}_M \tag{4-69}$$

(3) 利用式(4-65)逆向递推 $\boldsymbol{S}(N-1),\boldsymbol{S}(N-2),\cdots,\boldsymbol{S}(1)$；

(4) 利用式(4-64)计算 $\boldsymbol{L}(0),\boldsymbol{L}(1),\cdots,\boldsymbol{L}(N-1)$；

(5) 利用式(4-67)、式(4-68)与式(4-66)计算 $\min J_N$。由于 $\min J_N$ 物理意义不明显，这一步仅做参考。

由离线计算得出的 $\boldsymbol{K}(1),\boldsymbol{K}(2),\cdots,\boldsymbol{K}(N)$ 与 $\boldsymbol{L}(0),\boldsymbol{L}(1),\cdots,\boldsymbol{L}(N-1)$ 应储存于计算机之中，一旦发现目标，即可启动如图 4.13 所示信息传递框图所对应的计算程序，实时地计算出 $\boldsymbol{U}_c(0),\boldsymbol{U}_c(1),\cdots,\boldsymbol{U}_c(N-1)$。在此 N 个控制量作用下，载体将在 $t=NT$ 瞬时按指定的状态进抵到指定的位置，如果事先已按此指定状态与位置求解了射击诸元，那么，一到 $t=NT$ 瞬时即可实施射击。至于如何操纵载体使它的航速、航向角随动于上述计算程序给出的计算值，这是一个纯粹的载体运动控制问题。

综上所述，在经过了 N 个采样周期的调整后，如果载体航速、航向角均准确地跟随了其计算值，至 $t=NT$ 瞬时，目标航迹状态滤波误差方差将小于或等于其允许值。而当 $k\geqslant N$ 以后，即可将式(4-59)改作

$$\begin{aligned} J_1 &= E\{[\widetilde{\boldsymbol{X}}_J^*(k+1|k+1)]^{\mathrm{T}}\boldsymbol{Q}_1(k+1)\widetilde{\boldsymbol{X}}_J^*(k+1|k+1) \\ &\quad +\boldsymbol{U}_c^{\mathrm{T}}(k)\boldsymbol{Q}_2(k)\boldsymbol{U}_c(k)\} \\ &= \min \end{aligned} \tag{4-70}$$

在此一步二次型指标下，由式(4-65)与式(4-64)可知

$$\boldsymbol{L}(k)=[\boldsymbol{G}^{\mathrm{T}}(k)\boldsymbol{Q}_1(k+1)\boldsymbol{G}(k)+\boldsymbol{Q}_2(k)]^{-1}\boldsymbol{G}^{\mathrm{T}}(k)\boldsymbol{Q}_1(k+1)\boldsymbol{\Phi}(k+1,k) \tag{4-71}$$

相应的$\boldsymbol{K}(k)$依然由式(4-61)计算。这表明，在$k\geqslant N$以后，只需将图 4.13 中的控制阵$\boldsymbol{L}(k)$改由式(4-61)计算。很显然，因为式(4-70)所示二次型指标已由N步降为 1 步，求取$\boldsymbol{S}(k)$的逆向递推不再存在，在$k\geqslant N$之后，$\boldsymbol{K}(k)$和$\boldsymbol{L}(k)$均可在线实时外推。

航炮、航弹等多固连于飞机之上，调整武器姿态角必须靠调整飞机姿态角来实现。为了在载体坐标系内实现目标匀速直线运动或静止不动，又同时要保证武器线与射击线相重合，飞机的六个运动参数：λ_J、α_J、γ_J、U_c、Q_c、K_c均要实时控制，此时火力控制与飞行控制已混为一体。一个性能良好的飞行火力综合控制系统是实现上述要求的保证。

式(4-49)中的$\boldsymbol{X}_J^*(N)$若取为零，其意义就是要求操纵载体直接碰撞目标，显然变成了制导问题。这表明，火控与制导有着密切的联系，特别是操纵武器运载系统实施射击，其讨论的问题比制导更为一般。制导中的理论与技术，在火控中，特别是行进间的火力控制中均可直接引用。例如，当$\boldsymbol{X}_J^*(N)$已知后，$\boldsymbol{X}_J^*(k)(k=0,1,\cdots,N-1)$的最优规划就是一个典型的制导问题。

4.5.3　动态测量基线

被动式地接受目标辐射的声、光、电信号，不仅可以得到目标方位角、高低角信息，而且隐蔽性极佳。但是，作为车载、舰载、机载的武器系统却很难在其载体上找到交汇观测的测量基线，造成目标距离测量的困难。倘若存在平移，即可在不同的地点对同一目标的方位角与高低角进行测量，再利用交汇测量原理，计算出目标距离信息。这里提供的测量基线是变动的，在不同基点上的测量也不是同时进行的，但这并不影响交汇测量原理的应用，仅是计算量大了些。为了阐述的方便，这里将问题限制在二维空间中。

设目标的匀速直线运动航迹为$\boldsymbol{D}(t)\in\mathbf{R}^2$，$\dot{\boldsymbol{D}}(t)=\boldsymbol{V}$，目标航向角记为$Q$；载体的匀速直线运动航迹为$\boldsymbol{D}_c(t)\in\mathbf{R}^2$，$\dot{\boldsymbol{D}}_c(t)=\boldsymbol{U}_c$，载体航向角记为$Q_c$，如图 4.14 所示。

图中的坐标系是地理坐标系，原点为首次发现目标时的载体位置。记首次发现目标时，目标在地理坐标系内的瞄准矢量为$\boldsymbol{D}_J(0)$，而在瞬时t，目标在地理坐标系内瞄准矢量为$\boldsymbol{D}_J(t)$，显然

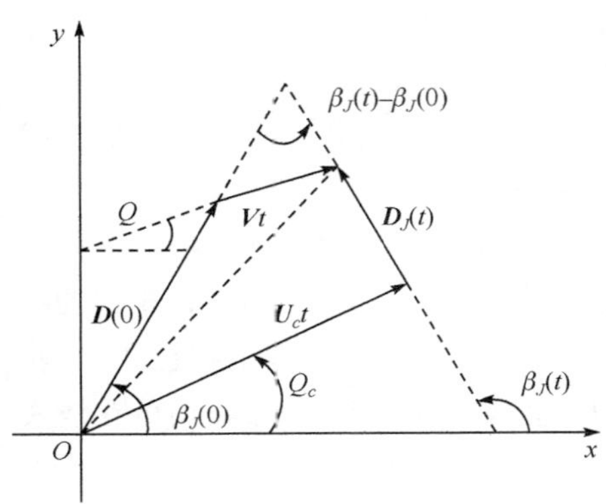

图 4.14　载体与目标相对关系示意图

$$\boldsymbol{D}_J(0)=\boldsymbol{D}(0) \tag{4-72}$$

且

$$\boldsymbol{D}(0)+\boldsymbol{V}t=\boldsymbol{U}_ct+\boldsymbol{D}_J(t) \tag{4-73}$$

对式(4-73)两边求导，有

$$\dot{\boldsymbol{D}}_J(t)=\boldsymbol{V}-\boldsymbol{U}_c \tag{4-74}$$

记 $\dot{\boldsymbol{D}}_J(t)$ 在 $\boldsymbol{D}_J(t)$ 方向上的投影为 $\dot{D}_J(t)$，$\dot{D}_J(t)$ 通常称为载体坐标系中的目标距变率。将式(4-74)向 $\boldsymbol{D}_J(t)$ 方向上投影，得

$$\dot{D}_J(t)=V_x\cos\beta_J(t)+V_y\sin\beta_J(t)-U_c\cos[\beta_J(t)-Q_c] \tag{4-75}$$

取 $(D_J,V_x,V_y)^{\mathrm{T}}$ 为状态变量，则有状态方程

$$\frac{\mathrm{d}}{\mathrm{d}t}\begin{bmatrix}D_J(t)\\V_x(t)\\V_y(t)\end{bmatrix}=\begin{bmatrix}0&\cos\beta_J(t)&\sin\beta_J(t)\\0&0&0\\0&0&0\end{bmatrix}\begin{bmatrix}D_J(t)\\V_x(t)\\V_y(t)\end{bmatrix}+\begin{bmatrix}-U_c\cos[\beta_J(t)-Q_c]\\0\\0\end{bmatrix}+\boldsymbol{B}(t)\boldsymbol{W}(t) \tag{4-76}$$

这里，将 $-U_c\cos[\beta_J(t)-Q_c]$ 作为控制项来处理。利用动态基线进行被动测量的问题就是，根据在载体坐标系内测量到的目标方位角视在值 $\beta_J(0),\beta_J(1),\cdots,\beta_J(k)$ 估计出 $D_J(k)$、V_x 与 V_y。由于 $\beta_J(k)$ 是实测值，是已知的，如果再估计出 $D_J(k)$、V_x 与 V_y，则目标在地理坐标系中的状态 $\boldsymbol{X}(k)=(x(k),y(k),\dot{x}(k),\dot{y}(k))^{\mathrm{T}}$ 也就可以估计出来了。

下面将导出滤波问题所需的测量方程。将等式(4-73)向垂直于 $\boldsymbol{D}(0)$ 的方向投影，从图 4.14 可以看出

$$\begin{aligned}&U_ct\sin[Q_c-\beta_J(0)]\\&=D_J(t)\sin[\beta_J(t)-\beta_J(0)]-Vt\sin[\beta_J(0)-Q]\\&=D_J(t)\sin[\beta_J(t)-\beta_J(0)]-V_xt\sin\beta_J(0)+V_yt\cos\beta_J(0)\\&=[\sin[\beta_J(t)-\beta_J(0)],-t\sin\beta_J(0),t\cos\beta_J(0)]\begin{bmatrix}D_J(t)\\V_x(t)\\V_y(t)\end{bmatrix}\end{aligned} \tag{4-77}$$

记 $Y(t)=U_ct\sin[Q_c-\beta_J(0)]$，如果在测量 $\beta_J(t)$ 时，存在测量误差 $\Delta\beta_J(t)$，则

$$
\begin{aligned}
Y(t)=&D_J(t)\sin[\beta_J(t)+\Delta\beta_J(t)-\beta_J(0)-\Delta\beta_J(0)]\\
&-V_x t\sin[\beta_J(0)+\Delta\beta_J(0)]+V_y t\cos[\beta_J(0)+\Delta\beta_J(0)]\\
\approx& D_J(t)\sin[\beta_J(t)-\beta_J(0)]-V_x t\sin\beta_J(0)+V_y t\cos\beta_J(0)\\
&+D_J(t)\cos[\beta_J(t)-\beta_J(0)]\Delta\beta_J(t)\\
&-\{D_J(t)\cos[\beta_J(t)-\beta_J(0)]+V_x t\cos\beta_J(0)-V_y t\sin\beta_J(0)\}\Delta\beta_J(0)\\
=&U_c t\sin[Q_c-\beta_J(0)]+v(t)\\
=&[\sin[\beta_J(t)-\beta_J(0)],-t\sin\beta_J(0),t\cos\beta_J(0)]\begin{bmatrix}D_J(t)\\V_x(t)\\V_y(t)\end{bmatrix}+v(t)
\end{aligned}
\tag{4-78}
$$

式中

$$
\begin{aligned}
v(t)=&D_J(t)\cos[\beta_J(t)-\beta_J(0)]\Delta\beta_J(t)\\
&-\{D_J(t)\cos[\beta_J(t)-\beta_J(0)]+V_x t\cos\beta_J(0)+V_y t\sin\beta_J(0)\}\Delta\beta_J(0)
\end{aligned}
\tag{4-79}
$$

式(4-76)和式(4-78)又给出了一种描述航迹状态与航迹测量的方程，这组时变的线性方程，以地理坐标系内的目标视在距离 $D_J(t)$ 及速度 V_x 与 V_y 为状态，以在地理坐标系内瞄准矢量方位角实测值 $\beta_J(t)+\Delta\beta_J(t)$ 为输出。由于其输出方程建立了目标状态与 $\beta_J(t)$ 的联系，因而有可能利用它估计状态 $(D_J(t),V_x,V_y)^{\mathrm{T}}$。现将式(4-76)与式(4-78)离散化，得

$$
\left\{
\begin{aligned}
\begin{bmatrix}D_J(k+1)\\V_x(k+1)\\V_y(k+1)\end{bmatrix}=&\begin{bmatrix}1 & \int_{kT}^{(k+1)T}\cos\beta_J(t)\mathrm{d}t & \int_{kT}^{(k+1)T}\sin\beta_J(t)\mathrm{d}t\\0&1&0\\0&0&1\end{bmatrix}\begin{bmatrix}D_J(k)\\V_x(k)\\V_y(k)\end{bmatrix}\\
&+\begin{bmatrix}-\int_{kT}^{(k+1)T}U_c\cos[\beta_J(t)-Q_c]\mathrm{d}t\\0\\0\end{bmatrix}+\boldsymbol{\Gamma}(k)\boldsymbol{W}(k)\\
=&\boldsymbol{\Phi}(k+1,k)\begin{bmatrix}D_J(k)\\V_x(k)\\V_y(k)\end{bmatrix}+\boldsymbol{U}_c(k)+\boldsymbol{\Gamma}(k)\boldsymbol{W}(k)\\
y(k)=&[\sin[\beta_J(k)-\beta_J(0)],-kT\sin\beta_J(0),kT\cos\beta_J(0)]\begin{bmatrix}D_J(k)\\V_x(k)\\V_y(k)\end{bmatrix}+v(k)\\
=&\boldsymbol{\Theta}(k)\begin{bmatrix}D_J(k)\\V_x(k)\\V_y(k)\end{bmatrix}+v(k)
\end{aligned}
\right.
\tag{4-80}
$$

利用上式给出的测量序列 $y(0),y(1),\cdots,y(k)$ 估计状态 $(D_J(k),V_x,V_y)^{\mathrm{T}}$ 的

前提是上述方程满足可测(可估)性条件。记

$$\begin{cases} a(i) = \sin[\beta_J(i) - \beta_J(0)] \\ b(i) = \sin[\beta_J(i) - \beta_J(0)]\int_{kT}^{iT}\cos\beta_J(t)\mathrm{d}t - kT\sin\beta_J(0) \\ c(i) = \sin[\beta_J(i) - \beta_J(0)]\int_{kT}^{iT}\sin\beta_J(t)\mathrm{d}t + kT\cos\beta_J(0) \end{cases} \tag{4-81}$$

则有可测(可估)性判别阵

$$\begin{aligned} \boldsymbol{M}(k,N) &= \sum_{i=k-N+1}^{k} \boldsymbol{\Phi}^{\mathrm{T}}(i,k)\boldsymbol{\Phi}^{\mathrm{T}}(i)\boldsymbol{\Phi}(i)\boldsymbol{\Phi}(i,k) \\ &= \sum_{i=k-N+1}^{k} \begin{bmatrix} a^2(i) & a(i)b(i) & a(i)c(i) \\ a(i)b(i) & b^2(i) & b(i)c(i) \\ a(i)c(i) & b(i)c(i) & c^2(i) \end{bmatrix} \end{aligned} \tag{4-82}$$

控制与估计理论的分析表明,只要系统的可测(可估)性判别阵满秩即 $\boldsymbol{M}(k,N)>0$,就可根据其输出量给出相应系统状态的有限方差的估计。就这里的滤波而言,是利用 $y(0),y(1),\cdots,y(k)$ 估计 $(D_J(k),V_x,V_y)^{\mathrm{T}}$,因而上式中的 i 必须从 0 到 k 取值,也就是说滤波时应有

$$N=k+1 \tag{4-83}$$

显然,N 表示测量次数。下面讨论式(4-80)中状态的可估性。

(1) 当载体静止时,即 $\boldsymbol{U}_c(i)\equiv 0$,根据式(4-82)最后一个等号两边可以看出,此时相当于有 $\boldsymbol{\Theta}(i)\equiv 0$,故 $\boldsymbol{M}(k,k+1)\equiv 0$,状态不可估;

(2) 当地理坐标系内的瞄准矢量方位角(视在方位角)$\beta_J(i)\equiv\mathrm{const}$ 对 $i=0,1,\cdots,k$ 成立时,$\boldsymbol{M}(k,k+1)$ 的第一行与第一列均为零,$\boldsymbol{M}(k,k+1)$ 正定条件不成立,状态不可估;

(3) 仅有一次测量 $\beta_J(0)$,即 $N=1$,由于此时 $k=0$,故有 $a(0)=b(0)=c(0)$,导致 $\boldsymbol{M}(0,1)=0$,状态不可估;

(4) 若有 $k+1$ 次测量 $\beta_J(0),\beta_J(1),\cdots,\beta_J(k)$,此时

$$\begin{aligned} \boldsymbol{M}(k,k+1) &= \sum_{i=1}^{k} \begin{bmatrix} a^2(k) & a(k)b(k) & a(k)c(k) \\ a(k)b(k) & b^2(k) & b(k)c(k) \\ a(k)c(k) & b(k)c(k) & c^2(k) \end{bmatrix} \\ &= \begin{bmatrix} a(1) & a(2) & \cdots & a(k) \\ b(1) & b(2) & \cdots & b(k) \\ c(1) & c(2) & \cdots & c(k) \end{bmatrix} \begin{bmatrix} a(1) & b(1) & c(1) \\ a(2) & b(2) & c(2) \\ \vdots & \vdots & \vdots \\ a(k) & b(k) & c(k) \end{bmatrix} \end{aligned} \tag{4-84}$$

由于

$$\text{rank}(\boldsymbol{M}(k,k+1))=\text{rank}\left(\begin{bmatrix} a(1) & a(2) & \cdots & c(k) \\ b(1) & b(2) & \cdots & c(k) \\ c(1) & c(2) & \cdots & c(k) \end{bmatrix}\right)\leqslant 3 \tag{4-85}$$

而上式等于 3 的条件是，在 k 个矢量 $(a(i),b(i),c(i))^{\mathrm{T}}(i=1,2,\cdots,k)$ 中至少存在三个不相关的矢量。

当测量仅有 $\beta_J(0)$、$\beta_J(1)$ 或仅有 $\beta_J(0)$、$\beta_J(1)$、$\beta_J(2)$ 时，相应的 $k=1$ 或 2，此时

$$\text{rank}(\boldsymbol{M}(k,k+1))\leqslant 2 \tag{4-86}$$

所以状态不可估。

当测量次数 $N\geqslant 4$ 时，相应的 $k\geqslant 3$，此时，若 k 个矢量 $(a(i),b(i),c(i))^{\mathrm{T}}(i=1,2,\cdots,k)$ 中至少有三个不相关（即不共平面）的矢量存在，则必有

$$\text{rank}(\boldsymbol{M}(k,k+1))=3 \tag{4-87}$$

也就是说，只有 $\boldsymbol{U}_c(i)\neq 0$，$\beta_J(i)\neq\beta_J(j)$ 在 $i,j=0,1,2,3;i\neq j$ 时均成立，才能在第 $N=4$ 次测量后估计出第一个目标状态 $(\hat{D}_J(3),\hat{V}_x(3),\hat{V}_y(3))^{\mathrm{T}}$。

总括上述可知，在目标与载体均做等速直线运动的条件下，如果瞄准矢量方位角 $\beta_J(k)$ 不为常数，则至少需要对 $\beta_J(k)$ 测量四次，才能用它们去估计目标的状态，当然，测量次数越多，估计的误差方差也就会越小，而估计的方法则可利用卡尔曼滤波。

4.6　行进间射击命中问题

某一瞬时 t_0 在作战区域内建立地理坐标系 $O\text{-}xyh$。目标质心 $O_D(t)$ 的运动轨迹称为目标航迹 $\boldsymbol{D}(t)$，载体所装载武器的回转中心 $O_J(t)$ 的运动轨迹称为载体航迹 $\boldsymbol{D}_c(t)$。假设观测设备的回转中心 $O_M(t)$ 与 $O_J(t)$ 不重合，观测坐标系可由载体坐标系将原点 $O_J(t)$ 平移至 $O_M(t)$ 处得到。记 $\boldsymbol{J}(t)=\overrightarrow{OO_M}(t)-\overrightarrow{OO_J}(t)$ 为在 $O\text{-}xyh$ 坐标系中的测量基线矢量，记 $\boldsymbol{D}_J(t)$ 为在 $O\text{-}xyh$ 坐标系中的瞄准矢量，可见满足下式：

$$\boldsymbol{D}(t)=\boldsymbol{D}_c(t)+\boldsymbol{J}(t)+\boldsymbol{D}_J(t) \tag{4-88}$$

其位置关系如图 4.15 所示。

设 $O'(t)$ 为炮口位置，身管长度为 L_p，$(\beta_\varphi(t),\varphi(t))$ 表示弹头离开身管时武器线在地理坐标系的姿态角，所以炮口在地理坐标系的速度矢量 $\boldsymbol{V}_p(t)$ 为

$$\boldsymbol{V}_p(t)=\dot{\boldsymbol{D}}_c(t)+L_p\cdot\frac{\mathrm{d}}{\mathrm{d}t}\begin{bmatrix}\cos\varphi(t)\cos\beta_\varphi(t)\\ \cos\varphi(t)\sin\beta_\varphi(t)\\ \sin\varphi(t)\end{bmatrix} \tag{4-89}$$

其中，第一项是由载体运动牵连产生的附加初速度；第二项是由武器线的方位角和高低角运动而产生的附加初速度。

根据 3.2.1 节的内容建立求解弹道方程的炮口地理坐标系 $O'\text{-}d_q^0 z_q^0 h_q^0$，其由地

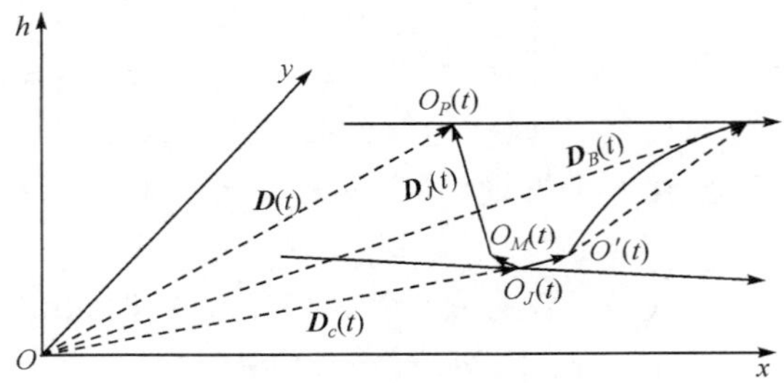

图 4.15 行进间命中问题示意图

理坐标系旋转偏航角 $\beta_\varphi(t)$ 再将原点平移炮口处得到。

在 $O'\text{-}d_q^0 z_q^0 h_q^0$ 坐标系内弹丸位置矢量与速度矢量分别为

$$\begin{cases}\boldsymbol{D}_b(t)=(d_q(t),z_q(t),h_q(t))^{\mathrm{T}}\\ \boldsymbol{V}(t)=(\dot{d}_q(t),\dot{z}_q(t),\dot{h}_q(t))^{\mathrm{T}}=(v_d(t),v_z(t),v_h(t))^{\mathrm{T}}\end{cases} \tag{4-90}$$

其满足的弹道方程由式(3-29)决定。

考虑到载体运动和武器线姿态角运动牵连产生的附加初速度，弹道方程(3-29)的初始条件(3-33)应修改为

$$\begin{bmatrix}d_q(0)\\ z_q(0)\\ h_q(0)\end{bmatrix}=0$$

$$\begin{bmatrix}v_d(0)\\ v_z(0)\\ v_h(0)\end{bmatrix}=\begin{bmatrix}v_0\cos\varphi(t)\\ 0\\ v_0\sin\varphi(t)\end{bmatrix}+\boldsymbol{B}_\lambda(\beta_\varphi(t))\cdot\boldsymbol{V}_p(t) \tag{4-91}$$

即弹丸初速由弹丸本身的炮口初始速度、载体运动牵连产生的附加初速度和武器线运动牵连产生的附加初速度三部分构成。

一旦初始条件(4-91)给定，弹道方程的解就可唯一确定。从而弹丸矢量在地理坐标系中可表示为

$$\boldsymbol{D}_B(t)=\boldsymbol{B}_\lambda(-\beta_\varphi(t))\cdot\boldsymbol{D}_b(t) \tag{4-92}$$

进而根据图 4.15，可以看出行进间射击命中方程为

$$\boldsymbol{D}(t+t_f)=\boldsymbol{D}_c(t)+L_p\begin{bmatrix}\cos\varphi(t)\cos\beta_\varphi(t)\\ \cos\varphi(t)\sin\beta_\varphi(t)\\ \sin\varphi(t)\end{bmatrix}+\boldsymbol{D}_B(t_f) \tag{4-93}$$

将式(4-93)与式(4-88)相减，即得如下与式(3-4)类似的命中多边形公式

$$\boldsymbol{D}(t+t_f)-\boldsymbol{D}(t)+\boldsymbol{J}(t)+\boldsymbol{D}_J(t)=L_p\begin{bmatrix}\cos\varphi(t)\cos\beta_\varphi(t)\\ \cos\varphi(t)\sin\beta_\varphi(t)\\ \sin\varphi(t)\end{bmatrix}+\boldsymbol{D}_B(t_f) \tag{4-94}$$

上式包含以($t_f(t),\varphi(t),\beta_\varphi(t)$)为未知量的三个标量代数方程,如果存在解,可以求出 t 瞬时的射击诸元($t_f(t),\varphi(t),\beta_\varphi(t)$)。根据武器线与跟踪线共轴配置方案,载体姿态角 λ_J、α_J、γ_J 和测量基线,视在瞄准矢量在载体坐标系中的球坐标,可以确定 $\boldsymbol{J}(t)$、$\boldsymbol{D}_J(t)$的具体表达式。

为考虑载体匀速直线运动情况下的行进间射击命中问题,作类似 3.2.1 节的弹道刚化原理的假设,此时有

$$\boldsymbol{D}_c(t+t_f)=\boldsymbol{D}_c(t)+t_f\cdot\dot{\boldsymbol{D}}_c(t) \tag{4-95}$$

弹道刚化特性假设:在坐标系 $O'\text{-}d_q z_q h_q$ 内,弹丸矢量对由载体运动牵连产生的附加初速度 $\boldsymbol{B}_\lambda(\beta_\varphi(t))\dot{\boldsymbol{D}}_c(t)$是刚性的,即

$$\boldsymbol{D}_b(\tau)=\boldsymbol{D}_{b0}(\tau)+\tau\boldsymbol{B}_\lambda(\beta_\varphi(t))\dot{\boldsymbol{D}}_c(t) \tag{4-96}$$

式中,$\boldsymbol{D}_{b0}(\tau)$表示以弹丸本身初速度与武器线运动附加初速度之和为射弹初速度在 $t+\tau$ 瞬时的弹道矢量。

将式(4-95)和式(4-96)代入式(4-94)中得

$$\begin{aligned}&[\boldsymbol{D}(t+t_f)-\boldsymbol{D}_c(t+t_f)]-[\boldsymbol{D}(t)-\boldsymbol{D}_c(t)]+\boldsymbol{J}(t)+\boldsymbol{D}_J(t)\\&=L_p\begin{bmatrix}\cos\varphi(t)\cos\beta_\varphi(t)\\\cos\varphi(t)\sin\beta_\varphi(t)\\\sin\varphi(t)\end{bmatrix}+\boldsymbol{B}_\lambda(-\beta_\varphi(t))\cdot\boldsymbol{D}_{b0}(t)\end{aligned} \tag{4-97}$$

式中,$[\boldsymbol{D}(t)-\boldsymbol{D}_c(t)]$为目标航迹在当地坐标系 $O_J\text{-}xyh$ 下的表达式;$\boldsymbol{D}_J(t)$、$\boldsymbol{J}(t)$分别为该坐标系下的瞄准矢量和观测基线矢量。

所以在弹道刚化特性假设下,式(4-97)说明匀速直线运动的武器行进间射击的命中方程可以转化为固定的当地坐标下的命中方程进行求解,其形式与武器停止间射击的命中方程完全一致。

如果在式(4-97)中进一步忽略武器线运动带来的弹丸附加初速度,就得到现代坦克火炮和中、大口径舰炮行进间所采用的射击命中方程。以往在武器和目标运动均为匀速直线运动的假设下,采用武器停止间命中方程求解射击诸元,实际上是运用了上述弹道刚化特性假设。该弹道刚化特性假设,与 3.2.1 节所述的关于武器姿态角的弹道刚化原理应同属于弹道的固有特性。但这一假设的运用,必须限于载体给弹丸带来的附加初速度不大。

现就坦克火炮行进间射击求取方位射击诸元为例进行说明。在射击前,首先保持坦克按匀速直线方式运动;然后用瞄准镜稳定跟踪目标,测得与目标的相对运动角速度 $\dot{\beta}$,随即用激光测距机测得目标的相对距离 D;火控计算机根据弹道、气象条件计算弹丸飞行时间 t_f,根据圆弧运动假设在跟踪线方位角基础上,超前 $t_f\dot{\beta}$ 而获得方位射击诸元。在此过程中,无需使用坦克运动速度信息,如停止间射击一样解算坦克行进间的射击诸元,弹道刚化特性假设保证了命中问题解算的正确性。实践表明,对于低速动对动目标,现代坦克具有相当的首发命中率,但对于高速动

对动目标射击的精度差强人意。

例 4.2 假设坦克和目标在地理坐标系 $O\text{-}xyh$ 的水平面上分别沿两条平行于 y 轴、间距为 d 的直线航路以相同速度 v_c 向南运动，且两者的连线平行于 x 轴，如图 4.16 所示，试分析坦克按圆弧运动假设求解射击诸元进行射击的命中情况。

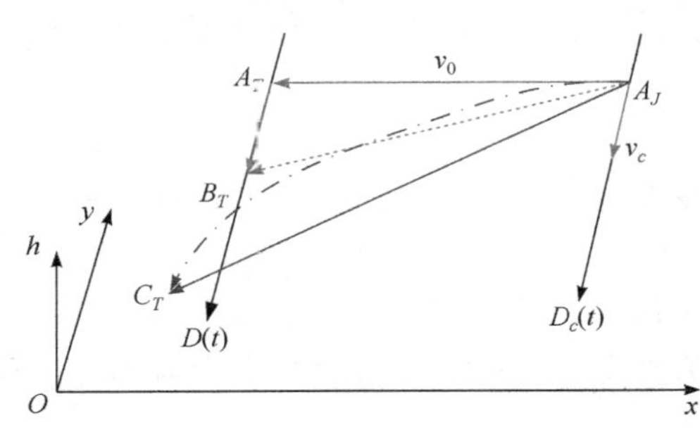

图 4.16 相对静止状态下的对敌射击命中问题示意图

解 在标准弹道和气象条件下(不考虑偏流的影响)，只考虑载体质心运动产生的附加初速度 v_c 的影响。坦克经过稳定跟踪，当前时刻在 A_J 处对位于 A_T 处的目标进行射击(炮目连线 A_JA_T 平行于 x 轴)，测得瞄准线运动的角速度在方位与高低方向上均为 0(rad/s)、目标的相对距离为 d(m)。所以坦克实际上是以静对静的射击方式向西对 A_T 处的目标进行射击，在地理坐标系 $O\text{-}xyh$ 内射击诸元的方位角为 $\beta_q=\pi$、高低角为 $\varepsilon_q=\varepsilon(d)$、弹丸飞行时间为 $t_f=t_f(d)$，这里假设 $\varepsilon(\cdot)$和 $t_f(\cdot)$分别为抬高角和弹丸飞行时间射表函数。坦克运动速度给弹丸带来了向南的附加初速度，根据弹道刚化特性假设弹丸的落点应在目标航迹 B_T 处，其向南偏移的距离 $A_TB_T=t_f\cdot v_c$，恰好与目标在弹丸飞行时间向南移动的距离一致，从而命中目标，也就是说如此形成的弹丸的命中向量 $\boldsymbol{A}_J\boldsymbol{B}_T$，其方位角为 $\pi+\arctan\left(\dfrac{t_f\cdot v_c}{d}\right)$。但是根据式(4-91)，弹丸的实际初速度向量是弹丸炮口初速度向量与载体运动速度向量的和向量，其方位角为 $\pi+\arctan\left(\dfrac{v_c}{v_0\cos(\varepsilon(d))}\right)$，将弹丸所形成的实际弹道在 $O\text{-}xyh$ 的水平面上的落点标记为 C_T。

可以看到，这两个数学表达式有着明显的不同，这说明利用圆弧运动假设求解行进间射击诸元是存在原理误差的。但由于坦克炮初速度很大，在一定射程范围内弹丸的速度降很小、火炮抬高角也很小，即 $t_f\approx d/v_0$，$\varepsilon(d)\approx 0$，此时这两个数学表达式的值就几乎相等了，这从一方面说明了坦克火控系统采用圆弧运动假设的合理性。

所以利用弹道刚化特性假设求解行进间射击诸元，要保持射击精度，对载体的运动速度和射击距离必须加以严格的限定。在上面圆弧运动假设合理性的分析中好像与载体速度 v_c 的大小无关，其实不然。根据弹道学的知识，在载体速度相对弹丸炮口初速度很小的条件下才能做这种弹道刚化特性假设(韩子鹏，2014)。

行进间射击火力控制的特殊性在于处理武器身管所受的扰动问题，扰动运动不仅来自武器载体的运动，也来自武器身管本身的运动。为了强调这一点，下面讨论转管速射炮的身管转动对弹丸的牵连附加初速度。

转管速射炮是一种比较特殊的武器，即使在停止间武器线保持固定进行射击的情况下，由于身管绕武器线的转动也会给弹丸带来附加初速度。对于转速 $r=10\text{r/s}$，身管中心至武器线距离 $d=0.09\text{m}$ 的转管速射炮来说，自转附加初速度幅值可达 5.65m/s，其对射击精度的影响不容忽视。

此外，该附加初速度的方向不仅与设计结构、武器线方向有关，还与载体的姿态有关，具体如下所述。

假设弹丸离开身管时，身管位于同一位置，考虑武器线时忽略旋转中心线与身管中心线的位置差，即视旋转中心线为武器线。以炮口为原点，以武器线指向为 x 轴，y 轴平行于载体装载平面建立一个坐标系。在该坐标系内，设身管旋转线速度矢量为 $\boldsymbol{V}_a$，则

$$\|\boldsymbol{V}_a\|=2\pi\cdot d\cdot r \tag{4-98}$$

设武器线在载体坐标系的方向角为$(\beta_J(t),\varphi_J(t))$，载体在地理坐标系中的姿态角为 $\lambda_J(t)$、$\alpha_J(t)$、$\gamma_J(t)$，则身管自身旋转所带来的附加初速度在地理坐标系中的表示 $\boldsymbol{V}_g$ 满足：

$$\boldsymbol{V}_a=\boldsymbol{B}_\alpha(\varphi_J)\boldsymbol{B}_\lambda(\beta_J)\boldsymbol{B}_\gamma(\gamma_J)\boldsymbol{B}_\alpha(\alpha_J)\boldsymbol{B}_\lambda(\lambda_J)\boldsymbol{V}_g \tag{4-99}$$

其中$(\beta_J(t),\varphi_J(t))$满足关系式：

$$\begin{bmatrix}\cos\varphi_J\cos\beta_J\\ \cos\varphi_J\sin\beta_J\\ \sin\varphi_J\end{bmatrix}=\boldsymbol{B}_\gamma(\gamma_J)\boldsymbol{B}_\alpha(\alpha_J)\boldsymbol{B}_\lambda(\lambda_J)\begin{bmatrix}\cos\varphi\cos\beta_\varphi\\ \cos\varphi\sin\beta_\varphi\\ \sin\varphi\end{bmatrix} \tag{4-100}$$

并可由式(4-19)和式(4-20)给出。所以对于转管速射炮武器，应在其行进间射击的命中方程中的射弹初速度项(4-91)中再添加一项 $\boldsymbol{V}_g$。

本章小结与学习要求

行动间火力控制是高机动陆战环境下实现火炮射击的重要环节。其中，载体运动参数测量与分析、载体转动与平移的隔离和行进间射击诸元解算是行进间火力控制的重点。

通过本章的学习，需要掌握武器运动的定量描述方法，了解载体转动与平移隔离和利用的基本原理，了解将行进间火控问题转化为停止间火控问题求解的条件和方法。

习题与思考题

1. 载体运动参数测量有哪些常用方法？其各自的优缺点分别是什么？
2. 假设欧拉角为 λ_J、α_J、γ_J，给出由地理坐标系到载体坐标系的旋转矩阵。

3. 类似载体坐标系相对当地坐标系转动的欧拉角，试定义载体平移航速矢量的坐标系及其相对当地坐标系转动的欧拉角。

4. 武器线与跟踪线有哪两种共轴的方案？各有什么特点？

5. 简述解耦的目的与基本思想。

6. 图 4.8 与图 4.9 所示的火控系统，在使用瞄准误差分别驱动跟踪线和武器线的过程中是如何解算射击诸元的？

7. 行进间射击过程中操纵载体运动的策略是什么？

8. 简述将行进间火控问题转化为停止间火控问题求解需要满足哪些条件。

参考文献

薄煜明，郭治，钱龙军，等. 2012. 现代火控理论与应用基础. 北京：科学出版社.

车建国，杨作宾，王宗帅. 2010. 某防空武器系统行进间射击控制研究. 战术导弹控制技术，27(4)：15-17.

董志荣. 1995. 舰艇指控系统的理论基础. 北京：国防工业出版社.

冯缵刚，郭治. 1988. 随机控制. 北京：国防工业出版社.

郭治. 1996. 现代火控理论. 北京：国防工业出版社.

韩子鹏. 2014. 弹箭外弹道学. 北京：北京理工大学出版社.

丘晓波，窦丽华，单东升. 2010. 机动条件下坦克行进间射击解命中问题分析. 兵工学报，31(1)：1-6.

中国百科网. 2007. “密集阵”近程武器系统. http://www.chinabaike.com/article/316/414/2007/20070501108015.htm. 2012-06-01.

周启煌. 1991. 数字式坦克火控系统基本原理. 北京：国防工业出版社.

周志刚. 2008. 航空综合火力控制原理. 北京：国防工业出版社.

朱英贵，张拥军. 1998. 提高 59D 坦克行进间射击命中率的探讨. 火力指挥与控制，23(2)：63-67.

第5章　平稳动态误差分析

众所周知，火力控制的最终目标是将弹药准确送抵目标区域，击毁或击伤目标，然而由于存在包括测量、计算、驱动、弹药等各种误差，以及受到路面谱、射击谱等噪声的影响，弹药与目标会存在弹目偏差，且该偏差是随机的，因而分析其统计特性及其影响因素，不仅对改善武器射击效能有重要理论指导意义，还将对武器系统的论证、设计、验收提供理论支撑与技术指导。

在分析随机误差特性时，往往以其统计特性的均值与均方差来描述其精度，其中，均值表征准确度，均方差表征密集度，然而，这仅描述了误差的空间特性。本章在此基础上引入了表征误差时间特性的自然频率或相关系数，从而将误差空间特性分析拓展到时空特性分析，使得误差的特性得到更完备的描述。

因现代战争对机动性的需求，现代坦克、自行火炮等多要求能在行进间实施射击，然而由于受到路面谱（浪涌谱、气流谱）、驾驶谱、瞄准谱及射击谱所描述的多种噪声的作用，身管（或发射架）在行进射击过程中必然做持续的随机振动，这势必影响到武器系统精确打击的效果。欲使火炮身管的随机振动的方差接近甚至等于最小方差控制给出的最优值，其所需功率是武器动力系统难以提供的，即使达到了最小方差，其命中率也难以达到既定要求。20 世纪 60 年代列装的德国豹-Ⅱ坦克，首创“射击门”射击体制，使坦克在行进间射击的命中率达到了可接受值。此后各类行进间射击的火炮大多引入了这一技术：以火控系统解算出的射击诸元为中心，设置一允许射击区域（简称射击域），火炮身管在且仅在射击域内才实施射击。射击域在稳像式坦克炮中称为射击门；在速射高炮中，其补集则称为大偏差停射区。它们将传统的命中点迹扩展为一个射击域，其实质是以牺牲射击时间为代价来提高射击精度。新体制的出现必然引入新命题：射击域下的命中率和毁伤概率的表达，射击域推迟弹药的击发延时的表达，火炮身管穿越射击域的频率与在射击域内滞留时间的表达，射击间隙时间的表达等。射击域的出现，射击误差的时间特性（随机振动频率）对武器效能的影响更加显著，缺失了对误差时间特性指标的要求，就会导致上述命题难以解决。

目的域是由射击门、大偏差允许射击域、靶标、跟踪视窗等抽象出的概念，只要被控量或待估量进入到目的域内就认定控制或估计达到目的，因而目的域具有非此即彼的二元属性。基于此属性，再利用随机穿越理论，可很方便地分析被控量或待估量对目的域的随机穿越特性。

在武器系统射击过程中，既存在连续信号输出，如火炮身管姿态角、雷达天线指向,也存在离散信号输出,如火炮解算诸元、激光测距回波。相应地,就存在连续误差信号与离散误差信号。因而本章将分别分析离散序列、连续过程对目的域的随机穿越特性,演绎滞留在目的域内的滞留时间、停留在目的域外的待机时间及它们构成的随机穿越周期的分布。

具有射击门体制的火控系统,强调的是首发命中。射击指令下达(按下击发按钮)瞬时,若火炮身管在射击门外,则需等待它进入射击门后再射击,这段等待时间称为击发延时;若火炮身管在射击门内,火炮立即发射。在实际过程中,由于发射命令的执行尚需一个短暂的时间,因而需要火炮在射击门内滞留一段时间,这段时间称为射击保证时间。射击指令下达是随机的,可能在一个随机穿越周期内任意一点下达,而且是等概率的,这就决定了击发延时和射击保证时间不同于前述的待机时间和滞留时间。它们均属于随机穿越的首个穿越,它们的分布特性及其统计特征(均值和方差),构成了具有射击门体制的武器系统新的性能指标集。

在假定随机过程 $\boldsymbol{Z}(k)$ 是各态历经的正态随机过程的基础上,将状态的样本空间网格化,构造出网格间的超速、欠速概率转移阵来估计时变的概率转移阵,而估计误差由上下界的中值决定。该方法不仅能求得首次待机时间的分布及其统计特征,也适用于首次滞留时间问题。它给出了随网格变小而接近的概率转移阵上下界,通过增密网格来减小估计误差,从而解决了被证明是 NP 困难问题(NP-hard problem)。

本章分析了误差的时空特征量,介绍了目的域,阐述了离散序列及连续过程对目的域的随机穿越特征量,并讨论了首次穿越特性。

5.1 误差的时空特征量

5.1.1 时空特征量

射击误差作为一个时间连续的随机过程,它既应有空间上的分布特征:表征准确性的均值,表征密集性的均方差;还应有时间上的分布特征。在时间分布特性上,本节选择了自然频率与相关系数,它们表征的是误差的平稳性或振动性。当误差是连续随机过程时,常用自然频率来表征误差的时间特征;而当误差是离散随机序列时,用相关系数来表征误差的时间特性最为方便。

假定射击误差为 $\boldsymbol{Z}(t)=[x(t),y(t)]^{\mathrm{T}}$,由概率论的知识可知其均值、方差为

$$\overline{\boldsymbol{Z}}=\int_{-\infty}^{\infty}\boldsymbol{Z}(t)f[\boldsymbol{Z}(t)]\mathrm{d}\boldsymbol{Z}(t) \tag{5-1}$$

$$\boldsymbol{\sigma}_z^2=\int_{-\infty}^{\infty}[\boldsymbol{Z}(t)-\overline{\boldsymbol{Z}}]^2 f[\boldsymbol{Z}(t)]\mathrm{d}\boldsymbol{Z}(t) \tag{5-2}$$

式中,$f[\boldsymbol{Z}(t)]$为概率密度函数。

通常假定 $\boldsymbol{Z}(t)$ 的两个分量互相独立，其任一分量的相关系数则可由它的状态方程得到，常用的误差一阶、二阶状态方程如下：

$$\begin{cases}\dot{x}(t)=-\alpha x(t)+\sqrt{2\alpha\sigma^2}w(t)\\ z(t)=x(t)\end{cases} \tag{5-3}$$

$$\begin{cases}\dot{\boldsymbol{X}}(t)=\begin{bmatrix}0 & 1\\ -(\alpha^2+\beta^2) & -2\alpha\end{bmatrix}\boldsymbol{X}(t)+\begin{bmatrix}\sqrt{2\alpha\sigma^2}\\ \sqrt{2\alpha\sigma^2(\alpha^2+\beta^2)}-2\alpha\sqrt{2\alpha\sigma^2}\end{bmatrix}w(t)\\ z(t)=\begin{bmatrix}1 & 0\end{bmatrix}\boldsymbol{X}(t)\end{cases} \tag{5-4}$$

式中，$w(t)$ 为平稳白噪声。

相应地，输出 $z(t)$ 的相关系数为

$$r(\tau)=\mathrm{e}^{-\alpha|\tau|} \tag{5-5}$$

$$r(\tau)=\mathrm{e}^{-\alpha|\tau|}\cos\beta\tau \tag{5-6}$$

式中，α 为指数衰减系数；β 为振荡系数。

现在武器系统的数字化程度很高，得到的数据几乎都是由传感器采样得来的，因而射击误差以离散序列居多，针对离散误差序列则有如下误差时空特征量定义。

在假定误差序列 $\{\boldsymbol{Z}(k)\in\mathbf{R}^2;k=1,2,\cdots\}$ 为平稳随机序列的条件下，可依

$$\overline{\boldsymbol{Z}}=\lim_{n\to\infty}\frac{1}{n}\sum_{k=1}^{n}\boldsymbol{Z}(k) \tag{5-7}$$

$$\boldsymbol{\sigma}_z^2=\lim_{n\to\infty}\frac{1}{n-1}\sum_{k=1}^{n}[\boldsymbol{Z}(k)-\overline{\boldsymbol{Z}}][\boldsymbol{Z}(k)-\overline{\boldsymbol{Z}}]^{\mathrm{T}} \tag{5-8}$$

$$\boldsymbol{r}_z\boldsymbol{\sigma}_z^2=\lim_{n\to\infty}\frac{1}{n-2}\sum_{k=1}^{n-1}[\boldsymbol{Z}(k)-\overline{\boldsymbol{Z}}][\boldsymbol{Z}(k+1)-\overline{\boldsymbol{Z}}]^{\mathrm{T}} \tag{5-9}$$

来定义误差的三个特征指标：均值 $\overline{\boldsymbol{Z}}$、均方差 $\boldsymbol{\sigma}_z$ 与相关系数 $\boldsymbol{r}_z$。

5.1.2　误差的自然频率

定义随机过程 $x(t)\in\mathbf{R}^1$ 的自然振动周期 T_N 为 $x(t)$ 对其均值 $\bar{x}$ 的随机穿越的平均周期；而 $\gamma_N=1/T_N$ 为 $x(t)$ 的自然频率(图 5.1)。即

$$T_N=\lim_{m\to\infty}\frac{1}{m}\sum_{i=1}^{m}T_i=\frac{1}{\gamma_N} \tag{5-10}$$

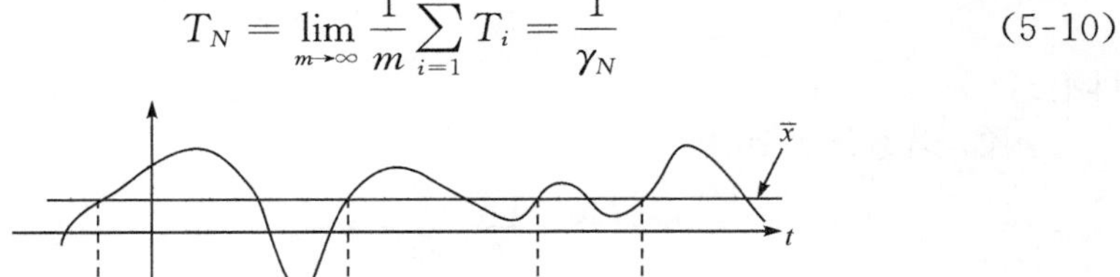

图 5.1　随机穿越示意图

若在$(0,T]$的时间间隔内，$x(t)$对$\bar{x}$有$M(T)$个穿越点，由于每两个穿越点构成一随机周期，故有

$$T_N=\lim_{T\to\infty}\frac{T}{2M(T)}=\frac{1}{\gamma_N} \tag{5-11}$$

由此，可以很容易通过试验检测得到随机过程的自然频率。

设随机过程$x(t)\in\mathbf{R}^1$是各态历经、均方可导的高斯过程，记其均值为$\bar{x}$、均方差为σ_x、导数$\dot{x}(t)$的均方差为$\sigma_{\dot{x}}$，则$x(t)$对水平直线$x(t)=a$的随机穿越的平均频率为

$$\lambda(a,\bar{x},\sigma_x,\sigma_{\dot{x}})=\frac{\sigma_{\dot{x}}}{2\pi\sigma_x}\exp\left[-\frac{(a-\bar{x})^2}{2\sigma_x^2}\right]\quad(次/\mathrm{s}) \tag{5-12}$$

上式将在5.3.2节予以推导证明(可参见式(5-59))。由此可得，$x(t)$的自然频率为

$$\omega_N=\frac{\sigma_{\dot{x}}}{\sigma_x}\quad(\mathrm{rad/s}) \tag{5-13}$$

1）传递函数与自然频率的关系

若随机过程$x(t)$是在单位白噪声$w(t)$作用下，具有传递函数$\Phi(s)$的线性定常系统的稳态输出，则其自然频率ω_N是该系统的相对功率放大系数

$$g(\omega)=\frac{|\Phi(\mathrm{j}\omega)|^2}{\int_{-\infty}^{\infty}|\Phi(\mathrm{j}\omega)|^2\mathrm{d}\omega}=\frac{A^2(\omega)}{\int_{-\infty}^{\infty}A^2(\omega)\mathrm{d}\omega} \tag{5-14}$$

的均方根。

上述结论证明如下：由于

$$\begin{cases}g(-\omega)=g(\omega)\\ \int_{-\infty}^{\infty}\omega g(\omega)\mathrm{d}\omega=\bar{\omega}=0\end{cases} \tag{5-15}$$

故可将$g(\omega)$等效于一个对称的、以ω为随机变量的密度函数。再考虑到

$$\omega_N=\frac{\sigma_{\dot{x}}}{\sigma_x}=\left[\int_{-\infty}^{\infty}\omega^2\frac{|\Phi(\mathrm{j}\omega)|^2}{\int_{-\infty}^{\infty}|\Phi(\mathrm{j}\omega)|^2\mathrm{d}\omega}\mathrm{d}\omega\right]^{\frac{1}{2}} \tag{5-16}$$

即有式(5-14)的结论。

例如，若系统传递函数为

$$\Phi(s)=\frac{K}{T^2s^2+2\xi Ts+1},\quad |\xi|<1$$

则有自然频率$\omega_N=1/T$。

2）状态方程与自然频率的关系

若稳定系统的状态变量为

$$\boldsymbol{X}(t)=(x(t),\dot{x}(t),\ddot{x}(t),\cdots,x^{(n)}(t))$$

其相应的状态方程与输出方程为

$$\begin{cases}\dot{\boldsymbol{X}}(t)=\boldsymbol{A}\boldsymbol{X}(t)+\boldsymbol{B}w(t)\\ x(t)=(1,0,0,\cdots,0)\boldsymbol{X}(t)=\boldsymbol{C}_x\boldsymbol{X}(t)\\ \dot{x}(t)=(0,1,0,\cdots,0)\boldsymbol{X}(t)=\boldsymbol{C}_{\dot{x}}\boldsymbol{X}(t)\end{cases} \tag{5-17}$$

式中，$w(t)$为单位白噪声，该系统的稳定状态方差 $\boldsymbol{P}_x=\mathrm{var}[\boldsymbol{X}(t)]$应为下述代数里卡蒂方程

$$\boldsymbol{A}\boldsymbol{P}_x+\boldsymbol{P}_x\boldsymbol{A}^{\mathrm{T}}+\boldsymbol{B}\boldsymbol{B}^{\mathrm{T}}=0 \tag{5-18}$$

之解。解得 $\boldsymbol{P}_x$，则有

$$\omega_N=\frac{\boldsymbol{C}_x\boldsymbol{P}_x\boldsymbol{C}_x^{\mathrm{T}}}{\boldsymbol{C}_{\dot{x}}\boldsymbol{P}_x\boldsymbol{C}_{\dot{x}}^{\mathrm{T}}} \tag{5-19}$$

上述论述表明：自然频率不仅物理意义明显，易于测试，而且与系统结构参数关系密切，为理论分析提供了条件。

5.2 目的域

5.2.1 目的域的由来

在行进间对快速机动目标能实施有效的打击，这是现代战争中对有效射程在近程、低空领域内的各种兵器(如高炮、舰炮、航炮、坦克炮以及需要瞄准发射的小型导弹)的一项关键性的战术、技术要求。随着机动作战能力的加强、更随着对兵器作战环境的适应性要求的不断提高，火力控制系统的各种随机扰动输入将极度增大，相应的控制误差超出其最大允许值的概率已不能忽略，此时，射击过程就可能出现时断、时续的状况。例如，火力控制中的瞄准跟踪控制，以雷达作为瞄准跟踪装置，只有目标处于其有效电磁波瓣之内，才会测出目标距离；以带有 CCD(电荷耦合器件)的光电跟踪仪作为瞄准跟踪装置，也只有当目标处于其跟踪视窗之内，才会测出目标的高低与方位角。很显然，只有目标滞留在能够被检测到的时段内，才可能发射需要初始瞄准的导弹，且只有目标被检测到的时段足够长，才可能预测出目标的未来点，去控制火炮射击。再如，火力控制中的射击控制，当火炮随动系统的误差大于其预置的允许射击区域时，都会有停射机制的设置，对具有连射的速射炮而言，这意味着射击过程变得断断续续，然而，由于允许射击区域的设置，停射了几乎不能命中目标的弹药，却提高了单发弹药的平均命中率；对多门齐射的速射炮而言，还有所谓的未来空域窗射击体制，它将各门速射炮的射弹散布中心均匀地配置在火控计算机解算出的预测命中点的四周，使整个射弹在一个椭圆域内呈均匀散布，只要预测的命中点误差也在此椭圆内，即会以一定的概率命中目标。这种将射弹散布均匀化的举措，当射弹过于密集时，可以有效地扩大射弹的有效作

用域。

从上述分析中可以概括出一个“目的域”的概念：所谓的目的域Ω指的是一个对被控量（或预测量）的误差$x(t)$的一个有效控制（或预测）的区域，当$x(t)\in\Omega$时，控制（或预测）是有效的；当$x(t)\notin\Omega$时，控制（或预测）是无效的。上述雷达波瓣、光电跟踪视窗、火炮射击域、未来空域窗均可统一于“目的域”这一广义的概念中。目的域的引入使被控量（待估量）的理想值由运动的点迹扩展为动态的区域。如果称$x(t)\in\Omega$的时段为滞留状态，$x(t)\notin\Omega$的时段为待机状态，相应的时间长度则分别为滞留时间与待机时间。

从理论上讲，对一个各态历经的正态随机过程而言，只要目的域存在，就会出现不断交替的待机状态与滞留状态。为了提高单发弹药的平均命中率，还会特意设置允许射击区域，以牺牲部分射击时间，即在待机时间内停止射击来提高射击效能，因而，研究存在目的域的条件下，兵器的瞄准线（观目矢量）、射击线（预测的、得以命中目标的火炮姿态角）、脱靶量（目标到弹头的最短距离矢量）对其相应的目的域的随机穿越特性及其对射击效能的影响，不仅具有理论价值，在包括近程防空反导在内的近程格斗兵器之论证、设计与试验中，更有明显的实用价值。

5.2.2　目的域的作用

在火控系统中常用的目的域有：大偏差停射体制下的允许射击域，射击门体制下的射击门，跟踪视窗，靶标。

射击域是目的域在射击学中的具体应用，射击门是射击域在坦克火控中的称谓，因而在下文中，涉及通用理论时采用目的域，而涉及射击学时则用射击域，具体到坦克火控系统时则用射击门。

在没有射击域时，射击误差分解出的火控误差、炮控误差、火炮误差、弹药误差四个误差均假定为互相独立的正态分布，且仅考虑其均值和均方差，是符合实际的。但有了射击域，炮控误差的值将被局限于射击域内（图 5.2），不再是正态分布。

置靶标S的中心点O为迎弹面的坐标原点，如图 5.2 所示，图中C为弹头在迎弹面上的落点，且记N、M、A分别为击发瞬时火炮的实际姿态角、火炮随动系统实测的输出姿态角、火控系统解算出的姿态角所对应的弹道在迎弹面的穿越点，很显然，$\overrightarrow{NC}$为弹药误差，$\overrightarrow{MN}$、$\overrightarrow{AM}$、$\overrightarrow{OA}$分别为火炮误差Z_P、火炮随动系统误差（炮控误差）Z、火控误差Z_c在迎弹面上的对应值。若在A点近旁设置矩形射击域，那么，当且仅当$Z\in\Omega$时，火炮才执行发射，此时炮控误差为$\overrightarrow{AB}$，弹道落点由C移到了C'；而当$Z\notin\Omega$时，弹头不发射，炮控误差为无效值。

由此可见，射击域只作用于炮控误差，剔除出大偏差的射击诸元，保留偏差达

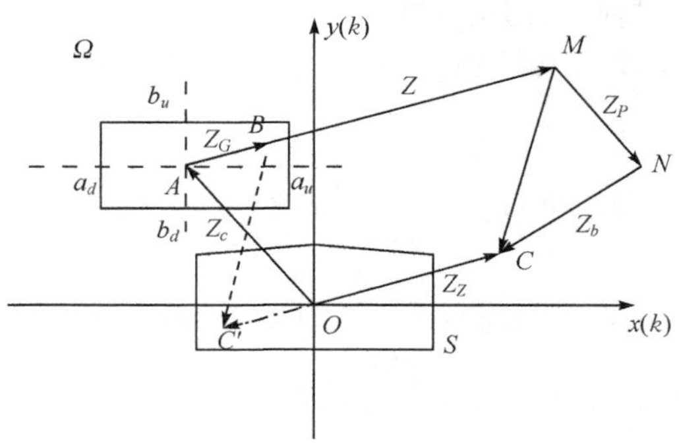

图 5.2　射击域对射击误差的影响示意图

到允许误差的射击诸元，从而将大偏差弹道与小偏差弹道区别开来。其他目的域也具有相似功能，如：靶标，将命中弹与脱靶弹区分开来；跟踪视窗，将正常预测弹道与盲目外推弹道区别开来。

5.3　离散序列对目的域的随机穿越特征量

5.3.1　引言

考虑到现代武器火控系统均为数字式这一特点，本节以各态历经的正态序列为研究对象，研究它对目的域的随机穿越特征量。利用概率转移阵，针对矩形和椭圆形目的域，导出了待机时间、滞留时间和随机穿越周期等随机量变的分布，同时给出了它们的均值和方差。

本节研究还表明：各态历经序列的两个采样点间的相关系数与该序列对其均值的平均穿越频率一一对应，即对相关系数的要求就是对平均穿越频率的要求。将误差的特征由空间特征扩展到时空特征，其实质就是在其准确度（均值）、密集度（均方差）之外，又加上了平稳度，或称振动度（误差对其均值的平均穿越频率）。

5.3.2　概率转移阵

随机振动过程 $\boldsymbol{Z}(t)=[x(t),y(t)]^{\mathrm{T}}$ 为各态历经的正态过程，其采样序列 $\boldsymbol{Z}(k)=[x(k),y(k)]^{\mathrm{T}}$（略写了采样周期 T）的均值为 $\overline{\boldsymbol{Z}}(k)=[\overline{x}(k),\overline{y}(k)]^{\mathrm{T}}$，方差为

$$\boldsymbol{\sigma}_Z^2=\begin{bmatrix}\sigma_x^2 & 0\\ 0 & \sigma_y^2\end{bmatrix} \tag{5-20}$$

$x(k)$、$y(k)$相邻两采样点间的相关系数为 $r_x(T)$、$r_y(T)$，简写为 r_x、r_y，对于一

固定采样周期的随机过程，它们均为常数。

将目的域 Ω 记为{0}，其补集记为{1}。$\boldsymbol{Z}(k)$在目的域内外的概率分别为 $\alpha_0[\boldsymbol{Z}(k)]$、$\alpha_1[\boldsymbol{Z}(k)]$。

$$\alpha_0[\boldsymbol{Z}(k)] = \int_{\boldsymbol{Z}(k)\in\{0\}} f[\boldsymbol{Z}(k)]\mathrm{d}\boldsymbol{Z}(k) \tag{5-21}$$

$$\alpha_1[\boldsymbol{Z}(k)] = \int_{\boldsymbol{Z}(k)\in\{1\}} f[\boldsymbol{Z}(k)]\mathrm{d}\boldsymbol{Z}(k) \tag{5-22}$$

式中，$f[\boldsymbol{Z}(k)]$为 $\boldsymbol{Z}(k)$的概率密度函数，且有

$$\begin{aligned} f[\boldsymbol{Z}(k)] &= f[x(k)]f[y(k)] \\ &= \frac{1}{\sqrt{2\pi}\sigma_x}\exp\left[-\frac{(x(k)-\bar{x})^2}{2\sigma_x^2}\right]\frac{1}{\sqrt{2\pi}\sigma_y}\exp\left[-\frac{(y(k)-\bar{y})^2}{2\sigma_y^2}\right] \end{aligned} \tag{5-23}$$

又，各态历经的随机过程为平稳过程，而平稳随机过程的分布不随时间而改变。因而，各态历经的正态随机过程 $\boldsymbol{Z}(k)$的分布具有平稳不变性，即

$$\boldsymbol{\alpha}[\boldsymbol{Z}(k)] = \begin{bmatrix}\alpha_0[\boldsymbol{Z}(k)]\\ \alpha_1[\boldsymbol{Z}(k)]\end{bmatrix} = \begin{bmatrix}\alpha_0(\boldsymbol{Z})\\ \alpha_1(\boldsymbol{Z})\end{bmatrix} = \boldsymbol{\alpha}(\boldsymbol{Z}) \tag{5-24}$$

从宏观上讲，$\boldsymbol{Z}(k)$的概率分布保持不变。但微观上，每次采样都会有一定概率在{0}和{1}之间转移，因而有下述概率转移系数的定义。

定义由 k 瞬时到 $k+1$ 瞬时，$\boldsymbol{Z}(k)$从$\{i\}$到$\{j\}$的概率转移系数为

$$\begin{aligned} P_{i,j}[\boldsymbol{Z}(k)] &= P\{\boldsymbol{Z}(k+1)\in\{j\}\,|\,\boldsymbol{Z}(k)\in\{i\}\}, \quad i,j=0,1 \\ &= \frac{\displaystyle\iint_{\substack{\boldsymbol{Z}(k+1)\in\{j\}\\ \boldsymbol{Z}(k)\in\{i\}}} f[\boldsymbol{Z}(k+1)\mid\boldsymbol{Z}(k)]f[\boldsymbol{Z}(k)]\mathrm{d}\boldsymbol{Z}(k)\mathrm{d}\boldsymbol{Z}(k+1)}{\displaystyle\int_{\boldsymbol{Z}(k)\in\{i\}} f[\boldsymbol{Z}(k)]\mathrm{d}\boldsymbol{Z}(k)} \end{aligned} \tag{5-25}$$

式中，$f[\boldsymbol{Z}(k+1)|\boldsymbol{Z}(k)]$为 $\boldsymbol{Z}(k)$的条件概率密度函数

$$\begin{aligned} f[\boldsymbol{Z}(k+1)|\boldsymbol{Z}(k)] &= f[x(k+1)|x(k)]f[y(k+1)|y(k)] \\ &= \frac{1}{\sqrt{2\pi}\sigma_x\sqrt{1-r_x^2}}\exp\left[-\frac{(x(k+1)-r_x x(k)-\bar{x}+r_x\bar{x})^2}{2\sigma_x^2(1-r_x^2)}\right] \\ &\quad\cdot\frac{1}{\sqrt{2\pi}\sigma_y\sqrt{1-r_y^2}}\exp\left[-\frac{(y(k+1)-r_y y(k)-\bar{y}+r_y\bar{y})^2}{2\sigma_y^2(1-r_y^2)}\right] \end{aligned} \tag{5-26}$$

由式(5-25)和式(5-26)知，对于给定的随机过程 $\boldsymbol{Z}(k)$及目的域 Ω，概率转移系数为常数，即 $P_{i,j}[\boldsymbol{Z}(k)]$具有时齐性。因而，即将导出的由概率转移系数构成的概率转移阵 $\boldsymbol{P}[\boldsymbol{Z}(k)]$也具有时齐性。

概率转移阵是本节采用的数学工具，针对不同的目的域，概率转移系数计算方

法会有不同,现基于射击学中常用矩形与椭圆形目的域分别展开讨论。

1. 矩形目的域下的概率转移阵

设随机振动序列 $\mathbf{Z}(k)$ 在 x 轴与 y 轴是相互独立的,且矩形目的域 Ω:$[a_d, a_u]\times[b_d, b_u]$ 可分成 $x\in[a_d, a_u]$ 与 $y\in[b_d, b_u]$。因而可以先考虑 x 轴的一维概率转移系数,再由一维概率转移阵推导出二维概率转移阵(图 5.3)。

$\mathbf{Z}(k)$ 的一维分量 $x(k)$,矩形目的域在 x 方向的两个边界为 a_d、a_u(图 5.4)。

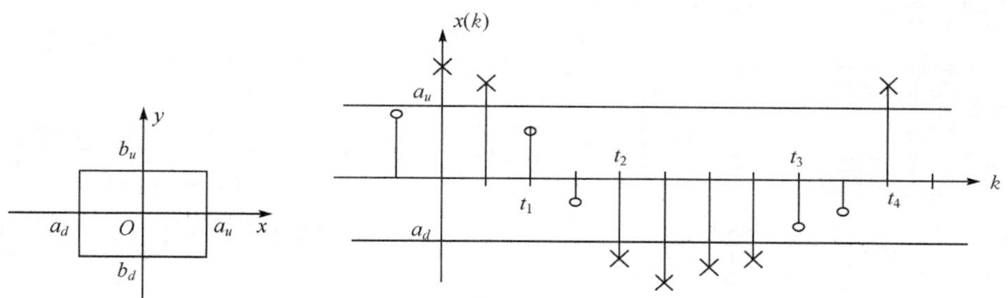

图 5.3　矩形目的域　　　　图 5.4　一维分量穿越目的域的时间离散图

在正态假定下,$x(k)$ 在 $k=0$ 瞬时在目的域内外的概率如下:

$$\alpha_0(x)=P\{x\in\Omega_x=[a_d, a_u]\}=\Phi\left(\frac{a_u-\bar{x}}{\sigma_x}\right)-\Phi\left(\frac{a_d-\bar{x}}{\sigma_x}\right) \tag{5-27}$$

$$\alpha_1(x)=P\{x\notin\Omega_x\}=1-\Phi\left(\frac{a_u-\bar{x}}{\sigma_x}\right)+\Phi\left(\frac{a_d-\bar{x}}{\sigma_x}\right)=1-\alpha_0(x) \tag{5-28}$$

式中

$$\Phi(x)=\int_{-\infty}^{x}\frac{1}{\sqrt{2\pi}}\exp\left(-\frac{t^2}{2}\right)\mathrm{d}t \tag{5-29}$$

为概率积分函数。

下面给出概率转移阵四个元素的表达:

(1) $x(k)$ 经一步转移后,继续停留在目的域内的概率:

$$\begin{aligned}P_{00}(x)&=P\{x(k+1)\in\Omega_x\mid x(k)\in\Omega_x\}\\&=\frac{1}{\alpha_0(x)}\int_{a_d}^{a_u}\left[\Phi\left(\frac{a_u-r_x x(k)-\bar{x}+r\bar{x}}{\sigma_x\sqrt{1-r_x^2}}\right)-\Phi\left(\frac{a_d-r_x x(k)-\bar{x}+r\bar{x}}{\sigma_x\sqrt{1-r_x^2}}\right)\right]\\&\quad\cdot\frac{1}{\sqrt{2\pi}\sigma_x}\exp\left[-\frac{(x(k)-\bar{x})^2}{2\sigma_x^2}\right]\mathrm{d}x(k)\end{aligned} \tag{5-30}$$

(2) $x(k)$经一步转移后，由目的域内转到目的域外的概率：

$$P_{01}(x)=P\{x(k+1)\notin\Omega_x\,|\,x(k)\in\Omega_x\}$$
$$=\frac{1}{\alpha_0(x)}\int_{a_d}^{a_u}\left[1-\Phi\left(\frac{a_u-r_x x(k)-\bar{x}+r\bar{x}}{\sigma_x\sqrt{1-r_x^2}}\right)+\Phi\left(\frac{a_d-r_x x(k)-\bar{x}+r\bar{x}}{\sigma_x\sqrt{1-r_x^2}}\right)\right]$$
$$\cdot\frac{1}{\sqrt{2\pi}\sigma_x}\exp\left[-\frac{(x(k)-\bar{x})^2}{2\sigma_x^2}\right]\mathrm{d}x(k) \tag{5-31}$$

(3) $x(k)$经一步转移后，由目的域外转入目的域内的概率：

$$P_{10}(x)=P\{x(k+1)\in\Omega_x\,|\,x(k)\notin\Omega_x\}$$
$$=\frac{1}{\alpha_1(x)}\left\{\int_{a_u}^{\infty}\left[\Phi\left(\frac{a_u-r_x x(k)-\bar{x}+r\bar{x}}{\sigma_x\sqrt{1-r_x^2}}\right)-\Phi\left(\frac{a_d-r_x x(k)-\bar{x}+r\bar{x}}{\sigma_x\sqrt{1-r_x^2}}\right)\right]\right.$$
$$\cdot\frac{1}{\sqrt{2\pi}\sigma_x}\exp\left[-\frac{(x(k)-\bar{x})^2}{2\sigma_x^2}\right]\mathrm{d}x(k)+\int_{-\infty}^{a_d}\left[\Phi\left(\frac{a_u-r_x x(k)-\bar{x}+r\bar{x}}{\sigma_x\sqrt{1-r_x^2}}\right)\right.$$
$$\left.\left.-\Phi\left(\frac{a_d-r_x x(k)-\bar{x}+r\bar{x}}{\sigma_x\sqrt{1-r_x^2}}\right)\right]\frac{1}{\sqrt{2\pi}\sigma_x}\exp\left[-\frac{(x(k)-\bar{x})^2}{2\sigma_x^2}\right]\mathrm{d}x(k)\right\} \tag{5-32}$$

(4) $x(k)$经一步转移后，继续留在目的域外的待机概率：

$$P_{11}(x)=P\{x(k+1)\notin\Omega_x\,|\,x(k)\notin\Omega_x\}$$
$$=\frac{1}{\alpha_1(x)}\left\{\int_{a_u}^{\infty}\left[1-\Phi\left(\frac{a_u-r_x x(k)-\bar{x}+r\bar{x}}{\sigma_x\sqrt{1-r_x^2}}\right)+\Phi\left(\frac{a_d-r_x x(k)-\bar{x}+r\bar{x}}{\sigma_x\sqrt{1-r_x^2}}\right)\right]\right.$$
$$\cdot\frac{1}{\sqrt{2\pi}\sigma_x}\exp\left[-\frac{(x(k)-\bar{x})^2}{2\sigma_x^2}\right]\mathrm{d}x(k)+\int_{-\infty}^{a_d}\left[1-\Phi\left(\frac{a_u-r_x x(k)-\bar{x}+r\bar{x}}{\sigma_x\sqrt{1-r_x^2}}\right)\right.$$
$$\left.\left.+\Phi\left(\frac{a_d-r_x x(k)-\bar{x}+r\bar{x}}{\sigma_x\sqrt{1-r_x^2}}\right)\right]\frac{1}{\sqrt{2\pi}\sigma_x}\exp\left[-\frac{(x(k)-\bar{x})^2}{2\sigma_x^2}\right]\mathrm{d}x(k)\right\} \tag{5-33}$$

由上列各式可得如下关系：

$$P_{00}(x)+P_{01}(x)=1 \tag{5-34}$$
$$P_{10}(x)+P_{11}(x)=1 \tag{5-35}$$
$$P_{01}(x)\alpha_0(x)=P_{10}(x)\alpha_1(x) \tag{5-36}$$

式(5-34)和式(5-35)反映了概率转移阵元素的性质。式(5-36)表明：$x(k)$由目的域内转移到目的域外的概率 $P_{01}(x)\alpha_0(x)$等于由目的域外转移到目的域内的概率 $P_{10}(x)\alpha_1(x)$，这个性质保证了 $\boldsymbol{\alpha}(x)=[\alpha_0(x),\alpha_1(x)]^{\mathrm{T}}$ 的分布不变。

若相关系数 $r_x=0$，则条件概率密度 $f[x(k+1)\,|\,x(k)]=f[x(k+1)]$，从而上述的概率转移系数为

$$P_{00}(x)=P_{10}(x)=\alpha_0(x),\quad P_{01}(x)=P_{11}(x)=\alpha_1(x)$$

相关系数为 0 时，相邻两个采样点间相互独立，此时弱相关随机振动退化为白噪声，这是弱相关随机振动的特例，已包含在本节的讨论范围之内。

当已知 $x(k)$、$y(k)$的初值在目的域内、外的概率 $\alpha_i(x)$、$\alpha_i(y)$，以及其后的转

移概率 $P_{ij}(x)$、$P_{ij}(y)(i,j=0,1)$后，就可计算 $\boldsymbol{Z}(k)=[x(k),y(k)]^{\mathrm{T}}$ 的相应参数。此时，$\boldsymbol{Z}(k)$中的 $x(k)$、$y(k)$相对于目的域 Ω 共有四种排列，即$\{x(k)\in\Omega_x, y(k)\in\Omega_y\}$、$\{x(k)\in\Omega_x, y(k)\notin\Omega_y\}$、$\{x(k)\notin\Omega_x, y(k)\in\Omega_y\}$与$\{x(k)\notin\Omega_x, y(k)\notin\Omega_y\}$。由于仅有第一种情形属于$\{\boldsymbol{Z}(k)\in\Omega\}$，而其余三种均不属于 Ω，故将 $P\{\boldsymbol{Z}(k)\}$矢量化为

$$\begin{bmatrix} P\{x(k)\in\Omega_x, y(k)\in\Omega_y\} \\ P\{x(k)\in\Omega_x, y(k)\notin\Omega_y\} \\ P\{x(k)\notin\Omega_x, y(k)\in\Omega_y\} \\ P\{x(k)\notin\Omega_x, y(k)\notin\Omega_y\} \end{bmatrix} = \begin{bmatrix} P\{\boldsymbol{Z}(k)\in\Omega\} \\ P\{\boldsymbol{Z}^*(k)\notin\Omega\} \end{bmatrix} = \begin{bmatrix} \alpha_0(\boldsymbol{Z}) \\ \alpha_1(\boldsymbol{Z}^*) \end{bmatrix} \tag{5-37}$$

由此可见，$P\{\boldsymbol{Z}^*(k)\notin\Omega\}\in\mathbf{R}^{3\times1}$是三维矢量。且有

$$P\{\boldsymbol{Z}(k)\notin\Omega\}=(1\quad 1\quad 1)P\{\boldsymbol{Z}^*(k)\notin\Omega\}=(1\quad 1\quad 1)\alpha_1(\boldsymbol{Z}^*) \tag{5-38}$$

式中

$$\alpha_1(\boldsymbol{Z}^*)=P\{\boldsymbol{Z}^*(k)\notin\Omega\}=[\alpha_0(x)\alpha_1(y),\alpha_1(x)\alpha_0(y),\alpha_1(x)\alpha_1(y)]^{\mathrm{T}} \tag{5-39}$$

这里，之所以将 $P\{\boldsymbol{Z}(k)\notin\Omega\}$分裂为三维矢量，是因为 $\boldsymbol{Z}(k)$在分布上具有方向性。

对于平稳过程而言，上式中的各种概率均应为常数，因而下述矩阵等式成立：

$$\begin{aligned}\begin{bmatrix} P\{\boldsymbol{Z}(k)\in\Omega\} \\ P\{\boldsymbol{Z}^*(k)\notin\Omega\} \end{bmatrix} &= \begin{bmatrix} P\{x(k)\in\Omega_x, y(k)\in\Omega_y\} \\ P\{x(k)\in\Omega_x, y(k)\notin\Omega_y\} \\ P\{x(k)\notin\Omega_x, y(k)\in\Omega_y\} \\ P\{x(k)\notin\Omega_x, y(k)\notin\Omega_y\} \end{bmatrix} \\ &= \begin{bmatrix} P_{00}(x)P_{00}(y) & P_{00}(x)P_{10}(y) & P_{10}(x)P_{00}(y) & P_{10}(x)P_{10}(y) \\ P_{00}(x)P_{01}(y) & P_{00}(x)P_{11}(y) & P_{10}(x)P_{01}(y) & P_{10}(x)P_{11}(y) \\ P_{01}(x)P_{00}(y) & P_{01}(x)P_{10}(y) & P_{11}(x)P_{00}(y) & P_{11}(x)P_{10}(y) \\ P_{01}(x)P_{01}(y) & P_{01}(x)P_{11}(y) & P_{11}(x)P_{01}(y) & P_{11}(x)P_{11}(y) \end{bmatrix} \\ &\times \begin{bmatrix} P\{x(k-1)\in\Omega_x, y(k-1)\in\Omega_y\} \\ P\{x(k-1)\in\Omega_x, y(k-1)\notin\Omega_y\} \\ P\{x(k-1)\notin\Omega_x, y(k-1)\in\Omega_y\} \\ P\{x(k-1)\notin\Omega_x, y(k-1)\notin\Omega_y\} \end{bmatrix} = \begin{bmatrix} P_{00}(\boldsymbol{Z}) & P_{10}(\boldsymbol{Z}^*) \\ P_{01}(\boldsymbol{Z}^*) & P_{11}(\boldsymbol{Z}^*) \end{bmatrix} \begin{bmatrix} \alpha_0(\boldsymbol{Z}) \\ \alpha_1(\boldsymbol{Z}^*) \end{bmatrix}\end{aligned} \tag{5-40}$$

将上述矩阵展开，有

$$\alpha_0(\boldsymbol{Z})=P\{\boldsymbol{Z}(k)\in\Omega\}=\alpha_0(x)\alpha_0(y)=P_{00}(\boldsymbol{Z})\alpha_0(\boldsymbol{Z})+P_{10}(\boldsymbol{Z}^*)\alpha_1(\boldsymbol{Z}^*) \tag{5-41}$$

$$\alpha_1(\boldsymbol{Z})=1-\alpha_0(\boldsymbol{Z}) \tag{5-42}$$

由此式知

$$P_{00}(\boldsymbol{Z})=P_{00}(x)P_{00}(y)\in\mathbf{R}^{1\times1} \tag{5-43}$$

$$P_{10}(\boldsymbol{Z}^*)=(P_{00}(x)P_{10}(y),P_{10}(x)P_{00}(y),P_{10}(x)P_{10}(y))\in\mathbf{R}^{1\times3} \tag{5-44}$$

又

$$P_{01}(\boldsymbol{Z}^*)=(P_{00}(x)P_{01}(y),P_{01}(x)P_{00}(y),P_{01}(x)P_{01}(y))^{\mathrm{T}}\in\mathbf{R}^{3\times1} \tag{5-45}$$

$$P_{11}(\boldsymbol{Z}^*)=\begin{bmatrix}P_{00}(x)P_{11}(y) & P_{10}(x)P_{01}(y) & P_{10}(x)P_{11}(y)\\ P_{01}(x)P_{10}(y) & P_{11}(x)P_{00}(y) & P_{11}(x)P_{10}(y)\\ P_{01}(x)P_{01}(y) & P_{11}(x)P_{01}(y) & P_{11}(x)P_{11}(y)\end{bmatrix}\in\mathbf{R}^{3\times3} \tag{5-46}$$

又

$$P_{10}(\boldsymbol{Z}^*)\alpha_1(\boldsymbol{Z}^*)=P_{10}(\boldsymbol{Z})\alpha_1(\boldsymbol{Z}) \tag{5-47}$$

$$\begin{aligned}P_{10}(\boldsymbol{Z})&=\frac{P_{10}(\boldsymbol{Z}^*)\alpha_1(\boldsymbol{Z}^*)}{\alpha_1(\boldsymbol{Z})}=\frac{1}{\alpha_0(x)\alpha_1(y)+\alpha_1(x)\alpha_0(y)+\alpha_1(x)\alpha_1(y)}\\ &\cdot[P_{00}(x)P_{10}(y)\alpha_0(x)\alpha_1(y)+P_{10}(x)P_{00}(y)\alpha_1(x)\alpha_0(y)+P_{10}(x)P_{10}(y)\alpha_1(x)\alpha_1(y)]\\ &=\frac{P_{10}(x)P_{10}(y)[P_{01}(x)+P_{01}(y)-P_{01}(x)P_{01}(y)]}{P_{10}(x)P_{01}(y)+P_{01}(x)P_{10}(y)+P_{01}(x)P_{01}(y)}\end{aligned} \tag{5-48}$$

而

$$P_{11}(\boldsymbol{Z})=1-P_{10}(\boldsymbol{Z}) \tag{5-49}$$

又

$$P_{01}(\boldsymbol{Z})\alpha_0(\boldsymbol{Z})=(1\quad 1\quad 1)P_{01}(\boldsymbol{Z}^*)\alpha_0(\boldsymbol{Z}) \tag{5-50}$$

故有

$$\begin{aligned}P_{01}(\boldsymbol{Z})&=P_{00}(x)P_{01}(y)+P_{01}(x)P_{00}(y)+P_{01}(x)P_{01}(y)\\ &=P_{01}(x)+P_{01}(y)-P_{01}(x)P_{01}(y)\end{aligned} \tag{5-51}$$

综上所述,可知:二维平稳过程 $\boldsymbol{Z}(k)=[x(k),y(k)]^{\mathrm{T}}$ 相对于矩形目的域的初始概率分布 $\boldsymbol{\alpha}(\boldsymbol{Z})=[\alpha_0(\boldsymbol{Z}),\alpha_1(\boldsymbol{Z})]^{\mathrm{T}}$ 可由式(5-41)、式(5-42)给出,而相应的概率转移阵

$$\boldsymbol{P}(\boldsymbol{Z})=\begin{bmatrix}P_{00}(\boldsymbol{Z}) & P_{01}(\boldsymbol{Z})\\ P_{10}(\boldsymbol{Z}) & P_{11}(\boldsymbol{Z})\end{bmatrix} \tag{5-52}$$

中的各个系数可分别由式(5-43)、式(5-48)、式(5-49)与式(5-51)计算,由分布的平稳性则有

$$\boldsymbol{\alpha}(\boldsymbol{Z})=\begin{bmatrix}\alpha_0(\boldsymbol{Z})\\ \alpha_1(\boldsymbol{Z})\end{bmatrix}=\begin{bmatrix}P_{00}(\boldsymbol{Z}) & P_{10}(\boldsymbol{Z})\\ P_{01}(\boldsymbol{Z}) & P_{11}(\boldsymbol{Z})\end{bmatrix}^k\begin{bmatrix}\alpha_0(\boldsymbol{Z})\\ \alpha_1(\boldsymbol{Z})\end{bmatrix}=[\boldsymbol{P}^{\mathrm{T}}(\boldsymbol{Z})]^k\boldsymbol{\alpha}(\boldsymbol{Z}) \tag{5-53}$$

式中,k 为任意正整数。

2. 椭圆目的域下的概率转移阵

设目的域是椭圆形,即

$$\frac{(x-x_0)^2}{c^2}+\frac{(y-y_0)^2}{d^2}\leqslant 1 \tag{5-54}$$

式中，(x_0,y_0)为椭圆中心；c、d 为长短轴半轴长。

若目的域的中心正好设置在坐标原点，则$(x_0=0, y_0=0)$，如图 5.5 所示。

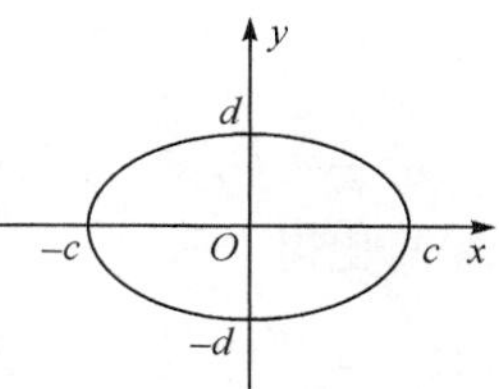

图 5.5　椭圆目的域

由于 $\boldsymbol{Z}(k)$穿越椭圆目的域前后存在牵连关系，故不能再用分开处理 x 轴与 y 轴的方法。

在正态假定下，$\boldsymbol{Z}(k)$在 $k=0$ 瞬时在目的域内外的分布如下：

$$\alpha_0(\boldsymbol{Z})=\iint\limits_{\frac{x^2(k)}{c^2}+\frac{y^2(k)}{d^2}\leqslant 1}\frac{1}{2\pi\sigma_x\sigma_y}\exp\left[-\frac{(x(k)-\bar{x})^2}{2\sigma_x^2}-\frac{(y(k)-\bar{y})^2}{2\sigma_y^2}\right]\mathrm{d}x(k)\mathrm{d}y(k) \tag{5-55}$$

$$\alpha_1(\boldsymbol{Z})=1-\alpha_0(\boldsymbol{Z}) \tag{5-56}$$

而概率转移阵中第一个元素如下：

$$\begin{aligned}
&P_{00}(\boldsymbol{Z})=P\{\boldsymbol{Z}(k+1)\in\Omega|\boldsymbol{Z}(k)\in\Omega\}\\
&=\frac{1}{\alpha_0(\boldsymbol{Z})}\iint\limits_{\frac{x^2(k)}{c^2}+\frac{y^2(k)}{d^2}\leqslant 1}\iint\limits_{\frac{x^2(k+1)}{c^2}+\frac{y^2(k+1)}{d^2}\leqslant 1}f[\boldsymbol{Z}(k+1)\mid\boldsymbol{Z}(k)]f[\boldsymbol{Z}(k)]\mathrm{d}\boldsymbol{Z}(k+1)\mathrm{d}\boldsymbol{Z}(k)\\
&=\frac{1}{\alpha_0(\boldsymbol{Z})}\iint\limits_{\frac{x^2(k)}{c^2}+\frac{y^2(k)}{d^2}\leqslant 1}\iint\limits_{\frac{x^2(k+1)}{c^2}+\frac{y^2(k+1)}{d^2}\leqslant 1}\frac{1}{4\pi^2\sigma_x^2\sigma_y^2\sqrt{(1-r_x^2)(1-r_y^2)}}\exp\left[-\frac{(x(k)-\bar{x})^2}{2\sigma_x^2}\right.\\
&\quad\left.-\frac{(x(k+1)-r_x x(k)-\bar{x}+r_x\bar{x})^2}{2\sigma_x^2(1-r_x^2)}-\frac{(y(k)-\bar{y})^2}{2\sigma_y^2}-\frac{(y(k+1)-r_y y(k)-\bar{y}+r_y\bar{y})^2}{2\sigma_y^2(1-r_y^2)}\right]\\
&\quad\cdot\mathrm{d}x(k+1)\mathrm{d}y(k+1)\mathrm{d}x(k)\mathrm{d}y(k)
\end{aligned} \tag{5-57}$$

对于积分式(5-55)和式(5-57)，解析解难以获取，通过计算机可获得数值解。如满足一定条件则可简化上述积分式，甚至获得解析解。

假定随机振动过程 $\boldsymbol{Z}(k)$的均值均为零，其方差与椭圆目的域的长短轴满足下述关系：

$$\frac{\sigma_x}{c}=\frac{\sigma_y}{d}=k \tag{5-58}$$

该式意味着 $\boldsymbol{Z}(k)$的概率密度函数在 O-xy 平面的投影与目的域的形状相似，与一倍均方差的相似比例系数为 k。

在这些简化条件下，计算式(5-55)和式(5-56)得

$$\alpha_0(\boldsymbol{Z})=1-\exp\left(-\frac{1}{2k^2}\right)=1-\exp\left(-\frac{c^2}{2\sigma_x^2}\right)=1-\exp\left(-\frac{d^2}{2\sigma_y^2}\right) \tag{5-59}$$

$$\alpha_1(\boldsymbol{Z})=\exp\left(-\frac{c^2}{2\sigma_x^2}\right)=\exp\left(-\frac{d^2}{2\sigma_y^2}\right) \tag{5-60}$$

对于式(5-57),先利用坐标变换,将椭圆目的域变换成圆形目的域,再利用极坐标简化得

$$\begin{aligned}P_{00}(\boldsymbol{Z}) = &\frac{1}{\alpha_0}\int_0^{2\pi}\mathrm{d}\theta_1\int_0^{2\pi}\mathrm{d}\theta_2\int_0^1\mathrm{d}\rho_1\int_0^1\mathrm{d}\rho_2\ \frac{1}{4\pi^2k^4\sqrt{(1-r_x^2)(1-r_y^2)}}\\ &\cdot\exp\left[-\frac{\rho_1^2}{2k^2}-\frac{(\rho_2\cos\theta_2-r_x\rho_1\cos\theta_1)^2}{2k^2(1-r_x^2)}-\frac{(\rho_2\sin\theta_2-r_y\rho_1\sin\theta_1)^2}{2k^2(1-r_y^2)}\right]\end{aligned} \tag{5-61}$$

如进一步假定相关系数 $r_x=r_y$,上式可简化为

$$P_{00}(\boldsymbol{Z}) = \frac{1}{\alpha_0}\int_0^{2\pi}\mathrm{d}\theta_1\int_0^{2\pi}\mathrm{d}\theta_2\int_0^1\mathrm{d}\rho_1\int_0^1\mathrm{d}\rho_2\ \frac{1}{4\pi^2k^4(1-r_x^2)}\exp\left[-\frac{\rho_1^2+\rho_2^2-2\rho_1\rho_2r_x\cos(\theta_2-\theta_1)}{2k^2(1-r_x^2)}\right] \tag{5-62}$$

式(5-62)相对而言,更便于利用数值解法。其他概率转移系数 $P_{01}(\boldsymbol{Z})$、$P_{10}(\boldsymbol{Z})$、$P_{11}(\boldsymbol{Z})$以同样的方法计算。

5.3.3 随机穿越特性分析

1. 待机时间分布

由待机时间的定义,随机穿越过程在正穿越之后且发生负穿越瞬时之前均为待机时间。

每次采样后,$\boldsymbol{Z}(k)$在目的域内外的分布仍保持正态分布,即每次的概率转移并不会改变此分布,因而,待机时间为 mT 的概率即为前 $m-1$ 次转移仍保持在目的域外的概率 $P_{11}^{m-1}(\boldsymbol{Z})$与第 m 次转移进入目的域的概率 $P_{10}(\boldsymbol{Z})$之积,从而有如下结论:

对于平稳正态随机过程,若有 $\boldsymbol{Z}(k-1)\in\Omega$,$\boldsymbol{Z}(k)\notin\Omega$,…,$\boldsymbol{Z}(k+m-1)\notin\Omega$,而 $\boldsymbol{Z}(k+m)\in\Omega$,则连续 m 个待机点所经历的待机时间 T_{out}服从几何分布

$$P\{T_{\text{out}}=mT\,|\,\boldsymbol{Z}(k)\notin\Omega\}=P_{11}^{m-1}(\boldsymbol{Z})P_{10}(\boldsymbol{Z}) \tag{5-63}$$

式中,$m\geqslant1$。

由几何分布的性质知待机时间 T_{out}的均值、方差如下:

$$\overline{T}_{\text{out}}=\frac{T}{P_{10}(\boldsymbol{Z})} \tag{5-64}$$

$$\sigma_{T_{\text{out}}}^2=P_{11}(\boldsymbol{Z})\frac{T^2}{P_{10}^2(\boldsymbol{Z})} \tag{5-65}$$

2. 滞留时间分布

与待机时间类似,滞留时间有如下结论:

对于平稳正态随机过程，若有 $\boldsymbol{Z}(k-1)\notin\Omega,\boldsymbol{Z}(k)\in\Omega,\boldsymbol{Z}(k+1)\in\Omega,\cdots,\boldsymbol{Z}(k+m-1)\in\Omega$，而 $\boldsymbol{Z}(k+m)\notin\Omega$，则连续 m 个滞留点所经历的滞留时间 T_{in} 服从几何分布

$$P\{T_{\text{in}}=mT|\boldsymbol{Z}(k)\in\Omega\}=P_{00}^{m-1}(\boldsymbol{Z})P_{01}(\boldsymbol{Z}) \tag{5-66}$$

式中，$m\geqslant 1$。

由几何分布的性质，滞留时间 T_{in}的均值、方差如下：

$$\overline{T}_{\text{in}}=\frac{T}{P_{01}(\boldsymbol{Z})} \tag{5-67}$$

$$\sigma_{T_{\text{in}}}^{2}=P_{00}(\boldsymbol{Z})\frac{T^{2}}{P_{01}^{2}(\boldsymbol{Z})} \tag{5-68}$$

有了待机时间和滞留时间的分布，就可以解决两类问题：

(1) 在已知 $\boldsymbol{Z}(k)\notin\Omega$ 的条件下，给定待机时间的上限值，如 N 个采样点，待机时间 $T_{\text{out}}\leqslant NT$ 的概率表达为

$$\begin{aligned}P\{T_{\text{out}}\leqslant NT\mid\boldsymbol{Z}(k)\notin\Omega\}&=\sum_{n_1=1}^{N}P\{n_1T\mid\boldsymbol{Z}(k)\notin\Omega\}\\&=\frac{P_{10}(\boldsymbol{Z})[1-P_{11}^{N}(\boldsymbol{Z})]}{1-P_{11}(\boldsymbol{Z})}=1-P_{11}^{N}(\boldsymbol{Z})\end{aligned} \tag{5-69}$$

由这个表达，可解决两个问题：①给定 N，求得进入目的域的概率；②给定需要进入目的域的概率，求得待机时间的上限。

(2) $\boldsymbol{Z}(k)$滞留在目的域内至少 M 个采样周期的概率为

$$\begin{aligned}&P\{T_{\text{out}}>MT|\boldsymbol{Z}(k)\in\Omega\}=1-P\{T_{\text{out}}\leqslant MT|\boldsymbol{Z}(k)\in\Omega\}\\&\quad=1-\sum_{n_0=1}^{M}P\{n_0T\mid\boldsymbol{Z}(k)\in\Omega\}=1-\frac{P_{01}(\boldsymbol{Z})[1-P_{00}^{M}(\boldsymbol{Z})]}{1-P_{00}(\boldsymbol{Z})}=P_{00}^{M}(\boldsymbol{Z})\end{aligned} \tag{5-70}$$

3. 随机穿越周期分布

待机时段与滞留时段交替出现，交替一次将构成一个随机穿越周期。一个随机穿越周期必将出现两种可能性：①在瞬时 $k=0$ 随机穿越周期以滞留点开始，且滞留时间为 n_1T，即在 $j=n_1$ 由射击域内穿越到射击域外。此种情况出现的概率为 α_0。②在瞬时 $k=0$ 随机穿越周期以待机点开始，且待机时间为 n_1T，即在 $j=n_1$ 由射击域外穿越到射击域内，此种情况出现的概率为 α_1。在瞬时 $j=n_1$ 发生穿越，随机穿越周期 $T_{\text{ch}}=nT$ 的概率为

$$\begin{aligned}&P\{T_{\text{ch}}=nT|n_1=j,1\leqslant j\leqslant n-1\}\\&\quad=\alpha_0P_{00}^{j-1}(\boldsymbol{Z})P_{01}(\boldsymbol{Z})P_{11}^{n-j-1}(\boldsymbol{Z})P_{10}(\boldsymbol{Z})+\alpha_1P_{11}^{j-1}(\boldsymbol{Z})P_{10}(\boldsymbol{Z})P_{00}^{n-j-1}(\boldsymbol{Z})P_{01}(\boldsymbol{Z})\end{aligned}$$

而对所有可能的穿越瞬时 $j=n_1$ 求和，即可能到周期为 $T_{\text{ch}}=nT$ 的概率为

$$P\{T_{ch}=nT\}$$
$$=\alpha_0 P_{01}(\boldsymbol{Z})P_{10}(\boldsymbol{Z})\sum_{j=1}^{n-1}P_{00}^{j-1}(\boldsymbol{Z})P_{11}^{n-j-1}(\boldsymbol{Z})+\alpha_1 P_{10}(\boldsymbol{Z})P_{01}(\boldsymbol{Z})\sum_{j=1}^{n-1}P_{11}^{j-1}(\boldsymbol{Z})P_{00}^{n-j-1}(\boldsymbol{Z})$$

对上式中的两个等比级数求和，即有随机穿越周期 $T_{ch}=nT$ 的分布为

$$P\{T_{ch}=nT\}=P_{01}(\boldsymbol{Z})P_{10}(\boldsymbol{Z})\frac{P_{00}^{n-1}(\boldsymbol{Z})-P_{11}^{n-1}(\boldsymbol{Z})}{P_{00}(\boldsymbol{Z})-P_{11}(\boldsymbol{Z})} \tag{5-71}$$

式中，$n\geqslant 2$。

事实上，由

$$T_{ch}=T_{in}+T_{out}$$

知

$$P\{T_{ch}=nT\}=\sum_{j=1}^{n-1}P\{T_{in}=jT\}P\{T_{out}=(n-j)T\} \tag{5-72}$$

将式(5-63)、式(5-66)代入式(5-72)也可得到式(5-71)。

将式(5-71)代入

$$\overline{T}_{ch}=\sum_{n=2}^{\infty}nT\cdot P\{T_{ch}=nT\}$$

和

$$\sigma_{T_{ch}}^2=\sum_{n=2}^{\infty}(nT)^2\cdot P\{T_{ch}=nT\}-(\overline{T}_{ch})^2$$

再考虑到，由目的域内转移到目的域外的概率等于由目的域外转移到目的域内的概率，以保持平稳分布的不变性，即 $\alpha_0 P_{01}(\boldsymbol{Z})=\alpha_1 P_{10}(\boldsymbol{Z})$，故有随机穿越周期的均值和方差

$$\overline{T}_{ch}=\left(\frac{1}{P_{01}(\boldsymbol{Z})}+\frac{1}{P_{10}(\boldsymbol{Z})}\right)T=\overline{T}_{out}+\overline{T}_{in}=\frac{T}{\alpha_0 P_{01}(\boldsymbol{Z})}=\frac{T}{\alpha_1 P_{10}(\boldsymbol{Z})} \tag{5-73}$$

$$\sigma_{T_{ch}}^2=\left[\frac{P_{00}(\boldsymbol{Z})}{P_{01}^2(\boldsymbol{Z})}+\frac{P_{11}(\boldsymbol{Z})}{P_{10}^2(\boldsymbol{Z})}\right]T^2=\sigma_{T_{in}}^2+\sigma_{T_{out}}^2 \tag{5-74}$$

若仅作了 N 次采样，则不大于 N 的随机穿越周期出现的概率为

$$P\{T_{ch}\leqslant N\}=\frac{P_{01}(\boldsymbol{Z})P_{10}(\boldsymbol{Z})}{P_{00}(\boldsymbol{Z})-P_{11}(\boldsymbol{Z})}\left[\frac{P_{00}(\boldsymbol{Z})(1-P_{00}^{N-1}(\boldsymbol{Z}))}{P_{01}(\boldsymbol{Z})}-\frac{P_{11}(\boldsymbol{Z})(1-P_{11}^{N-1}(\boldsymbol{Z}))}{P_{10}(\boldsymbol{Z})}\right] \tag{5-75}$$

此时的随机穿越周期均值为

$$\overline{T}_{ch}(N)=\frac{P_{01}P_{10}}{P_{00}-P_{11}}\left[\frac{NP_{00}^{N+1}-(N+1)P_{00}^{N}+1}{P_{01}^2}-\frac{NP_{11}^{N+1}-(N+1)P_{11}^{N}+1}{P_{10}^2}\right]T \tag{5-76}$$

式(5-75)可用于在实际试验中，对数据采样的长度 N 提出要求。在理论推导过程中，样本函数是无穷长的，即 $N\to\infty$，但在实际过程中，这是很难达到的，若 N 过短，则有可能出现非周期样本函数。如果允许误差为 Δ，则采样次数 N 可由

$$|\overline{T}_{\text{ch}}(N\to\infty)-\overline{T}_{\text{ch}}(N)|\leqslant\Delta$$

来确定。

由式(5-73)可得到平均穿越频率

$$\overline{\gamma}_{\text{ch}}=1/\overline{T}_{\text{ch}}=\alpha_0P_{01}(\boldsymbol{Z})/T=\alpha_1P_{10}(\boldsymbol{Z})/T \tag{5-77}$$

式中的平均穿越频率即为单位时间内，$\boldsymbol{Z}(k)$由目的域内向目的域外的穿越次数，或者由目的域外到目的域内的穿越次数。

由式(5-64)、式(5-67)及式(5-73)即可得到平均待机度和平均滞留度，如下：

$$\overline{S}_{\text{out}}=\overline{T}_{\text{out}}/\overline{T}_{\text{ch}} \tag{5-78}$$

$$\overline{S}_{\text{in}}=\overline{T}_{\text{in}}/\overline{T}_{\text{ch}} \tag{5-79}$$

这两个指标是随机穿越特征量均值的衍生指标。

4. 随机穿越特征分析示例

假定$\boldsymbol{Z}(k)$的分量$x(k)$、$y(k)$的均值分别为

$$\overline{x}=0,\quad \overline{y}=0 \tag{5-80}$$

均方差为

$$\sigma_x=0.6\text{mil},\quad \sigma_y=1.2\text{mil} \tag{5-81}$$

相邻两采样点间的相关系数为

$$r_x=0.8750,\quad r_y=0.8320 \tag{5-82}$$

采样周期为

$$T=0.05\text{s} \tag{5-83}$$

矩形目的域为

$$\Omega=[-0.4,0.4]\times[-0.8,0.8] \tag{5-84}$$

1）分布曲线及统计量

将上述参数代入式(5-63)、式(5-66)和式(5-71)即可得到待机时间、滞留时间、随机穿越周期的分布曲线，如图 5.6～图 5.8 所示。

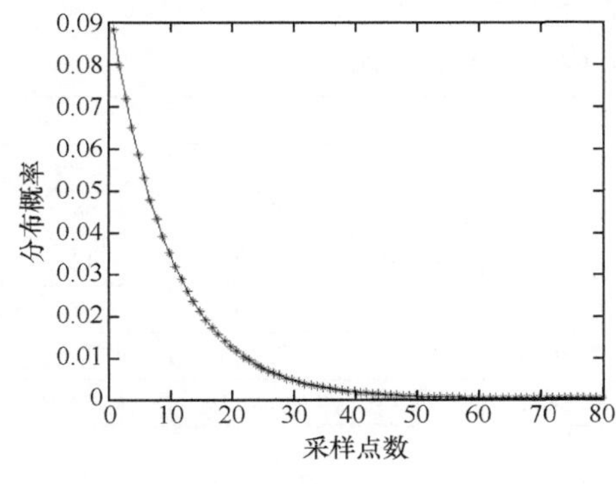

图 5.6　待机时间分布曲线

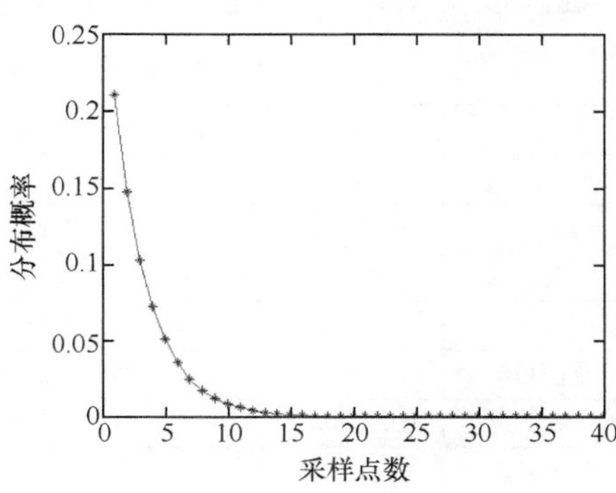

图 5.7　滞留时间分布曲线

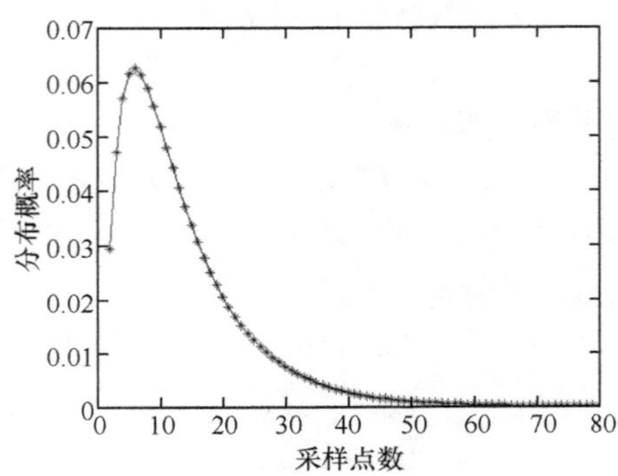

图 5.8 随机穿越周期分布曲线

将参数代入式(5-64)、式(5-65)、式(5-67)、式(5-68)、式(5-73)、式(5-74)，得它们的均值与均方差如下。

待机时间：

$$\overline{T}_{out}=0.3219\text{s},\quad \sigma_{T_{out}}=0.2958\text{s}$$

滞留时间：

$$\overline{T}_{in}=0.1045\text{s},\quad \sigma_{T_{in}}=0.0754\text{s}$$

随机穿越周期：

$$\overline{T}_{ch}=0.4264\text{s},\quad \sigma_{T_{ch}}=0.3053\text{s}$$

相应的平均待机度和滞留度分别为

$$\overline{S}_{out}=75.5\%,\quad \overline{S}_{in}=24.5\%$$

平均穿越频率：

$$\overline{\gamma}_{ch}=2.35\text{Hz}$$

2）相关系数的影响

为了分析随机振动过程的相关性对待机时间、滞留时间及随机穿越周期的影响，通过改变相关系数来获得它们的均值，如表 5.1 所示。

表 5.1 改变相关系数对各指标均值的影响

r_x	0.01	0.1	0.4	0.6	0.8	0.9	0.95
r_y	0.01	0.1	0.4	0.6	0.8	0.9	0.95
$\overline{T}_{out}$/s	0.2041	0.2045	0.2133	0.2311	0.2851	0.3769	0.5139
$\overline{T}_{in}$/s	0.0662	0.0664	0.0692	0.0750	0.0925	0.1223	0.1668
$\overline{T}_{ch}$/s	0.2703	0.2709	0.2826	0.3061	0.3777	0.4993	0.6807
$\overline{\gamma}_{ch}$/Hz	3.6998	3.6909	3.5389	3.2669	2.6479	2.0030	1.4691
$\overline{S}_{in}$	0.2449	0.2451	0.2449	0.2450	0.2449	0.2449	0.2450

由表 5.1 可以看出，在目的域、采样周期与方差一定的条件下，随着相关系数的增大，待机时间、滞留时间及随机穿越周期的均值都有增大的趋势，而平均的穿越频率是减小的趋势。这表明，相关系数是表征离散随机过程振动特征的一种示性特征量。

5.4　连续过程对目的域的随机穿越特征量

5.4.1　对水平线的穿越频率

对一维各态历经的正态随机过程而言，对任何 t、τ，其概率密度函数满足

$$f[x(t)]=f[x(t+\tau)]$$

任取常数 a_u，将 $x(t)$ 分成上下两部分，记 $\Omega=(-\infty,a_u]=\{0\}$，$\bar{\Omega}=(a_u,+\infty)=\{1\}$，如图 5.9 所示。

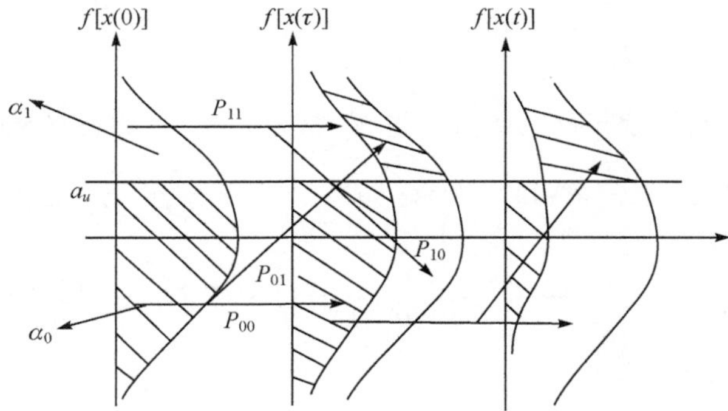

图 5.9　正态随机过程的状态转移概率

状态处于 Ω 和 $\bar{\Omega}$ 的初始概率分别为

$$\alpha_0=\int_{x(0)\in\Omega} f[x(0)]\mathrm{d}x(0)=\int_{x(t)\in\Omega} f[x(t)]\mathrm{d}x(t) \tag{5-85}$$

和

$$\alpha_1=\int_{x(t)\in\bar{\Omega}} f[x(t)]\mathrm{d}x(t)=1-\alpha_0 \tag{5-86}$$

对于连续随机过程，若在 $t=0$，$t=\tau>0$ 两点采样，则在任意时刻过程 $\{x(t),t\geqslant 0\}$ 的状态由 $\{i\}$ 经时间 τ 转移到 $\{j\}$ 的状态转移概率可表示为

$$\begin{aligned}p_{ij}(\tau)&=P\{x(t+\tau)\in\{j\}\mid x(t)\in\{i\}\}=\frac{P\{x(t+\tau)\in\{j\},x(t)\in\{i\}\}}{P\{x(t)\in\{i\}\}}\\&=\frac{1}{\alpha_i}\int_{x(t+\tau)\in\{j\}}\mathrm{d}x(t+\tau)\int_{x(t)\in\{i\}} f[x(t+\tau)\mid x(t)]f[x(t)]\mathrm{d}x(t)\end{aligned}$$

$$
\begin{aligned}
&= \frac{1}{\alpha_i} \int_{x(\tau)\in\{j\}} \mathrm{d}x(\tau) \int_{x(0)\in\{i\}} f[x(\tau)\,|\,x(0)]f[x(0)]\mathrm{d}x(0) \\
&= p_{ij}[r_x(\tau)], \quad i,j=0,1
\end{aligned}
\tag{5-87}
$$

式中

$$
\alpha_i = P\{x(t)\in\{i\}\} = \int_{x(t)\in\{i\}} f[x(t)]\mathrm{d}x(t), \quad i,j=0,1 \tag{5-88}
$$

图 5.9 显示了 $x(t)$状态转移情形。

现在分析正态随机穿越过程穿越直线 a_u 的穿越频率，即穿越概率对时间的导数。记

$$
f[x(t)] = \frac{1}{\sqrt{2\pi}\sigma_x}\exp\left\{-\frac{[x(t)-\bar{x}(t)]^2}{2\sigma_x^2}\right\} \tag{5-89}
$$

$$
f[x(t+\tau)\,|\,x(t)] = \frac{1}{\sqrt{2\pi}\sigma_x\sqrt{1-r_x^2(\tau)}}\exp\left\{-\frac{[x(t+\tau)-r_x(\tau)x(t)-\bar{x}+r_x(\tau)\bar{x}]^2}{2\sigma_x^2[1-r_x^2(\tau)]}\right\} \tag{5-90}
$$

为 $x(t)$的分布及条件分布密度函数。过程由$\{0\}$转到$\{1\}$的转移概率 $p_{01}(\tau)$为

$$
\begin{aligned}
p_{01}(\tau) &= P\{x(t+\tau)\in\{1\}\,|\,x(t)\in\{0\}\} = \frac{P\{x(t+\tau)\in\{1\},x(t)\in\{0\}\}}{P\{x(t)\in\{0\}\}} \\
&= \frac{1}{\alpha_0}\int_{x(t+\tau)=a_u}^{\infty} \mathrm{d}x(t+\tau)\int_{x(t)=-\infty}^{a_u} f[x(t+\tau)\,|\,x(t)]f[x(t)]\mathrm{d}x(t) \\
&= p_{01}[r_x(\tau)]
\end{aligned}
\tag{5-91}
$$

式中

$$
\alpha_0 = P\{x(t)\in\{0\}\} = \int_{x(t)=-\infty}^{a_u} f[x(t)]\mathrm{d}x(t) \tag{5-92}
$$

为 $x(t)$的初始概率。

显然，$p_{01}(\tau)$表示在 $t=0$ 时 $x(t)\in\Omega$ 的条件下，经时间 $t=\tau$ 转移到 $x(t)\in\bar{\Omega}$ 的概率。

由式(5-91)，有

$$
\dot{p}_{01}(\tau) = \frac{\partial p_{01}}{\partial r_x}\frac{\partial r_x}{\partial \tau} \tag{5-93}
$$

因而 $x(t)$由 Ω 转到$\bar{\Omega}$ 的穿越频率为

$$
\begin{aligned}
\lambda_{01} &= \lim_{\tau\to 0}\frac{1}{\tau}[p_{01}(\tau)\alpha_0] = \dot{p}_{01}(0)\alpha_0 \\
&= \lim_{\tau\to 0}\frac{1}{\tau}\int_{x(\tau)=a_u}^{\infty}\int_{x(0)=-\infty}^{a_u} \frac{1}{\sqrt{2\pi}\sigma_x\sqrt{1-r_x^2(\tau)}}\exp\left\{-\frac{[x(\tau)-r_x(\tau)x(0)-\bar{x}+r_x(\tau)\bar{x}]^2}{2\sigma_x^2[1-r_x^2(\tau)]}\right\}
\end{aligned}
$$

$$\cdot \frac{1}{\sqrt{2\pi}\sigma_x}\exp\left\{-\frac{[x(0)-\bar{x}]^2}{2\sigma_x^2}\right\}\mathrm{d}x(\tau)\mathrm{d}x(0)$$

$$=\frac{1}{\sqrt{2\pi}\sigma_x}\exp\left[-\frac{(a_u-\bar{x})^2}{2\sigma_x^2}\right]\lim_{\tau\to 0}\int_{x(\tau)=a_u}^{\infty}\int_{x(0)=-\infty}^{a_u}\frac{1}{\sqrt{2\pi}\sigma_x\sqrt{1-r_x^2(\tau)}}$$

$$\cdot \exp\left\{-\frac{[x(t+\tau)-r_x(t)x(t)-\bar{x}+r_x(\tau)\bar{x}]^2}{2\sigma_x^2[1-r_x^2(\tau)]}\right\}\mathrm{d}x(\tau)\mathrm{d}x(0) \tag{5-94}$$

考虑到

(1) $\lim\limits_{\tau\to 0}r(\tau)=1$；

(2) $\dot{x}(t)=\lim\limits_{\tau\to 0}\dfrac{x(\tau)-r(\tau)x(0)}{\tau}$；

(3) $\sigma_{\dot{x}}=\lim\limits_{\tau\to 0}\dfrac{\sigma_x\sqrt{1-r^2(\tau)}}{\tau}$；

(4) $\mathrm{cov}[x(t),\dot{x}(t)]=0$；

(5) $\mathrm{d}x(\tau)\mathrm{d}x(0)=\tau^2\dot{x}\mathrm{d}\dot{x}$；

(6) 由 $x(t)\in\Omega$ 穿越 $x(t)=a_u$ 而进入 $\bar{\Omega}$，必有 $\dot{x}>0$，可得

$$\lambda_{01}=\frac{1}{\sqrt{2\pi}\sigma_x}\exp\left[-\frac{(a_u-\bar{x})^2}{2\sigma_x^2}\right]\int_{\dot{x}=0}^{\infty}\frac{1}{\sqrt{2\pi}\sigma_{\dot{x}}}\exp\left(-\frac{\dot{x}^2}{2\sigma_{\dot{x}}^2}\right)\dot{x}\,\mathrm{d}\dot{x}$$

$$=\frac{\sigma_{\dot{x}}}{2\pi\sigma_x}\exp\left[-\frac{(a_u-\bar{x})^2}{2\sigma_x^2}\right]=\frac{\omega_N}{2\pi}\exp\left[-\frac{(a_u-\bar{x})^2}{2\sigma_x^2}\right]=\lambda_{01}(\omega_N,\sigma_x^2,a_u,\bar{x}) \tag{5-95}$$

式中，$\omega_N=\sigma_{\dot{x}}/\sigma_x$ 为随机变量 $x(t)$ 的自然频率。

由 $x(t)$ 的平稳性，必有

$$\alpha_0 p_{01}(t)=\alpha_1 p_{10}(t) \tag{5-96}$$

及

$$\alpha_0 \dot{p}_{01}=\alpha_1 \dot{p}_{10} \tag{5-97}$$

所以有

$$\lambda_{10}=\lambda_{01}=\lambda(\omega_N,\sigma_x^2,a_u,\bar{x}) \tag{5-98}$$

因为只有如此，$x(t)$ 在两个区域的概率才能保持不变。

如令 $a_u=\bar{x}$，由式(5-95)有

$$\lambda_{01}=\frac{\omega_N}{2\pi}(\mathrm{rad/s})=\gamma_N(\text{次/s}) \tag{5-99}$$

因而 $x(t)$ 的穿越频率 γ_N 近似等于 $x(t)$ 对其均值的随机穿越周期的个数与全部随机周期历经时间之比。当 $t_N-t_1\to\infty$ 时，上述比值等于 γ_N。

若定义 $\lambda_{01}(\omega_N,\sigma_x^2,a_u,\bar{x})$、$\lambda_{10}(\omega_N,\sigma_x^2,a_u,\bar{x})$ 分别为各态历经随机过程 $x(t)$ 对

直线 a_u 的正、负穿越频率，显然，当 σ_x^2、$\sigma_{\dot{x}}^2$、$\bar{x}$ 一定时，它仅与 a_u 有关。式(5-99)表明各态历经过程 $x(t)$的自然频率 ω_N 就是它对其均值 $\bar{x}(t)$随机穿越频率的均值。这个结论很重要，它不仅给出了自然频率的物理解释，而且给出了一个检测方法，当已知 $x(t)$的均值 $\bar{x}(t)$，即可用记录 $x(t)$对 $\bar{x}(t)$的正或负穿越次数，再在足够长的时间内求其在单位时间内平均正（或负）穿越次数而得到。

5.4.2 对水平直线带的穿越频率

如果将常数 a_u、a_d 设为目的域Ω 的上下界，随机过程对其边界的随机穿越如图 5.10 所示。

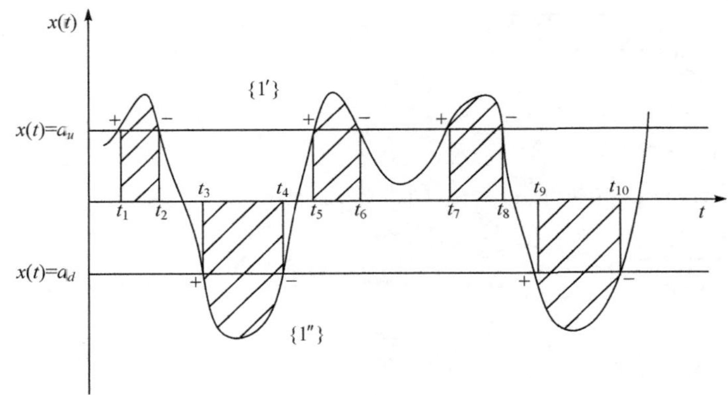

图 5.10　过程对一维直线带域的随机穿越

这时 $\Omega=[a_d,a_u]=\{0\}$为目的域，$\bar{\Omega}=(-\infty,a_d)\cup(a_u,+\infty)=\{1\}$为待机域。由于 $x(t)$是连续的随机函数，对于按图 5.10 中划分的三个区域$[a_d,a_u]=\{0\}$、$(a_u,+\infty)=\{1'\}$和$(-\infty,a_d)=\{1''\}$，状态在瞬时不可能跨越区域转移。所以跨越区域的概率转移应为

$$p_{1'1''}(t)=p_{1''1'}(t)=0 \tag{5-100}$$

即表示 $x(t)$不可能瞬时跨区转移。进一步有

$$p_{10}(t)=p_{1'0}(t)+p_{1''0}(t) \tag{5-101}$$

$$p_{01}(t)=p_{01'}(t)+p_{01''}(t) \tag{5-102}$$

$$p_{11}(t)=p_{1'1'}(t)+p_{1''1''}(t) \tag{5-103}$$

随机穿越过程由状态{0}到状态{1}的转移概率为

$$p_{01}(\tau)=P\{x(t+\tau)\in\{1\}\mid x(t)\in\{0\}\}=\frac{P\{x(t+\tau)\in\{1\},x(t)\in\{0\}\}}{P\{x(t)\in\{0\}\}}$$
$$=\frac{1}{\alpha_0}\left(\int_{x(t+\tau)=a_u}^{\infty}+\int_{x(t+\tau)=-\infty}^{a_d}\right)\mathrm{d}x(t+\tau)\int_{x(t)=a_d}^{a_u}f[x(t+\tau)\mid x(t)]f[x(t)]\mathrm{d}x(t)$$
$$=p_{01}[r_x(\tau)] \tag{5-104}$$

式中

$$\alpha_0=P\{x(t)\in\{0\}\}=\int_{x(t)=a_d}^{a_u}f[x(t)]\mathrm{d}x(t) \tag{5-105}$$

由上可见，对单一直线和直线带所表示的目的域，随机过程在转移概率系数的求解中只是积分区间的不同而已。

又由于在 σ_x^2、ω_N、$\overline{x}$ 一定时，$x(t)$ 对 a_u 与 a_d 的随机穿越频率仅与 a_u 和 a_d 有关，且一个随机过程的样本函数不能同时穿越目的域的上、下界，故随机过程穿越目的域的频率为过程由 $\{0\}$ 穿越 a_u 的频率与穿越 a_d 的频率之和，即

$$\lambda_{01}=\lambda_{01'}(a_u)+\lambda_{01''}(a_d)=\frac{\omega_N}{2\pi}\left\{\exp\left[-\frac{(a_u-\overline{x})^2}{2\sigma_x^2}\right]+\exp\left[-\frac{(a_d-\overline{x})^2}{2\sigma_x^2}\right]\right\} \tag{5-106}$$

同理，由区域 $\{1'\}$ 与 $\{1''\}$ 分别进入 $\Omega=\{0\}$ 之穿越频率为

$$\lambda_{01}=\lambda_{1'0}(a_u)+\lambda_{1''0}(a_d)=\lambda_{10} \tag{5-107}$$

显然，$x(t)$ 对目的域 Ω 的随机穿越频率是 $x(t)$ 对该目的域上、下界随机穿越频率之和。如果

$$a_u-\overline{x}=-(a_d-\overline{x})=a>0 \tag{5-108}$$

即目的域相对 $x(t)=\overline{x}$ 对称，则有

$$\lambda_{10}=\frac{\omega_N}{\pi}\exp\left(-\frac{a^2}{2\sigma_x^2}\right) \tag{5-109}$$

显然，对称直线带下的穿越频率等于对其中一条直线的随机穿越频率的两倍。

5.4.3 随机穿越的概率转移速度

1. 多状态概率转移阵

倘若将 $x(t)$ 划分为若干个区间，如图 5.11 所示。

记 C 为区间划分后的状态集合，则有 $C=\{0,1,2,\cdots,n-1,n\}$。状态转移可用矩阵来表示，称

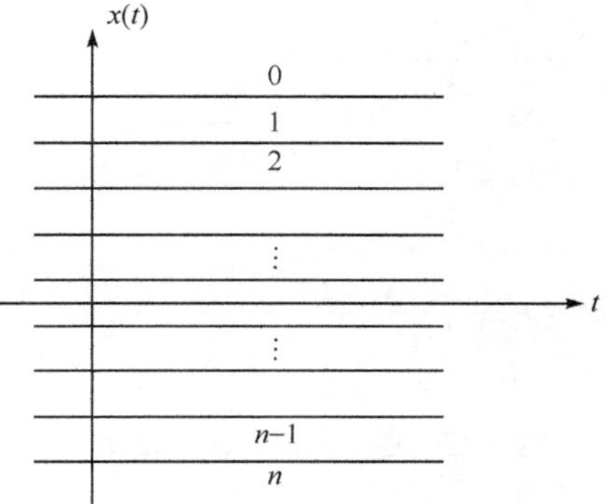

图 5.11　$x(t)$ 划分为 $n+1$ 个区间

$$P(\tau)=\{p_{ij}(\tau)\},\quad i,j\in C \tag{5-110}$$

为多状态概率转移阵。具有待机与滞留两状态的概率转移阵仅仅是其特例。称

$$\boldsymbol{\alpha}(\tau)=(\alpha_0,\alpha_1,\cdots,\alpha_n)^{\mathrm{T}}=\{\alpha_i(\tau)\},\quad i\in C \tag{5-111}$$

为多态概率列向量。当 $\tau=0$ 时，$\boldsymbol{\alpha}(0)$为初始概率。

因为$|r(\tau)|\leqslant 1$，由状态 $i\in C$ 转移到状态 $j\in C$ 的概率满足

$$0\leqslant p_{ij}(\tau)\leqslant 1,\quad i,j\in C \tag{5-112}$$

2. 概率转移速度阵

由于 $\boldsymbol{\alpha}(t)=\boldsymbol{P}(t)\boldsymbol{\alpha}(0)$，所以 $\boldsymbol{\alpha}(\tau+t)=\boldsymbol{P}(\tau+t)\boldsymbol{\alpha}(0)$，又

$$\boldsymbol{\alpha}(\tau+t)=\boldsymbol{P}(\tau+t)\boldsymbol{\alpha}(\tau)=\boldsymbol{P}(\tau)\boldsymbol{P}(t)\boldsymbol{\alpha}(\tau) \tag{5-113}$$

即 $\boldsymbol{P}(\tau+t)\boldsymbol{\alpha}(0)=\boldsymbol{P}(\tau)\boldsymbol{P}(t)\boldsymbol{\alpha}(0)$，故有

$$\boldsymbol{P}(\tau+t)=\boldsymbol{P}(\tau)\boldsymbol{P}(t)$$

对任意时刻 $t>0$，若采样间隔为 $\tau>0$，则有

$$\dot{\boldsymbol{P}}(t)=\lim_{\tau\to 0}\frac{\boldsymbol{P}(\tau+t)-\boldsymbol{P}(t)}{\tau}=\lim_{\tau\to 0}\frac{\boldsymbol{P}(\tau)-\boldsymbol{P}(0)}{\tau}\boldsymbol{P}(t)=\boldsymbol{Q}\boldsymbol{P}(t) \tag{5-114}$$

式中 $\boldsymbol{Q}=\dot{\boldsymbol{P}}(0)=\{\dot{p}_{ij}(0)\}$称为概率转移速度阵，且有

$$\dot{\boldsymbol{P}}(t)=\boldsymbol{Q}\boldsymbol{P}(t) \tag{5-115}$$

下面的问题是如何确定概率转移速度阵 $\boldsymbol{Q}$ 内的各个系数。为以后应用方便，先考察将 $x(t)$分成五个分区的情况，即状态空间为 $C=\{1',2',0,2'',1''\}$，如图 5.12 所示，图中，λ_1'、λ_2'、λ_2''、λ_1''分别表示 $x(t)$穿越图中四条区间分割线的穿越频率，而α_1'、α_2'、α_0、α_2''、α_1''则分别表示 $x(0)$处于各个区间的初始概率，箭头表示在任意大于零的时间内过程可能转移的方向。考虑到 $x(t)$不可能在瞬时跨区转移，即概率转移速度阵 $\boldsymbol{Q}$ 只能是如下式所示的三对角线矩阵，三对角线之外的元素只能为零。

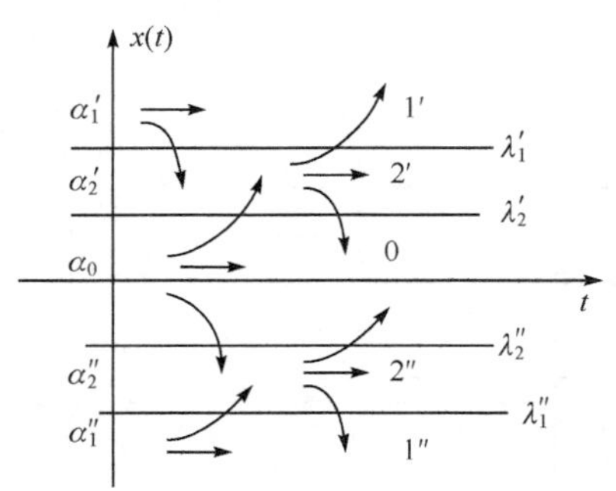

图 5.12 划分五区的状态转移

$$\boldsymbol{Q}=\dot{\boldsymbol{P}}(0)=\{\dot{p}_{ij}(0)\}=\lim_{\tau\to 0}\frac{\boldsymbol{P}(\tau)-\boldsymbol{P}(0)}{\tau}=\{q_{ij}\}$$

$$=\begin{bmatrix} q_{1'1'} & q_{2'1'} & 0 & 0 & 0 \\ q_{1'2'} & q_{2'2'} & q_{02'} & 0 & 0 \\ 0 & q_{2'0} & q_{00} & q_{2''0} & 0 \\ 0 & 0 & q_{02''} & q_{2''2''} & q_{1''2''} \\ 0 & 0 & 0 & q_{2''1''} & q_{1''1''} \end{bmatrix}=\begin{bmatrix} -\dfrac{\lambda_1'}{\alpha_1'} & \dfrac{\lambda_1'}{\alpha_2'} & 0 & 0 & 0 \\ \dfrac{\lambda_1'}{\alpha_1'} & -\dfrac{\lambda_1'+\lambda_2'}{\alpha_2'} & \dfrac{\lambda_2'}{\alpha_0} & 0 & 0 \\ 0 & \dfrac{\lambda_2'}{\alpha_2'} & -\dfrac{\lambda_2'+\lambda_2''}{\alpha_0} & \dfrac{\lambda_2''}{\alpha_2''} & 0 \\ 0 & 0 & \dfrac{\lambda_2''}{\alpha_0} & -\dfrac{\lambda_2''+\lambda_1''}{\alpha_2''} & \dfrac{\lambda_1''}{\alpha_1''} \\ 0 & 0 & 0 & \dfrac{\lambda_1''}{\alpha_2''} & -\dfrac{\lambda_1''}{\alpha_1''} \end{bmatrix}$$

(5-116)

概率转移速度阵 $\boldsymbol{Q}$ 中非对角线上的非零元素 q_{ij}，应是其对应的区域上，随机过程穿越其两边的随机穿越频率之和与该随机过程在该区域出现的概率之比，现已标注于式(5-116)中，而对对角元素而言，由全概率公式，对任意的$i\in C$，有

$$p_{ii}+\sum_{j\neq i}p_{ij}=1 \tag{5-117}$$

所以有

$$q_{ii}=\dot{p}_{ii}(0)=-\sum_{j\neq i}\dot{p}_{ij}(0) \tag{5-118}$$

上述分析表明：只要已知各个区域边界上平均随机穿越频率 λ_i 以及随机过程在各个区域上的出现概率 α_j 即可得到相应的概率转移速度阵的系数。在给出 $\boldsymbol{Q}$ 的表达式后，如果再已知概率转移阵 $\boldsymbol{P}(t)$的初始条件 $\boldsymbol{P}(0)$，即可得到连续的各态历经过程 $x(t)$在不同区域内的概率转移系数阵

$$\boldsymbol{P}(t)=\boldsymbol{P}(0)\exp(-\boldsymbol{Q}t)=\{p_{ij}(t)\} \tag{5-119}$$

描述随机过程的时间特性的工具众多，如功率谱、相关系数、频带宽度、剪切频率等，而本节所选择的却是自动控制与射击学领域很少使用的自然频率。通过本节的分析，易于发现，它比功率谱、相关系数简单得多，它同频带宽度、剪切频率一样，仅仅是一个示性常数。而更重要的是，它不仅物理意义清楚，便于用试验方法求取；而且与误差的均值与均方差一起，构架了关于概率转移阵的微分方程，为得到随机穿越特征量的分布函数的解析表达式提供了有效的工具。

5.4.4　随机穿越的概率特性

本节以概率转移速度阵为重要工具，以严谨的数学演绎的方式，探讨各态历经的正态过程对带状、矩形、椭圆形目的域的随机穿越特征量的分布函数及其统计

量——均值与均方差，并证明了待机序列与滞留序列服从指数分布，其个数服从泊松分布，随机穿越周期服从组合指数分布及其可以按泊松分布计数的条件。本节还进一步指出：为求得上述所有的分布函数，在目的域一定时，只需已知两个参数——随机穿越平均频率 λ 与滞留时间占空度 α_0，而此两个参数既可由随机过程的三个时空特征量（均值、均方差、自然频率）表达，也可由随机过程对目的域的穿越点序列的时间记录上统计出来。

1. 带状目的域下的随机穿越特性

如果将 $x(t)$ 的某个被分割的区域收缩为无限窄的一条线，如置图 5.12 中的 $\alpha_2'=\alpha_2''\to 0$，使区域$\{2'\}$与$\{2''\}$趋近于两条平行线，则该两条直线被称为 $x(t)$ 的暂态域。显然，暂态域即为目的域的边界线。

若记$\partial\Omega$ 为 $x(t)$ 的暂态域，显然，$x(t)$ 在暂态域内的滞留时间为零，即

$$P\{T_{\text{in}}=0\,|\,x(t)\in\partial\Omega\}=1 \tag{5-120}$$

这表明，$x(t)$ 将会以无限大的速度，在瞬间离开暂态域。更具体地讲，若 $x(t)\in\partial\Omega$，则必有 Δt，使

$$\lim_{\Delta t\to 0}P\{x(t+\Delta t)\notin\partial\Omega\,|\,x(t)\in\partial\Omega\}=\begin{cases}0, & \Delta t=0\\ 1, & \Delta t>0\end{cases} \tag{5-121}$$

上式表明，$x(t)$ 由暂态域内转移出暂态域外的转移概率存在概率为 1 的跃变，也就是说，在 $x(t)\in\partial\Omega$ 的 t 瞬时，它的状态转移概率的速度为狄拉克函数，即

$$\frac{\mathrm{d}}{\mathrm{d}t}P\{x(t)\in\partial\Omega\}=\delta(t) \tag{5-122}$$

现在专题探讨如图 5.12 所示的特例。当 $\alpha_2'=\alpha_2''=\alpha_2\to 0$ 时，则有 $\lambda_1'=\lambda_2'=\lambda'$，$\lambda_1''=\lambda_2''=\lambda''$。此时，$x(t)=a_u$、$x(t)=a_d$ 即构成了具有暂态域性质的目的域边界。若令$[a_d,a_u]=\Omega$ 为目的域，则$(-\infty,a_d)\cup(a_u,\infty)$即为待机域。此即本节所要讨论的带状目的域。这里，首先要探讨在带状目的域下，由式(5-122)给出的概率转移方程的特点。

任选一条平稳各态历经的随机样本函数 $x(t)$，如图 5.13 所示。

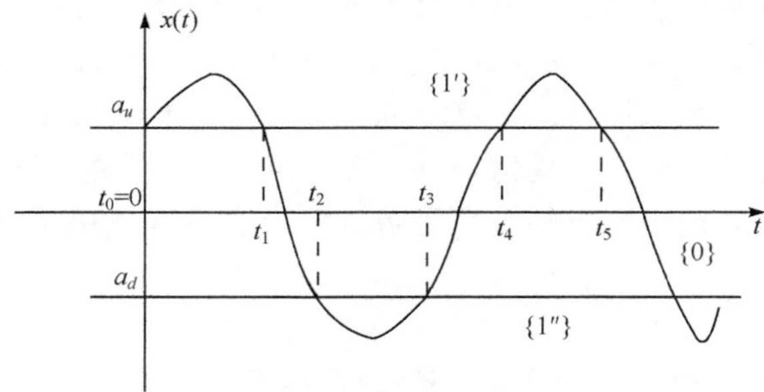

图 5.13 随机样本函数

为研究随机穿越的周期特征，如前所述，初始瞬时应选在穿越点上。图 5.13 即是选在正穿越点上。

如前所述，$x(t)$在目的域边界上的滞留时间为零，因而，当 $x(t)\in\partial\Omega$ 时，如果此时是正穿越时刻，即图 5.13 中的 $t=0,t_2,t_4,\cdots$时，$x(t)$将立即以百分之百的概率转入待机域；如果此时是负穿越时刻，即图 5.13 中的 $t=t_1,t_3,t_5,\cdots$时，$x(t)$将立即以百分之百的概率转入目的域，也就是说，在 $i=0,1,2,\cdots$时下式成立：

$$\begin{aligned}&P[x(t)\in\{1'\}\,|\,x(t_i)=a_u]\\=&P[x(t)\in\{1''\}\,|\,x(t_i)=a_d]\\=&P[x(t)\in\{0\}\,|\,x(t_i)=a_u]\\=&P[x(t)\in\{0\}\,|\,x(t_i)=a_d]\\=&\begin{cases}0, & t_{i+1}<t<t_{i+2}\\1, & t_i<t<t_{i+1}\end{cases}\end{aligned}\tag{5-123}$$

显然，当 t 由零连续增大，$x(t)$穿越目的域边界线时，其穿越概率以概率 1 发生跃变。由于上式的导数是 $x(t)$由目的域边界转到目的域外的概率转移密度，即

$$\begin{aligned}&\frac{\mathrm{d}}{\mathrm{d}t}P\{x(t)\in\{1'\}\,|\,x(0)=a_u\}\\=&q_{2'1'}=q_{2''1''}=q_{2'0}=q_{2''0}=\lim_{\alpha_2'\to 0}\frac{\lambda_1'}{\alpha_2'}=\delta(t)\end{aligned}\tag{5-124}$$

将上式代入式(5-116)给出的 $\boldsymbol{Q}$ 的表达式，则有

$$\dot{\boldsymbol{P}}(t)=\boldsymbol{QP}(t)=\begin{bmatrix}-\dfrac{\lambda'}{\alpha_1'} & \delta(t) & 0 & 0 & 0\\ \dfrac{\lambda'}{\alpha_1'} & -2\delta(t) & \dfrac{\lambda'}{\alpha_0} & 0 & 0\\ 0 & \delta(t) & -\dfrac{\lambda'+\lambda''}{\alpha_0} & \delta(t) & 0\\ 0 & 0 & \dfrac{\lambda''}{\alpha_0} & -2\delta(t) & \dfrac{\lambda''}{\alpha_1''}\\ 0 & 0 & 0 & \delta(t) & -\dfrac{\lambda''}{\alpha_1''}\end{bmatrix}\boldsymbol{P}(t)\tag{5-125}$$

欲求解上述方程，还必须已知 $\boldsymbol{P}(t)$的初始条件。由于 $x(t_0)=x(0)\in\partial\Omega$，在初始瞬时，不论是目的域、待机域内均不存在 $x(0)$，因而在目的域、待机域内，其初始的滞留概率均为零，相应的转移概率也为零，即

$$p_{1'1'}(0)=p_{00}(0)=p_{1''1''}(0)=0\tag{5-126}$$

又考虑到

$$p_{1'1'}(0)+p_{1'2'}(0)=1\tag{5-127}$$

$$p_{1''1''}(0)+p_{1''2''}(0)=1 \tag{5-128}$$

故有

$$p_{1'2'}(0)=p_{1''2''}(0)=1 \tag{5-129}$$

又因

$$p_{00}(0)+p_{01'}(0)+p_{01''}(0)=1 \tag{5-130}$$

还有

$$p_{01'}(0)+p_{01''}(0)=1 \tag{5-131}$$

展开式(5-125)的第一行第一列、第三行第三列、第五行第五列，并将有关系数代入得

$$\begin{aligned}\dot{p}_{1'1'}(t)&=-\frac{\lambda'}{\alpha_1'}p_{1'1'}(t)+p_{1'2'}(t)\delta(t)\\&=-\frac{\lambda'}{\alpha_1'}p_{1'1'}(t)+\delta(t)\end{aligned} \tag{5-132}$$

$$\begin{aligned}\dot{p}_{00}(t)&=-\frac{\lambda'+\lambda''}{\alpha_0}p_{00}(t)+p_{2'0}(t)\delta(t)+p_{2''0}(t)\delta(t)\\&=-\frac{\lambda'+\lambda''}{\alpha_0}p_{00}(t)+\delta(t)\end{aligned} \tag{5-133}$$

$$\begin{aligned}\dot{p}_{1''1''}(t)&=-\frac{\lambda''}{\alpha_1''}p_{1''1''}(t)+p_{1''2''}(t)\delta(t)\\&=-\frac{\lambda''}{\alpha_1''}p_{1''1''}(t)+\delta(t)\end{aligned} \tag{5-134}$$

上述三式即是带状目的域下，随机穿越序列满足的微分方程。

对上述方程求解，得

$$\begin{cases}p_{1'1'}(t)=\exp\left(-\dfrac{\lambda'}{\alpha_1'}t\right)\\[2ex]p_{00}(t)=\exp\left(-\dfrac{\lambda'+\lambda''}{\alpha_0}t\right)\\[2ex]p_{1''1''}(t)=\exp\left(-\dfrac{\lambda''}{\alpha_1''}t\right)\end{cases} \tag{5-135}$$

从而有待机时间与滞留时间的分布函数

$$\begin{cases}F_{T_{\text{out}}}(t\mid x(0)=a_u)=1-\exp\left(-\dfrac{\lambda'}{\alpha_1'}t\right)\\[2ex]F_{T_{\text{out}}}(t\mid x(0)=a_d)=1-\exp\left(-\dfrac{\lambda''}{\alpha_1''}t\right)\\[2ex]F_{T_{\text{in}}}(t\mid x(0)=a_u\cup x(0)=a_d)=1-\exp\left(-\dfrac{\lambda'+\lambda''}{\alpha_0}t\right)\end{cases} \tag{5-136}$$

显然，它们相应的密度函数分别为

$$f_{T_{\text{out}}}(t|x(0)=a_u)=\frac{\lambda'}{\alpha_1'}\exp\left(-\frac{\lambda'}{\alpha_1'}t\right) \tag{5-137}$$

$$f_{T_{\text{out}}}(t|x(0)=a_d)=\frac{\lambda''}{\alpha_1''}\exp\left(-\frac{\lambda'}{\alpha_1''}t\right) \tag{5-138}$$

$$f_{T_{\text{in}}}(t|x(0)=a_u\cup x(0)=a_d)=\frac{\lambda'+\lambda''}{\alpha_0}\exp\left(-\frac{\lambda'+\lambda''}{\alpha_0}t\right) \tag{5-139}$$

它们均为条件指数分布。

2. 随机穿越序列性质分析

现将随机过程的一个样本函数 $x(t)$ 的所有随机穿越瞬时 t_i 集中于同一时间轴上，如图 5.14 所示。

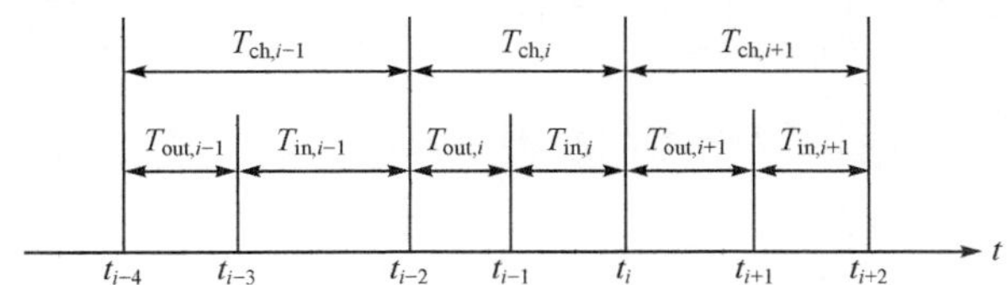

图 5.14 随机穿越周期

先考察第 i 个待机时间 $T_{\text{out},i}$，由于它的分布特性是由式(5-132)给出的一阶微分方程在以 $t=t_{i-2}$ 为初始瞬时的初始条件下得到的，且这些初始条件是由已知的各态历经的正态过程求得的，也是确定的。由一阶微分方程组解的马尔可夫性知，以时间 t 为自变量的一阶微分方程组在已知初始条件下的解独立于此前由各种不同初始条件所导致的解，从而有 $T_{\text{out},i}$ 与之前的 $T_{\text{out},i-j}$、$T_{\text{in},i-j}$ $(j=1,2,\cdots)$ 互相独立。如果将初始瞬时定于 t_{i-1}，同理可知，$T_{\text{in},i}$ 与之前的 $T_{\text{out},i-j}$ $(j=0,1,2,\cdots)$ 及 $T_{\text{in},i-j}$ $(j=1,2,\cdots)$ 互相独立。由于上述结论对所有 $i=1,2,\cdots$ 均成立，从而有如下重要结论：

各态历经的正态过程对带状目的域的随机穿越的时间间隔是互相独立的。

鉴于一个由互相独立元素构成的集合中，若存在一个子集合，则该子集合与该子集合之外的元素也互相独立，再考虑到随机周期是相邻的待机时间与滞留时间构成的，不难得出如下结论：

各态历经的正态过程对带状目的域的各个待机时间、滞留时间、随机周期是互相独立的。

对各态历经的正态过程而言，$x(t)=a_u$ 与 $x(t)=a_d$ 的边界上任何一点均有成为正、负穿越点的可能。如果在 $x(t)=a_u$ 上出现一个正穿越点，其未来必然进入

$x(t)>a_u$域的待机时段，且进入后的运动方程及初始条件又与该正穿越点所在位置无关，而上述方程在已知初始条件下的解为指数分布，因而满足"计数过程$\{N(t);t\geqslant 0\}$为参数为μ的泊松分布的充要条件是被计数的随机变量$\{x_n;n\geqslant 0\}$为独立且同参数为μ的指数分布"的条件。又，对一个样本函数而言，目的域边界上的点又不一定是穿越点，而现能证明的仅仅是穿越点间的时间间隔满足指数分布，因而只能说，在$x(t)>a_u$上的待机时间的个数满足参数λ'/α_1'的条件泊松分布，即

$$P\{N_{T'_{\text{out}}}(t)=k\,|\,x(0)=a_u\}=\frac{1}{k!}\left(\frac{\lambda'}{\alpha_1'}t\right)^k\exp\left(-\frac{\lambda'}{\alpha_1'}t\right) \tag{5-140}$$

显然，这里的条件包括初始点$x(0)$必须是正穿越点。对于在$x(t)<a_d$及$a_d<x(t)<a_u$上的待机时间个数与滞留时间个数，则分别服从以下述分布函数表征的条件泊松分布：

$$P\{N_{T''_{\text{out}}}(t)=k\,|\,x(0)=a_d\}=\frac{1}{k!}\left(\frac{\lambda''}{\alpha_1''}t\right)^k\exp\left(-\frac{\lambda''}{\alpha_1''}t\right) \tag{5-141}$$

$$P\{N_{T_{\text{in}}}(t)=k\,|\,x(0)=a_u\cup x(0)=a_d\}=\frac{1}{k!}\left(\frac{\lambda}{\alpha_0}t\right)^k\exp\left(-\frac{\lambda}{\alpha_0}t\right) \tag{5-142}$$

式中，$\lambda=\lambda'+\lambda''$。

因为参数为μ的泊松过程的n个时间间隔的密度服从参数为μ的Γ分布，所以有各态历经的正态过程对带状目的域穿越的n个滞留时间与待机时间的分布密度分别服从参数为μ的条件Γ分布：

$$f_{T'_{\text{out},n}}(t\,|\,x(0)=a_u)=\frac{1}{(n-1)!}\left(\frac{\lambda'}{\alpha_1'}\right)\left(\frac{\lambda'}{\alpha_1'}t\right)^{n-1}\exp\left(-\frac{\lambda'}{\alpha_1'}t\right) \tag{5-143}$$

$$f_{T''_{\text{out},n}}(t\,|\,x(0)=a_d)=\frac{1}{(n-1)!}\left(\frac{\lambda''}{\alpha_1''}\right)\left(\frac{\lambda''}{\alpha_1''}t\right)^{n-1}\exp\left(-\frac{\lambda''}{\alpha_1''}t\right) \tag{5-144}$$

$$f_{T_{\text{in},n}}(t\,|\,x(0)=a_d\cup x(0)=a_u)=\frac{1}{(n-1)!}\left(\frac{\lambda}{\alpha_0}\right)\left(\frac{\lambda}{\alpha_0}t\right)^{n-1}\exp\left(-\frac{\lambda}{\alpha_0}t\right) \tag{5-145}$$

上述密度函数所对应的分布函数，从任何一本数学手册上均可查到，即

$$F(T'_{\text{out},n}\leqslant t\mid x(0)=a_u)=1-\sum_{k=0}^{n-1}\frac{1}{k!}\left(\frac{\lambda'}{\alpha_1'}t\right)^k\exp\left(-\frac{\lambda'}{\alpha_1'}t\right) \tag{5-146}$$

$$F(T''_{\text{out},n}\leqslant t\mid x(0)=a_d)=1-\sum_{k=0}^{n-1}\frac{1}{k!}\left(\frac{\lambda''}{\alpha_1''}t\right)^k\exp\left(-\frac{\lambda''}{\alpha_1''}t\right) \tag{5-147}$$

$$F(T_{\text{in},n}\leqslant t\mid x(0)=a_d\cup x(0)=a_u)=1-\sum_{k=0}^{n-1}\frac{1}{k!}\left(\frac{\lambda}{\alpha_0}t\right)^k\exp\left(-\frac{\lambda}{\alpha_0}t\right) \tag{5-148}$$

上述分析表明：如果仅探讨随机穿越序列的一个单元的性质，应使用指数分布；如果探讨多个单元的综合性质，应使用条件Γ分布。

对$x(0)=a_d$与a_u的两类待机时间T_{out}而言，在同一样本空间中，它们的起始

点会以不同的概率出现；在一个样本函数中，它们则以不同的概率交替出现。这为将其综合成统一的待机时间分布特性创造了条件。现仍以 $\Omega=(a_d, a_u)$ 为目的域，以 $\bar{\Omega}=(-\infty, a_d)\cup(a_u, \infty)$ 为待机域，显然，对任一瞬时，目的域与待机域之间都存在两个交换随机样本 $x(t)$ 的门 $x(t)=a_d$，$x(t)=a_u$，且概率转移的频率为

$$\lambda=\lambda'+\lambda''=\text{const}$$

也就是说，对任一瞬时，目的域内外之间样本的概率转移速度是不变的。由于样本 $x(t)$ 在目的域内出现的概率为 α_0，故由目的域穿越到待机域的概率密度转移速度为

$$\mu_0=\frac{\lambda}{\alpha_0}=\frac{1}{\alpha_0}(\lambda'+\lambda'') \tag{5-149}$$

而同时由待机域穿越到目的域的概率密度转移速度为

$$\mu_1=\frac{\lambda'}{\alpha_1'}+\frac{\lambda''}{\alpha_1''}=\frac{\alpha_1''\lambda'+\alpha_1'\lambda''}{\alpha_1'\alpha_1''} \tag{5-150}$$

由上述两式可直接得到不明显依赖初始点 $x(0)$ 位置的滞留时间 T_{in} 与待机时间 T_{out} 的密度函数：

$$\begin{cases} f_{T_{\text{in}}}(t)=\dfrac{\lambda}{\alpha_0}\exp\left(-\dfrac{\lambda}{\alpha_0}t\right)=\dfrac{\lambda'+\lambda''}{\alpha_0}\exp\left(-\dfrac{\lambda'+\lambda''}{\alpha_0}t\right) \\ f_{T_{\text{out}}}(t)=\dfrac{\alpha_1''\lambda'+\alpha_1'\lambda''}{\alpha_1'\alpha_1''}\exp\left(-\dfrac{\alpha_1''\lambda'+\alpha_1'\lambda''}{\alpha_1'\alpha_1''}t\right) \end{cases} \tag{5-151}$$

如果置目的域对称于 $x(t)$ 的均值，则有

$$\begin{cases} \lambda'=\lambda''=\dfrac{1}{2}\lambda \\ \alpha_1'=\alpha_1''=\dfrac{1}{2}\alpha_1 \end{cases}$$

此时

$$\begin{cases} f_{T_{\text{in}}}(t)=\dfrac{\lambda}{\alpha_0}\exp\left(-\dfrac{\lambda}{\alpha_0}t\right) \\ f_{T_{\text{out}}}(t)=\dfrac{2\lambda}{\alpha_1}\exp\left(-\dfrac{2\lambda}{\alpha_1}t\right) \end{cases} \tag{5-152}$$

上述分布表明，将 $x(0)=a_d$ 与 a_u 出现的概率也纳入分析条件，则带状目的域下的滞留时间与待机时间分别服从参数为式(5-149)与式(5-150)给出的 μ_0 与 μ_1 的指数分布。由于它们隐去了对 $x(0)$ 的初始条件要求，因而更便于应用。

不论是滞留时间还是待机时间，只要是服从以 μ 为参数的指数分布的随机时间变量，那么，它在 $[0,t)$ 的时间间隔内的个数服从泊松分布，而 k 个时间变量的总

历时服从Γ分布，已如式(5-140)～式(5-145)所示，不再赘述。

在已知滞留时间与待机时间分布函数的条件下，作为它们之和的随机周期的分布函数则可按如下方式推导。设某一个随机周期T_{ch}占据的时间段为$[0,t]$，则该周期内必有且仅有一点$\tau\in(0,t)$使$[0,\tau]$与$(\tau,t]$成为待机时间与滞留时间，且两者是独立的。如认定$[0,\tau]$是待机时间T_{out}，则$(\tau,t]$必为滞留时间T_{in}，且在$(0,t)$之内的所有τ均属于同一周期T_{ch}，故有

$$
\begin{aligned}
f_{T_{\mathrm{ch}}}(t) &= \int_0^t f_{T_{\mathrm{out}}}(\tau) f_{T_{\mathrm{in}}}(t-\tau)\mathrm{d}\tau = \int_0^t \mu_1 \exp(-\mu_1\tau)\cdot\mu_0\exp[-\mu_0(t-\tau)]\mathrm{d}\tau \\
&= \frac{\mu_0\mu_1}{\mu_1-\mu_0}[\mathrm{e}^{-\mu_0 t}-\mathrm{e}^{-\mu_1 t}]
\end{aligned} \tag{5-153}
$$

这就是说，若相邻且独立的待机时间T_{out}与滞留时间T_{in}分别服从参数为μ_1与μ_0的指数分布，则由该待机时间与滞留时间所构成的随机穿越周期T_{ch}服从上述组合指数分布，且与其待机时间及滞留时间先后无关。

相应的随机周期T_{ch}的分布函数为

$$
\begin{aligned}
F_{T_{\mathrm{ch}}}(t) &= P\{T_{\mathrm{ch}}\leqslant t\} \\
&= \int_0^t f_{T_{\mathrm{ch}}}(t)\mathrm{d}t \\
&= 1-\frac{\mu_1}{\mu_1-\mu_0}\mathrm{e}^{-\mu_0 t}+\frac{\mu_0}{\mu_1-\mu_0}\mathrm{e}^{-\mu_1 t}
\end{aligned} \tag{5-154}
$$

3. 椭圆目的域下的随机穿越特性

一维随机穿越分布特性的分析表明，分布参数依赖于随机过程参数和目的域参数。本节研究二维随机过程对椭圆目的域下随机穿越序列的概率分布问题。

随机过程$\boldsymbol{Z}(t)=[x(t),y(t)]$中随机分量$x(t)$、$y(t)$为相互独立的自相关平稳正态过程，$\boldsymbol{Z}(t)$与其导函数独立，其概率密度函数为

$$
\begin{aligned}
f[\boldsymbol{Z}(t)] &= f[x(t),y(t)] = f[x(t)]f[y(t)] \\
&= \frac{1}{\sqrt{2\pi}\sigma_x}\exp\left[-\frac{(x(t)-\bar{x})^2}{2\sigma_x^2}\right]\frac{1}{\sqrt{2\pi}\sigma_y}\exp\left[-\frac{(y(t)-\bar{y})^2}{2\sigma_y^2}\right]
\end{aligned} \tag{5-155}
$$

$$
\begin{aligned}
f[\dot{\boldsymbol{Z}}(t)] &= f[\dot{x}(t),\dot{y}(t)] = f[\dot{x}(t)]f[\dot{y}(t)] \\
&= \frac{1}{\sqrt{2\pi}\sigma_{\dot{x}}}\exp\left[-\frac{(\dot{x}(t)-\bar{\dot{x}})^2}{2\sigma_{\dot{x}}^2}\right]\frac{1}{\sqrt{2\pi}\sigma_{\dot{y}}}\exp\left[-\frac{(\dot{y}(t)-\bar{\dot{y}})^2}{2\sigma_{\dot{y}}^2}\right]
\end{aligned} \tag{5-156}
$$

式中，σ_x、σ_y为$x(t)$、$y(t)$的均方差；$\sigma_{\dot{x}}$、$\sigma_{\dot{y}}$为$\dot{x}(t)$、$\dot{y}(t)$的均方差；$\bar{x}$、$\bar{y}$、$\bar{\dot{x}}$、$\bar{\dot{y}}$为它们的均值。不失一般性，这里及下文假定均值均为零。

椭圆目的域 $\Omega(t)$：

$$\frac{x^2}{a^2}+\frac{y^2}{b^2}\leqslant 1 \tag{5-157}$$

在文献(吴钦,2005)中已经给出了椭圆目的域的待机时间均值、滞留时间均值等相关参数表达式,但存在运算错误,这里将错误改正后,又进一步导出了待机时间及滞留时间的分布函数。

1）椭圆目的域下的平均穿越频率

在椭圆目的域下示性函数 $\Psi(t)$可写成

$$\Psi(t)=\varepsilon\left[1-\frac{x^2(t)}{a^2}-\frac{y^2(t)}{b^2}\right] \tag{5-158}$$

式中,$\varepsilon(t)$表示阶跃函数。

示性函数的导函数 $\dot{\Psi}(t)$为

$$\dot{\Psi}(t)=\left[-\frac{2x(t)\dot{x}(t)}{a^2}-\frac{2y(t)\dot{y}(t)}{b^2}\right]\delta\left[1-\frac{x^2(t)}{a^2}-\frac{y^2(t)}{b^2}\right] \tag{5-159}$$

则有平均穿越频率

$$\begin{aligned}\lambda &= \frac{1}{2}\lim_{T\to\infty}E\left[\frac{1}{T}\int_0^T|\dot{\Psi}(t)|\,\mathrm{d}t\right]\\ &=\frac{1}{2}E\lim_{T\to\infty}\frac{1}{T}\int_0^T\left|\left[-\frac{2x(t)\dot{x}(t)}{a^2}-\frac{2y(t)\dot{y}(t)}{b^2}\right]\delta\left[1-\frac{x^2(t)}{a^2}-\frac{y^2(t)}{b^2}\right]\right|\mathrm{d}t\\ &=\lim_{T\to\infty}\frac{1}{T}\int_0^T\left|\left[-\frac{x(t)\dot{x}(t)}{a^2}-\frac{y(t)\dot{y}(t)}{b^2}\right]\delta\left[1-\frac{x^2(t)}{a^2}-\frac{y^2(t)}{b^2}\right]\right|\iint\limits_{\substack{|x|<\infty\\|y|<\infty}}\iint\limits_{\substack{|\dot{x}|<\infty\\|\dot{y}|<\infty}}\frac{1}{4\pi^2\sigma_x\sigma_y\sigma_{\dot{x}}\sigma_{\dot{y}}}\\ &\quad\cdot\exp\left[-\frac{x^2(t)}{2\sigma_x^2}-\frac{y^2(t)}{2\sigma_y^2}-\frac{\dot{x}^2(t)}{2\sigma_{\dot{x}}^2}-\frac{\dot{y}^2(t)}{2\sigma_{\dot{y}}^2}\right]\mathrm{d}x(t)\,\mathrm{d}y(t)\,\mathrm{d}\dot{x}(t)\,\mathrm{d}\dot{y}(t)\,\mathrm{d}t\end{aligned} \tag{5-160}$$

利用极坐标变换则有

$$\begin{aligned}\lambda &= \frac{\sqrt{2\pi}ab}{8\pi^2\sigma_x\sigma_y}\lim_{T\to\infty}\frac{1}{T}\int_0^T\int_0^{2\pi}\int_0^{2\pi}\left|\left[-\frac{\cos\theta(t)\sigma_{\dot{x}}\cos\varphi(t)}{a}-\frac{\sin\theta(t)\sigma_{\dot{y}}\sin\varphi(t)}{b}\right]\right|\\ &\quad\cdot\exp\left[-\frac{a^2\cos^2\theta(t)}{2\sigma_x^2}-\frac{b^2\sin^2\theta(t)}{2\sigma_y^2}\right]\mathrm{d}\theta(t)\,\mathrm{d}\varphi(t)\,\mathrm{d}t\end{aligned} \tag{5-161}$$

对于积分

$$\begin{aligned}&\int_0^{2\pi}\int_0^{2\pi}\left|\left[-\frac{\cos\theta(t)\sigma_{\dot{x}}\cos\varphi(t)}{a}-\frac{\sin\theta(t)\sigma_{\dot{y}}\sin\varphi(t)}{b}\right]\right|\\ &\quad\cdot\exp\left[-\frac{a^2\cos^2\theta(t)}{2\sigma_x^2}-\frac{b^2\sin^2\theta(t)}{2\sigma_y^2}\right]\mathrm{d}\theta(t)\,\mathrm{d}\varphi(t)\end{aligned} \tag{5-162}$$

通过数值积分获得其数值解,但若通过假定某些条件亦可获得解析解。

若

$$\frac{\sigma_x}{a}=\frac{\sigma_y}{b},\quad \frac{\sigma_{\dot{x}}}{a}=\frac{\sigma_{\dot{y}}}{b} \tag{5-163}$$

同时成立,则有

$$\lambda=\frac{b\sqrt{2\pi}\sigma_{\dot{x}}}{8\pi^2\sigma_x\sigma_{\dot{x}}}\exp\left[-\frac{a^2}{2\sigma_x^2}\right]\lim_{T\to\infty}\frac{1}{T}\int_0^T\int_0^{2\pi}\int_0^{2\pi}\mid\cos[\theta(t)-\varphi(t)]\mid \mathrm{d}\theta(t)\mathrm{d}\varphi(t)\mathrm{d}t \tag{5-164}$$

又,对于任意 $\varphi(t)$,$\int_0^{2\pi}\mid\cos[\theta(t)-\varphi(t)]\mid\mathrm{d}\theta(t)$ 表示$|\cos[\theta(t)-\varphi(t)]|$在$[0,2\pi]$的面积。

图 5.15 中是余弦在完整周期上绝对面积的和,从而有

$$\int_0^{2\pi}\mid\cos[\theta(t)-\varphi(t)]\mid\mathrm{d}\theta(t)=4 \tag{5-165}$$

于是有

$$\int_0^{2\pi}\int_0^{2\pi}\mid\cos[\theta(t)-\varphi(t)]\mid\mathrm{d}\theta(t)\mathrm{d}\varphi(t)=8\pi \tag{5-166}$$

从而有

$$\lambda=\frac{b\sqrt{2\pi}\sigma_{\dot{x}}}{\pi\sigma_x\sigma_y}\exp\left[-\frac{a^2}{2\sigma_x^2}\right]=\frac{\sqrt{2}b\omega_N(x)}{\sqrt{\pi}\sigma_y}\exp\left(-\frac{a^2}{2\sigma_x^2}\right)=\frac{\sqrt{2}a\omega_N(x)}{\sqrt{\pi}\sigma_x}\exp\left(-\frac{a^2}{2\sigma_x^2}\right) \tag{5-167}$$

这里的平均穿越频率λ与带状目的域的平均穿越频率λ 的物理意义一样,均是穿越目的域的边界的平均频率。

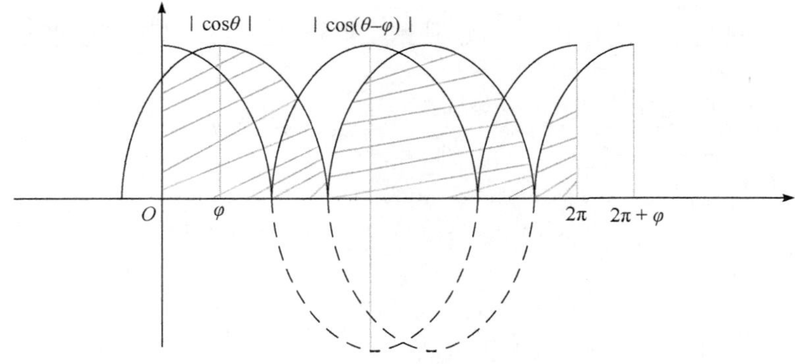

图 5.15　余弦绝对值积分

2）待机时间和滞留时间分布

与带状目的域的概率转移速度阵的处理方法类似，在目的域边界处，划分出一暂态区域{2}，并将椭圆目的域内、外分别记为{0}、{1}，如图 5.16 所示。

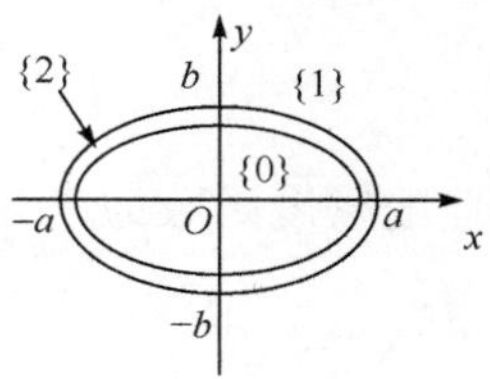

图 5.16　划分为三个区域（椭圆目的域）

这三个区域之间的概率转移阵及速度阵如下：

$$\boldsymbol{P}(t)=\begin{bmatrix} p_{11}(t) & p_{21}(t) & p_{01}(t) \\ p_{12}(t) & p_{22}(t) & p_{02}(t) \\ p_{10}(t) & p_{20}(t) & p_{00}(t) \end{bmatrix} \tag{5-168}$$

$$\boldsymbol{Q}=\begin{bmatrix} q_{11} & q_{21} & q_{01} \\ q_{12} & q_{22} & q_{02} \\ q_{10} & q_{20} & q_{00} \end{bmatrix} \tag{5-169}$$

且满足下面微分方程：

$$\dot{\boldsymbol{P}}(t)=\boldsymbol{Q}\boldsymbol{P}(t) \tag{5-170}$$

记平稳随机过程 $\boldsymbol{Z}(t)$ 在目的域内外的概率分别为 α_0、α_1，依据随机过程穿越带状目的域的方法，当区域{2}趋向无限小时，有

$$\boldsymbol{Q}=\begin{bmatrix} -\dfrac{\lambda}{\alpha_1} & \delta(t) & 0 \\ \dfrac{\lambda}{\alpha_1} & -2\delta(t) & \dfrac{\lambda}{\alpha_0} \\ 0 & \delta(t) & -\dfrac{\lambda}{\alpha_0} \end{bmatrix} \tag{5-171}$$

将式(5-171)代入式(5-170)有

$$\dot{p}_{11}(t)=-\frac{\lambda}{\alpha_1}p_{11}(t)+\delta(t) \tag{5-172}$$

$$\dot{p}_{00}(t)=-\frac{\lambda}{\alpha_0}p_{00}(t)+\delta(t) \tag{5-173}$$

解上述两方程可得

$$p_{11}(t)=\exp\left(-\frac{\lambda}{\alpha_1}t\right) \tag{5-174}$$

$$p_{00}(t)=\exp\left(-\frac{\lambda}{\alpha_0}t\right) \tag{5-175}$$

从而有待机时间和滞留时间的分布函数为

$$F_{T_{\mathrm{out}}}(t)=1-\exp\left(-\frac{\lambda}{\alpha_1}t\right) \tag{5-176}$$

$$F_{T_{in}}(t)=1-\exp\left(-\frac{\lambda}{\alpha_0}t\right) \tag{5-177}$$

相应的密度函数为

$$f_{T_{out}}(t)=\frac{\lambda}{\alpha_1}\exp\left(-\frac{\lambda}{\alpha_1}t\right) \tag{5-178}$$

$$f_{T_{in}}(t)=\frac{\lambda}{\alpha_0}\exp\left(-\frac{\lambda}{\alpha_0}t\right) \tag{5-179}$$

很显然，只要求出 λ 及 α_0，则对带状目的域与对椭圆目的域的随机穿越序列的分布函数具有相同的表达式。

4. 矩形目的域下的随机穿越特性

当系统的随机输出量 $\boldsymbol{Z}(t)=[x(t),y(t)]^{\mathrm{T}}\in\mathbf{R}^2$ 时，其内的 $x(t)$、$y(t)$ 均应满足平稳、各态历经、均方可导的基本假定条件，此外，由于增加了 $y(t)$，还应附加 $x(t)$ 与 $y(t)$ 互相独立的条件，即

$$\operatorname{cov}[x(t),y(t)]=0 \tag{5-180}$$

此外，矩形目的域的边界也应分别平行于 x 轴与 y 轴，如图 5.17 所示。

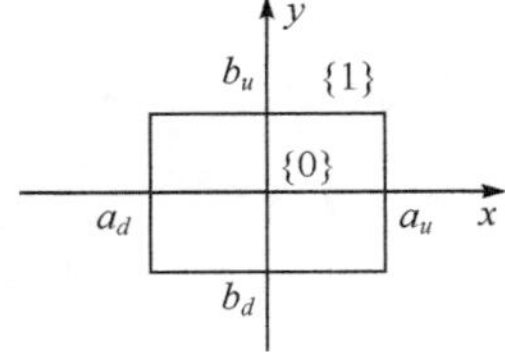

图 5.17　矩形目的域

依然如前所述，常设 $\Omega=\{0\}$，$\bar{\Omega}=\{1\}$，且置 $\bar{x}(t)=0$、$\bar{y}(t)=0$，即坐标原点为均值点。

不论是正穿越点还是负穿越点，它们都是一个既在时间上又在空间上分布着的随机变量。对各态历经的正态过程而言，它们在时间上服从泊松分布。对相互独立的二维各态历经的正态过程 $\boldsymbol{Z}(t)=[x(t),y(t)]^{\mathrm{T}}$ 而言，它在目的域内的滞留时间应是 $x(t)$ 与 $y(t)$ 同时滞留于目的域内的时间，而它在目的域外的待机时间是 $x(t)$ 与 $y(t)$ 不同时滞留于目的域内的时间。显然：$\boldsymbol{Z}(t)$ 的滞留时间是 $x(t)$ 与 $y(t)$ 滞留时间的交集，$\boldsymbol{Z}(t)$ 的待机时间是 $x(t)$ 与 $y(t)$ 待机时间的并集。由随机过程理论知：若两个泊松过程是独立的，则其交集、并集均是泊松过程，因而 $\boldsymbol{Z}(t)$ 对目的域的穿越点（正或负）仍然服从泊松分布，问题是如何得到这个泊松分布的参数。此时，必须考虑 $\boldsymbol{Z}(t)$ 对目的域的穿越点的穿越频率 $\lambda(\boldsymbol{Z}\in\partial\Omega)$，即单位时间内，穿出或穿进目的域的次数，或者说通过它的四个边的正或负的穿越次数，而与它们在哪里穿过无关，即

$$\begin{aligned}\lambda(\boldsymbol{Z})=&\lambda(x=a_u,b_d<y<b_u)+\lambda(x=a_d,b_d<y<b_u)\\&+\lambda(y=b_u,a_d<x<a_u)+\lambda(y=b_u,a_d<x<a_u)\end{aligned} \tag{5-181}$$

现在考察上式等号右部第一项。由于与 $x(t)$ 独立的 $y(t)$ 的存在，$y(t)$ 对 $x(t)=a_u$ 平面的穿越点，即 $\boldsymbol{Z}(t)$ 对 $x(t)=a_u$ 的穿越点，且其分布也应等于 $y(t)\in N(\bar{y},\sigma_y^2)$

的分布。由于 $y>b_u$ 与 $y<b_d$ 的区段不是目的域的边界，故有

$$\begin{aligned}&\lambda(x=a_u,b_d<y<b_u)\\&=\lambda(x=a_u)\cdot\int_{a_d}^{a_u}f(y)\mathrm{d}y\\&=\frac{\omega_N(x)}{2\pi}\exp\left[-\frac{(a_u-\overline{x})^2}{2\sigma_x^2}\right]\left[\Phi\left(\frac{b_u}{\sigma_x}\right)-\Phi\left(\frac{b_d}{\sigma_x}\right)\right]\end{aligned}\tag{5-182}$$

式中

$$\Phi(x)=\int_{-\infty}^{x}\frac{1}{\sqrt{2\pi}}\exp\left(-\frac{x^2}{2}\right)\mathrm{d}x$$

为概率积分函数。

同理可得式(5-181)中的后三项，从而求得 $\boldsymbol{Z}(t)$ 对 Ω 边界的穿越频率 $\lambda(\boldsymbol{Z}\in\Omega)$。若置 $\overline{x}=\overline{y}=0,a_u=-a_d=a>0,b_u=-b_d=b>0$，则有

$$\lambda=\frac{\omega_N(x)}{\pi}\exp\left(-\frac{a^2}{2\sigma_x^2}\right)\Phi\left(\frac{b}{\sigma_y}\right)+\frac{\omega_N(y)}{\pi}\exp\left(-\frac{b^2}{2\sigma_y^2}\right)\Phi\left(\frac{a}{\sigma_x}\right)\tag{5-183}$$

考虑到 $\boldsymbol{Z}(t)$ 在目的域内的概率为

$$\alpha_0=\int_{-a}^{a}f(x)\mathrm{d}x\cdot\int_{-b}^{b}f(y)\mathrm{d}y\tag{5-184}$$

故有概率转移速度，即泊松分布参数：

$$\mu_{01}=\frac{\lambda(\boldsymbol{Z})}{\alpha_0(\boldsymbol{Z})}=\frac{\lambda(x)}{\alpha_0(x)}+\frac{\lambda(y)}{\alpha_0(y)}\tag{5-185}$$

$$\mu_{10}=\mu_{01}\frac{\alpha_0(\boldsymbol{Z})}{\alpha_1(\boldsymbol{Z})}=\frac{\lambda(x)\alpha_0(y)+\lambda(y)\alpha_0(x)}{1-\alpha_0(x)\alpha_0(y)}\tag{5-186}$$

如是，即将二维随机穿越问题转化为一维随机穿越问题。

为了更严谨地探讨上述理论，下面将用另一种演绎过程推证上述结果。

矩形目的域的示性函数为

$$\Psi(t)=\varepsilon[x(t)-a_d]\cdot\varepsilon[a_u-x(t)]\cdot\varepsilon[y(t)-b_d]\cdot\varepsilon[b_u-y(t)]$$

利用与椭圆目的域相同的方法，并置 $a_u=-a_d=a>0,b_u=-b_d=b>0$，可得矩形目的域的平均穿越频率：

$$\begin{aligned}\lambda&=\frac{\sigma_{\dot{x}}}{\pi\sigma_x}\exp\left(-\frac{a^2}{2\sigma_x^2}\right)\Phi\left(\frac{b}{\sigma_y}\right)+\frac{\sigma_{\dot{y}}}{\pi\sigma_y}\exp\left(-\frac{b^2}{2\sigma_y^2}\right)\Phi\left(\frac{a}{\sigma_x}\right)\\&=\frac{\omega_N(x)}{\pi}\exp\left(-\frac{a^2}{2\sigma_x^2}\right)\Phi\left(\frac{b}{\sigma_y}\right)+\frac{\omega_N(y)}{\pi}\exp\left(-\frac{b^2}{2\sigma_y^2}\right)\Phi\left(\frac{a}{\sigma_x}\right)\end{aligned}$$

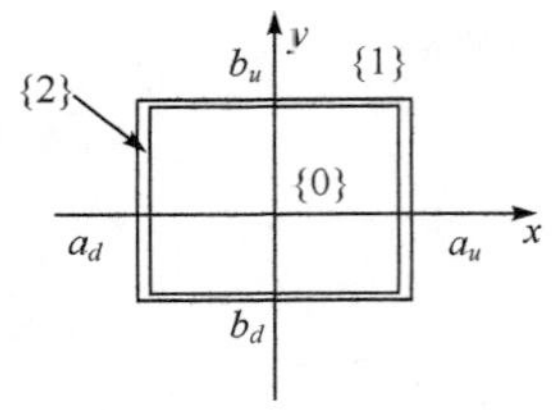

图 5.18　划分为三个区域（矩形目的域）

此式与式(5-183)完全相同。

在图 5.17 中矩形目的域边界处，划分出一暂态区域{2}，如图 5.18 所示。

三个区域间的概率转移阵与概率转移速度阵同式(5-168)、式(5-169)，当区域{2}趋向无限小时，有

$$Q=\begin{bmatrix} -\frac{\lambda}{\alpha_1} & \delta(t) & 0 \\ \frac{\lambda}{\alpha_1} & -2\delta(t) & \frac{\lambda}{\alpha_0} \\ 0 & \delta(t) & -\frac{\lambda}{\alpha_0} \end{bmatrix} \tag{5-187}$$

将式(5-171)代入式(5-170)有

$$\dot{p}_{11}(t)=-\frac{\lambda}{\alpha_1}p_{11}(t)+\delta(t) \tag{5-188}$$

$$\dot{p}_{00}(t)=-\frac{\lambda}{\alpha_0}p_{00}(t)+\delta(t) \tag{5-189}$$

解上述两方程可得

$$p_{11}(t)=\exp\left(-\frac{\lambda}{\alpha_1}t\right)\dot{p}_{00}(t)=-\frac{\lambda}{\alpha_0}p_{00}(t)+\delta(t)\dot{p}_{11}(t)$$

$$=-\frac{\lambda}{\alpha_1}p_{11}(t)+\delta(t) \tag{5-190}$$

$$p_{00}(t)=\exp\left(-\frac{\lambda}{\alpha_0}t\right) \tag{5-191}$$

从而有待机时间和滞留时间的分布函数为

$$F_{T_{\text{out}}}(t)=1-\exp\left(-\frac{\lambda}{\alpha_1}t\right) \tag{5-192}$$

$$F_{T_{\text{in}}}(t)=1-\exp\left(-\frac{\lambda}{\alpha_0}t\right) \tag{5-193}$$

相应的密度函数为

$$f_{T_{\text{out}}}(t)=\frac{\lambda}{\alpha_1}\exp\left(-\frac{\lambda}{\alpha_1}t\right) \tag{5-194}$$

$$f_{T_{\text{in}}}(t)=\frac{\lambda}{\alpha_0}\exp\left(-\frac{\lambda}{\alpha_0}t\right) \tag{5-195}$$

而

$$\frac{\lambda}{\alpha_0(\boldsymbol{Z})}=\frac{\lambda}{\alpha_0(x)\alpha_0(y)}=\frac{\lambda(x)}{\alpha_0(x)}+\frac{\lambda(y)}{\alpha_0(y)} \tag{5-196}$$

$$\frac{\lambda}{\alpha_1(\boldsymbol{Z})}=\frac{\lambda}{1-\alpha_0(x)\alpha_0(y)}=\frac{\lambda(x)\alpha_0(y)+\lambda(y)\alpha_0(x)}{1-\alpha_0(x)\alpha_0(y)} \tag{5-197}$$

上述分析表明：对矩形目的域，随机穿越序列的分布函数表达式也完全决定于两个参数，即 λ 与 α_0。

5. 随机穿越序列的统计特征

随机穿越周期的起始点已规定是穿越点，其终点也应是穿越点，然而，并不是所有穿越点都可作为终点。如果任选两个穿越点作为研究的时域，那么，在此有限时域中就有一半的可能有半个随机穿越周期的出现。为避免这一情况，还必须规定新的约束条件：如果设定$(0,T]$为有限时域，则 $t=0$ 与 $t=T$ 两点必须同为正穿越点或负穿越点。如果满足了此一约束，就保证了在有限时域$(0,T]$内，随机周期、待机时间、滞留时间有相同的个数。

在实际工程中处理随机穿越周期特性时，去掉开始与结尾中不到一个随机周期的数据，这也是常规的举措，所以接受上述新的约束条件，除了使数学演绎保持严谨外，不会影响其实际应用。此时，待机时间、滞留时间、随机周期在$(0,T]$的时间内的个数的均值 $\bar{n}(T)$与均方差 $\sigma_n(T)$满足下式：

$$\bar{n}(T)=\sigma_n(T)=\lambda T \tag{5-198}$$

式中，λ 同目的域边界的特征有关。对于一维空间的水平域，由式(5-95)给出；对于一维空间中的带状目的域，由式(5-109)给出；对于椭圆目的域，由式(5-167)给出；对矩形目的域，由式(5-183)给出。

n 个待机时间、滞留时间、随机周期的平均历时及其相应的均方差为

$$\overline{T}_{\text{out}}(n)=E\Big(\sum_{i=1}^{n}T_{\text{out},i}\Big)=\frac{n\alpha_1}{\lambda} \tag{5-199}$$

$$\overline{T}_{\text{in}}(n)=E\Big(\sum_{i=1}^{n}T_{\text{in},i}\Big)=\frac{n\alpha_0}{\lambda} \tag{5-200}$$

$$\overline{T}_{\text{ch}}(n)=E\Big(\sum_{i=1}^{n}T_{\text{ch},i}\Big)=\frac{n}{\lambda}=\overline{T}_{\text{out}}(n)+\overline{T}_{\text{in}}(n) \tag{5-201}$$

当 $n=1$ 时，有

$$\begin{cases}\overline{T}_{\mathrm{out}}(n)=\dfrac{\alpha_1}{\lambda}\\ \overline{T}_{\mathrm{in}}(n)=\dfrac{\alpha_0}{\lambda}\\ \overline{T}_{\mathrm{ch}}(n)=\dfrac{1}{\lambda}\end{cases}\tag{5-202}$$

且有

$$\alpha_0=\frac{\overline{T}_{\mathrm{in}}}{\overline{T}_{\mathrm{ch}}},\quad \alpha_1=\frac{\overline{T}_{\mathrm{out}}}{\overline{T}_{\mathrm{ch}}}\tag{5-203}$$

上述诸式中的 α_0 与 $\alpha_1=1-\alpha_0$ 分别为随机过程在目的域内外出现的概率。考虑到占空度的概念，有

$$\overline{S}_{\mathrm{in}}=\frac{\overline{T}_{\mathrm{in}}}{\overline{T}_{\mathrm{ch}}}=\alpha_0\tag{5-204}$$

$$\overline{S}_{\mathrm{out}}=\frac{\overline{T}_{\mathrm{out}}}{\overline{T}_{\mathrm{ch}}}=\alpha_1\tag{5-205}$$

可知，α_0 与 α_1 还可理解为滞留时间与待机时间的平均占空度。

从上述分析可知，欲求得随机穿越序列的分布特性或其统计特征量——均值与均方差，则只需已知随机穿越序列的平均穿越频率 λ 及相应的平均占空度 $\alpha_0=1-\alpha_1$ 这两个关键参数。而 λ 与 α_0 仅决定于穿越目的域的随机过程 $\boldsymbol{Z}(t)=[x(t),y(t)]^{\mathrm{T}}$ 的均值 $(\bar{x},\bar{y})^{\mathrm{T}}$、均方差 $\mathrm{diag}\{\sigma_x,\sigma_y\}$、自然频率 $[\omega_N(x),\omega_N(y)]^{\mathrm{T}}$ 以及目的域 Ω 的类型与大小，本节给出了带状、矩形、椭圆形目的域，也是射击学领域最常用的目的域下的 λ 与 α_0 的表达式。而上述的均值、均方差、自然频率又完全可以由生成 $[x(t),y(t)]^{\mathrm{T}}$ 的状态方程来求得。如果将 $\boldsymbol{Z}(t)=[x(t),y(t)]^{\mathrm{T}}$ 看做控制武器瞄准与射击的火控系统的输出量，则它对目的域的随机穿越序列的特性就完全决定于火控系统的结构及参数，从而为从理论上分析处于随机振动中的射击过程提供了工具。

如果欲利用试验数据进行随机穿越序列分析，关键是从试验数据中估计出参数 λ 与 α_0。具体做法是：记录下 $t\in(0,T]$ 所有正与负的穿越点 $0=t_1<t_2<\cdots<t_{2n}$。若最后一个穿越点为单号，则删除。此时，存在 n 个滞留时间。

若 t_0 为正穿越点，即 $T_{\mathrm{in},i}=t_{2i}-t_{2i-1}\,(i=1,2,\cdots,n)$，对其中任一周期出现个数的概率密度，由式(5-195)知

$$f_{T_{\mathrm{in}}}(t_{2i}-t_{2i-1})=\frac{\lambda}{\alpha_0}\exp\left[-\frac{\lambda}{\alpha_0}(t_{2i}-t_{2i-2})\right]$$

由于这 n 个滞留时间是互相独立的，故它们同时出现的概率密度为

$$\begin{aligned}\prod_{i=1}^{n}f_{T_{\mathrm{in}}}(t_{2i}-t_{2i-2})&=\left(\frac{\lambda}{\alpha_0}\right)^n\exp(-\lambda T)\\&=L(\lambda,T)\end{aligned}\tag{5-206}$$

此应为对已知测量时刻的似然函数，显然，其最大似然估计满足方程

$$\frac{\mathrm{d}L}{\mathrm{d}\lambda}=0 \tag{5-207}$$

解之，得 λ 的最大似然估计

$$\hat{\lambda}=\frac{n}{T} \tag{5-208}$$

又，如 t_0 为正穿越点，则有

$$\hat{\alpha}_0=\frac{1}{T}\sum_{i=1}^{n}(t_{2i}-t_{2i-1}) \tag{5-209}$$

从试验数据中求取 λ 与 α_0 的估计值更为方便。至于试验时间 T 取多长才能保证置信度，则可参阅有关文献。

6. 数值仿真分析

1）矩形域下的模型仿真分析

设 $a=b=3,\sigma_x=\sigma_y=3,r_x=r_y=0.6$。依式，有 $\alpha_{x0}=\alpha_{y0}=0.6826,\alpha_{x1}=\alpha_{y1}=0.3174$；$\frac{\lambda_{x00}}{\alpha_{x0}}=\frac{\lambda_{y00}}{\alpha_{y0}}=0.2262\mathrm{s}^{-1}$，$\frac{\lambda_{x11}}{\alpha_{x1}}=\frac{\lambda_{y11}}{\alpha_{y1}}=0.4866\mathrm{s}^{-1}$；$\lambda_{x00}=0.2262\alpha_{x0}=0.1544\mathrm{s}^{-1}$，$\lambda_{x11}=0.4866\alpha_{x1}=0.1544\mathrm{s}^{-1}$；由式(5-185)和式(5-186)可得模型的理论参数。

$$\frac{\lambda_{z00}}{\alpha_{z0}}=\frac{\lambda_{x01}}{\alpha_{x0}}+\frac{\lambda_{y01}}{\alpha_{y0}}=2\times0.2262=0.4524\mathrm{s}^{-1}$$

$$\begin{aligned}\frac{\lambda_{z11}}{\alpha_{z1}}&=\frac{1}{\alpha_{x1}\alpha_{y1}+\alpha_{x0}\alpha_{y1}+\alpha_{x1}\alpha_{y0}}(\lambda_{x01}\alpha_{y0}+\lambda_{y01}\alpha_{x0})\\&=\frac{1}{\alpha_{x1}^2+2\alpha_{x0}\alpha_{x1}}\cdot2\lambda_{x00}\alpha_{x0}=0.3944\mathrm{s}^{-1}\end{aligned}$$

理论模型的统计特征量为

$$\overline{T}_{\mathrm{in}}=\frac{\alpha_{z0}}{\lambda_{z00}}=2.2104\mathrm{s},\quad \overline{T}_{\mathrm{out}}=\frac{\alpha_{z1}}{\lambda_{z11}}=2.5355\mathrm{s},\quad \overline{T}_{\mathrm{ch}}=\frac{\alpha_{z0}}{\lambda_{z00}}+\frac{\alpha_{z1}}{\lambda_{z11}}=4.7459\mathrm{s}$$

依自相关正态样本序列特性生成 $\boldsymbol{Z}(t)=[x(t),y(t)]$ 的随机样本，矩形域下随机穿越过程及穿越状态如图 5.19 所示。矩形域下滞留时间、待机时间和穿越周期的密度函数统计模型如图 5.20 和图 5.21 所示。

仿真所得穿越过程的统计特征量为

$$\overline{T}_{\mathrm{in}}=\frac{1}{\hat{\lambda}_0}=2.3463\mathrm{s},\quad \overline{T}_{\mathrm{out}}=\frac{1}{\hat{\lambda}_1}=2.6550\mathrm{s},\quad \overline{T}_{\mathrm{ch}}=\frac{1}{\hat{\lambda}_0}+\frac{1}{\hat{\lambda}_1}=5.0013\mathrm{s}$$

以滞留时间统计特征量 $\hat{\lambda}_0=0.4262\mathrm{s}^{-1}$ 为参数的指数估计模型为

$$\hat{f}_{T0}(t)=\hat{\lambda}_0\exp(-\hat{\lambda}_0t)=0.4262\exp(-0.4262t)$$

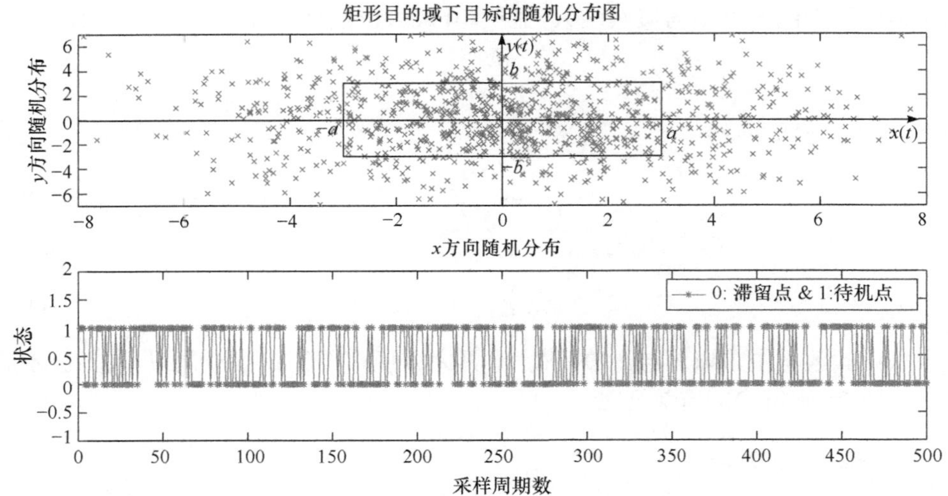

图 5.19　矩形域下随机穿越过程及穿越状态

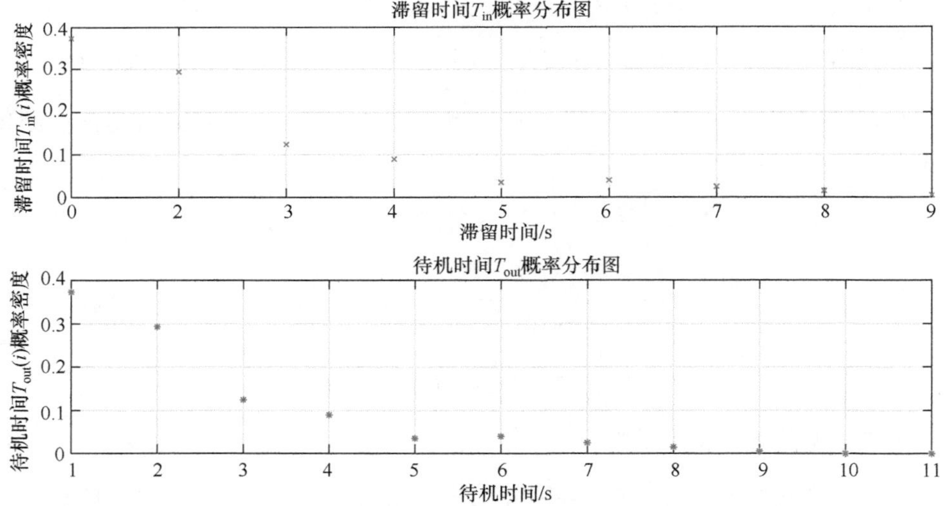

图 5.20　矩形域下滞留时间、待机时间密度统计分布

矩形域下滞留时间的统计模型与以其统计特征量 $\hat{\lambda}_0$ 为参数的指数拟合曲线比较如图 5.22 所示。图中的实线为指数拟合曲线。在 98%置信度条件下，矩形域下滞留时间估计模型的相关参数为：置信区间 $\overline{T}_{in}\in[2.1771\text{s}, 2.5225\text{s}]$；最大误差=0.0561s；误差均值=−0.0151s；误差方差=$3.3440\times10^{-4}\text{s}^2$。

2）椭圆域下的模型仿真分析

由式(5-154)表示的椭圆域下随机穿越模型的理论参数，可通过数值计算得到，这里只给出仿真结果，意欲说明其分布仍为指数型的。$\boldsymbol{Z}(t)=[x(t), y(t)]$的

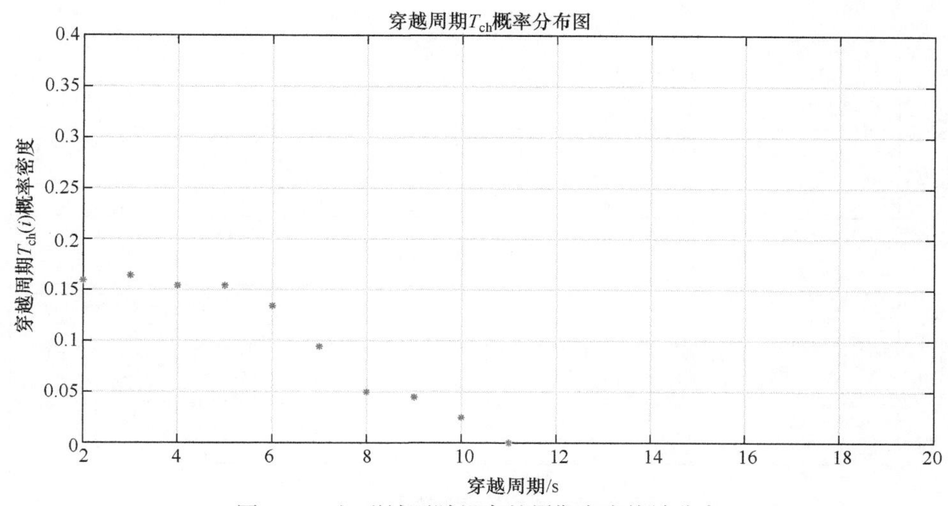

图 5.21　矩形域下随机穿越周期密度统计分布

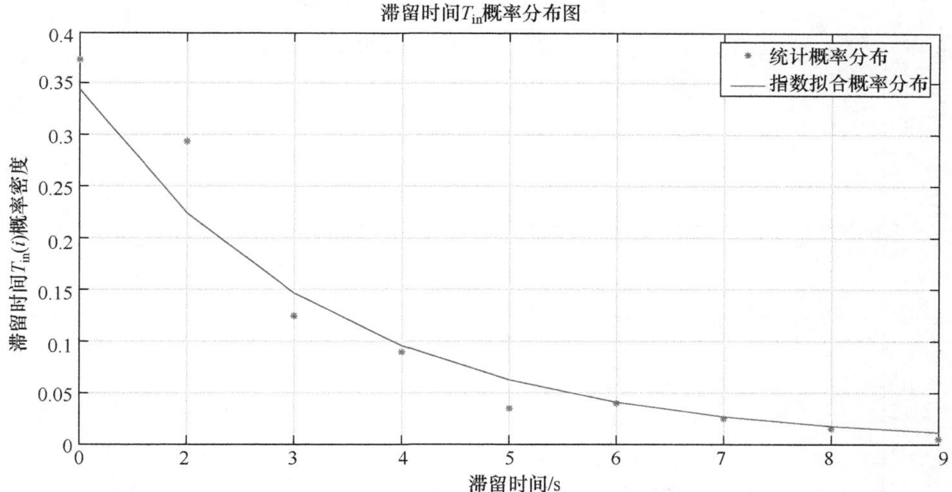

图 5.22　矩形域下滞留时间的统计模型及其指数拟合曲线

样本同样是生成的自相关正态样本序列。设 $a=4,b=3,\sigma_x=\sigma_y=3,r_x=r_y=0.6$。

椭圆域下随机穿越过程及穿越状态如图 5.23 所示。图 5.24 和图 5.25 分别给出了椭圆域下滞留时间、待机时间和穿越周期的密度函数统计模型。

椭圆域下滞留时间的统计模型与以其统计特征量 $\hat{\lambda}_0$ 为参数的指数拟合曲线比较如图 5.26 所示。图中的实线为指数拟合曲线。在 98%置信度条件下，椭圆域下估计模型的相关参数为：置信区间 $\overline{T}_{in}\in[2.1368s, 2.4713s]$；最大误差＝0.0504s；误差均值＝－0.0137s；误差方差＝$3.4600\times10^{-4}s^2$。由上可见，随机穿越序列的分布形式没有发生改变，因而模型结构不变。

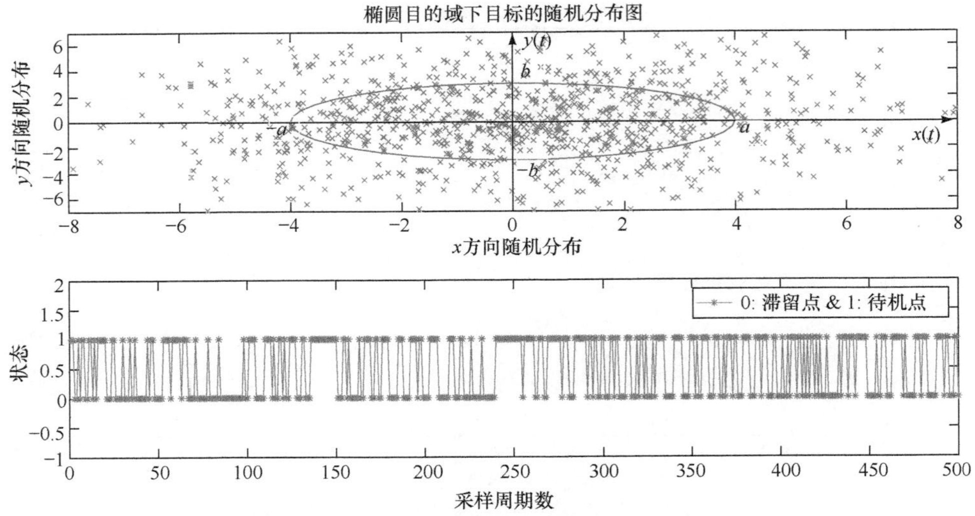

图 5.23　椭圆域下随机穿越过程及穿越状态

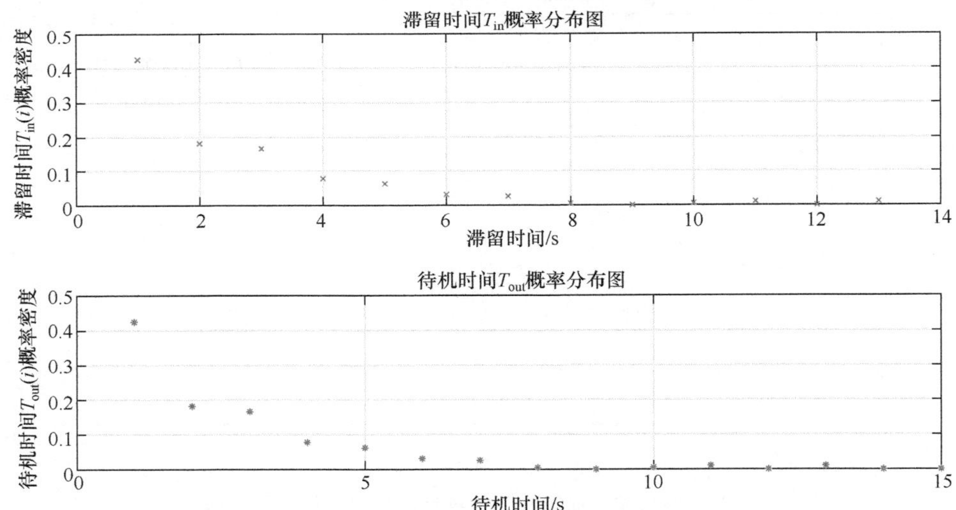

图 5.24　椭圆域下滞留时间、待机时间密度统计分布

以下给出了参数为 $a=4, b=3, \sigma_x=\sigma_y=3, r_x=r_y=0.6$ 时，椭圆域下穿越序列的统计特征量为

$$\overline{T}_{\text{in}}=\frac{1}{\hat{\lambda}_0}=1.9727\text{s},\quad \overline{T}_{\text{out}}=\frac{1}{\hat{\lambda}_1}=3.2718\text{s},\quad \overline{T}_{\text{ch}}=\frac{1}{\hat{\lambda}_0}+\frac{1}{\hat{\lambda}_1}=5.2445\text{s}$$

比较椭圆目的域与矩形目的域可以看出，同样参数下椭圆域的平均滞留时间 $\overline{T}_{\text{in}}$ 小于矩形域时的情况，其原因是两者的目的域参数 a、b 相同时，椭圆目的域面积小于矩形目的域面积，从而导致前者的初始概率小于后者。

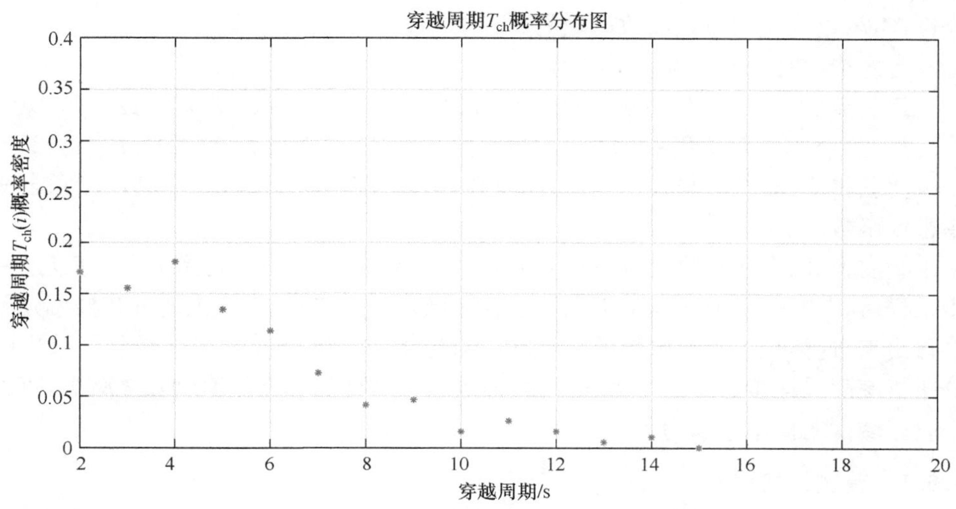

图 5.25　椭圆域下随机穿越周期密度统计分布

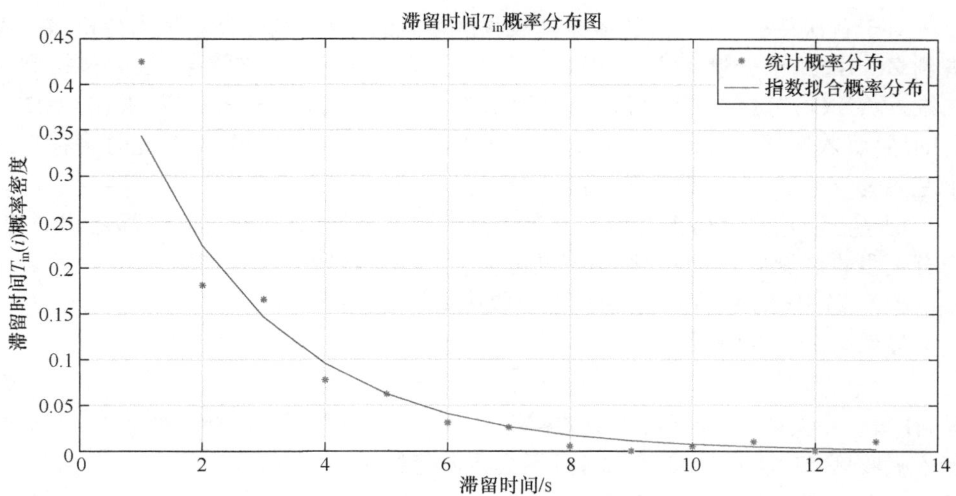

图 5.26　椭圆域下滞留时间的统计模型及其指数拟合曲线

5.5　首次穿越特性分析

记目的域为 Ω,随机过程 $\boldsymbol{Z}(k)$是各态历经的正态随机过程。首次穿越过程是指随机过程从初始瞬时到其首次穿越目的域瞬时这一有限时段所构成的过程。因而可将目的域或目的域的补集作为随机过程 $\boldsymbol{Z}(k)$的吸收区域。一旦 $\boldsymbol{Z}(k)$进入了吸收区域,穿越过程结束,则 $\boldsymbol{Z}(k)$将一直存在于吸收区域内。依据 $\boldsymbol{Z}(k)$的各态历经性,$\boldsymbol{Z}(k)$终究是要进入吸收区域的。

首次待机时间和首次滞留时间的分布为

$$P\{\tau_1=kT\}=P\{kT|\boldsymbol{Z}(0)\notin\Omega,\boldsymbol{Z}(1)\notin\Omega,\cdots,\boldsymbol{Z}(k-1)\notin\Omega,\boldsymbol{Z}(k)\in\Omega\} \tag{5-210}$$

$$P\{\tau_0=kT\}=P\{kT|\boldsymbol{Z}(0)\in\Omega,\boldsymbol{Z}(1)\in\Omega,\cdots,\boldsymbol{Z}(k-1)\in\Omega,\boldsymbol{Z}(k)\notin\Omega\} \tag{5-211}$$

要获得式(5-210)与式(5-211)的解析解,就需知道 $\boldsymbol{Z}(k)(k=0,1,\cdots)$联合概率密度函数。

事实上,因存在吸收区域,$\boldsymbol{Z}(k)$的概率密度将是时变的。具体上讲,每经过一步采样后,总有部分分布概率进入了吸收区域,而进入吸收区域内的分布概率则不会再出来,这体现了吸收区域的特征——只进不出。这就导致了在吸收区域内的分布概率随采样步数 k 的增大而增多,而吸收区域外的分布概率则随之减少,直到吸收区域内的概率累积为 1。

5.5.1　首次待机时间

1. 具有吸收区域的概率转移阵

对于首次待机时间,目的域为其吸收区域,而将目的域的补集称为待机域。考虑到 $\boldsymbol{Z}(k)$的两个分量 $x(k)$、$y(k)$相互独立,因而先考虑一维情形,之后再拓展到二维。将 $x(k)$分成 $n+1$ 个区间,分别记为$\{i\}(i=0,1,2,\cdots,n)$。其中$\{0\}=\Omega$ 为目的域(吸收区域),$\{i\}=[x_{i-1},x_i)(i=1,2,\cdots,n)$之和为待机域 $\bar{\Omega}$,此时将存在一个左界为$-\infty$、一个右界为$+\infty$的两个待机区间。

记 $f[x(k)]$为平稳正态序列分布的概率密度函数,其在任意时刻都是相同的。当有了吸收区域后,$x(k)$的概率密度记为 $g[x(k)]$,是时变的,如图 5.27 所示。

图 5.27 中 $\Omega_x=[a_d,a_u]$为具有吸收区域性质的目的域。

显然,在 $k=0$ 瞬时有

$$g[x(0)]=f[x(0)] \tag{5-212}$$

又,在每一个瞬时 k,处于待机域的样本 $x(k)\notin\Omega_x$,都会以某个概率于 $k+1$ 瞬时转入吸收区域,即 $x(k+1)\in\Omega_x$,且不会再向待机域转移,故有

$$g[x(k)\notin\Omega_x]\leqslant g[x(k-1)\notin\Omega_x]\leqslant\cdots\leqslant g[x(0)\notin\Omega_x]=f[x(0)\notin\Omega_x] \tag{5-213}$$

及

$$g[x(k)\in\Omega_x]\geqslant g[x(k-1)\in\Omega_x]\geqslant\cdots\geqslant g[x(0)\in\Omega_x]=f[x(0)\in\Omega_x] \tag{5-214}$$

上两式中的等号在且仅在 $x(k)$的相关系数 $r_x=1$ 时成立。若$|r_x|<1$,有

$$\lim_{k\to\infty}g[x(k)\notin\Omega_x]=0$$

即待机域中的样本会逐次地、最后全部进入吸收区域。

为书写方便,图 5.27 将 $g[x(k)\in\Omega_x]$与 $g[x(k)\notin\Omega_x]$两个区间合二为一,记为 $g[x(k)]$,$x(k)\in(-\infty,+\infty)$,其含义为 k 瞬时待机点与滞留点的共同分布,由于吸收区域的存在,它已不再是正态序列。

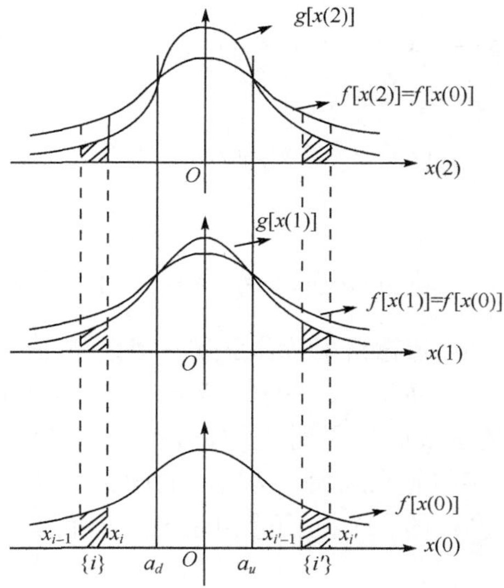

图 5.27　一维的 $f[x(k)]$与 $g[x(k)]$示意图

定义 5.1

$$q_{i,i'}(k)=\begin{cases}1, & i=i'=0\\ \dfrac{\displaystyle\int\limits_{x(k)\in\{i\}}\int\limits_{x(k+1)\in\{i'\}} f[x(k+1)\mid x(k)]g[x(k)]\mathrm{d}x(k+1)\mathrm{d}x(k)}{\displaystyle\int\limits_{x(k)\in\{i\}} g[x(k)]\mathrm{d}x(k)}, & i\neq 0\\ 0, & i=0,i'\neq 0\end{cases}\tag{5-215}$$

为第 k 步、由区间$\{i\}$转移到区间$\{i'\}$的概率转移系数。

定义 5.2

$$\boldsymbol{Q}(k)=\begin{bmatrix} q_{n,n}(k) & q_{n-1,n}(k) & \cdots & q_{1,n}(k) & 0\\ q_{n,n-1}(k) & q_{n-1,n-1}(k) & \cdots & q_{1,n-1}(k) & 0\\ \vdots & \vdots & & \vdots & \vdots\\ q_{n,1}(k) & q_{n-1,1}(k) & \cdots & q_{1,1}(k) & 0\\ q_{n,0}(k) & q_{n-1,0}(k) & \cdots & q_{1,0}(k) & 1\end{bmatrix}\tag{5-216}$$

为概率转移阵。

对于概率转移系数显然有

$$\sum_{i'=0}^{n} q_{i,i'}(k)=1,\quad \forall\, i\neq 0\tag{5-217}$$

记

$$\boldsymbol{\beta}(k)=(\beta_n(k),\beta_{n-1}(k),\cdots,\beta_1(k),\beta_0(k))^{\mathrm{T}} \tag{5-218}$$

为 $x(k)$ 的分区概率分布矢量，其中

$$\beta_i(k)=\int_{x(k)\in\{i\}} g[x(k)]\mathrm{d}x(k) \tag{5-219}$$

由于

$$\beta_i(0)=\int_{x(0)\in\{i\}} g[x(0)]\mathrm{d}x(0)=\int_{x(0)\in\{i\}} f[x(0)]\mathrm{d}x(0) \tag{5-220}$$

对 $i=0,1,2,\cdots,n$ 成立。再依据概率转移系数的定义，应有

$$\boldsymbol{\beta}(k)=\boldsymbol{Q}(k)\boldsymbol{\beta}(k-1)=\boldsymbol{Q}(k)\boldsymbol{Q}(k-1)\cdots\boldsymbol{Q}(1)\boldsymbol{\beta}(0) \tag{5-221}$$

由于式(5-219)中的 $g[x(k)]$ 是时变的，因而 $\boldsymbol{Q}(k)$ 也是时变的，随着 k 的增大，式(5-221)的计算开销将越来越大。为解决此问题，下面将在讨论 $g[x(k)]$ 上、下界的基础上，给出了 $\boldsymbol{Q}(k)$ 的一个上、下界可控的估计值。

2. 超速、欠速概率转移阵

取 $x^*(0)=x^*(1)=\cdots=x^*(k)=x^*\in\{i\}\subset\overline{\Omega}$，即在待机域任取一固定样本 $x^*(k)(k=1,2,\cdots)$，显然有 $g[x^*(0)]=f[x^*(0)]$。

若区间 $\{i\}\cap\Omega_x=\varnothing$，而 $x^*(k)$ 为属于区域 $\{i\}$ 的一个样本，则可将 $x^*(k)$ 分为三类：从未离开过 x^* 点的待机量样本；至少一次离开过 x^* 点，但仍未进入目的域内的待机量样本；离开过 x^* 点，且已进入了目的域内的诸元量样本。这三类样本在 k 瞬时出现的概率密度之和应为 $f[x^*(k)]$；前两类样本在 k 瞬时出现的概率密度之和应为 $g[x^*(k)]$。依部分小于整体之原则，第一类样本在 k 瞬时出现的概率密度肯定小于 $g[x^*(k)]$，故第一类样本在 k 瞬时出现的概率密度应为 $g[x^*(k)]$ 的下界。既然 $f[x^*(k)]=f[x^*(0)]$ 不随 k 而变，且永远大于等于 $g[x^*(k)]$，故将 $f[x^*(0)]$ 作为 $g[x^*(k)]$ 的上界，记为 $\overline{g}[x^*(k)]$。这就是说，在 $x^*(k)\in\{i\}\subset\overline{\Omega}$ 时

$$f[x^*(0)]=\overline{g}[x^*(k)]\geqslant g[x^*(k)] \tag{5-222}$$

成立。式中的等号仅在 $k=0$ 或 $r_x=1$ 时成立。

对于 $g[x^*(k)]$ 下界 $\underline{g}[x^*(k)]$ 的讨论，还必须先对 $x(k)$ 的后效性予以分类与限制。若

$$f[x(k)\mid x(k-1),x(k-2),\cdots,x(0)]=f[x(k)\mid x(k-1),x(k-2),\cdots,x(k-N)] \tag{5-223}$$

则称 $\{x(k);k=0,1,2,\cdots\}$ 为 N 阶马尔可夫序列，显然此时 $x(k)$ 的分布特性仅与其前 N 个值的分布特性有关。随机过程理论已经证明，如果随机过程 $\{x(t);t\in[0,\infty)\}$ 的成型滤波器是 N 阶线性定常微分方程，则其采样序列 $\{x(k);k=$

$0,1,2,\cdots\}$为 N 阶马尔可夫序列。若

$$f[x(k)\mid x(k-1),x(k-2),\cdots,x(0)]=f[x(k)\mid x(k-1)] \tag{5-224}$$

则称$\{x(k);k=0,1,2,\cdots\}$为一阶马尔可夫序列。由于它相应于惯性环节(一阶微分方程所表征的随机过程的成型滤波器)在白噪声作用下稳态输出的采样值,所以其相关系数为指数函数,如式(5-5)所示。

现在专门考察 $N=1$ 的情形。一阶马尔可夫序列虽然简单,在射击学领域中却常常是描述火炮炮控误差的首选。有鉴于此,也为了与工程习惯用法一致,本节在一阶马尔可夫序列约束下所定义的概念与所得的结论,省略了“一阶马尔可夫序列下”这一定语;而在 $N\neq1$ 情形下得出的相应结论,才冠以“N 阶马尔可夫序列下”这一定语。

由于 $g[x^*(1)]$应是由 $x(0)=x^*(0)$ 转移到 $x(1)=x^*(0)$ 的概率密度与由 $x(0)\neq x^*(0)$所有点转移到 $x(1)=x^*(0)$的概率密度之和,根据部分小于全体之原则,应有 $g[x^*(1)]$的下界为

$$\underline{g}[x^*(1)]=f[x^*(1)\mid x^*(0)]f[x^*(0)]<g[x^*(0)] \tag{5-225}$$

再考虑式(5-224),则可将 $g[x^*(k)]$的下界表示为

$$\begin{aligned}&g[x^*(k)]>\underline{g}[x^*(k)]\\&=f[x^*(k)\mid x^*(k-1)]f[x^*(k-1)\mid x^*(k-2)]\cdots f[x^*(1)\mid x^*(0)]f[x^*(0)]\\&=\left(\frac{1}{\sqrt{2\pi}\sigma_x}\right)^{k+1}\left(\frac{1}{\sqrt{1-r_x^2}}\right)^{k}\exp\left[-\frac{k(1-r_x)}{2(1+r_x)}\left(\frac{x^*(k)}{\sigma_x}\right)^2-\frac{1}{2}\left(\frac{x^*(k)}{\sigma_x}\right)^2\right]\end{aligned} \tag{5-226}$$

为表达简洁且不失一般性,这里置 $\bar{x}=0$。

又,x^* 是待机域内的任意点,故而由式(5-222)、式(5-226)有

$$\underline{g}[x(k)]\leqslant g[x(k)]\leqslant\bar{g}[x(k)] \tag{5-227}$$

式中

$$\underline{g}[x(k)]=\left(\frac{1}{\sqrt{2\pi}\sigma_x}\right)^{k+1}\left(\frac{1}{\sqrt{1-r_x^2}}\right)^{k}\exp\left[-\frac{k(1-r_x)}{2(1+r_x)}\left(\frac{x(k)}{\sigma_x}\right)^2-\frac{1}{2}\left(\frac{x(k)}{\sigma_x}\right)^2\right] \tag{5-228}$$

$$\bar{g}[x(k)]=f[x(0)] \tag{5-229}$$

下面分别以概率密度函数的下、上界来获得超速、欠速概率转移阵。

定义 5.3　将式(5-215)中的待机量与滞留量的共同分布函数 $g[x(k)]$以其下界(5-228)获得的概率转移系数定义为超速概率转移系数,记为 $q_{i,i'}^{+}(k)$。

在任意瞬时 k,以概率下界(5-228)计算区间 $i\in\bar{\Omega}$ 上的概率分布 $\beta_i^{+}(k)$,比以实际$g[x(k)]$计算获得的概率分布 $\beta_i(k)$要小,因而此时转移到目的域内的概率比实际的要多,即

$$\begin{cases}\beta_i^{+}(k)<\beta_i(k), & i\notin\Omega\\ \beta_i^{+}(k)>\beta_i(k), & i\in\Omega\end{cases} \tag{5-230}$$

从速度上讲,转移的比实际的要快,因而此时的概率转移系数被称为超速概率转移系数。

同样地,可以得到欠速概率转移系数的定义。

定义 5.4 将式(5-215)中的待机量与滞留量的共同分布函数 $g[x(k)]$以其上界(5-229)替换而获得的概率转移系数定义为欠速概率转移阵,记为 $q_{i,i'}^{-}(k)$。

将式(5-226)代入式(5-215)有

$$q_{i,i'}^{+}=\frac{\int_{x_{i-1}}^{x_i}\left[\Phi\left(\frac{x_{i'}-r_x x(k)}{\sigma_x\sqrt{1-r_x^2}}\right)-\Phi\left(\frac{x_{i'-1}-r_x x(k)}{\sigma_x\sqrt{1-r_x^2}}\right)\right]\exp\left[-\frac{k(1-r_x)}{2(1+r_x)}\left(\frac{x(k)}{\sigma_x}\right)^2\right]\mathrm{d}x(k)}{\int_{x_{i-1}}^{x_i}\exp\left[-\frac{k(1-r_x)}{2(1+r_x)}\left(\frac{x(k)}{\sigma_x}\right)^2\right]\mathrm{d}x(k)} \tag{5-231}$$

令

$$\begin{cases}f_\Phi[x(k)]=\Phi\left(\frac{x_{i'}-r_x x(k)}{\sigma_x\sqrt{1-r_x^2}}\right)-\Phi\left(\frac{x_{i'-1}-r_x x(k)}{\sigma_x\sqrt{1-r_x^2}}\right)\geqslant 0\\ g_e[x(k)]=\exp\left[-\frac{k(1-r_x)}{2(1+r_x)}\left(\frac{x(k)}{\sigma_x}\right)^2\right]>0\end{cases} \tag{5-232}$$

对 $f_\Phi[x(k)]$求导,可得

$$\begin{cases}\frac{\mathrm{d}f_\Phi[x(k)]}{\mathrm{d}x(k)}>0, & x(k)<\frac{x_{i'}+x_{i'-1}}{2r_x}\\ \frac{\mathrm{d}f_\Phi[x(k)]}{\mathrm{d}x(k)}<0, & x(k)>\frac{x_{i'}+x_{i'-1}}{2r_x}\end{cases} \tag{5-233}$$

依据积分第二中值定理,可得

$$q_{i\neq 0,i'}^{+}(\xi)=\begin{cases}\frac{f_\Phi(x_i)\int_{x_{i-1}}^{\xi}g_e[x(k)]\mathrm{d}x(k)}{\int_{x_{i-1}}^{x_i}g_e[x(k)]\mathrm{d}x(k)}, & x(k)<\frac{x_{i'}+x_{i'-1}}{2r_x}\\ \frac{f_\Phi(x_{i-1})\int_{\xi}^{x_i}g_e[x(k)]\mathrm{d}x(k)}{\int_{x_{i-1}}^{x_i}g_e[x(k)]\mathrm{d}x(k)}, & x(k)>\frac{x_{i'}+x_{i'-1}}{2r_x}\end{cases} \tag{5-234}$$

式中,$x_{i-1}\leqslant\xi\leqslant x_i$。

又式(5-234)所示的 $q_{i,i'}^{+}(\xi)$作为概率转移系数,它还必须满足由下式:

$$\sum_{i'=0}^{n} q_{i,i'}^{+}(\xi)=1, \quad \forall i \tag{5-235}$$

表征的性质。当且仅当 $x_{i-1}\leqslant\xi\leqslant x_i$ 中的 $\xi=x_i$ 或 $\xi=x_{i-1}$ 时，上式才成立，故由上式中所给的 $q_{i,i'}^{+}$ 的集合中，只有下式所示 $q_{i,i'}^{+}$ 才是超速概率转移系数：

$$q_{i\neq 0,i'}^{+}=\begin{cases}\Phi\left(\dfrac{x_{i'}-r_x x_i}{\sigma_x\sqrt{1-r_x^2}}\right)-\Phi\left(\dfrac{x_{i'-1}-r_x x_i}{\sigma_x\sqrt{1-r_x^2}}\right), & x_i<\dfrac{x_{i'}+x_{i'-1}}{2r_x}\\ \Phi\left(\dfrac{x_{i'}-r_x x_{i-1}}{\sigma_x\sqrt{1-r_x^2}}\right)-\Phi\left(\dfrac{x_{i'-1}-r_x x_{i-1}}{\sigma_x\sqrt{1-r_x^2}}\right), & x_{i-1}>\dfrac{x_{i'}+x_{i'-1}}{2r_x}\end{cases} \tag{5-236}$$

为与 k 无关的常数，故有超速概率转移系数为

$$q_{i,i'}^{+}(k)=\begin{cases}1, & i=i'=0\\ q_{i\neq 0,i'}^{+}, & i\neq 0\\ 0, & i=0,i'\neq 0\end{cases} \tag{5-237}$$

将式(5-229)代入式(5-215)即可有欠速概率转移系数为

$$q_{i,i'}^{-}(k)=\begin{cases}1, & i=i'=0\\ \dfrac{\displaystyle\int_{x_{i-1}}^{x_i}\left[\Phi\left(\dfrac{x_{i'}-r_x x(k)}{\sigma_x\sqrt{1-r_x^2}}\right)-\Phi\left(\dfrac{x_{i'-1}-r_x x(k)}{\sigma_x\sqrt{1-r_x^2}}\right)\right]\dfrac{1}{\sqrt{2\pi}\sigma_x}\exp\left[-\dfrac{x^2(k)}{2\sigma_x^2}\right]\mathrm{d}x(k)}{\Phi\left(\dfrac{x_i}{\sigma_x}\right)-\Phi\left(\dfrac{x_{i-1}}{\sigma_x}\right)}, & i\neq 0\\ 0, & i=0,i'\neq 0\end{cases} \tag{5-238}$$

$q_{i,i'}^{-}(k)$ 与时间 k 无关，此时目的域外的概率转移系数等于不存在吸收区域时的概率转移系数。

$\{q_{i,i'}^{-}\}$、$\{q_{i,i'}^{+}\}$ 分别构成了欠速概率转移阵 $\boldsymbol{Q}^{-}$ 和超速概率转移阵 $\boldsymbol{Q}^{+}$。

3. 概率转移阵估计

当用 $g[x(k)]$ 的下限计算 $q_{i,i'}(k)$ 时，由待机域转移到射击门的概率将高于实际值，而用其上限时，此转移概率又低于实际值，应有

$$\begin{cases}0<\beta_i^{+}(k)<\beta_i(k)<\beta_i^{-}(k), & \{i\}\subset\bar{\Omega}\\ 0<\beta_i^{-}(k)<\beta_i(k)<\beta_i^{+}(k), & \{i\}\subset\Omega\end{cases} \tag{5-239}$$

由于式(5-238)所示 $q_{i\neq 0,i'}^{+}$ 为 x 的有界连续函数，依据积分中值定理，必存在 $x_{i-1}\leqslant x_i'\leqslant x_i''\leqslant x_i$，使

$$q_{i\neq 0,i'}^{+}=\frac{\displaystyle\int_{x(k+1)=x_{i'-1}}^{x_{i'}} f[x(k+1)\mid x_i']f[x_i'](x_i-x_{i-1})\mathrm{d}x(k+1)}{f[x_i''](x_i-x_{i-1})}$$

$$=\frac{\left[\Phi\left(\frac{x_{i'}-r_x x'_i}{\sigma_x\sqrt{1-r_x^2}}\right)-\Phi\left(\frac{x_{i'-1}-r_x x'_i}{\sigma_x\sqrt{1-r_x^2}}\right)\right]f(x'_i)}{f(x''_i)}=q^-_{i\neq 0,i'}\quad (x_i-x_{i-1}\to 0)$$

(5-240)

此式表明，当 $x(k)$ 的分割区间趋于零时，超速、欠速概率转移阵趋于一致，也就是说，只要减小 $x(k)$ 的分割区间 $\{i\}$，一定可以使 $\boldsymbol{\beta}(k)$ 的估计误差 $\widetilde{\boldsymbol{\beta}}(k)$ 的范数小于期望值。

当以

$$\hat{\boldsymbol{Q}}=\{\hat{q}_{i,i'}\}=\frac{1}{2}(\boldsymbol{Q}^+ +\boldsymbol{Q}^-)\tag{5-241}$$

作为概率转移阵 $\boldsymbol{Q}(k)$ 的估计时，则 $x(k)$ 分区概率分布的估计

$$\hat{\boldsymbol{\beta}}(k)=\hat{\boldsymbol{Q}}^k\boldsymbol{\beta}(0)\tag{5-242}$$

的估计误差为

$$\|\widetilde{\boldsymbol{\beta}}(k)\|\leqslant\left\|\left(\frac{\boldsymbol{Q}^+-\boldsymbol{Q}^-}{2}\right)^k\boldsymbol{\beta}(0)\right\|\tag{5-243}$$

4. 首次待机时间分布与统计特征量

上述结论均是针对一维过程，下面将拓展到二维以获得首次待机时间的分布及统计特征量。

将 $x(k)$ 分成 $n+1$ 个区间，$y(k)$ 分成 $m+1$ 个区间，则概率转移阵和分区概率分布的估计分别为

$$\hat{\boldsymbol{Q}}(x)=\{\hat{q}_{i,i'}(x)\}_{(n+1)\times(n+1)}\tag{5-244}$$

$$\hat{\boldsymbol{Q}}(y)=\{\hat{q}_{j,j'}(y)\}_{(m+1)\times(m+1)}\tag{5-245}$$

$$\hat{\boldsymbol{\beta}}[x(k)]=\{\hat{\beta}_n[x(k)],\cdots,\hat{\beta}_1[x(k)],\hat{\beta}_0[x(k)]\}^{\mathrm{T}}\tag{5-246}$$

$$\hat{\boldsymbol{\beta}}[y(k)]=\{\hat{\beta}_m[y(k)],\cdots,\hat{\beta}_1[y(k)],\hat{\beta}_0[y(k)]\}^{\mathrm{T}}\tag{5-247}$$

因而有 $\hat{\boldsymbol{\beta}}[\boldsymbol{Z}(k)]=\hat{\boldsymbol{\beta}}[x(k)]\otimes\hat{\boldsymbol{\beta}}[y(k)]$，这里 $\otimes$ 为克罗内克(Kronecker)积。

因 $\hat{q}_{i\times j,i'\times j'}(\boldsymbol{Z})=\hat{q}_{i,i'}(x)\hat{q}_{j,j'}(y)$，故对所有的 i、i'、j、j' 有

$$\begin{aligned}\hat{\boldsymbol{Q}}(\boldsymbol{Z})&=\{\hat{q}_{i\times j,i'\times j'}(\boldsymbol{Z})\}_{[(n+1)(m+1)]\times[(n+1)(m+1)]}\\&=\{\hat{q}_{i,i'}(x)\hat{\boldsymbol{Q}}(y)\}_{(n+1)\times(n+1)}\end{aligned}\tag{5-248}$$

从而 $\boldsymbol{Z}(k)$ 的概率转移阵估计为

$$\hat{\boldsymbol{Q}}(\boldsymbol{Z})=\begin{bmatrix}\hat{\boldsymbol{Q}}_{\mathrm{II}}(\boldsymbol{Z}) & 0\\ \hat{\boldsymbol{Q}}_{\mathrm{I}0}(\boldsymbol{Z}) & 1\end{bmatrix}\tag{5-249}$$

记

$$\hat{\boldsymbol{\beta}}[\boldsymbol{Z}(k)]=\{\hat{\boldsymbol{\beta}}_{\mathrm{I}}^{\mathrm{T}}[\boldsymbol{Z}(k)],\hat{\beta}_0[\boldsymbol{Z}(k)]\}^{\mathrm{T}} \tag{5-250}$$

式中,$\hat{\boldsymbol{\beta}}_{\mathrm{I}}[\boldsymbol{Z}(k)]\in\mathbf{R}^{[(n+1)(m+1)-1]\times 1}$是待机域内分区概率分布矢量估计值。

经 k 次采样后,$\boldsymbol{Z}(k)$的分区概率分布矢量估计值

$$\hat{\boldsymbol{\beta}}[\boldsymbol{Z}(k)]=\begin{bmatrix}\hat{\boldsymbol{\beta}}_{\mathrm{I}}[\boldsymbol{Z}(k)]\\ \hat{\beta}_0[\boldsymbol{Z}(k)]\end{bmatrix}=\hat{\boldsymbol{Q}}^k(\boldsymbol{Z})\boldsymbol{\beta}[\boldsymbol{Z}(0)]=\begin{bmatrix}\hat{\boldsymbol{Q}}_{\mathrm{II}}(\boldsymbol{Z}) & 0\\ \hat{\boldsymbol{Q}}_{\mathrm{I}0}(\boldsymbol{Z}) & 1\end{bmatrix}^k \tag{5-251}$$

$$\begin{bmatrix}\boldsymbol{\beta}_{\mathrm{I}}[\boldsymbol{Z}(0)]\\ \beta_0[\boldsymbol{Z}(0)]\end{bmatrix}=\begin{bmatrix}\hat{\boldsymbol{Q}}_{\mathrm{II}}^k(\boldsymbol{Z}) & 0\\ \hat{\boldsymbol{Q}}_{\mathrm{I}0}(\boldsymbol{Z})\hat{\boldsymbol{Q}}_{\mathrm{II}}^{k-1}(\boldsymbol{Z})+\cdots+\hat{\boldsymbol{Q}}_{\mathrm{I}0}(\boldsymbol{Z}) & 1\end{bmatrix}\begin{bmatrix}\boldsymbol{\beta}_{\mathrm{I}}[\boldsymbol{Z}(0)]\\ \beta_0[\boldsymbol{Z}(0)]\end{bmatrix} \tag{5-252}$$

又概率转移系数满足式(5-217)的关系,则有

$$\hat{\boldsymbol{Q}}_{\mathrm{I}0}(\boldsymbol{Z})=\boldsymbol{e}[\boldsymbol{I}-\hat{\boldsymbol{Q}}_{\mathrm{II}}(\boldsymbol{Z})] \tag{5-253}$$

式中,$\boldsymbol{e}\in\mathbf{R}^{1\times[(n+1)(m+1)-1]}$ 为全 1 行向量;$\boldsymbol{I}\in\mathbf{R}^{[(n+1)(m+1)-1]\times[(n+1)(m+1)-1]}$ 为单位矩阵。

由式(5-252)与式(5-253),则有

$$\hat{\boldsymbol{\beta}}_{\mathrm{I}}[\boldsymbol{Z}(k)]=\hat{\boldsymbol{Q}}_{\mathrm{II}}^k(\boldsymbol{Z})\boldsymbol{\beta}_{\mathrm{I}}[\boldsymbol{Z}(0)] \tag{5-254}$$

$$\hat{\beta}_0[\boldsymbol{Z}(k)]=1-\boldsymbol{e}\hat{\boldsymbol{Q}}_{\mathrm{II}}^k(\boldsymbol{Z})\boldsymbol{\beta}_{\mathrm{I}}[\boldsymbol{Z}(0)] \tag{5-255}$$

由于 $\tau_1=kT$ 的概率为$\boldsymbol{Z}(k)$在 k 时刻进入到目的域的概率,即

$$P\{\hat{\tau}_1=kT\}=\hat{\beta}_0[\boldsymbol{Z}(k)]-\hat{\beta}_0[\boldsymbol{Z}(k-1)] \tag{5-256}$$

故有首次待机时间 $\tau_1=kT(k=1,2,\cdots)$服从以

$$P\{\hat{\tau}_1=kT\}=\hat{\boldsymbol{Q}}_{\mathrm{I}0}(\boldsymbol{Z})\hat{\boldsymbol{Q}}_{\mathrm{II}}^{k-1}(\boldsymbol{Z})\boldsymbol{\beta}_{\mathrm{I}}[\boldsymbol{Z}(0)] \tag{5-257}$$

为概率分布函数的 PH 分布(相型分布)。

注:(1) $\tau_1=0$ 的概率即为$\boldsymbol{Z}(0)$在目的域内的概率,即

$$P\{\tau_1=0\}=\beta_0[\boldsymbol{Z}(0)] \tag{5-258}$$

(2) 若待机域内未划分,即 $n=1$,则式(5-257)中的$\hat{\boldsymbol{Q}}_{\mathrm{I}0}(\boldsymbol{Z})$、$\hat{\boldsymbol{Q}}_{\mathrm{II}}(\boldsymbol{Z})$及$\boldsymbol{\beta}_{\mathrm{I}}[\boldsymbol{Z}(0)]$皆为常数,此时 PH 分布即为几何分布。但此时的估计误差会很大,因而在待机域内会分成若干的分区,此时它们为矢量或矩阵,则 PH 分布可称为广义几何分布。

同理还可以得到,待机时间分布的估计的上限与下限分别满足底为$\boldsymbol{Q}_{\mathrm{II}}^{-}(\boldsymbol{Z})$与$\boldsymbol{Q}_{\mathrm{II}}^{+}(\boldsymbol{Z})$的 PH 分布。

由于

$$\bar{\hat{\tau}}_1=\sum_{k=1}^{\infty}kT\hat{\boldsymbol{Q}}_{\mathrm{I}0}(\boldsymbol{Z})\hat{\boldsymbol{Q}}_{\mathrm{II}}^{k-1}(\boldsymbol{Z})\boldsymbol{\beta}_{\mathrm{I}}[\boldsymbol{Z}(0)]+0\cdot P\{\tau_1=0\} \tag{5-259}$$

且

$$\sum_{k=1}^{\infty}k\hat{\boldsymbol{Q}}_{\mathrm{II}}^{k-1}=[\boldsymbol{I}-\hat{\boldsymbol{Q}}_{\mathrm{II}}(\boldsymbol{Z})]^{-2} \tag{5-260}$$

则有平均首次待机时间估计为

$$\bar{\hat{\tau}}_1=\hat{\boldsymbol{Q}}_{\mathrm{I}0}(\boldsymbol{Z})[\boldsymbol{I}-\hat{\boldsymbol{Q}}_{\mathrm{II}}(\boldsymbol{Z})]^{-2}\boldsymbol{\beta}_{\mathrm{I}}[\boldsymbol{Z}(0)]T \tag{5-261}$$

将式(5-257)代入

$$\sigma_{\hat{\tau}_1}^2 = \sum_{k=1}^{\infty} (kT)^2 P\{\hat{\tau}_1 = kT\} - (\bar{\hat{\tau}}_1)^2 \tag{5-262}$$

又

$$\sum_{k=1}^{\infty} k^2 \hat{\boldsymbol{Q}}_{\mathrm{II}}^{k-1}(\boldsymbol{Z}) = [\boldsymbol{I} - \hat{\boldsymbol{Q}}_{\mathrm{II}}(\boldsymbol{Z})]^{-3}[\boldsymbol{I} + \hat{\boldsymbol{Q}}_{\mathrm{II}}(\boldsymbol{Z})] \tag{5-263}$$

故有首次待机时间的方差

$$\sigma_{\hat{\tau}_1}^2 = \hat{\boldsymbol{Q}}_{\mathrm{I}0}(\boldsymbol{Z})[\boldsymbol{I} - \hat{\boldsymbol{Q}}_{\mathrm{II}}(\boldsymbol{Z})]^{-3}[\boldsymbol{I} + \hat{\boldsymbol{Q}}_{\mathrm{II}}(\boldsymbol{Z})]\boldsymbol{\beta}_{\mathrm{I}}[\boldsymbol{Z}(0)]T^2 - (\bar{\hat{\tau}}_1)^2 \tag{5-264}$$

5. 数值算例

假定目的域为[－0.5,0.5]mil×[－1,1]mil。$\boldsymbol{Z}(k)$均值置零，采样周期为0.04s，均方差及相关系数如下：

$$\sigma_x = 0.6248\text{mil}, \quad \sigma_y = 1.1051\text{mil} \tag{5-265}$$

$$r_x = 0.9613, \quad r_y = 0.9385 \tag{5-266}$$

x、y 上的待机域分割数关系为 $m=2n$，并将式(5-265)、式(5-266)中参数及目的域大小代入式(5-261)，取不同的 n 值得到首次待机时间均值如表 5.2。表 5.2 中 $\bar{\tau}_1^-$、$\bar{\tau}_1^+$ 分别是首次待机时间均值估值的上、下界，是将概率转移阵的下、上界 $\boldsymbol{Q}^-(\boldsymbol{Z})$、$\boldsymbol{Q}^+(\boldsymbol{Z})$代替到式(5-249)中的转移阵估计值得到；$\Delta\tau_1 = (\bar{\tau}_1^- - \bar{\tau}_1^+)/2$ 作为估值误差的最大值。

表 5.2 不同 n 值得到的估值及误差 (单位：s)

n	$\bar{\tau}_1^+$	$\bar{\tau}_1^-$	$\bar{\hat{\tau}}_1$	$\Delta\tau_1$
20	0.1408	0.2724	0.1841	0.0658
40	0.1873	0.2822	0.2246	0.0475
60	0.2112	0.2840	0.2420	0.0364
80	0.2256	0.2845	0.2515	0.0295
100	0.2353	0.2848	0.2576	0.0248
130	0.2450	0.2850	0.2633	0.0200
160	0.2514	0.2851	0.2670	0.0168
190	0.2560	0.2852	0.2696	0.0146
250	0.2621	0.2852	0.2729	0.0116
300	0.2654	0.2852	0.2747	0.0099

误差随着 n 的增大而减小。显然，给定误差最大值，即可确定待机域应分割的段数。

将式(5-265)、式(5-266)中参数及目的域大小代入式(5-257)中即可获得首次待机时间分布曲线，如图 5.28 所示。

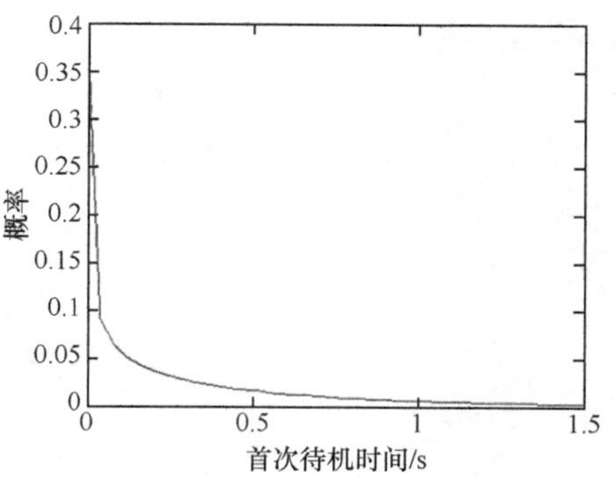

图 5.28　首次待机时间分布曲线

5.5.2　首次滞留时间

1. 首次滞留时间分析

以待机域为吸收区域时，从 $t=0$ 开始，随机变量在目的域内的滞留时间称为首次滞留时间，首次滞留时间的分析与首次待机时间的分析过程相同，但要先将目的域网格化，具体分割的方法如下：目的域内，在 x 轴上画 $2n$ 条割线，分别记为 $x_{-n}, x_{-n+1}, \cdots, x_{-1}, x_0, \cdots, x_{n-1}$，且规定 $x_{n-1}=a, x_{-n}=-a$，区段 $\{i\}=(x_{i-1}, x_i]$，$i=-n+1,\cdots,-1,0,1,\cdots,n-1$。对于 Ω 外，$(-\infty,-a]$ 记为 $\{i_{-n}\}$，$(a,+\infty)$ 记为 $\{i_n\}$，则共有 $2n+1$ 个小区段，如图 5.29 所示。

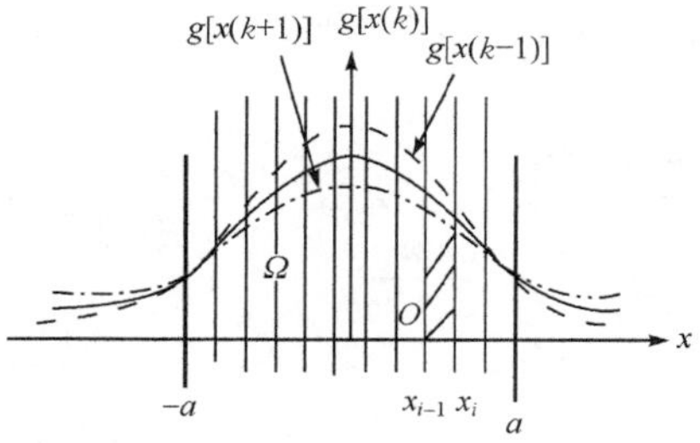

图 5.29　分割示意图

定义 5.5　记

$$\beta_i(0)=\int\limits_{x(0)\in\{i\}} f[x(0)]\mathrm{d}x(0) \tag{5-267}$$

则定义

$$\begin{aligned}\boldsymbol{\beta}(0)&=[\beta_{-n}(0),\beta_{-n+1}(0),\cdots,\beta_0(0),\cdots,\beta_{n-1}(0),\beta_n(0)]^{\mathrm{T}}\\&=[\beta_{-n}(0),\boldsymbol{\beta}_{\mathrm{I}}^{\mathrm{T}}(0),\beta_n(0)]^{\mathrm{T}}\end{aligned}$$

为 $x(0)$ 的分区初始矢量分布。其中，$\boldsymbol{\beta}_{\mathrm{I}}^{\mathrm{T}}(0)=[\beta_{-n+1}(0),\cdots,\beta_0(0),\cdots,\beta_{n-1}(0)]$。

由各个分区的概率转移系数构成的矩阵为

$$\boldsymbol{Q}(k)=\{q_{i,i'}(k)\}_{(2n+1)\times(2n+1)}$$

$$=\begin{bmatrix}1 & q_{-n+1,-n}(k) & \cdots & q_{n-1,-n}(k) & 0\\ 0 & q_{-n+1,-n+1}(k) & \cdots & q_{n-1,-n+1}(k) & 0\\ \vdots & \vdots & & \vdots & \vdots\\ 0 & q_{-n+1,n-1}(k) & \cdots & q_{n-1,n-1}(k) & 0\\ 0 & q_{-n+1,n}(k) & \cdots & q_{n-1,n}(k) & 1\end{bmatrix}=\begin{bmatrix}1 & \boldsymbol{Q}_{\mathrm{I},-n} & 0\\ 0 & \boldsymbol{Q}_{\mathrm{II}} & 0\\ 0 & \boldsymbol{Q}_{\mathrm{I},n} & 1\end{bmatrix} \tag{5-268}$$

与首次待机时间的处理方法类似，利用超速、欠速概率转移阵来获得 $\boldsymbol{Q}(k)$ 的估计式。这里的超速、欠速概率转移系数的原理与式(5-237)、式(5-238)一样，以概率密度函数下界获得超速概率转移系数，以概率密度函数上界获得欠速概率转移系数，如下：

$$q_{i,i'}^{+}(k)=\begin{cases}1, & \{i=i'=n\text{ 或 }-n\}\\ q_{i\neq 0,i'}^{+}, & \{i\neq n\text{ 且 }i\neq -n\}\\ 0, & \{i=n,i'\neq n\}\text{或}\{i=-n,i'\neq -n\}\end{cases} \tag{5-269}$$

式中

$$q_{i\neq 0,i'}^{+}=\begin{cases}\Phi\left(\dfrac{x_{i'}-r_x x_i}{\sigma\sqrt{1-r^2}}\right)-\Phi\left(\dfrac{x_{i'-1}-rx_i}{\sigma\sqrt{1-r^2}}\right), & x_i>\dfrac{x_{i'}+x_{i'-1}}{2r}\\ \Phi\left(\dfrac{x_{i'}-r_x x_{i-1}}{\sigma\sqrt{1-r^2}}\right)-\Phi\left(\dfrac{x_{i'-1}-rx_{i-1}}{\sigma\sqrt{1-r^2}}\right), & x_{i-1}<\dfrac{x_{i'}+x_{i'-1}}{2r}\end{cases} \tag{5-270}$$

以及

$$q_{i,i'}^{-}(k)=\begin{cases}1, & \{i=i'=n\text{ 或 }-n\}\\ q_{i\in\Omega,i'}^{-}, & \{i\neq n\text{ 且 }i\neq -n\}\\ 0, & \{i=n,i'\neq n\}\text{或}\{i=-n,i'\neq -n\}\end{cases} \tag{5-271}$$

式中

$$q_{i\in\Omega,i'}^{-}=\frac{\displaystyle\int_{x_{i-1}}^{x_i}\left[\Phi\left(\frac{x_{i'}-r_x x(k)}{\sigma_x\sqrt{1-r_x^2}}\right)-\Phi\left(\frac{x_{i'-1}-r_x x(k)}{\sigma_x\sqrt{1-r_x^2}}\right)\right]\frac{1}{\sqrt{2\pi}\sigma_x}\exp\left[-\frac{x^2(k)}{2\sigma_x^2}\right]\mathrm{d}x(k)}{\Phi\left(\dfrac{x_i}{\sigma_x}\right)-\Phi\left(\dfrac{x_{i-1}}{\sigma_x}\right)} \tag{5-272}$$

分别表示超速、欠速概率转移系数。

式(5-270)与式(5-237)的差别显示了超速概率转移系数在首次滞留时间和首次待机时间中的不同，以靠近吸收区域的那一侧来获得超速概率转移系数。

记 $\boldsymbol{\beta}(k)$ 为 k 瞬时的概率分布矢量，则有

$$\boldsymbol{\beta}(k)=\prod_{i=1}^{k}\boldsymbol{Q}(i)\boldsymbol{\beta}(0) \tag{5-273}$$

记 $\boldsymbol{\beta}^{+}(k)$、$\boldsymbol{\beta}^{-}(k)$ 分别为以超速、欠速概率转移阵获得的概率分布矢量，$\hat{\boldsymbol{\beta}}(k)$ 为其估计值。

以超速、欠逗概率转移阵来得到 $\boldsymbol{Q}(k)$ 的估计式

$$\begin{aligned}\hat{\boldsymbol{Q}}&=\{\hat{q}_{i,i'}\}_{(2n+1)\times(2n+1)}=(\boldsymbol{Q}^{+}+\boldsymbol{Q}^{-})/2\\ &=\left\{\frac{1}{2}(q_{i,i'}^{+}+q_{i,i'}^{-})\right\}_{(2n+1)\times(2n+1)}\end{aligned} \tag{5-274}$$

则 $\hat{\boldsymbol{\beta}}(k)$、$\boldsymbol{\beta}^{+}(k)$、$\boldsymbol{\beta}^{-}(k)$ 分别为

$$\hat{\boldsymbol{\beta}}(k)=[\hat{\beta}_{-n}(k),\hat{\beta}_{-n+1}(k),\cdots,\hat{\beta}_{n}(k)]^{\mathrm{T}}=\hat{\boldsymbol{Q}}^{k}\boldsymbol{\beta}(0)=\left(\frac{\boldsymbol{Q}^{+}+\boldsymbol{Q}^{-}}{2}\right)^{k}\boldsymbol{\beta}(0) \tag{5-275}$$

$$\boldsymbol{\beta}^{+}(k)=[\beta_{-n}^{+}(k),\beta_{-n+1}^{+}(k),\cdots,\beta_{n}^{+}(k)]^{\mathrm{T}}=(\boldsymbol{Q}^{+})^{k}\boldsymbol{\beta}(0) \tag{5-276}$$

$$\boldsymbol{\beta}^{-}(k)=[\beta_{n}^{-}(k),\beta_{-n+1}^{-}(k),\cdots,\beta_{k}^{-}(k)]^{\mathrm{T}}=(\boldsymbol{Q}^{-})^{k}\boldsymbol{\beta}(0) \tag{5-277}$$

而且

$$\sum_{i=-n+1}^{n-1}\beta_i^{+}(k)\leqslant\sum_{i=-n+1}^{n-1}\hat{\beta}_i(k)\leqslant\sum_{i=-n+1}^{n-1}\beta_i^{-}(k) \tag{5-278}$$

$$\beta_{-n}^{+}\geqslant\hat{\beta}_{-n}\geqslant\beta_{-n}^{-},\quad \beta_{n}^{+}\geqslant\hat{\beta}_{n}\geqslant\beta_{n}^{-} \tag{5-279}$$

通过超速概率转移阵求解获得滞留时间的下界，记为 τ_0^{+}，而以欠速概率转移阵求解获得滞留时间的上界，记为 τ_0^{-}。

因 $\tau_0=kT(k=1,2,\cdots)$的概率即为瞬时 k 目的域内分布概率与瞬时 $k-1$ 目的域内的分布概率的变化量，随着采样点的增多，在目的域内的分布概率会越来越小，故有首次滞留时间分布

$$P\{\tau_0=kT\}=\boldsymbol{e\beta}_{\mathrm{I}}(k-1)-\boldsymbol{e\beta}_{\mathrm{I}}(k) \tag{5-280}$$

而瞬时 k 目的域内的分布概率为

$$\begin{aligned}\boldsymbol{e\beta}_{\mathrm{I}}(k)&=[0,1,1,\cdots,1,0]\boldsymbol{\beta}(k)=[0,1,1,\cdots,1,0]\prod_{m=1}^{k}\boldsymbol{Q}(m)\boldsymbol{\beta}(0)\\&=\boldsymbol{e}\prod_{m=1}^{k}\boldsymbol{Q}_{\mathrm{II}}(m)\boldsymbol{\beta}_{\mathrm{I}}(0)\end{aligned}$$

则有区间目的域下滞留时间分布函数的下界、上界与估计服从 PH 分布，如下：

$$P\{\tau_0^{+}=kT\}=\boldsymbol{e}(\boldsymbol{I}-\boldsymbol{Q}_{\mathrm{II}}^{+})(\boldsymbol{Q}_{\mathrm{II}}^{+})^{k-1}\boldsymbol{\beta}_{\mathrm{I}}(0) \tag{5-281}$$

$$P\{\tau_0^{-}=kT\}=\boldsymbol{e}(\boldsymbol{I}-\boldsymbol{Q}_{\mathrm{II}}^{-})(\boldsymbol{Q}_{\mathrm{II}}^{-})^{k-1}\boldsymbol{\beta}_{\mathrm{I}}(0) \tag{5-282}$$

$$P\{\hat{\tau}_0=kT\}=\boldsymbol{e}(\boldsymbol{I}-\hat{\boldsymbol{Q}}_{\mathrm{II}})(\hat{\boldsymbol{Q}}_{\mathrm{II}})^{k-1}\boldsymbol{\beta}_{\mathrm{I}}(0) \tag{5-283}$$

上述三式在 $k\geqslant1$ 时成立。而 $k=0$ 时

$$P\{\tau_0^{+}=0\}=P\{\tau_0^{-}=0\}=P\{\hat{\tau}_0=0\}=1-\boldsymbol{e\beta}_{\mathrm{I}}(0) \tag{5-284}$$

式中，$\boldsymbol{e}\in\mathbf{R}^{1\times(2n-1)}$ 为全 1 行向量。

$k=0$ 时，即滞留时间为 0 的概率就是目的域外的分布概率，从而有式(5-284)成立。

平均滞留时间为

$$\bar{\tau}_0=\sum_{k=1}^{\infty}kT\cdot P\{\hat{\tau}_0=kT\}+0\cdot P\{\hat{\tau}_0=0\}=\sum_{k=1}^{\infty}kT\cdot\boldsymbol{e}(\boldsymbol{I}-\hat{\boldsymbol{Q}}_{\mathrm{II}})(\hat{\boldsymbol{Q}}_{\mathrm{II}})^{k-1}\boldsymbol{\beta}_{\mathrm{I}}(0)$$

而

$$(\boldsymbol{I}-\hat{\boldsymbol{Q}}_{\mathrm{II}})^2[\boldsymbol{I}+2\hat{\boldsymbol{Q}}_{\mathrm{II}}+3(\hat{\boldsymbol{Q}}_{\mathrm{II}})^2+\cdots+k(\hat{\boldsymbol{Q}}_{\mathrm{II}})^{k-1}+\cdots]=\boldsymbol{I}$$

又，易有矩阵级数 $\sum\limits_{k=1}^{\infty}k(\hat{\boldsymbol{Q}}_{\mathrm{II}})^{k-1}$收敛，则

$$\sum_{k=1}^{\infty}k(\hat{\boldsymbol{Q}}_{\mathrm{II}})^{k-1}=(\boldsymbol{I}-\hat{\boldsymbol{Q}}_{\mathrm{II}})^{-2}$$

则有，区间目的域下平均滞留时间估计为

$$\bar{\tau}_0=\boldsymbol{e}(\boldsymbol{I}-\hat{\boldsymbol{Q}}_{\mathrm{II}})^{-1}\boldsymbol{\beta}_{\mathrm{I}}(0)T \tag{5-285}$$

区间目的域下滞留时间的方差为

$$\begin{aligned}\sigma_{\bar{\tau}_0}^2&=\sum_{k=1}^{\infty}(kT)^2\cdot\boldsymbol{e}(\boldsymbol{I}-\hat{\boldsymbol{Q}}_{\mathrm{II}})(\hat{\boldsymbol{Q}}_{\mathrm{II}})^{k-1}\boldsymbol{\beta}_{\mathrm{I}}(0)-(\bar{\tau}_0)^2\\&=\boldsymbol{e}(\boldsymbol{I}-\hat{\boldsymbol{Q}}_{\mathrm{II}})^{-2}(\boldsymbol{I}+\hat{\boldsymbol{Q}}_{\mathrm{II}})\boldsymbol{\beta}_{\mathrm{I}}(0)T^2-(\bar{\tau}_0)^2\end{aligned} \tag{5-286}$$

2. 矩形目的域下首次滞留时间

矩形目的域下，$x(k)$、$y(k)$相互独立，将它们分别划分获得 $2n+1$、$2m+1$ 区间，则分别有概率转移矩阵估计

$$\hat{\boldsymbol{Q}}(x)=\{q_{i,i'}(x)\}_{(2n+1)\times(2n+1)}=\begin{bmatrix}1 & \hat{\boldsymbol{Q}}_{\mathrm{I},-n}(x) & 0\\0 & \hat{\boldsymbol{Q}}_{\mathrm{II}}(x) & 0\\0 & \hat{\boldsymbol{Q}}_{\mathrm{I},n}(x) & 1\end{bmatrix} \tag{5-287}$$

$$\hat{\boldsymbol{Q}}(y)=\{q_{i,i'}(y)\}_{(2m+1)\times(2m+1)}=\begin{bmatrix}1 & \hat{\boldsymbol{Q}}_{\mathrm{I},-m}(y) & 0\\0 & \hat{\boldsymbol{Q}}_{\mathrm{II}}(y) & 0\\0 & \hat{\boldsymbol{Q}}_{\mathrm{I},m}(y) & 1\end{bmatrix} \tag{5-288}$$

因而可知，k 瞬时目的域内 x 方向、y 方向的概率分布为

$$\hat{\boldsymbol{\beta}}_{\mathrm{I}}[x(k)]=\hat{\boldsymbol{Q}}_{\mathrm{II}}^k(x)\boldsymbol{\beta}_{\mathrm{I}}[x(0)] \tag{5-289}$$

$$\hat{\boldsymbol{\beta}}_{\mathrm{I}}[y(k)]=\hat{\boldsymbol{Q}}_{\mathrm{II}}^k(y)\boldsymbol{\beta}_{\mathrm{I}}[y(0)] \tag{5-290}$$

从而有 $\boldsymbol{Z}(k)=[x(k),y(k)]^{\mathrm{T}}$ 在目的域内的概率分布

$$\begin{aligned}\hat{\boldsymbol{\beta}}_{\mathrm{I}}[\boldsymbol{Z}(k)]&=\hat{\boldsymbol{\beta}}_{\mathrm{I}}[x(k)]\cdot\hat{\boldsymbol{\beta}}_{\mathrm{I}}^{\mathrm{T}}[y(k)]=\hat{\boldsymbol{Q}}_{\mathrm{II}}^k(x)\boldsymbol{\beta}_{\mathrm{I}}[x(0)]\cdot\{\hat{\boldsymbol{Q}}_{\mathrm{II}}^k(x)\boldsymbol{\beta}_{\mathrm{I}}[x(0)]\}^{\mathrm{T}}\\&=\{\hat{\beta}_i[x(k)]\cdot\hat{\beta}_j[y(k)]\}_{(2n-1)\times(2m-1)}\end{aligned} \tag{5-291}$$

上式给出了目的域内各个网格的概率分布，最终要求的是所有网格的概率分布和，即

$$\beta_{\Omega}[\boldsymbol{Z}(k)]=\boldsymbol{e}_n\hat{\boldsymbol{\beta}}_{\mathrm{I}}[\boldsymbol{Z}(k)]\boldsymbol{e}_m^{\mathrm{T}} \tag{5-292}$$

式中，$\boldsymbol{e}_n$、$\boldsymbol{e}_m$ 分别是 $2n-1$ 阶、$2m-1$ 阶全 1 行向量。

矩形目的域内的首次滞留时间概率分布为

$$P\{\tau_0=kT\}=\boldsymbol{e}_n\{\hat{\boldsymbol{\beta}}_{\mathrm{I}}[\boldsymbol{Z}(k-1)]-\hat{\boldsymbol{\beta}}_{\mathrm{I}}[\boldsymbol{Z}(k)]\}\boldsymbol{e}_m^{\mathrm{T}} \tag{5-293}$$

只是从式(5-291)不能确定首次滞留时间与哪些因素有关，因而希望有形如式(5-283)的表达。

事实上，式(5-291)中的 $\hat{\boldsymbol{\beta}}_{\mathrm{I}}[\boldsymbol{Z}(k)]$为二维分布，从初始值利用概率转移阵连乘获得该值，此时的概率转移阵是四维的，这在表达上比较抽象，在计算上也难以实现。这可以通过克罗内克积将二维的 $\hat{\boldsymbol{\beta}}_{\mathrm{I}}[\boldsymbol{Z}(k)]$表述成一维，而将四维的概率转移

阵表述成二维，因而可将式(5-291)改写成

$$\begin{aligned}\hat{\boldsymbol{\beta}}_{\mathrm{I}}[\boldsymbol{Z}(k)] &= \hat{\boldsymbol{\beta}}_{\mathrm{I}}[x(k)] \otimes \hat{\boldsymbol{\beta}}_{\mathrm{I}}[y(k)] \\ &= \{\hat{\beta}_i[x(k)] \cdot \hat{\beta}_j[y(k)]\}_{[(2n-1)(2m-1)]\times 1}\end{aligned} \tag{5-294}$$

而目的域内的概率转移阵为

$$\hat{\boldsymbol{Q}}_{\mathrm{II}}(x) \otimes \hat{\boldsymbol{Q}}_{\mathrm{II}}(y) = \{\hat{q}_{i,i'}(x)\hat{q}_{j,j'}(y)\}_{[(2n-1)(2m-1)]\times[(2n-1)(2m-1)]} \tag{5-295}$$

将 $\hat{\boldsymbol{Q}}_{\mathrm{II}}(x) \otimes \hat{\boldsymbol{Q}}_{\mathrm{II}}(y)$ 记为 $\hat{\boldsymbol{Q}}_{\mathrm{II}}(\boldsymbol{Z})$，则显然有下述两个推论。

矩形目的域下的首次滞留时间分布改写为

$$P\{\tau_0 = kT\} = \boldsymbol{e}_{nm}[\boldsymbol{I} - \hat{\boldsymbol{Q}}_{\mathrm{II}}(\boldsymbol{Z})]\hat{\boldsymbol{Q}}_{\mathrm{II}}^{k-1}(\boldsymbol{Z})\hat{\boldsymbol{\beta}}_{\mathrm{I}}[\boldsymbol{Z}(0)] \tag{5-296}$$

式中，$\boldsymbol{e}_{nm}$ 为 $(2n-1)(2m-1)$ 阶级全 1 行向量；$\hat{\boldsymbol{\beta}}_{\mathrm{I}}[\boldsymbol{Z}(0)] \in \mathbf{R}^{[(2n-1)(2m-1)]\times 1}$ 为目的域内的初始概率分布向量。

矩形目的域下的首次滞留时间均值和方差如下：

$$\bar{\bar{\tau}}_0 = \boldsymbol{e}_{nm}[\boldsymbol{I} - \hat{\boldsymbol{Q}}_{\mathrm{II}}(\boldsymbol{Z})]^{-1}\boldsymbol{\beta}_{\mathrm{I}}[\boldsymbol{Z}(0)]T \tag{5-297}$$

$$\begin{aligned}\sigma_{\bar{\bar{\tau}}_0}^2 &= \sum_{k=1}^{\infty}(kT)^2 \cdot \boldsymbol{e}_{nm}[\boldsymbol{I} - \hat{\boldsymbol{Q}}_{\mathrm{II}}(\boldsymbol{Z})]\hat{\boldsymbol{Q}}_{\mathrm{II}}^{k-1}(\boldsymbol{Z})\boldsymbol{\beta}_{\mathrm{I}}[\boldsymbol{Z}(0)] - (\bar{\bar{\tau}}_0)^2 \\ &= \boldsymbol{e}_{nm}[\boldsymbol{I} - \hat{\boldsymbol{Q}}_{\mathrm{II}}(\boldsymbol{Z})]^{-2}[\boldsymbol{I} + \hat{\boldsymbol{Q}}_{\mathrm{II}}(\boldsymbol{Z})]\boldsymbol{\beta}_{\mathrm{I}}[\boldsymbol{Z}(0)]T^2 - (\bar{\bar{\tau}}_0)^2\end{aligned} \tag{5-298}$$

3. 数值算例

假定目的域为[－0.5，0.5]mil×[－1，1]mil。$\boldsymbol{Z}(k)$ 均值置零，采样周期为 0.04s，均方差及相关系数如下：

$$\sigma_x = 0.6248\text{mil}, \quad \sigma_y = 1.1051\text{mil} \tag{5-299}$$

$$r_x = 0.9613, \quad r_y = 0.9385 \tag{5-300}$$

x、y 上的分割数关系为 $m=2n$，并将式(5-265)、式(5-266)中参数及目的域大小代入式(5-297)，取不同的 n 值得到首次滞留时间均值如表 5.3 所示。表 5.3 中 $\bar{\tau}_0^-$、$\bar{\tau}_0^+$ 分别是首次滞留时间均值估值的上、下界，是将概率转移阵的下、上界 $\boldsymbol{Q}^-(\boldsymbol{Z})$、$\boldsymbol{Q}^+(\boldsymbol{Z})$ 代替到式(5-297)中的转移阵估计值得到；$\Delta\tau_0 = (\bar{\tau}_0^- - \bar{\tau}_0^+)/2$ 作为估值误差的最大值。

表 5.3　不同分割数下的首次滞留时间均值、上下界与估计误差　(单位：s)

n	$\bar{\tau}_0^+$	$\bar{\tau}_0^-$	$\bar{\bar{\tau}}_0$	$\Delta\tau_0$
10	0.0553	0.0806	0.0658	0.0126
20	0.0665	0.0812	0.0732	0.0073

续表

n	$\bar{\tau}_0^+$	$\bar{\tau}_0^-$	$\bar{\bar{\tau}}_0$	$\Delta\tau_0$
30	0.0710	0.0813	0.0758	0.0051
50	0.0749	0.0813	0.0780	0.0032
70	0.0767	0.0813	0.0789	0.0023
90	0.0777	0.0813	0.0795	0.0018
100	0.0780	0.0813	0.0797	0.0017

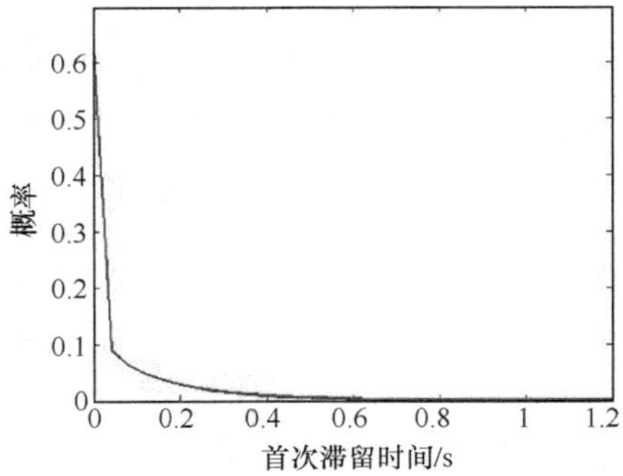

图 5.30　首次滞留时间分布曲线

将式(5-299)、式(5-300)中参数及目的域大小代入式(5-296)即可获得首次滞留时间分布曲线，如图 5.30 所示。

若为了演示待机域的概率分布随 k 的变化趋势，则要将待机域网格化。待机域分布在目的域的两侧，因而要将两块待机区域均划分为 m 的区域，则待机域有 $2m$ 个区域，目的域内有 $2n-1$ 个区域，从而有初始分布矢量

$$\begin{aligned}\boldsymbol{\beta}(0)&=[\beta_{-n-m+1}(0),\cdots,\beta_{-n}(0),\beta_{-n+1}(0),\cdots,\beta_0(0),\cdots,\beta_{n-1}(0),\beta_n(0),\cdots,\beta_{n+m-1}(0)]^{\mathrm{T}}\\&=[\boldsymbol{\beta}_{-m}(0),\boldsymbol{\beta}_{\mathrm{I}}^{\mathrm{T}}(0),\boldsymbol{\beta}_m(0)]^{\mathrm{T}}\end{aligned}\tag{5-301}$$

其中

$$\boldsymbol{\beta}_{-m}(0)=[\beta_{-n-m+1}(0),\cdots,\beta_{-n}(0)]$$
$$\boldsymbol{\beta}_{\mathrm{I}}^{\mathrm{T}}(0)=[\beta_{-n+1}(0),\cdots,\beta_0(0),\cdots,\beta_{n-1}(0)]$$
$$\boldsymbol{\beta}_m(0)=[\beta_n(0),\cdots,\beta_{n+m-1}(0)]$$

而概率转移阵

$$\boldsymbol{Q}(k)=\{q_{i,i'}(k)\}_{(2n+1)\times(2n+1)}=\begin{bmatrix}\boldsymbol{I}_{-m} & \boldsymbol{Q}_{\mathrm{I},-m} & 0\\ 0 & \boldsymbol{Q}_{\mathrm{II}} & 0\\ 0 & \boldsymbol{Q}_{\mathrm{I},m} & \boldsymbol{I}_m\end{bmatrix}\tag{5-302}$$

其中，$\boldsymbol{I}_{-m}$、$\boldsymbol{I}_m$ 均为 m 阶单位阵；$\boldsymbol{Q}_{\mathrm{I},-m}\in\mathbf{R}^{m\times(2n-1)}$；$\boldsymbol{Q}_{\mathrm{I},m}\in\mathbf{R}^{m\times(2n-1)}$；$\boldsymbol{Q}_{\mathrm{II}}\in\mathbf{R}^{(2n-1)\times(2n-1)}$。

网格化参数如表 5.4 所示。

表 5.4　首次滞留时间网格化参数

方向	目的域 n	待机域 m
x 方向	40	30
y 方向	80	60

其他参数同上，则有 $\boldsymbol{Z}(k)$ 分布曲线随 k 的变化趋势如图 5.31～图 5.34 所示。

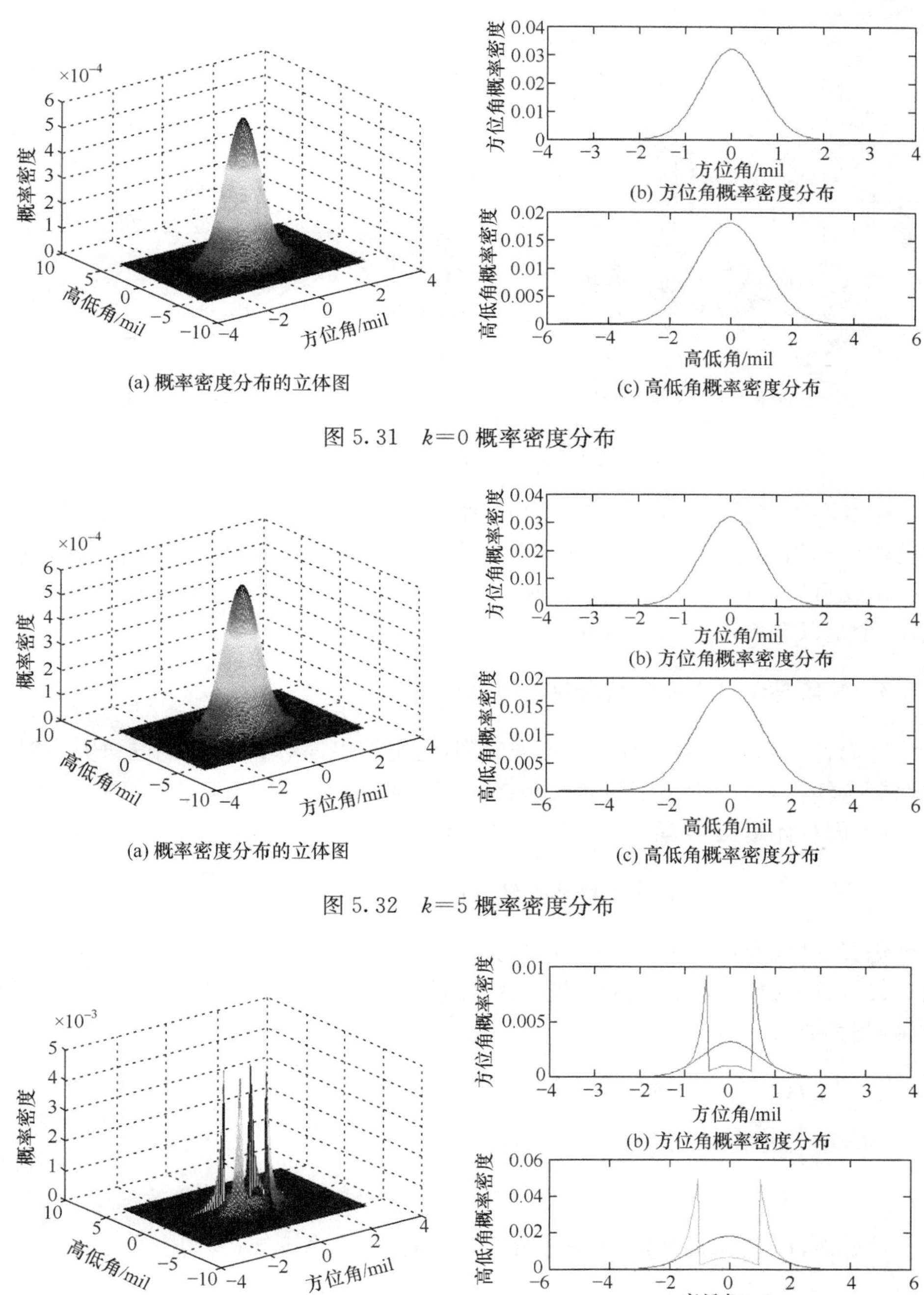

图 5.31　$k=0$ 概率密度分布

图 5.32　$k=5$ 概率密度分布

图 5.33　$k=10$ 概率密度分布

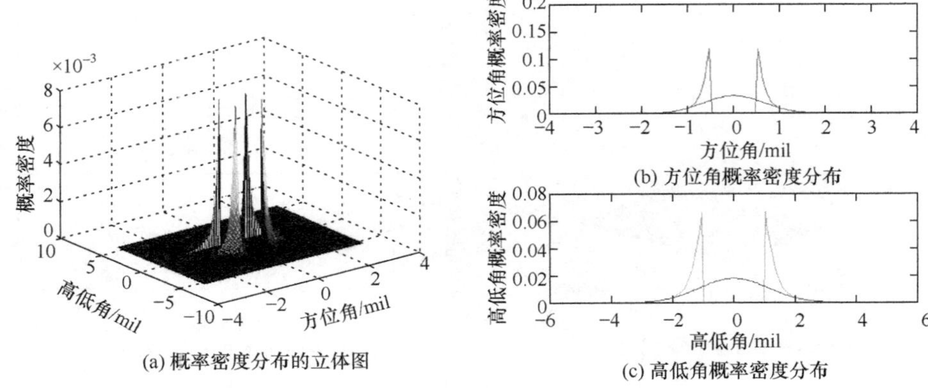

图 5.34　$k=40$ 概率密度分布

由各图可以看出，随着 k 的增加，概率密度向着待机域集中，直到最终目的域内的概率和为 0，待机域内的概率和为 1，这意味着 $\boldsymbol{Z}(k)$ 以概率 1 离开了目的域。

由此可见，首次离开与首次进入是两个相反的过程，一个是以概率 1 离开目的域，一个是以概率 1 进入目的域。

5.5.3　N 阶马尔可夫序列首次穿越特性

上面各节均是针对一阶马尔可夫序列，这里给出针对 N 阶序列的研究。对于欠速概率转移阵，一阶与多阶是一致的。对于超速概率转移阵，N 阶的不同于一阶的，下面具体给出 N 阶马尔可夫序列的超速概率转移阵。

1. N 阶马尔可夫序列下的概率转移阵

仍置 $x^*(0)=x^*(1)=\cdots=x^*(k)=x^*\in\{i\}\subset\bar{\Omega}$ 对任意 k 成立。当 $\{x(k);k=0,1,2,\cdots\}$ 是均值为 $\bar{x}$、方差为 σ_x、相关系数为 $r_x(nT)$ 的 N 阶马尔可夫一维正态序列时，应有

$$
\begin{aligned}
&f[x(k)\mid x^*(k-1),x^*(k-2),\cdots,x^*(0)]\\
&=\begin{cases}f[x(k)\mid x^*(k-1),x^*(k-2),\cdots,x^*(0)], & k\leqslant N\\ f[x(k)\mid x^*(k-1),x^*(k-2),\cdots,x^*(k-N)], & k>N\end{cases}
\end{aligned}
\tag{5-303}
$$

且上述的条件密度函数仍应为正态分布，由随机过程理论知，其均值为

$$
E[x(k)|x^*(k-1),x^*(k-1),\cdots,x^*(0)]=\bar{x}(k)+[r(k)\ r(k-1)\ \cdots\ r(2)\ r(1)]
$$

$$
\times\begin{bmatrix}1 & r(1) & r(2) & \cdots & r(k-2) & r(k-1)\\ r(1) & 1 & r(1) & \cdots & r(k-3) & r(k-2)\\ r(2) & r(1) & 1 & \cdots & r(k-4) & r(k-3)\\ \vdots & \vdots & \vdots & & \vdots & \vdots\\ r(k-2) & r(k-3) & r(k-4) & \cdots & 1 & r(1)\\ r(k-1) & r(k-2) & r(k-3) & \cdots & r(1) & 1\end{bmatrix}^{-1}\begin{bmatrix}1\\1\\1\\ \vdots\\1\\1\end{bmatrix}[x^*(0)-\bar{x}(0)]
$$

$$
=\bar{x}(k)+r^*(k)[x^*(0)-\bar{x}(0)]=\bar{x}^*(k) \tag{5-304}
$$

式中

$$
r^*(k)=[r(k)\quad r(k-1)\quad \cdots\quad r(2)\quad r(1)]
$$

$$
\times\begin{bmatrix}1 & r(1) & r(2) & \cdots & r(k-2) & r(k-1)\\ r(1) & 1 & r(1) & \cdots & r(k-3) & r(k-2)\\ r(2) & r(1) & 1 & \cdots & r(k-4) & r(k-3)\\ \vdots & \vdots & \vdots & & \vdots & \vdots\\ r(k-2) & r(k-3) & r(k-4) & \cdots & 1 & r(1)\\ r(k-1) & r(k-2) & r(k-3) & \cdots & r(1) & 1\end{bmatrix}^{-1}\begin{bmatrix}1\\1\\1\\ \vdots\\1\\1\end{bmatrix} \tag{5-305}
$$

而方差为

$$
\mathrm{var}[x(k)|x^*(k-1),x^*(k-2),\cdots,x^*(0)]
$$

$$
=\mathrm{var}[x(k)]-[r(k)\quad r(k-1)\quad \cdots\quad r(2)\quad r(1)]
$$

$$
\times\begin{bmatrix}1 & r(1) & r(2) & \cdots & r(k-2) & r(k-1)\\ r(1) & 1 & r(1) & \cdots & r(k-3) & r(k-2)\\ r(2) & r(1) & 1 & \cdots & r(k-4) & r(k-3)\\ \vdots & \vdots & \vdots & & \vdots & \vdots\\ r(k-2) & r(k-3) & r(k-4) & \cdots & 1 & r(1)\\ r(k-1) & r(k-2) & r(k-3) & \cdots & r(1) & 1\end{bmatrix}^{-1}\begin{bmatrix}r(k-1)\\r(k-2)\\r(k-3)\\ \vdots\\r(2)\\r(1)\end{bmatrix}\mathrm{var}[x(0)]
$$

$$
=[\sigma^*(k)]^2 \tag{5-306}
$$

上式中的 $\bar{x}^*(k)$、$\sigma^*(k)$、$r^*(k)$分别称为 k 次重复观测下的一步预测误差的均值、均方差与相关系数。且易于发现

$$
\bar{x}^*(k)=\bar{x}^*(N) \tag{5-307}
$$

$$
\sigma^*(k)=\sigma^*(N) \tag{5-308}
$$

$$
r^*(k)=r^*(N) \tag{5-309}
$$

在 $k\geqslant N$ 时成立。

当 $N=1,2,3$ 时，相当于 $x(k)$的成型滤波器分别存在 1～3 个主极点，通常已能充分表征与射击有关的误差的相关特性。此时，它们的表达式分别为

当 $k=1$ 时

$$r^*(1)=r(1)$$

$$\bar{x}^*(1)=\bar{x}(1)-r(1)[\bar{x}^*(0)-\bar{x}(0)]$$

$$\sigma^*(1)=\sqrt{1-r^2(1)}\sigma$$

当 $k=2$ 时

$$r^*(2)=\frac{r(1)+r(2)-r^2(1)-r(1)r(2)}{1-r^2(1)}$$

$$\bar{x}^*(2)=\bar{x}(2)-\frac{r(1)+r(2)-r^2(1)-r(1)r(2)}{1-r^2(1)}[\bar{x}^*(0)-\bar{x}(0)]$$

$$[\sigma^*(2)]^2=\frac{1-2r^2(1)-r^2(2)+[r(1)+r(2)]r(1)r(2)}{1-r^2(1)}\sigma^2$$

当 $k=3$ 时

$$r^*(3)=\frac{r(1)+r(2)+r(3)-r(1)[r(1)+2r(2)+r(3)-r(2)r(3)+r^2(2)]+r^3(2)}{1-2r^2(1)-r^2(2)+2r^2(1)r(2)}$$

$$\bar{x}^*(3)=\bar{x}(3)-r^*(3)[\bar{x}^*(0)-\bar{x}(0)]$$

$$\begin{aligned}[\sigma^*(3)]^2=&\frac{\sigma^2}{1-2r^2(1)-r^2(2)+2r^2(1)r(2)}[1-3r^2(1)-2r^2(2)-r^2(3)+3r^2(1)r(2)\\&+4r(1)r(2)r(3)+r^4(1)+r^4(2)-2r(1)r^2(2)r(3)\\&+r^2(3)r^2(1)-r^2(1)r^2(2)-2r^3(1)r(3)]\end{aligned}$$

当 $k>3$ 时，这三个参数的求解十分繁复，但利用计算机的数值解法，求解实数对称矩阵的逆将十分简便。

式(5-215)中的 $f[x(k+1)|x(k),x(k-1),\cdots,x(0)]$，不论其马尔可夫阶次为多少，当 $x(k)=x(k-1)=\cdots=x(0)$ 被取为定值时，它都是一个正态变量，所不同的仅仅是均值、均方差与相关系数，应由 $\bar{x}^*(k)$、$\sigma_x^*(k)$ 与 $r_x^*(k)$ 来替换。又，此时表征部分小于全部原则的式(5-225)仍应成立，即

$$\begin{aligned}&g[x^*(0)]=f[x^*(0)]>0\\&g[x^*(1)]=f[x^*(1)|x^*(0)]f[x^*(0)]=f[x^*(1)|x^*(0)]g[x^*(0)]>0\\&g[x^*(2)]=f[x^*(2)|x^*(1),x^*(0)]g[x^*(1)]>0\\&\qquad\cdots\\&g[x^*(k)]=f[x^*(k)|x^*(k-1),\cdots,x^*(0)]g[x^*(k-1)]>0\end{aligned}\tag{5-310}$$

它已满足在引用积分中值定理时应为正值的要求，故有如下结论：

若 $\{x(k);k=0,1,2,\cdots\}$ 为 N 阶马尔可夫一维零均值正态序列，当存在目的域时，其在目的域外的网格上的超速概率转移系数为

$$q^{+}_{i\neq 0,i'}=\begin{cases}\Phi\left(\dfrac{x_{i'}-r_x^*(k)x_i}{\sigma^*(k)}\right)-\Phi\left(\dfrac{x_{i'-1}-r_x^*(k)x_i}{\sigma^*(k)}\right), & x_i<\dfrac{x_{i'}+x_{i'-1}}{2r_x^*(k)}\\ \Phi\left(\dfrac{x_{i'}-r_x^*(k)x_{i-1}}{\sigma^*(k)}\right)-\Phi\left(\dfrac{x_{i'-1}-r_x^*(k)x_{i-1}}{\sigma^*(k)}\right), & x_{i-1}>\dfrac{x_{i'}+x_{i'-1}}{2r_x^*(k)}\end{cases}$$

(5-311)

式中，$\sigma^*(k)$、$r_x^*(k)$为式(5-306)、式(5-305)所示的 k 次重复观测下的一步预测误差的均方差与相关系数，且当 $k\geqslant N$ 时，$\sigma_x^*(k)=\sigma_x^*(N)$、$r_x^*(k)=r_x^*(N)$。

当 $\bar{x}(k)\neq 0$ 时，易于看出，仍仅需将式(5-311)中的 $x_{i'}$、$x_{i'-1}$、x_i、x_{i-1}分别减去均值 $\bar{x}=\bar{x}(k)$即可。

上述分析表明，当马尔可夫阶次为 N 时，其前 N 个超速概率转移阵是时变的，因而导致其前 N 个概率转移阵的估计也是时变的。但由于 N 是一个有限数，所以可逐次估出前 N 个，得出 $\boldsymbol{\beta}(N)$，再以其为初值，按常值转移阵实施以后的估算。

只要已知 $r(iT)(i=1,2,\cdots,N)$，即可计算出一个等效的 $r^*(N)$以及相应的 $\sigma^*(N)$，将它们代入诸种首次穿越特征量的表达式，即可完成相应的运算。

2. 数值算例

$\boldsymbol{Z}(k)$的两个分量序列$\{x(k);k=0,1,2,\cdots\}$，$\{y(k);k=0,1,2,\cdots\}$均为二阶马尔可夫序列，相关参数如下：

$r_x(T)=0.9613$，　$r_y(T)=0.9385$，　$r_x(2T)=0.9613$，　$r_y(2T)=0.9385$

采样周期为 0.04s，均值为 $\bar{x}=0$、$\bar{y}=0$，均方差为 $\sigma_x=0.6248\text{mil}$、$\sigma_y=1.1051\text{mil}$，目的域为$[-0.5,0.5]\text{mil}\times[-1,1]\text{mil}$，则有

$r_x^*(2T)=0.7354$，　$r_y^*(2T)=0.7270$，　$\sigma_x^*=1.2564\text{mil}$，　$\sigma_y^*=1.8646\text{mil}$

将上述参数代入式(5-311)即可得到超速概率转移阵，代入 5.5.1 节与 5.5.2 节中的相关公式即可获得首次穿越特征量的均值：

首次待机时间均值为：$\bar{\tau}_1=0.1636\text{s}$；

首次滞留时间均值为：$\bar{\tau}_0=0.0066\text{s}$。

在实际进行数据处理时，N 的取值有如下三种途径：①N 由有关产品文件给出；②若随机穿越特征量已经被实测出来，则取最接近随机穿越特征量实测值所对应的 N；③若上述两条件均不具备，则对相应成型滤波器的状态方程阶次 N 进行辨识。

本章小结与学习要求

分析动态误差对改善武器射击效能有重要理论指导意义。其中，将误差仅在空间特性上的分析拓展到时空特性上的分析，是使得误差的特性得到更完备描述的重点。

通过本章的学习，需要了解误差分析的基本概念，了解离散序列、连续过程对目的域的随机穿越特征量的分析方法，掌握首次穿越各个特性的计算方法。

习题与思考题

1. 简述目的域的由来和作用，可举例说明。
2. 误差的常见空间特征、时间特征有哪些？后者的本质与意义是什么？
3. 分析装甲突击炮在矩形射击门下首次射击和连续射击的穿越特性，假定矩形射击门大小为 1mil×1mil，身管被控量的误差为正态分布，均值为 0.5mil×0.5mil，均方差为 1mil×1mil。
4. 随机穿越特性的评价指标有哪些？其各自的定义分别是什么？

参 考 文 献

艾克霍夫. 1980. 系统辨识. 潘科炎，张永光，朱宝琭，等译. 北京：科学出版社.
薄煜明，郭治，钱龙军，等. 2012. 现代火控理论与应用基础. 北京：科学出版社.
邓永录，梁之舜. 1992. 随机点过程及其应用. 北京：科学出版社：168-185.
龚光鲁，钱敏平. 2004. 应用随机过程教程及在算法和智能计算中的随机模型. 北京：清华大学出版社.
华兴. 1987. 排队论与随机服务系统. 上海：上海翻译出版公司：67-69.
李言俊，张科. 2003. 系统辨识及应用. 北京：国防工业出版社.
林元烈. 2002. 应用随机过程. 北京：清华大学出版社：66-74，222-233.
林元烈，梁宇霞. 2003. 随机过程引论. 北京：清华大学出版社：93-128.
刘嘉焜，王公恕. 2004. 应用随机过程. 北京：科学出版社：39-84，138-147.
吴钦. 2005. 满意待机控制理论. 南京：南京理工大学博士学位论文.
张成乾，张国强. 1986. 系统辨识与参数估计. 北京：机械工业出版社.
朱位秋. 1998. 随机振动. 北京：科学出版社：478-479.

第 6 章　射击效能分析

武器火力控制系统作为射击效能的倍增器，其对目标的毁伤概率是最重要的一项战技指标。

本章给出了脱靶量（射击误差）的定义与检测方法；在一阶平稳正态序列的假定下，讨论了有限历程下的射击误差的统计特性；在定义了有限历程均值与有限历程方差的基础上，给出了射击误差完备的战技指标集；基于完备的战技指标集，给出了连射与逐发瞄准射击体制下毁伤概率的数学表达。

6.1　脱靶量的定义与检测

6.1.1　脱靶量定义

脱靶量是炸目偏差与弹目偏差的总称。

1. 弹目偏差

弹目偏差的定义是：目标航迹到弹头轨迹间的最短距离矢量。

设目标航迹为 $\boldsymbol{D}(t)$，弹头轨迹为 $\boldsymbol{D}_d(t)$，依上述定义，弹目偏差 $\boldsymbol{E}$ 的范数为

$$\|\boldsymbol{E}\| = \min \|\boldsymbol{D}_d(t) - \boldsymbol{D}(t)\| \tag{6-1}$$

如果弹头出膛或离轨瞬时定为 $t=0$，肯定会存在 $t=t_f$ 瞬时，有

$$\begin{aligned} & \frac{\mathrm{d}}{\mathrm{d}t}\|\boldsymbol{D}_d(t) - \boldsymbol{D}(t)\|_{t=t_f} \\ &= \frac{\mathrm{d}}{\mathrm{d}t}[\boldsymbol{D}_d(t) - \boldsymbol{D}(t)]^{\mathrm{T}}[\boldsymbol{D}_d(t) - \boldsymbol{D}(t)]\Big|_{t=t_f} \\ &= 2\boldsymbol{V}_d^*(t_f)\boldsymbol{E} = 0 \end{aligned} \tag{6-2}$$

式中

$$\boldsymbol{V}_d^*(t_f) = \dot{\boldsymbol{D}}_d(t_f) - \dot{\boldsymbol{D}}(t_f) = \boldsymbol{V}_d(t_f) - \boldsymbol{V}(t_f) \tag{6-3}$$

为弹头对目标的相对存速。显然，所有弹目偏差矢量都垂直于弹头对目标的相对存速。由于 $t \geqslant 0$ 之后，弹头对目标的相对存速一直存在，因而，过目标中心肯定存在唯一的垂直上述相对存速的平面，它被称为迎弹面。显然，弹道对迎弹面的穿越点即弹目偏差。当且仅当 $\boldsymbol{D}_d(t) = \boldsymbol{D}(t)$ 时，才有弹目偏差 $\boldsymbol{E}=0$。这表明，弹目偏

差是目标迎弹面上的二维矢量。

炸目坐标系是这样规定的，见图 6.1，坐标原点为 $\boldsymbol{E}=0$ 之点 T_g；沿着 $\boldsymbol{V}_d^*$ 的有向直线规定为炸目坐标系的纵深轴 $y_{t_f}^0$；过 $\boldsymbol{V}_d^*$ 的铅垂平面与迎弹面的交线规定为炸目坐标系的高低轴 $h_{\varphi_g}^0$，它与地理坐标系铅垂轴 h^0 间的张角为锐角的方向为 $h_{\varphi_g}^0$ 的正方向；在迎弹面内，垂直于 $h_{\varphi_g}^0$ 的直线规定为炸目坐标系的方位轴 $x_{\beta_g}^0$，依右手定则从 $y_{t_f}^0$ 旋转 90°到 $h_{\varphi_g}^0$ 的旋转方向是 $x_{\beta_g}^0$ 的正方向。显然，由坐标轴 $x_{\beta_g}^0$ 与 $h_{\varphi_g}^0$ 张成的平面是迎弹面。弹目坐标系则是指炸目坐标系在迎弹面上的子坐标系。

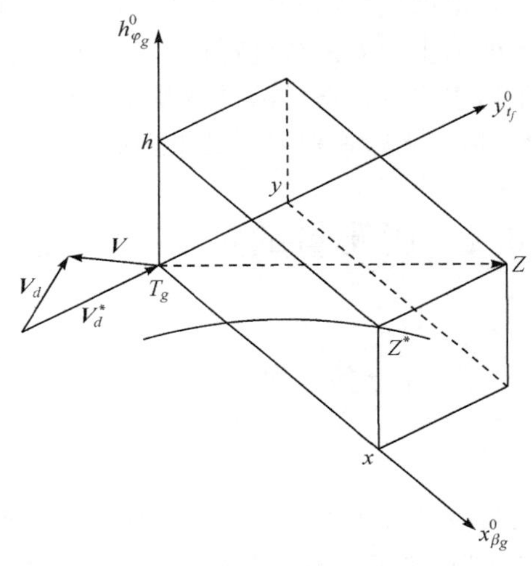

图 6.1　炸目坐标系

2. 炸目偏差

炸目偏差的定义是目标中心 T_g 到炸点中心 Z 所构成的三维矢量。仅对装有时间引信或近炸引信的弹药才有炸目偏差，记为 $\boldsymbol{E}=\overrightarrow{T_gZ}$，$\boldsymbol{E}$ 在炸目偏差坐标系上的表示

$$\boldsymbol{E}=(x,y,h)^{\mathrm{T}} \tag{6-4}$$

式中，x、y、h 分别称为炸目方位偏差、炸目纵深偏差与炸目高低偏差。虽然弹头对目标的相对存速垂直迎弹面，但由于弹道都存在一定的弯曲度，因而，对近炸引信与时间引信的弹药，其炸目偏差在迎弹面上的正交投影与弹目偏差(弹道对迎弹面上的穿越点)尚存在一定的距离。只有这个距离可以忽略时，才能认为它们是近似相等的。

对装有碰炸引信的弹头，其炸目偏差在炸目坐标系上的纵深分量为零，故有

$$\boldsymbol{E}=(x,h)^{\mathrm{T}}\in\mathbf{R}^2 \tag{6-5}$$

炸目偏差与弹目偏差总称为脱靶量。它是三维还是二维随机变量，依其爆炸

位置而定。

6.1.2　脱靶量检测

由于弹目偏差与炸目偏差是在炸目坐标系中定义的，而炸目坐标又是一种数学坐标系，它的坐标轴难以同某个实体的物理轴固连在一起，从而给在该坐标系内表示的弹目偏差的直接测量带来困难。在实际上，都只能在可检测炸点或弹道落点的坐标系中，对脱靶量实施检测，然后再转换成在炸目坐标系上二维或三维的脱靶量。

1. 通过炸点观测坐标系检测脱靶量

观目矢量 $\boldsymbol{D}_q$ 的方向 y_E^0 称为炸点观测方向，过 T_g 点垂直于炸点观测方向的平面称为迎光面。观测坐标系的定义见图 6.2：坐标原点为命中点 T_g；沿着 $\boldsymbol{D}_q$ 的有向直线规定为观测坐标系的纵深轴 y_E^0；过 $\boldsymbol{D}_q$ 的垂直平面与迎光面的交线规定为观测坐标系的高低轴 h_E^0，它与地理坐标系铅垂轴间的张角为锐角的方向规定为 h_E^0 的正方向；在迎光面内，垂直于 h_E^0 的直线规定为观测坐标系的方位轴 x_E^0，依右手定则从 y_E^0 旋转 90°到 h_E^0 的旋转方向规定为 x_E^0 的正方向。显然，炸点观测坐标系是将坐标原点由目标观测装置的回转中心平移到目标中心点的坐标系。

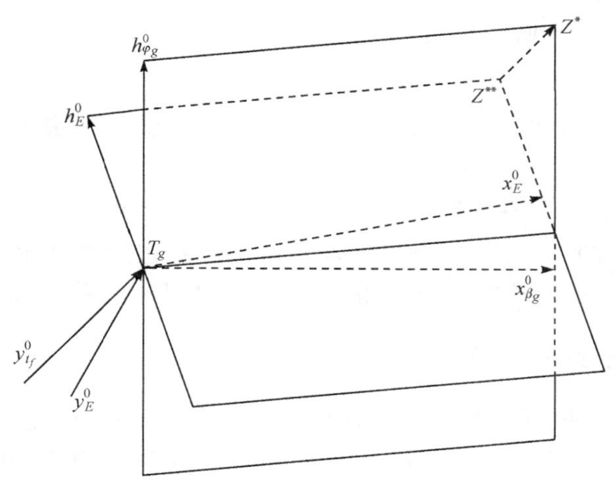

图 6.2　炸点观测坐标系

首先，对炸点观测坐标系与炸目坐标系作一比较：两者的坐标原点相同；两者均具有一个与大地平行的方位坐标轴。对任一给定的地理坐标系的基准方位，由上述有关坐标系的定义可知：炸点观测坐标系是以 T_g 点为原点的地理坐标系经偏航 β_q、俯仰 ε_q 而得；炸目坐标系是以 T_g 点为原点的地理直角坐标系经偏航

$$\beta_{V_d^*} = \arctan \frac{V_{dy}^*}{V_{dx}^*} \tag{6-6}$$

俯仰

$$\varepsilon_{V_d^*} = \arctan \frac{V_{dh}^*}{\left[(V_{dx}^*)^2 + (V_{dy}^*)^2\right]^{\frac{1}{2}}} \tag{6-7}$$

而得。式内右部的参数 V_{dx}^*、V_{dy}^*、V_{dh}^* 是 $\boldsymbol{V}_d^*$ 在地理坐标系中的投影。

如果在炸点观测坐标系上测得的炸目偏差的直角坐标为

$$\boldsymbol{E}^* = (x_E, y_E, h_E) \tag{6-8}$$

由于它与式(6-4)给出的炸目偏差 $\boldsymbol{E}$ 是同一个炸目偏差在不同坐标系上的投影，依据坐标旋转下的坐标变换原理，将它们变换到地理坐标系表示时，应有

$$\boldsymbol{B}_\lambda^{-1}\boldsymbol{B}_{\gamma\alpha}^{-1}\big|_{\lambda=\beta_E,\gamma=0,\alpha=\varepsilon_E}\boldsymbol{E}^* = \boldsymbol{B}_\lambda^{-1}\boldsymbol{B}_{\gamma\alpha}^{-1}\big|_{\lambda=\beta_{V_d^*},\gamma=0,\alpha=\varepsilon_{V_d^*}}\boldsymbol{E} \tag{6-9}$$

将有关矢量代入，得

$$\boldsymbol{E} = \begin{bmatrix} x \\ y \\ h \end{bmatrix}$$

$$= \begin{bmatrix} \cos\varepsilon_{V_d^*}\cos\beta_{V_d^*} & \cos\varepsilon_{V_d^*}\sin\beta_{V_d^*} & -\sin\varepsilon_{V_d^*} \\ -\sin\beta_{V_d^*} & \cos\beta_{V_d^*} & 0 \\ \sin\varepsilon_{V_d^*}\cos\beta_{V_d^*} & \sin\varepsilon_{V_d^*}\sin\beta_{V_d^*} & \cos\varepsilon_{V_d^*} \end{bmatrix} \begin{bmatrix} \cos\beta_q\cos\varepsilon_q & -\sin\beta_q & \cos\beta_q\sin\varepsilon_q \\ \sin\beta_q\cos\varepsilon_q & \cos\beta_q & \sin\beta_q\sin\varepsilon_q \\ -\sin\varepsilon_q & 0 & \cos\varepsilon_q \end{bmatrix} \begin{bmatrix} x_E \\ y_E \\ h_E \end{bmatrix} \tag{6-10}$$

这就是已知炸目观测坐标系下的三维炸目偏差量求取炸目偏差坐标系下的三维炸目偏差的公式。

如果式中的 $\boldsymbol{E}^*$ 确是在弹迹与航迹最短距离上测得，则相应的 $\boldsymbol{E}$ 中的第二分量 $y=0$，此时的 $\boldsymbol{E}=(x,h)^{\mathrm{T}}\in\mathbf{R}^2$ 即为弹目偏差在迎弹面上的位置，而相应的 $\boldsymbol{E}^*=(x_E,y_E,h_E)^{\mathrm{T}}\in\mathbf{R}^3$ 为弹目偏差在炸目观测坐标系中的位置。

2. 通过靶标检测脱靶量

对静止目标而言，弹头相对存速即弹头距目标最短点的弹速，此时的迎弹面应是目标与弹迹垂直的平面。考虑到弹迹的弯曲性、相对其平均弹迹的发散性，欲通过目标点寻求一个平面与所有弹迹垂直是不可能的。因而，对特定的弹迹与航迹，只能通过理论推导或试验检测找到式(6-10)中各个旋转变换矩阵的参数，从而完成相应的变换计算。然而，工程上更倾向于依据需求，寻求简化、实用方法。

简化弹目偏差计算的基本假定：以同一个射击诸元实施射击的所有弹迹在目标近旁(不超过射击误差允许值的范围内)是平行于通过命中点的相对存速的直线束。在此假定下，有两个重要结论：迎弹面是唯一的；炸目偏差的方位与高低向分量在炸

目坐标系上的投影即为该弹迹的弹目偏差。

记 Z^{**} 为弹迹穿过迎光面的穿越点，当代雷达、具有图像处理功能的光电-激光跟踪装置都能在跟踪并测量目标位置矢量 $\overrightarrow{OT_g}$ 的同时，测量出 $\overrightarrow{OT_g}$ 与 $\overrightarrow{OZ^{**}}$ 间张角的水平分量 $\Delta\beta_E$ 与高低分量 $\Delta\varepsilon_E$，如图 6.3 所示。

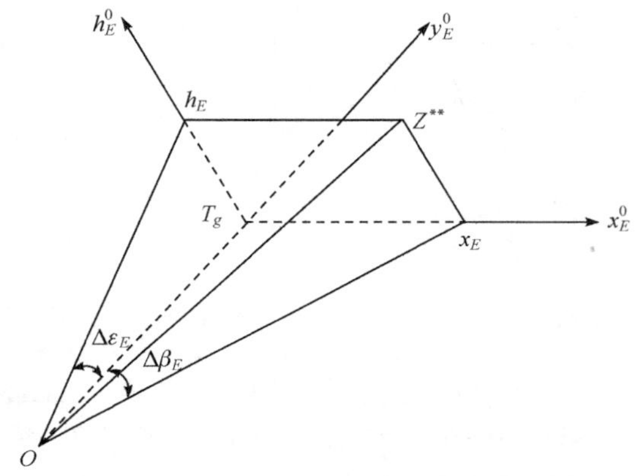

图 6.3　炸目偏差的方位与高低向

此时，在炸点观测坐标系中

$$\boldsymbol{E}^* = (x_E, y_E, h_E)^{\mathrm{T}} = \begin{bmatrix} D_q \tan\Delta\beta_E \\ 0 \\ D_q \tan\Delta\varepsilon_E \end{bmatrix} \tag{6-11}$$

在上述的简化弹目偏差计算的基本假定下，式(6-10)内旋转变换矩阵中的各项系数均可通过命中点坐标$(D_q, \beta_q, \varepsilon_q)$以及过该点的弹速与航迹矢量求得，再将式(6-11)代入式(6-10)，取 $\boldsymbol{E}$ 中的第一与第三项，即是该次射击的弹目偏差。这里要提醒一下：式(6-11)中的 $\Delta\beta_E$ 与 $\Delta\varepsilon_E$ 表示的是观目线与观炸线间的张角，实用时要改作地理坐标系中的方位角与高低角的增量 $\Delta\beta_q$ 与 $\Delta\varepsilon_q$，即

$$\begin{cases} \Delta\beta_E = \Delta\beta_q \cos\varepsilon_q \\ \Delta\varepsilon_E = \Delta\varepsilon_q \end{cases} \tag{6-12}$$

靶标是承接落弹的设施。对于弹道直伸的弹药，即 $\varepsilon_{V_d^*} \approx 0$ 的弹药，如坦克炮、反坦克炮、高射炮、小口径直瞄防空、反坦克导弹等，多用立靶(靶平面垂直于水平面的靶标)来检测弹目偏差。立靶有活动与静止之区别，以分别检测对活动与静止目标射击时的弹目偏差。如果靶标仅做水平运动，则迎弹面与迎光面均垂直于水平面，还有 $\varepsilon_q = 0$，将使计算更为简化。若再令靶标在水平面上做直线等速运动，如图 6.4 所示。

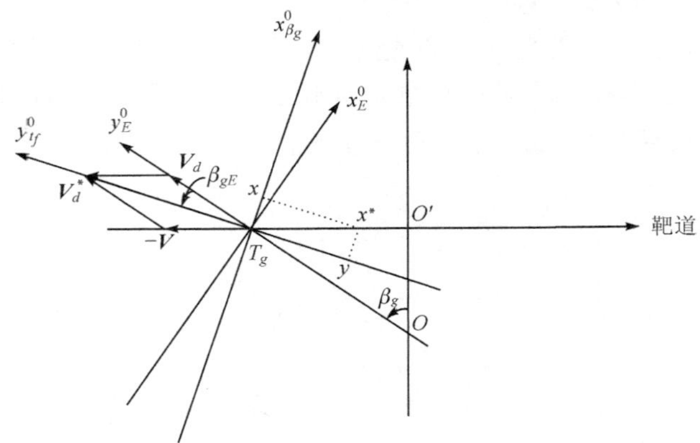

图 6.4　炸目坐标系与炸点观测坐标系的关系

图中，O 为炮位点、T_g 为目标点、β_g 为火炮方位角；炸目坐标系 $T_g\text{-}x^0_{\beta_g}y^0_{t_f}h^0_{\varphi_g}$ 与炸点观测坐标系 $T_g\text{-}x^0_E y^0_E h^0_E$ 中的垂直轴 $h^0_{\varphi_g}$ 与 h^0_E 均通过 T_g 垂直上指；靶面过目标速度且垂直地面；弹道对靶面的穿越点相当于炸点，记为

$$\boldsymbol{E}_E=(x_E,y_E,h_E)^{\mathrm{T}}=(x_E,0,h_E)^{\mathrm{T}} \tag{6-13}$$

记 β_{gE} 为迎弹面与迎光面水平轴间的夹角，从图 6.4 易知

$$v_d^{*2}=v_d^2\cos^2\beta_g+(v_d\sin\beta_g-v)^2 \tag{6-14}$$

式中，v_d 为弹头着靶速度，可由射表查出；而 v 则为靶速。显然

$$\beta_{gE}=\arcsin\frac{v_d^{*2}+v_d^2-v^2}{2v_d^*v_d} \tag{6-15}$$

此时，若将靶面坐标系依 $h^0_{\varphi_g}$ 轴旋转 $\lambda=\beta_g+\beta_{gE}$，即得靶面上的弹着点在炸目偏差坐标系上的坐标

$$\boldsymbol{E}=\begin{bmatrix}x\\y\\h\end{bmatrix}=\boldsymbol{B}_{\lambda=\beta_g+\beta_{gE}}\boldsymbol{B}_{\gamma=0,\alpha=0}\boldsymbol{E}_E$$

$$=\begin{bmatrix}\cos(\beta_g+\beta_{gE}) & \sin(\beta_g+\beta_{gE}) & 0\\-\sin(\beta_g+\beta_{gE}) & \cos(\beta_g+\beta_{gE}) & 0\\0 & 0 & 1\end{bmatrix}\begin{bmatrix}x_E\\0\\h_E\end{bmatrix}=\begin{bmatrix}x_E\cos(\beta_g+\beta_{gE})\\-x_E\sin(\beta_g+\beta_{gE})\\h_E\end{bmatrix} \tag{6-16}$$

对弹道弯曲的间瞄武器，则多用静止水平靶来检测其脱靶量。过靶心 T_g 与弹头存速(命中靶心时的弹速)v_d 做一垂直水平面 S_d，如图 6.5 所示。显然，炸目坐标系的 y 轴与 v_d 同向，h 轴在 S_d 面内，与 v_d 垂直，而 y 轴则垂直于 S_d 面。

当弹头在水平面内的落点 D 到目标中心点的距离为 $\overline{T_gD}=(l_x,l_h)$ 时，式中 l_x 为 D 点在 S_d 面与水平面交线上的投影，则该落点的弹目偏差

$$\boldsymbol{E}=(x,h)=(l_x,l_h\cos\theta) \qquad (6\text{-}17)$$

6.1.3 折合弹目偏差

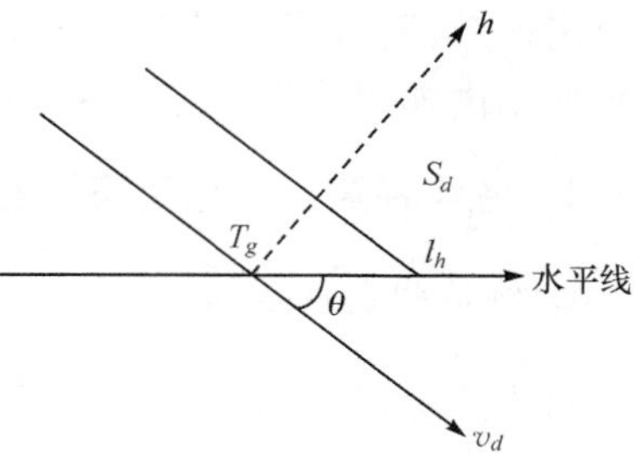

图 6.5 炸目坐标系与弹头存速的关系

折合弹目偏差指的是：以射击诸元的偏差量来表示的弹目偏差。具体言之，当以射击诸元（火炮身管或火箭发射轨的姿态角）$\boldsymbol{z}_p^*=(\beta_p^*,\varphi_p^*)$实施射击，而它所导致的弹目偏差 $\boldsymbol{E}=(x,h)$时，若能再以$\boldsymbol{z}_p^*-\Delta\boldsymbol{z}_p^*=(\beta_p^*-\Delta\beta_p^*,\varphi_p^*-\Delta\varphi_p^*)$实施射击，将使相应的弹目偏差归零，则$\Delta\boldsymbol{z}_p^*=(\Delta\beta_p^*,\Delta\varphi_p^*)$称为折合于射击诸元的弹目偏差，简称折合弹目偏差。

折合弹目偏差的优越性表现在：它与火炮或火箭姿态角的度量单位是一致的；当弹道满足刚性条件时，它近似等于线量的弹目偏差对炮位点的张角。由于上述优点，脱靶量中的弹目偏差分量更多的是以其在射击诸元上的折合值表示的，特别是在射击误差分析领域更是如此。除非特别指明，再提弹目偏差即是其折合值。

6.2 射击误差分解

脱靶量作为一个矢量，其始点在目标上，终点在弹头上。实际值与理想值之差称为偏差，故脱靶量是一种偏差量。理想值与实际值之差称为误差，将脱靶量的始点与终点对调，则对调后的矢量称为射击误差。显然，脱靶量与射击误差表征的是同一个分量，仅是方向有别。射击误差的分解也即是脱靶量的分解，依武器系统各级子系统的阶序，逐步找出导致射击误差的所有原始误差（又称误差源）所在的部位与产生的原因，将为建立误差源与射击误差间的数学模型，进一步为论证、设计、检测武器系统的射击误差及其各个分系统的误差指标奠定了技术基础。

6.2.1 射击误差的零状态

射击误差或者说脱靶量的理想值是零。武器系统处于什么状态，才能保证其射击误差处于零状态呢？如果：武器载体坐标系、观测载体坐标系能与地理坐标系一致；命中点已被准确测量或估计；若以弹道方程的解为射击诸元理想值时，弹道方程内的所有参数已被准确测量或估计，若以射表（基本射表与修正量射表）的解为射击诸元理想值时，射表中所用的全部自变量已被准确测量或估计。那么，此时，由弹道方程或射表给出的射击诸元是射击诸元的理想值，即射击诸元误差处于零状态。进一步，如果弹头还能依循弹道方程之解运行，或在射表查取的飞行时间上弹头命中靶心，则称射击误差处于零状态。如果射击诸元误差处于零状态时仍存在射击误差,则该误差是弹药误差。对一个特定的武器系统,它的射击诸元误差的理想值是由弹道方程还是由射表决定,这完全取决于它的研制任务书。

6.2.2 碰炸弹药与近炸弹药的射击误差

1. 碰炸弹药的射击误差

对碰炸弹药,仅需要考虑弹药在迎弹面上的射击诸元,记为

$$\boldsymbol{Z}_p^* = (\beta_p^*, \varphi_p^*) \tag{6-18}$$

式中,β_p^* 与 φ_p^* 分别为火炮发射时的方位角与高低角。依据前述武器系统射击误差零状态的规定,其相应的理想值应为由弹道方程或射表给出的射击诸元,记为

$$\boldsymbol{Z}_o^* = (\beta_{po}, \varphi_{po}) \tag{6-19}$$

若此时,存在射击误差

$$\boldsymbol{Z} = \boldsymbol{Z}_d + \boldsymbol{Z}_o^* - \boldsymbol{Z}_p^* = \boldsymbol{Z}_d + \boldsymbol{Z}_s \tag{6-20}$$

式中

$$\boldsymbol{Z}_s = \boldsymbol{Z}_o^* - \boldsymbol{Z}_p^* \tag{6-21}$$

为射击诸元误差。又由于 $\boldsymbol{Z}_p^* = \boldsymbol{Z}_o$ 时,$\boldsymbol{Z} = \boldsymbol{Z}_d$,仍依上述射击诸元零状态之规定,知 $\boldsymbol{Z}_d$ 为弹药误差。这表明:射击误差是射击诸元误差与弹药误差之和,是射击误差的首次递阶分解。

设 $\boldsymbol{Z}_k^* = (\beta_k^*, \varphi_k^*)$ 为火炮随动系统输出的火炮姿态角、$\boldsymbol{Z}_c^* = (\beta_c^*, \varphi_c^*)$ 为火控计算机输出的火炮姿态角,又称解算射击诸元,显然有

$$\boldsymbol{Z}_s = \boldsymbol{Z}_o^* - \boldsymbol{Z}_p^* = \boldsymbol{Z}_o^* - \boldsymbol{Z}_c^* + \boldsymbol{Z}_c^* - \boldsymbol{Z}_k^* + \boldsymbol{Z}_k^* - \boldsymbol{Z}_p^* = \boldsymbol{Z}_c + \boldsymbol{Z}_k + \boldsymbol{Z}_p \tag{6-22}$$

射击诸元误差又被分解为三项,即

$$\boldsymbol{Z}_p = \boldsymbol{Z}_k^* - \boldsymbol{Z}_p^* \tag{6-23}$$

为火炮误差,表明实际射击诸元的理想值是随动系统的输出量;

$$\boldsymbol{Z}_k = \boldsymbol{Z}_c^* - \boldsymbol{Z}_k^* \tag{6-24}$$

为随动误差,表明火炮随动系统输出的理想值是火控计算机的输出值(解算射击诸元);

$$\boldsymbol{Z}_c = \boldsymbol{Z}_o^* - \boldsymbol{Z}_c^* \tag{6-25}$$

为火控解算误差,表明火控计算机输出的解算射击诸元的理想值是由弹道方程解出的、或由射表检索出的射击诸元。此即射击诸元误差的第二次递阶分解,将其分成四项:弹药误差 $\boldsymbol{Z}_d$、火炮误差 $\boldsymbol{Z}_p$、随动误差 $\boldsymbol{Z}_k$、火控解算误差 $\boldsymbol{Z}_c$。

2. 空炸弹药射击误差纵深分量

如果弹药的毁伤体制不是碰炸而是空炸,那么,除了要保留射击误差在迎弹面上的两个分量外,还必须添加它的纵深分量。脱靶量纵深分量的出现,使射击误差

的散布由迎弹面上的椭圆扩展为椭球。空炸弹药分为三类:时间引信弹药、遥控引信近炸弹药、自感引信近炸弹药。下面分别予以讨论。

1) 时间引信弹药射击误差的纵深分量

时间引信弹药的引爆过程是:先由火控计算机求解命中方程,得到弹头飞行时间解算值 t_{fc};继由置于火炮上的弹头飞行时间注入器,将 t_{fc} 输入弹药内的弹头飞行时间计时器;在弹头出膛(离轨)瞬时开始计时,在计时到计时器被注入的时间时引爆炸药。如果在计时器上被注入的时间为 t_{fk},而实际上的弹头飞行时间为 t_f,当弹头穿越迎弹面的飞行时间为 t_{fo} 时,弹头飞行时间误差为

$$\begin{aligned}\Delta t_f &= t_{fo}-t_f=t_{fo}-t_{fc}+t_{fc}-t_{fk}+t_{fk}-t_f\\ &=\Delta t_{fc}+\Delta t_{fk}+\Delta t_{fd}\end{aligned} \tag{6-26}$$

式中

$$\Delta t_{fc}=t_{fo}-t_{fc} \tag{6-27}$$

为火控解算误差的弹头飞行时间分量;

$$\Delta t_{fk}=t_{fc}-t_{fk} \tag{6-28}$$

为弹头飞行时间注入误差;

$$\Delta t_{fd}=t_{fk}-t_f \tag{6-29}$$

为弹药误差的弹头飞行时间分量,即弹药内的弹头飞行时间计时器的计时误差。

考虑到射击误差同脱靶量一样,都是在炸目坐标系上定义的,而弹头相对目标的存速 $v_d^*(t_{fo})$ 又与炸目坐标系的纵深轴平行,故由弹头飞行时间误差 Δt_f 导致的射击误差的纵深分量

$$\begin{aligned}y &= \Delta t_f\cdot v_d^*(t_{fo})=v_d^*(t_{fo})\cdot\Delta t_{fc}+v_d^*(t_{fo})\cdot\Delta t_{fk}+v_d^*(t_{fo})\cdot\Delta t_{fd}\\ &=y_c+y_k+y_d\end{aligned} \tag{6-30}$$

分别为由火控计算机、飞行时间注入器、弹药引爆计时器导致的射击误差的纵深分量。其中,y_c 属火控解算误差,y_d 属弹药误差,y_k 为一种新误差,实际上,可依据研制与生产的方便而归入火炮误差或火控误差。

由于晶振计时器的普遍应用,其不仅本身误差小,而且注入误差也较小,与火控解算弹头飞行时间误差相较,已达到可忽略的程度。

2) 遥控引信近炸弹药射击误差的纵深分量

遥控引信近炸弹药,是由武器载体上的距离传感器连续监测目标坐标与弹头坐标,当两者到炮位距离相等时,即刻引爆弹药。它的射击误差的纵深分量存在两个误差源:引爆时间延时 Δt_{fd} 与炸目距离测量误差 y_c,如果 y_c 服从正态球分布,则有

$$y=y_c+y_d=y_c+v_d^*(t_{fo})\Delta t_{fd} \tag{6-31}$$

式中,y_c 属火控解算误差;y_d 属弹药误差。

3）自感引信近炸弹药射击误差的纵深分量

自感引信近炸弹药，是由弹药上设置的传感器实时地检测弹目距离，当弹目距离等于预置的 R_c 时自行引爆的弹药。若设引爆时间延时为 Δt_{fd}，弹目距离测量误差为 y_c，且服从正态球分布，则其射击误差的纵深分量为

$$y=(R_c+y_c)\cos\theta+y_d=(R_c+y_c)\cos\theta+v_d^*(t_{fo})\Delta t_{fd} \tag{6-32}$$

式中

$$\theta\in\left[-\frac{\pi}{2},\frac{\pi}{2}\right] \tag{6-33}$$

为炸目距离与炸目距离坐标系纵深轴之夹角，是随机变量。由于 $R_c\cos\theta$ 可以看做 y 的随机均值，R_c 的存在导致三维的弹目误差分布椭球在迎弹的方向上向前推进了 $R_c\cos\theta$。由于弹头都是一个前锥、后柱的旋转体，爆炸后形成的毁伤破片流的密度以侧前方为最大，因而，存在一个能使目标遭遇最密破片流的 R_c，是设计自感近炸弹药引爆距离的依据。既然存在一个最优的引爆距离 R_c，遥控近炸弹药应有此设置。

6.2.3 火控解算误差分解

当观测载体坐标系与地理坐标系不一致时、命中点的测量或估计不准确时、弹道方程中的参数或射表中的自变量（它们统称弹道与气象条件）与实际不符时，它们所导致的射击解算误差归入火控解算误差，具体如下：

1. 气象条件误差

气象条件包括：气温、气压、气密、湿度、风速、风向等。它们必须于射击前予以检测，然后将其值赋予弹道方程或在求得气象条件偏差的基础上查询射表，得出射击诸元。因而，每个气象条件都会对应两个误差：测量误差与装定（舍入）误差。

2. 弹道条件误差

弹道条件包括：弹头初速、药温、弹重、身管磨损程度（常用炮膛增长量、射弹总发数来定量表征）、偏流、定起角等。其中，弹头初速出现偏差的主要原因是药温、弹重、弹形等出现了偏差，以及身管出现了磨损，因而，修正弹头初速误差有两条技术途径：检测药温、弹重、身管磨损程度，通过它们各自的偏差量与弹头初速偏差间的数学模型，求得修正后的综合弹头初速或初速偏差，代入弹道方程或利用射表，求取相应的射击误差；直接检测弹头初速，通过弹道方程或射表，直接求取相应的射击诸元误差。

由于火炮弹头初速极高，弹头飞行时间稍有误差，就会导致射击误差加大，其中对射击误差的纵深分量的影响尤为显著。因而，采用高精度的弹头初速测量装

置来修正误差，不仅可代替药温、弹重、弹形、身管磨损等修正，更是提高时间引信弹药武器系统射击精度的有效技术举措。

3. 观测载体状态误差

目标状态观测器的方位线旋转轴的理想状态是它垂直于水平面，在方位线旋转轴处于理想状态时，观测载体的零方位线应与地理坐标系中预置的方位，如正北，完全重合，即观测载体坐标系与地理坐标系一致。如果不一致，它就是一个误差源。这一误差源体现在下述方面。

基线误差：观炮基线不为零导致的误差。若经测量，并注入火控计算机实施射击诸元修正，则转为基线测量与装定误差。

观测载体静态误差：观测载体在静止条件下，观测平台不水平、观测方位不归零所致误差。此项误差可通过人工或自动调平、对正，而转换为相应的测量与装定误差。

观测载体动态误差：观测载体的平移与转动，特别是转动引起的观测器的跟踪线更加偏离瞄准线（观目线）而导致的误差。此项误差可通过用检测到的观测载体的偏航、俯仰、侧倾角，依第 4 章所述行进间火力控制中的相关公式而求得，因而，也可予以修正，而转成测量与装定误差。观测载体可以独立于武器载体，也可能置于火炮载体，甚至火炮炮盘、身管之上，观测载体放置位置不同，对射击误差的影响也会有差异。而观测坐标系相对地理坐标系的平移量则可看做是动态的测量基线来予以修正。

4. 目标运动假定误差

目标运动假定误差是目标实际运动状态与火控计算机中设定的目标运动状态之差。目标运动状态设置越多，求取目标运动状态的误差也越多，其导致的射击诸元误差就越大，此时，设置不如放弃。当前，大多设置为等速直线、等速圆弧、等速螺旋等运动。如设置为等加速运动，则必须采取更多的约束条件。如果目标是在脱靶量有效散布区域内活动的目标，假定其为静止目标或更为有利。

5. 目标坐标的静态误差

目标坐标真值与其测量值之差称为目标坐标的静态误差。它主要由观测装置的制造、装配、零位漂移、热噪声所引起。

6. 目标坐标的动态误差

目标坐标的动态误差是在目标与观测装置间出现相对运动时产生的跟踪误差。它以随机过程（序列）来描述，其均值部分则是控制系统中的稳态误差。

7. 目标运动参数估计误差

目标运动参数估计误差是目标依目标运动假定运动时，利用目标坐标序列的测量值，依据估计理论求得的目标运动参数的估计误差。目标运动假定中出现的运动参数均需估计。

8. 火炮身管平移修正误差

对转管炮而言，当发射管处于发射位置时，它有一个垂直于身管的横向速度；当火炮载体处于运动状态时，它有一个平移速度。上述两个速度作为弹头的牵连速度，都会改变弹头的初速。如果它们被测量或估计，那么，就应该以修正后的初速求解弹道方程或查取射表，以得到正确的射击诸元。如修正不到位，则其导致的射击误差称为火炮身管平移修正误差。

9. 射表处理误差

在且仅在以射表值作为火控解算误差的理想值时，才有此项误差。它包括：射表逼近误差——射表值与射表逼近函数之差；射表逼近函数装定误差——将射表逼近函数注入火控计算机时的舍入误差。

6.2.4 随动误差分解

当武器载体坐标系相对地理坐标系出现转动(偏航、俯仰、侧倾)时，如果测量出这些转动量，并人工或自动地调整武器载体姿态，使上述两个坐标系趋于一致，那么，此时的测量误差与装定误差是武器载体误差，它应归入火炮误差；测量出这些转动量后，由火控计算机求解出在武器载体坐标系上的火炮姿态角，再通过随动系统将其赋予火炮，那么，火炮姿态角将不再受武器载体转动的牵连，实现了对武器载体转动的隔离。如果对载体转动的测量有误差，此种隔离不到位所产生的火炮载体转动所致的牵连误差应归入随动误差。

直接调整武器载体姿态来抑制误差的技术举措，主要应用于停止间射击的火炮，此时火炮随动系统仅具跟踪目标的功能。通过调整火炮在武器载体坐标系上的姿态角，使之与载体转动隔离的技术举措，不论对停止还是行进间射击的陆炮和舰炮均适用。此时，火炮随动系统具有跟踪目标、稳定火炮的双重功能。在此种情况下，火炮在载体坐标系上的姿态角与火控计算机给出的解算射击诸元之差是随动误差在载体坐标系上的表示，它是很容易读取的。需要在地理坐标系上表示的随动误差，通过坐标系转换也可方便地得到。也就是说，根据前述的随动误差的定义，火控计算机给出火炮姿态角解算值与随动系统输出值之差依然成立。包括如下几项：

1. 静态随动误差

火炮载体与目标均处于静止状态时的随动误差。它主要由随动系统内的数模变换、摩擦、空回、零位漂移等构成。

2. 稳态随动误差

在典型模拟信号(阶跃、斜坡、正弦、等速直线)输入下的随动误差。它主要用于产品的校验与验收。

3. 动态跟踪误差

武器载体静止而目标处于运动状态下的随动误差。

4. 动态稳定误差

武器载体运动而目标处于静止状态下的随动误差。

5. 动态稳定跟踪误差

武器载体与目标均处于运动状态下的随动误差,它是上两类误差之和。

6.2.5　火炮误差分解

除了弹药误差之外,弹目偏差的所有误差源都要反映在火炮姿态角上。对火炮及其载体上的所有误差源,如果任其自然,则它们导致的射击误差均为火炮误差。如欲提高射击精度,必须对各类误差源进行检测并依据检测成果实施修正。若是武器载体转动,则存在两种技术举措:①通过稳定或调整武器载体,使之成为武器载体坐标系与地理坐标系趋于一致的物理稳定平台。此时,两个坐标系的偏差所致射击诸元误差仍为火炮误差。②构建一个与地理坐标系保持一致的数字稳定平台,以隔离武器载体转动对火炮姿态角的干扰。此时,地理坐标系与此稳定平台坐标系之差即为载体转动量测量误差,它所导致的射击诸元误差为随动误差,之所以将它归入随动误差,是因为此项误差的改善主要取决于随动系统的稳定性能。若是武器载体平移,则以修正弹头初速来抵消平移的影响。此时,要重新求解弹道方程或查阅射表,给出新的解算射击诸元,更新随动系统的理想值,载体平移速度的测量误差所致射击诸元误差归于火控解算误差。不仅如此,如前所述,凡是弹道方程的参数或射表自变量的测量与估计误差均归入火控解算误差,之所以如此,是因为此项修正值是随动系统的输入量。在大量的射击诸元误差被计入火控解算与随动误差后,火炮误差还有如下几项。

1. 火炮静态误差

武器载体与目标均静止时，武器载体的调平、对正误差；火炮身管与火炮耳轴不垂直、火炮耳轴与火炮方位转轴不垂直等制造误差。

2. 火炮动态误差

对武器载体的运动未加检测或虽加检测、调平、对正，但未调整到位所导致的射击诸元误差。

3. 操炮误差

人工操炮时，它是火控解算诸元(或瞄准具的输出)与火炮姿态角之差；对具有随动系统的自动火炮，如果随动系统的输出轴(反馈信号的采集轴)是火炮身管的方位轴与高低轴，无操炮误差，如果随动系统的输出轴是火炮驱动装置减速器的中间轴，那么，该中间轴到最终轴(火炮的方向轴与高低轴)之间的齿隙、干摩擦等导致的射击诸元误差，则为操炮误差。

4. 自然状态下火炮身管变形误差

火炮身管作为悬臂梁在重力作用下会自然弯曲，连续射击时间增加后，身管温度提高时，弯曲更会加重。大口径火炮，此效应更为明显。此弯曲如不通过检测并通过火控计算机予以修正，则为火炮误差；如果修正，则转为火控解算误差。

6.2.6 射击冲击误差分解

火药爆燃所形成的推力，不仅使弹头前进、身管后坐，而且由于推力偏心，还会使弹头在出膛(离轨)时出现随机的初始攻角(弹头初速方向与火炮姿态角之差)，这将导致射击诸元出现新的误差。这些误差来源有三：火炮随动系统刚度不够，使火炮身管在炮口出膛时瞬时发生随机的抖动；射击冲击导致武器载体坐标系进一步偏离地理坐标系；当观测装置处于武器载体之上时，射击冲击还同时使观测坐标系进一步偏离地理坐标系。上述因素导致的射击误差有下列诸项。

1. 弹道炮的弹药误差

在标准弹道与气象条件下，武器身管固定且武器与目标(靶标)在地理坐标系中的坐标均已知时的射击误差。导致此误差的主要因素是弹头随机的非零初始攻角，其次是未参与建模、检测的弹药制造误差。

2. 战斗炮的弹药误差

在标准弹道与气象条件下，武器与目标（靶标）在地理坐标系内的位置已知，在武器载体调平、对正后实施射击时的射击误差。导致此误差的主要因素，除弹头随机的非零初始攻角及未经修正的弹药制造误差外，还有射击冲击给火炮身管造成的随机抖动。

显然，战斗炮的弹药误差涵盖了弹道炮的弹药误差。也就是说，射击误差中的弹药误差指的是战斗炮的弹药误差。

3. 定起角测量与装定误差

战斗炮的弹药误差的均值称为定起角，又称跳角。它的产生主要是由武器系统在身管高低向上抗射击冲击的能力不对称所致。定起角通常都载于修正量射表或加到弹炮方程修正量之中，射击时，均由火控计算机将其反向加到火炮高低角之上，使相应误差归零。若归零不到位，则不到位的误差为定起角测量与装定误差，属火控解算误差。这样处置保证了战斗炮的弹药误差的均值为零。

4. 射击冲击下的射击线复位误差

弹药击发后，战斗炮身管在后坐复进的同时，还会使武器载体坐标系偏离地理坐标系，其中的相对转动对射击误差影响尤为明显。由于射击冲击载荷作用的时间极为短暂，其导致的火炮姿态角的脉冲过渡函数将很快消失，而整个射击冲击过程中，武器系统的检测、瞄准、命中问题求解、跟踪等过程一直在进行，如果击发瞬时选在射击冲击载荷对火炮姿态角的脉冲过渡函数结束之后实施，那么，射击冲击载荷将被隔离在射击诸元误差（而非射击误差）之外，或者说，射击冲击下的射击线复位误差为零；如果击发频率（射频）过高，各次击发后的射击冲击载荷对火炮姿态角的影响将会积累起来，由此积累所导致的射击诸元误差称为射击冲击下的射击线复位误差。此种误差也是由武器载体坐标系相对地理坐标系出现相对转动而引起，因而，也同武器载体行进间的误差处理规则一样，将其归结于随动误差或火炮误差。

5. 射击冲击下的跟踪线复位误差

当观测载体不处于火炮载体之上时，无此误差。当观测坐标系在射击冲击载荷作用下相对地理坐标系发生转动时，如果在射击冲击载荷对观测器姿态角的脉冲过渡函数持续期间依然采样，它所导致的目标坐标测量误差称为射击冲击下的跟踪线复位误差。显然，它属于火控解算误差。如果仅在射击冲击对观测坐标系的扰动结束之后，才对目标状态进行采样，而停止采样期间的目标状态以采样值的外推值来替代，那么，此项误差将被隔离在射击诸元误差之外。此时，会出现外推误差。

这里要说明一下，在非射击条件下，上述的火控解算误差、随动误差、火炮误差之总和称为非射击条件下的射击诸元误差；如果加上由射击冲击构成的定起角测量与装定误差、射击线与跟踪线复位误差，则构成了射击条件下的射击诸元误差；再加上战斗炮弹药误差，即是射击误差。

6.2.7 误差的相关性分类

通过射击误差的递阶分解，可得到非常多的误差源，各种误差源导致的射击误差所具有的随机特性是有明显区别的。如果依其统计特性来分类，则可分为四类：

(1) 不相关误差$\{x_b(k);k=1,2,\cdots\}$，其特征是相关系数为 0。只有弹药的冲击载荷可看做是脉冲函数，因而，在射击误差中，只有弹药误差是不相关误差。

(2) 强相关误差$\{x_q(k);k=1,2,\cdots\}$，其特征是相关系数为 1。也就是说，它的 $x_q(1)$是随机变量，而 $x_q(k)=x_q(1)$，即在一个特定的射击过程中是一个未知的常量。在射击误差中，它指的是各类静态误差，以及弹药与气象条件测量与装定误差。

(3) 弱相关误差$\{x_r(k);k=1,2,\cdots\}$，其特征是相关系数非 0 非 1。由于火炮身管具有很大的惯性，身管的运动不可能出现突变，因而，表征火炮身管姿态角的射击诸元误差一定是连续的，也就是说，射击诸元误差不可能是不相关的，射击诸元误差中的随机分量，除了强相关误差，就是弱相关误差。

(4) 均值 a_x。它是射击误差中于射击前已知的确定性误差，其方差与相关系数均为零。

设有 m 个独立的误差源，每个误差源导致的射击误差为 $x_i(k)(i=1,2,\cdots,m)$，其协方差为 $\mathrm{cov}[x_i(k),x_i(k+1)]=r_i\sigma_i^2$，记它们之和为 $x(k)=\sum_{i=1}^{m}x_i(k)$，则$x(k)$与 $x(k+1)$的协方差 $\mathrm{cov}[x_i(k),x_i(k+1)]=\sum_{i=1}^{m}r_i\sigma_i^2$。故有 $\mathrm{var}[x(k)]=\sum_{i=1}^{m}\sigma_i^2$，从而得到 $x(k)$与 $x(k+1)$间的相关系数：

$$r=\frac{\sum_{i=1}^{m}r_i\sigma_i^2}{\sum_{i=1}^{m}\sigma_i^2} \tag{6-34}$$

上式表明：可将若干个弱相关误差合成为一个弱相关误差；若干个不相关误差

合成一个不相关误差；若干个强相关误差合成一个强相关误差。将射击误差分成弱相关、不相关、强相关误差与均值，为进一步研究其统计特性所必需。

6.3　有限历程的各态历经序列的统计特性

武器系统的射击误差序列的长度是有限的，射弹的发数也是有限的。探讨各态历经的正态序列在有限历程下的统计特性，对于研究武器系统精度与射击效能是非常重要的课题。

6.3.1　一阶各态历经序列的数学模型

设随机序列$\{x_r(k);k=1,2,\cdots\}$由下述一阶差分方程描述，即

$$\begin{cases}x_r(k+1)=rx_r(k)+\sqrt{1-r^2}w(k)\\x_r(1)=w(0)\in N[0,\sigma_x^2]\end{cases}\tag{6-35}$$

式中

$$\mathrm{cov}[w(k),w(j)]=\begin{cases}\sigma_x^2, & k=j\\0, & k\neq j\end{cases}\tag{6-36}$$

易知，该脱靶量在$k\geqslant 1$的任一瞬间均有

$$E[x(k)]=\bar{x}(k)=0\tag{6-37}$$

$$\mathrm{var}[x(k)]=E[x^2(k)]=\sigma_x^2\tag{6-38}$$

$$\mathrm{cov}[x(k),x(j)]=E[x(k),x(j)]=r^{|k-j|}\sigma_x^2\tag{6-39}$$

显然，随机序列$\{x_r(k);k=1,2,\cdots\}$用上述三个常数$\bar{x}$、σ_x^2、r来表述与用式(6-35)来表述其统计特性是完全等价的。由于该序列的相关系数仅仅是采样时间间隔的函数，因而它是平稳序列。又，由于它的各态历经判别式

$$\sum_{|k-j|=0}^{\infty}r^{|k-j|}=\lim_{|k-j|\to\infty}\frac{1-r^{|k-j|}}{1-r^2}=\frac{1}{1-r^2}<\infty\tag{6-40}$$

仅在$|r|<1$时成立，因而，在$|r|<1$时，它还具有各态历经的性质。然而，当$|r|=1$时，它仅仅是平稳的，而不再各态历经。

当$|r|<1$，即$\{x_r(k);k=1,2,\cdots\}$各态历经时，有

$$\bar{x}(k)=\lim_{n\to\infty}\frac{1}{n}\sum_{k=1}^{n}x(k)=0\tag{6-41}$$

$$\sigma_x^2(k)=\lim_{n\to\infty}\frac{1}{n}\sum_{k=1}^{n}x^2(k)=\sigma_x^2=\mathrm{const}\tag{6-42}$$

由于射击过程不可能$n\to\infty$，而当n为有限值时，上述两式第一个等号右部将是随机变量，而非常数。此两个随机变量的统计特性是射击过程分析的基础，也是现在所要探讨的课题。作为解决这一课题的预备知识，先对$\{x_r(k);k=1,2,\cdots\}$做

一步最小方差预测分解，即将 $x_r(k)$ 分解为

$$\begin{cases} x_r(k)=\hat{x}_r(k|k-1)+\tilde{x}_r(k|k-1), & k\geqslant 2 \\ x_r(1)=\hat{x}_r(1|0)=w(0), & k=1 \end{cases} \tag{6-43}$$

从而得到两个序列 $\{\hat{x}_r(k|k-1);k=1,2,\cdots,n\}$ 与 $\{\tilde{x}_r(k|k-1);k=2,3,\cdots,n\}$，分别称为步步预测序列与步步预测误差序列。由式(6-35)可得

$$\hat{x}_r(k|k-1)=rx_r(k-1)=r^{k-1}w(0)+r^{k-2}\sqrt{1-r^2}w(1)+\cdots+r\sqrt{1-r^2}w(k-2),\quad k\geqslant 1 \tag{6-44}$$

与

$$\begin{cases} \tilde{x}_r(k|k-1)=\sqrt{1-r^2}w(k-1), & k\geqslant 2 \\ \tilde{x}_r(1|0)=0 \end{cases} \tag{6-45}$$

由此可知步步预测及步步预测误差的统计特性

$$\begin{cases} E[\hat{x}_r(k|k-1)]=E[\hat{x}(k|k-1)]=0 \\ \operatorname{var}[\hat{x}_r(k|k-1)]=r^2\sigma_x^2 \end{cases} \tag{6-46}$$

$$E[\tilde{x}_r(k|k-1)]=0 \tag{6-47}$$

$$\begin{cases} \operatorname{var}[\tilde{x}_r(1|0)]=0, & k=1 \\ \operatorname{var}[\tilde{x}_r(k|k-1)]=(1-r^2)\sigma_x^2, & k\geqslant 2 \end{cases} \tag{6-48}$$

$$\operatorname{cov}[\tilde{x}_r(k|k-1),\hat{x}_r(k|k-1)]=0 \tag{6-49}$$

6.3.2　有限历程均值与有限历程方差

在上述分解的基础上，现在讨论有限历程下，由式(6-35)描述的弱相关序列的统计特性。

如果仅取随机序列的一个有限历程的样本函数 $\{x_r(k);k=1,2,\cdots,n\}$，如图 6.6所示。

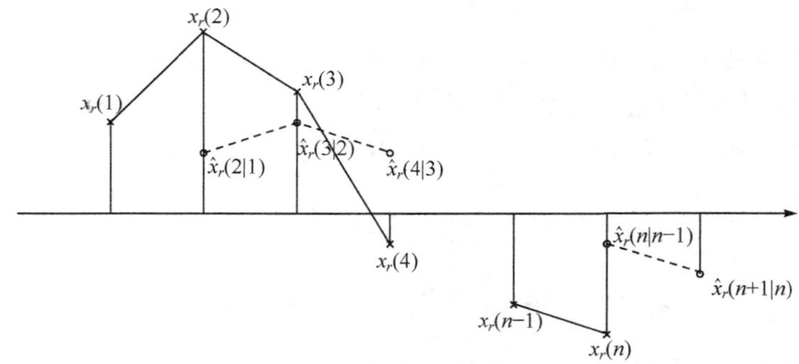

图 6.6　长度为 n 的样本空间

显然有

$$\frac{1}{n}\sum_{k=1}^{n}x_r(k)=\frac{1}{n}\sum_{k=1}^{n}\hat{x}_r(k\mid k-1)+\frac{1}{n-1}\sum_{k=2}^{n}\widetilde{x}_r(k\mid k-1)=x_{rj}(n)+x_{rf}(n) \tag{6-50}$$

定义

$$x_{rj}(n)=\frac{1}{n}\sum_{k=1}^{n}\hat{x}(k\mid k-1) \tag{6-51}$$

$$x_{rf}(n)=\begin{cases}\dfrac{1}{n-1}\sum\limits_{k=2}^{n}\widetilde{x}_r(k\mid k-1), & n\geqslant 2\\ 0, & n=1\end{cases} \tag{6-52}$$

分别为:在步步预测意义下,由式(6-35)描述的随机序列$\{x_r(k);k=1,2,\cdots\}$的有限历程(经历 n 个样本空间)的均值 $x_{rj}(k)$与误差 $x_{rf}(k)$,简称随机序列$\{x_r(k);k=1,2,\cdots,n\}$的有限历程均值与有限历程误差。显然,它们是两个互不相关的零均值正态变量,即

$$\overline{x}_{rj}(n)=\overline{x}_{rf}(n)=0 \tag{6-53}$$

$$\mathrm{cov}[x_{rj}(n),x_{rf}(n)]=0 \tag{6-54}$$

有限历程均值与误差既然都是随机变量,就有必要研究它们各自的分布特性。对有限历程均值 $x_{rj}(k)$而言

$$\begin{aligned}x_{rj}(n)&=\frac{1}{n}\sum_{k=1}^{n}\hat{x}_r(k\mid k-1)\\&=\frac{1}{n}\sum_{k=1}^{n}\left[r^{k-1}w(0)+r^{k-2}\sqrt{1-r^2}w(1)+\cdots+r\sqrt{1-r^2}w(k-1)\right]\end{aligned} \tag{6-55}$$

其方差

$$\sigma_{rj}^2(n)=\frac{1}{n}\sum_{k=1}^{n}\left[r^{2k-2}+r^{2k-4}(1-r^2)+\cdots+r^2(1-r^2)\right]\sigma_x^2=r^2\sigma_x^2 \tag{6-56}$$

这表明

$$x_{rj}(n)\in N[0,r^2\sigma_x^2] \tag{6-57}$$

即有限历程是均值为零、方差为 $r^2\sigma_x^2$的正态变量。

对有限历程误差,在 $n\geqslant 2$ 时

$$x_{rf}(n)=\frac{1}{n-1}\sum_{k=2}^{n}\widetilde{x}_r(k\mid k-1)=\frac{1}{n-1}\sum_{k=2}^{n}\sqrt{1-r^2}w(k) \tag{6-58}$$

若记

$$w^*(k)=\frac{w(k)}{\sigma_x}\in N[0,1] \tag{6-59}$$

则其有限历程误差方差为

$$\sigma_{rf}^{2}(n)=\frac{1}{n-1}(1-r^{2})\sum_{k=2}^{n}w^{2}(k)=\frac{1}{n-1}(1-r^{2})\sigma_{x}^{2}\sum_{k=2}^{n}[w^{*}(k)]^{2} \tag{6-60}$$

此式表明 $x_r(k)$ 的有限历程误差方差 $\sigma_{rf}^{2}(n)$ 与 $n-1$ 个不相关的单位正态变量 $w^{*}(k)(k=1,2,\cdots,n-1)$ 的平方和成正比。由概率论知，若记

$$\chi^{2}=\sum_{k=2}^{n}[w^{*}(k)]^{2} \tag{6-61}$$

则 χ^2 服从自由度 $\nu=n-1$ 的 χ^2 分布。而 χ^2 的密度函数

$$\kappa_{\nu=n}(\chi^{2})=\frac{(\chi^{2})^{\frac{\nu}{2}-1}\mathrm{e}^{-\frac{1}{2}\chi^{2}}}{2^{\frac{\nu}{2}}\Gamma\left(\frac{\nu}{2}\right)} \tag{6-62}$$

且有

$$\begin{cases}E[\chi^{2}]=\nu\\ \mathrm{var}[\chi^{2}]=2\nu\end{cases} \tag{6-63}$$

χ^2 的密度函数 $\kappa_{\nu=n}(\chi^2)$ 如图 6.7 所示。

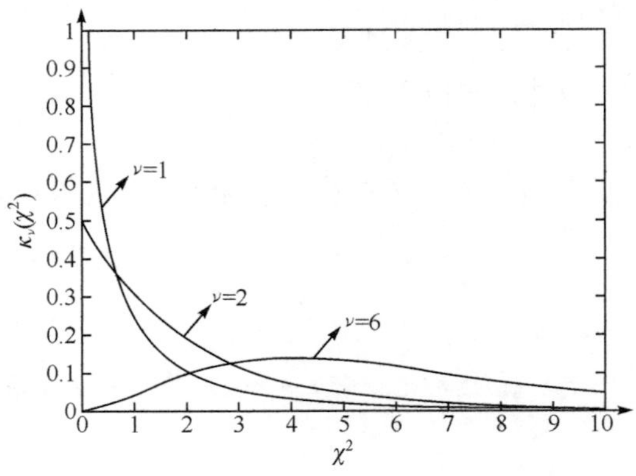

图 6.7 χ^2 分布概率密度函数

式(6-60)表明，$\sigma_{rf}^{2}(n)$ 不仅是随机变量，而且是 χ^2 变量的函数，做变量置换（尺度变换）

$$\frac{\sigma_{rf}^{2}(n)}{\frac{1}{n-1}(1-r^{2})\sigma_{x}^{2}}=\chi^{2} \tag{6-64}$$

则得到 $\sigma_{rf}^2(n)$ 的密度函数为

$$f[\sigma_{rf}^2(n)]=\frac{1}{n-1}(1-r^2)\sigma_x^2\kappa_{\nu=n-1}\left[\frac{\sigma_{rf}^2(n)}{\frac{1}{n-1}(1-r^2)\sigma_x^2}\right] \tag{6-65}$$

这表示 $\sigma_{rf}^2(n)$ 服从变尺度 χ^2 分布，而尺度的改变量是由式(6-64)给出的。又，由 $\sigma_{rf}^2(n)$ 的密度函数可求得其均值

$$E[\sigma_{rf}^2(n)]=\bar{\sigma}_{rf}^2(n)=\int_0^{\infty}\sigma_{rf}^2(n)f[\sigma_{rf}^2(n)]\mathrm{d}\sigma_{rf}^2(n)=(1-r^2)\sigma_x^2 \tag{6-66}$$

而 $\sigma_{rf}^2(n)$ 的方差，利用式(6-64)变换后，再套用式(6-63)，有

$$\begin{aligned}\mathrm{var}[\sigma_{rf}^2(n)]&=\int_0^{\infty}[\sigma_{rf}^2(n)-\bar{\sigma}_{rf}^2(n)]^2 f[\sigma_{rf}^2(n)]\mathrm{d}\sigma_{rf}^2(n)\\&=\frac{1}{n-1}(1-r^2)^2\sigma_x^4=\frac{1}{n-1}\bar{\sigma}_{rf}^4\end{aligned} \tag{6-67}$$

且有

$$\lim_{n\to\infty}\mathrm{var}[\sigma_{rf}^2(n)]=0 \tag{6-68}$$

这表明，$n\to\infty$，$\sigma_{rf}^2(\infty)$ 应为其均值，即

$$\bar{\sigma}_{rf}^2(\infty)=(1-r^2)\sigma_x^2 \tag{6-69}$$

又，当 $n=1$ 时，$w(0)=\hat{x}_r(1|0)$，故

$$\sigma_{rf}^2(1)=0 \tag{6-70}$$

也就是说，仅有一个样本空间的随机序列，其有限历程误差的方差为零，但它却存在随机的有限历程均值 $\hat{x}_r(1|0)=w(0)\in N[0,\sigma_x^2]$。

基于上述分析，可以给出有限历程均值与有限历程方差的形象解释。对一个已知均值为零、协方差为 $r^{|k-j|}\sigma_x^2$ 的正态序列而言，它是由 n 个样本空间构成的样本空间函数 $\{x_r(k);k=1,2,\cdots,n\}$，可以将其分解为两个零均值、互不相关、有限历程的正态序列：步步预测构成的序列 $\{\hat{x}(k|k-1);k=1,2,\cdots,n\}$ 与步步预测误差构成的序列 $\{\tilde{x}(k|k-1);k=2,3,\cdots,n\}$。

定义

$$x_{rj}(n)=\frac{1}{n}\sum_{i=1}^{n}\hat{x}(k\mid k-1)\in N[0,r^2\sigma_x^2] \tag{6-71}$$

为 $\{x_r(k);k=1,2,\cdots\}$ 的有限历程均值，而

$$x_{rf}(n)=\frac{1}{n-1}\sum_{i=2}^{n}\tilde{x}(k\mid k-1)\in N[0,\sigma_{rf}^2(n)] \tag{6-72}$$

为 $\{x(k);k=1,2,\cdots\}$ 的有限历程误差，其方差为

$$\sigma_{rf}^2(n)\in\kappa_{\nu}[n-1,(1-r^2)\sigma_x^2] \tag{6-73}$$

式中，$\kappa_\nu[n-1,(1-r^2)\sigma_x^2]$是式(6-73)的简记符号，它表示$\sigma_{rf}^2(n)$服从自由度为$n-1$、平均方差为$(1-r^2)\sigma_x^2$的$\chi^2$型分布。也就是说，$\frac{1}{n}\sum_{k=1}^{n}x(k)\in N\{N[0,r^2\sigma_x^2],\sigma_{rf}^2(n)\}$，其均值是正态变量，其方差是变尺度$\chi^2$变量。当$n\to\infty$时，有$\{x(k);k=1,2,\cdots\}\in N\{N[0,r^2\sigma_x^2],(1-r^2)\sigma_x^2\}$。

如果在随机序列中取m个互不重叠的有限历程序列，每个有限历程序列中有n个样本，由于有限历程均值所服从的正态特性不随其样本个数而改变，故m个互不重叠的有限历程序列合成的有限历程均值依然服从正态分布$N[0,r^2\sigma_x^2]$，但合成后的序列共有$m(n-1)$个独立正态的步步预测误差，因而，合成序列的有限历程误差的方差应服从自由度为$\nu=m(n-1)$、均值为$(1-r^2)\sigma_x^2$的χ^2型分布。即

$$x_r(k)\in N\{N[0,r^2\sigma_x^2],\sigma_{rf}^2[m(n-1)]\} \tag{6-74}$$

$$\sigma_{rf}^2[m(n-1)]\in\kappa_\nu[m(n-1),(1-r^2\sigma_x^2)] \tag{6-75}$$

当$m(n-1)\to\infty$时，有

$$x_r(k)\in N\{N[0,r^2\sigma_x^2],(1-r^2)\sigma_x^2\}=N[0,\sigma_x^2] \tag{6-76}$$

上述理论可以很好地解释射击过程中的脱靶量特征。对一次有限弹药消耗的射击过程，其脱靶量的均值与方差都是随机的。只有无限次的射击后，其脱靶量的均值与方差才会趋于常数。如果将步步预测均值与步步预测方差作为有限次射击过程的均值与方差，那么，有限次射击过程的均值与方差随机性的分布特征将可以定量地确定下来。

如果$x_r(k)$的状态方程不是如式(6-35)给出的一阶差分方程，依照上述的思路，也可以导出类似的结果，但表述形式要复杂得多。对于射击误差而言，利用式(6-35)表述平稳的、有限历程的射击误差序列，不但有较好的复合性，还有较好的鲁棒性。

6.4 射击误差分析

6.4.1 射击误差的数学模型

由于武器系统是在战场环境下应用的复杂系统，难以计数的、互相独立的因素都会导致射击误差的产生，然而，武器系统的设计者与操纵者又会分别采取系列的技术举措与操作规范，使每一种导致射击误差生成的因素被抑制在允许的范围内，因而，依据随机理论的中心极限定理的通俗解释：无限多个互相独立的、小偏差的随机变量之和服从正态分布。因而，将射击误差视为一个正态变量是有理论依据的。射击实践也证明了，将射击误差设为正态变量也是符合实际的。

作为正态序列的射击误差，它必然存在两个或三个分布主轴，射击误差在其分布主轴方向上的分布应是相互独立的。又，对实际的武器系统而言，其射击误差在

迎弹面上的两个主轴方向，大体上与射击误差的方位、高低分量相对应，而另一主轴的方向则与弹头飞行时间的误差相对应。武器系统射击过程中的解耦技术的应用，进一步保证了上述对应关系的成立。

除应急射击外，射击过程均于武器系统过渡过程结束之后，即系统反应时间结束之后，才付诸实施，此时系统处于稳态，相应的输出量中的随机变量也将处于平稳状态之下，即其分布函数不再变化。

基于上述考虑，通常都将射击误差分解为三个独立的、平稳的正态序列分别进行研究，最后，再将其合成在一起，不仅不影响与实际的一致性，而且使分析的成果非常简洁与明晰。

对射击误差而言，从动态数学模型来分类，它的任何一维分量 $x(k)\in\mathbf{R}^1$ 可再分解为四类分量，即

$$x(k)=x_b(k)+x_q(k)+x_r(k)+a_x\in N[a,\sigma_x^2] \tag{6-77}$$

且有

$$\mathrm{var}[x_b(k)+x_q(k)+x_r(k)]=\sigma_b^2+\sigma_q^2+\sigma_r^2=\sigma_x^2 \tag{6-78}$$

即 $x_b(k)$、$x_q(k)$ 与 $x_r(k)$ 互不相关。而且它们各自有下述统计特征：

$x_b(k)$ 为不相关误差，即

$$\begin{cases}\bar{x}_b(k)=0\\ \mathrm{cov}[x_b(k),x_b(j)]=\begin{cases}0, & k\neq j\\ \sigma_b^2, & k=j\end{cases}\end{cases} \tag{6-79}$$

其统计上的特点是：完全不可预测，即

$$\hat{x}_b(k|k-1)=0 \tag{6-80}$$

显然，它的有限历程均值与方差分别为

$$\begin{cases}x_{bj}(n)=0\\ \sigma_{bj}^2(n)\in\kappa_\nu[n-1,\sigma_b^2]\end{cases} \tag{6-81}$$

很显然，对平稳白噪声而言，其有限历程方差也是随机变量。直到 $n\to\infty$ 时，其方差才是常数。

$x_q(k)$ 为强相关误差，即

$$\begin{cases}\bar{x}_q(k)=0\\ \mathrm{cov}[x_q(k),x_q(j)]=\sigma_q^2\end{cases} \tag{6-82}$$

其统计上的特点是：它验前是未知常数，如能准确预测，验后即为已知常数。即

$$x_q(k)=\hat{x}_q(k|k-1)=\hat{x}_q(1|0)=x_q(1) \tag{6-83}$$

它相应的有限历程均值与方差为

$$\begin{cases}x_{qj}(n)=x_q(0)\in N[0,\sigma_q^2]\\ \sigma_{qj}^2(n)=0\end{cases} \tag{6-84}$$

$x_r(k)$ 为弱相关误差，即

$$\begin{cases} x_r(k+1)=rx_r(k)+\sqrt{1-r^2}w(k) \\ x_r(1)=w(0) \\ \mathrm{cov}[w(k),w(j)]=r^{|k-j|}\sigma_r^2 \\ |r|<1 \end{cases} \tag{6-85}$$

其统计上的特性是:它可分解为可预测分量 x_{rj} 与不可预测分量 x_{rf}

$$\begin{cases} x_{rj}(n)\in N[0,r^2\sigma_r^2] \\ x_{rf}(n)\in \kappa_\nu[n-1,(1-r^2)\sigma_r^2] \end{cases} \tag{6-86}$$

a_x 为射击误差均值,即

$$a_x=\bar{x}(k) \tag{6-87}$$

它为验前已知的函数。对射击误差而言,它是射击开始前的已知量,因而其方差、相关系数皆为零。即

$$\mathrm{cov}[\bar{x}(k),\bar{x}(j)]=0 \tag{6-88}$$

射击误差的均值 a_x 可以是常数,也可以是函数,但必须是在射击前为已知的。

由于 $x(k)(k=1,2,\cdots)$的三个随机分量是互相独立的,而每个分量又可分解为互相独立的步步预测与步步预测误差序列,故由步步预测及其误差序列导出的有限历程均值与方差也能按独立变量间的关系分别将 $x(k)$的三个独立的随机分量的有限历程均值与方差综合在一起。考虑到 $x_{bj}(n)=0$ 与 $\sigma_{qf}^2(n)=0$,记 $x_j(n)$、$\sigma_{xj}^2(n)$、$x_f(n)$、$\sigma_{xf}^2(n)$分别为射击误差在步步预测意义下的有限历程均值及其方差与有限历程误差及其方差,则有

$$x_g(n)=x_{bj}(n)+x_{qj}(n)+x_{rj}(n)+a_x\in N[a_x,\sigma_q^2+r\sigma_r^2]=N[a_x,\sigma_{xj}^2(n)] \tag{6-89}$$

$$x_f(n)=x_{bf}(n)+x_{qf}(n)+x_{rf}(n)\in N[0,\sigma_{xf}^2(n)] \tag{6-90}$$

$$\begin{cases} \sigma_{xf}^2(n)\in \kappa_\nu[n-1,\sigma_b^2+(1-r^2)\sigma_r^2], & n\geqslant 2 \\ \sigma_{xf}^2(n)=\sigma_b^2+\sigma_r^2, & n=1 \end{cases} \tag{6-91}$$

且有

$$\begin{cases} \bar{\sigma}_{xf}^2(n)=\sigma_b^2+(1-r^2)\sigma_r^2, & n\geqslant 2 \\ \bar{\sigma}_{xf}^2(n)=\sigma_b^2+\sigma_r^2, & n=1 \end{cases} \tag{6-92}$$

$$\sigma_x^2=\bar{\sigma}_{xf}^2(n)+\sigma_{xj}^2(n)=\sigma_b^2+\sigma_q^2+\sigma_r^2 \tag{6-93}$$

定义

$$\psi=\frac{\bar{\sigma}_{xf}^2}{\sigma_x^2}=\frac{\sigma_b^2+(1-r^2)\sigma_r^2}{\sigma_x^2},\quad n\geqslant 2 \tag{6-94}$$

为由式(6-89)、式(6-90)表述的射击误差的振动度,显然有

$$\psi \in [0,1] \tag{6-95}$$

易于发现，ψ 是 σ_b^2 的增函数，r^2 的减函数。当 $\sigma_b^2=0$，$r=1$ 时，$\psi=0$，此时，射击误差没有波动。

对由式(6-89)、式(6-90)描述的有限历程射击误差序列，其完备性的统计性能指标可以用如下几种方式表述。

6.4.2 射击误差统计特征的完备集

1. 无限历程的特征指标集

它包括 5 个参数，即

(1) 不相关分量的方差 σ_b^2；

(2) 强相关分量的方差 σ_q^2；

(3) 弱相关分量的方差 σ_r^2；

(4) 弱相关分量的相关系数 r；

(5) 射击误差的均值 a_x。

2. 有限历程的特征指标集

它包括 6 个参数，即

(1) 采样的样本个数 n；

(2) 不相关分量的方差 σ_b^2；

(3) 强相关分量的方差 σ_q^2；

(4) 射击误差的有限历程均值的方差 $\sigma_{xj}^2(n)$；

(5) 射击误差的有限历程方差的均值 $\bar{\sigma}_{xf}^2(n)$；

(6) 射击误差的均值 a_x。

考虑到

$$\sigma_x^2=\bar{\sigma}_{xf}^2(n)+\sigma_{xj}^2(n)=\sigma_b^2+\sigma_q^2+\sigma_r^2 \tag{6-96}$$

$$\sigma_r^2=\sigma_x^2-\sigma_b^2-\sigma_q^2 \tag{6-97}$$

$$r=\frac{\sqrt{\sigma_{xj}^2-\sigma_q^2}}{\sigma_r} \tag{6-98}$$

易知，不论用无限还是用有限历程特征参数集来表征射击误差的统计特性，它们是完全等价的，是可以相互换算的。

3. 有限历程特征参数允许值集

它包括四个以允许值方式给出的指标集：

$$P\{|x_j(n)-a_x|\leqslant x_{jm}>0\}=1-\alpha \tag{6-99}$$

即有限历程均值 $x_j(n)$ 对射击误差的均值 a_x 的偏离值小于或等于其允许值 x_{jm} 的概率为 $1-\alpha$。$\alpha\in(0,1)$ 称为置信水平，而 $1-\alpha$ 称为置信度。

$$P\{\sigma_{xf}(n)\leqslant\sigma_{fm}\}=1-\alpha \tag{6-100}$$

即有限历程方差小于或等于其允许值 σ_{fm} 的概率为 $1-\alpha$。以及

$$P\{|x_q|\leqslant x_{qm}>0\}=1-\alpha \tag{6-101}$$

与

$$P\{|\sigma_b|\leqslant\sigma_{bm}>0\}=1-\alpha \tag{6-102}$$

式中，$x_{qm}>0$、$\sigma_{bm}>0$ 分别是 x_q 与 σ_b 的允许值。

由于 $x_j(n)$、x_q 均是已知方差分别为 σ_{xj}^2、σ_q^2 的正态变量，因而，一旦给定置信水平 α，它们相应的允许值即可由其方差得到，且与 n 无关。对 $x_j(n)$，则有

$$\int_{-x_{jm}}^{x_{jm}}\frac{1}{\sqrt{2\pi}\sigma_{xj}(n)}\exp\left\{-\frac{1}{2}\left[\frac{x_j(n)-a_x}{\sigma_{xj}(n)}\right]^2\right\}\mathrm{d}x_j(n)=\alpha \tag{6-103}$$

显然，α 与 x_{jm} 间有对应关系。例如

$$\begin{cases}\alpha=10\%\\ x_{jm}=1.64\sigma_{xj}\end{cases} \tag{6-104}$$

$$\begin{cases}\alpha=0.27\%\\ x_{jm}=3\sigma_{xj}\end{cases} \tag{6-105}$$

对有限历程方差 $\sigma_{xf}^2(n)$ 而言，式(6-100)可表示为

$$\int_0^{\sigma_{fm}^2(n)}f[\sigma_{xf}^2(n)]\mathrm{d}\sigma_{xf}^2(n)=\int_0^{\chi_m^2(n)}\kappa_{\nu=n-1}(\chi^2)\mathrm{d}\chi^2=1-\alpha \tag{6-106}$$

式中，使用了下述变量置换：

$$\sigma_{xf}^2(n)=\frac{\bar{\sigma}_{xf}^2}{n-1}\chi^2 \tag{6-107}$$

当给定 α 后，由 $\kappa_{\nu=n-1}$ 的函数表中可查出 $\chi_m^2(n)$，从而得到 $\sigma_{xf}^2(n)$ 的允许值，即

$$\sigma_{fm}(n,\alpha)=\frac{\bar{\sigma}_{xf}}{\sqrt{n-1}}\chi_m(n,\alpha) \tag{6-108}$$

例如

$$\begin{cases}\alpha=1\%\\ \sigma_{fm}(5)=1.821\bar{\sigma}_{xf}\\ \sigma_{fm}(30)=1.308\bar{\sigma}_{xf}\end{cases} \tag{6-109}$$

$$\begin{cases}\alpha=10\%\\ \sigma_{fm}(5)=1.395\bar{\sigma}_{xf}\\ \sigma_{fm}(30)=1.161\bar{\sigma}_{xf}\end{cases} \tag{6-110}$$

由于 $n>30$ 时，χ^2 的分布已接近正态分布，因而由式(6-67)与式(6-69)可知

$$f[\sigma_{xf}^2(n)]\approx N\left[\bar{\sigma}_{xf}^2,\frac{\bar{\sigma}_{xf}^4}{n-1}\right] \tag{6-111}$$

此时，σ_{fm} 可在已知 α、n 时，由下式给出：

$$\int_{-\sigma_{fm}^2+\bar{\sigma}_{xf}^2}^{\sigma_{fm}^2+\bar{\sigma}_{xf}^2}\frac{\sqrt{n-1}}{\sqrt{2\pi}\bar{\sigma}_{xf}^2}\exp\left\{-\frac{(n-1)[\sigma_{xf}^2(n)-\bar{\sigma}_{xf}^2]^2}{2\bar{\sigma}_{xf}^4}\right\}\mathrm{d}\sigma_{xf}^2(n)=1-\alpha \tag{6-112}$$

而省去查 χ^2 表。倘若由计算机自动解算，则无需此近似式。

易于发现，只要已知 n 与 α，即可由式(6-99)、式(6-100)、式(6-101)与式(6-102)分别导出：有限历程均值允许误差 x_{jm}、有限历程均方差允许误差 $\sigma_{fm}(n)$、不相关分量的允许误差 x_{bm} 与强相关分量的允许误差 x_{qm} 四个参数。由于已知 n 及上述四个允许误差后，均可导出其相应的置信水平 α，故 α 是导出量。若加上均值 a_x，本组指标也是 6 个，即 n、a_x、x_{jm}、σ_{fm}、x_{qm}、σ_{bm} 共 6 个参数来表述射击误差的全部统计特征。上述的四个允许偏差既然能用对应的分布函数求得，当然，也能用求逆的办法求得原分布函数的方差。这表明：这组指标集与前两组一样，都是等价的。

这里要说明一点：对正态分布而言，虽然给出不同的 α 即有不同的允许值与之对应，但只要给出任意一组 α 与 x_{jm}，即可换算出不同 α 对应的 σ_{fm}；对服从 χ^2 型分布的、均值为 $\bar{\sigma}_{xf}^2$ 的随机变量 $\sigma_{xf}^2(n)$ 而言，给出不同的 n 与 α 即可求得对应的一个允许值 σ_{fm}，但只要给出其中任意一组，即可换算出不同 n 与 α 下的 σ_{fm}。也就是说，以允许值为特征的指标集，其允许值虽随给定的置信水平 α 与样本空间数 n 而变，但不论变化有多大，只要各给定一组，即可转换出不同 n 与 α 下的允许值，即在表述其统计特性上，它们是等价的。倘若对允许值再增赋新的含义，例如，为了提高产品的精度，而增添剔除废品的标准，那么，对产品的生产方而言，它越大越好，对产品的使用方而言，它越小越好，就不存在等价性了。

6.4.3　射击误差的完备战技指标集

如果以一个一阶平稳正态序列作为射击误差的数学模型，那么，无限历程的特征指标集中的 5 个参数 σ_b^2、σ_q^2、σ_r^2、r、a_x 即可完备地表征射击误差的全部特性。由于武器系统的论证、设计均是以其无限历程指标来分配与实施的，故无限历程指标集是基础性指标集，也是论证、设计武器系统误差特性时的目标函数集。然而，射击过程永远是有限历程的，所观测到的脱靶量中的中心以及对脱靶量的散布，对每次射击而言，也总是有差别的，而这种差别又明显地影响着射击效果，总是用不变的均值与方差来表述这一实际的现象，是难以被接受的，然而，相关系

数、χ^2 分布等概率论中专门的术语与概念，对实际观测射击效果的基层操作也难以理解。为此，依据不同武器系统的特点，给出一组既能解释有限历程射击误差特征，又能将其转换成无限历程的射击误差的特性，且通俗易懂的指标集，就显得非常必要了。同以前相同的理由，不论是二维还是三维射击误差，本节依然只列写其一维分量。

由于强相关序列也是可步步预测的，其步步预测值为 $x_q(1)\in N[a_x,\sigma_q^2]$，而它的步步预测方差为零。从可步步预测的特性上分类，它与弱相关序列中的步步预测分量 $x_{rj}(n)\in N[0,r^2\sigma_r^2]$应属同类，且可以直接相加，它们的和 $x_j(n)=x_q(1)+x_{rj}(n)\in N[a_x,\sigma_q^2+r^2\sigma_r^2]$定义为平稳随机序列(误差序列)的系统误差。在此定义下，误差序列的系统误差是正态变量，而该正态变量的均值是误差序列的均值 a_x。又由于不相关序列是步步不可预测的，同弱相关序列中的步步预测误差一样，均属于零均值正态不相关序列，且互不相关，其和的方差也是可以直接相加的，记为 $\sigma_{xf}^2(n)=\sigma_b^2+(1-r^2)\sigma_r^2$，定义 $\sigma_{xf}^2(n)$为误差序列的系统误差的方差。在此定义下，系统误差方差 $\sigma_{xf}^2(n)$是由式(6-91)给出的自由度为$\nu=n-1$、平均方差为 $\sigma_b^2+(1-r^2)\sigma_r^2$的 χ^2 型变量，当且仅当 $n\to\infty$时，才有 $\sigma_{xf}^2(\infty)\in N[0,(1-r^2)\sigma_r^2]$；而射击误差序列方差 σ_x^2是它的所有随机成分的方差之和，如式(6-96)所示。当以能否步步预测来分类各类误差的随机分量时，可将一个有限历程的平稳随机序列中的强、弱、不相关的三个序列的统计特征用一个正态的系统误差与一个 χ^2 型变量系统误差的方差来表征，这将给有限历程的射击误差序列的分析、设计与检测带来极大的方便。但要注意，这里定义的系统误差是在步步预测的条件下定义的，它与平稳随机误差在无限历程定义下的均值与方差是不相同。后者的均值是 $\bar{x}$，方差是 σ_x^2。

1. 速射武器系统射击误差的战技指标集

高炮武器系统是武器系统的代表，其特点是以一定的射频连续发射弹药。它的射击误差具有强烈的相关性。它的战技指标系包括以下几点。

1) 射击诸元精度

在典型航路上、以依运动假定飞行的典型目标实施一次长度为 n 的点射时，系统误差 $x_j(n)$、系统误差均方差 $\sigma_{xf}(n)$分别以 $1-\alpha$ 置信度满足下列不等式：

$$|x_j(n)|\leqslant x_{jm} \tag{6-113}$$

$$\sigma_{xf}(n)\leqslant\sigma_{fm} \tag{6-114}$$

式中，x_{jm}与 σ_{fm}分别为系统误差 $x_j(n)$与系统误差均方差 $\sigma_{xf}(n)$的允许值。

很显然，上述两个指标很好地表征了射击试验时有限个射击误差的分布状况，故被称为射击诸元精度指标。倘若点射长度 n 发生变化，或 α 另取它值，那么相应的允许值 x_{jm}与 σ_{fm}均应予以改变。为了在任意 n 与 α 下都会求得允许值 x_{jm}与 σ_{fm}，还必须使射击误差战技指标集完备化，故需增加如下两个指标：

2）弹药精度

由于射击误差中的不相关误差 x_b 只能是弹药误差，故可用弹药误差的均方差满足

$$|\sigma_b| \leqslant \sigma_{bm} \tag{6-115}$$

来替换对不相关误差均方差之要求，式中 σ_{bm} 是弹药误差均方差的允许值。对于弹目误差的均方差，在实用上多以立靶或水平靶密集度来替代。

3）射击诸元静态精度

由于射击误差中的强相关分量主要表现为射击诸元的静态误差，因而，实用上，多以射击诸元的静态误差以 $1-\alpha$ 置信度满足

$$|x_q| \leqslant x_{qm} \tag{6-116}$$

来替换对强相关误差的要求，式中 x_{qm} 为射击诸元静态误差之允许值。当然，上式也可由

$$\sigma_q \leqslant \sigma_{qm} \tag{6-117}$$

来替换，式中 σ_{qm} 为 σ_q 的允许值。

如果以最常用的 n、α 下的 x_{jm} 与 σ_{fm} 以及与 n、α 无关的 σ_{bm} 与 x_{qm} 为性能指标集，那么，这就是一组完备的射击误差的战技指标体系。因为由此可以演绎出任意 n、α 下的 x_{jm} 与 σ_{fm}，而且可以导出无限历程下的随机序列的全部统计特性。这一指标集不仅物理意义明显易懂，而且当需要调整与转换指标集时，可通过火控计算机直接得到，对武器系统的使用人员也非常方便。

下面就射击误差战技指标集的使用，再阐明几个问题。

如果由于某种原因，对均值 a_x 未加修正，那么，式(6-113)应为

$$|x_j - a_x| \leqslant x_{jm} \tag{6-118}$$

如果战技指标集中规定的射击精度是 m 个互不相关的、每个点射长度为 n 的射击精度，由于系统误差 $x_j(n)$ 的方差与 n 无关，因而式(6-113)未变；由于步步预测误差的个数由 $n-1$ 个增加到了 $m(n-1)$ 个，即式(6-114)应改为

$$\sigma_{xf}[m(n-1)] \leqslant \sigma_{fm} \tag{6-119}$$

如果武器系统作战的使用环境比较复杂，停止间对静止目标、停止间对运动目标、行进间对静止目标、行进间对运动目标实施射击，那么，对不同火力运用环境应提出不同的战技指标集。这里要强调一点：当以随机变量，如 $x_j(n)$、$\sigma_{xf}^2(n)$、x_q 等的不等式为性能指标时，该不等式置信概率 $1-\alpha$ 是不可少的；否则，将失去完备性。

2. 逐发瞄准武器系统射击误差的战技指标集

地炮、坦克炮武器系统是逐发瞄准武器系统的代表。其特点是各次击发时的射击诸元误差是不相关的。例如，停止间对固定目标射击的地炮，它每次击发都要在射击冲击结束之后，人工或自动地操纵火炮，令火炮姿态角回归到解算射击诸元之时才实施射击。由于射击冲击是相互独立的，因而，射击冲击所致复位误差是不

相关误差。

此种射击体制虽然也可连射，但由于复位时间是随机的，因而射频也是随机的。对此类射击体制，其射击误差的战技指标多是用单发的射击误差特征量来规定的，当 $n=1$ 时，由式(6-91)知 $\hat{x}_r(1|0)=w(0)$，$\tilde{x}_r(1|0)=0$，因而，射击误差的有限历程均值

$$x_j(1)\in N[0,\sigma_q^2+\sigma_r^2]=N[0,\sigma_{xj}^2] \tag{6-120}$$

而有限历程方差

$$\sigma_{xf}^2=N[0,\sigma_b^2] \tag{6-121}$$

也就是说，对逐发瞄准的武器系统的战技指标应有两个：有限历程均值方差

$$\sigma_{xf}^2=\sigma_q^2+\sigma_r^2 \tag{6-122}$$

与有限历程方差，也就是有限历程方差均值，即弹药误差

$$\bar{\sigma}_{rf}^2=\sigma_{rf}^2(1)=\sigma_b^2 \tag{6-123}$$

实际射击时，如果是由同一火控系统给出的射击诸元，用一门火炮实施 n 次齐射，虽然两个战技指标 σ_{xj}^2 与 $\bar{\sigma}_{xf}^2$ 未变，但有限历程方差的分布函数却改变为

$$\sigma_{xf}^2(m)\in\kappa_\nu[m,\sigma_b^2] \tag{6-124}$$

从而，可将式(6-120)与式(6-124)改成同式(6-113)与式(6-114)一样的，具有 $1-\alpha$ 置信度的系统误差与系统误差均方差的不等式。当 $m\to\infty$ 时，有 $\sigma_{xf}^2=\sigma_b^2$，即无限多次射击后，弹药的实际散布才与一发弹药的理论散布趋于一致。

如果仅仅考虑连射与齐射时射击误差的特性，上述的两个战技指标已经足够。如果需考虑随机射频的统计特性，那么，还应再加上 σ_r^2 与 r 两个指标，才能使指标集完备化。

6.5　武器系统的命中概率

武器系统射击效能的最重要的指标是毁伤概率。当弹药的毁伤能力一定时，命中数越多，毁伤概率应该越高。弹药的命中概率应是研究毁伤概率的基础。

弹药的命中概率的定义是射击误差的密度函数在目标区上的积分。对碰炸弹药，目标区域是目标在迎弹面上的投影，是二维的；对空炸弹药，目标区域是三维的。本节将以碰炸弹药为例，讨论命中概率。

记二维误差

$$\boldsymbol{E}(k)=\boldsymbol{E}_q(k)+\boldsymbol{E}_r(k)+\boldsymbol{E}_b(k)=(x(k),h(k))^{\mathrm{T}}\in N[\boldsymbol{a}_E,\boldsymbol{\sigma}_E^2] \tag{6-125}$$

分别为射击误差的零均值的强相关、弱相关、不相关分量与均值，且有

$$\boldsymbol{a}_E=\begin{bmatrix}a_x\\a_h\end{bmatrix} \tag{6-126}$$

$$
\begin{aligned}
&\operatorname{cov}[\boldsymbol{E}(k),\boldsymbol{E}(j)] \\
&=\begin{bmatrix}\sigma_{xq}^2 & 0\\ 0 & \sigma_{hq}^2\end{bmatrix}+\begin{bmatrix}r_x^{|k-j|} & 0\\ 0 & r_h^{|k-j|}\end{bmatrix}\begin{bmatrix}\sigma_{xr}^2 & 0\\ 0 & \sigma_{hr}^2\end{bmatrix}+\begin{bmatrix}\sigma_{xb}^2 & 0\\ 0 & \sigma_{hb}^2\end{bmatrix}\delta_{k,j} \\
&=\boldsymbol{\sigma}_q^2+\boldsymbol{r}^{|k-j|}\boldsymbol{\sigma}_r^2+\boldsymbol{\sigma}_b^2
\end{aligned}
\tag{6-127}
$$

同一维的射击误差的统计特性相比较，外形是一致的，只是由一维正态分布升格为二维正态分布。因而也有

$$\boldsymbol{E}_j\in N[\boldsymbol{a}_E,\boldsymbol{\sigma}_q^2+\boldsymbol{r}\boldsymbol{\sigma}_r^2]=N[\boldsymbol{a}_E,\boldsymbol{\sigma}_j^2] \tag{6-128}$$

$$\boldsymbol{E}_f(n)\in N[0,\boldsymbol{\sigma}_f^2(n)] \tag{6-129}$$

$$
\begin{cases}\boldsymbol{\sigma}_f^2(n)\in\kappa_\nu[n-1,\boldsymbol{\sigma}_b^2+(1-r_x^2)\boldsymbol{\sigma}_r^2]=\kappa_\nu[n-1,\bar{\boldsymbol{\sigma}}_f(n)], & n\geqslant 2\\ \boldsymbol{\sigma}_f^2(n)=\boldsymbol{\sigma}_b^2+\boldsymbol{\sigma}_r^2=\bar{\boldsymbol{\sigma}}_f(n), & n=1\end{cases}
\tag{6-130}
$$

式中，$\boldsymbol{E}_j$，$\boldsymbol{\sigma}_j^2$，$\boldsymbol{E}_f(n)$，$\bar{\boldsymbol{\sigma}}_f^2(n)$分别为有限历程均值及其方差和有限历程误差及其方差的均值。

6.5.1　逐发瞄准武器系统的命中概率

对于此类系统，它每一发弹药所相应的射击误差的密度函数都是相同的，因而，它每一发弹药的命中概率都是相同的。

设目标迎弹面 S，当 $n=1$ 时的有限历程均值 $\boldsymbol{E}_j(1)=\boldsymbol{E}_q(1)+\boldsymbol{E}_r(1)$ 为某定值时，命中概率应为

$$P\{\boldsymbol{E}(1)\in S\mid\boldsymbol{E}_j(1)\}=\int\limits_{\boldsymbol{E}(1)\in S}f[\boldsymbol{E}(1)\mid\boldsymbol{E}_j(1)]\mathrm{d}\boldsymbol{E}(1) \tag{6-131}$$

当 $\boldsymbol{E}_j\in N[\boldsymbol{a}_E,\boldsymbol{\sigma}_q^2+\boldsymbol{\sigma}_r^2]$时，该弹药的命中概率为

$$
\begin{aligned}
P\{\boldsymbol{E}(1)\in S\}&=\int_{\boldsymbol{E}_j(1)=-\infty}^{\infty}\int\limits_{\boldsymbol{E}(1)\in S}f[\boldsymbol{E}(1)\mid\boldsymbol{E}_j(1)]\cdot f[\boldsymbol{E}_j(1)]\mathrm{d}\boldsymbol{E}_j(1)\mathrm{d}\boldsymbol{E}(1)\\
&=\int_{\boldsymbol{E}_j(1)=-\infty}^{\infty}\int\limits_{\boldsymbol{E}(1)\in S}\frac{1}{2\pi\boldsymbol{\sigma}_f(1)}\exp\left\{-\frac{1}{2}[\boldsymbol{E}(1)-\boldsymbol{E}_j(1)]^{\mathrm{T}}\boldsymbol{\sigma}_f^{-2}(1)[\boldsymbol{E}(1)-\boldsymbol{E}_j(1)]\right\}\\
&\quad\times\frac{1}{2\pi\boldsymbol{\sigma}_j}\exp\left\{-\frac{1}{2}(\boldsymbol{E}_j-\boldsymbol{a}_E)^{\mathrm{T}}\boldsymbol{\sigma}_j^{-2}(\boldsymbol{E}_j-\boldsymbol{a}_E)\right\}\mathrm{d}\boldsymbol{E}(1)\mathrm{d}\boldsymbol{E}_j(1)\\
&=\int\limits_{\boldsymbol{E}(1)\in S}\frac{1}{2\pi\boldsymbol{\sigma}_E}\exp\left\{-\frac{1}{2}[\boldsymbol{E}(1)-\boldsymbol{a}_E]^{\mathrm{T}}\boldsymbol{\sigma}_E^{-2}[\boldsymbol{E}(1)-\boldsymbol{a}_E]\right\}\mathrm{d}\boldsymbol{E}(1)
\end{aligned}
\tag{6-132}
$$

考虑到 $f[\boldsymbol{E}(1)\mid\boldsymbol{E}_j(1)]=f[\boldsymbol{E}_b(1)]$以及 $\boldsymbol{E}_b(1)$与 $\boldsymbol{E}_j(1)$间的不相关性，立即可得上式。很显然，此时的弹药命中概率仅与 S、$\boldsymbol{\sigma}_E^2$ 与 $\boldsymbol{a}_E$ 有关，与 $\boldsymbol{\sigma}_E^2$ 的三种分量

$\boldsymbol{\sigma}_q^2$、$\boldsymbol{\sigma}_r^2$、$\boldsymbol{\sigma}_b^2$ 各占多少无关。

倘若用一台火控计算机给出的解算射击诸元同时控制 m 门火炮实施一次齐射，那么，当 $\boldsymbol{E}_j(1)+\boldsymbol{E}_q(1)+\boldsymbol{E}_r(1)$ 为某一定值时，m 个不相关的弹目偏差将服从 $\kappa_\nu[m,\boldsymbol{\sigma}_b^2=\boldsymbol{\sigma}_f^2]$ 的 χ^2 型分布。故有

$$P\{\boldsymbol{E}(1)\in S\mid\boldsymbol{\sigma}_f^2(1),\boldsymbol{E}_j(1)\}=\int_{\boldsymbol{E}(1)\in S}f[\boldsymbol{E}(1)\mid\boldsymbol{\sigma}_f^2,\boldsymbol{E}_j(1)]\mathrm{d}\boldsymbol{E}(1) \tag{6-133}$$

当 $\boldsymbol{\sigma}_f^2(1)$ 与 $\boldsymbol{E}_j(1)$ 历经其整个样本空间后，有该弹药的命中概率为

$$\begin{aligned}
&p\{\boldsymbol{E}(1)\in S\}=\\
&\int_{\boldsymbol{E}_j(1)=-\infty}^{\infty}\int_{\boldsymbol{\sigma}_f^2(1)=0}^{\infty}\int_{\boldsymbol{E}(1)\in S}f[\boldsymbol{E}(1)\mid\boldsymbol{\sigma}_f^2(1),\boldsymbol{E}_j(1)]f[\boldsymbol{\sigma}_f^2(1)]f[\boldsymbol{E}_j(1)]\mathrm{d}\boldsymbol{E}(1)\mathrm{d}\boldsymbol{\sigma}_f^2(1)\mathrm{d}\boldsymbol{E}_j(1)\\
&=\int_{\boldsymbol{E}_j(1)=-\infty}^{\infty}\int_{\chi^2=0}^{\infty}\int_{\boldsymbol{E}(1)\in S}\frac{1}{2\pi\chi}\exp\left\{-\frac{1}{2}[\boldsymbol{E}(1)-\boldsymbol{E}_j(1)]^{\mathrm{T}}\chi^{-2}[\boldsymbol{E}(1)-\boldsymbol{E}_j(1)]\right\}\\
&\quad\times\frac{1}{m}\boldsymbol{\sigma}_b^2\ \frac{1}{2^{\frac{m}{2}}\Gamma\left(\frac{m}{2}\right)}(\chi^2)^{\frac{m}{2}-1}\exp\left(-\frac{1}{2}\chi^2\right)\\
&\quad\times\frac{1}{2\pi\boldsymbol{\sigma}_j(1)}\exp\left\{-\frac{1}{2}[\boldsymbol{E}_j(1)-\boldsymbol{a}_E]^{\mathrm{T}}\boldsymbol{\sigma}_j^{-2}(1)[\boldsymbol{E}_j(1)-\boldsymbol{a}_E]\right\}\mathrm{d}\boldsymbol{E}(1)\mathrm{d}\chi^2\mathrm{d}\boldsymbol{E}_j(1)
\end{aligned} \tag{6-134}$$

式中，$\boldsymbol{\sigma}_j^2(1)=\boldsymbol{\sigma}_q^2+\boldsymbol{\sigma}_r^2$。而利用变换

$$\frac{\boldsymbol{\sigma}_f^2(1)}{m\boldsymbol{\sigma}_b^2}=\chi^2 \tag{6-135}$$

可得上式第二个等号右部。

上述分析表明：当用同一部火控系统控制 $m\geqslant 2$ 门火炮实施一次齐射时，m 门火炮构成的射弹散布可用密度函数 $\kappa_\nu[m,\boldsymbol{\sigma}_b^2]$ 来表述，而其系统误差 $\boldsymbol{E}_j(1)$ 则是正态的。每一次齐射得到一个 $\boldsymbol{E}_j(1)$，当 $\boldsymbol{E}_j\in N[0,\boldsymbol{\sigma}_q^2+\boldsymbol{\sigma}_r^2]$ 被遍历后，就得到了由式(6-134)表述的一次齐射中每一发弹药的命中概率。显然，当用一部火控计算机控制多门火炮射击时，命中率与齐射弹药的发数 m 有关，而与它是第几次齐射无关。由此可见，将射击误差依相关性分解是一项基础性的工作。

6.5.2 速射武器系统的命中概率

如果一个武器系统，如高炮武器系统对在典型航路上、依运动假定运动的、具有迎弹面为 S 的典型目标实施一次 n 发点射，此时，完全可以比照式(6-134)得到每发弹药的命中概率

$$
\begin{aligned}
&p\{\boldsymbol{E}(n)\in S\}\\
&=\int_{\boldsymbol{E}_j(n)=-\infty}^{\infty}\int_{\boldsymbol{\sigma}_f^2(n)=0}^{\infty}\int_{\boldsymbol{E}(n)\in S} f[\boldsymbol{E}(n)\mid \boldsymbol{\sigma}_f^2(n),\boldsymbol{E}_j(n)]f[\boldsymbol{\sigma}_f^2(n)]f[\boldsymbol{E}_j(n)]\mathrm{d}\boldsymbol{E}(n)\mathrm{d}\boldsymbol{\sigma}_f^2(n)\mathrm{d}\boldsymbol{E}_j(n)\\
&=\int_{\boldsymbol{E}_j(n)=-\infty}^{\infty}\int_{\chi^2=0}^{\infty}\int_{\boldsymbol{E}(n)\in S}\frac{1}{2\pi\chi}\exp\left\{-\frac{1}{2}[\boldsymbol{E}(n)-\boldsymbol{E}_j(n)]^{\mathrm{T}}\chi^{-2}[\boldsymbol{E}(n)-\boldsymbol{E}_j(n)]\right\}\\
&\quad\times\frac{1}{n-1}\bar{\boldsymbol{\sigma}}_f^2(n)\frac{1}{2^{\frac{n-1}{2}}\Gamma\left(\frac{n-1}{2}\right)}(\chi^2)^{\frac{n-1}{2}-1}\exp\left(-\frac{1}{2}\chi^2\right)\\
&\quad\times\frac{1}{2\pi\boldsymbol{\sigma}_j(n)}\exp\left\{-\frac{1}{2}[\boldsymbol{E}_j(n)-\boldsymbol{a}_E]^{\mathrm{T}}\boldsymbol{\sigma}_j^{-2}[\boldsymbol{E}_j(n)-\boldsymbol{a}_E]\right\}\mathrm{d}\boldsymbol{E}(n)\mathrm{d}\chi^2\mathrm{d}\boldsymbol{E}_j(n)
\end{aligned}
\tag{6-136}
$$

与式(6-134)不同的，仅仅是

$$
\begin{cases}
\bar{\boldsymbol{\sigma}}_f^2(n)=\boldsymbol{\sigma}_b^2+(1-r^2)\boldsymbol{\sigma}_r^2\\
\boldsymbol{\sigma}_j^2(n)=r^2\boldsymbol{\sigma}_r^2+\boldsymbol{\sigma}_b^2
\end{cases}
\tag{6-137}
$$

很显然，在射击误差相关的情形下，一个点射过程内的每发弹药的命中概率除目标迎弹面外，完全决定于射击误差的统计特征。计算弹药命中概率所需的全部统计参数构成了射击误差统计参数的完备集。

6.6　武器系统的毁伤概率

毁伤概念是模糊的。例如，对飞机的毁伤，可以是解体性毁伤，也可以是可修复性毁伤、逃逸性毁伤。如果对毁伤事件给出两个状态的定义：毁伤、未毁伤，那么，必须在验前对毁伤与未毁伤给出可执行的判别准则。例如，目标被命中后不能再参与作战。

6.6.1　几何毁伤律

毁伤律是对弹药的毁伤能力规定指标的定律。几何毁伤律是为只有直接命中目标才能使其致毁的弹药制定的毁伤律，对小口径碰炸的炮弹、防空导弹以及穿甲弹等尤为合适，其对弹药的毁伤特性有以下两点要求：

(1) 每一个弹头单独命中目标后，它对目标的毁伤概率相等，记为 p_h；

(2) 弹头对目标的毁伤无后效性，也就是说，目标毁伤与否同弹药的命中时间间隔无关。

此时，命中 n 发弹头后，对目标的毁伤概率表达为

$$
H(n)=1-(1-p_h)^n
\tag{6-138}
$$

由于 $0<p_n<1$，显然有

$$\begin{cases} H(0)=0 \\ H(n+1)>H(n) \\ H(\infty)=1 \end{cases} \tag{6-139}$$

记 $G_p(0)=H(0)=0$，则当 $n\geqslant 1$ 时，有

$$G_p(n)=H(n)-H(n-1)=(1-p_h)^{n-1}-(1-p_h)^n=p_h(1-p_h)^{n-1} \tag{6-140}$$

式(6-140)是以 p_h 为参数、以命中数 n 为变量的几何分布，其含义是：命中弹头每增加一发，其对目标毁伤概率的增长量。

很显然，服从几何毁伤律的弹头达到平均毁伤概率所需的命中弹头个数 ω 应为

$$\omega=E(n)=\sum_{n=1}^{\infty} np_h(1-p_h)^{n-1}=\frac{1}{p_h} \tag{6-141}$$

ω 简称致毁平均命中数，它被规定为“满足几何毁伤律的条件下，弹药对典型目标毁伤能力的指标”。

若 $\omega=1$，则 $p_h=1$，此时命中即毁伤，为 0-1 毁伤律，故 0-1 毁伤律是几何毁伤律的极端状态。

易于发现，致毁平均命中数 ω 具有如下性质：命中数 n 相同的条件下，毁伤平均命中数 ω 越大，目标毁伤概率 $H(n)$ 越小；在弹头相同的条件下，目标的抗毁能力(包括迎弹面)越大，毁伤平均命中数 ω 越大；反之，在目标一定条件下，弹头的威力越大，ω 越小。几何毁伤律给出了弹头命中的个数与目标被毁伤的概率间的定量关系，它只记录命中数，而不计发射多少弹头，也不计命中的时间间隔。

6.6.2 毁伤概率计算式

1. 独立射击时的毁伤概率

设弹药的致毁平均命中数为 ω，显然命中一发的毁伤概率 $p_h=\dfrac{1}{\omega}$，若单发弹药的命中概率为 $P\{\boldsymbol{E}(1)\in S\}$，显然，发射一发弹药的毁伤概率 $H(1)$ 是

$$H(1)=p_hP\{\boldsymbol{E}(1)\in S\}=\frac{1}{\omega}P\{\boldsymbol{E}(1)\in S\} \tag{6-142}$$

如果 n 门相同火控武器系统对同一目标独立地(一门火炮由属于自己的火控系统单独控制)实施逐发瞄准射击，若齐射 m 次，则其毁伤概率为

$$H(m,n)=1-[1-H(1)]^{mn} \tag{6-143}$$

2. 一台火控计算机同时控制 m 门火炮逐发瞄准时的毁伤概率

先讨论一次齐射时的毁伤概率。如果只发射一个齐射，当 $\boldsymbol{E}_j(n)$ 一定时，应有

条件毁伤概率 $H[m|\boldsymbol{E}_j(1)]$为

$$H[m|\boldsymbol{E}_j(1)]=1-(1-\frac{1}{\omega}P\{\boldsymbol{E}(1)\in S|\boldsymbol{E}_j\})^m \tag{6-144}$$

而

$$P\{\boldsymbol{E}(1)\in S\mid \boldsymbol{E}_j\}=\int_{\boldsymbol{\sigma}_f^2(1)=0}^{\infty}\int_{\boldsymbol{E}(1)\in S} f[\boldsymbol{E}(1)\mid \boldsymbol{E}_j(1)]f[\boldsymbol{\sigma}_f^2(1)]\mathrm{d}\boldsymbol{E}(1)\mathrm{d}\boldsymbol{\sigma}_f^2(1) \tag{6-145}$$

故有一次齐射的毁伤概率为

$$\begin{aligned}H(m)=1-\int_{\boldsymbol{E}_j(1)=-\infty}^{\infty}\Bigg\{&1-\frac{1}{\omega}\int_{\chi^2=0}^{\infty}\int_{\boldsymbol{E}(1)\in S}\frac{1}{2\pi\chi}\exp\left\{-\frac{1}{2}[\boldsymbol{E}(1)-\boldsymbol{E}_j(1)]^{\mathrm{T}}\chi^{-2}[\boldsymbol{E}(1)-\boldsymbol{E}_j(1)]\right\}\\&\times\frac{1}{m}\boldsymbol{\sigma}_b^2\frac{1}{2^{\frac{m}{2}}\Gamma\left(\frac{m}{2}\right)}(\chi^2)^{\frac{m}{2}-1}\exp\left(-\frac{1}{2}\chi^2\right)\mathrm{d}\boldsymbol{E}(1)\mathrm{d}\chi^2\\&\times\frac{1}{2\pi\boldsymbol{\sigma}_j(1)}\exp\left\{-\frac{1}{2}[\boldsymbol{E}_j(1)-\boldsymbol{a}_E]^{\mathrm{T}}\boldsymbol{\sigma}_j^{-2}(1)[\boldsymbol{E}_j(1)-\boldsymbol{a}_E]\right\}\Bigg\}\mathrm{d}\boldsymbol{E}_j(1)\end{aligned} \tag{6-146}$$

在演绎上述公式时，要注意一点：一次齐射时，$\boldsymbol{E}_j(1)$仅是一个随机样本，必须在取得 $\boldsymbol{E}_j(1)$在其整个样本空间的加权后得到的毁伤概率才是一次齐射的毁伤概率。

如果进行了 n 次齐射，其毁伤概率为

$$H(n\times m)=1-[1-H(m)]^n \tag{6-147}$$

这是因为每次齐射都是由火控系统独立地实施了瞄准。

3. 速射武器系统一次点射时的毁伤概率

设一次点射的长度为 n，考虑到一次点射后，它的有限历程方差的分布函数就确定了，因而，只要任意给定一次点射后的有限历程均值，即可导出 $\boldsymbol{E}_j(n)$一定时的条件毁伤概率，再在 $\boldsymbol{E}_j(n)$的样本空间上对 $\boldsymbol{E}_j(n)$进行积分，即可得一次 n 发齐射时的毁伤概率：

$$\begin{aligned}H(n)=1-\int_{\boldsymbol{E}_j(n)=-\infty}^{\infty}\Bigg\{&1-\frac{1}{\omega}\int_{\chi^2=0}^{\infty}\int_{\boldsymbol{E}(n)\in S}\frac{1}{2\pi\chi}\exp\left\{-\frac{1}{2}[\boldsymbol{E}(n)-\boldsymbol{E}_f(n)]^{\mathrm{T}}\chi^{-2}[\boldsymbol{E}(n)-\boldsymbol{E}_f(n)]\right\}\\&\times\frac{1}{n-1}\bar{\boldsymbol{\sigma}}_f^2(n)\frac{1}{2^{\frac{n-1}{2}}\Gamma\left(\frac{n-1}{2}\right)}(\chi^2)^{\frac{n-1}{2}-1}\exp\left(-\frac{1}{2}\chi^2\right)\mathrm{d}\boldsymbol{E}(n)\mathrm{d}\chi^2\\&\times\frac{1}{2\pi\boldsymbol{\sigma}_j(n)}\exp\left\{-\frac{1}{2}[\boldsymbol{E}_j(n)-\boldsymbol{a}_E]^{\mathrm{T}}\boldsymbol{\sigma}_j^{-2}(n)[\boldsymbol{E}_j(n)-\boldsymbol{a}_E]\right\}\Bigg\}\mathrm{d}\boldsymbol{E}_j(n)\end{aligned} \tag{6-148}$$

如果实施了 m 次独立的、长度为 n 的点射，那么，相应的毁伤概率

$$H(n\times m)=1-[1-H(n)]^{m} \tag{6-149}$$

本章小结与学习要求

要考察武器火力控制系统的性能，必须对其进行射击效能分析。其中，最重要的一项战技指标是对目标的毁伤概率。

通过本章的学习，需要掌握射击效能分析及射击误差分析的方法，了解射击中各种矢量误差的分解及各态历程序列的统计特性，了解武器系统在不同瞄准射击体制下的命中及毁伤概率的数学表达式。

习题与思考题

1. 什么是脱靶量？如何对脱靶量进行检测？
2. 何为射击误差？脱靶量与射击误差有何区别？
3. 火控解算误差有哪些分类？对不同分类如何定义？
4. 武器系统在不同瞄准射击体制下的命中概率如何表达？
5. 何为毁伤率？何为几何毁伤率？毁伤概率的数学表达式是什么？

参 考 文 献

薄煜明，郭治，钱龙军，等. 2012. 现代火控理论与应用基础. 北京：科学出版社.
陈云门. 1996. 评定射击效率原理. 北京：解放军出版社.
郭治. 1996. 现代火控理论. 北京：国防工业出版社.
潘承泮. 1994. 武器系统射击效力. 北京：兵器工业出版社.
田棣华，肖元星，王向威，等. 1991. 高射武器系统效能分析. 北京：国防工业出版社.

第7章　校　　射

本章按照校射测量、预测、控制三部分工作流程分别介绍了大闭环校射和实时闭环校射。

7.1　概　　述

如能利用弹目偏差的一系列实测值预先估计出弹目偏差的未来值，并在弹头出膛或离轨前，校正射击诸元，消除这尚未出膛或离轨的弹头可能形成的弹目偏差，称为校射。校射是提高射击效能指标的重要举措。校射由三部分工作组成：测量弹目偏差、预测弹目偏差、控制武器线与弹头引爆时间以修正弹目偏差。简言之：测量、预测、控制。

实现校射的前提与关键是测量。校射的理论核心是预测，理论已经证明，控制的精度可达到与预测的精度等同的程度，因而，预测的效益就是校射的效益。

7.1.1　校射效益指数

设 $P_x(k+j)$ 是弹目偏差的某一维分量 $x(t)$ 在 $k+j$ 瞬时的方差，$P_x(k+j|k)$ 是在 k 瞬时对 $k+j$ 瞬时的 $x(t)$ 的预测误差方差。定义

$$A=\frac{P_x(k+j)-P_x(k+j|k)}{P_x(k+j)} \tag{7-1}$$

为校射效益指数。当预测误差方差 $P_x(k+j|k)=0$ 时，有 $A=1$，校射效益指数最高；当不测量弹目偏差时，只能靠弹目偏差方差外推其预测值，此时 $P_x(k+j|k)=P_x(k+j)$，有 $A=0$，校射效益指数最低。校射效益指数越接近于1，校射也才越有意义。若校射效益指数接近于零，校射是没有意义的。

记

$$\begin{aligned}\boldsymbol{Y}_k&=(y(k),y(k-1),\cdots,y(k-l))^{\mathrm{T}}\\&=(x(k)+v(k),x(k-1)+v(k-1),x(k-l)+v(k-l))^{\mathrm{T}}\end{aligned} \tag{7-2}$$

为对 $x(k),x(k-1),\cdots,x(k-l)$ 的测量值。其中，$v(k),v(k-1),\cdots,v(l)$ 为相应的测量误差，设

$$\operatorname{cov}[v(k),v(j)]=P_v\delta_{k,j} \tag{7-3}$$

即测量误差为不相关序列，又

$$\operatorname{cov}[x(k),x(j)]=R_x(k-j) \tag{7-4}$$

即弹目偏差为平稳序列，记

$$r(k-j)=\frac{R_x(k-j)}{R_x(0)} \tag{7-5}$$

为弹目偏差的相关系数。依据预测误差方差的表达式，有

$$A=\frac{\operatorname{cov}[x(k+j),\boldsymbol{Y}_k]\operatorname{var}^{-1}\boldsymbol{Y}_k\operatorname{cov}[\boldsymbol{Y}_k,x(k+j)]}{R_x(k+j)}$$

$$=(r(j),r(j+1),\cdots,r(j+l))\begin{bmatrix}1+\dfrac{P_v}{P_x} & r(1) & \cdots & r(l)\\ r(1) & 1+\dfrac{P_v}{P_x} & \cdots & r(l-1)\\ \vdots & \vdots & & \vdots\\ r(l) & r(l-1) & \cdots & 1+\dfrac{P_v}{P_x}\end{bmatrix}^{-1}\begin{bmatrix}r(j)\\ r(j+1)\\ \vdots\\ r(j+l)\end{bmatrix} \tag{7-6}$$

当弹目偏差为不相关序列时，$r(j)=0$。在 $j\neq1$ 时成立，此时 $A=0$，毫无校射效益。

当弹目偏差为强相关序列时，由于 $r(j)=1$，所以有

$$A=(1,1,\cdots,1)\begin{bmatrix}1+\dfrac{P_v}{P_x} & 1 & \cdots & 1\\ 1 & 1+\dfrac{P_v}{P_x} & \cdots & 1\\ \vdots & \vdots & & \vdots\\ 1 & 1 & \cdots & 1+\dfrac{P_v}{P_x}\end{bmatrix}^{-1}\begin{bmatrix}1\\ 1\\ \vdots\\ 1\end{bmatrix}$$

$$=\frac{1}{\left(\dfrac{P_v}{P_x}+l+1\right)\dfrac{P_v}{P_x}}(1,1,\cdots,1)\begin{bmatrix}\dfrac{P_v}{P_x}+l & -1 & \cdots & -1\\ -1 & \dfrac{P_v}{P_x}+l & \cdots & -1\\ \vdots & \vdots & & \vdots\\ -1 & -1 & \cdots & \dfrac{P_v}{P_x}+l\end{bmatrix}\begin{bmatrix}1\\ 1\\ \vdots\\ 1\end{bmatrix}$$

$$=\frac{l+1}{\dfrac{P_v}{P_x}+l-1}<1 \tag{7-7}$$

式中，$l\geqslant0$。当测量次数趋于无穷大时，有

$$A=\lim_{l\to\infty}\frac{l+1}{\dfrac{P_v}{P_x}+l+1}=1 \tag{7-8}$$

此式表明,即使存在很大的测量噪声,对强相关弹目偏差而言,只要不相关的测量次数充分大,其校射效益指数就会充分趋近于 1。

因此,弹目偏差相关性对校射效益影响极大,且其相关性越强,校射带来的效益也越好。

7.1.2　校射程式

武器系统中的误差种类繁多、性质各异,寄希望于某种特定的校射方式消除所有误差的影响是不可能的。在射击前应尽可能精确地测量出尽可能多的强相关误差,特别是各种弹道与气象条件误差,在火控公式系中逐一予以修正,此即所谓的精密射击准备。这种方法有时的确可以免去试射而直接进入效力射,有利于作战意图的隐蔽,然而,它需要的测试设备较多、测试时间也较长,特别是解决不了弱相关弹目偏差的修正,所以校射通常是不可少的。

为了抑制和消除武器系统中种类繁多、性质各异的误差对射击效能的影响,通常是根据弹目偏差中各个不同成分的相关深度与相关持续时间之不同,用不同的方式逐次估计、适时修校,以达到较为理想的射击效果。常用的做法有:分项修正、综合校正、逐次校射。

精密法射击诸元准备是分项修正的典型代表。在射击前尽可能精确地测量出尽可能多的弹道与气象条件参数,然后装入火控计算机,以不断更新的弹道与气象条件参与求解命中方程从而得到高精度的射击诸元。停止间对固定目标射击时,这种方法往往有效。

属于综合校正的有静态误差校正与稳态误差校正。

静态误差校正是消除火控系统内部强相关误差的好方法。例如,电源漂移、模拟器件参数的不一致性与零漂等仪器误差所导致的弹目偏差,在相当长的时间内保持常值。在火控计算机上装入若干固定目标,控制武器线到位,测试其射击诸元,再与装入的固定目标的准确射击诸元相比,得到射击诸元偏差。经多次测量,得到其均值,并在射击诸元中予以修正,此即静态误差校正。

稳态误差校正是消除系统稳态误差的好方法。利用火控计算机产生目标仿真航迹,驱动目标测量装置跟踪仿真航迹,求解射击诸元,驱动武器随动系统跟踪求出的射击诸元,不断地测试武器系统实际的射击诸元,再与用逆解法求得的仿真航迹所相应的准确射击诸元相比较,得出整个武器系统稳态误差的历程值,逼近出等效的稳态误差系数,以综合修正稳态误差。显然,稳态误差校正也是消除武器系统误差的重要举措。

校射有四种,分别如下。

1. 试射

试射是对虚拟目标进行实弹射击的校射。所谓的虚拟目标,指的是火控计算机产生的仿真航路上的目标。此种校射应在目标尚未构成威胁时进行。如果在静态误差校正与稳态误差校正均已实施后再做此项校射，那么，此时的弹目偏差将主要来源于弹道与气象条件偏差，是强相关偏差。它所导致的弹目偏差及其测量模型可表示为

$$\begin{cases} x(k+1)=x(k) \\ y(k)=x(k)+v(k) \end{cases} \tag{7-9}$$

利用卡尔曼滤波可以很方便地将它估计出来，为修正弹道与气象条件偏差创造了条件。在仓促应战时，此种校射可代替或部分代替弹道与气象条件准备。

2. 虚拟闭环校射

虚拟闭环校射是对已知距离的真目标用计算机给出的仿真弹进行校射。此种校射是这样进行的：如图 7.1 所示，对已知距离的目标建立一条航路，假定为 L；火控计算机根据相关信息可以解算出 $A(t_0)$、$A(t_1)$、$A(t_2)$时刻的未来点分别处于 $A(t_0+t_{f_0})$、$A(t_1+t_{f_1})$、$A(t_2+t_{f_2})$，而对目标的探测表明，目标实际位置分别对应于$B(t_0)$、$B(t_1)$、$B(t_2)$，提取出来 $A(t_0+t_{f_0})$、$A(t_1+t_{f_1})$、$A(t_2+t_{f_2})$与 $B(t_0)$、$B(t_1)$、$B(t_2)$的偏差，可以用于射击校正。由于此种校射是由虚拟弹对实际目标进行校射，故称之为虚拟闭环校射。

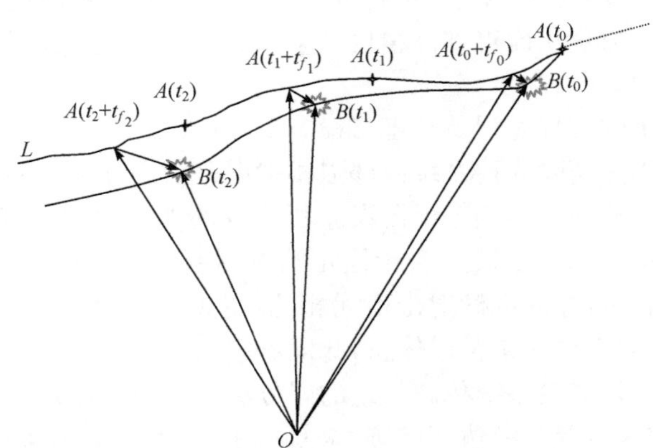

图 7.1　虚拟闭环校射示意图

虚拟闭环校射能减小的弹目偏差主要来源于航迹模型误差，这种误差导致的弹目偏差是奇异的，通常可以假定为

$$\begin{cases} \begin{bmatrix} x_1(k+1) \\ x_2(k+1) \end{bmatrix}=\begin{bmatrix} 1 & T \\ 0 & 1 \end{bmatrix}\begin{bmatrix} x_1(k) \\ x_2(k) \end{bmatrix} \\ y(k)=(0,1)\begin{bmatrix} x_1(k) \\ x_2(k) \end{bmatrix}+v(k) \end{cases} \tag{7-10}$$

式中，$v(k)$是测量误差。这种弹目偏差是发散的，但利用卡尔曼滤波时，其估计误差的方差却是收敛的，即弹目偏差是可测得的，因而也是可校正的。

为了使这种校射不影响正常射击，第一发实弹发射前，就应该结束这种校射。为了保证能在武器有效射击区域的边界上实施首次效力射，又该如何实施这种校射呢？此时，应将弹道虚拟延伸，此虚拟延伸的弹道专供此种校射时求解射击诸元使用。很明显，此种延伸不影响航迹建模误差的研究。

3. 大闭环校射

这是以实弹对真目标的校射。对静止目标，它可用试射方式完成；对运动目标，则必须同效力射一并完成。

在整个射击准备与实施过程中，如能依次实施：精密法射击诸元准备、静态误差校正、动态误差校正、实弹对虚拟目标校射、虚拟弹对真目标校射、大闭环校射，则称之为完备的校射程式。在这种程式下，各种不同来源的弹目偏差、各种不同相关深度与相关时间的弹目偏差均被分配在不同修校方式上分时地予以校正。由于各司其职，最具针对性，因而这种完备的校射程式有着最好的校射效益。

大闭环校射时测得的弹目偏差反映了射击误差的全部分量与所有性质，能综合修正所有类型的相关弹目偏差，因而大闭环校射效益是前述方法中较好的。

4. 实时闭环校射

大闭环校射虽然效果较好，但大闭环校射是通过测量弹目偏差进行校射的，因此它不能对本发弹进行，由于一发弹与另一发弹之间从弹本身参数到发射条件都存在差异，其校射效果必会受到影响。理想的方法是在弹头发射后，仍然能有对弹头飞行的控制。制导是一种方法，但成本较高也非本专著研究范畴，这里不作叙述。实时闭环校射是一种新型的校射方法。

所谓实时闭环校射是指，火控系统不仅给出初始射击诸元，在弹头发射后根据目标航迹不断地按火控的预测原理，实时地解算出能命中目标的弹头在任一瞬时应处的位置，并在弹头的实际位置与之不一致时，通过弹头内部机构调整弹头参数以改变弹道，使之趋于一致。由于火控预测的未来点误差随弹目距离减小而减小，最后将导致命中。

7.2 示踪瞄准

示踪瞄准是以修正虚拟弹对真目标的弹目偏差到允许值之内来完成射击准备的一种射击控制技术。因而，它完全有别于以求解命中方程为中心的射击控制体制。然而,它却和虚拟弹对真目标校射有着极为相似的分析方法。鉴于此,这里专辟一节讨论示踪瞄准,顺便指出虚拟弹对真目标校射的特点。

设武器在 $t_0-t_f=0,\Delta t,2\Delta t,\cdots,(k-1)\Delta t$ 瞬时顺次发射了 k 发弹头。若武器身管或发射轨也处于运动之中,则上述的 k 条弹迹是不重合的。在垂直于武器线的平面上,做一水平直线与一垂直于此水平直线的直线,可构成一个武器线恰在交叉点的"十"字线。在 $t_0=k\Delta t$ 瞬时在武器回转中心观察上述 k 发弹头与上述的"十"字线,则上述的 k 发弹头与"十"字线好似分布在同一平面上,如图 7.2 所示。

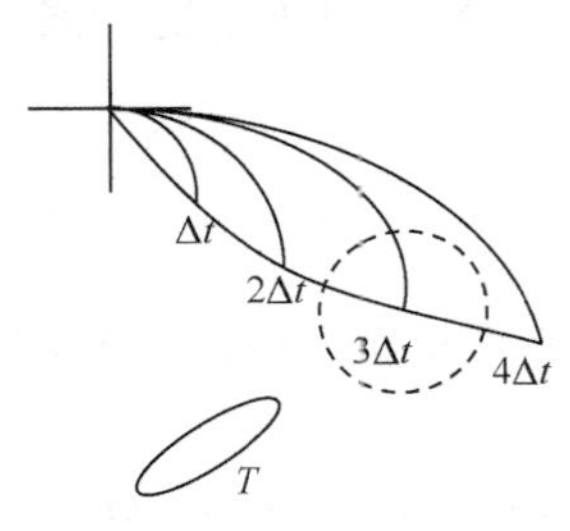

图 7.2 示踪射击示意图

t_0 瞬时定为自然时的现在瞬时,在 t_0 瞬时 k 个弹头的连线称为示踪线。在示踪线上大圆环的中心点称为特征点,特征点上的弹头距武器的距离与目标距武器的距离相等。如果目标的距离介于某两个弹头的距离中间,则特征点靠插值而得。由于目标距离能不断地被测量出来,所以特征点也能不断地被标识出来。当目标较大时,特征点外的大圆环可按射击门设计;当目标较小时,可按未来空域窗设计。操纵武器移动特征点,使目标在大圆环内滞留一段时间,其间若有真弹发射,自然可命中目标。

实用上,多用人来操纵武器,通过改变图 7.2 中的"十"字线位置来改变特征点的位置,使其向目标影像靠近。由于操作人员同时还可判断目标运动趋势,所以操纵大圆环套住目标并不难。

上述分析表明,示踪瞄准靠的是修正弹目偏差来保证命中,因而不需要解命中问题,不需要求取目标运动参数,不需要滤波与预测,因而也不存在观察时间,对目标与武器载体之动静也没有要求,所以它的确是一种有前途的射击控制体制,并且已在航空炮上得到了广泛的应用。

对示踪瞄准而言,在没有发射弹头以前,所有的弹迹点都是虚拟的仿真弹。因而用软件形成示踪线就成为实现示踪瞄准的关键。图 7.2 中的"十"字线中心是武器线的位置,是最易确定的,也是示踪线的基准。下面的任务是确定虚拟弹头在显示器上的位置。

作为一个示例,现在探讨一种可能用于陆基高炮的示踪线计算方法。设武器载体不动,而目标运动,并记:

O 为武器回转轴中心;

A 为 t_0-t_f 瞬时发射的弹头飞行了 t_f 时间后到达的空间位置;

$\boldsymbol{R}(t_0)$ 是 O 为始端、A 为终端的距离矢量;

$\boldsymbol{L}(t_0)$ 为 t_0-t_f 瞬时的射击矢量;

$\boldsymbol{P}(t_0)$为 t_0 时刻看到的、t_0-t_f 瞬时发射的弹头的弹道下降量。

为了节省篇幅，去掉修正量，这肯定不会出现实质性的变化。对一个特定的点，上述诸矢量的关系如图 7.3 所示。

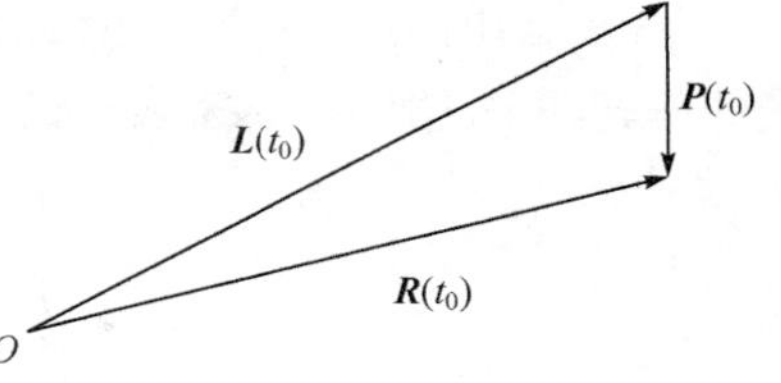

图 7.3 弹道下降量示意图

由图 7.3 可知

$$\boldsymbol{R}(t_0)=\boldsymbol{L}(t_0)-\boldsymbol{P}(t_0) \tag{7-11}$$

现将上式向地理直角坐标系上投影，得

$$\begin{bmatrix} R_x(t_0) \\ R_y(t_0) \\ R_h(t_0) \end{bmatrix} = \begin{bmatrix} L_x(t_0) \\ L_y(t_0) \\ L_h(t_0) \end{bmatrix} - \begin{bmatrix} 0 \\ 0 \\ P(t_0) \end{bmatrix} = \begin{bmatrix} \cos\varphi_g(t_0-t_f)\cos\beta_g(t_0-t_f) \\ \cos\varphi_g(t_0-t_f)\sin\beta_g(t_0-t_f) \\ \sin\varphi_g(t_0-t_f) \end{bmatrix} L(t_0) - \begin{bmatrix} 0 \\ 0 \\ P(t_0) \end{bmatrix} \tag{7-12}$$

式中，$R_x(t_0)$、$R_y(t_0)$、$R_h(t_0)$是$\boldsymbol{R}(t_0)$在大地坐标系上的投影；$\varphi_g(t_0-t_f)$、$\beta_g(t_0-t_f)$是弹头发射瞬时 t_0-t_f 的武器线高低角与方位角；而

$$\begin{cases} L(t_0)=\|\boldsymbol{L}(t_0)\|=f_L[\varphi_g(t_0-t_f),t_f] \\ P(t_0)=\|\boldsymbol{P}(t_0)\|=f_P[\varphi_g(t_0-t_f),t_f] \end{cases} \tag{7-13}$$

是已知的基本射表函数。再将$(R_x(t_0),R_y(t_0),R_h(t_0))$向现在的弹道坐标系投影，得

$$\begin{bmatrix} R_L(t_0) \\ R_{\beta_g}(t_0) \\ R_{\varphi_g}(t_0) \end{bmatrix} = \begin{bmatrix} \cos\beta_g(t_0)\cos\varphi_g(t_0) & \sin\beta_g(t_0)\cos\varphi_g(t_0) & \sin\varphi_g(t_0) \\ \sin\beta_g(t_0) & \cos\beta_g(t_0) & 0 \\ -\cos\beta_g(t_0)\sin\varphi_g(t_0) & -\sin\beta_g(t_0)\sin\varphi_g(t_0) & \cos\varphi_g(t_0) \end{bmatrix} \begin{bmatrix} R_x(t_0) \\ R_y(t_0) \\ R_h(t_0) \end{bmatrix} \tag{7-14}$$

式中，$\beta_g(t_0)$、$\varphi_g(t_0)$是 t_0 瞬时武器的方位角与高低角；$R_L(t_0)$、$R_{\beta_g}(t_0)$、$R_{\varphi_g}(t_0)$是$\boldsymbol{R}(t_0)$在弹道坐标系上的投影，如图 7.4 所示。

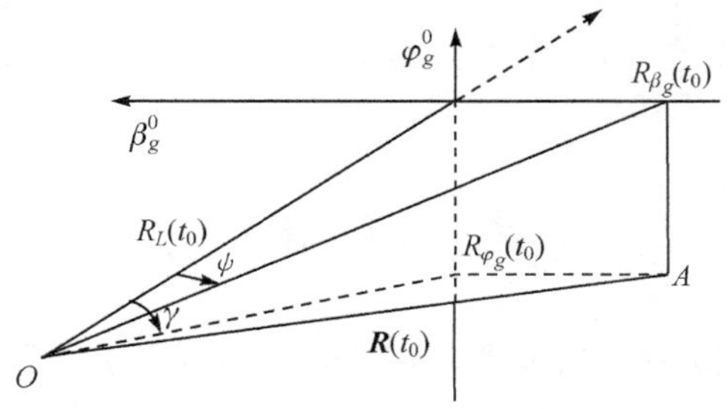

图 7.4 距离矢量在弹道坐标系上的投影

t_0-t_f 瞬时发射的弹头在瞬时 t_0 的位置 $\boldsymbol{R}(t_0)$ 是以 $\boldsymbol{R}(t_0)$ 相对于 t_0 瞬时武器线的偏转角 ψ、俯仰角 γ 来表示的，如图 7.4 所示，即

$$\begin{cases}\psi=\arctan\dfrac{R_{\beta_g}(t_0)}{R_L(t_0)}\\ \gamma=\arctan\dfrac{R_{\varphi_g}(t_0)}{R_L(t_0)}\end{cases}\tag{7-15}$$

将此偏转角 ψ 与俯仰角 γ 送入显示器，即得在 t_0-t_f 瞬时发射的弹头在 t_0 瞬时所在位置的显示点。进一步取 $t_f=\Delta t,2\Delta t,\cdots,k\Delta t$，重复上述计算，即得 t_0 瞬时 k 个弹头的显示点。将这 k 个显示点连成一曲线，便是显示器上的示踪线。

记特征点的偏转角为 ψ_D、俯仰角为 γ_D，目标现在点的斜距离为 D(这是必须测量的量)，由式(7-12)求出$(R_x(t_0),R_y(t_0),R_h(t_0))^{\mathrm{T}}$ 后，计算

$$R(t_0)=\sqrt{R_x^2(t_0)+R_y^2(t_0)+R_h^2(t_0)}\tag{7-16}$$

计算出所有 k 个 $R(t_0)$，若某个 $R(t_0)=D$，则该 $R(t_0)$所相应的示踪点即特征点。若两个紧邻 $R_n(t_0)$与 $R_{n+1}(t_0)$有

$$R_n(t_0)\leqslant D<R_{n+1}(t_0)$$

则可用插值法求得

$$\begin{cases}\psi_D=\psi_n-\dfrac{R_n(t_0)-D}{R_n(t_0)-R_{n+1}(t_0)}(\psi_n-\psi_{n+1})\\ \gamma_D=\gamma_n-\dfrac{R_n(t_0)-D}{R_n(t_0)-R_{n+1}(t_0)}(\gamma_n-\gamma_{n+1})\end{cases}\tag{7-17}$$

将上式的 ψ_D、γ_D 冠以特殊的显示标志(大圆环)标识在显示器上，即是示踪线的特征点。

用虚拟弹对真目标实施校射时，不要求显示示踪线，但要求顺次地显示属于每一条弹迹上的特征点。为了做到这一点，只需顺次地显示同一条弹迹，再在这条弹迹上用插值法求得属于它的特征点。有了这个特征点坐标，再用图像处理技术找出目标中心的坐标，将此两坐标求差，即得该条弹迹的弹目偏差。由于存在多条弹迹，可得到一个特征点群，即一个仿真的弹目偏差群，而此弹目偏差群正好用来修正射击诸元。

7.3 大闭环校射

本节拟以对付快速目标的多管、高射速、小口径高炮大闭环火控系统为背景，探讨大闭环校射的实用理论。射击误差测量是实现大闭环校射的技术关键。用相控阵雷达直接测量射击误差，用光电成像与图像处理技术从图像中提取射击误差都是获得射击误差信息的有效途径。

7.3.1 逐发大闭环校射

首先探讨一下逐发校正的过程。设每隔 Δt 发射一发弹头，而弹头飞行时间为 $3\Delta t$。如图 7.5 所示，可以清楚地看到，在发射出第一发弹头后，要等到第四发弹头射击时才能观测到第一发的射击误差。根据这第一次观测到的射击误差即应对第五发弹头进行校射。然而，这第一次校射的结果要到第八发弹头发射时才能被观测到。显然，到第五发才能开始闭环校射。这就是说，首发弹发射出去以后，在它的整个弹头飞行时间内的射击是开环的、不可校射的。

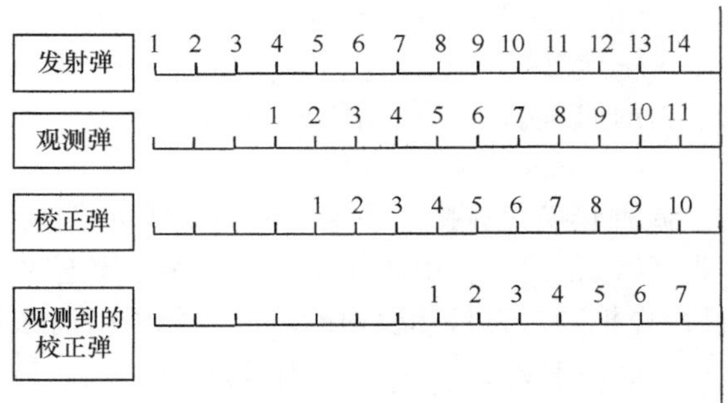

图 7.5 逐发大闭环校射流程示意图

对于射击过程本就短暂的小高炮系统，由于其首发弹头飞行时间内的射击仍然是开环的，能进行大闭环校射的时间将更加短暂，任何复杂的射击误差模型都是难以适用的。一种很适用的射击误差模型是

$$\begin{cases} x(k+1)=rx(k)+\sqrt{1-r^2}w(k+1) \\ y(k)=x(k)+v(k) \\ |r|<1 \end{cases} \tag{7-18}$$

式中

$$\overline{w}(k)=\overline{v}(k)=0 \tag{7-19}$$

$$x(0)=0 \tag{7-20}$$

$$\operatorname{cov}\left(\begin{bmatrix} w(k) \\ v(k) \end{bmatrix}, \begin{bmatrix} w(j) \\ v(j) \end{bmatrix}\right)=\begin{bmatrix} R_1 & 0 \\ 0 & R_2 \end{bmatrix}\delta_{k,j} \tag{7-21}$$

将式(7-18)展开，有

$$\begin{cases} x(k) = r^{k-1}w(1) + \sqrt{1-r^2}\sum_{i=2}^{k} r^{k-i}w(k) \\ y(k) = x(k) + v(k) \end{cases} \tag{7-22}$$

而

$$\begin{aligned}\mathrm{var}[x(k)] &= \left\{[r^{2(k-1)}+(1-r^2)]\sum_{i=2}^{k} r^{2(k-i)}\right\}R_1 \\ &= R_1=\mathrm{var}[w(k)] \end{aligned}\tag{7-23}$$

此式表明，$\{x(k);k=1,2,\cdots\}$从 $k\geqslant 1$ 起就是一个平稳随机过程，且与激励起射击误差的不相关噪声有着相同的方差 R_1。

由于式(7-18)给出的方程不是规范的状态方程，所以还必须把它化为规范的状态方程。用算子法可以很容易地将式(7-18)变成它的均方意义下的等价形式

$$\begin{cases}x(k+1)=rx(k)-r\sqrt{1-r^2}w(k)\\ y(k+1)=x(k)+v(k)+\sqrt{1-r^2}w(k)\\ |r|<1\end{cases}\tag{7-24}$$

其实，也可以很方便地证明，上式给出的 $x(k)$有

$$\mathrm{cov}[x(k),x(j)]=r^{|k-j|}R_1$$

因而两者是等价的。此种转换使直接应用卡尔曼滤波成为可能。由上式还可以发现，它置 $a_x=0$，置 $x_q=0$，这表明，利用此式作为射击误差模型时，强相关误差应在精密法射击准备阶段、虚拟弹对真目标校射阶段尽可能予以消除；而导致弱相关分量 x_r 与不相关分量 x_b 的误差源被约束为 $r\sqrt{1-r^2}w(k)$与 $\sqrt{1-r^2}w(k)$，这种强加的约束应看做是一种近似。这种近似使算法变得简洁，且与实际基本符合。

为保证第一个射击误差一经测出就能立即给出递推初值的最佳估计，式(7-24)的递推初值应为

$$\begin{cases}\hat{x}(1|1)=\hat{x}(1)-\mathrm{cov}[x(1),y(1)]\mathrm{var}^{-1}[y(1)][y(1)-\bar{y}(1)]=\dfrac{R_1}{R_1+R_2}y(1)\\ P_x(1|1)=\mathrm{var}[x(1)]-\mathrm{cov}[x(1),y(1)]\mathrm{var}^{-1}[y(1)]\mathrm{cov}(y(1),x(1))=\dfrac{R_1R_2}{R_1+R_2}y(1)\end{cases}\tag{7-25}$$

由于这里使用了最小方差估计公式，可知上式是式(7-24)初值的最佳估计。

7.3.2 点射大闭环校射

设一个点射顺次或同时发射了 N 个弹头，在一个弹头飞行时间后，观测装置有可能测出 $M\leqslant N$ 个射击误差，然而，在当今的技术条件下，要求得知每一个射击误差所对应的射击诸元与发射瞬时是不现实的，因而要求对高射速的武器系统逐发进行大闭环校射是非常困难的。

对近程高速目标，射击过程极为短暂，通常只能完成 2 或 3 个点射。因而，在使用卡尔曼滤波与预测时，决不允许随意设置初值，令卡尔曼滤波自行收敛。在总共仅有几次点射机会时，使射击误差方程具有最低的阶次、最好的性质。

此时，最现实的做法乃是将一个点射过程中测知的 M 个射击误差看做一个平

均射击诸元下发射了M发弹头所形成的M个射击误差。当然，弹头飞行时间也应取均值。倘若依然用式(7-12)做射击误差及其测量方程，并在第一次点射过程中获得了M个独立的测量$y_i(1)(i=1,2,\cdots,M)$，则有

$$\begin{aligned}\hat{x}(1|1)&=\hat{x}(1)-\operatorname{cov}\left(x(1),\begin{bmatrix}y_1(1)\\y_2(1)\\\vdots\\y_M(1)\end{bmatrix}\right)\operatorname{var}^{-1}\begin{bmatrix}y_1(1)\\y_2(1)\\\vdots\\y_M(1)\end{bmatrix}\begin{bmatrix}y_1(1)\\y_2(1)\\\vdots\\y_M(1)\end{bmatrix}\\&=\frac{R_1}{R_1+R_2}\begin{bmatrix}R_1+R_2&R_1&\cdots&R_1\\R_1&R_1+R_2&\cdots&R_1\\\vdots&\vdots&&\vdots\\R_1&R_1&\cdots&R_1+R_2\end{bmatrix}\begin{bmatrix}y_1(1)\\y_2(1)\\\vdots\\y_M(1)\end{bmatrix}\\&=\frac{R_1}{R_2+MR_1}\sum_{i=1}^{M}y_i(1)\end{aligned}\tag{7-26}$$

而相应的估计误差方差为

$$P_{\tilde{x}}(1|1)=\frac{R_1}{\dfrac{R_2}{R_1}+M}\tag{7-27}$$

以式(7-26)与式(7-27)做递推初值，以后每测出一组射击误差即可校射一次。例如，第k次点射测得了q个射击误差，则应把此q个射击误差合成一个，即

$$y(k)=\frac{1}{q}\sum_{i=1}^{q}y_i(k)\tag{7-28}$$

而参与滤波的等效测量误差的方差为

$$R_2=\frac{R_2^*}{q}\tag{7-29}$$

式中，R_2^*为测量装置对单发弹头的测量误差的方差。

从根本上来说，提高射击精度：一是利用弹目偏差一系列实测值预先估计出弹目偏差的未来值，并在弹头出膛或离轨前，校正射击诸元，消除这尚未出膛或离轨的弹头可能形成的弹目偏差；二是在弹头出膛或离轨后，依靠弹头的弹道修正能力继续对其进行控制，直到命中或弹道终点，为区别于大闭环校射，称为实时闭环校射。前者基于无控的弹头，必须在出膛或离轨前，校正射击诸元；后者基于弹头具有弹道修正能力，在弹头出膛或离轨后继续进行控制，构成整个射击过程的实时控制。

7.4　实时闭环校射

火控系统给出初始射击诸元并射击后，根据目标航迹不断地按火控的预测原

理，实时地解算出能命中目标的弹头在任一瞬时应处的位置，并在弹头的实际位置与之不一致时，通过弹头内部机构调整弹头参数以改变弹道，使之趋于一致。由于火控预测的未来点误差随弹目距离减小而减小，最后导致命中。

如图 7.6 所示，设 $k=0$ 是弹头离开炮口时刻，$L_T(k-m)$、$L_B(k-m)$ 分别是 $k-m$ 时刻的实际航路和命中弹道。

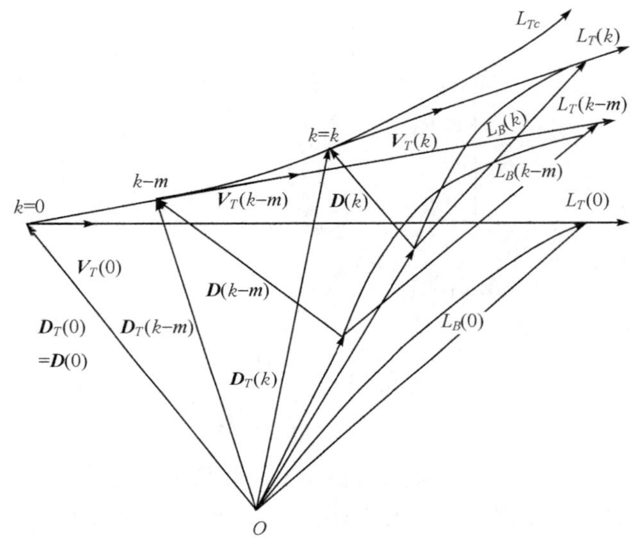

图 7.6 弹道控制中解算逼近示意图

下面按实时闭环校射的总控流程来给出具体理论分析。

7.4.1 弹头状态方程

设弹头在瞬时 k 的实际位置为

$$\boldsymbol{D}_b(k)=(D_b(k),\beta_b(k),\varepsilon_b(k))^{\mathrm{T}} \tag{7-30}$$

若规定 $k=0$ 为弹头离开炮口瞬时，简称发射瞬时，则 $D_b(k)$、$\beta_b(k)$、$\varepsilon_b(k)$ 分别为弹炮距离、方位角与高低角；而实际弹速为

$$\boldsymbol{V}_b(k)=\dot{\boldsymbol{D}}_b(k)=(V_b(k),\psi_b(k),\phi_b(k))^{\mathrm{T}} \tag{7-31}$$

$V_b(k)$、$\psi_b(k)$、$\phi_b(k)$ 分别为弹头存速、航向角与俯仰角；又，弹头控制量为 $\boldsymbol{u}(k)\in\mathbf{R}^p$，弹头状态方程为

$$\begin{bmatrix}\boldsymbol{D}_b(k-1)\\ \boldsymbol{V}_b(k+1)\end{bmatrix}=F[\boldsymbol{D}_b(k),\boldsymbol{V}_b(k),\boldsymbol{u}(k)]=F[\boldsymbol{D}_b(k),\boldsymbol{\theta}_b(k)]\in\mathbf{R}^6 \tag{7-32}$$

式中，$\boldsymbol{\theta}_b(k)=(\psi_b(k),\phi_b(k))$ 称为弹头姿态角。很显然，当已知 $\boldsymbol{D}_b(k)$、$\boldsymbol{V}_b(k)$ 以及 $j\geqslant k$ 的所有 $\boldsymbol{u}(k)$ 时，即可由上式递推出 k 以后的全部弹道。

对实时闭环校射火控系统而言，$\boldsymbol{D}_b(0)=0$，为弹头出炮口时的弹头位置；$\boldsymbol{V}_b(0)$中的 $V_b(0)$为已知的弹头初速，$\psi_b(0)$、$\phi_b(0)$为火控计算机按无控弹药解算并通过火炮随动系统赋予弹头的航向角与俯仰角。当火控解算、随动系统、目标运动模型与弹头状态方程均无误差、射弹散布为零时，上述初始状态可保证弹头命中目标，故可置 $\boldsymbol{u}(k)=0(k=0,1,2,\cdots)$，即可由式(7-32)递推出整个无控弹道。如果上述误差存在，无控弹道将不能命中目标。实时闭环校射火控系统的任务是：不断地给出弹头控制量 $\boldsymbol{u}(k)$，以修正弹道，使之命中目标。

7.4.2　期望弹道

在已知目标位置 $\boldsymbol{D}_T(k)$、航速 $\boldsymbol{V}_T(k)$，并按等速直线假定飞行；弹头位置 $\boldsymbol{D}_b(k)$、存速 $V_b(k)=|\boldsymbol{V}_b(k)|$；从瞬时 k 开始，不再给弹头附加控制量时，如果存在一个弹头姿态角 $\boldsymbol{\theta}_B(k)=(\psi_B(k),\phi_B(k))^{\mathrm{T}}$，可使弹头状态方程求解出的弹道 $L_B(k)$ 命中目标，则弹道 $L_B(k)$称为期望弹道。

在瞬时 k 弹头的实际姿态角 $\boldsymbol{\theta}_b(k)=(\psi_b(k),\phi_b(k))^{\mathrm{T}}$ 如果不与期望弹道的初始姿态角 $\boldsymbol{\theta}_B(k)=(\psi_B(k),\phi_B(k))^{\mathrm{T}}$ 一致，就应从瞬时 k 开始对弹头施以控制量 $\{\boldsymbol{u}_k(j);j=k,k+1,\cdots,k+l_k\}$以修正弹道。最理想的情况是：$l_k=0$，即仅仅一个采样周期的控制量 $\boldsymbol{u}_k(k)$就可以使实际弹道回归期望弹道。然而，考虑到弹头的惯性、控制信号的能量，实际上，仅能要求实际弹道以尽可能小的 l_k 回归期望弹道。

从瞬时 k 开始的期望弹道虽然不再给弹头附加控制量，然而，由于控制量有一段持续时间，前一个期望弹道上形成的控制量依然残存在当前期望弹道上。设前一个期望弹道开始于瞬时 $k-m$，相应的控制量为

$$\{\boldsymbol{u}_{k-m}(j);j=k-m,k-m+1,\cdots,k-m+l_{k-m}\} \tag{7-33}$$

则从瞬时 k 开始的当前期望弹道上残存的控制量应为

$$\boldsymbol{u}_B(k+i)=\begin{cases}\boldsymbol{u}_{k-m}(k+i), & 0\leqslant i<m+l_{k-m}\\ 0, & i\geqslant m+l_{k-m}\end{cases} \tag{7-34}$$

因而，计算从瞬时 k 开始的期望弹道的状态方程应是

$$\begin{bmatrix}\boldsymbol{D}_B(k+1)\\ \boldsymbol{V}_B(k+1)\end{bmatrix}=F[\boldsymbol{D}_B(k),\boldsymbol{V}_B(k),\boldsymbol{u}_B(k)]\in\mathbf{R}^6 \tag{7-35}$$

其初值

$$\begin{cases}\boldsymbol{D}_B(k)=\boldsymbol{D}_b(k)\\ \boldsymbol{V}_B(k)=(V_b(k),\psi_B(k),\phi_B(k))^{\mathrm{T}}\end{cases} \tag{7-36}$$

初始期望弹道是弹头初离炮口，即 $k=0$ 之后的值

$$\begin{cases}\boldsymbol{D}_B(0)=0\\ \boldsymbol{V}_B(0)=(V_b(0),\psi_B(0),\phi_B(0))^{\mathrm{T}}\\ \boldsymbol{u}_B(k)=0, \quad k=0,1,\cdots\end{cases} \tag{7-37}$$

而由式(7-34)与式(7-35)递推出的弹道。其中,$V_b(0)$为弹头初速,而初始姿态角$\boldsymbol{\theta}_B(0)=(\psi_B(0),\phi_B(0))^{\mathrm{T}}$则是由常规火控系统按无控弹道计算出的射击诸元,并由火控随动系统赋予了射击瞬时的弹头。

若下述不等式中任一个不等式不再成立,则以瞬时 k 为始点的期望弹道即告结束,并应重新建立下一段的期望弹道

$$\begin{cases}|\boldsymbol{D}_b(k+i)-\boldsymbol{D}_B(k+i)|\leqslant\Delta D_{\mathrm{bad}}\\ |\boldsymbol{D}_T(k+j)-\boldsymbol{D}_T(k)-jT\boldsymbol{V}(k)|<\Delta D_{\mathrm{Tad}}\end{cases}\tag{7-38}$$

式中,ΔD_{bad}是实际弹道对期望弹道的允许偏离值,由于要待 $i\geqslant l_k$ 之后,控制才能调节到位,故仅在瞬时 $k+l_k$ 之后才对其逐点检测。它超差的原因:弹道状态方程误差、控制量误差、射弹散布。而若 $\Delta D_{\mathrm{bad}}=\Delta D_{\mathrm{Tad}}=0$,则表示弹头在期望弹道 $L_B(k)$上,目标在等速直线航迹 $L_T(k)$上。式中的 ΔD_{Tad}是目标运动假定误差的允许值。它在瞬时 k 之后,逐点检测。

7.4.3 弹头控制量与实际弹道

实际弹道满足公式(7-32)、期望弹道满足公式(7-35),两者之差仅在于:①在期望弹道的始点,一个是弹头实际姿态角 $\psi_b(k)$、$\phi_b(k)$,一个是期望弹道的初始姿态角 $\psi_B(k)$、$\phi_B(k)$;②控制量一个是待求的 $\boldsymbol{u}(k)$,一个是上一个期望弹道上存在的控制量的残存量 $\boldsymbol{u}_B(k+i)(i=1,2,\cdots)$。

记

$$\begin{cases}\Delta\psi_b(k)=\psi_b(k)-\psi_B(k)\\ \Delta\phi_b(k)=\phi_b(k)-\phi_B(k)\\ \Delta\boldsymbol{u}(k)=\boldsymbol{u}(k)-\boldsymbol{u}_B(k)\end{cases}\tag{7-39}$$

将式(7-32)右部在 $\boldsymbol{D}_b(k)$、$\boldsymbol{V}_b(k)$、$\boldsymbol{u}_B(k)$处线性化,再减去式(7-33),显然有

$$\begin{bmatrix}\Delta\boldsymbol{D}_b(k+1)\\ \Delta\boldsymbol{V}_b(k+1)\end{bmatrix}=F_{D.V}\begin{bmatrix}\Delta\boldsymbol{D}_b(k)\\ \Delta\boldsymbol{V}_b(k)\end{bmatrix}+F_u\Delta\boldsymbol{u}(k)\tag{7-40}$$

式中

$$\begin{cases}F_{D.V}=\dfrac{\partial F[\boldsymbol{D}_B(k),\boldsymbol{V}_B(k),\boldsymbol{u}_B(k)]}{\partial(\boldsymbol{D}_B^{\mathrm{T}}(k),\boldsymbol{V}_B^{\mathrm{T}}(k))}\\ F_u=\dfrac{\partial F[\boldsymbol{D}_B(k),\boldsymbol{V}_B(k),\boldsymbol{u}_B(k)]}{\partial\boldsymbol{u}_B^{\mathrm{T}}(k)}\end{cases}\tag{7-41}$$

很显然,式(7-40)是实际弹道相对期望弹道的偏差量的状态方程。

在

$$\sum_{j=0}^{l_k}\Delta\boldsymbol{u}^{\mathrm{T}}(k+j)\cdot\Delta\boldsymbol{u}(k+j)\leqslant u_{\Sigma}^2\tag{7-42}$$

的约束下,决定 $\boldsymbol{K}(k+j)(j=0,1,\cdots,l_k)$,若

$$\Delta\boldsymbol{u}(k+j)=\boldsymbol{K}(k+j)\Delta\boldsymbol{D}_b(k+j) \tag{7-43}$$

时，可确定使 $|\Delta\boldsymbol{D}_b(k+l)|\leqslant\Delta D_{\text{bad}}$ 在 $l\geqslant l_k$ 时成立的最小的 l_k。

上述诸式中，$u_{\sum}^2$ 是控制量的允许总能量，$\boldsymbol{K}\in\mathbf{R}^{p\times3}$ 为不完全状态反馈系数，ΔD_{bad} 的含义见式(7-38)。一旦 $\boldsymbol{K}(k+j)$ 被得到，则式(7-40)将变成

$$\begin{bmatrix}\Delta\boldsymbol{D}_b(k+1)\\ \Delta\boldsymbol{V}_b(k+1)\end{bmatrix}=F_{D.V}\begin{bmatrix}\Delta\boldsymbol{D}_b(k)\\ \Delta\boldsymbol{V}_b(k)\end{bmatrix}+F_u\boldsymbol{K}(k)\Delta\boldsymbol{D}_b(k) \tag{7-44}$$

由此式知，当已知 $\Delta\boldsymbol{D}_b(k)$、$\Delta\boldsymbol{V}_b(k)$ 后，即可由其递推出 k 及其以后弹头的实际位置与存速相对期望弹道对应量的偏差量

$$\begin{cases}\boldsymbol{D}_b^*(k)=\boldsymbol{D}_B(k)+\Delta\boldsymbol{D}_b(k)\\ \boldsymbol{V}_b^*(k)=\boldsymbol{V}_B(k)+\Delta\boldsymbol{V}_b(k)\end{cases} \tag{7-45}$$

显然，$\boldsymbol{D}_b^*(k)$、$\boldsymbol{V}_b^*(k)$ 应是经过弹道状态方程得到的实际弹道的解算值。

如果目标运动假定、弹道状态方程及其求解方法均无误差、射弹散布可忽略不计，应有

$$\begin{cases}\boldsymbol{D}_b(k)=\boldsymbol{D}_b^*(k)\\ \boldsymbol{V}_b(k)=\boldsymbol{V}_b^*(k)\end{cases} \tag{7-46}$$

对于实时闭环校射火控系统而言，弹头坐标 $\boldsymbol{D}_b(k)$ 应该被高精度地测量。当它与其解算值 $\boldsymbol{D}_b^*(k)$ 有明显差异时，就应该以 $\boldsymbol{D}_b(k)$ 为始点，重新计算期望弹道，以及使实际弹道趋向期望弹道的控制量。

在新的期望弹道始点的实际弹速 $\boldsymbol{V}_b(k)=(V_b(k),\psi_b(k),\phi_b(k))^{\mathrm{T}}$ 如何决定呢？可考虑三种方法：

(1) 由于 $\boldsymbol{V}_b(k)=\dot{\boldsymbol{D}}_b(k)$，故 $\boldsymbol{V}_b(k)$ 可以用 $\boldsymbol{D}_b(k)(k=0,1,\cdots)$ 序列，由最小方差估计得出。

(2) 利用直伸弹道的刚性原理，有

$$\begin{cases}\psi_b(k)=\psi_b^*(k)+\beta_b(k)-\beta_b^*(k)\\ \phi_b(k)=\phi_b^*(k)+\phi_b(k)-\phi_b^*(k)\\ V_b(k)=V_b^*(k)\end{cases}$$

(3) 直接测量。$\boldsymbol{V}_b(k)$ 的实用值应是依据不同方法求得结果的精度优化的加权值。

由于 $\psi_b(k)$ 与 $\phi_b(k)$ 是用于闭环控制的初值，其误差的准确度与最终的弹头位置控制精度关系不大；$V_b(k)$ 相当于相应控制段的初速，其误差导致的位置误差会被积累，当其积累误差趋近式(7-38)中的 ΔD_{bad} 时，因为期望弹道与相应的控制序列将会重建而被削弱。上述分析表明，对 $\boldsymbol{V}_b(k)$ 的求取误差，有较大的允许值。

7.4.4 目标运动模型

以 $\boldsymbol{D}_T(k)$ 为始点，$\boldsymbol{V}_T(k)$ 为航速的等速直线航路 $L_T(k)$ 与以 $\boldsymbol{D}_b(k)$ 为始点的期

望弹道的交点称为命中点。瞬时 k，命中点相对弹头位置的距离记为 $\boldsymbol{D}_q(k)$，弹头由瞬时 k 飞抵命中点的时间间隔记为 $t_f[\boldsymbol{D}_q(k)]=t_f(k)$，则命中点应满足如下的目标运动假定方程：

$$\boldsymbol{D}_q(k)=\boldsymbol{D}(k)+\boldsymbol{V}_T(k)t_f[\boldsymbol{D}_q(k)] \tag{7-47}$$

式中，$\boldsymbol{D}(k)=\boldsymbol{D}_T(k)-\boldsymbol{D}_b(k)$ 为弹目距离。

如果 $|\boldsymbol{D}(k)|$ 存在一个最小值 $D(m)$，即 $D(m)=\min\limits_{k\in(0,\infty)}|\boldsymbol{D}_T(k)-\boldsymbol{D}_b(k)|$，则 $D(m)$ 称为脱靶量。倘若存在 $D(m)=0$，则弹头直接命中目标。

记 $L_T(k)$ 为从瞬时 k 开始的、在等速直线运动假定下的航迹，图 7-6 给出了 $k=0$、$k-m$、k 三个瞬时下的三条假定航迹 $L_T(0)$、$L_T(k-m)$、$L_T(k)$。很显然，当目标不按假定运动时，$L_T(k)$ 仅在 k 的近旁与实际航迹 L_{Tc} 相接近，当且仅当 $t_f[\boldsymbol{D}_q(k)]\to 0$ 时，$L_T(k)$ 才与 L_{Tc} 相一致。

7.4.5　命中方程

在已知 $\boldsymbol{D}_b(k)$、$\boldsymbol{V}_b(k)$ 及 $\{\boldsymbol{u}_B(k);k=k,k+1,\cdots\}$ 的条件下，如果存在一个 $\boldsymbol{\theta}_B(k)=(\psi_B(k),\phi_B(k))^{\mathrm{T}}$ 使由式(7-35)描述的期望弹道状态方程在某个瞬时 $k+m_k$ 的解 $\boldsymbol{D}_B(k+m_k)=\boldsymbol{D}_q(k)$ 为预先指定值，则寻求该 $\boldsymbol{\theta}_B(k)$ 的方法被称为弹道状态方程的两点边值法。倘若 $\boldsymbol{D}_q(k)$ 还被指定为以 $\boldsymbol{D}_T(k)$ 为始点、以 $\boldsymbol{V}_b(k)$ 为航速的等速直线航路上飞行目标在瞬时 $k+m_k$ 也同时到达之点，则 $\boldsymbol{D}_q(k)$ 还将是命中点，此时，弹头飞行时间为 $t_f[\boldsymbol{D}_q(k)]=m_kT$，$T$ 为采样周期。上述分析表明，在实时闭环火控体制下，命中点 $\boldsymbol{D}_q(k)$ 同时满足：由式(7-47)描述的目标运动假定方程与由式(7-33)描述的期望弹道状态方程。将上述两个方程联立后，合称为命中方程。求解命中方程的任务是得到 $\psi_B(k)$、$\phi_B(k)$、$\boldsymbol{D}_q(k)$ 与 $t_f[\boldsymbol{D}_q(k)]$。求解的途径：简化法有近似解析法或图解法、表格法；精确法则为由多次迭代构成的试射法。现对后者介绍如下：

如果式(7-38)的检测公式中有一个不成立，则不成立之瞬时 k 即为新的期望弹道的始点，应重新求解命中问题。若用试射法，应先行建立式(7-35)与式(7-47)的迭代形式，即

$$\begin{bmatrix}\boldsymbol{D}_B^{(n+1)}(k+1)\\ \boldsymbol{V}_B^{(n+1)}(k+1)\end{bmatrix}=F[\boldsymbol{D}_B^{(n)}(k),\boldsymbol{V}_B^{(n)},\boldsymbol{u}_B(k)] \tag{7-48}$$

$$\boldsymbol{D}_q^{(n+1)}(k)=\boldsymbol{D}_T(k)+\boldsymbol{V}_Tt_f[\boldsymbol{D}_q^{(n)}(k)] \tag{7-49}$$

式中，$\boldsymbol{D}_B^{(0)}(k)=\boldsymbol{D}_b(k)$ 为弹头位置实际值(实测值)；$\boldsymbol{V}_B^{(0)}(k)=(V_b(k),\psi_B^{(0)}(k),\phi_B^{(0)}(k))^{\mathrm{T}}$ 中的弹头存速 $V_b(k)$ 由于不存在迭代应尽可能准确；$\boldsymbol{u}_B(k)$ 应是上一个期望弹道开始瞬时 $k-m$ 加入的控制量序列在 k 之后可能存在的延续值。若 $\boldsymbol{u}_B(k-m)$ 由 $k-m$ 延续到 $k+l_k$，而在瞬时 $k+l_k$ 之后，式(7-48)依然成立，则在 $k+l_k$ 之后，其成立的各个瞬时，弹道为自然弹道。

7.4.6　命中方程求解

命中方程求解的迭代步骤如下：

步骤 1　置 $n=i=0$，计算瞬时 k 弹目偏差：

$$\boldsymbol{D}^{(0)}(k)=\boldsymbol{D}(k)=\boldsymbol{D}_T(k)-\boldsymbol{D}_b(k)=\boldsymbol{D}_T(k)-\boldsymbol{D}_B(k) \tag{7-50}$$

步骤 2　递推瞬时 $k+i$ 的 n 次迭代期望弹道，即由式(7-48)得 $\boldsymbol{D}_B^{(n)}(k+i+1)$、$\boldsymbol{V}_B^{(n)}(k+i+1)$。

步骤 3　计算瞬时 $k+i$ 的 n 次迭代弹道相对瞬时运动假定下的目标位置的偏差：

$$|\boldsymbol{D}_B^{(n)}(k+i)|=|\boldsymbol{D}^{(n)}(k+i)-\boldsymbol{D}_T(k)-iT\boldsymbol{V}_T(k)| \tag{7-51}$$

步骤 4　判断 n 次迭代弹道的脱靶量。

如果 $|\boldsymbol{D}_B^{(n)}(k+i+1)|<|\boldsymbol{D}_B^{(n)}(k+i)|$，说明 n 次迭代弹头仍在趋向目标，置 $i+1\to i$ 转步骤 2；否则，$\boldsymbol{D}_B^{(n)}(k+i)$ 应为脱靶量，检验脱靶量。如果 $|\boldsymbol{D}_B^{(n)}(k+i)|<D_{\text{bad}}$，则第 n 次迭代出的弹道即为瞬时 k 起始的期望弹道。故有

$$\boldsymbol{D}_q(k)=\boldsymbol{D}_B^{(n)}(k+i) \tag{7-52}$$

为以 $\boldsymbol{D}_b(k)$ 为始点、在 $L_T(k)$ 航路上的命中点，而 $t_f[\boldsymbol{D}_q(k)]=iT$ 为弹头飞行时间。相应地

$$\begin{cases}\psi_B(k)=\psi_B^{(n)}(k)\\ \phi_B(k)=\phi_B^{(n)}(k)\end{cases} \tag{7-53}$$

为瞬时 k 开始的期望弹道的初始方向角。

命中方程求解完毕。

否则，应将

$$\boldsymbol{D}_q^{(n)}(k)=\boldsymbol{D}_T(k)+iT\boldsymbol{V}_T(k)=(D_q^{(n)}(k),\beta_q^{(n)}(k),\varepsilon_q^{(n)}(k))^{\mathrm{T}} \tag{7-54}$$

作为 n 次迭代的未来点，而将 $\boldsymbol{D}_B^{(n)}(k+i)$ 修正到 $\boldsymbol{D}_q^{(n)}(k)$，即置

$$\begin{cases}\psi_B^{(n+1)}(k)=\psi_B^{(n)}(k)+\beta_q^{(n)}(k)-\beta_B^{(n)}(k+i)\\ \phi_B^{(n+1)}(k)=\phi_B^{(n)}(k)+\varepsilon_q^{(n)}(k)-\varepsilon_B^{(n)}(k+i)\end{cases} \tag{7-55}$$

再令 $i=0$，$n+1\to n$ 转步骤 2。

需要指出的是，利用弹道状态方程的近似解析法，有可能为精确的试射法减少迭代次数。

本章小结与学习要求

校射是提高射击效能指标的重要举措。其核心是预测，预测的效益就是校射的效益。

通过本章的学习，需要掌握校射的概念及校射的方法，了解大闭环校射与实时闭环校射的相关理论及命中方程求解的方法。

习题与思考题

1. 何为校射？其由哪些工作组成？校射的意义与目的是什么？
2. 校射的方法有哪些？它们的区别是什么？各有何特点与优势？
3. 何为命中方程？命中方程迭代求解有哪些步骤？

参 考 文 献

薄煜明，郭治，钱龙军，等. 2012. 现代火控理论与应用基础. 北京：科学出版社.
郭治. 1996. 现代火控理论. 北京：国防工业出版社.
王华. 2003. 虚拟闭环校射. 南京：南京理工大学硕士学位论文.